普通高等教育“十一五”国家级规划教材

教育部高等学校电工电子基础课程教学指导委员会推荐教材

电子信息学科基础课程系列教材

电磁场与电磁波

（第2版）

邹澎　周晓萍　马力　编著

清华大学出版社
北京

内容简介

本书介绍电磁场与电磁波的基本规律、基本概念和一些基本的分析、计算方法，帮助学生学会分析、解决一些实际的工程电磁场与电磁波问题。本书保持了电磁场与电磁波基础理论的系统性、完整性，对基本概念、基本方法力求讲深讲透。妥善处理好“电磁场与电磁波”与前期课程（“矢量分析”、“电磁学”）和后续课程（“微波技术”、“天线”等）的衔接，减少重复内容，突出本课程中的教学重点。依据认知的规律和作者二十多年的教学经验，在教学内容的编排，重点、难点讲解的方法上下了很大工夫，使教学内容深入浅出，有利于培养学生的自学能力。紧紧围绕基本概念、基本方法精选例题、习题。

在第2版中又增加了一些应用案例，介绍电磁场与电磁波理论的应用和电磁科学研究领域中新的进展，兼顾教学内容的基础性与先进性，注重培养学生的创新思维。

本书可以作为大学本科电子信息工程、通信工程等专业的教材，也可供从事电波传播、射频技术、微波技术、电磁兼容技术的科研和工程技术人员参考。

图书在版编目(CIP)数据

电磁场与电磁波/邹澎，周晓萍，马力编著.--2版.--北京：清华大学出版社，2016（2020.1重印）
电子信息学科基础课程系列教材
ISBN 978-7-302-41375-2

Ⅰ. ①电…　Ⅱ. ①邹…　②周…　③马…　Ⅲ. ①电磁场－高等学校－教材　②电磁波－高等学校－教材　Ⅳ. ①O441.4

中国版本图书馆 CIP 数据核字(2015)第209091号

责任编辑：文　怡
封面设计：常雪影
责任校对：焦丽丽
责任印制：丛怀宇

出版发行：清华大学出版社
网　　址：http://www.tup.com.cn，http://www.wqbook.com
地　　址：北京清华大学学研大厦A座　　**邮　　编**：100084
社 总 机：010-62770175　　**邮　　购**：010-62786544
投稿与读者服务：010-62776969，c-service@tup.tsinghua.edu.cn
质量反馈：010-62772015，zhiliang@tup.tsinghua.edu.cn
课件下载：http://www.tup.com.cn，010-83470236
印 装 者：三河市吉祥印务有限公司
经　　销：全国新华书店
开　　本：185mm×260mm　　**印　　张**：25.75　　**字　　数**：591千字
版　　次：2008年6月第1版　　2016年2月第2版　　**印　　次**：2020年1月第6次印刷
定　　价：49.50元

产品编号：062153-01

《电子信息学科基础课程系列教材》
丛书序

电子信息学科是当今世界上发展最快的学科，作为众多应用技术的理论基础，对人类文明的发展起着重要的作用。它包含诸如电子科学与技术、电子信息工程、通信工程和微波工程等一系列子学科，同时涉及计算机、自动化和生物电子等众多相关学科。对于这样一个庞大的体系，想要在学校将所有知识教给学生已不可能。以专业教育为主要目的的大学教育，必须对自己的学科知识体系进行必要的梳理。本系列丛书就是试图搭建一个电子信息学科的基础知识体系平台。

目前，中国电子信息类学科高等教育的教学中存在着如下问题：

(1) 在课程设置和教学实践中，学科分立，课程分立，缺乏集成和贯通；

(2) 部分知识缺乏前沿性，局部知识过细、过难，缺乏整体性和纲领性；

(3) 教学与实践环节脱节，知识型教学多于研究型教学，所培养的电子信息学科人才不能很好地满足社会的需求。

在新世纪之初，积极总结我国电子信息类学科高等教育的经验，分析发展趋势，研究教学与实践模式，从而制定出一个完整的电子信息学科基础教程体系，是非常有意义的。

根据教育部高教司 2003 年 8 月 28 日发出的[2003]141 号文件，教育部高等学校电子信息与电气信息类基础课程教学指导分委员会(基础课分教指委)在 2004—2005 两年期间制定了“电路分析”、“信号与系统”、“电磁场”、“电子技术”和“电工学”5 个方向电子信息科学与电气信息类基础课程的教学基本要求。然而，这些教学要求基本上是按方向独立开展工作的，没有深入开展整个课程体系的研究，并且提出的是各课程最基本的教学要求，针对的是“2＋X＋Y”或者“211 工程”和“985 工程”之外的大学。

同一时期，清华大学出版社成立了“电子信息学科基础教程研究组”，历时 3 年，组织了各类教学研讨会，以各种方式和渠道对国内外一些大学的 EE(电子电气)专业的课程体系进行收集和研究，并在国内率先推出了关于电子信息学科基础课程的体系研究报告《电子信息学科基础教程 2004》。该成果得到教育部高等学校电子信息与电气学科教学指导委员会的高度评价，认为该成果“适应我国电子信息学科基础教学的需要，有较好的指导意义，达到了国内领先水平”，“对不同类型院校构建相关学科基础教学平台均有较好的参考价值”。

在此基础上，由我担任主编，筹建了“电子信息学科基础课程系列教材”编委会。编委会多次组织部分高校的教学名师、主讲教师和教育部高等学校教学指导委员会委员，进一步探讨和完善《电子信息学科基础教程 2004》研究成果，并组织编写了这套“电子信息学科基础课程系列教材”。

在教材的编写过程中，我们强调了“基础性、系统性、集成性、可行性”的编写原则，突出了以下特点：

(1) 体现科学技术领域已经确立的新知识和新成果。

(2) 学习国外先进教学经验，汇集国内最先进的教学成果。

(3) 定位于国内重点院校，着重于理工结合。

(4) 建立在对教学计划和课程体系的研究基础之上，尽可能覆盖电子信息学科的全部基础。本丛书规划的 14 门课程，覆盖了电气信息类如下全部 7 个本科专业：

- 电子信息工程
- 通信工程
- 电子科学与技术
- 计算机科学与技术
- 自动化
- 电气工程与自动化
- 生物医学工程

(5) 课程体系整体设计，各课程知识点合理划分，前后衔接，避免各课程内容之间交叉重复，目标是使各门课程的知识点形成有机的整体，使学生能够在规定的课时数内，掌握必需的知识和技术。各课程之间的知识点关联如下图所示：

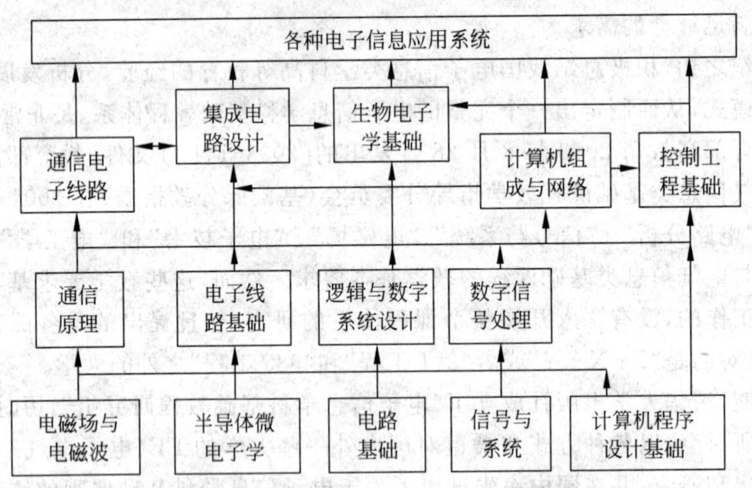

即力争将本科生的课程限定在有限的与精选的一套核心概念上，强调知识的广度。

(6) 以主教材为核心，配套出版习题解答、实验指导书、多媒体课件，提供全面的教学解决方案，实现多角度、多层面的人才培养模式。

(7) 由国内重点大学的精品课主讲教师、教学名师和教指委委员担任相关课程的设计和教材的编写，力争反映国内最先进的教改成果。

我国高等学校电子信息类专业的办学背景各不相同，教学和科研水平相差较大。本系列教材广泛听取了各方面的意见，汲取了国内优秀的教学成果，希望能为电子信息学科教学提供一份精心配备的搭配科学、营养全面的“套餐”，能为国内高等学校教学内容和课程体系的改革发挥积极的作用。

然而，对于高等院校如何培养出既具有扎实的基本功，又富有挑战精神和创造意识的社会栋梁，以满足科学技术发展和国家建设发展的需要，还有许多值得思考和探索的问题。比如，如何为学生营造一个宽松的学习氛围？如何引导学生主动学习，超越自己？如何为学生打下宽厚的知识基础和培养某一领域的研究能力？如何增加工程方法训练，将扎实的基础和宽广的领域才能转化为工程实践中的创造力？如何激发学生深入探索的勇气？这些都需要我们教育工作者进行更深入的研究。

提高教学质量，深化教学改革，始终是高等学校的工作重点，需要所有关心我国高等教育事业人士的热心支持。在此，谨向所有参与本系列教材建设工作的同仁致以衷心的感谢！

本套教材可能会存在一些不当甚至谬误之处，欢迎广大的使用者提出批评和意见，以促进教材的进一步完善。

王志功

2008 年 1 月

第2版前言

本书的第1版于2008年6月出版。七年以来，作者在“电磁场与电磁波”课程的教学实践中又有一些探索和尝试，也收到一些使用本书的教师和读者提出的宝贵意见和建议，在此基础上编写了本书的第2版。

本书第2版的更新主要包括：

(1) 补充了一些新的教学内容，例如：补充了运流电流，使电流的概念更加完整；补充了部分电感，在实际电路上分析接地系统的导体电感时非常有用；补充了时域有限差分法，可以解决时域中一些实际电磁场的边值问题；补充了单极天线，在电磁场的测量中用得很多。

(2) 在保证电磁场与电磁波理论比较完整的基础上，补充了一些电磁场与电磁波理论应用的案例，可以作为阅读材料使学生们了解电磁场与电磁波理论在一些前沿学科及生产、生活、科学研究、军事领域中的应用。

(3) 为了便于查阅，书后增加了专业词汇索引。

本书第2版的修订由邹澎、周晓平、马力、杨明珊、张长命完成。

作　者

2015年10月

第1版前言

“电磁场与电磁波”是电子信息工程专业和通信工程专业的一门专业基础课，使学生掌握电磁场与电磁波的基本规律、基本概念和一些基本的分析、计算方法；学会分析、解决一些实际的工程电磁场与电磁波问题。本课程对培养学生的科学方法、创造能力和实际工作能力都起着十分重要的作用。本书是教育部高等学校电子电气基础课程教学指导分委员会组织编写的电子信息学科基础课程系列教材之一。

本书保持了电磁场与电磁波基础理论的系统性、完整性，对基本概念、基本方法力求讲深讲透。妥善处理好“电磁场与电磁波”课程与前期课程（矢量分析、电磁学）和后续课程（微波技术、天线等）的衔接，减少重复内容，突出本课程中的教学重点。依据认知的规律和作者二十多年的教学经验，在教学内容的编排，重点、难点讲解的方法上下了很大工夫，使教学内容深入浅出，有利于培养学生的自学能力。紧紧围绕基本概念、基本方法的教学精选例题、习题。增加了应用与发展性专题，适当介绍电磁场与电磁波的应用和电磁科学研究领域中新的进展。兼顾教学内容的基础性与先进性，注重培养学生的创新思想。

本书共 8 章。第 2.1 节和第 3.1 节简要地复习了大学物理电磁学中相关的主要内容，起到了衔接作用，也避免了过多地重复。电磁场数值计算方法在科学研究和工程技术中的应用越来越广泛，本书在第 4.6 节比较详细地介绍了有限差分法的原理和方法。目录中带 * 号的内容，例如第 4.3.2 节、第 6.6 节和第 6.7.4 节是深入探讨的内容，可以根据专业的需要和教学要求选讲。如果后续课程中开设微波技术，第 7 章可以不讲。如果后续课程中开设天线原理，第 8 章中带 ** 号的内容可以不讲。

有些学生在学习电磁场与电磁波课程时常常提出一个问题：学习这门课程有什么用？本书除了在绪论中介绍了电磁场与电磁波在专业学习中的地位和作用以外，在各章节中也适当介绍电磁场与电磁波理论在工程技术中的应用。例如在第 2.7.5 节和第 2.8 节中介绍了静电场在工程技术中的应用；在第 3.7 节中介绍了磁场在工程技术中的应用；在第 6 章的各节中也适当介绍了电磁波技术在工程技术中的应用等。

本书第 1～6 章由邹澎编写，第 7 章和第 8 章由周晓萍和邹澎编写，刘黎刚和张长命编写了部分习题。

本书可以作为大学本科电子信息工程、通信工程等专业的教材，也可供从事电波传播、射频技术、微波技术、电磁兼容技术的科研和工程技术人员参考。读者若发现本书中有错误和不当之处，恳请指出或提出修正的意见，请发到以下邮箱：zzuzp@zzu.edu.cn。

作　者

目录

目录

目录

目录

目录

麦克斯韦

(James Clerk Maxwell,1831—1879,英国)

麦克斯韦总结了 19 世纪中叶以前电磁现象的研究成果,建立了电磁场的基本方程,即麦克斯韦方程组。1931 年爱因斯坦在麦克斯韦诞辰百年纪念会上曾指出:麦克斯韦的工作“是牛顿以来,物理学最深刻和最富有成果的工作”。

绪论

1. 电磁场与电磁波课程研究的内容

电磁场与电磁波是电磁学的后续课程，在电磁学课程中介绍了电场、磁场、电磁感应现象……，最后总结了电磁场的基本规律，得到麦克斯韦方程组。在电磁场课程中将利用麦克斯韦方程组更深入地研究电磁现象的基本规律，介绍在实际问题中求解电磁场和电磁波问题的一些基本方法。

2. 电磁场与电磁波课程在专业学习中的地位和作用

电磁场与电磁波是电子信息工程、通信工程等专业一门重要的专业基础课。因为所有的信息都是通过电磁场和电磁波传递的，因此电子信息工程、通信工程、电子科学与技术等专业的学生必须掌握电磁场和电磁波的基本规律。电磁场理论又是进一步学习一些后续课程的基础，例如微波技术、天线、电波传播、光纤通信、电磁兼容技术等。

电磁场理论的研究在科学技术发展的过程中起着十分重要的作用。首先，一些重要的发现和发明都是以电磁场理论的研究为基础的，例如指南针、电话、电报、电动机、发电机等。特别是无线电技术，完全是在电磁场理论研究的基础上发明、发展起来的：1864 年，麦克斯韦(英)总结了前人研究的成果，提出了系统的电磁场理论，并预言了电磁波的存在；1888 年，赫兹(德)通过实验证实了电磁波的存在；1896 年，波波夫(俄)和马克尼(意)各自独立地实现了电磁波通讯试验，开始了无线电技术的新纪元。

当前，电磁场理论在一些前沿学科，例如光纤通信、超导技术、电子对抗、电磁兼容、生物电磁学、环境电磁学等领域中，仍起着十分重要的作用。

例 1：电子对抗

电子对抗也称为电子战，是指利用电磁能量、电磁频谱进行的军事对抗，包括：电子侦察(利用卫星、预警飞机等)；电子攻击(例如电磁干扰、反辐射攻击、定向能武器等)；电子防护(电子反侦察、电子欺骗、隐身技术、抗干扰技术等)。电子战不仅能够截获敌方的军事情报、破坏敌方的指挥通信系统，还能直接摧毁敌方武器系统中的电子设备。

1991 年"海湾战争"是美军大规模实施电子对抗技术的战例，例如美军充分利用了电磁干扰技术和隐身技术。首先利用隐形飞机、巡航导弹摧毁了伊军的指挥通信系统，然后利用电磁干扰飞机发射强大的电磁干扰信号，覆盖了伊拉克军用通信信号的整个频段，使伊军的通信设备完全瘫痪了，以致萨达姆最后下达的停火命令都是由美军传达的。隐身技术是利用电磁波吸收涂料和特殊的外形设计对电磁波的吸收、散射作用，使雷达接收不到飞机的回波信号。庞大的 B-2 轰炸机的雷达截面仅和天空中的一个小鸟相当，以至于眼睛都看到飞机了，雷达还找不到。

"海湾战争"以后，电子对抗技术在世界上引起很大的震动，我国也非常重视，投入很大的人力、物力进行研究，现在已经具备了进行大规模电子战的能力。电子战已经成为一种直接用于攻防的重要作战手段，继制空权、制海权之后，现代化战争中又出现了"制电磁权"的争夺战。

例2：电磁兼容

随着科学技术的发展,越来越多的电子、电气设备进入了生产和生活的各个领域，这些设备在正常运行的同时也向外辐射电磁能量,可能对其他设备产生不良的影响,甚至造成严重的危害,这就是电磁干扰。据统计,全世界空间电磁能量平均每年增长7%～14%。在有限的空间和有限的频率资源条件下,由于各种电子、电气设备的数量与日俱增,使用的密集程度越来越大,电磁干扰的严重性也就越来越突出。下面举几个电磁干扰的实例。

在电视机旁使用电吹风,会对电视机产生干扰。收音机放在计算机旁,收音机会受到明显的干扰。

美国研制的B1轰炸机的机头上装有大量的电子设备,分离试验时这些设备都符合技术标准,把这些设备装上机头再测试,许多设备的性能大幅度下降,经过专家们大量的试验和分析,发现是由于这些设备之间相互的电磁干扰造成的。

1962年,民兵Ⅰ导弹进行实弹飞行试验时,前两次都失败了,故障现象相似,都是在第Ⅰ级发动机关机前炸毁了,炸毁前,用于制导的计算机都受到了脉冲干扰。经过分析和试验,发现故障原因是导弹飞行到一定高度时,在相互绝缘的弹头和弹体之间发生了静电放电,使导弹提前爆炸。

英阿“马岛战争”中,英国谢菲尔德号导弹驱逐舰上的雷达和通信系统互相干扰,为了确保通信不受干扰而暂时关闭了本舰雷达,导致没有及时发现来袭的飞鱼导弹,造成舰毁人亡的后果。

2002年1月20日,广州白云机场由于附近无线寻呼台发射机群信号的干扰(互调、带外辐射),迫使导航系统关闭通信扇面,导致大量的飞机在空中盘旋等待,使90多架航班延误,6000多旅客滞留机场,类似事件在我国已发生多起。美国航空无线电委员会(RTCA)也曾在一份文件中提到,一位旅客在飞机上使用调频收音机使飞机导航系统的指示偏离10°以上。

采用一定的技术手段,使同一电磁环境中的各种电子、电气设备都能正常工作,并且不干扰其他设备的正常工作,这就是电磁兼容(Electromagnetic Compatibility,EMC)。电磁兼容性学科研究的对象不仅限于各种电子、电气设备,而且包括各种电磁环境(自然电磁干扰、核电磁脉冲、静电放电、人为电磁辐射等)对人体的生态效应,信息处理设备因电磁泄漏造成的泄密等。电磁兼容性涉及的领域十分广泛,通信、广播电视、科学仪器、信息设备、航空、航天、机车、舰船、电力、军工、医疗设备、计算机、家用电器等领域中都存在电磁干扰和电磁兼容性问题。

可以看出许多新技术的产生和发展都与电磁理论的研究有关,所以有专家指出:**电磁场理论的研究是一个新技术的生长点**。

3. 电磁理论与电路的关系

电子信息工程、通信工程等专业的基础课和专业基础课可以分为两大类,一类是与场有关的课程,例如电磁学、电磁场与电磁波、微波、天线、电波传播……,另一类是与路有关的课程，例如电路分析、模拟电路、数字电路、高频电路……。这两类课程都是研究电磁现象的，方法不同。场的方法是利用麦克斯韦方程组，在给定的边界条件和初始条件下，求解空间各点电磁场量（$\boldsymbol{E}$、$\boldsymbol{B}$、$\boldsymbol{W}\cdots$）的变化规律，是逐点研究某一系统中的电磁过程。路的方法是引入电压、电流、电阻、电容、电感等概念，在某些条件下，利用等效电路来研究一个系统的电磁现象，而电阻、电容、电感等参数是由媒质的电磁参数（σ、ε、μ）确定的。

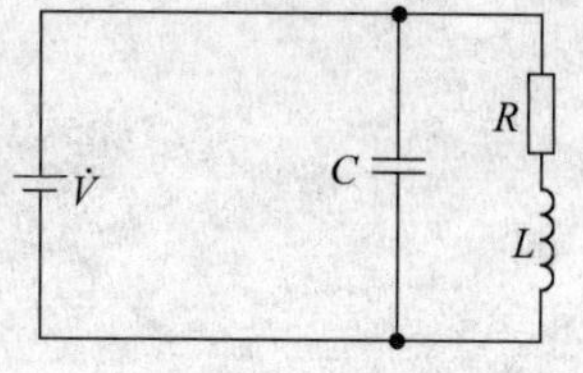

图 1　稳恒或低频电路

例如在稳恒、低频的条件下（$\lambda \gg$电路的尺寸），电路中的电阻可用等效电阻代替，电场的能量都集中在电容器中，磁场的能量都集中在电感器中，R、C、L 都是集中参数（如图 1 所示），所以这类问题可用电路的方法研究（也可用电场的方法）。

对一些高频、微波问题（λ 与电路的尺寸 L 可比，或 $\lambda < L$），沿导线电压、电流的振幅、相位是不同的，沿导线处处都存在电阻、电容、电感（如图 2 所示），不能用集中的电阻器、电容器、电感器代替，称为分布电阻、分布电容、分布电感。可用分布参数电路计算，而这些分布参数需要用场的方法计算，所以这类问题需要把场和路的方法结合起来研究。

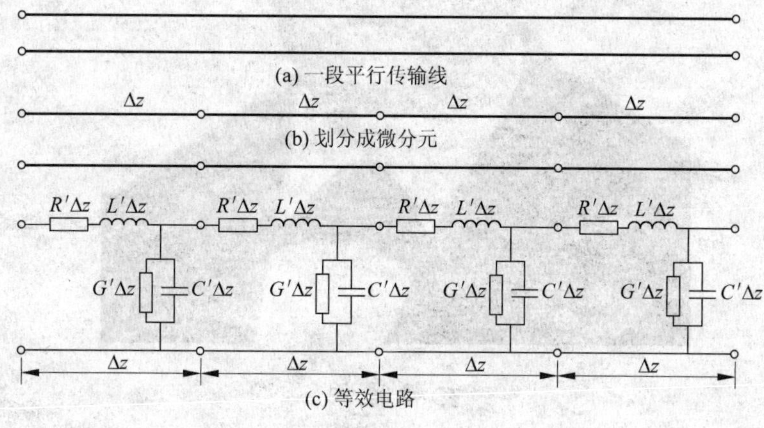

图 2　高频、微波电路

研究天线、电波传播、波导、谐振腔、光纤等问题时，电压、电流等概念失去了确切的意义，只能用场的方法研究。

总之，“场”和“路”是研究电磁现象的两种基本方法，同学们都应当很好地掌握。

亥姆霍兹

(Hermann Ludwig Ferdinand von Helmholtz,1821—1894,德国)

第一次以数学方式提出能量守恒定律。由于他的一系列讲演,麦克斯韦的电磁理论才真正引起欧洲物理学家的注意,他的学生赫兹于1887年用实验证实了电磁波的存在。亥姆霍兹对电磁学发展的另一重大贡献是他积极参与了电磁学单位制的建立。亥姆霍兹定理确立了研究矢量场的基本方法。

第1章 矢量分析

1.1 矢量运算

1. 单位矢量

单位矢量只表示矢量的方向，大小(模)是1。任意矢量 $\boldsymbol{R}$ 可以写为

$$\boldsymbol{R} = R \cdot \boldsymbol{e}_R \tag{1.1}$$

或

$$\boldsymbol{e}_R = \frac{\boldsymbol{R}}{R} \tag{1.2}$$

例如，直角坐标系中的单位矢量为 $\boldsymbol{e}_x$、$\boldsymbol{e}_y$、$\boldsymbol{e}_z$，圆柱坐标系中的单位矢量为 $\boldsymbol{e}_r$、$\boldsymbol{e}_\varphi$、$\boldsymbol{e}_z$，球坐标系中的单位矢量为 $\boldsymbol{e}_r$、$\boldsymbol{e}_\theta$、$\boldsymbol{e}_\varphi$。点电荷场强的表达式可以写为

$$\boldsymbol{E} = \frac{1}{4\pi\varepsilon_0}\frac{q}{R^2}\boldsymbol{e}_R = \frac{q}{4\pi\varepsilon_0}\frac{\boldsymbol{R}}{R^3} \tag{1.3}$$

其中 $\boldsymbol{e}_R$ 由源点指向场点。

2. 矢量加减法

矢量加减法可以用平行四边形法则(如图1.1所示)或三角形法则(如图1.2所示)表示；也可以各分量分别相加、减。例如，在直角坐标系中，两个矢量 $\boldsymbol{A}=\boldsymbol{e}_x A_x+\boldsymbol{e}_y A_y+\boldsymbol{e}_z A_z$ 与 $\boldsymbol{B}=\boldsymbol{e}_x B_x+\boldsymbol{e}_y B_y+\boldsymbol{e}_z B_z$ 之和为

$$\boldsymbol{A}+\boldsymbol{B} = \boldsymbol{e}_x(A_x+B_x)+\boldsymbol{e}_y(A_y+B_y)+\boldsymbol{e}_z(A_z+B_z) \tag{1.4}$$

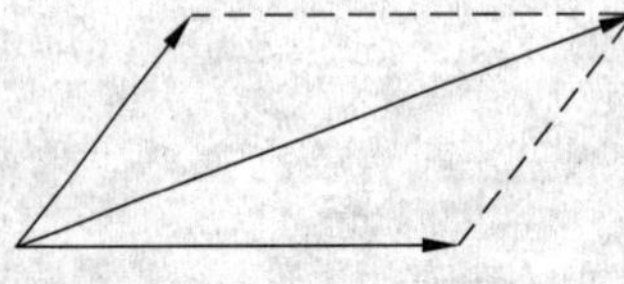

图1.1 平行四边形法则

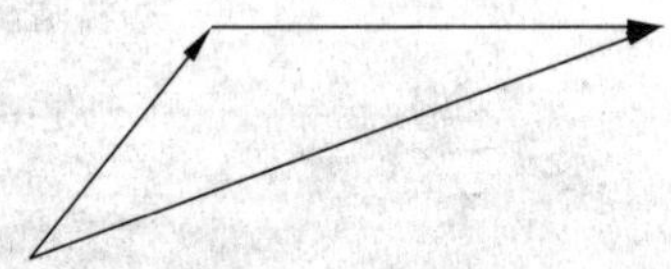

图1.2 三角形法则

3. 标量积(点乘)

两矢量的标量积为

$$\boldsymbol{A}\cdot\boldsymbol{B} = AB\cos\theta \tag{1.5}$$

其中 θ 是 $\boldsymbol{A}$ 和 $\boldsymbol{B}$ 的夹角。

4. 矢量积(叉乘)

两矢量的矢量积仍是一个矢量

$$\boldsymbol{A}\times\boldsymbol{B} = \boldsymbol{C} \tag{1.6}$$

其数值 $|\boldsymbol{A}\times\boldsymbol{B}| = AB\sin\theta$，方向由右手定则确定。两矢量的矢量积也可以用行列式表示为

$$\boldsymbol{A}\times\boldsymbol{B}=\begin{vmatrix}\boldsymbol{e}_x & \boldsymbol{e}_y & \boldsymbol{e}_z\\ A_x & A_y & A_z\\ B_x & B_y & B_z\end{vmatrix} \tag{1.7}$$

5. 混合积

两矢量的混合积可以表示为 $\boldsymbol{A}\cdot(\boldsymbol{B}\times\boldsymbol{C})$，常用的变换式为

$$\boldsymbol{A}\cdot(\boldsymbol{B}\times\boldsymbol{C})=\boldsymbol{B}\cdot(\boldsymbol{C}\times\boldsymbol{A})=\boldsymbol{C}\cdot(\boldsymbol{A}\times\boldsymbol{B}) \tag{1.8}$$

6. 常用的矢量变换式

常用的矢量变换式见附录 3。

1.2 空间矢量

空间任一点可用一个矢量表示，由原点指向该点。例如，图 1.3 中的 $P(x、y、z)$点可以用矢量表示为

$$\boldsymbol{r}=\boldsymbol{e}_x x+\boldsymbol{e}_y y+\boldsymbol{e}_z z \tag{1.9}$$

$P'(x',y',z')$点可以表示为

$$\boldsymbol{r}'=\boldsymbol{e}'_x x+\boldsymbol{e}'_y y+\boldsymbol{e}'_z z \tag{1.10}$$

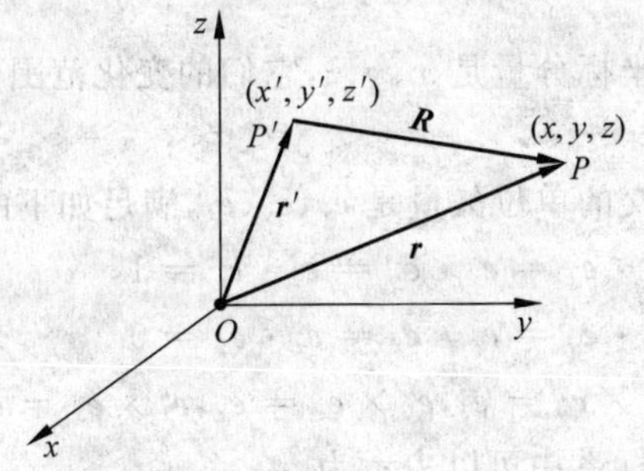

图 1.3 位置矢量和距离矢量

$\boldsymbol{r}$、$\boldsymbol{r}'$称为位置矢量。在 $P'(x',y',z')$点放一个点电荷 q(或一个带电体)，求 $P(x、y、z)$点的场强，$P'(x',y',z')$点称为源点，$P(x、y、z)$点称为场点。由源点指向场点的距离矢量为 $\boldsymbol{R}=\boldsymbol{r}-\boldsymbol{r}'$，$R$ 的大小(模)为

$$|\boldsymbol{R}|=|\boldsymbol{r}-\boldsymbol{r}'|=\sqrt{(x-x')^2+(y-y')^2+(z-z')^2} \tag{1.11}$$

方向为

$$\boldsymbol{e}_R=\frac{\boldsymbol{R}}{R}=\frac{\boldsymbol{r}-\boldsymbol{r}'}{|\boldsymbol{r}-\boldsymbol{r}'|} \tag{1.12}$$

例如，点电荷的场强可以表示为

$$\boldsymbol{E}(\boldsymbol{r})=\frac{q(\boldsymbol{r}')}{4\pi\varepsilon_0}\frac{\boldsymbol{e}_R}{R^2}=\frac{q(\boldsymbol{r}')}{4\pi\varepsilon_0}\frac{\boldsymbol{r}-\boldsymbol{r}'}{|\boldsymbol{r}-\boldsymbol{r}'|^3} \tag{1.13}$$

1.3 矢量场和标量场

1. 矢量场

电场中每一点都可以定义一个电场强度 $\boldsymbol{E}_1$、$\boldsymbol{E}_2$、…(电场强度和空间的点是一一对应的),这些矢量的总和构成一个矢量场 $\boldsymbol{E}(x、y、z、t)$,矢量场可以用场线表示,如电力线。磁场、电流密度场、流速场、引力场等也是矢量场。

2. 标量场

电场中每一点都可以定义一个电位 U_1、U_2、…$\left(U=\int_P^{P_0}\boldsymbol{E}\cdot\mathrm{d}\boldsymbol{l}\right.$,电位和空间的点也是一一对应的$\left.\right)$,这些标量的总和构成一个标量场 $U(x、y、z、t)$,标量场可以用等值面表示,如等位面。电流强度场、温度场、密度场等也是标量场。

1.4 三种常用的正交坐标系

1.4.1 直角坐标系

直角坐标系中的三个坐标分量是 x、y、z,它们的变化范围分别是

$$-\infty<x<\infty,\quad -\infty<y<\infty,\quad -\infty<z<\infty$$

直角坐标系中三个相互正交的单位矢量是 $\boldsymbol{e}_x$、$\boldsymbol{e}_y$、$\boldsymbol{e}_z$,满足如下的关系

$$\boldsymbol{e}_x\cdot\boldsymbol{e}_x=\boldsymbol{e}_y\cdot\boldsymbol{e}_y=\boldsymbol{e}_z\cdot\boldsymbol{e}_z=1 \tag{1.14}$$

$$\boldsymbol{e}_x\cdot\boldsymbol{e}_y=\boldsymbol{e}_y\cdot\boldsymbol{e}_z=\boldsymbol{e}_z\cdot\boldsymbol{e}_x=0 \tag{1.15}$$

$$\boldsymbol{e}_x\times\boldsymbol{e}_y=\boldsymbol{e}_z,\boldsymbol{e}_y\times\boldsymbol{e}_z=\boldsymbol{e}_x,\boldsymbol{e}_z\times\boldsymbol{e}_x=\boldsymbol{e}_y \tag{1.16}$$

任一矢量 $\boldsymbol{A}$ 在直角坐标系中可以表示为

$$\boldsymbol{A}=\boldsymbol{e}_xA_x+\boldsymbol{e}_yA_y+\boldsymbol{e}_zA_z \tag{1.17}$$

直角坐标系中的位置矢量为

$$\boldsymbol{r}=\boldsymbol{e}_xx+\boldsymbol{e}_yy+\boldsymbol{e}_zz \tag{1.18}$$

微分线元为

$$\mathrm{d}\boldsymbol{r}=\boldsymbol{e}_x\mathrm{d}x+\boldsymbol{e}_y\mathrm{d}y+\boldsymbol{e}_z\mathrm{d}z \tag{1.19}$$

与三个坐标方向相垂直的三个面积元分别为

$$\begin{cases}\mathrm{d}S_x=\mathrm{d}y\mathrm{d}z\\ \mathrm{d}S_y=\mathrm{d}x\mathrm{d}z\\ \mathrm{d}S_z=\mathrm{d}x\mathrm{d}y\end{cases} \tag{1.20}$$

如图 1.4 所示。直角坐标系中的体积元为

$$\mathrm{d}V=\mathrm{d}x\mathrm{d}y\mathrm{d}z \tag{1.21}$$

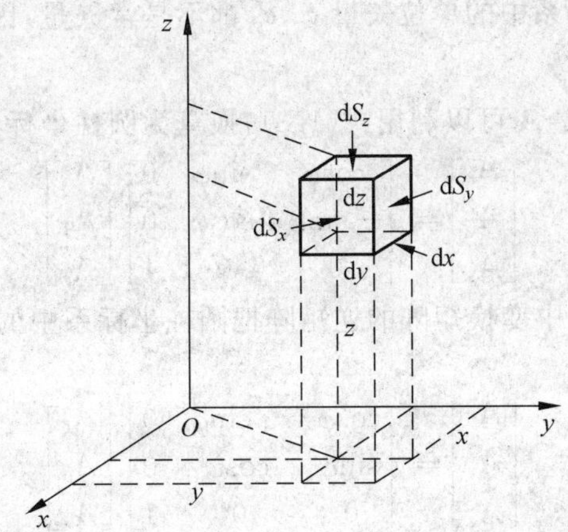

图 1.4 直角坐标系中长度元、面积元和体积元

1.4.2 圆柱坐标系

圆柱坐标系中的三个坐标分量是 r、φ、z，它们的变化范围分别是

$$0 \leqslant r < \infty, \quad 0 \leqslant \varphi \leqslant 2\pi, \quad -\infty < z < \infty$$

圆柱坐标系与直角坐标系之间的变换关系为

$$r = \sqrt{x^2 + y^2}, \quad \tan\varphi = \frac{y}{x}, \quad z = z \tag{1.22}$$

或

$$x = r\cos\varphi, \quad y = r\sin\varphi, \quad z = z \tag{1.23}$$

圆柱坐标系中三个相互正交的单位矢量是 $\boldsymbol{e}_r$、$\boldsymbol{e}_\varphi$、$\boldsymbol{e}_z$，满足如下的关系

$$\boldsymbol{e}_r \cdot \boldsymbol{e}_r = \boldsymbol{e}_\varphi \cdot \boldsymbol{e}_\varphi = \boldsymbol{e}_z \cdot \boldsymbol{e}_z = 1 \tag{1.24}$$

$$\boldsymbol{e}_r \cdot \boldsymbol{e}_\varphi = \boldsymbol{e}_\varphi \cdot \boldsymbol{e}_z = \boldsymbol{e}_z \cdot \boldsymbol{e}_r = 0 \tag{1.25}$$

$$\boldsymbol{e}_r \times \boldsymbol{e}_\varphi = \boldsymbol{e}_z, \boldsymbol{e}_\varphi \times \boldsymbol{e}_z = \boldsymbol{e}_r, \boldsymbol{e}_z \times \boldsymbol{e}_r = \boldsymbol{e}_\varphi \tag{1.26}$$

圆柱坐标系中的单位矢量与直角坐标系中单位矢量的换算关系为

$$\begin{bmatrix} \boldsymbol{e}_r \\ \boldsymbol{e}_\varphi \\ \boldsymbol{e}_z \end{bmatrix} = \begin{bmatrix} \cos\varphi & \sin\varphi & 0 \\ -\sin\varphi & \cos\varphi & 0 \\ 0 & 0 & 1 \end{bmatrix} \begin{bmatrix} \boldsymbol{e}_x \\ \boldsymbol{e}_y \\ \boldsymbol{e}_z \end{bmatrix} \tag{1.27}$$

或

$$\begin{bmatrix} \boldsymbol{e}_x \\ \boldsymbol{e}_y \\ \boldsymbol{e}_z \end{bmatrix} = \begin{bmatrix} \cos\varphi & -\sin\varphi & 0 \\ \sin\varphi & \cos\varphi & 0 \\ 0 & 0 & 1 \end{bmatrix} \begin{bmatrix} \boldsymbol{e}_r \\ \boldsymbol{e}_\varphi \\ \boldsymbol{e}_z \end{bmatrix} \tag{1.28}$$

而且

$$\frac{\mathrm{d}\boldsymbol{e}_r}{\mathrm{d}\varphi} = -\boldsymbol{e}_x \sin\varphi + \boldsymbol{e}_y \cos\varphi = \boldsymbol{e}_\varphi \tag{1.29}$$

$$\frac{\mathrm{d}\boldsymbol{e}_\varphi}{\mathrm{d}\varphi} = -\boldsymbol{e}_x \cos\varphi - \boldsymbol{e}_y \sin\varphi = -\boldsymbol{e}_r \tag{1.30}$$

应当注意，圆柱坐标系中的单位矢量 $\boldsymbol{e}_r$、$\boldsymbol{e}_\varphi$ 都不是常矢量，因为它们的方向是随空间位置的变化而变化的。

直角坐标系中的矢量 $\boldsymbol{A}$ 可以利用式(1.31)换算为圆柱坐标系中的矢量

$$\begin{bmatrix} A_r \\ A_\varphi \\ A_z \end{bmatrix} = \begin{bmatrix} \cos\varphi & \sin\varphi & 0 \\ -\sin\varphi & \cos\varphi & 0 \\ 0 & 0 & 1 \end{bmatrix} \begin{bmatrix} A_x \\ A_y \\ A_z \end{bmatrix} \tag{1.31}$$

同样，可以利用式(1.31)中变换矩阵的逆矩阵把圆柱坐标系中的矢量 $\boldsymbol{A}$ 换算为直角坐标系中的矢量

$$\begin{bmatrix} A_x \\ A_y \\ A_z \end{bmatrix} = \begin{bmatrix} \cos\varphi & -\sin\varphi & 0 \\ \sin\varphi & \cos\varphi & 0 \\ 0 & 0 & 1 \end{bmatrix} \begin{bmatrix} A_r \\ A_\varphi \\ A_z \end{bmatrix} \tag{1.32}$$

例 1.1 将矢量 $\boldsymbol{A}=\boldsymbol{e}_r 3\cos\varphi-\boldsymbol{e}_\varphi 2r+\boldsymbol{e}_z 5$ 变换到直角坐标系中。

解 利用式(1.32)可得

$$\begin{bmatrix} A_x \\ A_y \\ A_z \end{bmatrix} = \begin{bmatrix} \cos\varphi & -\sin\varphi & 0 \\ \sin\varphi & \cos\varphi & 0 \\ 0 & 0 & 1 \end{bmatrix} \begin{bmatrix} 3\cos\varphi \\ -2r \\ 5 \end{bmatrix}$$

或

$$\boldsymbol{A} = \boldsymbol{e}_x(3\cos^2\varphi + 2r\sin\varphi) + \boldsymbol{e}_y(3\sin\varphi\cos\varphi - 2r\cos\varphi) + \boldsymbol{e}_z 5$$

再由式(1.22)和式(1.23)得

$$\cos\varphi = \frac{x}{\sqrt{x^2+y^2}}, \quad \sin\varphi = \frac{y}{\sqrt{x^2+y^2}}$$

所以

$$\boldsymbol{A} = \boldsymbol{e}_x\left(\frac{3x^2}{x^2+y^2} + 2y\right) + \boldsymbol{e}_y\left(\frac{3xy}{x^2+y^2} - 2x\right) + \boldsymbol{e}_z 5$$

任一矢量 $\boldsymbol{A}$ 在圆柱坐标系中可以表示为

$$\boldsymbol{A} = \boldsymbol{e}_r A_r + \boldsymbol{e}_\varphi A_\varphi + \boldsymbol{e}_z A_z \tag{1.33}$$

圆柱坐标系中的位置矢量为

$$\boldsymbol{r} = \boldsymbol{e}_r r + \boldsymbol{e}_z z \tag{1.34}$$

其中不显含 φ 分量，已包含在 $\boldsymbol{e}_r$ 的方向中。微分线元为

$$\mathrm{d}\boldsymbol{r} = \boldsymbol{e}_r \mathrm{d}r + \boldsymbol{e}_\varphi r\mathrm{d}\varphi + \boldsymbol{e}_z \mathrm{d}z \tag{1.35}$$

可以看出，在 r、φ、z 增加方向上的微分元分别为 $\mathrm{d}r$、$r\mathrm{d}\varphi$、$\mathrm{d}z$，如图 1.5 所示。

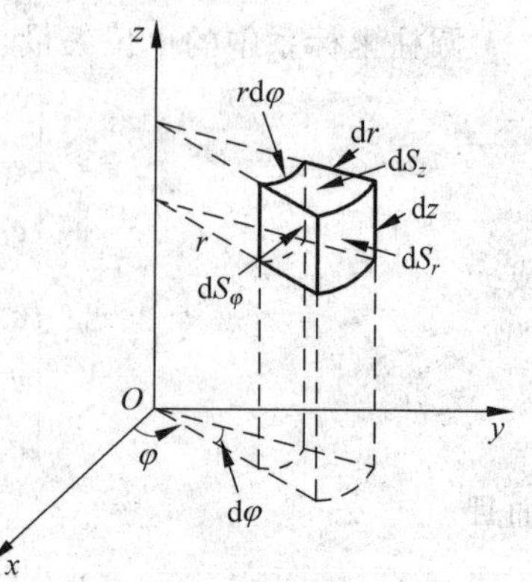

图 1.5 圆柱坐标系中长度元、面积元和体积元

圆柱坐标系中与三个坐标方向相垂直的三个面积元分别为

$$\mathrm{d}S_r = r\mathrm{d}\varphi\mathrm{d}z, \quad \mathrm{d}S_\varphi = \mathrm{d}r\mathrm{d}z, \quad \mathrm{d}S_z = r\mathrm{d}r\mathrm{d}\varphi \tag{1.36}$$

如图 1.5 所示。圆柱坐标系中的体积元为

$$\mathrm{d}V = r\mathrm{d}r\mathrm{d}\varphi\mathrm{d}z \tag{1.37}$$

1.4.3 球坐标系

球坐标系中的三个坐标分量是 r、θ、φ,它们的变化范围分别是

$$0 \leqslant r < \infty, \quad 0 \leqslant \theta \leqslant \pi, \quad 0 \leqslant \varphi \leqslant 2\pi$$

球坐标系与直角坐标系之间的变换关系为

$$r = \sqrt{x^2 + y^2 + z^2}, \quad \tan\theta = \frac{\sqrt{x^2 + y^2}}{z}, \quad \tan\varphi = \frac{y}{x} \tag{1.38}$$

或

$$x = r\sin\theta\cos\varphi, \quad y = r\sin\theta\sin\varphi, \quad z = r\cos\theta \tag{1.39}$$

球坐标系中三个相互正交的单位矢量是 $\boldsymbol{e}_r$、$\boldsymbol{e}_\theta$、$\boldsymbol{e}_\varphi$,满足如下的关系

$$\boldsymbol{e}_r \cdot \boldsymbol{e}_r = \boldsymbol{e}_\theta \cdot \boldsymbol{e}_\theta = \boldsymbol{e}_\varphi \cdot \boldsymbol{e}_\varphi = 1 \tag{1.40}$$

$$\boldsymbol{e}_r \cdot \boldsymbol{e}_\theta = \boldsymbol{e}_\theta \cdot \boldsymbol{e}_\varphi = \boldsymbol{e}_\varphi \cdot \boldsymbol{e}_r = 0 \tag{1.41}$$

$$\boldsymbol{e}_r \times \boldsymbol{e}_\theta = \boldsymbol{e}_\varphi, \boldsymbol{e}_\theta \times \boldsymbol{e}_\varphi = \boldsymbol{e}_r, \boldsymbol{e}_\varphi \times \boldsymbol{e}_r = \boldsymbol{e}_\theta \tag{1.42}$$

球坐标系中的单位矢量与直角坐标系中单位矢量的换算关系为

$$\begin{bmatrix} \boldsymbol{e}_r \\ \boldsymbol{e}_\theta \\ \boldsymbol{e}_\varphi \end{bmatrix} = \begin{bmatrix} \sin\theta\cos\varphi & \sin\theta\sin\varphi & \cos\theta \\ \cos\theta\cos\varphi & \cos\theta\sin\varphi & -\sin\theta \\ -\sin\varphi & \cos\varphi & 0 \end{bmatrix} \begin{bmatrix} \boldsymbol{e}_x \\ \boldsymbol{e}_y \\ \boldsymbol{e}_z \end{bmatrix} \tag{1.43}$$

或

$$\begin{bmatrix} \boldsymbol{e}_x \\ \boldsymbol{e}_y \\ \boldsymbol{e}_z \end{bmatrix} = \begin{bmatrix} \sin\theta\cos\varphi & \cos\theta\cos\varphi & -\sin\varphi \\ \sin\theta\sin\varphi & \cos\theta\sin\varphi & \cos\varphi \\ \cos\theta & -\sin\theta & 0 \end{bmatrix} \begin{bmatrix} \boldsymbol{e}_r \\ \boldsymbol{e}_\theta \\ \boldsymbol{e}_\varphi \end{bmatrix} \tag{1.44}$$

而且

$$\begin{cases} \dfrac{\partial \boldsymbol{e}_r}{\partial \theta} = \boldsymbol{e}_\theta, \dfrac{\partial \boldsymbol{e}_r}{\partial \varphi} = \boldsymbol{e}_\varphi \sin\theta \\ \dfrac{\partial \boldsymbol{e}_\theta}{\partial \theta} = -\boldsymbol{e}_r, \dfrac{\partial \boldsymbol{e}_\theta}{\partial \varphi} = \boldsymbol{e}_\varphi \cos\theta \\ \dfrac{\partial \boldsymbol{e}_\varphi}{\partial \theta} = 0, \dfrac{\partial \boldsymbol{e}_\varphi}{\partial \varphi} = -\boldsymbol{e}_r \sin\theta - \boldsymbol{e}_\theta \cos\theta \end{cases} \tag{1.45}$$

应当注意,球坐标系中的单位矢量 $\boldsymbol{e}_r$、$\boldsymbol{e}_\theta$、$\boldsymbol{e}_\varphi$ 都不是常矢量,因为它们的方向是随空间位置变化而变化的。

直角坐标系中的矢量 $\boldsymbol{A}$ 可以利用式(1.46)换算为球坐标系中的矢量

$$\begin{bmatrix} A_r \\ A_\theta \\ A_\varphi \end{bmatrix} = \begin{bmatrix} \sin\theta\cos\varphi & \sin\theta\sin\varphi & \cos\theta \\ \cos\theta\cos\varphi & \cos\theta\sin\varphi & -\sin\theta \\ -\sin\varphi & \cos\varphi & 0 \end{bmatrix} \begin{bmatrix} A_x \\ A_y \\ A_z \end{bmatrix} \tag{1.46}$$

同样,可以利用式(1.46)中变换矩阵的逆矩阵把球坐标系中的矢量 $\boldsymbol{A}$ 换算为直角坐标系中的矢量

$$\begin{bmatrix} A_x \\ A_y \\ A_z \end{bmatrix} = \begin{bmatrix} \sin\theta\cos\varphi & \cos\theta\cos\varphi & -\sin\varphi \\ \sin\theta\sin\varphi & \cos\theta\sin\varphi & \cos\varphi \\ \cos\theta & -\sin\theta & 0 \end{bmatrix} \begin{bmatrix} A_r \\ A_\theta \\ A_\varphi \end{bmatrix} \tag{1.47}$$

任一矢量 **A** 在球坐标系中可以表示为

$$\boldsymbol{A} = \boldsymbol{e}_r A_r + \boldsymbol{e}_\theta A_\theta + \boldsymbol{e}_\varphi A_\varphi \tag{1.48}$$

球坐标系中的位置矢量为

$$\boldsymbol{r} = \boldsymbol{e}_r r \tag{1.49}$$

其中不显含 θ 分量和 φ 分量,已包含在 $\boldsymbol{e}_r$ 的方向中。

微分线元为

$$\mathrm{d}\boldsymbol{r} = \boldsymbol{e}_r \mathrm{d}r + \boldsymbol{e}_\theta r\mathrm{d}\theta + \boldsymbol{e}_\varphi r\sin\theta\mathrm{d}\varphi \tag{1.50}$$

可以看出,在 r、θ、φ 增加方向上的微分元分别为 $\mathrm{d}r$、$r\mathrm{d}\theta$、$r\sin\theta\mathrm{d}\varphi$,如图 1.6 所示。

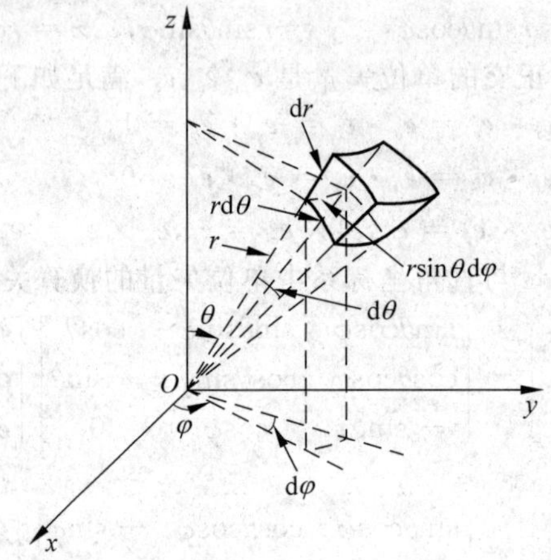

图 1.6　球坐标系中长度元、面积元和体积元

球坐标系中与三个坐标方向相垂直的三个面积元分别为

$$\begin{cases} \mathrm{d}S_r = r^2\sin\theta\mathrm{d}\theta\mathrm{d}\varphi \\ \mathrm{d}S_\theta = r\sin\theta\mathrm{d}r\mathrm{d}\varphi \\ \mathrm{d}S_\varphi = r\mathrm{d}r\mathrm{d}\theta \end{cases} \tag{1.51}$$

如图 1.6 所示。球坐标系中的体积元为

$$\mathrm{d}V = r^2\sin\theta\mathrm{d}r\mathrm{d}\theta\mathrm{d}\varphi \tag{1.52}$$

1.5　矢量的微分

1.5.1　矢量场的散度,散度定理

1. 矢量的通量

首先定义面元矢量为

$$\mathrm{d}\boldsymbol{S} = \hat{\boldsymbol{n}}\mathrm{d}S \quad 或 \quad \mathrm{d}S = \hat{\boldsymbol{n}}\cdot\mathrm{d}\boldsymbol{S} \tag{1.53}$$

其中 $\hat{\boldsymbol{n}}$ 是面元的单位法线矢量。

设有一矢量场 $\boldsymbol{A}$，在场中任取一面元 $\mathrm{d}\boldsymbol{S}$，如图1.7所示，则

$$\mathrm{d}\Phi = \boldsymbol{A} \cdot \mathrm{d}\boldsymbol{S} = A\cos\theta \mathrm{d}S \tag{1.54}$$

称为 $\boldsymbol{A}$ 穿过 $\mathrm{d}\boldsymbol{S}$ 的通量。

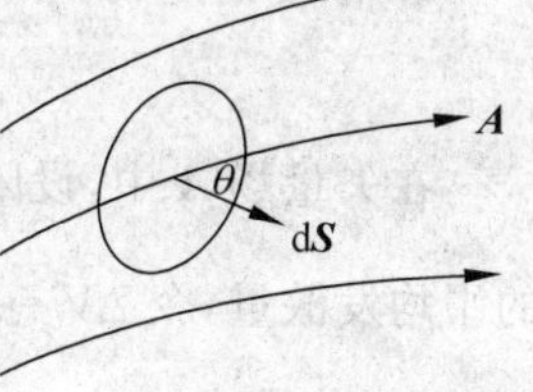

图1.7　$\boldsymbol{A}$ 穿过 $\mathrm{d}\boldsymbol{S}$ 的通量

例如，在电场中，电通量 $\mathrm{d}\Phi_E = \boldsymbol{E} \cdot \mathrm{d}\boldsymbol{S}$。在磁场中，磁通量 $\mathrm{d}\Phi_B = \boldsymbol{B} \cdot \mathrm{d}\boldsymbol{S}$。穿过曲面 S 的通量为

$$\Phi = \iint_S \boldsymbol{A} \cdot \mathrm{d}\boldsymbol{S} \tag{1.55}$$

2. 矢量场的散度

1) 穿过闭合曲面的通量及其物理定义

如图1.8所示，在矢量场 $\boldsymbol{A}$ 中，围绕某一点 P 作一闭合曲面 S，法线方向向外，则 $\Phi = \oiint_S \boldsymbol{A} \cdot \mathrm{d}\boldsymbol{S}$ 是矢量 $\boldsymbol{A}$ 穿过闭合曲面 S 的通量或发散量。

若 $\Phi > 0$，则流出 S 面的通量大于流入的通量，即通量由 S 面内向外扩散，说明 S 面内有正源，如图1.9所示。

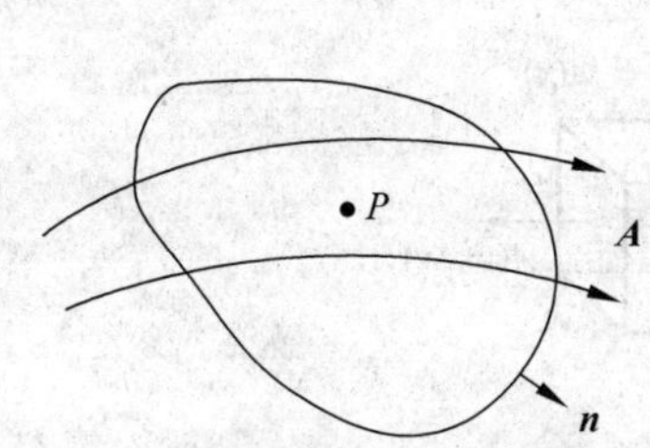

图1.8　矢量 $\boldsymbol{A}$ 穿过闭合曲面 S 的通量

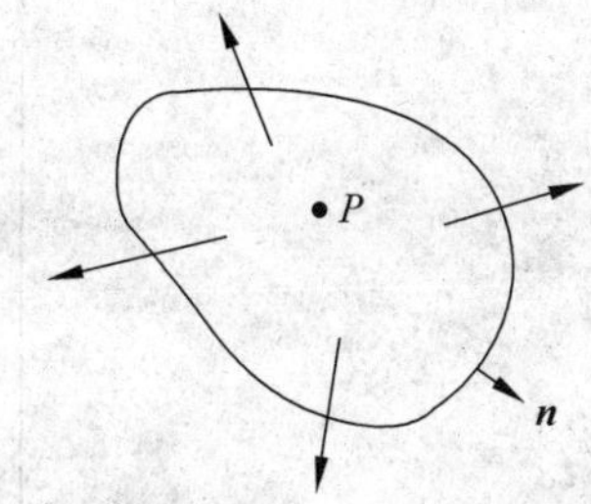

图1.9　通量由 S 面内向外扩散

若 $\Phi < 0$，则流入 S 面的通量大于流出的通量，即通量向 S 面内汇集，说明 S 面内有负源，如图1.10所示。

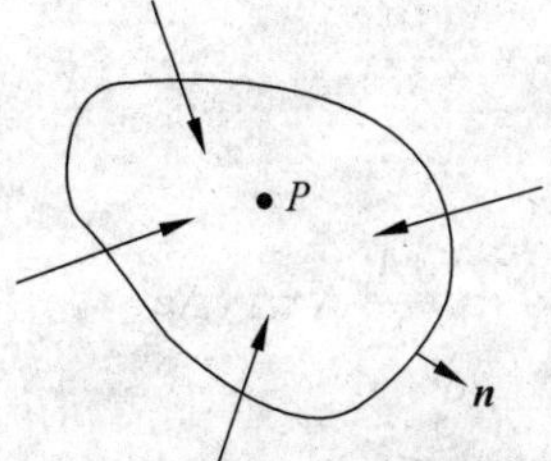

图1.10　通量向 S 面内汇集

若 $\Phi = 0$，则流入 S 面的通量等于流出的通量，说明 S 面内无源，如图1.8所示。

例如，对于静电场，$\Phi_E = \oiint_S \boldsymbol{E} \cdot \mathrm{d}\boldsymbol{S} = \frac{q}{\varepsilon_0}$，如果 S 面内的净余电荷为正，$\Phi_E > 0$，说明电通量由 S 面内向外扩散；如果 S 面内的净余电荷为负，$\Phi_E < 0$，说明电通量向 S 面内汇集，由此可以证明电力线是从正电荷发出，终止于负电荷。对于磁场，$\oiint_S \boldsymbol{B} \cdot \mathrm{d}\boldsymbol{S} = 0$，说明 S 面内无源，所以 $\boldsymbol{B}$ 线是闭合曲线。

2）散度的定义

在矢量场 $\boldsymbol{A}$ 中，设闭合曲面 S 包围的体积为 ΔV，则 $\dfrac{\oiint_S \boldsymbol{A}\cdot \mathrm{d}\boldsymbol{S}}{\Delta V}$ 称为矢量场 $\boldsymbol{A}$ 在 ΔV 内的平均发散量，令 $\Delta V\to 0$，就得到矢量场 $\boldsymbol{A}$ 在 P 点的发散量或散度，记作 $\mathrm{div}\boldsymbol{A}$，即

$$\mathrm{div}\boldsymbol{A}=\lim_{\Delta V\to 0}\frac{\oiint_S \boldsymbol{A}\cdot \mathrm{d}\boldsymbol{S}}{\Delta V} \tag{1.56}$$

可以看出，矢量(场)的散度是一个标量(场)。

3）散度的表达式

下面以在直角坐标系中为例推导散度的表达式，在矢量场 $\boldsymbol{A}$ 中作一平行六面体，边长分别为 Δx、Δy、Δz，x、y、z 具有最小值的顶点的坐标为 $P(x,y,z)$ 点，如图 1.11 所示。分别计算穿过三对表面的通量，计算中应注意：在每个面上 $\mathrm{d}S$ 的方向总是向外的。从左右一对侧面穿出的净余通量为

$$\iint_{\text{左右}}\boldsymbol{A}\cdot \mathrm{d}\boldsymbol{S}=-A_y(y)\Delta z\Delta x+\left[A_y(y)+\frac{\partial A_y}{\partial y}\Delta y\right]\Delta z\Delta x=\frac{\partial A_y}{\partial y}\Delta x\Delta y\Delta z$$

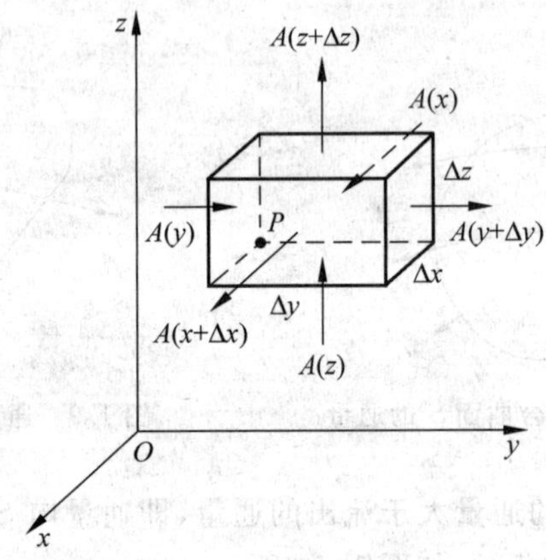

图 1.11　在直角坐标系内计算∇·**A**

从上下一对底面穿出的净余通量为

$$\iint_{\text{上下}}\boldsymbol{A}\cdot \mathrm{d}\boldsymbol{S}=-A_z(z)\Delta x\Delta y+\left[A_z(z)+\frac{\partial A_z}{\partial z}\Delta z\right]\Delta x\Delta y=\frac{\partial A_z}{\partial z}\Delta x\Delta y\Delta z$$

从前后一对侧面穿出的净余通量为

$$\iint_{\text{前后}}\boldsymbol{A}\cdot \mathrm{d}\boldsymbol{S}=-A_x(x)\Delta y\Delta z+\left[A_x(x)+\frac{\partial A_x}{\partial x}\Delta x\right]\Delta y\Delta z=\frac{\partial A_x}{\partial x}\Delta x\Delta y\Delta z$$

而 $\Delta x\Delta y\Delta z=\Delta V$，代入(1.56)式可得

$$\lim_{\Delta V\to 0}\frac{\oiint_S \boldsymbol{A}\cdot \mathrm{d}\boldsymbol{S}}{\Delta V}=\lim_{\Delta V\to 0}\frac{\left(\dfrac{\partial A_x}{\partial x}+\dfrac{\partial A_y}{\partial y}+\dfrac{\partial A_z}{\partial z}\right)\Delta x\Delta y\Delta z}{\Delta x\Delta y\Delta z}=\frac{\partial A_x}{\partial x}+\frac{\partial A_y}{\partial y}+\frac{\partial A_z}{\partial z}$$

所以在直角坐标系中 $\boldsymbol{A}$ 的散度为

$$\mathrm{div}\boldsymbol{A}=\frac{\partial A_x}{\partial x}+\frac{\partial A_y}{\partial y}+\frac{\partial A_z}{\partial z} \tag{1.57}$$

在直角坐标系中哈密顿算符可以写为

$$\nabla=\boldsymbol{e}_x\frac{\partial}{\partial x}+\boldsymbol{e}_y\frac{\partial}{\partial y}+\boldsymbol{e}_z\frac{\partial}{\partial z} \tag{1.58}$$

所以 $\boldsymbol{A}$ 的散度也可以写为

$$\begin{aligned}\nabla\cdot\boldsymbol{A}&=\left(\boldsymbol{e}_x\frac{\partial}{\partial x}+\boldsymbol{e}_y\frac{\partial}{\partial y}+\boldsymbol{e}_z\frac{\partial}{\partial z}\right)\cdot(\boldsymbol{e}_xA_x+\boldsymbol{e}_yA_y+\boldsymbol{e}_zA_z)\\&=\frac{\partial A_x}{\partial x}+\frac{\partial A_y}{\partial y}+\frac{\partial A_z}{\partial z}\end{aligned} \tag{1.59}$$

圆柱坐标系和球坐标系中散度的表达式见附录3。

3. 散度定理(高斯定理)

散度定理可以表述为：矢量场 $\boldsymbol{A}$ 穿过任一闭合曲面 S 的通量等于它所包围的体积 V 内 $\boldsymbol{A}$ 散度的积分，即

$$\oint\!\!\!\oint_S\boldsymbol{A}\cdot\mathrm{d}\boldsymbol{S}=\iiint_V\nabla\cdot\boldsymbol{A}\mathrm{d}V \tag{1.60}$$

利用散度定理，可以把面积分变为体积分，也可以把体积分变为面积分。为了证明散度定理，把闭合曲面 S 所包围的体积 V 分割成许多个小体积元 ΔV_1、ΔV_2、…，如图1.12所示，对于任意一个小体积元 ΔV_i，由(1.56)式可以写出

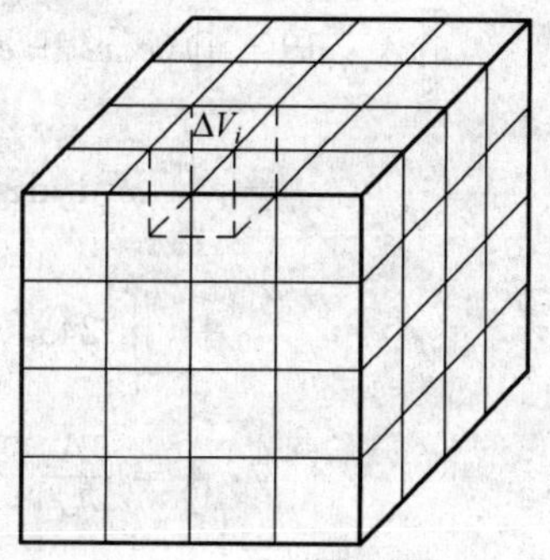

图1.12 证明散度定理

$$\oint\!\!\!\oint_{S_i}\boldsymbol{A}\cdot\mathrm{d}\boldsymbol{S}=(\nabla\cdot\boldsymbol{A})\Delta V_i$$

其中 S_i 是包围 ΔV_i 的表面。矢量场 $\boldsymbol{A}$ 穿过闭合曲面 S 总的通量可以写为

$$\begin{aligned}\oint\!\!\!\oint_S\boldsymbol{A}\cdot\mathrm{d}\boldsymbol{S}&=\oint\!\!\!\oint_{S_1}\boldsymbol{A}\cdot\mathrm{d}\boldsymbol{S}+\oint\!\!\!\oint_{S_2}\boldsymbol{A}\cdot\mathrm{d}\boldsymbol{S}+\cdots\\&=(\nabla\cdot\boldsymbol{A})\Delta V_1+(\nabla\cdot\boldsymbol{A})\Delta V_2+\cdots\\&=\iiint_V\nabla\cdot\boldsymbol{A}\mathrm{d}V\end{aligned}$$

由于穿过相邻的两体积元之间公共表面的通量互相抵消(对于一个体积元穿出的通量，对于相邻的体积元一定是穿入)，所以对 $\oint\!\!\!\oint_{S_i}\boldsymbol{A}\cdot\mathrm{d}\boldsymbol{S}$ 求和就可以得到穿过闭合曲面 S 总的通量，这样就证明了散度定理。

利用散度定理，可以把麦克斯韦方程组中电场的高斯定理和磁场的高斯定理由积分形式改写为微分形式。电场的高斯定理

$$\oint_S \boldsymbol{D} \cdot \mathrm{d}\boldsymbol{S} = \sum q_0 = \iiint_V \rho_0 \mathrm{d}V \tag{1.61}$$

V 是闭合曲面 S 包围的体积。由散度定理

$$\oint_S \boldsymbol{D} \cdot \mathrm{d}\boldsymbol{S} = \iiint_V \nabla \cdot \boldsymbol{D} \mathrm{d}V \tag{1.62}$$

由式(1.61)和式(1.62)可得

$$\nabla \cdot \boldsymbol{D} = \rho_0 \tag{1.63}$$

式(1.63)即是电场高斯定理的微分形式。

同理,可以把磁场的高斯定理

$$\oint_S \boldsymbol{B} \cdot \mathrm{d}\boldsymbol{S} = 0 \tag{1.64}$$

改写为微分形式

$$\nabla \cdot \boldsymbol{B} = 0 \tag{1.65}$$

例 1.2 已知矢量 $\boldsymbol{A} = \boldsymbol{e}_x x^2 + \boldsymbol{e}_y x^2 y^2 + \boldsymbol{e}_z 24x^2 y^2 z^3$,对中心在原点的一个单位立方体验证散度定理。

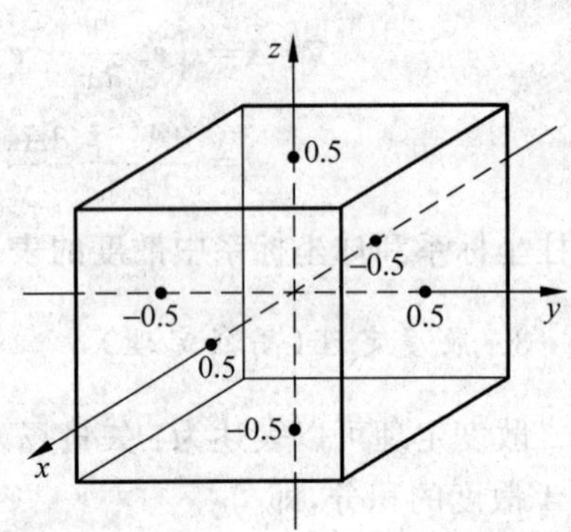

图 1.13 例 1.2 用图

解 如图 1.13 所示。

$$\oint_S \boldsymbol{A} \cdot \mathrm{d}\boldsymbol{S} = \oint_S (\boldsymbol{e}_x x^2 + \boldsymbol{e}_y x^2 y^2 + \boldsymbol{e}_z 24x^2 y^2 z^3) \cdot \mathrm{d}\boldsymbol{S}$$

$$= \iint_{x=0.5} x^2 \mathrm{d}y\mathrm{d}z - \iint_{x=-0.5} x^2 \mathrm{d}y\mathrm{d}z + \iint_{y=0.5} x^2 y^2 \mathrm{d}x\mathrm{d}z - \iint_{y=-0.5} x^2 y^2 \mathrm{d}x\mathrm{d}z$$

$$+ \iint_{z=0.5} 24x^2 y^2 z^3 \mathrm{d}x\mathrm{d}y - \iint_{z=-0.5} 24x^2 y^2 z^3 \mathrm{d}x\mathrm{d}y = \frac{1}{24}$$

$$\nabla \cdot \boldsymbol{A} = \frac{\partial A_x}{\partial x} + \frac{\partial A_y}{\partial y} + \frac{\partial A_z}{\partial z} = 2x + 2x^2 y + 72x^2 y^2 z^2$$

$$\iiint_V \nabla \cdot \boldsymbol{A} \mathrm{d}V = \int_{-0.5}^{0.5}\int_{-0.5}^{0.5}\int_{-0.5}^{0.5} (2x + 2x^2 y + 72x^2 y^2 z^2) \mathrm{d}x\mathrm{d}y\mathrm{d}z = \frac{1}{24}$$

则

$$\iiint_V \nabla \cdot \boldsymbol{A} \mathrm{d}V = \oint_S \boldsymbol{A} \cdot \mathrm{d}\boldsymbol{S}$$

1.5.2 矢量场的旋度,斯托克斯定理

1. 矢量的环流

矢量 $\boldsymbol{A}$ 沿闭合回路 l 的线积分称为环流。

$$\Gamma_A = \oint_l \boldsymbol{A} \cdot \mathrm{d}\boldsymbol{l} \tag{1.66}$$

若 $\Gamma_A \neq 0$,则矢量场 $\boldsymbol{A}$ 为涡旋场,场线是连续的闭合曲线。例如,对于磁场

$$\oint_l \boldsymbol{H} \cdot \mathrm{d}\boldsymbol{l} = I_0 + \iint_S \frac{\partial \boldsymbol{D}}{\partial t} \cdot \mathrm{d}\boldsymbol{S} \neq 0$$

所以磁力线是连续的闭合曲线。

若 $\Gamma_A = 0$，则矢量场 $\boldsymbol{A}$ 为无旋场，可以引入位的概念。例如，对于静电场

$$\oint_l \boldsymbol{E} \cdot \mathrm{d}\boldsymbol{l} = 0$$

所以电力线不闭合，引入了电位。

2. 矢量场的旋度

1）旋度的定义

设闭合回路 l 所围的面积为 ΔS，其法线矢量 $\hat{\boldsymbol{n}}$ 与 l 构成右手关系，则 $\dfrac{\oint_l \boldsymbol{A} \cdot \mathrm{d}\boldsymbol{l}}{\Delta S}$ 称为矢量场 $\boldsymbol{A}$ 在 ΔS 内沿 $\hat{\boldsymbol{n}}$ 方向的平均涡旋量，令 $\Delta S \to 0$（ΔS 收缩成一点 P）就得到矢量场 $\boldsymbol{A}$ 在 P 点处沿 $\hat{\boldsymbol{n}}$ 方向的涡旋量

$$\lim_{\Delta S \to 0} \frac{\oint_l \boldsymbol{A} \cdot \mathrm{d}\boldsymbol{l}}{\Delta S} = (\mathrm{rot})_n \boldsymbol{A} \qquad (1.67)$$

例如，一导线载有电流 I，在导线周围产生的磁场 $\boldsymbol{H}$ 如图 1.14 所示，任取一环路 $\boldsymbol{l}$，则

$$\lim_{\Delta S \to 0} \frac{\oint_l \boldsymbol{H} \cdot \mathrm{d}\boldsymbol{l}}{\Delta S} = (\mathrm{rot})_n \boldsymbol{H}$$

当 $\mathrm{d}\boldsymbol{S}$ 与 I 同方向时，$\boldsymbol{H}$ 与 $\mathrm{d}\boldsymbol{l}$ 方向处处相同，$(\mathrm{rot})_n \boldsymbol{H}$ 最大，称为 $\boldsymbol{H}$ 的旋度，记为

$$\mathrm{rot}\boldsymbol{H} \quad 或 \quad \nabla \times \boldsymbol{H}$$

所以矢量场 $\boldsymbol{A}$ 中某一点处的旋度是一个矢量，大小等于该点处 $(\mathrm{rot})_n \boldsymbol{A}$ 正的最大值；方向沿该点处 $(\mathrm{rot})_n \boldsymbol{A}$ 取正的最大值时 $\hat{\boldsymbol{n}}$ 的方向。

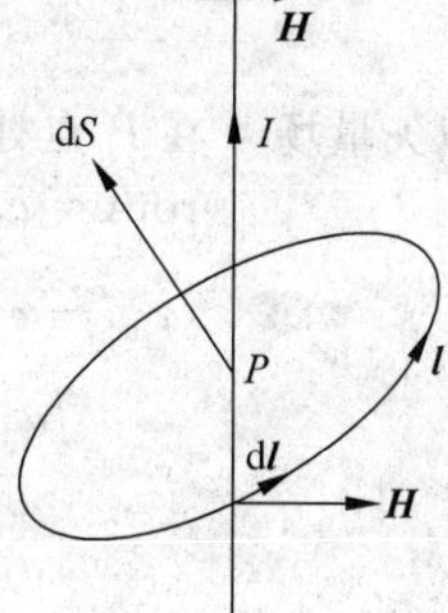

图 1.14 载流导线的磁场

2）旋度的表达式

下面在直角坐标系中推导旋度的表达式。在矢量场 $\boldsymbol{A}$ 中取一个平行于 yz 平面的矩形小面元，边长分别为 Δy、Δz，面积为 ΔS_x，y、z 具有最小值的顶点的坐标为 $P(x,y,z)$ 点，如图 1.15 所示。$\boldsymbol{A}$ 沿回路 1234 的积分为

$$\begin{aligned}\oint_l \boldsymbol{A} \cdot \mathrm{d}\boldsymbol{l} &= \int_1 \boldsymbol{A} \cdot \mathrm{d}\boldsymbol{l} + \int_2 \boldsymbol{A} \cdot \mathrm{d}\boldsymbol{l} + \int_3 \boldsymbol{A} \cdot \mathrm{d}\boldsymbol{l} + \int_4 \boldsymbol{A} \cdot \mathrm{d}\boldsymbol{l} \\ &= A_y \Delta y + \left(A_z + \frac{\partial A_z}{\partial y}\Delta y\right)\Delta z - \left(A_y + \frac{\partial A_y}{\partial z}\Delta z\right)\Delta y - A_z \Delta z \\ &= \left(\frac{\partial A_z}{\partial y} - \frac{\partial A_y}{\partial z}\right)\Delta y \Delta z\end{aligned}$$

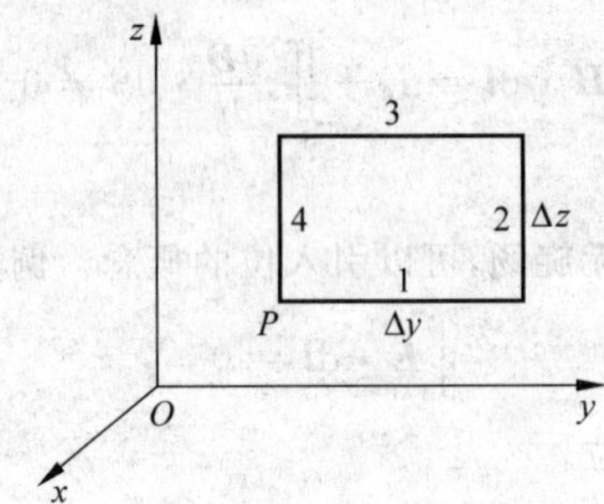

图 1.15　在直角坐标系内计算∇×**A**

所以矢量场 **A** 在 P 点处沿 x 方向的涡旋量为

$$(\mathrm{rot})_x \boldsymbol{A} = \lim_{\Delta S_x \to 0} \frac{\oint_l \boldsymbol{A} \cdot \mathrm{d}\boldsymbol{l}}{\Delta S_x} = \frac{\partial A_z}{\partial y} - \frac{\partial A_y}{\partial z}$$

同理,分别取平行于 xz 平面和 xy 平面的矩形小面元,可以导出矢量场 **A** 在 P 点处沿 y 方向和 z 方向的涡旋量

$$(\mathrm{rot})_y \boldsymbol{A} = \lim_{\Delta S_y \to 0} \frac{\oint_l \boldsymbol{A} \cdot \mathrm{d}\boldsymbol{l}}{\Delta S_y} = \frac{\partial A_x}{\partial z} - \frac{\partial A_z}{\partial x}$$

$$(\mathrm{rot})_z \boldsymbol{A} = \lim_{\Delta S_z \to 0} \frac{\oint_l \boldsymbol{A} \cdot \mathrm{d}\boldsymbol{l}}{\Delta S_z} = \frac{\partial A_y}{\partial x} - \frac{\partial A_x}{\partial y}$$

所以矢量场 **A** 在 P 点处的旋度为

$$\begin{aligned}\mathrm{rot}\boldsymbol{A} &= \boldsymbol{e}_x (\mathrm{rot})_x \boldsymbol{A} + \boldsymbol{e}_y (\mathrm{rot})_y \boldsymbol{A} + \boldsymbol{e}_z (\mathrm{rot})_z \boldsymbol{A} \\ &= \boldsymbol{e}_x \left(\frac{\partial A_z}{\partial y} - \frac{\partial A_y}{\partial z}\right) + \boldsymbol{e}_y \left(\frac{\partial A_x}{\partial z} - \frac{\partial A_z}{\partial x}\right) + \boldsymbol{e}_z \left(\frac{\partial A_y}{\partial x} - \frac{\partial A_x}{\partial y}\right)\end{aligned} \tag{1.68}$$

或

$$\nabla \times \boldsymbol{A} = \begin{vmatrix} \boldsymbol{e}_x & \boldsymbol{e}_y & \boldsymbol{e}_z \\ \dfrac{\partial}{\partial x} & \dfrac{\partial}{\partial y} & \dfrac{\partial}{\partial z} \\ A_x & A_y & A_z \end{vmatrix} \tag{1.69}$$

圆柱坐标系和球坐标系中旋度的表达式见附录3。

3) 旋度的一个重要性质

旋度的一个重要性质为:一个矢量场旋度的散度恒等于零,即

$$\nabla \cdot \nabla \times \boldsymbol{A} = 0 \tag{1.70}$$

下面在直角坐标系中证明这个性质。

$$\begin{aligned}\nabla \cdot \nabla \times \boldsymbol{A} &= \left(\boldsymbol{e}_x \frac{\partial}{\partial x} + \boldsymbol{e}_y \frac{\partial}{\partial y} + \boldsymbol{e}_z \frac{\partial}{\partial z}\right) \\ &\quad \cdot \left[\boldsymbol{e}_x \left(\frac{\partial A_z}{\partial y} - \frac{\partial A_y}{\partial z}\right) + \boldsymbol{e}_y \left(\frac{\partial A_x}{\partial z} - \frac{\partial A_z}{\partial x}\right) + \boldsymbol{e}_z \left(\frac{\partial A_y}{\partial x} - \frac{\partial A_x}{\partial y}\right)\right] \\ &= \frac{\partial}{\partial x}\left(\frac{\partial A_z}{\partial y} - \frac{\partial A_y}{\partial z}\right) + \frac{\partial}{\partial y}\left(\frac{\partial A_x}{\partial z} - \frac{\partial A_z}{\partial x}\right) + \frac{\partial}{\partial z}\left(\frac{\partial A_y}{\partial x} - \frac{\partial A_x}{\partial y}\right) \\ &= 0\end{aligned}$$

3. 斯托克斯定理

斯托克斯定理可以表述为：矢量场 $\boldsymbol{A}$ 沿任意闭合回路 l 上的环量等于以 l 为边界的曲面 S 上 $\boldsymbol{A}$ 旋度的积分，即

$$\oint_l \boldsymbol{A} \cdot \mathrm{d}\boldsymbol{l} = \iint_S (\nabla \times \boldsymbol{A}) \cdot \mathrm{d}\boldsymbol{S} \tag{1.71}$$

利用斯托克斯定理，可以把线积分变为面积分，也可以把面积分变为线积分。为了证明斯托克斯定理，把闭合回路 l 所包围的曲面 S 分割成许多个小面元 ΔS_1、ΔS_2、……，包围每一个小面元的闭合回路的方向与大回路 l 的方向相同，如图 1.16 所示，对于任意一个小面元 ΔS_i，由式(1.66)可以写出

$$\oint_{l_i} \boldsymbol{A} \cdot \mathrm{d}\boldsymbol{l} = (\mathrm{rot})_{n_i} \boldsymbol{A} \mathrm{d}S_i = \nabla \times \boldsymbol{A} \cdot \mathrm{d}\boldsymbol{S}_i$$

其中 l_i 是面元 ΔS_i 的边界。矢量场 $\boldsymbol{A}$ 沿回路 l 的环流可以写为

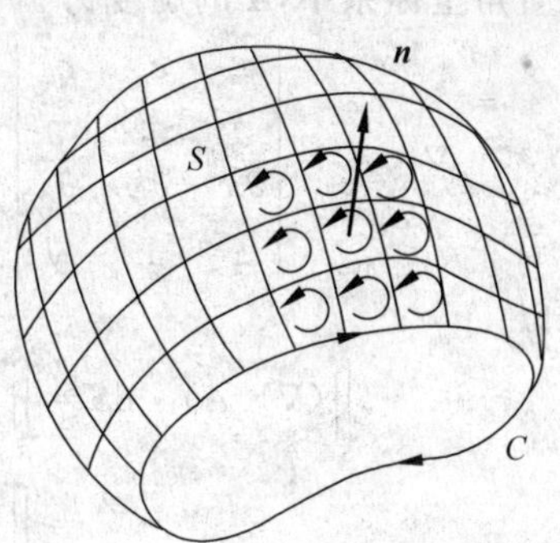

图 1.16 证明斯托克斯定理

$$\begin{aligned}\oint_l \boldsymbol{A} \cdot \mathrm{d}\boldsymbol{l} &= \oint_{l_1} \boldsymbol{A} \cdot \mathrm{d}\boldsymbol{l} + \oint_{l_2} \boldsymbol{A} \cdot \mathrm{d}\boldsymbol{l} + \cdots \\ &= \nabla \times \boldsymbol{A} \cdot \mathrm{d}\boldsymbol{S}_1 + \nabla \times \boldsymbol{A} \cdot \mathrm{d}\boldsymbol{S}_2 + \cdots = \iint_S \nabla \times \boldsymbol{A} \cdot \mathrm{d}\boldsymbol{S}\end{aligned}$$

由于相邻的两面元在公共边界上的环流方向相反，互相抵消，所以对 $\oint_{l_i} \boldsymbol{A} \cdot \mathrm{d}\boldsymbol{l}$ 求和就可以得到沿回路 l 的总的环流，这样就证明了斯托克斯定理。

利用斯托克斯定理，可以把麦克斯韦方程组中磁场的环路定理和电场的环路定理由积分形式改写为微分形式。磁场的环路定理

$$\oint_l \boldsymbol{H} \cdot \mathrm{d}\boldsymbol{l} = I_0 + \iint_S \frac{\partial \boldsymbol{D}}{\partial t} \cdot \mathrm{d}\boldsymbol{S} = \iint_S \left(\boldsymbol{J} + \frac{\partial \boldsymbol{D}}{\partial t}\right) \cdot \mathrm{d}\boldsymbol{S} \tag{1.72}$$

S 是闭合回路 l 包围的面积。由斯托克斯定理

$$\oint_l \boldsymbol{H} \cdot \mathrm{d}\boldsymbol{l} = \iint_S (\nabla \times \boldsymbol{H}) \cdot \mathrm{d}\boldsymbol{S} \tag{1.73}$$

由式(1.72)和式(1.73)可得

$$\nabla \times \boldsymbol{H} = \boldsymbol{J} + \frac{\partial \boldsymbol{D}}{\partial t} \tag{1.74}$$

式(1.74)即是磁场环路定理的微分形式。

同理，可以把电场的环路定理(法拉第电磁感应定律)

$$\oint_l \boldsymbol{E} \cdot \mathrm{d}\boldsymbol{l} = -\iint_S \frac{\partial \boldsymbol{B}}{\partial t} \cdot \mathrm{d}\boldsymbol{S} \tag{1.75}$$

改写为微分形式

$$\nabla \times \boldsymbol{E} = -\frac{\partial \boldsymbol{B}}{\partial t} \tag{1.76}$$

例 1.3 已知矢量场 $\boldsymbol{A}(\boldsymbol{r})=\boldsymbol{e}_x z+\boldsymbol{e}_y x+\boldsymbol{e}_z y$，对半球面 $S(x^2+y^2+z^2=1, z\geqslant 0)$ 验证斯托克斯定理。

解 如图 1.17 所示，在球坐标系内，半球面上的面元矢量为

$$\mathrm{d}\boldsymbol{S}=\boldsymbol{e}_r r^2\sin\theta\mathrm{d}\theta\mathrm{d}\varphi=\boldsymbol{e}_r\sin\theta\mathrm{d}\theta\mathrm{d}\varphi$$

在直角坐标系中，$\boldsymbol{A}$ 的旋度为

$$\nabla\times\boldsymbol{A}=\begin{vmatrix}\boldsymbol{e}_x & \boldsymbol{e}_y & \boldsymbol{e}_z\\ \dfrac{\partial}{\partial x} & \dfrac{\partial}{\partial y} & \dfrac{\partial}{\partial z}\\ z & x & y\end{vmatrix}=\boldsymbol{e}_x+\boldsymbol{e}_y+\boldsymbol{e}_z$$

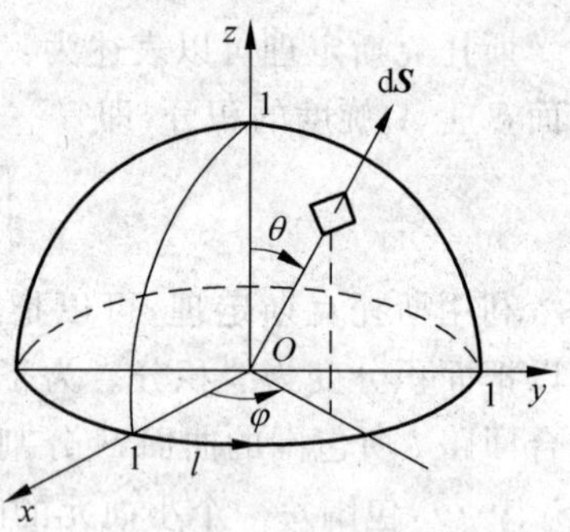

图 1.17 例 1.3 用图

所以

$$\begin{aligned}\iint_S(\nabla\times\boldsymbol{A})\cdot\mathrm{d}\boldsymbol{S}&=\iint_S(\boldsymbol{e}_x+\boldsymbol{e}_y+\boldsymbol{e}_z)\cdot\boldsymbol{e}_r\sin\theta\mathrm{d}\theta\mathrm{d}\varphi\\&=\iint_S(\boldsymbol{e}_x\cdot\boldsymbol{e}_r+\boldsymbol{e}_y\cdot\boldsymbol{e}_r+\boldsymbol{e}_z\cdot\boldsymbol{e}_r)\sin\theta\mathrm{d}\theta\mathrm{d}\varphi\\&=\int_0^{2\pi}\int_0^{\pi/2}(\sin\theta\cos\varphi+\sin\theta\sin\varphi+\cos\theta)\sin\theta\mathrm{d}\theta\mathrm{d}\varphi\\&=\int_0^{2\pi}\cos\varphi\mathrm{d}\varphi\int_0^{\pi/2}\sin^2\theta\mathrm{d}\theta+\int_0^{2\pi}\sin\varphi\mathrm{d}\varphi\int_0^{\pi/2}\sin^2\theta\mathrm{d}\theta\\&\quad+2\pi\int_0^{\pi/2}\sin\theta\cos\theta\mathrm{d}\theta\\&=\pi\end{aligned}$$

半球面 S 的边界是 xy 平面内的圆 $x^2+y^2=1$，边界上的线元 $\mathrm{d}\boldsymbol{l}=\boldsymbol{e}_x\mathrm{d}x+\boldsymbol{e}_y\mathrm{d}y$，沿边界的环流为

$$\begin{aligned}\oint_l\boldsymbol{A}\cdot\mathrm{d}\boldsymbol{l}&=\oint_l(z\mathrm{d}x+x\mathrm{d}y)\\&=\oint_l x\mathrm{d}y\\&=\int_{-1}^{1}\sqrt{1-y^2}\,\mathrm{d}y+\int_1^{-1}(-\sqrt{1-y^2})\mathrm{d}y\\&=\pi\end{aligned}$$

则

$$\oint_l\boldsymbol{A}\cdot\mathrm{d}\boldsymbol{l}=\iint_S(\nabla\times\boldsymbol{A})\cdot\mathrm{d}\boldsymbol{S}$$

1.5.3 标量场的梯度

1. 梯度的定义

标量场的梯度是一个矢量场，表示某一点处标量场的变化率，梯度方向指向标量增加率最大的方向(等值面的法线方向)，梯度的数值等于该方向上标量的增加率。

例如，对于电场，空间各点的电位 Φ 构成一个标量场，任选两个等位面 Φ 和 $\Phi+\mathrm{d}\Phi$，如图 1.18 所示。可以看出沿不同的方向，Φ 的变化率不同，$\boldsymbol{e}_n$ 为 Φ 增大方向等位面的法

线矢量，e_l 沿任意方向。可以看出 $\mathrm{d}l\cos\theta=\mathrm{d}l_n$，所以

$$\frac{\mathrm{d}\Phi}{\mathrm{d}l_n}=\frac{\mathrm{d}\Phi}{\mathrm{d}l}\cdot\frac{1}{\cos\theta} \quad 或 \quad \frac{\mathrm{d}\Phi}{\mathrm{d}l}=\frac{\mathrm{d}\Phi}{\mathrm{d}l_n}\cdot\cos\theta$$

因此，沿 e_n 方向 Φ 的变化率最大，根据定义，电位 Φ 的梯度为

$$\nabla\Phi=\boldsymbol{e}_n\frac{\partial\Phi}{\partial l_n}$$

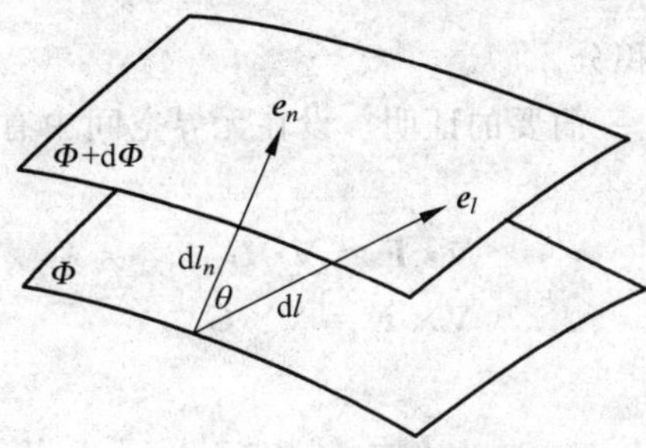

图 1.18 电位的变化率

2. 梯度的表达式

在直角坐标系中梯度的表达式为

$$\nabla u=\left(\boldsymbol{e}_x\frac{\partial}{\partial x}+\boldsymbol{e}_y\frac{\partial}{\partial y}+\boldsymbol{e}_z\frac{\partial}{\partial z}\right)u=\boldsymbol{e}_x\frac{\partial u}{\partial x}+\boldsymbol{e}_y\frac{\partial u}{\partial y}+\boldsymbol{e}_z\frac{\partial u}{\partial z} \tag{1.77}$$

圆柱坐标系和球坐标系中梯度的表达式见附录3。

3. 梯度的一个重要性质

梯度的一个重要性质为：对一个标量场的梯度再取旋度恒等于零，即

$$\nabla\times\nabla u=0 \tag{1.78}$$

下面在直角坐标系中证明式(1.78)：

$$\begin{aligned}\nabla\times\nabla u&=\left(\boldsymbol{e}_x\frac{\partial}{\partial x}+\boldsymbol{e}_y\frac{\partial}{\partial y}+\boldsymbol{e}_z\frac{\partial}{\partial z}\right)\times\left(\boldsymbol{e}_x\frac{\partial u}{\partial x}+\boldsymbol{e}_y\frac{\partial u}{\partial y}+\boldsymbol{e}_z\frac{\partial u}{\partial z}\right)\\&=\boldsymbol{e}_x\left(\frac{\partial}{\partial y}\frac{\partial u}{\partial z}-\frac{\partial}{\partial z}\frac{\partial u}{\partial y}\right)+\boldsymbol{e}_y\left(\frac{\partial}{\partial z}\frac{\partial u}{\partial x}-\frac{\partial}{\partial x}\frac{\partial u}{\partial z}\right)+\boldsymbol{e}_z\left(\frac{\partial}{\partial x}\frac{\partial u}{\partial y}-\frac{\partial}{\partial y}\frac{\partial u}{\partial x}\right)=0\end{aligned}$$

根据这一性质，若一矢量场的旋度处处为0，则可以引入标量位，即若 $\nabla\times\boldsymbol{A}=0$，则 $\boldsymbol{A}$ 可以写为 $\boldsymbol{A}=-\nabla u$。例如，对于静电场，因为有 $\nabla\times\boldsymbol{E}=0$，所以引入电位 $\boldsymbol{E}=-\nabla\Phi$。

1.6 亥姆霍兹定理

亥姆霍兹定理是矢量场一个重要的定理。亥姆霍兹定理表明，若矢量场 $\boldsymbol{F}(\boldsymbol{r})$ 在无界空间中处处单值，且其导数连续有界，场源分布在有限区域 V' 中，**则该矢量场唯一地由其散度和旋度确定**，且可以被表示为一个标量函数的梯度和一个矢量函数的旋度之和，即

$$\boldsymbol{F}(\boldsymbol{r})=-\nabla\phi(\boldsymbol{r})+\nabla\times\boldsymbol{A}(\boldsymbol{r}) \tag{1.79}$$

其中

$$\phi(\boldsymbol{r}) = \frac{1}{4\pi}\int_{V'} \frac{\nabla' \cdot \boldsymbol{F}(\boldsymbol{r}')}{|\boldsymbol{r}-\boldsymbol{r}'|}\mathrm{d}V' \tag{1.80}$$

$$\boldsymbol{A}(\boldsymbol{r}) = \frac{1}{4\pi}\int_{V'} \frac{\nabla' \times \boldsymbol{F}(\boldsymbol{r}')}{|\boldsymbol{r}-\boldsymbol{r}'|}\mathrm{d}V' \tag{1.81}$$

其中$|\boldsymbol{r}-\boldsymbol{r}'|$是源点($\boldsymbol{r}$)到场点($\boldsymbol{r}'$)的距离,算子$\nabla'=\boldsymbol{e}_x\frac{\partial}{\partial x'}+\boldsymbol{e}_y\frac{\partial}{\partial y'}+\boldsymbol{e}_z\frac{\partial}{\partial z'}$是对源点坐标微分,积分也是对源点坐标积分。

下面对亥姆霍兹定理作一简要的证明。设在无界空间中有两个矢量函数 $\boldsymbol{F}$ 和 $\boldsymbol{G}$,它们有相同的散度和旋度,即

$$\nabla\cdot\boldsymbol{F} = \nabla\cdot\boldsymbol{G} \tag{1.82}$$

$$\nabla\times\boldsymbol{F} = \nabla\times\boldsymbol{G} \tag{1.83}$$

利用反证法,设 $\boldsymbol{F}\neq\boldsymbol{G}$,令

$$\boldsymbol{F} = \boldsymbol{G}+\boldsymbol{g} \tag{1.84}$$

对式(1.84)两端取散度

$$\nabla\cdot\boldsymbol{F} = \nabla\cdot\boldsymbol{G}+\nabla\cdot\boldsymbol{g} \tag{1.85}$$

对比式(1.82)和式(1.85)可得

$$\nabla\cdot\boldsymbol{g} = 0 \tag{1.86}$$

再对式(1.84)两端取旋度

$$\nabla\times\boldsymbol{F} = \nabla\times\boldsymbol{G}+\nabla\times\boldsymbol{g} \tag{1.87}$$

对比式(1.83)和式(1.87)可得

$$\nabla\times\boldsymbol{g} = 0 \tag{1.88}$$

由式(1.78)和式(1.88),可以令

$$\boldsymbol{g} = \nabla\phi \tag{1.89}$$

把式(1.89)代入式(1.86)可得

$$\nabla\cdot\nabla\phi = \nabla^2\phi = 0 \tag{1.90}$$

式(1.90)中的二阶偏微分方程是拉普拉斯方程,满足拉普拉斯方程的函数不会出现极值,而 ϕ 又是在无界空间中取值的任意函数,因此 ϕ 只能是一个常数 $\phi=C$,从而求得

$$\boldsymbol{g} = \nabla\phi = 0$$

于是由式(1.84)可得 $\boldsymbol{F}=\boldsymbol{G}$,即给定散度和旋度所决定的矢量场是唯一的。这样也就证明了亥姆霍兹定理。

在无界空间中一个既有散度又有旋度的矢量场,可以表示为一个无旋场 $\boldsymbol{F}_\mathrm{d}$(有散度)和一个无散场 $\boldsymbol{F}_\mathrm{c}$(有旋度)之和

$$\boldsymbol{F} = \boldsymbol{F}_\mathrm{d}+\boldsymbol{F}_\mathrm{c} \tag{1.91}$$

对于无旋场 $\boldsymbol{F}_\mathrm{d}$ 来说,$\nabla\times\boldsymbol{F}_\mathrm{d}=0$,但这个场的散度不会处处为零。因为任何一个物理场必然有源来激发它,若这个场的旋涡源和通量源都为零,那么这个场就不存在了,因此无旋场必然对应于有散场,设其散度等于 $\rho(\boldsymbol{r})$,即$\nabla\cdot\boldsymbol{F}_\mathrm{d}=\rho$。根据矢量恒等式$\nabla\times\nabla\phi=0$,可令

$$\boldsymbol{F}_{\mathrm{d}} = -\nabla\phi \tag{1.92}$$

对于无散场 $\boldsymbol{F}_{\mathrm{c}}$，$\nabla\cdot\boldsymbol{F}_{\mathrm{c}}=0$，但是这个场的旋度不会处处为零，设其旋度等于$\boldsymbol{J}(\boldsymbol{r})$，即$\nabla\times\boldsymbol{F}_{\mathrm{c}}=\boldsymbol{J}$。根据矢量恒等式$\nabla\cdot\nabla\times\boldsymbol{A}=0$，可以令

$$\boldsymbol{F}_{\mathrm{c}} = \nabla\times\boldsymbol{A} \tag{1.93}$$

把式(1.92)和式(1.93)代入式(1.91)可得

$$\boldsymbol{F} = -\nabla\phi + \nabla\times\boldsymbol{A} \tag{1.94}$$

即矢量场 $\boldsymbol{F}$ 可表示为一个标量场的梯度再加上一个矢量场的旋度。

设无旋场 $\boldsymbol{F}_{\mathrm{d}}$ 的散度等于 $\rho(\boldsymbol{r})$，无散场 $\boldsymbol{F}_{\mathrm{c}}$ 的旋度等于 $\boldsymbol{J}(\boldsymbol{r})$，则

$$\nabla\cdot\boldsymbol{F} = \nabla\cdot(\boldsymbol{F}_{\mathrm{d}}+\boldsymbol{F}_{\mathrm{c}}) = \nabla\cdot\boldsymbol{F}_{\mathrm{d}} = \rho \tag{1.95}$$

$$\nabla\times\boldsymbol{F} = \nabla\times(\boldsymbol{F}_{\mathrm{d}}+\boldsymbol{F}_{\mathrm{c}}) = \nabla\times\boldsymbol{F}_{\mathrm{c}} = \boldsymbol{J} \tag{1.96}$$

可以看出，$\boldsymbol{F}$ 的散度代表产生矢量场 $\boldsymbol{F}$ 的一种“源”ρ，而 $\boldsymbol{F}$ 的旋度则代表产生矢量场 $\boldsymbol{F}$ 的另一种“源”$\boldsymbol{J}$，当这两种源在空间的分布确定时，矢量场也就唯一地确定了。

根据亥姆霍兹定理，研究一个矢量场，必须研究它的散度和旋度，才能确定该矢量场的性质。例如，静电场的基本方程为

$$\oint\!\!\!\oint_S \boldsymbol{D}\cdot\mathrm{d}\boldsymbol{S} = \sum q_0,\quad \nabla\cdot\boldsymbol{D} = \rho_0$$

$$\oint_l \boldsymbol{E}\cdot\mathrm{d}\boldsymbol{l} = 0,\qquad \nabla\times\boldsymbol{E} = 0$$

即是给定了静电场的散度和旋度，说明静电场是有源的无旋场。稳恒磁场的基本方程为

$$\oint_l \boldsymbol{H}\cdot\mathrm{d}\boldsymbol{l} = \sum I_0,\quad \nabla\times\boldsymbol{H} = \boldsymbol{J}$$

$$\oint\!\!\!\oint_S \boldsymbol{B}\cdot\mathrm{d}\boldsymbol{S} = 0,\qquad \nabla\cdot\boldsymbol{B} = 0$$

也是给定了稳恒磁场的散度和旋度，说明稳恒磁场是无源的涡旋场。对于时变电场、时变磁场，读者可以作类似的讨论。

1.7 微分算符

1. Hamilton 算符

在矢量分析中，经常用到 Hamilton 算符，记作“∇”(读作“del”或“纳布拉”)，在直角坐标系中，Hamilton 算符的展开式为

$$\nabla = \boldsymbol{e}_x\frac{\partial}{\partial x} + \boldsymbol{e}_y\frac{\partial}{\partial y} + \boldsymbol{e}_z\frac{\partial}{\partial z} \tag{1.97}$$

在圆柱坐标系和球坐标系中，Hamilton 算符的展开式见附录 3。

2. Laplacian 算符

Laplacian 算符可以写为

$$\nabla^2 = \nabla \cdot \nabla \tag{1.98}$$

在直角坐标系中,Laplacian 算符的展开式为

$$\nabla^2 = \frac{\partial^2}{\partial x^2} + \frac{\partial^2}{\partial y^2} + \frac{\partial^2}{\partial z^2} \tag{1.99}$$

在圆柱坐标系和球坐标系中,Laplacian 算符的展开式见附录 3。

3. 微分算符的常用变换式见附录 3

例 1.4 对于距离矢量 $\boldsymbol{R}=\boldsymbol{r}-\boldsymbol{r}'$,证明:

(1)
$$\nabla R = -\nabla' R = \frac{\boldsymbol{R}}{R} = \boldsymbol{e}_R \tag{1.100}$$

(2)
$$\nabla \frac{1}{R} = -\nabla' \frac{1}{R} = -\frac{\boldsymbol{R}}{R^3} = -\frac{\boldsymbol{e}_R}{R^2} \tag{1.101}$$

解

$$\boldsymbol{r} = \boldsymbol{e}_x x + \boldsymbol{e}_y y + \boldsymbol{e}_z z, \quad \boldsymbol{r}' = \boldsymbol{e}_x x' + \boldsymbol{e}_y y' + \boldsymbol{e}_z z'$$

距离矢量的模为

$$R = |\boldsymbol{r} - \boldsymbol{r}'| = [(x-x')^2 + (y-y')^2 + (z-z')^2]^{\frac{1}{2}}$$

∇表示对场点坐标进行微分

$$\nabla = \boldsymbol{e}_x \frac{\partial}{\partial x} + \boldsymbol{e}_y \frac{\partial}{\partial y} + \boldsymbol{e}_z \frac{\partial}{\partial z} \tag{1.102}$$

∇'表示对源点坐标进行微分

$$\nabla' = \boldsymbol{e}_x \frac{\partial}{\partial x'} + \boldsymbol{e}_y \frac{\partial}{\partial y'} + \boldsymbol{e}_z \frac{\partial}{\partial z'} \tag{1.103}$$

(1)

$$\begin{aligned}
\nabla R &= \boldsymbol{e}_x \frac{\partial R}{\partial x} + \boldsymbol{e}_y \frac{\partial R}{\partial y} + \boldsymbol{e}_z \frac{\partial R}{\partial z} \\
&= \boldsymbol{e}_x \frac{x-x'}{R} + \boldsymbol{e}_y \frac{y-y'}{R} + \boldsymbol{e}_z \frac{z-z'}{R} \\
&= \frac{1}{R}(\boldsymbol{r}-\boldsymbol{r}') = \frac{\boldsymbol{R}}{R} = \boldsymbol{e}_R
\end{aligned}$$

$$\begin{aligned}
\nabla' R &= \boldsymbol{e}_x \frac{\partial R}{\partial x'} + \boldsymbol{e}_y \frac{\partial R}{\partial y'} + \boldsymbol{e}_z \frac{\partial R}{\partial z'} \\
&= -\boldsymbol{e}_x \frac{x-x'}{R} - \boldsymbol{e}_y \frac{y-y'}{R} - \boldsymbol{e}_z \frac{z-z'}{R} \\
&= -\frac{1}{R}(\boldsymbol{r}-\boldsymbol{r}') = -\frac{\boldsymbol{R}}{R} = -\boldsymbol{e}_R
\end{aligned}$$

(2)

$$\begin{aligned}
\nabla \frac{1}{R} &= \boldsymbol{e}_x \frac{\partial}{\partial x}\left(\frac{1}{R}\right) + \boldsymbol{e}_y \frac{\partial}{\partial y}\left(\frac{1}{R}\right) + \boldsymbol{e}_z \frac{\partial}{\partial z}\left(\frac{1}{R}\right) \\
&= -\boldsymbol{e}_x \frac{x-x'}{R^3} - \boldsymbol{e}_y \frac{y-y'}{R^3} - \boldsymbol{e}_z \frac{z-z'}{R^3}
\end{aligned}$$

$$=-\frac{1}{R^3}(\boldsymbol{r}-\boldsymbol{r}')=-\frac{\boldsymbol{R}}{R^3}=-\frac{\boldsymbol{e}_R}{R^2}$$

$$\nabla'\frac{1}{R}=\boldsymbol{e}_x\frac{\partial}{\partial x'}\left(\frac{1}{R}\right)+\boldsymbol{e}_y\frac{\partial}{\partial y'}\left(\frac{1}{R}\right)+\boldsymbol{e}_z\frac{\partial}{\partial z'}\left(\frac{1}{R}\right)$$

$$=\boldsymbol{e}_x\frac{x-x'}{R^3}+\boldsymbol{e}_y\frac{y-y'}{R^3}+\boldsymbol{e}_z\frac{z-z'}{R^3}$$

$$=\frac{1}{R^3}(\boldsymbol{r}-\boldsymbol{r}')=\frac{\boldsymbol{R}}{R^3}=\frac{\boldsymbol{e}_R}{R^2}$$

式(1.100)和式(1.101)可以作为公式使用。

第1章　习题

1-1　利用矢量的方法证明三角形的余弦定理。

1-2　在直角坐标系中证明以下矢量恒等式：

(1) $\nabla(\Phi\Psi)=\Phi\nabla\Psi+\Psi\nabla\Phi$；

(2) $\nabla\cdot(\Phi\boldsymbol{A})=\Phi\nabla\cdot\boldsymbol{A}+\boldsymbol{A}\cdot\nabla\Phi$；

(3) $\nabla\times(\Phi\boldsymbol{A})=\Phi\nabla\times\boldsymbol{A}+\nabla\Phi\times\boldsymbol{A}$。

1-3　试求距离矢量的模$|\boldsymbol{r}_1-\boldsymbol{r}_2|$在直角坐标系、圆柱坐标系和球坐标系中的表达式。

1-4　在圆柱坐标系中，一点的位置由$(4,2\pi/3,3)$定出，求该点在：(1)直角坐标系中的坐标；(2)球坐标系中的坐标。

1-5　用球坐标系表示的场$\boldsymbol{E}=\boldsymbol{e}_r25/r^2$，求在直角坐标系中点$(-3,4,-5)$处的$\boldsymbol{E}$。

1-6　已知直角坐标系中的矢量$\boldsymbol{A}=\boldsymbol{e}_xa+\boldsymbol{e}_yb+\boldsymbol{e}_zc$，式中$a$、$b$、$c$均为常数，试求该矢量在圆柱坐标系及球坐标系中的表示式。

1-7　在由$r=5$，$z=0$和$z=4$围成的圆柱形区域，对矢量$\boldsymbol{A}=\boldsymbol{e}_r r^2+\boldsymbol{e}_z 2z$验证散度定理。

1-8　计算矢量$\boldsymbol{r}$对一个球心在原点半径为a的球表面的积分，并求$\nabla\cdot\boldsymbol{r}$对球体积的积分，验证散度定理。

1-9　求矢量$\boldsymbol{A}=\boldsymbol{e}_x x+\boldsymbol{e}_y x^2+\boldsymbol{e}_z y^2 z$沿$xy$平面上的一个边长为2的正方形回路的线积分，此正方形的两边分别与x轴和y轴重合。再求$\nabla\times\boldsymbol{A}$对此回路所包围的表面积分，验证斯托克斯定理。

1-10　求矢量$\boldsymbol{A}=\boldsymbol{e}_x x+\boldsymbol{e}_y xy^2$沿圆周$x^2+y^2=a^2$的线积分，再计算$\nabla\times\boldsymbol{A}$对此圆面积的积分，验证斯托克斯定理。

1-11　给定矢量函数$\boldsymbol{E}=\boldsymbol{e}_x y+\boldsymbol{e}_y x$，试求：

(1) 沿抛物线$x=2y^2$；

(2) 沿连接该两点的直线，分别计算从$P_1(2,1,-1)$到$P_2(8,2,-1)$的线积分$\int\boldsymbol{E}\cdot\mathrm{d}\boldsymbol{l}$的值，这个$\boldsymbol{E}$是否是保守场？

1-12　求数量场 $u=\ln(x+2y+z^2)$ 通过点 $P(1,3,2)$ 的等值面方程。

1-13　求标量函数 $\Psi=x^2yz$ 的梯度及 Ψ 在一个指定方向的方向导数。此方向由单位矢量 $\boldsymbol{e}_x 3/\sqrt{50}+\boldsymbol{e}_y 4/\sqrt{50}+\boldsymbol{e}_z 5/\sqrt{50}$ 定出，求(2,3,1)点的导数值。

1-14　方程 $u=\dfrac{x^2}{a^2}+\dfrac{y^2}{b^2}+\dfrac{z^2}{c^2}$ 给出一个椭球族。求椭球表面上任意点的单位法向矢量。

1-15　现有3个矢量场 $\boldsymbol{A}$、$\boldsymbol{B}$、$\boldsymbol{C}$：

$$\boldsymbol{A}=\boldsymbol{e}_r\sin\theta\cos\varphi+\boldsymbol{e}_\theta\cos\theta\cos\varphi-\boldsymbol{e}_\varphi\sin\varphi$$

$$\boldsymbol{B}=\boldsymbol{e}_r z^2\sin\varphi+\boldsymbol{e}_\varphi z^2\cos\varphi+\boldsymbol{e}_z 2rz\sin\varphi$$

$$\boldsymbol{C}=\boldsymbol{e}_x(3y^2-2x)+\boldsymbol{e}_y x^2+\boldsymbol{a}_z 2z$$

问：

(1) 哪些矢量可以由一个标量函数的梯度表示？哪些矢量可以由一个矢量的旋度表示？

(2) 求出这些矢量的源分布。

1-16　写出时变电磁场的基本方程，由亥姆霍兹定理说明场的性质被唯一地确定。

1-17　证明：

(1) $\nabla\cdot\boldsymbol{R}=3$；

(2) $\nabla\times\boldsymbol{R}=0$；

(3) $\nabla(\boldsymbol{A}\cdot\boldsymbol{R})=\boldsymbol{A}$；

其中 $\boldsymbol{R}=\boldsymbol{e}_x x+\boldsymbol{e}_y y+\boldsymbol{e}_z z$，$\boldsymbol{A}$ 为一个常矢量。

1-18　在球坐标系中证明 $\nabla^2\dfrac{\mathrm{e}^{-kr}}{r}=k^2\dfrac{\mathrm{e}^{-kr}}{r}$，其中 k 是常数。

库仑

(Charles Augustin de Coulomb,1736—1806,法国)

库仑定律是电学发展史上的第一个定量规律,它使电学的研究从定性进入定量阶段,是电学史上的重要的里程碑。

第2章 静电场分析

2.1 静电场的基本规律

本节简要地复习大学物理中已经学过的静电场的基本规律。

2.1.1 电荷与电荷分布

电荷是产生静电场的源，从微观上看，电荷是以离散的方式分布在空间中的，但是从宏观电磁学的观点看，当大量带电粒子密集地出现在某一空间范围内时，可以假定电荷是以连续的形式分布在这个范围中。根据电荷分布区域的具体情况，可以用体电荷密度 ρ、面电荷密度 ρ_S 和线电荷密度 ρ_l 来描述电荷在空间体积、曲面和曲线中的分布。

1. 体电荷密度

当电荷在某一空间体积内连续分布时，用体电荷密度来描述电荷在空间的分布特性，体电荷密度定义为空间某点处单位体积中的电荷量，即

$$\rho(\boldsymbol{r}) = \lim_{\Delta V \to 0} \frac{\Delta q}{\Delta V} \tag{2.1}$$

$\rho(\boldsymbol{r})$的单位是 $\mathrm{C/m^3}$。$\rho(\boldsymbol{r})$是一个空间位置的连续函数，描述了电荷在空间的分布情况，构成一个标量场。利用 $\rho(\boldsymbol{r})$通过体积分可以求出某个体积 V 中总的电量，即

$$q = \iiint_V \rho(\boldsymbol{r}) \mathrm{d}V \tag{2.2}$$

2. 面电荷密度

可以将电荷在一个极薄的薄层空间中的连续分布视为面电荷分布，如电荷在导体表面和电介质表面的分布。用面电荷密度来描述面电荷的分布特性，面电荷密度定义为某点处单位面积上的电荷量，即

$$\rho_S(\boldsymbol{r}) = \lim_{\Delta S \to 0} \frac{\Delta q}{\Delta S} \tag{2.3}$$

$\rho_S(\boldsymbol{r})$的单位是 $\mathrm{C/m^2}$。$\rho_S(\boldsymbol{r})$是一个空间位置的连续函数，描述了电荷在某一曲面上的分布情况，构成一个标量场。利用 $\rho_S(\boldsymbol{r})$通过面积分可以求出某个曲面 S 上总的电量，即

$$q = \iint_S \rho(\boldsymbol{r}) \mathrm{d}S \tag{2.4}$$

3. 线电荷密度

将电荷在半径极小的管形空间中的分布视为线电荷分布。用线电荷密度来描述线电荷的分布特性，线电荷密度定义为某点处单位长度上的电荷量，即

$$\rho_l(\boldsymbol{r}) = \lim_{\Delta l \to 0} \frac{\Delta q}{\Delta l} \tag{2.5}$$

$\rho_l(\boldsymbol{r})$的单位是 C/m。利用 $\rho_l(\boldsymbol{r})$通过线积分可以求出某段曲线 l 上总的电量,即

$$q = \int_l \rho(\boldsymbol{r})\mathrm{d}l \tag{2.6}$$

4. 点电荷与点电荷的 δ 函数表示法

点电荷是电磁场理论中的一个理想模型,点电荷的电量为 q,占据的体积为趋近于零的一个几何点。显然,点电荷所在处的体电荷密度趋近于无穷大。为了定量地描述点电荷的分布,定义 δ 函数

$$\delta(\boldsymbol{r}-\boldsymbol{r}') = \begin{cases} 0, & \boldsymbol{r} \neq \boldsymbol{r}' \\ \infty, & \boldsymbol{r} = \boldsymbol{r}' \end{cases} \tag{2.7}$$

$$\iiint_V \delta(\boldsymbol{r}-\boldsymbol{r}')\mathrm{d}V = \begin{cases} 0, & \boldsymbol{r}' \text{ 不在 } V \text{ 内} \\ 1, & \boldsymbol{r}' \text{ 在 } V \text{ 内} \end{cases} \tag{2.8}$$

可以用 δ 函数表示点电荷的体电荷密度

$$\rho(\boldsymbol{r}) = q\delta(\boldsymbol{r}-\boldsymbol{r}') = \begin{cases} 0, & \boldsymbol{r} \neq \boldsymbol{r}' \\ \infty, & \boldsymbol{r} = \boldsymbol{r}' \end{cases} \tag{2.9}$$

对于点电荷,空间任意体积 V 中总的电量 Q 可以由式(2.10)给出,即

$$Q = \iiint_V \rho(\boldsymbol{r})\mathrm{d}V = q\iiint_V \delta(\boldsymbol{r}-\boldsymbol{r}')\mathrm{d}V = \begin{cases} 0, & \boldsymbol{r} \text{ 不在 } V \text{ 内} \\ q, & \boldsymbol{r}' \text{ 在 } V \text{ 内} \end{cases} \tag{2.10}$$

式(2.9)和式(2.10)具有明确的物理意义,并且符合客观事实。

2.1.2 场强 $\boldsymbol{E}$ 和电位 $\boldsymbol{\Phi}$

电场强度 $\boldsymbol{E}$ 和电位 Φ 是研究静电场最基本的两个物理量。空间某点处的电场强度定义为单位正的试探电荷在该点受的电场力

$$\boldsymbol{E}(\boldsymbol{r}) = \frac{\boldsymbol{F}(\boldsymbol{r})}{q_0} \tag{2.11}$$

电场强度是一个矢量,在空间构成一个矢量场 $\boldsymbol{E}(\boldsymbol{r})$,所以可以用研究矢量场的方法来研究静电场,如利用电力线、高斯定理、环路定理、矢量场的散度、矢量场的旋度等。

空间某点电位的定义为

$$\Phi(\boldsymbol{r}) = \int_P^Q \boldsymbol{E} \cdot \mathrm{d}\boldsymbol{l} \tag{2.12}$$

其中,P 是待求电位的场点,Q 是电位的参考点。电位是一个标量,在空间构成一个标量场 $\Phi(\boldsymbol{r})$,所以也可以用研究标量场的方法研究静电场,如利用等位面、电位梯度、泊松方程、拉普拉斯方程等。

两点之间的电位差称为电压,可以写为

$$\Phi_{P_1} - \Phi_{P_2} = \int_{P1}^Q \boldsymbol{E} \cdot \mathrm{d}\boldsymbol{l} - \int_{P_2}^Q \boldsymbol{E} \cdot \mathrm{d}\boldsymbol{l} = \int_{P_1}^{P_2} \boldsymbol{E} \cdot \mathrm{d}\boldsymbol{l} \tag{2.13}$$

$\boldsymbol{E}$ 和 Φ 之间满足以下关系式

$$\Phi(\boldsymbol{r}) = \int_P^Q \boldsymbol{E} \cdot \mathrm{d}\boldsymbol{l}$$
$$\boldsymbol{E}(\boldsymbol{r}) = -\nabla\Phi(\boldsymbol{r}) \tag{2.14}$$

2.1.3 静电场的基本方程

静电场的基本方程包括高斯定理和环路定理

$$\begin{cases} \oint\!\!\!\oint_S \boldsymbol{E} \cdot \mathrm{d}\boldsymbol{S} = \dfrac{1}{\varepsilon} \sum_i q_i & (2.15) \\ \oint_l \boldsymbol{E} \cdot \mathrm{d}\boldsymbol{l} = 0 & (2.16) \end{cases}$$

其中 $\sum_i q_i$ 是 S 面内包围的所有电荷(包括自由电荷和极化电荷)。有电介质时，静电场的基本方程可以写为

$$\begin{cases} \oint\!\!\!\oint_S \boldsymbol{D} \cdot \mathrm{d}\boldsymbol{S} = \sum_i q_0 & (2.17) \\ \oint_l \boldsymbol{E} \cdot \mathrm{d}\boldsymbol{l} = 0 & (2.18) \end{cases}$$

其中 $\sum_i q_0$ 是 S 面内包围的所有自由电荷。

为了证明式(2.17)，先介绍有关立体角的概念。在一个半径为 R 的球面上任取一个面元 $\mathrm{d}S$，此面元边上各点与球心的连线构成一个该面元对球心的立体角

$$\mathrm{d}\Omega = \frac{\mathrm{d}S}{R^2} \tag{2.19}$$

如图 2.1 所示，立体角的单位是球面度。整个球面对球心的立体角 $\Omega = \frac{4\pi R^2}{R^2} = 4\pi$ 球面度。为了计算不在球面上的任一面元 $\mathrm{d}\boldsymbol{S}$ 对一点(O 点)的立体角，可以 O 点为球心，以 O 点到 $\mathrm{d}\boldsymbol{S}$ 的距离 R 为半径作一个球面，$\mathrm{d}\boldsymbol{S} \cdot \boldsymbol{e}_R$ 为 $\mathrm{d}\boldsymbol{S}$ 在球面上的投影，则

$$\mathrm{d}\Omega = \frac{\mathrm{d}\boldsymbol{S} \cdot \boldsymbol{e}_R}{R^2} = \frac{\mathrm{d}S\cos\theta}{R^2} \tag{2.20}$$

如图 2.2 所示。

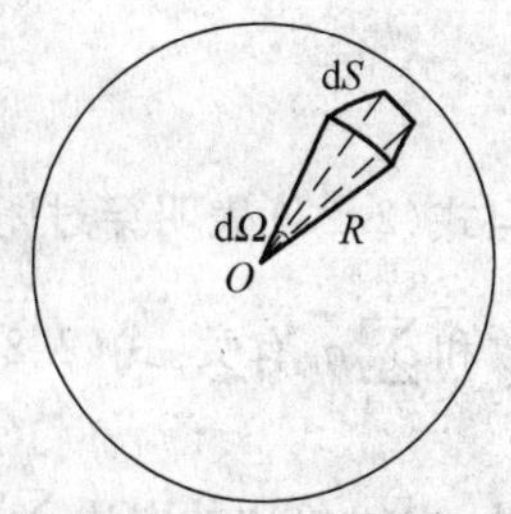

图 2.1 球面上的面元对球心的立体角

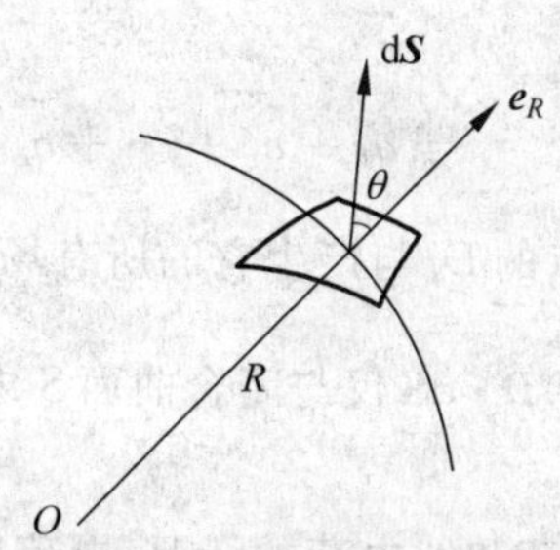

图 2.2 任一面元对一点的立体角

一个任意形状的闭合曲面对一点 O 所张立体角，如果 O 点在闭合曲面内，可以以 O 点为球心，在闭合曲面内作一个球面，如图 2.3(a)所示，可以看出该闭合曲面对 O 点所张的立体角和球面对 O 点的立体角是相等的，即为 4π 球面度。如果 O 点位于闭合曲面之外，如图 2.3(b)所示。从 O 点向闭合曲面作切线，所有的切点构成的曲线把闭合曲面分成两部分：S_1 面和 S_2 面，S_1 面对 O 点的立体角是 Ω_1，是负值；S_2 面对 O 点的立体角是 Ω_2，与 Ω_1 等量异号，所以整个闭合曲面对 O 点所张的立体角 $\Omega=\Omega_1+\Omega_2=0$。

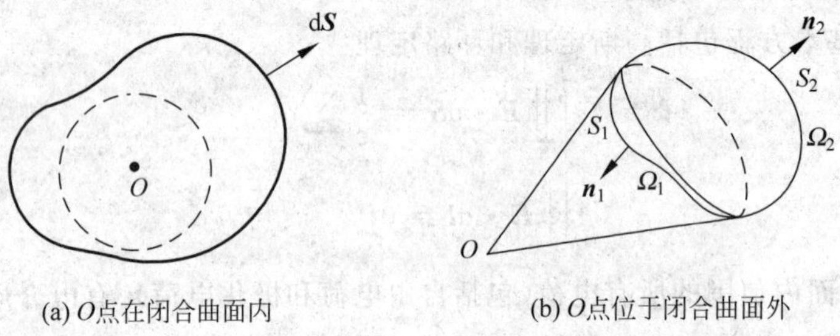

图 2.3　闭合面的立体角

现在证明高斯定理式(2.17)。先研究无界真空中只有一个点电荷的情况

$$\oint_S \boldsymbol{D}\cdot \mathrm{d}\boldsymbol{S}=\oint_S \frac{q\boldsymbol{e}_r}{4\pi R^2}\cdot \mathrm{d}\boldsymbol{S}=\frac{q}{4\pi}\oint_S \frac{\boldsymbol{e}_r\cdot \mathrm{d}\boldsymbol{S}}{R^2} \tag{2.21}$$

式中$\frac{\boldsymbol{e}_r\cdot \mathrm{d}\boldsymbol{S}}{R^2}$是面元 $\mathrm{d}\boldsymbol{S}$ 对点电荷 q 所张的立体角 $\mathrm{d}\Omega$，对闭合曲面积分就是闭合曲面对电荷 q 所张的立体角。若电荷 q 在闭合面内，则该立体角为 4π，若电荷 q 在闭合面之外，则该立体角为零。因此式(2.21)可以写为

$$\oint_S \boldsymbol{D}\cdot \mathrm{d}\boldsymbol{S}=\begin{cases} q, & q\ \text{在闭合曲面内} \\ 0, & q\ \text{在闭合曲面外} \end{cases} \tag{2.22}$$

如果无界真空中有 N 个点电荷 $q_1,q_2,\cdots,q_k,\cdots,q_N$，而闭合曲面内包围的点电荷为 $q_1,q_2,\cdots,q_k$，则穿过闭合面 S 的电位移通量为

$$\begin{aligned}\oint_S \boldsymbol{D}\cdot \mathrm{d}\boldsymbol{S}&=\oint_S (\boldsymbol{D}_1+\boldsymbol{D}_2+\cdots+\boldsymbol{D}_k+\cdots+\boldsymbol{D}_N)\cdot \mathrm{d}\boldsymbol{S}\\&=\oint_S \boldsymbol{D}_1\cdot \mathrm{d}\boldsymbol{S}+\oint_S \boldsymbol{D}_2\cdot \mathrm{d}\boldsymbol{S}+\cdots+\oint_S \boldsymbol{D}_k\cdot \mathrm{d}\boldsymbol{S}+\cdots+\oint_S \boldsymbol{D}_N\cdot \mathrm{d}\boldsymbol{S}\\&=q_1+q_2+\cdots+q_k=\sum_{i=1}^{k}q_i\end{aligned} \tag{2.23}$$

尽管空间各点的 D_i 与产生它的所有场源点电荷有关，但式(2.23)表明穿过闭合曲面 S 的电位移通量$\oint_S \boldsymbol{D}\cdot \mathrm{d}\boldsymbol{S}$仅与闭合曲面 S 内场源电荷的代数和 $\sum_{i=1}^{k}q_i$ 有关。式(2.23)可推广到体电荷、面电荷和线电荷的情况。电荷以体密度 ρ 分布时，式(2.23)的右边 $\sum_{i=1}^{k}q_i$ 变成积分

$\iiint_V \rho \mathrm{d}V$，利用散度定理，式(2.23) 可以写为

$$\oiint_S \boldsymbol{D} \cdot \mathrm{d}\boldsymbol{S} = \iiint_V \nabla \cdot \boldsymbol{D} \mathrm{d}V = \iiint_V \rho \mathrm{d}V \tag{2.24}$$

因为 S 是任意的闭合曲面，高斯定理的微分形式为

$$\nabla \cdot \boldsymbol{D} = \rho \tag{2.25}$$

式(2.25)表明，电位移矢量 $\boldsymbol{D}$ 在某点的空间变化率等于该点的电荷体密度 ρ。

下面证明式(2.18)。在点电荷 q 的电场中任取一条曲线连接 A、B 两点，如图 2.4 所示。求场量 $\boldsymbol{E}(\boldsymbol{r})$ 沿此曲线的积分

$$\int_l \boldsymbol{E} \cdot \mathrm{d}\boldsymbol{l} = \frac{q}{4\pi\varepsilon_0}\int_l \frac{\boldsymbol{e}_R \cdot \mathrm{d}\boldsymbol{l}}{R^2} = \frac{q}{4\pi\varepsilon_0}\int_{R_A}^{R_B} \frac{\mathrm{d}R}{R^2} = \frac{q}{4\pi\varepsilon_0}\left(\frac{1}{R_A} - \frac{1}{R_B}\right) \tag{2.26}$$

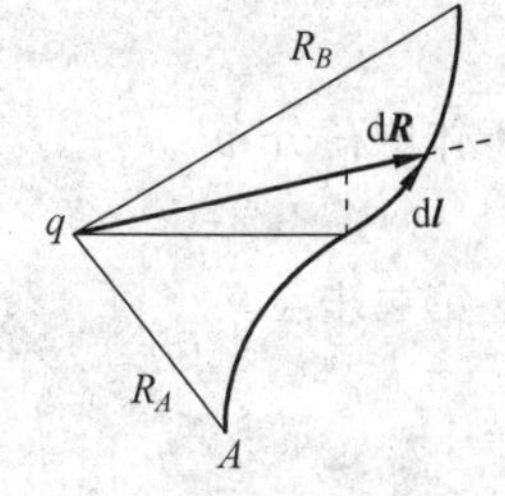

图 2.4 $\boldsymbol{E}$ 沿曲线的积分

当积分路径是闭合回路，即 A、B 两点重合时，可得

$$\oint_l \boldsymbol{E} \cdot \mathrm{d}\boldsymbol{l} = 0 \tag{2.27}$$

式(2.27) 虽然是从点电荷的电场中得到的结论，但很容易推广到任意电荷分布的电场中，所以式(2.27) 表示了静电场的一个共同特性。以电场力做功为例，当一试验电荷 q 在电场中沿闭合回路移动一周时，电场力所做的功为 $\oint_l q\boldsymbol{E} \cdot \mathrm{d}\boldsymbol{l} = q\oint_l \boldsymbol{E} \cdot \mathrm{d}\boldsymbol{l} = 0$，即当电荷 q 在电场中移动一周回到出发点时，电场力做的功为零，电场能量不变，这说明静电场是保守场。

利用斯托克斯定理可以写出式(2.27) 的微分形式，即

$$\nabla \times \boldsymbol{E} = 0 \tag{2.28}$$

式(2.25)和式(2.28)给定了静电场的散度和旋度，根据亥姆霍兹定理，静电场的性质是完全确定的。

2.1.4 场强 $\boldsymbol{E}$ 和电位 $\boldsymbol{\Phi}$ 的计算

下面复习、总结一下大学物理中已经学过的场强 $\boldsymbol{E}$ 和电位 Φ 的计算方法。

1. 方法 1

第一步：利用点电荷场强公式和场强的叠加原理求 $\boldsymbol{E}$。

点电荷的场强

$$\boldsymbol{E}(\boldsymbol{r}) = \frac{1}{4\pi\varepsilon_0}\frac{q(\boldsymbol{r}')}{R^2}\boldsymbol{e}_R \tag{2.29}$$

点电荷组的场强

$$\boldsymbol{E}(\boldsymbol{r}) = \frac{1}{4\pi\varepsilon_0}\sum_{i=1}^{n}\frac{q_i(\boldsymbol{r}'_i)}{R_i^2}\boldsymbol{e}_{R_i} \tag{2.30}$$

电荷连续分布的场强

$$\boldsymbol{E}(\boldsymbol{r}) = \frac{1}{4\pi\varepsilon}\int\frac{\mathrm{d}q(\boldsymbol{r}')}{R^2}\boldsymbol{e}_R \tag{2.31}$$

电荷连续分布包括线分布、面分布和体分布,对于线电荷分布

$$\mathrm{d}q(\boldsymbol{r}') = \rho_l(\boldsymbol{r}')\mathrm{d}l \tag{2.32}$$

对于面电荷分布

$$\mathrm{d}q(\boldsymbol{r}') = \rho_S(\boldsymbol{r}')\mathrm{d}S \tag{2.33}$$

对于体电荷分布

$$\mathrm{d}q(\boldsymbol{r}') = \rho(\boldsymbol{r}')\mathrm{d}V \tag{2.34}$$

第二步:

$$\Phi(\boldsymbol{r}) = \int_P^Q \boldsymbol{E}\cdot\mathrm{d}\boldsymbol{l} \tag{2.35}$$

其中,P 点是待求电位的场点,Q 点是电位的参考点。如果电荷分布在有限区域内,一般取无穷远处作参考点,如果电荷不是分布在有限区域内,需要根据具体情况选择参考点。

例 2.1 真空中有一电偶极子,如图 2.5 所示,电偶极子由一对点电荷组成,一个是正电荷 $q_1=q$,另一个是负电荷 $q_2=-q$,正、负点电荷之间的距离非常小,是一段微分线元 l,试求电偶极子在远处产生的场强。

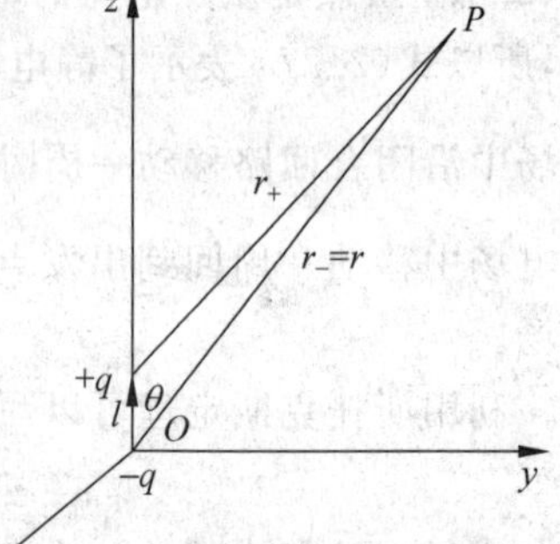

图 2.5 例题 2.1 用图

解 选用球坐标系,点电荷的场强为

$$\boldsymbol{E}(\boldsymbol{r}) = \frac{1}{4\pi\varepsilon_0}\frac{q}{R^2}\boldsymbol{e}_R = \frac{q}{4\pi\varepsilon_0}\frac{\boldsymbol{R}}{R^3} = -\frac{q}{4\pi\varepsilon_0}\nabla\frac{1}{R} \tag{2.36}$$

上面的推导中利用了式(1.101)。电偶极子在 P 点产生的场强为

$$\boldsymbol{E}(\boldsymbol{r}) = -\frac{q}{4\pi\varepsilon_0}\left(\nabla\frac{1}{r_+} - \nabla\frac{1}{r}\right) \tag{2.37}$$

其中 $r_+=(r^2+l^2-2rl\cos\theta)^{1/2}$,$l\ll r$。利用幂级数展开式

$$\frac{1}{(1+x)^{1/2}} = 1-\frac{1}{2}x+\frac{3}{8}x^2-\cdots,\quad -1<x\leqslant 1$$

可以写出

$$\frac{1}{r_+}\approx\frac{1}{(r^2-2rl\cos\theta)^{1/2}} = \frac{1}{r\left(1-\dfrac{2l\cos\theta}{r}\right)^{1/2}}\approx\frac{1}{r}\left(1+\frac{l\cos\theta}{r}\right)$$

把上式代入式(2.37)可得

$$\boldsymbol{E}(\boldsymbol{r}) = -\frac{q}{4\pi\varepsilon_0}\nabla\left(\frac{l\cos\theta}{r^2}\right) = \boldsymbol{e}_r\frac{ql\cos\theta}{2\pi\varepsilon_0 r^3}+\boldsymbol{e}_\theta\frac{ql\sin\theta}{4\pi\varepsilon_0 r^3} \tag{2.38}$$

定义 $\boldsymbol{p}=q\boldsymbol{l}$ 为电偶极子的电矩矢量，$\boldsymbol{l}$ 的方向规定为由 $-q$ 指向 q。式(2.38)可以写为

$$\boldsymbol{E}(\boldsymbol{r})=-\frac{1}{4\pi\varepsilon_0}\nabla\left(\frac{\boldsymbol{p}\cdot\boldsymbol{r}}{r^3}\right)=\boldsymbol{e}_r\frac{p\cos\theta}{2\pi\varepsilon_0 r^3}+\boldsymbol{e}_\theta\frac{p\sin\theta}{4\pi\varepsilon_0 r^3} \tag{2.39}$$

例 2.2 真空中长度为 l 的直线上的线电荷密度为 ρ_l，如图 2.6 所示，求此线电荷周围的电场。

解 采用圆柱坐标系，使线电荷与 z 轴重合，原点位于线电荷的中点。电荷及电场的分布具有轴对称性，可以只在 φ 为常数的平面内计算电场的分布。直线上线元 $\rho_l\mathrm{d}z'$ 在 P 点产生的场强为

$$\mathrm{d}\boldsymbol{E}(\boldsymbol{r})=\frac{1}{4\pi\varepsilon_0}\frac{\rho_l\mathrm{d}z'}{R^2}\boldsymbol{e}_R=\frac{1}{4\pi\varepsilon_0}\frac{\rho_l\mathrm{d}z'}{R^3}\boldsymbol{R} \tag{2.40}$$

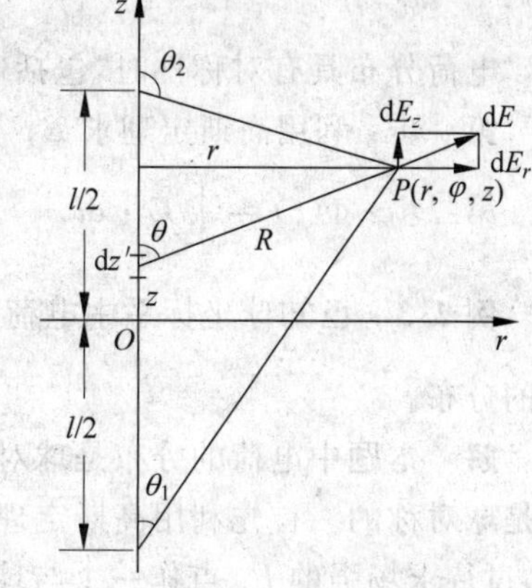

图 2.6 例 2.2 用图

其中 P 点处的位置矢量为 $\boldsymbol{r}=\boldsymbol{e}_r r+\boldsymbol{e}_z z$，线元 $\rho_l\mathrm{d}z'$ 的位置矢量为 $\boldsymbol{e}_z z'$，所以 $\boldsymbol{R}=\boldsymbol{e}_r r+\boldsymbol{e}_z(z-z')$，代入式(2.40)可得

$$\mathrm{d}\boldsymbol{E}(\boldsymbol{r})=\frac{1}{4\pi\varepsilon_0}\frac{\rho_l\mathrm{d}z'[\boldsymbol{e}_r r+\boldsymbol{e}_z(z-z')]}{[r^2+(z-z')^2]^{3/2}}=\boldsymbol{e}_r\mathrm{d}E_r(\boldsymbol{r})+\boldsymbol{e}_z\mathrm{d}E_z(\boldsymbol{r})$$

上式可以分解为两个标量积分，$\boldsymbol{e}_r$ 分量的积分为

$$E_r(\boldsymbol{r})=\frac{1}{4\pi\varepsilon_0}\int_{-l/2}^{l/2}\frac{\rho_l r\,\mathrm{d}z'}{[r^2+(z-z')^2]^{3/2}}=\frac{\rho_l}{4\pi\varepsilon_0 r}\left\{\frac{z+\frac{l}{2}}{\left[r^2+\left(z+\frac{l}{2}\right)^2\right]^{1/2}}-\frac{z-\frac{l}{2}}{\left[r^2+\left(z-\frac{l}{2}\right)^2\right]^{1/2}}\right\}$$

由

$$\cos\theta_1=\frac{z+\frac{l}{2}}{\left[r^2+\left(z+\frac{l}{2}\right)^2\right]^{1/2}},\quad \cos\theta_2=\frac{z-\frac{l}{2}}{\left[r^2+\left(z-\frac{l}{2}\right)^2\right]^{1/2}}$$

所以

$$E_r(\boldsymbol{r})=\frac{\rho_l}{4\pi\varepsilon_0 r}(\cos\theta_1-\cos\theta_2) \tag{2.41}$$

$\boldsymbol{e}_z$ 分量的积分为

$$E_z(\boldsymbol{r})=\frac{1}{4\pi\varepsilon_0}\int_{-l/2}^{l/2}\frac{\rho_l(z-z')\mathrm{d}z'}{[r^2+(z-z')^2]^{3/2}}=\frac{\rho_l}{4\pi\varepsilon_0 r}(\sin\theta_2-\sin\theta_1) \tag{2.42}$$

式(2.41)、式(2.42)中的 θ_1、θ_2 如图 2.6 所示。

如果该均匀带电的直线在两端无限延长变为无限长线电荷，其周围的电场可以从式(2.41)、式(2.42)求出，只要令 $\theta_1\to 0$，$\theta_2\to 180°$，可得

$$E_r(\boldsymbol{r})=\frac{\rho_l}{2\pi\varepsilon_0 r},\quad E_z(\boldsymbol{r})=0$$

写成矢量形式为

$$\boldsymbol{E}_r(\boldsymbol{r}) = \boldsymbol{e}_r \frac{\rho_l}{2\pi\varepsilon_0 r} \tag{2.43}$$

方法1评述：这种方法要用矢量的叠加或积分，运算比较复杂。

2. 方法2

电荷分布具有对称性时，包括球对称、面对称、轴对称。

第一步：利用高斯定理求 $\boldsymbol{E}$；

第二步：$\Phi(\boldsymbol{r}) = \int_P^Q \boldsymbol{E} \cdot \mathrm{d}\boldsymbol{l}$。

例2.3 已知球坐标系中电荷的分布 $\rho(r)=\rho_0 \dfrac{r}{R}$，$0 \leqslant r \leqslant R$，求球体内、外场强和电位的分布。

解 本题中电荷的分布是球对称的，所以电场的分布也是球对称的。首先利用高斯定理求 $\boldsymbol{E}$。在 $r<R$ 的区域中，过待求场强的 P_1 点作一个与球体同心的球形高斯面，半径为 r，如图2.7所示。利用高斯定理

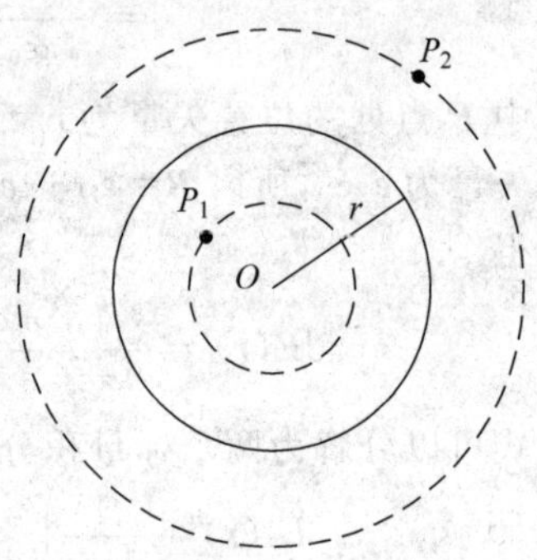

图2.7 例2.3用图

$$\oint_S \boldsymbol{E} \cdot \mathrm{d}\boldsymbol{S} = \frac{1}{\varepsilon_0} \sum q = \frac{1}{\varepsilon_0} \iiint_V \rho(r) \cdot \mathrm{d}V \tag{2.44}$$

式(2.44)的左边

$$\oint_S \boldsymbol{E} \cdot \mathrm{d}\boldsymbol{S} = \oint_S E \cdot \mathrm{d}S = E \cdot 4\pi r^2$$

式(2.44)的右边

$$\iiint_V \rho(r) \cdot \mathrm{d}V = \int_0^r \int_0^\pi \int_0^{2\pi} \frac{\rho_0}{R} r \cdot r^2 \sin\theta \cdot \mathrm{d}r\mathrm{d}\theta\mathrm{d}\varphi = \frac{4\pi\rho_0}{R} \int_0^r r^3 \cdot \mathrm{d}r = \frac{\pi\rho_0 r^4}{R}$$

把以上两式代入高斯定理式(2.44)可得

$$E \cdot 4\pi r^2 = \frac{1}{\varepsilon_0} \frac{\pi\rho_0 r^4}{R}$$

所以在 $r<R$ 的区域中的场强为

$$\boldsymbol{E}_1 = \frac{\rho_0 r^2}{4\varepsilon_0 R} \boldsymbol{e}_r \tag{2.45}$$

在 $r>R$ 的区域中，过待求场强的 P_2 点作一个与球体同心的球形高斯面，半径为 r，如图2.7所示。可以求出高斯定理等式的左边仍为 $E \cdot 4\pi r^2$，等式的右边为

$$\iiint_V \rho(r) \mathrm{d}V = \frac{4\pi\rho_0}{R} \int_0^R r^3 \mathrm{d}r = \pi\rho_0 R^3$$

代入高斯定理式(2.44)可得

$$E \cdot 4\pi r^2 = \frac{1}{\varepsilon_0} \pi\rho_0 R^3$$

所以在 $r>R$ 的区域中的场强为

$$\boldsymbol{E}_2 = \frac{\rho_0 R^3}{4\varepsilon_0 r^2}\boldsymbol{e}_r \tag{2.46}$$

下面计算电位 Φ,在 $r<R$ 的区域中

$$\Phi(\boldsymbol{r}) = \int_r^\infty \boldsymbol{E}\cdot \mathrm{d}\boldsymbol{r} = \int_r^R E_1 \mathrm{d}r + \int_R^\infty E_2 \mathrm{d}r = \frac{\rho_0}{4\varepsilon_0 R}\cdot\frac{1}{3}(R^3 - r^3) + \frac{\rho_0 R^2}{4\varepsilon_0}$$

在 $r>R$ 的区域中

$$\Phi(\boldsymbol{r}) = \int_r^\infty \boldsymbol{E}\cdot \mathrm{d}\boldsymbol{r} = \int_r^\infty E_2 \mathrm{d}r = \frac{\rho_0 R^3}{4\varepsilon_0 r}$$

方法 2 评述:这种方法计算比较简单,只要场的分布具有对称性,都应当选用这种方法。

3. 方法 3

第一步:利用点电荷电位的公式和电位的叠加原理求 Φ。

点电荷的电位:

$$\Phi(\boldsymbol{r}) = \frac{1}{4\pi\varepsilon_0}\frac{q(\boldsymbol{r}')}{R} \tag{2.47}$$

点电荷组的电位:

$$\Phi(\boldsymbol{r}) = \frac{1}{4\pi\varepsilon_0}\sum_{i=1}^{n}\frac{q_i(\boldsymbol{r}'_i)}{R_i} \tag{2.48}$$

电荷连续分布的电位:

$$\Phi(\boldsymbol{r}) = \frac{1}{4\pi\varepsilon_0}\int\frac{\mathrm{d}q(\boldsymbol{r}')}{R} \tag{2.49}$$

线电荷元、面电荷元、体电荷元的表达式仍为式(2.32)~式(2.34),代入式(2.49),可以分别求出线电荷、面电荷、体电荷产生的电位的表达式

$$\Phi(\boldsymbol{r}) = \frac{1}{4\pi\varepsilon_0}\int_l\frac{\rho_l(\boldsymbol{r}')\mathrm{d}l}{R} \tag{2.50}$$

$$\Phi(\boldsymbol{r}) = \frac{1}{4\pi\varepsilon_0}\iint_S\frac{\rho_S(\boldsymbol{r}')\mathrm{d}S}{R} \tag{2.51}$$

$$\Phi(\boldsymbol{r}) = \frac{1}{4\pi\varepsilon_0}\iiint_V\frac{\rho(\boldsymbol{r}')\mathrm{d}V}{R} \tag{2.52}$$

第二步:利用电位梯度求场强

$$\boldsymbol{E} = -\nabla\Phi \tag{2.53}$$

例 2.4 利用方法 3 求电偶极子在远处产生的电位和场强。

解 选用球坐标系,仍如图 2.5 所示,场点 P 处的电位等于两个点电荷电位的叠加

$$\Phi = \frac{q}{4\pi\varepsilon_0}\left(\frac{1}{r_+} - \frac{1}{r}\right) \tag{2.54}$$

从图 2.5 中可以看出 $r_+^2 = r^2 + l^2 - 2rl\cos\theta$,所以

$$\frac{1}{r_+}=\frac{1}{(r^2+l^2-2rl\cos\theta)^{1/2}}$$

由于 $l\ll r$,利用幂级数展开式可以写出

$$\frac{1}{r_+}\approx\frac{1}{(r^2-2rl\cos\theta)^{1/2}}\approx\frac{1}{r}\left(1+\frac{l\cos\theta}{r}\right)$$

代入式(2.54)可得

$$\Phi=\frac{1}{4\pi\varepsilon_0}\frac{ql\cos\theta}{r^2}=\frac{1}{4\pi\varepsilon_0}\frac{\boldsymbol{p}\cdot\boldsymbol{r}}{r^3} \tag{2.55}$$

电偶极子在远处产生的场强为

$$\boldsymbol{E}=-\nabla\Phi=\boldsymbol{e}_r\frac{p\cos\theta}{2\pi\varepsilon_0 r^3}+\boldsymbol{e}_\theta\frac{p\sin\theta}{4\pi\varepsilon_0 r^3}=-\frac{1}{4\pi\varepsilon_0}\nabla\left(\frac{\boldsymbol{p}\cdot\boldsymbol{r}}{r^3}\right)$$

与例 2.1 中的结果完全相同。

例 2.5 半径为 a 的圆平面上均匀分布面密度为 ρ_S 的面电荷,求圆平面中心垂直轴线上任意点处的电位和电场强度。

解 本题中的圆平面是有限大的,不能用高斯定理,需要用电位的叠加原理和微积分的方法来解。首先把圆平面无限分割,比较简单的方法是分割成无数多个同心的细圆环,如图 2.8 所示。任取一半径为 r' 的细圆环,圆环上任一面元上的电量为 $\rho_S r'\mathrm{d}r'\mathrm{d}\varphi'$,该面元距 P 点的距离为 $R=\sqrt{z^2+r'^2}$,细圆环上的电荷在 P 点产生的电位为

$$\mathrm{d}\Phi=\int_0^{2\pi}\frac{\rho_S r'\mathrm{d}r'\mathrm{d}\varphi'}{4\pi\varepsilon_0\sqrt{z^2+r'^2}}=\frac{\rho_S r'\mathrm{d}r'}{2\varepsilon_0\sqrt{z^2+r'^2}}$$

整个圆平面上的电荷在 P 点产生的电位为

$$\Phi(z)=\frac{\rho_S}{2\varepsilon_0}\int_0^a\frac{r'\mathrm{d}r'}{\sqrt{z^2+r'^2}}=\frac{\rho_S}{2\varepsilon_0}\left[\sqrt{z^2+a^2}-|z|\right]$$

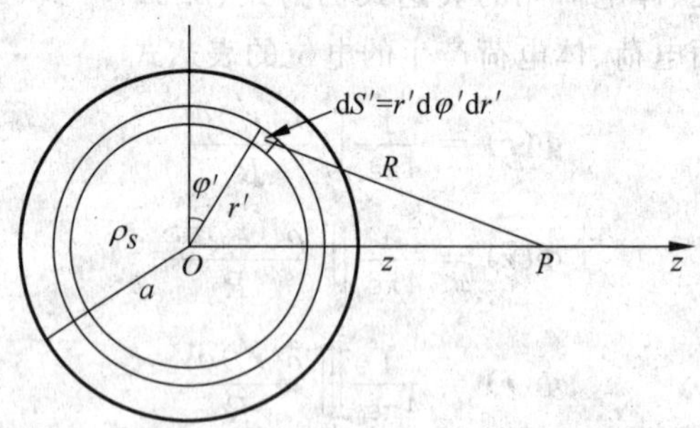

图 2.8 例 2.5 用图

从图 2.8 中可以看出,由对称性,P 点的电场强度 $\boldsymbol{E}$ 沿 z 方向,所以

$$\boldsymbol{E}(z)=-\nabla\Phi(z)=-\boldsymbol{e}_z\frac{\partial\Phi(z)}{\partial z}=\begin{cases}\boldsymbol{e}_z\dfrac{\rho_S}{2\varepsilon_0}\left[1-\dfrac{z}{\sqrt{z^2+a^2}}\right], & z>0\\ -\boldsymbol{e}_z\dfrac{\rho_S}{2\varepsilon_0}\left[1+\dfrac{z}{\sqrt{z^2+a^2}}\right], & z<0\end{cases}$$

方法3评述：由于这种方法是利用标量场的叠加或积分，计算比较简单。若场的分布没有对称性，这是求解电位和电场强度的一般方法。

2.1.5 静电场中的导体

下面列出静电平衡时导体的电特性，在分析一些问题时非常有用。

(1) 导体内电场强度处处为零。

(2) 导体是等位体，导体的表面是等位面。

(3) 导体内无电荷分布，电荷只分布在导体的表面。孤立导体表面的电荷分布与曲率有关，曲率比较大(凸出而尖锐)的地方，面电荷密度比较大；曲率比较小(比较平坦)的地方，面电荷密度也比较小；曲率为负值(凹进去)的地方，面电荷密度更小。

(4) 导体表面附近，电场强度的方向与表面垂直，电场强度的大小等于该点附近导体表面的面电荷密度除以 ε_0，所以导体表面附近的电场强度为

$$\boldsymbol{E} = \hat{\boldsymbol{n}}\frac{\rho_S}{\varepsilon_0} \tag{2.56}$$

其中 $\hat{\boldsymbol{n}}$ 是导体表面处的单位法线矢量，式(2.56)可以用高斯定理证明。

2.1.6 静电场中的电介质

1. 电介质的分类

1) 线性和非线性介质

实验证明，极化强度 $\boldsymbol{P}$ 是电场强度 $\boldsymbol{E}$ 的函数，$\boldsymbol{P}=\boldsymbol{P}(\boldsymbol{E})$，$\boldsymbol{P}$ 的各分量可由电场强度 $\boldsymbol{E}$ 的各分量的幂级数表示，在直角坐标系中有

$$\begin{cases} P_x = \alpha_1 E_x + \alpha_2 E_y + \alpha_3 E_z + \beta_1 E_x^2 + \beta_2 E_x E_y + \cdots \\ P_y = \alpha'_1 E_x + \alpha'_2 E_y + \alpha'_3 E_z + \beta'_1 E_x^2 + \beta'_2 E_x E_y + \cdots \\ P_z = \alpha''_1 E_x + \alpha''_2 E_y + \alpha''_3 E_z + \beta''_1 E_x^2 + \beta''_2 E_x E_y + \cdots \end{cases} \tag{2.57}$$

如果电介质的极化强度 $\boldsymbol{P}$ 的各分量只与电场强度 $\boldsymbol{E}$ 的各分量的一次项有关，与高次项无关，且 $\boldsymbol{P}$ 的各分量与 $\boldsymbol{E}$ 的各分量成线性关系，这种介质称为线性介质，否则即为非线性介质。在直角坐标系中，线性介质 $\boldsymbol{P}$ 的各分量与 $\boldsymbol{E}$ 的各分量之间的关系可以用矩阵形式表示为

$$\begin{bmatrix} P_x \\ P_y \\ P_z \end{bmatrix} = \varepsilon_0 \begin{bmatrix} \chi_{xx} & \chi_{xy} & \chi_{xz} \\ \chi_{yx} & \chi_{yy} & \chi_{yz} \\ \chi_{zx} & \chi_{zy} & \chi_{zz} \end{bmatrix} \begin{bmatrix} E_x \\ E_y \\ E_z \end{bmatrix} \tag{2.58}$$

其中比例系数 χ_{ij}(i、j 分别取 x、y、z)称为电介质的极化率。对于线性介质，χ_{ij} 是与 $\boldsymbol{E}$ 无关的常数。

2) 各向同性和各向异性介质

如果电介质内部某点的物理特性在所有方向上都相同，与外加场 $\boldsymbol{E}$ 的方向无关，这

种介质称为各向同性介质,否则为各向异性介质。对于各向同性介质,式(2.58)中比例系数与电场的方向无关,即 $i\neq j$ 时 $\chi_{ij}=0$,且 $\chi_{xx}=\chi_{yy}=\chi_{zz}$,极化强度 $\boldsymbol{P}$ 和电场强度 $\boldsymbol{E}$ 的关系可以表示为

$$\boldsymbol{P}=\varepsilon_0\chi_e\boldsymbol{E} \tag{2.59}$$

即极化强度矢量与电场强度方向相同。

对于线性、各向同性电介质,式(2.59)中的 χ_e 是与 $\boldsymbol{E}$ 无关的常数。

3) 均匀介质和非均匀介质

如果电介质内的介电常数 ε 处处相同,与空间位置无关,即 $\nabla\varepsilon=0$,则称这种介质为均匀介质,否则称为非均匀介质。

本书重点讨论线性、各向同性的均匀电介质中电场的特性,满足如下的关系

$$\boldsymbol{P}=\varepsilon_0\chi_e\boldsymbol{E},\quad \boldsymbol{D}=\varepsilon_0\varepsilon_r\boldsymbol{E},\quad \varepsilon_r=1+\chi_e$$

其中 χ_e、ε_r 均为常数。一些常见介质的相对介电常数如表 2.1 所示。

表 2.1 一些常见介质的相对介电常数

材料	ε_r	绝缘强度/(kV/m)	材料	ε_r	绝缘强度/(kV/m)
空气	1.0	3×10^3	聚乙烯	2.3	18×10^3
蒸馏水	80.0		石英	5.0	30×10^3
海水	81		橡胶	3.0	25×10^3
干土	3～4		玻璃	5～10	$10\sim25\times10^3$
陶瓷	5.7～6.8	$6\sim20\times10^3$	云母	3.7～7.5	$80\sim200\times10^3$
电木	7.6	$10\sim20\times10^3$	环氧树脂	4	35×10^3
石蜡	2.2	29×10^3	变压器油	2～3	12×10^3
纸	2～4	14×10^3	木材	2.5～8	
有机玻璃	3.4				

2. 电介质极化的机理和电偶极子模型

1) 有极分子电介质和无极分子电介质

任何物质的分子都是由原子组成的,而原子都是由带正电的原子核和带负电的电子组成,整个分子中电荷的代数和为零。在远离分子的地方,分子中全部负电荷的影响可以用一个负的点电荷等效,这个等效负点电荷的位置称为这个分子负电荷的中心。同样,分子中全部的正电荷也可以用一个正的点电荷等效,这个等效正点电荷的位置称为这个分子正电荷的中心。

当没有外电场时,如果电介质分子中正负电荷的中心是重合的,这类电介质称为无极分子电介质;如果电介质分子中正负电荷的中心不重合,这类电介质称为有极分子电介质。有极分子电介质中正负电荷的中心错开一定的距离,形成一个电偶极矩,称为分子的固有电矩。

2) 位移极化和取向极化

在没有外电场时,无极分子电介质的分子中没有电矩。加上外电场,在电场力的作

用下，每个分子中的正、负电荷的中心被拉开一定的距离，形成了一个电偶极子，分子电矩的方向沿外电场方向，如图2.9(a)所示。外电场越强，每个分子中的正、负电荷的中心被拉开的距离越大，一定体积中分子电矩的矢量和也越大。无极分子电介质的这种极化机理称为位移极化。

(a) 位移极化　　(b) 取向极化

图2.9　电介质的极化机理

在没有外电场时，虽然有极分子电介质中每一个分子都具有固有电矩，但是由于分子的不规则热运动，分子电矩的排列是杂乱无章的，在任一体积元中，所有分子电矩的矢量和为零。加上外电场，每个分子电矩都受到一个力矩的作用，使分子电矩在一定程度上转向外电场方向，于是一定体积中分子电矩的矢量和就不是零了，如图2.9(b)所示。外电场越强，分子电矩排列得越整齐，一定体积中分子电矩的矢量和就越大。有极分子电介质的这种极化机理称为取向极化。

应当指出，位移极化在任何电介质中都存在，而取向极化只是有极分子电介质所独有的。在有极分子电介质中，取向极化的效应比位移极化强得多(约大一个数量级)。在无极分子电介质中，位移极化则是唯一的极化机制。

从图2.9中可以看出，无论是无极分子电介质，还是有极分子电介质，在外电场中被极化，均匀电介质内部的电荷相互抵消，一个端面上出现正电荷，另一个端面上出现负电荷，这就是**极化电荷**。极化电荷与导体中的**自由电荷**不同，不能自由运动，也称为**束缚电荷**。

无论是无极分子电介质，还是有极分子电介质，在外电场中，分子中的正、负电荷的中心错开一定的距离，形成了一个电偶极子(分子电矩为 $\boldsymbol{p}=q\boldsymbol{l}$)，所以可以用电偶极子模型研究电介质。外电场越强，一定体积中分子电矩的矢量和越大，极化强度矢量就定义为单位体积中分子电矩的矢量和

$$\boldsymbol{P}=\lim_{\Delta V\to 0}\frac{\sum \boldsymbol{p}}{\Delta V} \tag{2.60}$$

3. 计算电介质问题常用的公式

有电介质时静电场的高斯定理为

$$\oint\!\!\!\oint_S \boldsymbol{D}\cdot \mathrm{d}\boldsymbol{S}=\sum q_0 \tag{2.61}$$

引入电位移矢量 $\boldsymbol{D}$，高斯定理右边只对自由电荷求和，不出现极化电荷，使计算大为简化。

电位移矢量的定义为

$$\boldsymbol{D} = \varepsilon_0 \boldsymbol{E} + \boldsymbol{P} \tag{2.62}$$

其中 $\boldsymbol{P}$ 是介质的极化强度矢量。电位移矢量与电场强度满足以下关系式

$$\boldsymbol{D} = \varepsilon_0 \varepsilon_r \boldsymbol{E} \tag{2.63}$$

式(2.63)适用于线性的各向同性电介质,其中 ε_0、ε_r 分别是真空介电常数和介质的相对介电常数。极化强度矢量与电场强度满足以下关系式

$$\boldsymbol{P} = \varepsilon_0 \chi_e \boldsymbol{E} \tag{2.64}$$

式(2.64)适用于线性的各向同性电介质,其中 χ_e 是介质的极化率。介质表面的面极化电荷密度为

$$\rho_{SP} = \boldsymbol{P} \cdot \hat{\boldsymbol{n}} \tag{2.65}$$

其中$\hat{\boldsymbol{n}}$是介质表面处的单位法线矢量。介质内部的体极化电荷密度为

$$\rho_P = -\nabla \cdot \boldsymbol{P} \tag{2.66}$$

介质的介电常数、真空介电常数、介质的相对介电常数、介质的极化率满足以下关系式

$$\varepsilon = \varepsilon_0 \varepsilon_r \tag{2.67}$$

$$\varepsilon_r = 1 + \chi_e \tag{2.68}$$

电介质的计算规律性比较强,一般是给定自由电荷分布,由式(2.61)先求出电位移矢量 $\boldsymbol{D}$,然后利用式(2.63)和式(2.64)就可以分别求出电场强度 $\boldsymbol{E}$ 和极化强度矢量 $\boldsymbol{P}$,利用极化强度矢量 $\boldsymbol{P}$ 和式(2.65)和式(2.66)就可以分别求出介质表面的面极化电荷密度和介质内部的体极化电荷密度。

例 2.6 证明 $\rho_{SP} = \boldsymbol{P} \cdot \hat{\boldsymbol{n}}$和 $\rho_P = -\nabla \cdot \boldsymbol{P}$。

证明 电偶极子的电位:

$$\Phi = \frac{1}{4\pi\varepsilon_0} \frac{\boldsymbol{p} \cdot \boldsymbol{e}_r}{r^2} \tag{2.69}$$

把电介质分割成许多个小体积元,如图 2.10 所示。设电介质内的极化强度矢量为 $\boldsymbol{P}$,由式(2.60),任一小体积元 $\mathrm{d}V'$ 内分子电矩的矢量和为

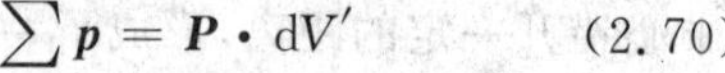

$$\sum \boldsymbol{p} = \boldsymbol{P} \cdot \mathrm{d}V' \tag{2.70}$$

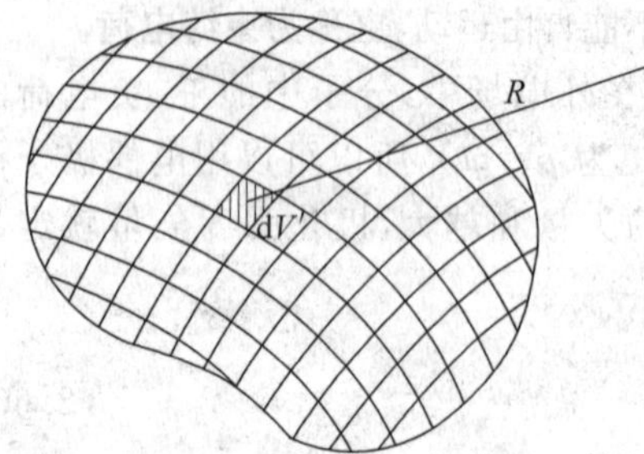

图 2.10 例 2.6 用图

把式(2.70)代入式(2.69),$\mathrm{d}V'$ 内的分子电矩在电介质外任意点 P 产生的电位为

$$\mathrm{d}\Phi(\boldsymbol{R}) = \frac{1}{4\pi\varepsilon_0} \frac{\boldsymbol{P} \cdot \boldsymbol{e}_R}{R^2} \mathrm{d}V'$$

整块电介质在 P 点产生的电位为

$$\Phi(\boldsymbol{R}) = \frac{1}{4\pi\varepsilon_0} \int_{V'} \frac{\boldsymbol{P}(\boldsymbol{r}') \cdot \boldsymbol{e}_R}{R^2} \mathrm{d}V'$$

由

$$\frac{\boldsymbol{e}_R}{R^2} = \nabla' \frac{1}{R}$$

所以

$$\Phi(\boldsymbol{R})=\frac{1}{4\pi\varepsilon_0}\int_{V'}\boldsymbol{P}(\boldsymbol{r}')\cdot\nabla'\frac{1}{R}\mathrm{d}V'$$

利用矢量恒等式

$$\boldsymbol{A}\cdot\nabla\psi=\nabla\cdot(\psi\boldsymbol{A})-\psi\nabla\cdot\boldsymbol{A}$$

所以

$$\Phi(\boldsymbol{r})=\frac{1}{4\pi\varepsilon_0}\int_{V'}-\frac{1}{R}\nabla'\cdot\boldsymbol{P}(\boldsymbol{r}')\mathrm{d}V'+\frac{1}{4\pi\varepsilon_0}\int_{V'}\nabla'\cdot\frac{\boldsymbol{P}(\boldsymbol{r}')}{R}\mathrm{d}V'$$

利用散度定理

$$\Phi(\boldsymbol{r})=\frac{1}{4\pi\varepsilon_0}\int_{V'}-\frac{\nabla'\cdot\boldsymbol{P}(\boldsymbol{r}')}{R}\mathrm{d}V'+\frac{1}{4\pi\varepsilon_0}\oint_{S'}\frac{\boldsymbol{P}(\boldsymbol{r}')}{R}\cdot\hat{\boldsymbol{n}}\mathrm{d}S'$$

由于电介质外 P 点处的电位是由电介质内的体极化电荷和电介质表面的面极化电荷产生的，所以上式可以写为

$$\Phi(\boldsymbol{r})=\frac{1}{4\pi\varepsilon_0}\int_{V'}\frac{\rho_P}{R}\mathrm{d}V'+\frac{1}{4\pi\varepsilon_0}\oint_{S'}\frac{\rho_{SP}}{R}\mathrm{d}S'$$

所以可得

$$\rho_{SP}=\boldsymbol{P}\cdot\hat{\boldsymbol{n}},\quad \rho_P=-\nabla\cdot\boldsymbol{P}$$

2.1.7 电力线方程和等位面方程

1. 电力线方程

电力线上某一点处的切线方向表示该点电场强度的方向，若 $\mathrm{d}\boldsymbol{l}$ 表示电力线上某一点处切线方向的线元，在该点处

$$\boldsymbol{E}=k\mathrm{d}\boldsymbol{l} \tag{2.71}$$

把式(2.71)在直角坐标系中展开

$$\boldsymbol{e}_xE_x+\boldsymbol{e}_yE_y+\boldsymbol{e}_zE_z=\boldsymbol{e}_xk\mathrm{d}x+\boldsymbol{e}_yk\mathrm{d}y+\boldsymbol{e}_zk\mathrm{d}z$$

上式两端各分量分别相等，则

$$E_x=k\mathrm{d}x,\quad E_y=k\mathrm{d}y,\quad E_z=k\mathrm{d}z$$

所以直角坐标系中的电力线方程为

$$\frac{\mathrm{d}x}{E_x}=\frac{\mathrm{d}y}{E_y}=\frac{\mathrm{d}z}{E_z} \tag{2.72}$$

用相同的方法可以导出圆柱坐标系中的电力线方程

$$\frac{\mathrm{d}r}{E_r}=\frac{r\mathrm{d}\varphi}{E_\varphi}=\frac{\mathrm{d}z}{E_z} \tag{2.73}$$

和球坐标系中的电力线方程

$$\frac{\mathrm{d}r}{E_r}=\frac{r\mathrm{d}\theta}{E_\theta}=\frac{r\sin\theta\mathrm{d}\varphi}{E_\varphi} \tag{2.74}$$

2. 等位面方程

空间电位相等的各点构成的曲面称为等位面，等位面方程可以写为

$$\Phi(x, y, z) = C \tag{2.75}$$

其中 C 是一个常数。

例 2.7 求电偶极子的电力线方程和等位面方程。

解 选用球坐标系,由式(2.55)可以写出电偶极子的等位面方程

$$\Phi = \frac{p\cos\theta}{4\pi\varepsilon_0 r^2} = V$$

其中 V 是一个常数,经过整理可得

$$r^2 = \frac{p\cos\theta}{4\pi\varepsilon_0 V} = C_1\cos\theta \tag{2.76}$$

由式(2.39),电偶极子在远区产生的电场强度与坐标 φ 无关,在球坐标系中的电力线方程为

$$\frac{\mathrm{d}r}{E_r} = \frac{r\mathrm{d}\theta}{E_\theta}$$

把式(2.39)代入上式可得

$$\frac{\mathrm{d}r}{\dfrac{1}{2\pi\varepsilon_0}\dfrac{p\cos\theta}{r^3}} = \frac{r\mathrm{d}\theta}{\dfrac{1}{4\pi\varepsilon_0}\dfrac{p\sin\theta}{r^3}}$$

可化简为

$$\frac{\mathrm{d}r}{r} = 2\cot\theta\mathrm{d}\theta$$

积分可得

$$\ln r = 2\ln\sin\theta + \ln C_2 = \ln C_2\sin^2\theta$$

电偶极子的电力线方程为

$$r = C_2\sin^2\theta \tag{2.77}$$

利用式(2.76)和式(2.77)绘出的电偶极子的电力线和等位面如图 2.11 所示,把图 2.11 绕 z 轴旋转一周就是电偶极子的电力线和等位面的三维立体图。

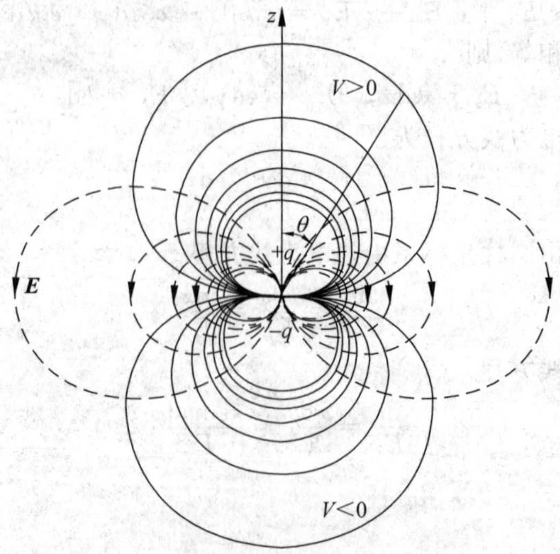

图 2.11 电偶极子的电力线和等位面

2.2 静电场的边界条件

边界条件是指在两种介质的分界面上，场量（$\boldsymbol{E}$、$\boldsymbol{D}$、Φ、…）的变化所满足的关系式。利用边界条件解边值问题是电磁场课程与大学物理中电磁学部分的重要区别。在 2.1 节中复习 $\boldsymbol{E}$ 和 Φ 的计算方法时，都是计算无限大空间中一个孤立的带电体产生的 $\boldsymbol{E}$ 和 Φ，如果考虑边值问题，情况就不一样了。例如，计算点电荷周围的 $\boldsymbol{E}$ 和 Φ 很容易，如果在点电荷附近放置一接地的导体平板，如图 2.12 所示，导体板上方 $\boldsymbol{P}$ 点处的 $\boldsymbol{E}$（或 Φ），就等于点电荷在 $\boldsymbol{P}$ 点处产生的 $\boldsymbol{E}$（或 Φ）再叠加上导体板上所有感应电荷在 $\boldsymbol{P}$ 点处产生的 $\boldsymbol{E}$（或 Φ）。由于导体板上感应电荷的分布是不均匀的，求解很困难，求解导体板上所有感应电荷在 $\boldsymbol{P}$ 点处产生的 $\boldsymbol{E}$（或 Φ）也很困难，这就需要用边界条件来求解了。所以掌握和运用边界条件是电磁场课程学习的重要内容。

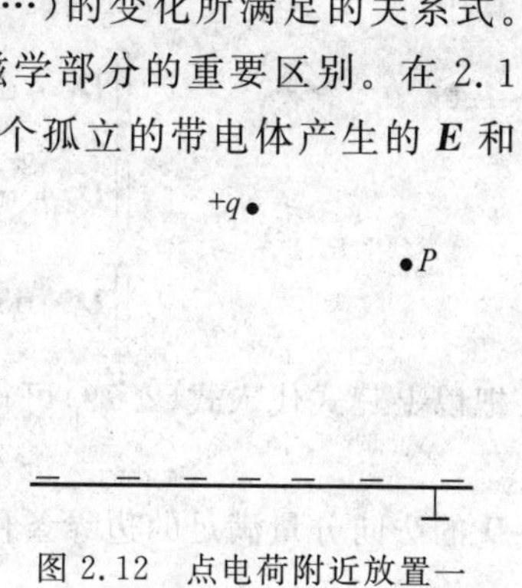

图 2.12 点电荷附近放置一接地的导体平板

2.2.1 两种电介质界面上的边界条件

1. $\boldsymbol{E}$ 和 $\boldsymbol{D}$ 的边界条件

1）$\boldsymbol{D}$ 法向分量的边界条件

图 2.13 是两种电介质的分界面，介电常数分别是 ε_1、ε_2，两种介质中的电位移矢量分别是 $\boldsymbol{D}_1$、$\boldsymbol{D}_2$，与分界面法线的夹角分别是 θ_1、θ_2。在两种电介质的分界面上作一个极扁的圆柱形高斯面，上、下底面分别在两种电介质中，侧面与边界垂直，上、下底面的外法线矢量分别为 $\hat{\boldsymbol{n}}_1$、$\hat{\boldsymbol{n}}_2$，利用高斯定理

$$\oint\!\!\!\oint_S \boldsymbol{D}\cdot \mathrm{d}\boldsymbol{S} = \rho_S \Delta S \tag{2.78}$$

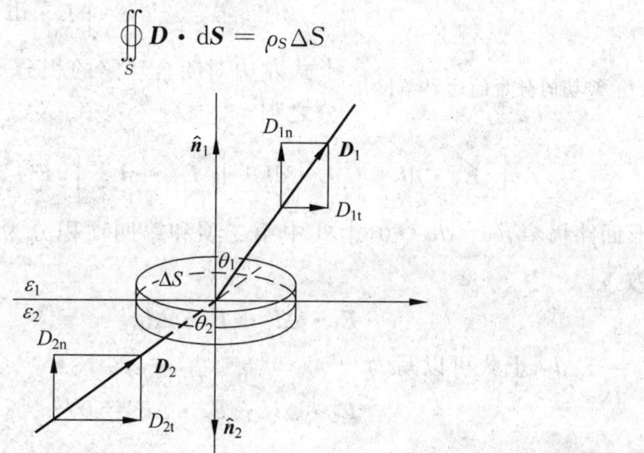

图 2.13 $\boldsymbol{D}$ 法向分量的边界条件

式(2.78)左边对闭合曲面的积分可以写为对上底面、下底面和侧面积分之和

$$\iint_{上}\boldsymbol{D}_1\cdot \mathrm{d}\boldsymbol{S}+\iint_{下}\boldsymbol{D}_2\cdot \mathrm{d}\boldsymbol{S}+\iint_{侧}\boldsymbol{D}\cdot \mathrm{d}\boldsymbol{S}=\rho_S\cdot\Delta S \tag{2.79}$$

其中

$$\iint\boldsymbol{D}_1\cdot \mathrm{d}\boldsymbol{S}=\iint D_1\,\mathrm{d}S\cos\theta_1=\iint D_{1\mathrm{n}}\mathrm{d}S=D_{1\mathrm{n}}\Delta S$$

$$\iint\boldsymbol{D}_2\cdot \mathrm{d}\boldsymbol{S}=\iint D_2\,\mathrm{d}S\cos(\pi-\theta_2)=-D_{2\mathrm{n}}\Delta S$$

$$\iint_{侧}\boldsymbol{D}\cdot \mathrm{d}\boldsymbol{S}=0$$

把以上三式代入式(2.79)可得

$$D_{1\mathrm{n}}\Delta S-D_{2\mathrm{n}}\Delta S=\rho_S\Delta S$$

D 的法向分量满足的边界条件为

$$D_{1\mathrm{n}}-D_{2\mathrm{n}}=\rho_S \tag{2.80}$$

分界面上没有自由电荷时,

$$D_{1\mathrm{n}}=D_{2\mathrm{n}} \tag{2.81}$$

所以在两种电介质的分界面上,**D** 的法向分量是连续的。式(2.81)也可以写成矢量方程

$$\hat{n}_1\cdot\boldsymbol{D}_1=\hat{n}_1\cdot\boldsymbol{D}_2 \tag{2.82}$$

2) **E** 切向分量的边界条件

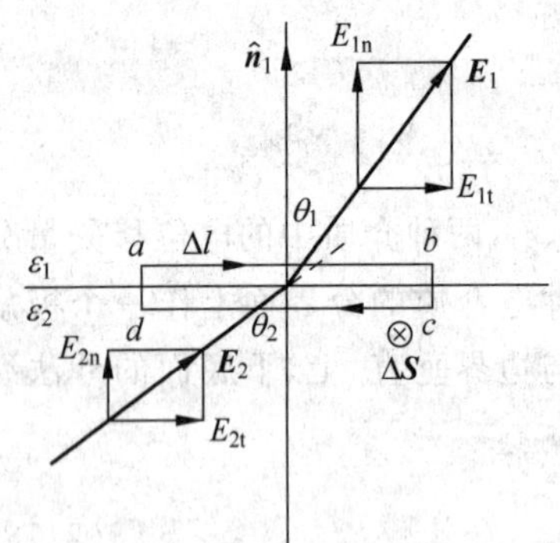

图 2.14 **E** 切向分量的边界条件

图 2.14 是两种电介质的分界面,介电常数分别是 ε_1、ε_2,两种介质中的电场强度分别是 $\boldsymbol{E}_1$、$\boldsymbol{E}_2$,与分界面法线的夹角分别是 θ_1、θ_2。在两种电介质的分界面上作一个极窄的矩形回路 $abcda$,$ab=cd=\Delta l$,$bc=da\to 0$,ab 边在介质 1 中,cd 边在介质 2 中,如图 2.14 所示。利用静电场的环路定理

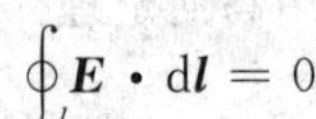

$$\oint_l\boldsymbol{E}\cdot \mathrm{d}\boldsymbol{l}=0$$

上式左边对闭合环路的积分可以写为对四个边的线积分之和

$$\int_{ab}\boldsymbol{E}_1\cdot \mathrm{d}\boldsymbol{l}+\int_{bc}\boldsymbol{E}\cdot \mathrm{d}\boldsymbol{l}+\int_{cd}\boldsymbol{E}_2\cdot \mathrm{d}\boldsymbol{l}+\int_{da}\boldsymbol{E}\cdot \mathrm{d}\boldsymbol{l}=0$$

由于矩形回路极窄,$bc=da\to 0$,上式中第二项和第四项积分为零,第一项和第三项积分可以写为

$$\boldsymbol{E}_1\cdot\Delta\boldsymbol{l}_1+\boldsymbol{E}_2\cdot\Delta\boldsymbol{l}_2=0$$

由于 $\Delta\boldsymbol{l}_2=-\Delta\boldsymbol{l}_1$,上式可以写为

$$\boldsymbol{E}_1\cdot\Delta\boldsymbol{l}_1-\boldsymbol{E}_2\cdot\Delta\boldsymbol{l}_1=0$$

从图 2.14 中可以看出 $\Delta\boldsymbol{l}=\hat{\boldsymbol{s}}\times\hat{\boldsymbol{n}}_1\Delta l$,$\hat{\boldsymbol{s}}$是回路包围的曲面 ΔS 的法线矢量,所以上式可以写为

$$\boldsymbol{E}_1 \cdot (\hat{\boldsymbol{s}} \times \hat{\boldsymbol{n}}_1) \Delta l - \boldsymbol{E}_2 \cdot (\hat{\boldsymbol{s}} \times \hat{\boldsymbol{n}}_1) \Delta l = 0$$

利用矢量混合积变换公式(A3-2),上式可以写为

$$\hat{s} \cdot (\hat{\boldsymbol{n}}_1 \times \boldsymbol{E}_1) - \hat{s} \cdot (\hat{\boldsymbol{n}}_1 \times \boldsymbol{E}_2) = 0$$

$\hat{\boldsymbol{s}}$与$\hat{\boldsymbol{n}}_1 \times \boldsymbol{E}_1$、$\hat{\boldsymbol{n}}_1 \times \boldsymbol{E}_2$ 方向都相同,可以写出 $\boldsymbol{E}$ 切向分量满足的边界条件

$$\hat{\boldsymbol{n}}_1 \times \boldsymbol{E}_1 = \hat{\boldsymbol{n}}_1 \times \boldsymbol{E}_2 \tag{2.83}$$

式(2.83)两边数值相等

$$E_1 \sin\theta_1 = E_2 \sin\theta_2$$

由图 2.14 可以看出,上式可以写为

$$E_{1t} = E_{2t} \tag{2.84}$$

所以在两种电介质的分界面上,$\boldsymbol{E}$ 的切向分量是连续的。

3) $\boldsymbol{E}$ 线和 $\boldsymbol{D}$ 线在分界面上的折射

由图 2.14 可以看出

$$\tan\theta_1 = \frac{E_{1t}}{E_{1n}}, \quad \tan\theta_2 = \frac{E_{2t}}{E_{2n}}$$

所以

$$\frac{\tan\theta_1}{\tan\theta_2} = \frac{E_{1t}}{E_{1n}} \cdot \frac{E_{2n}}{E_{2t}} = \frac{E_{2n}}{E_{1n}} \tag{2.85}$$

利用公式 $E_{2n} = \frac{D_{2n}}{\varepsilon_2}$,$E_{1n} = \frac{D_{1n}}{\varepsilon_1}$和 $D_{1n} = D_{2n}$,式(2.85)可以写为

$$\frac{\tan\theta_1}{\tan\theta_2} = \frac{\varepsilon_1}{\varepsilon_2} \tag{2.86}$$

一般情况下 $\varepsilon_1 \neq \varepsilon_2$,所以 $\theta_1 \neq \theta_2$,即 $\boldsymbol{E}$ 线在界面上发生了折射。

2. 电位的边界条件

图 2.15 是两种电介质的分界面,介电常数分别是 ε_1、ε_2。

(1) a_1 点、a_2 点分别位于分界面的两侧,两点之间的距离$\overline{a_1 a_2} \to 0$,两点之间的电位差为

$$\Phi_1 - \Phi_2 = \int_{a_2}^{a_1} \boldsymbol{E} \cdot \mathrm{d}\boldsymbol{l}$$

由于电场强度 $\boldsymbol{E}$ 是有限值,a_1、a_2 两点之间的距离$\overline{a_1 a_2} \to 0$,所以上式积分为零,就可以得到介质分界面上电位满足的边界条件

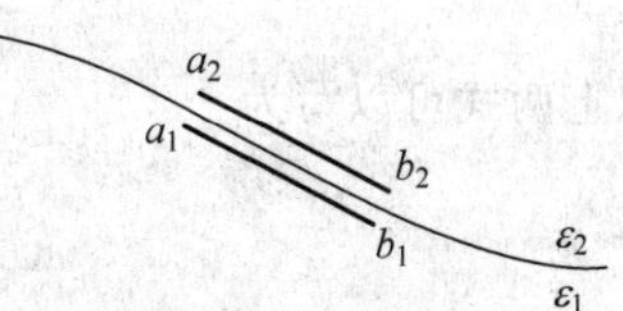

图 2.15　电位的边界条件

$$\Phi_1 = \Phi_2 \tag{2.87}$$

所以在两种电介质的分界面上,电位 Φ 是连续的。

从图 2.15 可以看出

$$\Phi_{a1} = \Phi_{a2}, \quad \Phi_{b1} = \Phi_{b2}$$

所以 a_1、b_1 两点之间的电位差与 a_2、b_2 两点之间的电位差相等,即 $U_{a_1 b_1} = U_{a_2 b_2}$,而

$$U_{a_1b_1} = E_{1t}\Delta l,\quad U_{a_2b_2} = E_{2t}\Delta l$$

所以

$$E_{1t} = E_{2t}$$

所以式(2.87)与式(2.84)是等价的。

(2) 由式(2.80)

$$D_{1n} - D_{2n} = \rho_S$$

其中

$$D_{1n} = \varepsilon_1 E_{1n} = -\varepsilon_1 \frac{\partial \Phi_1}{\partial n},\quad D_{2n} = \varepsilon_2 E_{2n} = -\varepsilon_2 \frac{\partial \Phi_2}{\partial n}$$

由此可以得到介质分界面上电位的法向导数满足的边界条件

$$-\varepsilon_1 \frac{\partial \Phi_1}{\partial n} + \varepsilon_2 \frac{\partial \Phi_2}{\partial n} = \rho_S \tag{2.88}$$

显然,式(2.88)和式(2.80)是等价的。

若分界面上没有自由电荷分布,式(2.88)可以写为

$$\varepsilon_1 \frac{\partial \Phi_1}{\partial n} = \varepsilon_2 \frac{\partial \Phi_2}{\partial n} \tag{2.89}$$

2.2.2 导体与电介质分界面上的边界条件

为了讨论方便,约定导体的下标为2,介质的下标为1。

1. $\boldsymbol{E}$ 和 $\boldsymbol{D}$ 的边界条件

由导体的电特性: $E_2=0$,所以在电介质一侧

$$E_{1t} = E_{2t} = 0$$

再由式(2.80)可得

$$D_{1n} = \rho_S \quad 或 \quad E_{1n} = \frac{\rho_S}{\varepsilon}$$

以上两式可以写为

$$E_{1t}\,|_S = 0 \tag{2.90}$$

$$D_{1n}\,|_S = \rho_S \tag{2.91}$$

2. 电位 Φ 的边界条件

在导体与电介质的分界面上,电位 Φ 仍然是连续的,即

$$\Phi_1 = \Phi_2 \tag{2.92}$$

再由 $D_{1n}=\rho_S$ 和 $D_{1n}=\varepsilon_1 E_{1n}=-\varepsilon_1 \frac{\partial \Phi_1}{\partial n}$ 可以得到在导体与电介质的分界面上电位的法向导数满足的边界条件

$$\varepsilon_1 \frac{\partial \Phi_1}{\partial n} = -\rho_S \tag{2.93}$$

例 2.8 已知 $y=0$ 的平面为两种电介质的分界面，介质 2 一侧的电场强度为 $\boldsymbol{E}_2=\boldsymbol{e}_x 10+\boldsymbol{e}_y 20\text{V/m}$，分界面两侧的介电常数分别为 $\varepsilon_1=5\varepsilon_0$，$\varepsilon_2=3\varepsilon_0$。求 $\boldsymbol{D}_2$、$\boldsymbol{D}_1$ 和 $\boldsymbol{E}_1$。

解 先由 $\boldsymbol{E}_2$ 求出 $\boldsymbol{D}_2$

$$\boldsymbol{D}_2=\varepsilon_2 \boldsymbol{E}_2=\varepsilon_0(\boldsymbol{e}_x 30+\boldsymbol{e}_y 60)$$

由题中条件可知，相对于两种电介质的分界面，$\boldsymbol{e}_y$ 分量是法向分量，$\boldsymbol{e}_x$ 分量是切向分量。利用边界条件式(2.81)可得

$$D_{1\text{n}}=D_{2\text{n}}=60\varepsilon_0$$

进而可以求出 $E_{1\text{n}}$

$$E_{1\text{n}}=\frac{D_{1\text{n}}}{\varepsilon_1}=12$$

利用边界条件式(2.84)可得

$$E_{1\text{t}}=E_{2\text{t}}=10$$

进而可以求出

$$D_{1\text{t}}=\varepsilon_1 E_{1\text{t}}=50\varepsilon_0$$

所以

$$\boldsymbol{D}_1=\varepsilon_0(\boldsymbol{e}_x 50+\boldsymbol{e}_y 60)\quad \text{C/m}^2$$

$$\boldsymbol{E}_1=\boldsymbol{e}_x 10+\boldsymbol{e}_y 12\quad \text{V/m}$$

2.3 泊松方程和拉普拉斯方程

泊松方程和拉普拉斯方程是电位 Φ 的微分方程。

1. 泊松方程和拉普拉斯方程的导出

由静电场的基本方程

$$\nabla\cdot \boldsymbol{D}=\rho \tag{2.94}$$

其中

$$\boldsymbol{D}=\varepsilon \boldsymbol{E},\quad \boldsymbol{E}=-\nabla\Phi$$

把以上两式代入式(2.94)

$$\nabla\cdot \boldsymbol{D}=\nabla\cdot\varepsilon \boldsymbol{E}=\varepsilon\nabla\cdot(-\nabla\Phi)=-\varepsilon\nabla\cdot\nabla\Phi=\rho$$

经过整理可得

$$\nabla^2\Phi=-\frac{\rho}{\varepsilon} \tag{2.95}$$

这就是泊松方程。对于没有电荷分布的区域

$$\nabla^2\Phi=0 \tag{2.96}$$

这就是拉普拉斯方程。应当强调指出，泊松方程和拉普拉斯方程都是微分方程，都是针对场中某一点而言的。例如，泊松方程右边的 ρ 是场中某一点的体电荷密度，左边的 Φ 是该点处的电位。泊松方程和拉普拉斯方程在三种坐标系中的展开式详见附录 2。

2. 应用举例

1）利用泊松方程求体电荷密度 ρ

例 2.9 已知空间电位的分布为 $\Phi=Ar^2\sin\varphi+Brz$，求电场强度 $\boldsymbol{E}$ 和体电荷密度 ρ 的分布。

解 可以看出，本题选用圆柱坐标系

$$\begin{aligned}\boldsymbol{E}&=-\nabla\Phi=-\left(\boldsymbol{e}_r\frac{\partial\Phi}{\partial r}+\boldsymbol{e}_\varphi\frac{1}{r}\frac{\partial\Phi}{\partial\varphi}+\boldsymbol{e}_z\frac{\partial\Phi}{\partial z}\right)\\&=-\left[\boldsymbol{e}_r(2Ar\sin\varphi+Bz)+\boldsymbol{e}_\varphi Ar\cos\varphi+\boldsymbol{e}_zBr\right]\end{aligned}$$

$$\begin{aligned}\rho&=-\varepsilon\nabla^2\Phi=-\varepsilon\left[\frac{1}{r}\frac{\partial}{\partial r}\left(r\frac{\partial\Phi}{\partial r}\right)+\frac{1}{r^2}\frac{\partial^2\Phi}{\partial\varphi^2}+\frac{\partial^2\Phi}{\partial z^2}\right]\\&=-\varepsilon\left(3A\sin\varphi+\frac{Bz}{r}\right)\end{aligned}$$

2）利用泊松方程求电位 Φ

例 2.10 一平行板电容器，两极板间的电位差是 U_0，其间充满体电荷密度为 ρ 的电荷，如图 2.16 所示，求电容器内电位 Φ 和场强 $\boldsymbol{E}$ 的分布。

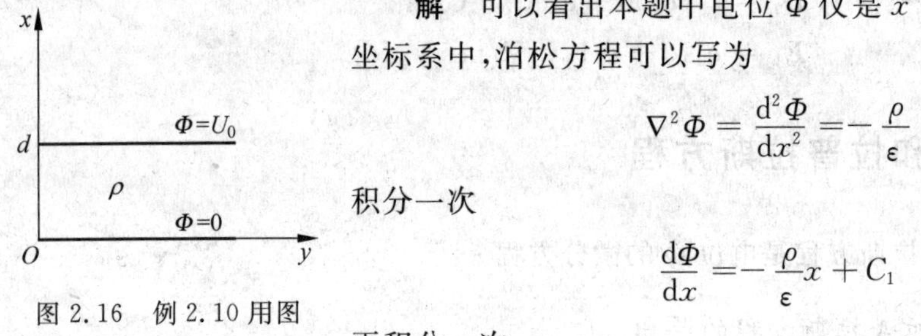

图 2.16 例 2.10 用图

解 可以看出本题中电位 Φ 仅是 x 的函数，所以在直角坐标系中，泊松方程可以写为

$$\nabla^2\Phi=\frac{\mathrm{d}^2\Phi}{\mathrm{d}x^2}=-\frac{\rho}{\varepsilon}$$

积分一次

$$\frac{\mathrm{d}\Phi}{\mathrm{d}x}=-\frac{\rho}{\varepsilon}x+C_1$$

再积分一次

$$\Phi=-\frac{\rho}{2\varepsilon}x^2+C_1x+C_2 \tag{2.97}$$

下面利用边界条件确定积分常数 C_1、C_2。由图 2.16 可以看出，本题的边界条件是

$$x=0,\quad \Phi=0 \tag{2.98}$$

$$x=d,\quad \Phi=U_0 \tag{2.99}$$

把边界条件式(2.98)代入式(2.97)可得

$$C_2=0 \tag{2.100}$$

把边界条件式(2.99)代入式(2.97)可得

$$U_0=-\frac{\rho}{2\varepsilon}d^2+C_1d$$

可以解出

$$C_1=\frac{U_0}{d}+\frac{\rho}{2\varepsilon}d \tag{2.101}$$

把式(2.100)和式(2.101)代入式(2.97)可得电位的分布为

$$\Phi = -\frac{\rho}{2\varepsilon}x^2 + \left(\frac{U_0}{d} + \frac{\rho}{2\varepsilon}d\right)x$$

利用电位梯度可以求出电场强度

$$\boldsymbol{E} = -\nabla\Phi = -\boldsymbol{e}_x\frac{\mathrm{d}\Phi}{\mathrm{d}x} = \boldsymbol{e}_x\left(\frac{\rho}{\varepsilon}x - \frac{U_0}{d} - \frac{\rho d}{2\varepsilon}\right)$$

这种解法通过两次积分求解泊松方程，称为**直接积分法**，直接积分法只能求解一维泊松方程。

3. 点电荷的泊松方程

由式(2.9)，点电荷的体电荷密度为

$$\rho(\boldsymbol{r}) = q\delta(\boldsymbol{r}-\boldsymbol{r}') = \begin{cases} 0, & \boldsymbol{r} \neq \boldsymbol{r}' \\ \infty, & \boldsymbol{r} = \boldsymbol{r}' \end{cases}$$

所以点电荷的泊松方程可以写为

$$\nabla^2\Phi = -\frac{q\delta(\boldsymbol{r}-\boldsymbol{r}')}{\varepsilon_0} \tag{2.102}$$

2.4 唯一性定理

2.4.1 格林定理

由散度定理

$$\iiint_V \nabla\cdot\boldsymbol{A}\mathrm{d}V = \oiint_S \boldsymbol{A}\cdot\mathrm{d}\boldsymbol{S} \tag{2.103}$$

其中 S 是包围区域 V 的闭合曲面，面元 $\mathrm{d}S$ 可以写为$\hat{\boldsymbol{n}}\mathrm{d}S$，$\boldsymbol{A}$ 是区域 V 内的任一矢量。令 $\boldsymbol{A}=\phi\nabla\psi$，$\phi$ 和 ψ 是区域 V 内的任意两个标量，则

$$\nabla\cdot\boldsymbol{A} = \nabla\cdot(\phi\nabla\psi) = \phi\nabla^2\psi + \nabla\phi\cdot\nabla\psi \tag{2.104}$$

$$\boldsymbol{A}\cdot\hat{\boldsymbol{n}} = \phi\nabla\psi\cdot\hat{\boldsymbol{n}} = \phi\frac{\partial\psi}{\partial n} \tag{2.105}$$

把式(2.104)和式(2.105)代入式(2.103)可得

$$\iiint_V (\phi\nabla^2\psi + \nabla\phi\cdot\nabla\psi)\mathrm{d}V = \oiint_S \phi\frac{\partial\psi}{\partial n}\mathrm{d}S \tag{2.106}$$

式(2.106)称为格林第一恒等式。

在上述推导中，把 ϕ 与 ψ 对换一下，即令 $\boldsymbol{A}=\psi\nabla\phi$，则

$$\iiint_V (\psi\nabla^2\phi + \nabla\psi\cdot\nabla\phi)\mathrm{d}V = \oiint_S \psi\frac{\partial\phi}{\partial n}\mathrm{d}S \tag{2.107}$$

式(2.106)减式(2.107)可得

$$\iiint_V (\phi\,\nabla^2\psi - \psi\,\nabla^2\phi)\mathrm{d}V = \oint\!\!\!\oint_S \left(\phi\,\frac{\partial\psi}{\partial n} - \psi\,\frac{\partial\phi}{\partial n}\right)\mathrm{d}S \tag{2.108}$$

式(2.108)称为格林第二恒等式或格林定理。

2.4.2 静电场的边值问题

静电场的边值问题是指在给定的边界条件下，求泊松方程或拉普拉斯方程的解，可分为三类。

(1) 第一类边值问题：给定边界面上的电位 $\Phi|_S$。

(2) 第二类边值问题：给定边界面上电位的法向导数 $\left.\frac{\partial\Phi}{\partial n}\right|_S$，对于导体就是给定导体表面电荷的分布，这是因为导体表面的面电荷密度 $\rho_S=\varepsilon E_n=-\frac{\partial\Phi}{\partial n}$。

(3) 第三类边值问题：一部分边界上给定边界面上的电位 $\Phi|_S$，另一部分边界上给定边界面上电位的法向导数 $\left.\frac{\partial\Phi}{\partial n}\right|_S$ (对于导体就是给定导体表面电荷的分布)。

2.4.3 唯一性定理

求解静电场的边值问题，2.3 节介绍了直接积分法，只能求解一维的泊松方程或拉普拉斯方程。对于比较复杂的问题，以后还要介绍其他一些解法，如镜像法、电轴法、分离变量法、复变函数法、有限差分法等，这就出现一个问题：对于同一个边值问题，用不同的方法求得的解是不是都是相同的？也就是说，一个边值问题的解是不是唯一的？或者说在哪些条件下解才是唯一的？这就需要介绍唯一性定理。

1. 唯一性定理的内容

对于某一空间区域 V，边界面为 S，电位 Φ 满足

$$\nabla^2\Phi = -\frac{\rho}{\varepsilon} \quad 或 \quad \nabla^2\Phi = 0$$

若给定电荷的分布 ρ，给定边界面上的电位 $\Phi|_S$ 或边界面上电位的法向导数 $\left.\frac{\partial\Phi}{\partial n}\right|_S$ (对于导体就是给定导体表面电荷的分布)，则解是唯一的。

下面证明唯一性定理，利用反证法，设泊松方程有两个解 Φ、Φ' 都满足给定的边界条件，即

$$\nabla^2\Phi = -\frac{\rho}{\varepsilon}, \quad \nabla^2\Phi' = -\frac{\rho}{\varepsilon}$$

令 $\Phi^* = \Phi - \Phi'$，上面两式相减可得

$$\nabla^2\Phi^* = 0 \tag{2.109}$$

由格林第一恒等式

$$\iiint_V (\phi \nabla^2 \psi + \nabla\phi \cdot \nabla\psi) \mathrm{d}V = \oiint_S \phi \frac{\partial \psi}{\partial n} \mathrm{d}S$$

令 $\psi = \phi = \Phi^*$，则

$$\iiint_V (\Phi^* \ \nabla^2 \Phi^* + \nabla \Phi^* \cdot \nabla \Phi^*) \mathrm{d}V = \oiint_S \Phi^* \ \frac{\partial \Phi^*}{\partial n} \mathrm{d}S$$

由式(2.109)可得

$$\iiint_V (\nabla \Phi^*)^2 \mathrm{d}V = \oiint_S \Phi^* \ \frac{\partial \Phi^*}{\partial n} \mathrm{d}S \tag{2.110}$$

(1) 对于第一类边值问题，给定边界面上的电位 $\Phi|_S$，在 S 面上 $\Phi = \Phi'$，所以 $\Phi^* = 0$，式(2.110)右边为 0，所以

$$\iiint_V (\nabla \Phi^*)^2 \mathrm{d}V = 0 \tag{2.111}$$

由于式(2.111)中的被积函数 $(\nabla \Phi^*)^2 \geqslant 0$，所以只有 $\nabla \Phi^* = 0$，Φ^* 是常数。又因为在 S 面上 $\Phi^* = 0$，所以在 V 内任意点都有 $\Phi^* = 0$，即 $\Phi = \Phi'$，解是唯一的。

(2) 对于第二类边值问题，给定边界面上电位的法向导数 $\left.\frac{\partial \Phi}{\partial n}\right|_S$，在 S 面上 $\frac{\partial \Phi}{\partial n} = \frac{\partial \Phi'}{\partial n}$，所以 $\frac{\partial \Phi^*}{\partial n} = 0$，式(2.110)右边仍为 0，所以仍有

$$\iiint_V (\nabla \Phi^*)^2 \mathrm{d}V = 0$$

同样可以得到 Φ^* 是常数，即 $\Phi - \Phi' =$ 常数。电位差是一个常数，可以看作是参考点的选取不同引起的，所以解仍是唯一的。

(3) 对于第三类边值问题，可以设 S 面由两部分组成，即 $S = S_1 + S_2$，在 S_1 面上给定边界面上的电位 $\Phi|_{S_1}$，在 S_2 面上给定边界面上电位的法向导数 $\left.\frac{\partial \Phi}{\partial n}\right|_S$，式(2.110)可以写为

$$\iiint_V (\nabla \Phi^*)^2 \mathrm{d}V = \iint_{S_1} \Phi^* \ \frac{\partial \Phi^*}{\partial n} \mathrm{d}S + \iint_{S_2} \Phi^* \ \frac{\partial \Phi^*}{\partial n} \mathrm{d}S$$

上式中右边第一项中 $\Phi^* = 0$，第二项中 $\frac{\partial \Phi^*}{\partial n} = 0$，所以

$$\iiint_V (\nabla \Phi^*)^2 \mathrm{d}V = 0$$

仍然可以得到 $\Phi^* = 0$ 或常数，根据前面的分析，解仍是唯一的。

这样就在三类边值问题的条件下证明了唯一性定理。

2. 唯一性定理的意义和作用

只要满足唯一性定理中的条件，边值问题的解是唯一的，所以可以用能想到的最简便的方法求解(如直接积分法、镜像法、分离变量法、复变函数法等)，还可以由经验先写

出试探解，只要满足给定的边界条件，也是唯一的解。不满足唯一性定理中的条件，边值问题无解或有多解。

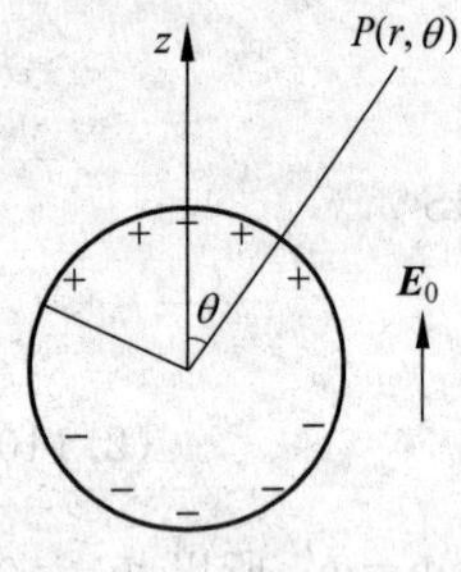

图 2.17　例 2.11 用图

例 2.11　一个不带电的孤立导体球，半径为 a，位于均匀电场 $\boldsymbol{E}_0=\boldsymbol{e}_zE_0$ 中，如图 2.17 所示，求球外电位函数的分布。

解　导体球在外电场中，导体球表面出现感应电荷，如图 2.17 所示。导体球外任一点(如 P 点)的电位等于外电场在 P 点产生的电位与导体球表面所有感应电荷产生的电位叠加。首先讨论没有放入导体球时，外电场 $\boldsymbol{E}_0$ 在 P 点产生的电位(均匀外电场 $\boldsymbol{E}_0$ 可以看作是由无穷远处的电荷产生的，所以可以选球心处为电位参考点)

$$\Phi' = \int \boldsymbol{E}_0 \cdot \mathrm{d}\boldsymbol{l}$$

其中 $\boldsymbol{E}_0=\boldsymbol{e}_zE_0$，$\mathrm{d}\boldsymbol{l}=-\boldsymbol{e}_r\mathrm{d}r$，代入上式可得

$$\Phi' = \int E_0 \mathrm{d}r\cos(\pi-\theta) = -\int E_0 \mathrm{d}r\cos\theta = -E_0 r\cos\theta + C$$

利用边界条件 $r=0$ 时，$\Phi'=0$，所以 $C=0$，由此可得

$$\Phi' = -E_0 r\cos\theta \tag{2.112}$$

放入导体球后，导体球外 P 点的电位

$$\Phi = \Phi' + \Phi''$$

其中 Φ''是导体球表面所有感应电荷在 P 点产生的电位。下面来计算 Φ''，如图 2.17 所示，球面上感应电荷的分布是对称的，可以看作是无数多个平行的电偶极子，电偶极子的电位

$$\Phi = \frac{1}{4\pi\varepsilon_0}\frac{p\cos\theta}{r^2} \propto \frac{\cos\theta}{r^2}$$

所以可以认为

$$\Phi'' \propto \frac{\cos\theta}{r^2}$$

由此可以写出 Φ 的试探解

$$\Phi = -E_0 r\cos\theta + \frac{k\cos\theta}{r^2} + k_0 \tag{2.113}$$

其中 k_0 是由于前两项选用不同的电位参考点而引入的一个常数。利用边界条件：

① $r\to\infty$时，导体球面上感应电荷的影响趋近于零，所以

$$\Phi = \Phi' = -E_0 r\cos\theta$$

把这个边界条件代入式(2.113)可得 $k_0=0$。

② 由于导体球是一个等位体，所以 $r=a$ 时，$\Phi=0$，代入式(2.113)可得

$$-E_0 a\cos\theta + \frac{k\cos\theta}{a^2} = 0$$

可以解出 $k=E_0a^3$。所以导体球外的电位为

$$\Phi = -E_0 r\cos\theta + E_0 a^3 \frac{\cos\theta}{r^2} \tag{2.114}$$

从本例题中可以看出，在导体球外没有电荷分布，电位满足拉普拉斯方程，在给定外电场 $\boldsymbol{E}_0$ 的条件下，导体球表面感应电荷的分布是一定的，给定了所求场域边界面上($r=a, r=\infty$)的电位，满足唯一性定理中的条件，所以式(2.114)是唯一的解。

例 2.12 半径分别为 a 和 b 的同轴线，外加电压 U，如图 2.18 所示。圆柱面电极间在图示 θ 角部分充满介电常数为 ε 的电介质，其余部分为空气，求介质与空气中的电场和单位长度的电容量。

图 2.18 例 2.12 用图

解 根据唯一性定理，采用试探的方法求解。如果同轴线内没有这部分电介质，利用高斯定理很容易求出两圆柱面间的电位

$$\Phi = A\ln r + B$$

所以可以设两个区域内的电位函数分别为

$$\Phi_1(r) = A\ln r + B, \quad \Phi_2(r) = C\ln r + D$$

已知边界条件：$r=a$ 时，$\Phi_1(a)=\Phi_2(a)=U$，$r=b$ 时，$\Phi_1(b)=\Phi_2(b)=0$，所以一定有 $A=C, B=D$，因此两个区域内电位的分布相同

$$\Phi_1(r) = \Phi_2(r) = A\ln r + B$$

利用边界条件可得

$$\Phi(a) = A\ln a + B = U, \quad \Phi(b) = A\ln b + B = 0$$

联立求解以上方程，可得

$$A = \frac{\begin{vmatrix} U & 1 \\ 0 & 1 \end{vmatrix}}{\begin{vmatrix} \ln a & 1 \\ \ln b & 1 \end{vmatrix}} = \frac{U}{\ln \dfrac{a}{b}}, \quad B = \frac{\begin{vmatrix} \ln a & U \\ \ln b & 0 \end{vmatrix}}{\left|\ln \dfrac{a}{b}\right|} = -\frac{U}{\ln \dfrac{a}{b}}\ln b$$

所以

$$\Phi_1 = \Phi_2 = \left(\frac{U}{\ln \dfrac{b}{a}}\right)\ln\left(\frac{b}{r}\right)$$

利用 $\boldsymbol{E}=-\nabla\Phi$ 可以求出场强的分布

$$\boldsymbol{E}_1 = \boldsymbol{E}_2 = \boldsymbol{e}_r \frac{U}{\ln \dfrac{b}{a}}\left(\frac{1}{r}\right)$$

从本例题中可以看出，两个区域内的电位都满足拉普拉斯方程；给定外加电压 U，电荷的分布是一定的；在 $r=a, r=b$ 的边界上给定了电位的分布，在介质与空气的分界面上满足边界条件 $E_{1t}=E_{2t}, D_{1n}=D_{2n}$，所以满足唯一性定理中的条件，解是唯一的。

下面计算同轴线单位长度的电容量。先根据 $r=a$ 处的边界条件，求得内导体表面

单位长度上的电荷量为

$$\rho_l = \rho_{S1} a\theta + \rho_{S2} a(2\pi - \theta) = \varepsilon E_{1r} a\theta + \varepsilon_0 E_{2r} a(2\pi - \theta)$$

$$= \frac{\varepsilon U a\theta}{a\ln\frac{b}{a}} + \frac{\varepsilon_0 U a(2\pi - \theta)}{a\ln\frac{b}{a}} = \frac{\varepsilon U\theta}{\ln\frac{b}{a}} + \frac{\varepsilon_0 U(2\pi - \theta)}{\ln\frac{b}{a}}$$

因此同轴线单位长度上的电容为

$$C_0 = \frac{\rho_l}{U} = \frac{\varepsilon\theta + \varepsilon_0(2\pi - \theta)}{\ln\frac{b}{a}}$$

2.5 导体系统的电容

2.5.1 两导体间的电容

两导体间的电容为

$$C = \frac{q_A}{\Phi_A - \Phi_B} \tag{2.115}$$

其中,q_A 是其中一个导体上的电荷量,$\Phi_A - \Phi_B$ 是两导体之间的电位差。

例 2.13 两平行长直导线的半径为 a,相距 $2h(2h \gg a)$,如图 2.19 所示,求两导线间单位长度的电容。

解 设两导线单位长度上的电荷分别为 $\pm\rho_l$,两导线连线上任一点 P 点的场强可由高斯定理求出

图 2.19 例 2.13 用图

$$E = \frac{\rho_l}{2\pi\varepsilon_0 r} + \frac{\rho_l}{2\pi\varepsilon_0(2h - r)}$$

方向沿 $-x$ 轴方向。两导线之间的电位差为

$$\Phi_1 - \Phi_2 = \int_a^{2h-a} \boldsymbol{E} \cdot d\boldsymbol{l} = \frac{\rho_l}{\pi\varepsilon_0}\ln\frac{2h - a}{a} \approx \frac{\rho_l}{\pi\varepsilon_0}\ln\frac{2h}{a}$$

两导线间单位长度的电容为

$$C_0 = \frac{\rho_l}{\Phi_1 - \Phi_2} = \frac{\pi\varepsilon_0}{\ln\frac{2h}{a}}$$

2.5.2 部分电容

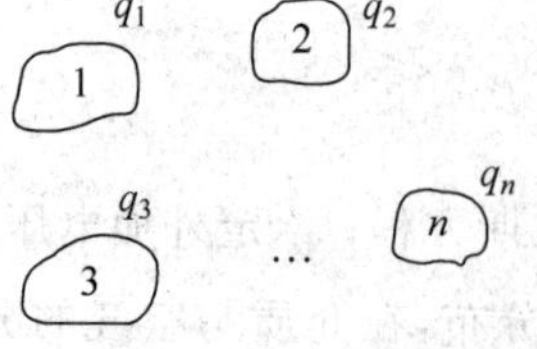

图 2.20 多导体系统

式(2.115)只能计算两导体间的电容,对于多导体系统(如图 2.20 所示),每两个导体间的电位差不仅与两导体上所带的电量有关,还要受到其他导体上电荷的影响,为了计算多导体系统中导体间的电容,引入部分电容的概念。

1. 电位系数

对于一个孤立的多导体系统，每一个导体的电位不仅与该导体上所带的电量有关，而且受其他导体上所带电量的影响，根据叠加原理

$$\begin{cases} \Phi_1 = p_{11}q_1 + p_{12}q_2 + \cdots + p_{1n}q_n \\ \qquad \vdots \\ \Phi_i = p_{i1}q_1 + p_{i2}q_2 + \cdots + p_{in}q_n \\ \qquad \vdots \\ \Phi_n = p_{n1}q_1 + p_{n2}q_2 + \cdots + p_{nn}q_n \end{cases} \tag{2.116}$$

可以写出通式为

$$\Phi_i = \sum_{j=1}^{n} p_{ij}q_j$$

其中 p_{ij} 称为电位系数，表示第 j 个电荷对第 i 个导体电位的影响。$i=j$，β_{ij} 称为自电位系数；$i\neq j$，β_{ij} 称为互电位系数。

2. 感应系数(电容系数)

由式(2.116)可以解出 q_1、q_2、…、q_n

$$\begin{cases} q_1 = \beta_{11}\Phi_1 + \beta_{12}\Phi_2 + \cdots + \beta_{1n}\Phi_n \\ \qquad \vdots \\ q_i = \beta_{i1}\Phi_1 + \beta_{i2}\Phi_2 + \cdots + \beta_{in}\Phi_n \\ \qquad \vdots \\ q_n = \beta_{n1}\Phi_1 + \beta_{n2}\Phi_2 + \cdots + \beta_{nn}\Phi_n \end{cases} \tag{2.117}$$

通式为

$$q_i = \sum_{j=1}^{n} \beta_{ij}\Phi_j$$

$i=j$，β_{ij} 称为电容系数；$i\neq j$，β_{ij} 称为感应系数。β_{ij} 与 p_{ij} 的联系为

$$\beta_{ij} = \frac{P_{ij}}{\Delta} \tag{2.118}$$

其中 Δ 为电位系数行列式 p_{ij}，P_{ij} 是 p_{ij} 的代数余子式。

3. 部分电容

改写式(2.117)，每一项都 $-\Phi_i$，再 $+\Phi_i$

$$\begin{aligned} q_i &= \beta_{i1}(\Phi_1 - \Phi_i + \Phi_i) + \beta_{i2}(\Phi_2 - \Phi_i + \Phi_i) + \cdots + \beta_{ii}(\Phi_i - \Phi_i + \Phi_i) + \cdots \\ &\quad + \beta_{in}(\Phi_n - \Phi_i + \Phi_i) \\ &= \beta_{i1}(\Phi_1 - \Phi_i) + \beta_{i2}(\Phi_2 - \Phi_i) + \cdots + (\beta_{i1} + \beta_{i2} + \cdots + \beta_{in})\Phi_i + \cdots \\ &\quad + \beta_{in}(\Phi_n - \Phi_i) \\ &= C_{i1}(\Phi_i - \Phi_1) + C_{i2}(\Phi_i - \Phi_2) + \cdots + C_{ii}\Phi_i + \cdots + C_{in}(\Phi_i - \Phi_n) \end{aligned}$$

其中

$$C_{ij} = -\beta_{ij} \quad i \neq j$$

$$C_{ii} = \beta_{i1} + \beta_{i2} + \cdots + \beta_{in} = \sum_{j=1}^{n} \beta_{ij}$$

式(2.117)可以写为

$$\begin{cases} q_1 = C_{11}\Phi_1 + C_{12}(\Phi_1 - \Phi_2) + \cdots + C_{1n}(\Phi_1 - \Phi_n) \\ q_2 = C_{21}(\Phi_2 - \Phi_1) + C_{22}\Phi_2 + \cdots + C_{2n}(\Phi_2 - \Phi_n) \\ \qquad \vdots \\ q_n = C_{n1}(\Phi_n - \Phi_1) + C_{n2}(\Phi_n - \Phi_2) + \cdots + C_{nn}\Phi_n \end{cases} \tag{2.119}$$

其中 $C_{ij}(i \neq j)$ 称为互有部分电容,表示第 i 个导体与第 j 个导体间的部分电容; C_{ii} 称为自有部分电容,表示第 i 个导体与地间的部分电容。

需要说明:① p_{ij}、β_{ij}、C_{ij} 仅与各导体的大小、形状、相对位置及周围的介质有关,对于一个给定的导体系统,p_{ij}、β_{ij}、C_{ij} 均为常数。② $p_{ij}=p_{ji}$,$\beta_{ij}=\beta_{ji}$,$C_{ij}=C_{ji}$,所以电位系数矩阵、感应系数矩阵、部分电容矩阵都是对称矩阵。

例 2.14 某一对称的三芯电缆,结构如图 2.21 所示,若将三根芯线相连,测得与铅皮间的电容为 0.051μF,若将两根芯线与铅皮相连,测得与另一芯线间的电容为 0.037μF,求电缆的各部分电容。

解 由于三芯线对称,所以

$$C_{11} = C_{22} = C_{33}, \quad C_{12} = C_{23} = C_{31}$$

三芯线相连,C_{12}、C_{23}、C_{31} 被短路,C_{11}、C_{22}、C_{33} 并联,所以

$$C_{11} = C_{22} = C_{33} = \frac{0.051}{3} = 0.017(\mu\text{F})$$

两导体与铅皮相连(如导体 2、3 与铅皮相连),C_{22}、C_{33}、C_{23} 被短路,C_{11}、C_{12}、C_{31} 并联,所以

$$C_{11} + C_{12} + C_{31} = 0.037(\mu\text{F})$$

图 2.21 例 2.14 用图

所以

$$C_{12} = C_{31} = \frac{0.037 - C_{11}}{2} = 0.01(\mu\text{F})$$

$$C_{23} = 0.01(\mu\text{F})$$

2.6 静电场的能量与力

2.6.1 静电场的能量

电磁学课程中利用平行板电容器的特例导出了静电场能量的表达式,能量密度为

$$w_e = \frac{1}{2}\boldsymbol{D} \cdot \boldsymbol{E} \tag{2.120}$$

静电场的能量为

$$W_e = \iiint_V \frac{1}{2}\boldsymbol{D}\cdot\boldsymbol{E}\mathrm{d}V \tag{2.121}$$

现在可以更普遍、更深入地讨论静电场的能量问题。

1. 电荷系统的能量

一个电荷系统的能量等于在建立该电荷系统的过程中外力做的功。把一个带电体所带的电量无限分割，分割成许多个小电荷元，如图 2.22 所示。设该物体原来不带电，这些电荷元都是从无穷远处一份一份移到该物体上来的。把第一个电荷元 $\mathrm{d}q_1$ 从无穷远处以匀速直线运动移到该物体上的过程中，不需要做功。物体带有电量 $\mathrm{d}q_1$ 后，就建立一个电场，移动第二份电荷 $\mathrm{d}q_2$ 时，就需要克服电场力做功。设在移动电荷过程中的某一时刻，电场中某一点的电位是 $\Phi_i(x,y,z)$，把电荷元 $\mathrm{d}q_i$ 移动到该点需要做的功为

$$\mathrm{d}A = \Phi_i \mathrm{d}q_i \tag{2.122}$$

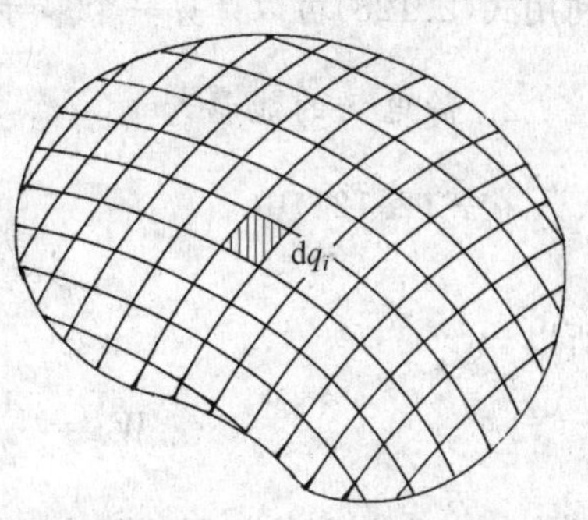

图 2.22　建立电荷系统的过程

对于线性介质中的电场，建立某一电荷系统外力做的功是一定的，与建立该电荷系统的过程无关。设在建立该电荷系统的过程中，电荷密度按比例均匀增大，即体电荷密度由 0 到 $\rho(x,y,z)$ 按比例均匀增大，面电荷密度由 0 到 $\sigma(x,y,z)$ 按比例均匀增大，对于给定的点，$\rho(x,y,z)$、$\sigma(x,y,z)$ 都是确定的常数。其间任一时刻

$$\rho' = \alpha\rho,\quad \sigma' = \alpha\sigma \tag{2.123}$$

在建立该电荷系统的过程中，α 由 0 均匀增大到 1。ρ'、σ' 的增量为

$$\mathrm{d}\rho' = \rho\mathrm{d}\alpha,\quad \mathrm{d}\sigma' = \sigma\mathrm{d}\alpha \tag{2.124}$$

移动的电荷为

$$\mathrm{d}q_i = \mathrm{d}\rho'\mathrm{d}V + \mathrm{d}\sigma'\mathrm{d}S \tag{2.125}$$

在此过程中各点的电位也按比例均匀增大

$$\Phi_i = \alpha\Phi \tag{2.126}$$

所以外力做的功为

$$\mathrm{d}A = \Phi_i\mathrm{d}q_i = \Phi_i\mathrm{d}\rho'\mathrm{d}V + \Phi_i\mathrm{d}\sigma'\mathrm{d}S$$

在建立该电荷系统的过程中，外力做的功即总的静电能为

$$W_e = A = \iiint_V \Phi_i\mathrm{d}\rho'\mathrm{d}V + \iint_S \Phi_i\mathrm{d}\sigma'\mathrm{d}S$$

把式(2.124)和式(2.126)代入上式可得

$$W_e = \int_0^1 \alpha\mathrm{d}\alpha\iiint_V \rho\Phi\mathrm{d}V + \int_0^1 \alpha\mathrm{d}\alpha\iint_S \sigma\Phi\mathrm{d}S$$

$$= \frac{1}{2}\iiint_V \rho\Phi\mathrm{d}V + \frac{1}{2}\iint_S \sigma\Phi\mathrm{d}S \tag{2.127}$$

式(2.127)即是电荷系统的能量。

对于一多导体系统,电荷只分布在各导体表面,电荷系统的能量为

$$W_e = \frac{1}{2}\iint\limits_{S} \sigma\Phi \mathrm{d}S = \sum_{i=1}^{n} \frac{1}{2}\iint\limits_{S_i}\sigma_i\Phi_i \mathrm{d}S$$

等式右边是对每一个导体的表面求和。由于每一导体表面都是等位面,所以

$$W_e = \sum_{i=1}^{n} \frac{1}{2}\Phi_i\iint\limits_{S_i}\sigma_i \mathrm{d}S = \sum_{i=1}^{n} \frac{1}{2}\Phi_i q_i \tag{2.128}$$

利用式(2.128)可以计算一个多导体系统的能量。

2. 静电场的能量

在式(2.127)中

$$\rho = \nabla\cdot \boldsymbol{D},\quad \sigma = D_n = \boldsymbol{D}\cdot\hat{\boldsymbol{n}}$$

所以

$$W_e = \frac{1}{2}\iiint\limits_{V}\Phi\,\nabla\cdot\boldsymbol{D}\mathrm{d}V + \frac{1}{2}\iint\limits_{S_1}\Phi\boldsymbol{D}\cdot\hat{\boldsymbol{n}}\mathrm{d}S \tag{2.129}$$

其中 V 是电场不等于零的整个空间区域,S_1 为所有导体的表面。由矢量恒等式

$$\nabla\cdot(\psi\boldsymbol{A}) = \psi\,\nabla\cdot\boldsymbol{A} + \boldsymbol{A}\cdot\nabla\psi$$

所以

$$\Phi\,\nabla\cdot\boldsymbol{D} = \nabla\cdot(\Phi\boldsymbol{D}) - \boldsymbol{D}\cdot\nabla\Phi$$

代入式(2.129)可得

$$W_e = \frac{1}{2}\iiint\limits_{V}\nabla\cdot(\Phi\boldsymbol{D})\mathrm{d}V + \frac{1}{2}\iiint\limits_{V}\boldsymbol{D}\cdot\boldsymbol{E}\mathrm{d}V + \frac{1}{2}\iint\limits_{S_1}\Phi\boldsymbol{D}\cdot\hat{\boldsymbol{n}}\mathrm{d}S$$

把第一项利用散度定理变换成面积分可得

$$\begin{aligned}W_e = &\frac{1}{2}\iint\limits_{S+S_1}\Phi\boldsymbol{D}\cdot\hat{\boldsymbol{n}}_1\mathrm{d}S + \frac{1}{2}\iiint\limits_{V}\boldsymbol{D}\cdot\boldsymbol{E}\mathrm{d}V\\ &+ \frac{1}{2}\iint\limits_{S_1}\Phi\boldsymbol{D}\cdot\hat{\boldsymbol{n}}\mathrm{d}S\end{aligned} \tag{2.130}$$

其中 $S+S_1$ 是空间区域 V 的表面,包括两部分:空间区域 V 的外表面和各导体的表面(各导体内部场强为0);$\hat{\boldsymbol{n}}_1$ 是空间区域 V 外表面的外法向矢量,$\hat{\boldsymbol{n}}$是各导体表面的外法向矢量,如图2.23所示,可以看出$\hat{\boldsymbol{n}}_1 = -\hat{\boldsymbol{n}}$。式(2.130)可以写为

$$W_e = \frac{1}{2}\iint\limits_{S}\Phi\boldsymbol{D}\cdot\hat{\boldsymbol{n}}_1\mathrm{d}S + \frac{1}{2}\iiint\limits_{V}\boldsymbol{D}\cdot\boldsymbol{E}\mathrm{d}V + \frac{1}{2}\iint\limits_{S_1}\Phi\boldsymbol{D}\cdot(\hat{\boldsymbol{n}}_1 + \hat{\boldsymbol{n}})\mathrm{d}S$$

上式中第三项为0,第一项中的 S 是空间区域 V 的外表面,包围电场不等于零的整个区域,可以选在∞处,在∞处,$\Phi\to 0$,$\boldsymbol{D}\to 0$,所以第一项积分也趋近于零,静电场能量的表达式为

$$W_e = \iiint\limits_{V}\frac{1}{2}\boldsymbol{D}\cdot\boldsymbol{E}\mathrm{d}V$$

静电场的能量密度为

$$w_e = \frac{1}{2}\boldsymbol{D} \cdot \boldsymbol{E}$$

对于各向同性线性介质，静电场的能量密度可以写为

$$w_e = \frac{1}{2}\varepsilon E^2 \tag{2.131}$$

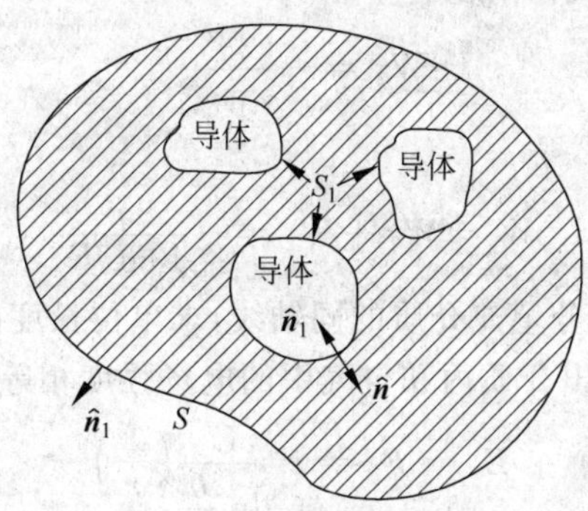

图 2.23　计算静电场的能量

例 2.15　按照卢瑟福模型，一个原子可以看成是由一个带正电荷 q 的原子核被总量等于 $-q$ 且均匀分布于球形体积内的负电荷所包围，如图 2.24 所示，求原子的结合能。

解　原子的结合能包括两部分：负电荷系统的自有能量和正电荷与负电荷系统的相互作用能。由式(2.127)，负电荷系统的自有能量为

$$W_1 = \frac{1}{2}\iiint_V \rho \Phi \mathrm{d}V \tag{2.132}$$

图 2.24　例 2.15 用图

负电荷系统的体电荷密度为

$$\rho = \frac{-q}{\frac{4}{3}\pi R^3} \tag{2.133}$$

利用高斯定理可以求出只有负电荷系统存在时球形区域内、外电场强度的分布

$$E_1 = \frac{\rho r}{3\varepsilon_0}, \quad r < R$$

$$E_2 = \frac{\rho R^3}{3\varepsilon_0 r^2}, \quad r > R$$

只有负电荷系统存在时球形区域内电位的分布为

$$\Phi = \int_r^\infty \boldsymbol{E} \cdot \mathrm{d}\boldsymbol{l} = \int_r^R \boldsymbol{E}_1 \cdot \mathrm{d}\boldsymbol{l} + \int_R^\infty \boldsymbol{E}_2 \cdot \mathrm{d}\boldsymbol{l} = \frac{\rho}{2\varepsilon_0}\left(R^2 - \frac{r^2}{3}\right) \tag{2.134}$$

把式(2.133)和式(2.134)代入式(2.132)可得

$$W_1 = \frac{\rho^2}{4\varepsilon_0}\int_0^R \left(R^2 - \frac{r^2}{3}\right) 4\pi r^2 \mathrm{d}r = \frac{4\pi R^5 \rho^2}{15\varepsilon_0} = \frac{3q^2}{20\pi\varepsilon_0 R}$$

正电荷与负电荷系统的相互作用能就是正电荷在负电荷电场中的电位能,可以写为

$$W_2 = q\Phi_-(0)$$

其中 $\Phi_-(0)$是负电荷在 $r=0$ 处产生的电位,由式(2.134)可得

$$\Phi_-(0) = \frac{\rho R^2}{2\varepsilon_0} = \frac{-3q}{8\pi\varepsilon_0 R}$$

正电荷与负电荷系统的相互作用能为

$$W_2 = -\frac{3q^2}{8\pi\varepsilon_0 R}$$

原子的结合能为

$$W = W_1 + W_2 = -\frac{9q^2}{40\pi\varepsilon_0 R}$$

例 2.16 例 2.12 中部分填充介质的同轴线,求单位长度内的电场能量。

解 例 2.12 中已经解出介质内和空气中的电场强度相等,都是

$$\boldsymbol{E}_1 = \boldsymbol{E}_2 = \boldsymbol{e}_r \frac{U}{\ln \dfrac{b}{a}}\left(\frac{1}{r}\right)$$

介质内和空气中的能量密度分别为

$$w_{e1} = \frac{1}{2}\varepsilon E_1^2, \quad w_{e2} = \frac{1}{2}\varepsilon_0 E_2^2$$

单位长度内的电场能量为

$$\begin{aligned} W_e &= \frac{1}{2}\int_a^b\int_0^\theta \varepsilon E_1^2 r\mathrm{d}r\mathrm{d}\varphi + \frac{1}{2}\int_a^b\int_0^{2\pi-\theta} \varepsilon_0 E_2^2 r\mathrm{d}r\mathrm{d}\varphi \\ &= \frac{1}{2}U_0^2\left[\frac{\varepsilon\theta_1}{\ln \dfrac{b}{a}} + \frac{\varepsilon_0(2\pi-\theta_1)}{\ln \dfrac{b}{a}}\right] \end{aligned}$$

2.6.2 利用虚位移原理计算电场力

对于一个导体系统,外部给系统提供的能量 $\mathrm{d}W$ 应等于系统内静电能量的增量 $\mathrm{d}W_e$ 再加上电场力做的功,即

$$\mathrm{d}W = \mathrm{d}W_e + f\mathrm{d}g \tag{2.135}$$

其中 f 是广义力,$\mathrm{d}g$ 是广义坐标。若 f 是力,$\mathrm{d}g$ 是在力的方向上移动的距离,若 f 是力矩,$\mathrm{d}g$ 就是在力矩的作用下转动的角度。

1. 若各导体电荷不变,$\mathrm{d}q=0$

例如,切断电源,不为系统提供能量,即 $\mathrm{d}W=0$,由式(2.135)可得

$$f\mathrm{d}g = -\mathrm{d}W_e\big|_{q=C}$$

即电场力做功,静电能减少,电场力为

$$f = -\frac{\partial W_e}{\partial g}\bigg|_{q=C} \tag{2.136}$$

2. 若各导体电位不变

例如,电源不断开,电源对导体系统提供的能量为

$$dW = \sum_i \Phi_i dq_i$$

这就是前面 2.6.1 节所讨论的移动电荷所做的功。导体系统增加的静电能为

$$dW_e = \frac{1}{2}\sum_i \Phi_i dq_i$$

上式可由式(2.128)微分得到。所以

$$fdg = dW - dW_e = \frac{1}{2}\sum_i \Phi_i dq_i = dW_e$$

电场力为

$$f = \left.\frac{\partial W_e}{\partial g}\right|_{\Phi=C} \tag{2.137}$$

例 2.17 一平行板电容器,极板面积为 S,板间距离为 x,极板间充满空气,两极板间的电压为 U,如图 2.25 所示,求每个极板受的力。

解 两极板间的电场强度为 $E=U/x$,能量密度为

$$w_e = \frac{1}{2}\varepsilon E^2$$

两极板间的电场能量为

$$W_e = w_e \cdot Sx = \frac{\varepsilon U^2 S}{2x}$$

图 2.25 例 2.17 用图

每个极板受的电场力为

$$f = \left.\frac{\partial W_e}{\partial x}\right|_{\Phi=C} = -\frac{\varepsilon U^2 S}{2x^2}$$

请注意,求解这类问题时,实际上是先假定电容器的极板有一个很小的位移 dx,引起电容器中能量的变化 dW_e,然后求出电场力。所以把这种方法称为利用虚位移原理计算电场力,"虚位移原理"是借用了理论力学中的一个概念。

2.7 恒定电场(恒定电流场)

在静电场中,电荷是静止的,电场的分布不随时间变化。在恒定电场中,电荷是运动的,但是电场的分布也不随时间变化,因此产生恒定电流。

2.7.1 电流与电流密度

1. 电流密度

1) 体电流密度 $\boldsymbol{J}$

体电流密度矢量描述导体内电流的分布,定义为穿过某点单位垂直截面的电流强

度,数值为

$$J=\frac{\mathrm{d}I}{\mathrm{d}S_{\perp}} \tag{2.138}$$

方向沿该点处电流的方向。

设导体内的体电荷密度为 ρ,平均漂移速度为 $\boldsymbol{v}$,在导体内通过某一点选一个与 $\boldsymbol{v}$ 垂直的截面 $\mathrm{d}S_{\perp}$,如图 2.26 所示,则 Δt 内通过 $\mathrm{d}S_{\perp}$ 的电量为

图 2.26 计算体电流密度

$$\Delta q=\rho\cdot v\Delta t\mathrm{d}S_{\perp}$$

通过 $\mathrm{d}S_{\perp}$ 的电流强度为

$$I=\frac{\Delta q}{\Delta t}=\rho v\mathrm{d}S_{\perp}$$

通过该点的体电流密度为

$$J=\frac{I}{\mathrm{d}S_{\perp}}=\rho v$$

用矢量可以表示为

$$\boldsymbol{J}=\rho\boldsymbol{v} \tag{2.139}$$

已知体电流密度 $\boldsymbol{J}$ 可以通过积分计算通过某一截面的体电流强度

$$I=\iint_{S}\boldsymbol{J}\cdot\mathrm{d}\boldsymbol{S} \tag{2.140}$$

2) 面电流密度 $\boldsymbol{J}_S$

如果电流分布在导体表面厚度趋近于零的薄层内(例如,$f=100\mathrm{MHz}$ 时,由于趋肤效应,电流分布在铜导线表面厚度约为 $6.6\mu\mathrm{m}$ 的薄层内),与电流方向垂直的横截面的面积趋近于零,无法用体电流密度描述导体表面电流的分布,所以引入面电流密度。面电流密度 $\boldsymbol{J}_S$ 定义为穿过某点表面单位垂直长度的电流强度,如图 2.27 所示。面电流密度矢量的数值为

$$\boldsymbol{J}_S=\frac{\mathrm{d}I}{\mathrm{d}l_{\perp}} \tag{2.141}$$

方向沿该点处面电流的方向。

设导体表面的面电荷密度为 ρ_S,平均漂移速度为 $\boldsymbol{v}$,在导体表面通过某一点选一个与 $\boldsymbol{v}$ 垂直的线元 $\mathrm{d}l_{\perp}$,如图 2.27 所示,则 Δt 内通过 $\mathrm{d}l_{\perp}$ 的电量为

$$\Delta q=\rho_S\cdot v\Delta t\mathrm{d}l_{\perp}$$

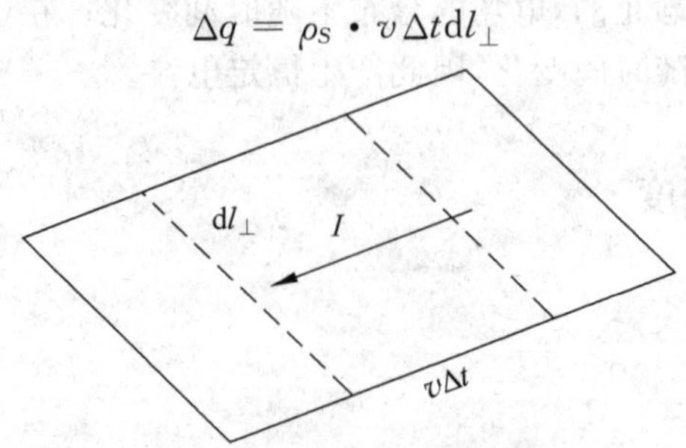

图 2.27 计算面电流密度

通过 $\mathrm{d}l_{\perp}$ 的电流强度为

$$I=\frac{\Delta q}{\Delta t}=\rho_S v\,\mathrm{d}l_{\perp}$$

通过该点的面电流密度为

$$J_S=\frac{I}{\mathrm{d}l_{\perp}}=\rho_S v$$

用矢量可以表示为

$$\boldsymbol{J}_S=\rho_S\boldsymbol{v} \tag{2.142}$$

下面利用面电流密度 $\boldsymbol{J}_S$ 计算面电流。设面电流密度为 $\boldsymbol{J}_S$，与一有方向的线元 $\Delta\boldsymbol{l}$ 的夹角为 α，$\Delta\boldsymbol{l}$ 在与 $\boldsymbol{J}_S$ 垂直的方向上的投影为 $\Delta l_{\perp}$，如图 2.28 所示。由式(2.141)

$$\Delta I=J_S\Delta l_{\perp}=J_S\Delta l\sin\alpha \tag{2.143}$$

设 $\hat{\boldsymbol{j}}$、$\hat{\boldsymbol{l}}$、$\hat{\boldsymbol{n}}$ 分别是 $\boldsymbol{J}_S$、$\Delta\boldsymbol{l}$、$\boldsymbol{S}$ 表面法线的单位矢量，则

$$\sin\alpha=\hat{\boldsymbol{n}}\cdot\hat{\boldsymbol{n}}\sin\alpha=\hat{\boldsymbol{n}}\cdot(\hat{\boldsymbol{l}}\times\hat{\boldsymbol{j}})$$

代入式(2.143)可得

$$\Delta I=\hat{\boldsymbol{n}}\cdot(\hat{\boldsymbol{l}}\Delta l\times\hat{\boldsymbol{j}}J_S)=\hat{\boldsymbol{n}}\cdot(\Delta\boldsymbol{l}\times\boldsymbol{J}_S)$$

所以面电流可以写为

$$I=\int_l\hat{\boldsymbol{n}}\cdot(\mathrm{d}\boldsymbol{l}\times\boldsymbol{J}_S)=\int_l\boldsymbol{J}_S\cdot(\hat{\boldsymbol{n}}\times\mathrm{d}\boldsymbol{l}) \tag{2.144}$$

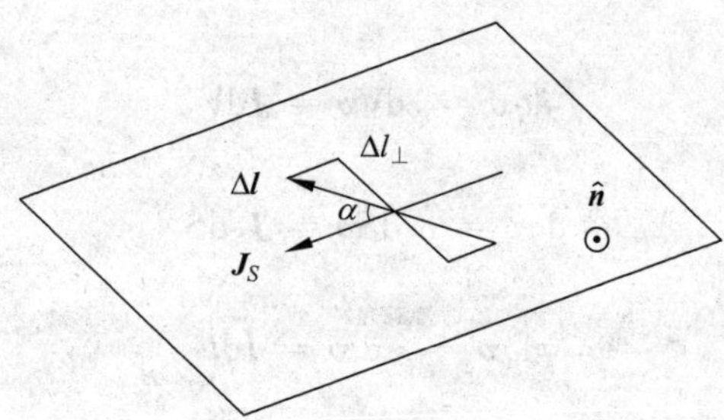

图 2.28 计算面电流

例 2.18 若导体表面的面电流密度矢量为 $\boldsymbol{J}_S(\boldsymbol{r})=(\boldsymbol{e}_x y+\boldsymbol{e}_y x)\,\mathrm{A/m}$，计算穿过表面两点(2,1)、(5,1)间的线段的面电流。

解 首先由式(2.72)求出场线方程，绘出电流场图，了解该电流场的概貌。由欧姆定律

$$\boldsymbol{J}=\sigma\boldsymbol{E} \tag{2.145}$$

$\boldsymbol{J}$ 线和 $\boldsymbol{E}$ 线形式上相同，所以场线的微分方程为

$$\frac{\mathrm{d}x}{J_x}=\frac{\mathrm{d}y}{J_y}$$

把 J_x 和 J_y 代入可得

$$\frac{\mathrm{d}x}{y}=\frac{\mathrm{d}y}{x}\quad 或\quad x\mathrm{d}x=y\mathrm{d}y$$

积分后得

$$x^2 - y^2 = K^2$$

其中 $K=0,1,2,\cdots$,所绘出的电流场如图 2.29 所示。

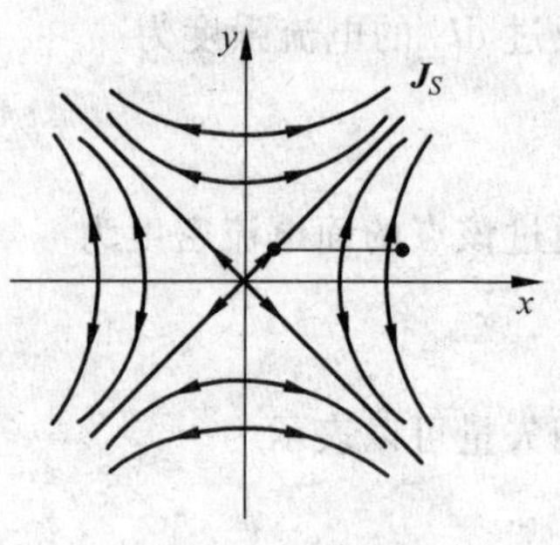

图 2.29 电流场

由式(2.144)可以求出穿过表面两点(2,1)、(5,1)间的线段的面电流。其中 $\mathrm{d}\boldsymbol{l}=\boldsymbol{e}_x\mathrm{d}x$,$\hat{n}=\boldsymbol{e}_z$,代入式(2.144)可得

$$I=\int(\boldsymbol{e}_x y+\boldsymbol{e}_y x)\cdot(\boldsymbol{e}_z\times\boldsymbol{e}_x\mathrm{d}x)=\int_{2\times10^{-2}}^{5\times10^{-2}}x\mathrm{d}x$$

$$=1.05\times10^{-3}\mathrm{A}=1.05\mathrm{mA}$$

3) 线电流

沿一细导线流动的电流称为线电流,即与电流方向垂直的横截面积 $S_\perp\to0$。设线电荷密度为 ρ_l,电荷的平均漂移速度为$\boldsymbol{v}$,如图 2.30 所示,则 Δt 内通过某一点的电量为

$$\Delta q=\rho_l\cdot v\Delta t$$

图 2.30 线电流

线电流为

$$I=\frac{\Delta q}{\Delta t}=\rho_l v \tag{2.146}$$

2. 电流元

电荷定向运动形成电流,电荷元 $\mathrm{d}q$ 以速度$\boldsymbol{v}$ 运动,$\mathrm{d}q\boldsymbol{v}$ 称为电流元。常用的有体电流元

$$\mathrm{d}q\boldsymbol{v}=\rho\mathrm{d}V\boldsymbol{v}=\boldsymbol{J}\mathrm{d}V \tag{2.147}$$

面电流元

$$\mathrm{d}q\boldsymbol{v}=\rho_S\mathrm{d}S\boldsymbol{v}=\boldsymbol{J}_S\mathrm{d}S \tag{2.148}$$

线电流元

$$\mathrm{d}q\boldsymbol{v}=\rho_l\mathrm{d}l\boldsymbol{v}=I\mathrm{d}\boldsymbol{l} \tag{2.149}$$

2.7.2 恒定电场的基本方程和边界条件

1. 矢量场方程

1) 电流连续性方程

电流连续性方程的积分形式为

$$\oint\!\!\!\oint_S\boldsymbol{J}\cdot\mathrm{d}\boldsymbol{S}=-\frac{\partial q}{\partial t} \tag{2.150}$$

等式左边是从 S 面内流出的电流,即单位时间内流出的电量;等式右边是 S 面内单位时间内减少的电量,所以电流连续性方程的实质是电荷守恒定律。利用散度定理,式(2.150)可以写为

$$\iiint_V\nabla\cdot\boldsymbol{J}\mathrm{d}V=-\iiint_V\frac{\partial\rho}{\partial t}\mathrm{d}V$$

所以电流连续性方程的微分形式为

$$\nabla\cdot\boldsymbol{J}+\frac{\partial\rho}{\partial t}=0 \tag{2.151}$$

对于恒定电场，电荷的分布不变，$\frac{\partial q}{\partial t}=0$，电流连续性方程的积分形式为

$$\oiint_S \boldsymbol{J}\cdot\mathrm{d}\boldsymbol{S}=0 \tag{2.152}$$

微分形式为

$$\nabla\cdot\boldsymbol{J}=0 \tag{2.153}$$

式(2.152)表明，在恒定电场中，对于任一闭合曲面(可以小到只包围一个点)，单位时间内流入的电量总是等于流出的电量。所以恒定电场中，电荷是运动的，但是电荷的分布不变。

对于直流电路(恒定电场)或低频电路(电路的尺寸远远小于波长)，作一个闭合曲面包围一个电路节点，如图 2.31 所示，则

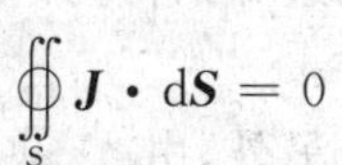

$$\oiint_S \boldsymbol{J}\cdot\mathrm{d}\boldsymbol{S}=0$$

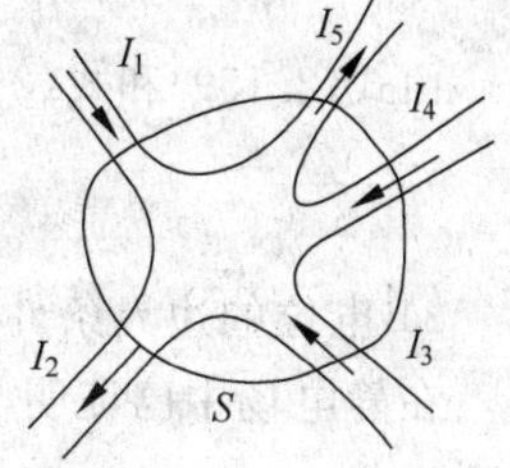

图 2.31 节点电流定理

可以写为

$$\sum_k I_k=0 \tag{2.154}$$

这正是电路理论中的克希霍夫节点电流定理。

2) 环路定理

恒定电场的环路定理与静电场相同

$$\oint_l \boldsymbol{E}\cdot\mathrm{d}\boldsymbol{l}=0 \tag{2.155}$$

微分形式为

$$\nabla\times\boldsymbol{E}=0 \tag{2.156}$$

由式(2.156)和$\nabla\times\nabla\Phi=0$，在恒定电场中也可以引入电位

$$\boldsymbol{E}=-\nabla\Phi \tag{2.157}$$

2. 位函数方程

由电流连续性方程$\nabla\cdot\boldsymbol{J}=0$和欧姆定律$\boldsymbol{J}=\sigma\boldsymbol{E}$

$$\nabla\cdot\boldsymbol{J}=\nabla\cdot(\sigma\boldsymbol{E})=\sigma\nabla\cdot(-\nabla\Phi)=-\sigma\nabla^2\Phi=0$$

所以

$$\nabla^2\Phi=0 \tag{2.158}$$

恒定电场中的电位满足拉普拉斯方程，一维边值问题也可以用直接积分法求解。

3. 恒定电场的边界条件

1) $\boldsymbol{E}$ 和 $\boldsymbol{J}$ 的边界条件

与静电场中推导不同介质分界面上边界条件的方法相似(详见 2.2.1 节)，利用恒定

电场的环路定理$\oint_l \boldsymbol{E}\cdot \mathrm{d}\boldsymbol{l}=0$,可以导出$\boldsymbol{E}$的切向分量满足的边界条件

$$E_{1t}=E_{2t} \tag{2.159}$$

用矢量可以写为

$$\hat{\boldsymbol{n}}\times(\boldsymbol{E}_1-\boldsymbol{E}_2)=0 \tag{2.160}$$

利用电流连续性方程$\oiint_S \boldsymbol{J}\cdot \mathrm{d}\boldsymbol{S}=0$,可以导出$\boldsymbol{J}$的法向分量满足的边界条件

$$J_{1n}=J_{2n} \tag{2.161}$$

用矢量可以写为

$$\hat{\boldsymbol{n}}\cdot(\boldsymbol{J}_1-\boldsymbol{J}_2)=0 \tag{2.162}$$

由式(2.159)和式(2.161)可以导出电流场线在两种导电媒质界面发生折射的关系式

$$\frac{\tan\theta_1}{\tan\theta_2}=\frac{\sigma_1}{\sigma_2} \tag{2.163}$$

2) 电位的边界条件

在静电场中已证明与式(2.159)等价的电位的边界条件为

$$\Phi_1=\Phi_2 \tag{2.164}$$

式(2.164)也是恒定电场中电位满足的边界条件。另外,由

$$J_{1n}=\sigma_1 E_{1n}=\sigma_1\left(-\frac{\partial \Phi_1}{\partial n}\right),\quad J_{2n}=\sigma_2 E_{2n}=\sigma_2\left(-\frac{\partial \Phi_2}{\partial n}\right)$$

代入式(2.161)可得

$$\sigma_1\frac{\partial \Phi_1}{\partial n}=\sigma_2\frac{\partial \Phi_2}{\partial n} \tag{2.165}$$

可以把恒定电场的边界条件与静电场的边界条件进行对比,便于记忆。

2.7.3 导电媒质中的传导电流

1. 电源电动势

图 2.32 是一个简单的恒定电路,在电源的外部,在电场力的作用下正电荷从电源的正极出发,经过外电路和负载到达负极。为了维持电路中的恒定电流,必须把正电荷经电源内部再搬运到正极,在这个过程中需要克服电场力做功,这种做功的力只能是非静电力。电源的作用就是提供这种非静电力,如化学力、洛伦兹力、感应电场力等。

图 2.32 电源电动势

电源电动势定义为非静电力把单位正电荷从电源内由负极移到正极所做的功,可以表示为

$$e=\int_l \boldsymbol{E}'\cdot \mathrm{d}\boldsymbol{l} \tag{2.166}$$

其中$\boldsymbol{E}'$是单位正电荷受的非静电力,称为非静电场强。例如,对于洛伦兹力

$$\boldsymbol{f} = q\boldsymbol{v} \times \boldsymbol{B}$$

非静电场强为

$$\boldsymbol{E}' = \frac{\boldsymbol{f}}{q} = \boldsymbol{v} \times \boldsymbol{B}$$

电源电动势为

$$e = \int_l (\boldsymbol{v} \times \boldsymbol{B}) \cdot \mathrm{d}\boldsymbol{l}$$

这就是动生电动势的表达式。

2. 电阻和电导

对于均匀横截面的导体，电阻的表达式为

$$R = \rho \frac{l}{S} = \frac{l}{\sigma S} \tag{2.167}$$

其中，ρ 是导体的电阻率；σ 是电导率；l 是导体的长度；S 是横截面积。对于横截面不均匀的导体(见图 2.33)电阻的表达式为

$$\mathrm{d}R = \rho \frac{\mathrm{d}l}{S} \tag{2.168}$$

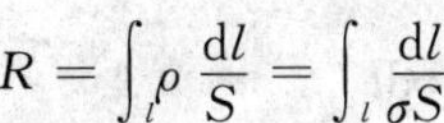

$$R = \int_l \rho \frac{\mathrm{d}l}{S} = \int_l \frac{\mathrm{d}l}{\sigma S} \tag{2.169}$$

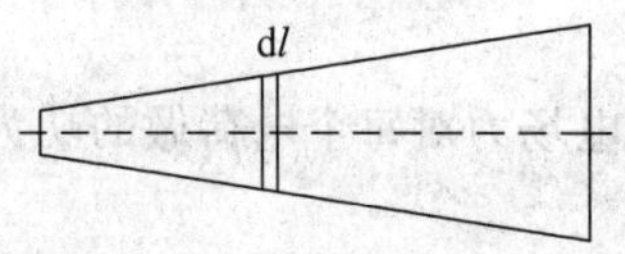

图 2.33 横截面不均匀的导体的电阻

导体的电导是电阻的倒数

$$G = \frac{1}{R} \tag{2.170}$$

一些材料的电阻率和电导率如表 2.2 所示。

表 2.2 一些材料的电阻率和电导率

材料		$\rho/\Omega\cdot\mathrm{m}$	$\sigma/\mathrm{S}\cdot\mathrm{m}^{-1}$	材料		$\rho/\Omega\cdot\mathrm{m}$	$\sigma/\mathrm{S}\cdot\mathrm{m}^{-1}$
金属	银	1.49×10^{-8}	6.17×10^{7}	半导体	锗	0.42	2.38
	铜	1.72×10^{-8}	5.80×10^{7}		硅	2.6×10^{3}	3.85×10^{-4}
	金	2.44×10^{-8}	4.10×10^{7}	绝缘体	蜡	1×10^{11}	1×10^{-11}
	铝	2.61×10^{-8}	3.82×10^{7}		聚乙烯	1×10^{13}	1×10^{-13}
	黄铜	6.37×10^{-8}	1.57×10^{7}		石英	1×10^{17}	1×10^{-17}
	铁	10^{-7}	1.00×10^{7}		橡胶	1×10^{15}	1×10^{-15}
	钨	5.49×10^{-8}	1.82×10^{7}		瓷	5×10^{12}	2×10^{-13}
	碳(石墨)	3.5×10^{-5}	2.86×10^{4}		玻璃	1×10^{12}	1×10^{-12}
	海水	0.2	5		变压器油	1×10^{11}	1×10^{-11}

3. 欧姆定律

欧姆定律的积分形式为

$$I = \frac{U}{R} \tag{2.171}$$

式(2.171)适用于一段导体,式中 I、U、R 都是积分量

$$I=\iint_S \boldsymbol{J}\cdot \mathrm{d}\boldsymbol{S},\quad U=\int_l \boldsymbol{E}\cdot \mathrm{d}\boldsymbol{l},\quad R=\int_l \rho\frac{\mathrm{d}l}{S}$$

欧姆定律的微分形式为

$$\boldsymbol{J}=\sigma\boldsymbol{E} \tag{2.172}$$

式(2.172)给出某一点处体电流密度与电场强度的关系。

4. 焦耳定律

焦耳定律的积分形式为

$$P=I^2R \tag{2.173}$$

式(2.173)中 P、I、R 都是积分量。

下面推导焦耳定律的微分形式,设导体单位体积内有 N 个自由电荷,平均漂移速度为 $\boldsymbol{v}$,则体电流密度可以写为

$$\boldsymbol{J}=\rho\boldsymbol{v}=Nq\boldsymbol{v}$$

其中 q 是每个电荷的电量,每个电荷受的力为

$$\boldsymbol{f}=q\boldsymbol{E}$$

$\mathrm{d}t$ 内电场力对每个电荷做的功为

$$\mathrm{d}A=\boldsymbol{f}\cdot \mathrm{d}\boldsymbol{l}=q\boldsymbol{E}\cdot \boldsymbol{v}\mathrm{d}t$$

$\mathrm{d}t$ 内电场力对 $\mathrm{d}V$ 内所有电荷做的功为

$$\mathrm{d}A=N\mathrm{d}V\cdot q\boldsymbol{E}\cdot \boldsymbol{v}\,\mathrm{d}t=\boldsymbol{J}\cdot \boldsymbol{E}\mathrm{d}V\mathrm{d}t$$

$\mathrm{d}t$ 内电场力对 $\mathrm{d}V$ 内所有电荷做的功率为

$$\mathrm{d}P=\frac{\mathrm{d}A}{\mathrm{d}t}=\boldsymbol{J}\cdot \boldsymbol{E}\mathrm{d}V$$

$\mathrm{d}t$ 内电场力对 $\mathrm{d}V$ 内所有电荷做的功率密度为

$$p=\frac{\mathrm{d}P}{\mathrm{d}V}=\boldsymbol{J}\cdot \boldsymbol{E} \tag{2.174}$$

式(2.174)就是焦耳定律的微分形式。

5. 导体内的净余电荷

静电场中导体内没有净余电荷,下面讨论恒定电场的情况。由电流连续性方程和欧姆定律

$$\nabla\cdot \boldsymbol{J}=0,\quad \boldsymbol{J}=\sigma\boldsymbol{E}$$

所以

$$\sigma\nabla\cdot \boldsymbol{E}=0$$

可以得到

$$\nabla\cdot \boldsymbol{E}=0$$

再由高斯定理

$$\nabla\cdot \boldsymbol{E}=\frac{\rho}{\varepsilon}$$

比较以上两式可得 $\rho=0$，所以恒定电场中导体内也没有净余电荷。

下面讨论给导体充电时，电荷在导体内运动的过程。给导体充电时，还没有达到稳恒状态，由电流连续性方程

$$\nabla\cdot\boldsymbol{J}+\frac{\partial\rho}{\partial t}=0$$

所以

$$\frac{\partial\rho}{\partial t}=-\nabla\cdot\boldsymbol{J}=-\sigma\nabla\cdot\boldsymbol{E}=-\frac{\sigma}{\varepsilon}\nabla\cdot\boldsymbol{D}=-\frac{\sigma}{\varepsilon}\rho$$

可以解出

$$\rho=\rho_0\mathrm{e}^{-\frac{\sigma}{\varepsilon}t}=\rho_0\mathrm{e}^{-\frac{t}{\tau}} \tag{2.175}$$

其中 $\tau=\varepsilon/\sigma$ 称为弛豫时间，表示导体内体电荷密度 ρ 衰减的速度，经过 τ 秒

$$\rho=\rho_0\mathrm{e}^{-1}=\frac{\rho_0}{\mathrm{e}}$$

导体内体电荷密度 ρ 衰减到 $t=0$ 时刻的 $1/\mathrm{e}$。例如，对于铜 $\sigma=5.8\times10^7\,\mathrm{S/m}$，$\varepsilon=\varepsilon_0$，可以算出 $\tau\approx10^{-19}\,\mathrm{s}$。所以给导体充入电荷，经过极短的时间，电荷都扩散到导体表面，导体内部没有净余电荷。

例 2.19 如图 2.34 所示，同轴线的内、外半径分别为 a 和 b，填充的介质 $\sigma\neq0$，有漏电现象。同轴线外加电压为 U，求漏电介质内的 Φ、$\boldsymbol{E}$、$\boldsymbol{J}$、单位长度上的漏电电导和单位长度上的电容。

图 2.34 例 2.19 用图

解 同轴线的内、外导体中有轴向流动的电流，由 $\boldsymbol{J}=\sigma\boldsymbol{E}$，对于良导体构成的同轴线，$\sigma\to\infty$，所以导体内的轴向电场 E_z 很小。其次内、外导体表面有面电荷分布，内导体表面为正的面电荷，外导体内表面为负的面电荷，它们是电源充电时扩散而稳定分布在导体表面的，故在漏电介质中存在径向电场分量 E_r。设内、外导体是理想导体，则 $E_z=0$，内、外导体表面是等位面，漏电介质中的电位只是 r 的函数，拉普拉斯方程为

$$\frac{1}{r}\frac{\mathrm{d}}{\mathrm{d}r}\left(r\frac{\mathrm{d}\Phi}{\mathrm{d}r}\right)=0$$

边界条件为 $r=a$，$\Phi=U$；$r=b$，$\Phi=0$。利用直接积分法可以解出

$$\Phi(r)=\frac{U}{\ln\dfrac{b}{a}}\cdot\ln\frac{b}{r}$$

电场强度为

$$\boldsymbol{E}(\boldsymbol{r})=-\boldsymbol{e}_r\frac{\mathrm{d}\Phi}{\mathrm{d}r}=\boldsymbol{e}_r\frac{U}{r\ln\dfrac{b}{a}}$$

漏电介质中的电流密度为

$$\boldsymbol{J}=\sigma\boldsymbol{E}=\boldsymbol{e}_r\frac{\sigma U}{r\ln\dfrac{b}{a}}$$

同轴线内单位长度的漏电流为

$$I_0 = 2\pi r \cdot 1 \cdot \frac{\sigma U}{r\ln\frac{b}{a}} = \frac{2\pi\sigma U}{\ln\frac{b}{a}}$$

单位长度的漏电导为

$$G_0 = \frac{I_0}{U} = \frac{2\pi\sigma}{\ln\frac{b}{a}}$$

设漏电介质的介电常数为 ε,则内导体表面上的面电荷密度为

$$\rho_S = \varepsilon E_r = \frac{\varepsilon U}{a\ln\frac{b}{a}}$$

所以单位长度上的电荷量为

$$\rho_l = 2\pi a \cdot 1 \cdot \rho_S = \frac{2\pi\varepsilon U}{\ln\frac{b}{a}}$$

单位长度上的电容量为

$$C_0 = \frac{\rho_l}{U} = \frac{2\pi\varepsilon}{\ln\frac{b}{a}}$$

本题还有另一种解法:先求单位长度的漏电阻 $R_0 \to G_0 \to I_0 \to \boldsymbol{J} \to \boldsymbol{E} \to \Phi$。

2.7.4 运流电流

电荷定向运动形成电流,根据形成电流的机制不同,分为传导电流、运流电流和位移电流(详见5.2节)。

电荷在不导电的空间,例如真空、极稀薄气体或液体中的有规则运动所形成的电流称为运流电流(convection current)。真空电子管中由阴极发射到阳极的电子流,带电的雷云运动所形成的电流都是运流电流。

设电荷的体密度为 ρ,在电场的作用下,电荷的平均速度是 v,则电荷运动形成的运流电流密度为

$$\boldsymbol{J} = \rho \boldsymbol{v} \tag{2.176}$$

通过某一截面的运流电流为

$$I = \iint_S \boldsymbol{J} \cdot \mathrm{d}\boldsymbol{S} \tag{2.177}$$

因为对于运流电流而言,电荷运动不受到晶格的碰撞阻滞作用,电场力对电荷所做的功转变为电荷的动能,而不是转变为电荷与晶格碰撞的热能,所以运流电流不遵从欧姆定律和焦耳定律。

运流电流和传导电流一般不会同时存在。运流电流产生的磁场与传导电流产生的磁场性质相同,都满足高斯定理和安培环路定理。

2.7.5 导电媒质中恒定电场与静电场的比拟

首先对比恒定电场与静电场的基本方程,如表 2.3 所示。

表 2.3 对比恒定电场与静电场的基本方程

对比项目	恒定电场	静电场
基本方程	$\nabla\times\boldsymbol{E}=0(\boldsymbol{E}=-\nabla\Phi)$ $\nabla\cdot\boldsymbol{J}=0$,导体内没有电荷分布 $\nabla^2\Phi=0$,导体内没有电荷分布	$\nabla\times\boldsymbol{E}=0(\boldsymbol{E}=-\nabla\Phi)$ $\nabla\cdot\boldsymbol{D}=0$,没有电荷分布的区域 $\nabla^2\Phi=0$,没有电荷分布的区域
边界条件	$J_{1n}=J_{2n}$ $E_{1t}=E_{2t}$ $\Phi_1=\Phi_2$ $\sigma_1\dfrac{\partial\Phi_1}{\partial n}=\sigma_2\dfrac{\partial\Phi_2}{\partial n}$	$D_{1n}=D_{2n}$ $E_{1t}=E_{2t}$ $\Phi_1=\Phi_2$ $\varepsilon_1\dfrac{\partial\Phi_1}{\partial n}=\varepsilon_2\dfrac{\partial\Phi_2}{\partial n}$
积分量	$I=\iint_S\boldsymbol{J}\cdot d\boldsymbol{S}$ $U=\int\boldsymbol{E}\cdot d\boldsymbol{l}$ $G=I/U$	$q=\oint\!\!\oint_S\boldsymbol{D}\cdot d\boldsymbol{S}$ $U=\int\boldsymbol{E}\cdot d\boldsymbol{l}$ $C=q/U$
本构关系	$\boldsymbol{J}=\sigma\boldsymbol{E}$	$\boldsymbol{D}=\varepsilon\boldsymbol{E}$

可以看出,恒定电场与静电场的基本方程相似,只要把 $\boldsymbol{J}\to\boldsymbol{D}$,$I\to q$,$\sigma\to\varepsilon$,$G\to C$,恒定电场的方程就变为静电场的方程。所以恒定电场与静电场的性质也相似,利用这种相似性可以解决一些理论问题和实际问题。

(1) 静电场中的一些结论可以推广到恒定电场中。例如,求解静电场的一些基本方法(如直接积分法、分离变量法、镜像法等)也都可以用来求解恒定电场的问题。

(2) 可用恒定电场(电流场)模拟静电场。

直接测量静电场很困难,其一,测量仪器只能采用静电仪表,一般用的磁电式仪表有电流才有反应,而静电场中没有电流,自然不起作用;其二,仪表本身总是导体或电介质,一旦把仪表放入静电场中,原来静电场将被改变。

从表 2.3 中可以看出,恒定电场与静电场的电位 Φ 都是拉普拉斯方程的解,如果满足相同的边界条件,则两种场的解必定是相同的,所以可以用电流场模拟静电场。一般采用装有电极的水槽(或导电纸)进行模拟测量,利用导电性能好的金属做成各种形状的电极。在两电极间加上稳定的电压时,会有电流在水中(或沿导电纸表面)流过,形成稳恒电流场的分布。理论和实验可以证明,只要水(或导电纸)的电导率比电极的电导率小得多,电极的表面就可以看作是一个等位面,水中(或导电纸上)的电位分布就与被模拟的静电系统完全类似;又由于水(或导电纸)的电阻率比空气小得多,只要选用伏特计的内阻比水(或导电纸)的电阻高得多,引入伏特计所带来的测量误差就可以忽略不计,这就解决了直接测量静电场的困难。

比拟法可以直接用在恒定电场和静电场的计算中。例如,两导体之间的电容定义为

$$C=\frac{q}{U_{ab}}=\frac{\int_S \rho_S \mathrm{d}S}{\int_a^b \boldsymbol{E}\cdot \mathrm{d}\boldsymbol{l}}=\frac{\int_S \varepsilon E_n \mathrm{d}S}{\int_a^b \boldsymbol{E}\cdot \mathrm{d}\boldsymbol{l}} \tag{2.178}$$

两导体之间的电导定义为

$$G=\frac{I}{U_{ab}}=\frac{\int_S \boldsymbol{J}\cdot \mathrm{d}\boldsymbol{S}}{\int_a^b \boldsymbol{E}\cdot \mathrm{d}\boldsymbol{l}}=\frac{\int_S \sigma E_n \mathrm{d}S}{\int_a^b \boldsymbol{E}\cdot \mathrm{d}\boldsymbol{l}} \tag{2.179}$$

比较式(2.178)和式(2.179)可得

$$G=\frac{\sigma}{\varepsilon}C \tag{2.180}$$

所以只要知道了一种导体结构的电容,就可以求出电导和电阻,反之亦然。

例 2.20 有两层介质的同轴电缆,内导体的半径为 a,两层介质分界面的半径为 b,外导体的内半径为 c,两层介质的介电常数分别为 ε_1、ε_2,漏电导率分别为 σ_1、σ_2,如图 2.35 所示。外加电压 U 时,求两层介质中的电场强度、分界面上的自由电荷密度、单位长度的电容和漏电导。

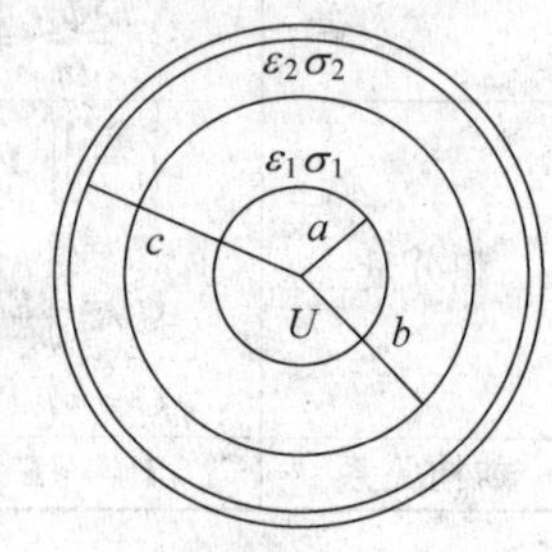

图 2.35 例 2.20 用图

解 先求单位长度的电容,设同轴电缆单位长度上带有电荷 ρ_l,由高斯定理可以求出两层介质中的电场强度分别为

$$E_1=\frac{\rho_l}{2\pi\varepsilon_1 r},\quad E_2=\frac{\rho_l}{2\pi\varepsilon_2 r}$$

同轴线内、外导体之间的电位差为

$$U=\int_a^b \boldsymbol{E}_1\cdot \mathrm{d}\boldsymbol{r}+\int_b^c \boldsymbol{E}_2\cdot \mathrm{d}\boldsymbol{r}=\frac{\rho_l}{2\pi}\left(\frac{1}{\varepsilon_1}\ln\frac{b}{a}+\frac{1}{\varepsilon_2}\ln\frac{c}{b}\right)$$

同轴线单位长度的电容为

$$C_0=\frac{\rho_l}{U}=\frac{2\pi\varepsilon_1\varepsilon_2}{\varepsilon_2\ln\frac{b}{a}+\varepsilon_1\ln\frac{c}{b}}$$

由式(2.180),单位长度的电导为

$$G_0=\frac{2\pi\sigma_1\sigma_2}{\sigma_2\ln\frac{b}{a}+\sigma_1\ln\frac{c}{b}}$$

同轴线中单位长度的漏电流为

$$I=UG_0=\frac{2\pi\sigma_1\sigma_2 U}{\sigma_2\ln\frac{b}{a}+\sigma_1\ln\frac{c}{b}}$$

漏电流密度为

$$J=\frac{I}{2\pi r}=\frac{\sigma_1\sigma_2 U}{r\left(\sigma_2\ln\frac{b}{a}+\sigma_1\ln\frac{c}{b}\right)}$$

两层介质中的电场强度分别为

$$E_1=\frac{J}{\sigma_1}=\frac{\sigma_2 U}{r\left(\sigma_2\ln\dfrac{b}{a}+\sigma_1\ln\dfrac{c}{b}\right)},\quad E_2=\frac{J}{\sigma_2}=\frac{\sigma_1 U}{r\left(\sigma_2\ln\dfrac{b}{a}+\sigma_1\ln\dfrac{c}{b}\right)}$$

由高斯定理可以求出两层介质分界面上的自由电荷密度

$$\rho_S=D_2-D_1=\varepsilon_2 E_2-\varepsilon_1 E_1=\frac{(\varepsilon_2\sigma_1-\varepsilon_1\sigma_2)U}{b\left(\sigma_2\ln\dfrac{b}{a}+\sigma_1\ln\dfrac{c}{b}\right)}$$

2.7.6 接地

1. 接地的概念

接地就是要保证电路和设备与大地良好连接,对地保持零电位。可以分为以下两大类。

(1) 安全接地,包括安全用电接地和防止雷击接地。

例如,由于线路故障(如绝缘损坏等),设备机壳带电,可能造成触电事故,如图2.36(a)所示。在皮肤干燥、无破损的条件下,人体电阻可达40～100kΩ;人体出汗、潮湿时,降至1kΩ左右。若设备接地,接地电阻<10Ω,通过人体的电流很小,是安全的,如图2.36(b)所示。

防雷接地是将雷电电流由避雷针经地线引入大地,保护建筑物、设备和人身的安全。

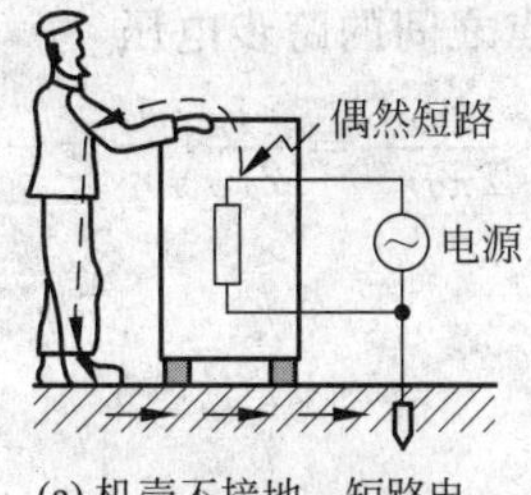

(a) 机壳不接地,短路电流流经人体后入地

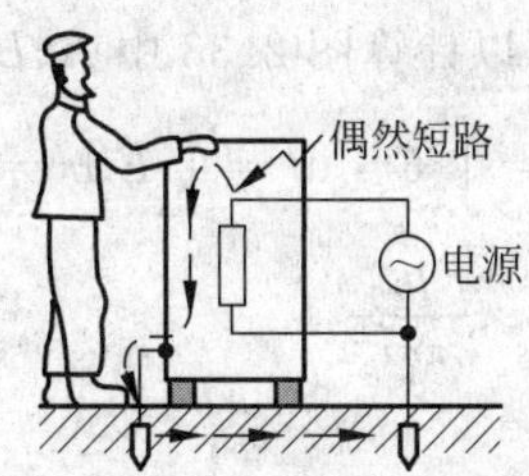

(b) 机壳有保护接地、短路接地,短路电流不经人体入地

图2.36 设备安全接地

(2) 工作接地(信号接地),使设备可靠地工作,包括电路接地、电源接地、屏蔽接地、静电接地等。

2. 接地电阻

接地电阻=接地导线的电阻+接地体的电阻+接地体与大地之间的接触电阻+大地的电阻≈大地的电阻,一般要求接地电阻小于2Ω。

例2.21 一半球形导体接地电极,半径为a,大地电导率为σ,如图2.37所示,求接地电阻。

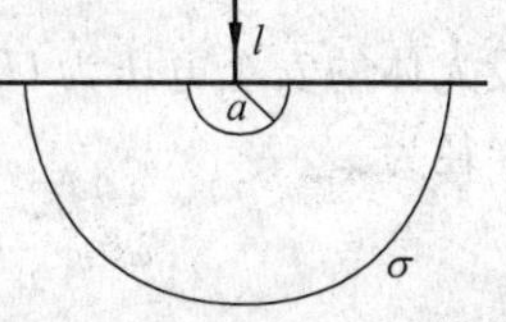

图2.37 例2.21用图

解 设接地电流为I,则大地中的电流密度为

$$J=\frac{I}{2\pi r^2}$$

大地中的场强为

$$E=\frac{J}{\sigma}=\frac{I}{2\pi\sigma r^2} \tag{2.181}$$

接地电极表面的电位

$$U=\int_a^\infty \boldsymbol{E}\cdot \mathrm{d}\boldsymbol{l}=\int_a^\infty \frac{I\,\mathrm{d}r}{2\pi\sigma r^2}=\frac{I}{2\pi\sigma a}$$

接地电阻为

$$R=\frac{U}{I}=\frac{1}{2\pi\sigma a}$$

可以看出电导率 σ 增大,接地电阻 R 减小。可以采用在接地电极附近灌盐水、埋木炭或其他降阻剂等方法减小接地电阻。

3. 跨步电压

由式(2.181),接地电极附近地面上任一点的电位可以写为

$$\Phi=\int_r^\infty \boldsymbol{E}\cdot \mathrm{d}\boldsymbol{l}=\int_r^\infty \frac{I\,\mathrm{d}r}{2\pi\sigma r^2}=\frac{I}{2\pi\sigma r} \tag{2.182}$$

由式(2.182)可以绘出沿地面电位 Φ 随距离 r 变化的曲线,如图 2.38 所示。可以看出,如果入地电流比较大(如电力系统的接地电极和防雷系统的接地电极),在接地电极附近地面上的电位梯度很大,相隔一步之间的电位差可能超过人体的安全电压,称为跨步电压。由式(2.181)可以计算图 2.38 中 A、B 两点之间的跨步电压

$$\begin{aligned}U_{AB}&=\int_A^B \boldsymbol{E}\cdot \mathrm{d}\boldsymbol{l}=\int_A^B E\,\mathrm{d}r=\int_r^{r+b}\frac{I\,\mathrm{d}r}{2\pi\sigma r^2}=\frac{I}{2\pi\sigma}\left(\frac{1}{r}-\frac{1}{r+b}\right)\\&\approx\frac{Ib}{2\pi\sigma r^2}\end{aligned} \tag{2.183}$$

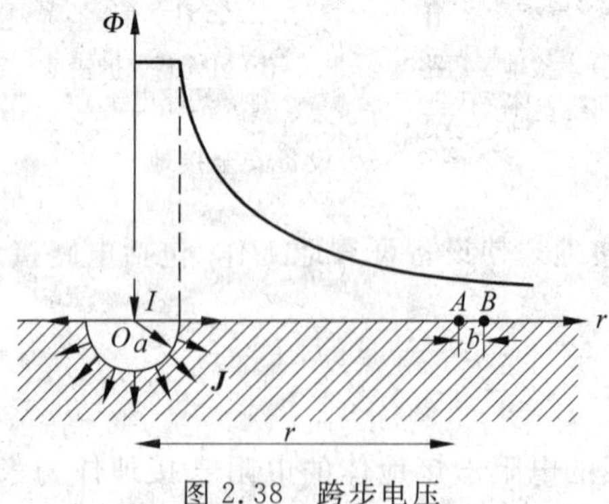

图 2.38 跨步电压

设人体的安全电压为 U_0(一般取为交流 30V,直流 50V),由式(2.183)可以求出危险区的半径为

$$r_0=\sqrt{\frac{Ib}{2\pi\sigma U_0}} \tag{2.184}$$

2.8 静电场的应用

2.8.1 电偏转和电聚焦

电偏转和电聚焦广泛应用于示波管、显像管等电子器件中,下面以阴极射线示波管为例说明电偏转和电聚焦的原理。

1. 阴极射线示波管

图 2.39 说明了阴极射线示波管(cathode-ray oscilloscope)的基本结构。管体由玻璃制成,并被抽成高度真空,阴极被灯丝加热后发射电子,阳极与阴极间有几百伏甚至几千伏的电位差,电子朝向阳极加速,第一阳极 A_1 与第二阳极 A_2 组成一个聚焦透镜,阳极上有一个小孔允许极细的一束电子通过,这些被加速的电子将进入偏转区,在那里它们发生水平和垂直两个方向上的偏转。最后,这些电子轰击一个由能发射可见光的物质(碘)所覆盖的荧光屏的内表面,发出可见光而生成图像。

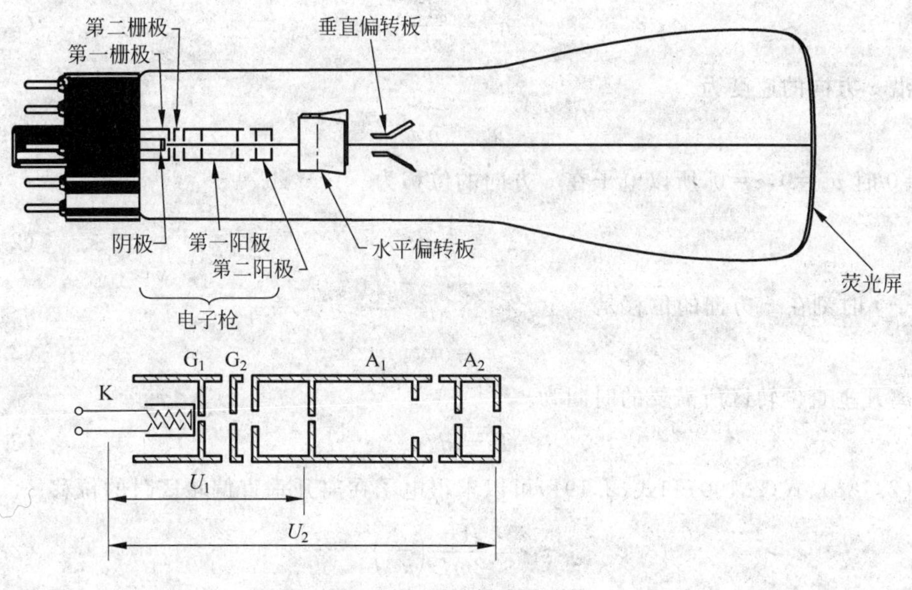

图 2.39 阴极射线示波管

2. 电偏转

设电子从阴极表面上发射出来的初速度为 0,U_2 为阳极和阴极之间的电位差,电子到达阳极时的速度可由其动能的增益而求得

$$\frac{1}{2}mu_x^2 = eU_2$$

或者

$$u_x = \left(\frac{2e}{m}U_2\right)^{1/2} \tag{2.185}$$

设水平偏转板间不存在电位差，而上垂直偏转板对下板的电位差为 U_0，则电子在穿越水平偏转板时未受到影响而在穿越垂直偏转板时受到一个沿 z 方向的力的作用。电子离开垂直偏转区时 $x=d$，此时其垂直位移如图 2.40 所示。忽略电场的边缘效应，垂直偏转板内的电场强度为

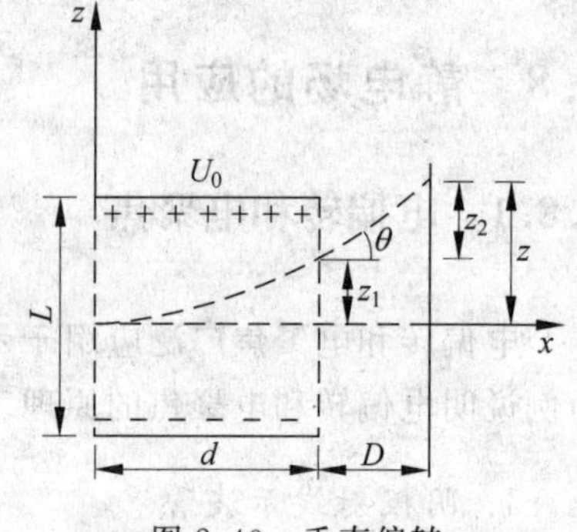

图 2.40　垂直偏转

$$\boldsymbol{E} = -\frac{U_0}{L}\boldsymbol{e}_z \tag{2.186}$$

L 是上、下垂直偏转板间的距离。设电子的电量为 $-e$，质量为 m，作用在电子上的电场力为

$$\boldsymbol{F} = -e\boldsymbol{E} = \frac{eU_0}{L}\boldsymbol{e}_z \tag{2.187}$$

方向向上。忽略电子的重力，沿 z 方向的加速度为

$$a_z = \frac{eU_0}{mL} \tag{2.188}$$

电子沿 z 方向的速度为

$$u_z = a_z t \tag{2.189}$$

设 $t=0$ 时 $u_z=0, z=0$，所以电子在 z 方向的位移为

$$z = \frac{1}{2}a_z t^2 \tag{2.190}$$

而电子 t 时刻在 x 方向的位移是

$$x = u_x t \tag{2.191}$$

电子离开垂直偏转区所需要的时间为

$$T = d/u_x \tag{2.192}$$

由式(2.188)、式(2.190)和式(2.191)可以求得电子在离开垂直偏转区时的位移

$$z_1 = \frac{eU_0}{2mL}\left(\frac{d}{u_x}\right)^2 \tag{2.193}$$

$x=d$ 对应的 z 方向上的速度是

$$u_z = \frac{edU_0}{mLu_x} \tag{2.194}$$

而 x 方向速度保持不变。当电子离开垂直偏转区时，它沿直线运动，因 x 方向与 z 方向的速率都保持恒定，速度 u 与 x 轴的夹角为 θ，而

$$\tan\theta = \frac{u_z}{u_x} \tag{2.195}$$

电子经过距离 D 到达荧光屏所需时间为 $t_2 = D/u_x$，因此

$$z_2 = u_z t_2 = \frac{edD}{mL}U_0\left(\frac{1}{u_x}\right)^2 \tag{2.196}$$

将 u_x 代入式(2.196)，得到电子撞击荧光屏时垂直方向总位移为

$$z = z_1 + z_2 = \frac{d}{2L}\left(\frac{1}{2}d + D\right)\frac{U_0}{U_2} \tag{2.197}$$

显而易见，如果阳极和阴极间电位差保持恒定，电子的偏转量与垂直偏转板间的电位差成正比。同理，水平偏转板间的电位差，可以使电子在 y 方向上运动。因此，电子束撞击荧光屏的点的位置依赖于水平和垂直偏转电压。

例 2.22 阴极射线示波管阳极和阴极间的电位差为 1000V。垂直偏转板 $L=5\text{mm}$，$d=1.5\text{cm}$，$U_0=200\text{V}$，$D=15\text{cm}$。一电子从阳极释放时初速度为零，试求：(a)电子进入垂直偏转板之间时 x 方向上的速度；(b)电子在板间 z 方向上的加速度和速度；(c)电子离开偏转区时 z 方向上的速度；(d)电子到达荧光屏时的总位移。

解 (a)由式(2.185)，电子离开阳极时 x 方向上的速度为

$$u_x = \left(\frac{2\times 1.6\times 10^{-19}\times 1000}{9.1\times 10^{-31}}\right)^{1/2} = 18.75\times 10^6(\text{m/s})$$

因为速度小于光速的 10%，相对论效应很小，可以忽略。在此速度下，电子的质量与静止质量几乎相同。

(b) 电子在 z 方向上的加速度和速度可分别由式(2.188)和式(2.189)求得

$$a_z = \frac{e}{mL}U_0 = \frac{1.6\times 10^{-19}\times 200}{9.1\times 10^{-31}\times 5\times 10^{-3}} = 7.03\times 10^{15}(\text{m/s}^2)$$

(c) 电子将在时刻 $t=T$ 时离开偏转板，而

$$T = \frac{d}{u_x} = \frac{1.5\times 10^{-2}}{18.75\times 10^6} = 8\times 10^{-10}(\text{s})$$

因此 z 方向上的速度为

$$u_z = 7.03\times 10^{15}\times 8\times 10^{-10} = 5.624\times 10^6(\text{m/s})$$

(d) 电子的总位移可由式(2.197)求得

$$z = \frac{1.5\times 10^{-2}\times 200}{2\times 5\times 10^{-3}\times 1000}\times(0.75+15)\times 10^{-2} = 4.725(\text{cm})$$

3. 电子束的电场聚焦

像光束通过凸透镜(或透镜组)时，因玻璃的折射作用使光束聚焦成一个又小又亮的点一样，也能使电子束通过一个聚焦电场，在电场力的作用下，电子运动轨道改变而汇合于一点，结果在荧光屏上得到一个又小又亮的光点，产生这个聚焦的静电场装置，在电子光学里称为静电电子透镜，如图 2.41 所示。

电子枪内的聚焦电极 A_1 与第二加速电极 A_2 组成一个静电透镜，工作原理如下：图 2.41 中间是 A_1 与 A_2 之间的电场分布的截面图($U_2>U_1$)，虚线为等位线，实线为电力线。电场对 z 轴是对称分布的，电子束中某个散离轴线的电子沿轨道 S 进入聚焦电场，在电

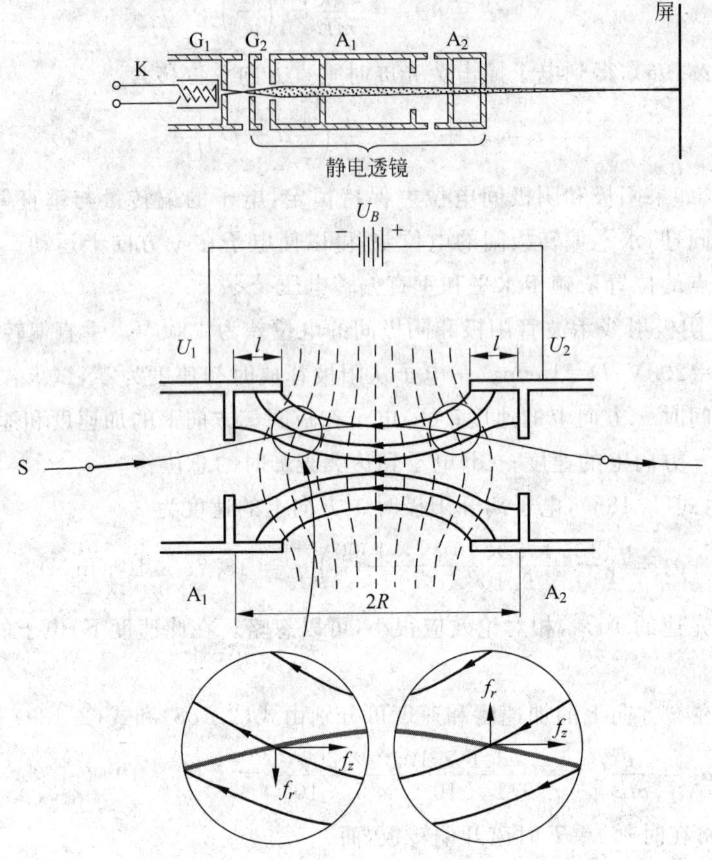

图 2.41　电子束的电场聚焦

场的前半区(左边),这个电子受到与电力线相切方向的作用力 f。f 可分解为垂直指向轴线的分力 f_r 与平行于轴线的分力 f_z,f_r 的作用使电子运动向轴线靠拢,起聚焦作用;f_z 的作用使电子沿轴线方向得到加速度。电子到达电场的后半区时,受到的作用力 f 也分解为相应的 f_r 和 f_z 两个分量,f_z 对电子仍然起加速作用,f_r 使电子离开轴线,起散焦作用。但因为在整个电场区域里电子都受到同方向的沿 z 轴的作用力(f_z),电子在后半区的轴向速度比在前半区的大得多,因此,在后半区,电子受 f_r 的作用时间短得多,获得的离轴速度比在前半区获得的向轴速度小,总的效果是电子向轴线靠拢,整个电场起聚焦作用。改变 A_1 与 A_2 之间的电位差,相当于改变电子透镜的焦距,当$\eta=U_2/U_1$ 为某一个确定的常数时,电子在荧光屏上汇聚于一点,实现了电聚焦,这个条件称为电聚焦条件。

2.8.2　喷墨打印机

喷墨打印机(ink-jet printer)是一种基于静电场偏转原理,可以提高打印速度,改善打印质量的打印机。在喷墨打印机内,以超声频率振动的喷嘴按一定间距喷出非常细微且大小一致的墨滴，如图 2.42 所示。这些墨滴在经过左边的带电板间时，按照与要打印的字符成正比的方式获得电荷，由于两垂直偏转板间电位差一定，墨滴垂直方向位移与所带电荷量成正比。若不使墨滴带电荷，则得到字符间的空白（此时墨滴由储墨器收回）。在阴极射线示波器中，电子的水平位移是通过均匀改变水平偏转板间的电位差实现的，而在喷墨打印机中，打印头以匀速水平方向移动，达到每秒形成 100 个字符的速率。

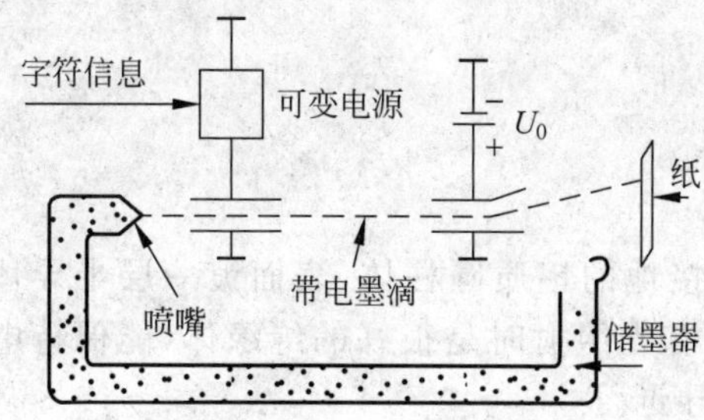

图 2.42　喷墨打印机的工作原理

由于运动部分很少，喷墨打印机与撞击式打印机相比，显得更安静、更可靠。同时，撞击式打印机仅能打印在打印轮上已有的字符，而喷墨打印机能形成任何字符，从而有更好的适应性（如可以打印图纸和图片）。在喷墨打印机中，决定墨滴轨迹的方程与阴极射线管中的电子完全一样。

例 2.23　一直径为 0.02mm 的墨滴以速度 25m/s 穿过带电板时获得电量 −0.2pC，相距 2mm 的垂直偏转板间电位差为 2000V。如果每块偏转板长 2mm，且由偏转板射出端距纸 8mm，试求墨滴垂直方向上的位移，假设墨滴的密度为 2g/cm^3。

解　墨滴的质量为

$$m=\frac{4\pi}{3}\left(\frac{1}{2}\times 0.02\times 10^{-3}\right)^3\times 2\times 10^3=8.38\times 10^{-12}(\text{kg})$$

由式(2.193)和式(2.196)，总的垂直位移为

$$\begin{aligned}z&=\frac{-qd}{mL}U_0\left(\frac{1}{u_x}\right)^2(0.5d+D)\\&=\frac{2\times 10^{-13}\times 2\times 10^{-3}\times 2000}{8.38\times 10^{-12}\times 2\times 10^{-3}}\cdot\frac{1}{25^2}(0.5\times 2+8)\times 10^{-3}\\&=0.69(\text{mm})\end{aligned}$$

2.8.3　静电除尘

以煤作燃料的工厂、电站，每天排出的烟气带走大量的煤粉，不仅浪费燃料，而且严重污染环境。利用静电除尘可以消除烟气中的煤粉，图 2.43 是静电除尘器的原理示意图。除尘器由金属管 A 和悬在管中的金属丝 B 组成，A 接到高压电源的正极，B 接到高压电源的负极，它们之间有很强的电场，而且距 B 越近，场强越大。B 附近的空气分子被强电场电离，成为电子和正离子。正离子被吸到 B 上，得到电子，又成为分子。电子在向着正极 A 运动的过程中，遇到烟气中的煤粉，使煤粉带负电，吸附到正极 A 上，最后在重力的作用下落入下面的漏斗中。静

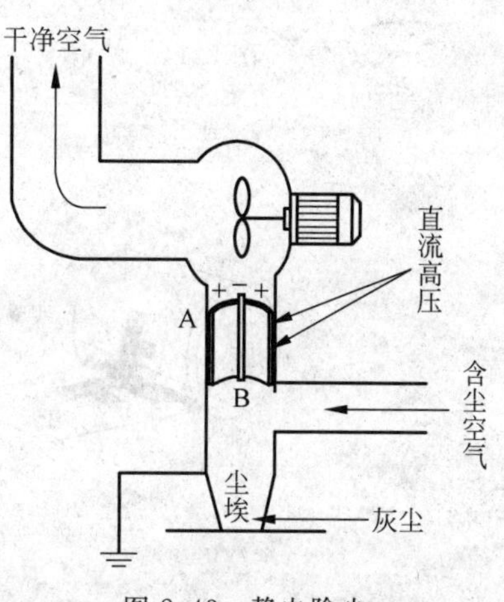

图 2.43　静电除尘

电除尘用于粉尘较多的各种场所，除去有害的微粒，或者回收物资，如回收煤粉尘、水泥粉尘等。

2.8.4 静电复印

静电复印机的核心部件是一个可以旋转的接地的铝质圆柱体，表面镀一层半导体硒，叫做硒鼓。半导体硒有特殊的光电性质：没有光照射时是很好的绝缘体，能保持电荷；受到光的照射立即变成导体，将所带的电荷导走。

复印每一页材料都要经过充电、曝光、显影、转印等几个步骤，这几个步骤是在硒鼓转动一周的过程中依次完成的。充电：由电源使硒鼓表面带正电荷。曝光：利用光学系统将原稿上的字迹的像成在硒鼓上，如图 2.44 所示。硒鼓上字迹的像，是没有光照射的地方，保持着正电荷；其他地方受到了光线的照射，正电荷被导走，这样在硒鼓上留下了字迹的"静电潜像"。这个像人们看不到，所以称为潜像。显影：带负电的墨粉被带正电的"静电潜像"吸引，并吸附在"静电潜像"上，显出墨粉组成的字迹，如图 2.45 所示。转印：带正电的转印电极使输纸机构送来的白纸带正电，带正电的白纸与硒鼓表面墨粉组成的字迹接触，将带负电的墨粉吸到白纸上，如图 2.46 所示。此后，吸附了墨粉的纸送入定影区，墨粉在高温下熔化，浸入纸中，形成牢固的字迹。硒鼓则经过清除表面残留的墨粉和电荷，准备复印下一页材料。图 2.47 表示了复印的全过程。

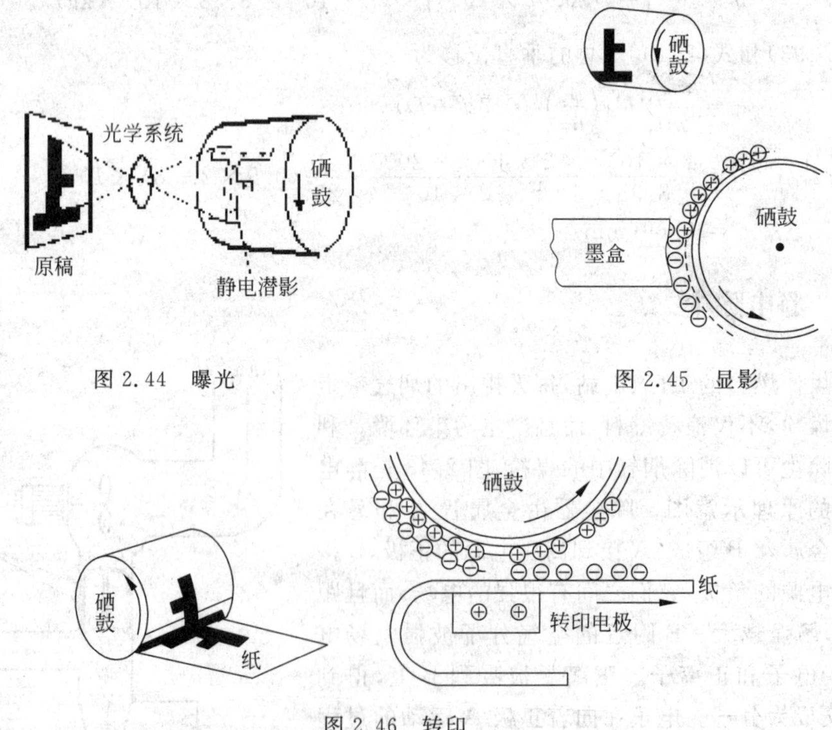

图 2.44 曝光

图 2.45 显影

图 2.46 转印

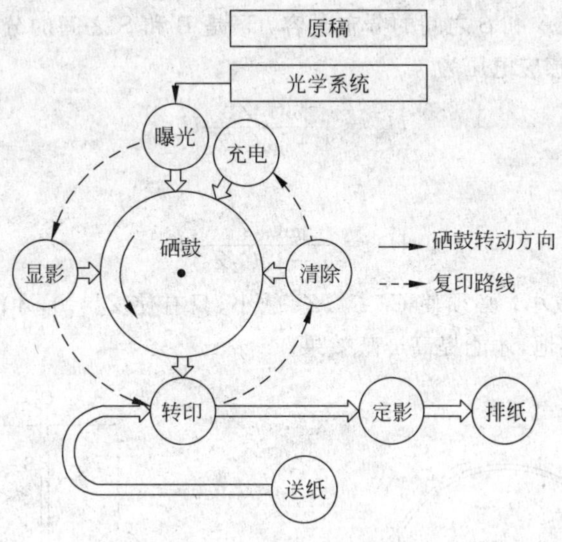

图 2.47 复印的全过程

2.8.5 静电屏蔽

静电屏蔽用于屏蔽静电场或变化缓慢的交变电场(如工频电场),屏蔽体选用良导体壳(金属板、网),静电屏蔽可以分为主动屏蔽和被动屏蔽。

1. 主动屏蔽

主动屏蔽用于屏蔽干扰源,导体壳接地,原理如图 2.48 所示。对于静电场,导体壳接地,B 的电位为 0,外表面没有电荷分布,屏蔽是完全的。A 所带的电荷变化时(变化缓慢的交变电场),接地线中出现电流,这时,B 外表面出现电荷分布。由于接地电阻不可能完全为 0,B 的电位也不为 0。所以 B 外仍有残留的电场,屏蔽是不完全的。

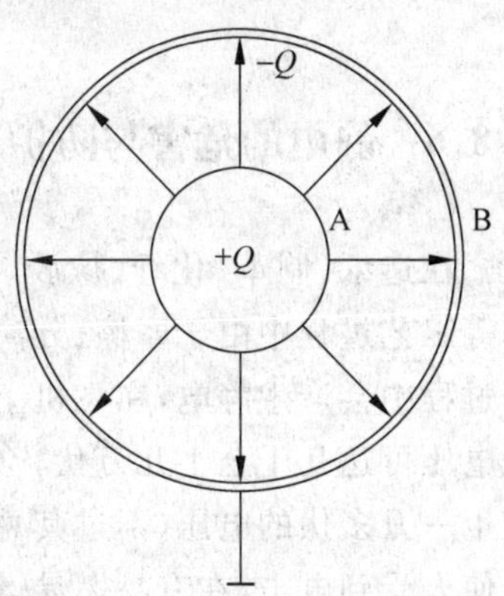

图 2.48 主动屏蔽

2. 被动屏蔽

被动屏蔽用于屏蔽敏感设备,原理上导体壳可以不接地,实际上一般也接地,如图 2.49 所示。导体壳内是等位体,导体壳内场强为 0。不接地,导体上的缝隙、孔洞都可能引起电力线的泄漏,降低屏蔽效果。接地,导体壳内、外静电位都为 0,可防止电力线的泄漏,提高屏蔽效果。

3. 屏蔽效果

干扰源 A 和被干扰设备 B 之间加入屏蔽体 S,等效电路如图 2.50 所示,U_A 是干扰源的输出电压，C_1 是 A 和 S 之间的分布电容，C_2 是 B 和 S 之间的分布电容，C_3 很小，可以忽略，屏蔽体上的感应电压为

$$U_S = \frac{j\omega C_1 Z_S}{1 + j\omega C_1 Z_S} U_A \tag{2.198}$$

设备上的干扰电压

$$U_B = \frac{j\omega C_2 Z_B}{1 + j\omega C_2 Z_B} U_S \tag{2.199}$$

可以看出，要使 U_B 减小，必须使 C_1、C_2、Z_S 减小，只有使 $Z_S=0$，才能使 $U_S=0$，$U_B=0$。即屏蔽体必须良好接地，才能提高屏蔽效果。

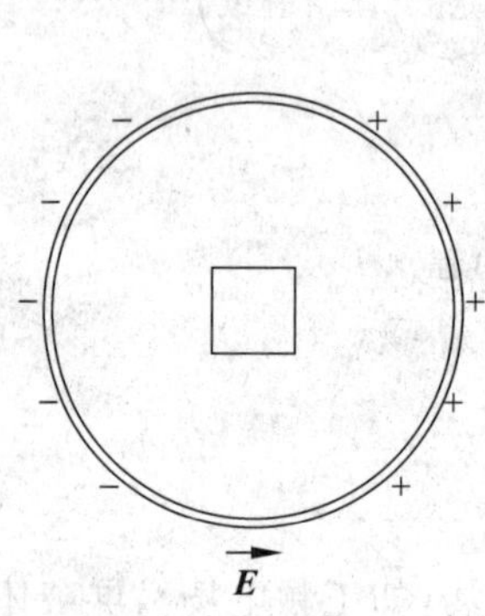

图 2.49 被动屏蔽

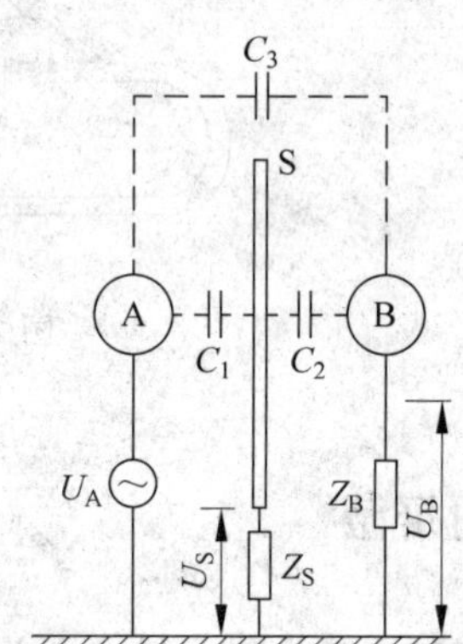

图 2.50 静电屏蔽等效电路

2.8.6 静电的危害与防护

在造纸、制革、化纤、橡胶、塑料、印刷及粉体材料(如炸药、面粉等)的生产、加工、运输等工艺过程中由于摩擦、分离会产生静电，在液体(如汽油、石油等)、气体的灌注、喷射等过程中会产生静电，在飞机上由于气流摩擦会产生静电，由于感应也会产生静电。静电电压可达几千至十几万伏，会引起电晕放电或火花放电。例如，人在穿、脱衣服时，可产生一万多伏的电压(不过其总的能量是较小的)。静电放电除了产生骚扰信号以外，还会使人受到电击，在有易燃易爆物体(如汽油、粉尘等)时，会引起爆炸和火灾。在绪论中介绍了民兵Ⅰ导弹飞行试验时，由于相互绝缘的弹头与弹体之间出现了静电放电而发生事故的事例。

静电放电可能造成电子元器件的击穿和损坏。如果一个元件的两个针脚之间的静电电压超过元件介质的击穿强度，就会对元件造成损坏，这是 MOS 器件出现故障的最主要原因。MOS 器件的氧化层越薄，元件对静电放电的敏感性也越大。另一种故障是静电放电脉冲的能量可以产生局部发热，使半导体局部熔断损坏。即使静电产生的电压低于介质的击穿电压，也会发生这种故障。一个典型的例子是，NPN 型三极管发射极与基极间常会因静电而产生击穿，击穿后电流增益急剧降低。

要密切注意元件在不易察觉的放电电压下发生的损坏,这一点非常重要。人体有感觉的静电放电电压为3000~5000V,而元件发生损坏时的电压仅为几百伏,这势必会对电子电路的性能产生影响。表2.4和表2.5分别列出了典型生产现场易产生的静电电压及静电对部分电子器件的击穿电压。

表2.4 生产现场易产生的静电电压

生产现场	静电电压/V	
	湿度为10%~20%时	湿度为65%~90%时
在地毯上走动时	35 000	1500
在乙烯树脂地板上走动时	12 000	250
手拿乙烯塑料袋装入器件时	7000	600
在流水线工位接触聚酯塑料袋时	20 000	1200
在操作工位与聚胺酯类接触时	18 000	1500

表2.5 静电对部分电子器件的击穿电压

器件类型	静电对电子器件的击穿电压/V
VMOS	30~1800
MOSFET	100~200
砷化镓FET	100~300
EPROM	100以上
JFET	140~7000
SAW(声表面波滤波器)	150~500
运算放大器	190~2500
CMOS	250~3000
肖特基二极管	300~2500
SMD薄膜电阻器	300~3000
双极型晶体管	380~7800
射极耦合逻辑电路	500~1500
可控硅	680~1000
肖特基TTL	1000~2500

正确地进行静电防护是电子工程师和电气工程师的一个非常重要的课题,也许在你拿起一个集成元器件时,人体上积累的静电已经把元器件击穿了。

静电防护的原则主要是抑制静电的产生,加速静电泄漏,进行静电中和等。静电防护的措施包括:接地,屏蔽,对不能泄漏静电的绝缘体用抗静电剂以增大电导率,使静电易于泄漏等。例如,对于人体活动中产生静电的防护措施主要有:戴防静电护腕(及时泄漏人体积累的静电),穿导电鞋,穿混有导电性纤维或用防静电剂处理的防静电工作服,工作地面采用作导电化处理的防静电地板等。

第2章 习题

2-1 半径为 a 的球内充满介电常数为 ε_1 的均匀介质,球外是介电常数为 ε_2 的均匀介质。若已知球内和球外的电位分别为

$$\begin{cases} \Phi_1(r,\theta) = Ar\theta, & r \leqslant a \\ \Phi_2(r,\theta) = \dfrac{Aa^2\theta}{r}, & r \geqslant a \end{cases}$$

式中 A 为常数。求:

(1) 两种介质中的 $\boldsymbol{E}$ 和 $\boldsymbol{D}$;

(2) 两种介质中的自由电荷密度。

2-2 如图题 2-2 所示,一个半径为 a 的半圆环上均匀分布线电荷 ρ_l,求垂直于半圆环平面的轴线 $z=a$ 处的电场强度。

2-3 长度为 L 的线电荷,线电荷密度为常数 ρ_l。(1)计算线电荷垂直平分面上的电位函数 Φ;(2)利用积分法计算垂直平分面上的 $\boldsymbol{E}$,并用 $\boldsymbol{E}=-\nabla\Phi$ 核对。

2-4 电荷均匀分布于两平行的圆柱面间的区域中,体密度为 ρ,两圆柱半径分别为 a 和 b,轴线相距 c,$a+c<b$,如图题 2-4 所示。求空间各区域的电场强度。

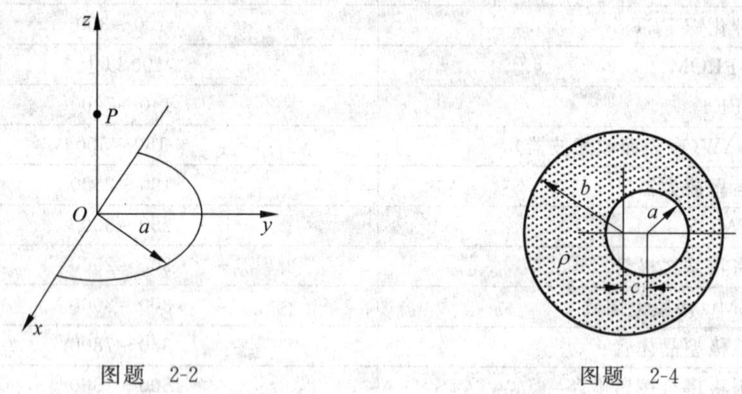

图题 2-2　　图题 2-4

2-5 电荷按体密度 $\rho(\boldsymbol{r})=\rho_0(1-r^2/a^2)$ 分布于一个半径为 a 的球形区域内,其中 ρ_0 为常数。试计算球内、外的场强和电位。

2-6 一个半径为 a 的薄导体球壳内表面涂覆了一薄层绝缘膜,球内充满了总电荷量为 Q 的体电荷,球壳上又另充有电量 Q,已知内部的电场为 $\boldsymbol{E}=\boldsymbol{e}_r\left(\dfrac{r}{a}\right)^4$,设球内介质为真空。计算:

(1) 球内的电荷分布;

(2) 球外表面的面电荷分布。

2-7 中心位于原点,边长为 L 的电介质立方体极化强度矢量为 $\boldsymbol{P}=P_0(\boldsymbol{e}_x x+\boldsymbol{e}_y y+\boldsymbol{e}_z z)$。

(1) 计算面极化和体极化电荷密度;

(2) 证明总的极化电荷为零。

2-8 一个半径为 R 的介质球内极化强度 $\boldsymbol{P}=\boldsymbol{e}_r K/r$，其中 K 是一个常数。

(1) 计算极化电荷的体密度和面密度；

(2) 计算自由电荷密度；

(3) 计算球内、外的电位分布。

2-9 同轴线的内导体半径为 a，外导体半径为 b，其间填充相对介电常数为 $\varepsilon_r=r/a$ 的介质。当外导体接地，内导体的电位为 U_0 时，求：

(1) 介质中的 $\boldsymbol{E}$ 和 $\boldsymbol{D}$；

(2) 介质中的极化电荷分布；

(3) 同轴线单位长度的电容。

2-10 一点电荷 $+q$ 位于 $(-a,0,0)$，另一点电荷 $-2q$ 位于 $(a,0,0)$，试证明空间的零电位面是一个球面，求出球心的坐标和球面的半径。

2-11 (1) 求数量场 $\Phi=(x+y)^2-z$ 通过点 $M(1,0,1)$ 的等值面方程；

(2) 求矢量场 $A=\boldsymbol{e}_x xy^2+\boldsymbol{e}_y x^2 y+\boldsymbol{e}_z zy^2$ 的矢量线方程。

2-12 两电介质的分界面为 $z=0$ 平面。已知 $\varepsilon_{r1}=2$ 和 $\varepsilon_{r2}=3$，如果已知区域 1 中的 $\boldsymbol{E}_1=\boldsymbol{e}_x 2y-\boldsymbol{e}_y 2x+\boldsymbol{e}_z(5+z)$，能求出区域 2 中哪些地方的 $\boldsymbol{E}_2$ 和 $\boldsymbol{D}_2$？求出 $\boldsymbol{E}_2$ 和 $\boldsymbol{D}_2$。

2-13 电场中一个半径为 a 的介质球，已知球内、外的电位函数分别为

$$\Phi_1=-E_0 r\cos\theta+\frac{\varepsilon-\varepsilon_0}{\varepsilon+2\varepsilon_0}a^3 E_0\frac{\cos\theta}{r^2},\quad r\geqslant a$$

$$\Phi_2=-\frac{3\varepsilon_0}{\varepsilon+2\varepsilon_0}E_0 r\cos\theta,\quad r\leqslant a$$

验证球表面的边界条件，并计算球表面的极化电荷密度。

2-14 在介电常数 ε 的无限大均匀介质中，开有如下的空腔，求各空腔中的 $\boldsymbol{E}$ 和 $\boldsymbol{D}$：

(1) 平行于 $\boldsymbol{E}$ 的针形空腔；

(2) 底面垂直于 $\boldsymbol{E}$ 的薄盘形空腔。

2-15 平行板电容器的长、宽分别为 a 和 b，板间距离为 d。电容器的一半厚度（$0\sim d/2$）用介电常数为 ε 的介质填充。

(1) 板上外加电压 U_0，求板上的自由电荷面密度、极化电荷面密度；

(2) 若已知极板上的自由电荷总量 Q，求此时极板间电压和极化电荷面密度；

(3) 求电容器的电容量。

2-16 一个半径为 b 的球体内充满密度为 $\rho=b^2-r^2$ 的电荷，试用直接积分法计算球内和球外的电位和场强。

2-17 两块半无限大的导电平板构成夹角为 α 的电极系统，设板间电压为 U_0，如图题 2-17 所示。试求导体板间的电场，并绘出场图。

2-18 两块无限大接地导体平板分别置于 $x=0$ 和 $x=a$ 处，在两板之间的 $x=b$ 处有一面密度为 ρ_S 的均匀电荷分布，如图题 2-18 所示。求两导体板之间的电位和场强。

2-19 已知 $y>0$ 的空间中没有电荷，下列几个函数中哪些可能是电位函数的解？

(1) $\mathrm{e}^y\cosh x$；(2) $\mathrm{e}^{-y}\cos x$；(3) $\mathrm{e}^{-\sqrt{2}y}\sin x\cos x$；(4) $\sin x\sin y\sin z$。

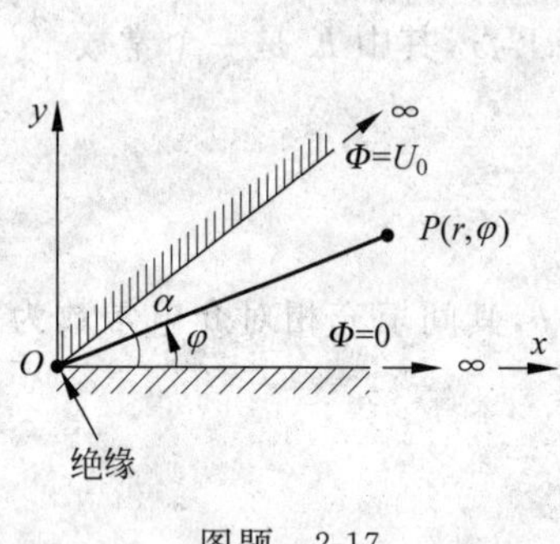

图题　2-17

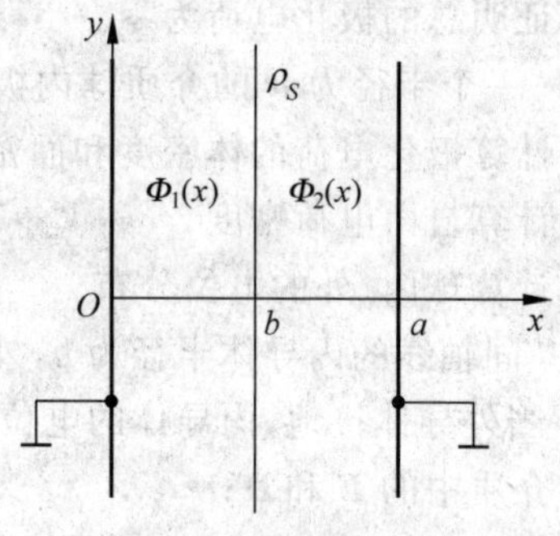

图题　2-18

2-20　在面积为 S 的平行板电容器内填充介电常数作线性变化的介质，从一极板($y=0$)处的 ε_1 变化到另一极板($y=d$)处的 ε_2，试求电容量。

2-21　如图题 2-21 所示，内、外半径分别为 a 和 b 的球形电容器，上半部分填充介电常数为 ε_1 的介质，下半部分填充介电常数为 ε_2 的另一种介质，在两极板上加电压 U，试求：

(1) 球形电容器内部的电位和场强；

(2) 极板上和介质分界面上的电荷分布；

(3) 电容器的电容。

2-22　图题 2-22 是一个静电屏蔽装置，设备 1 不带电，试利用部分电容证明设备 1 与设备 3 之间没有耦合。

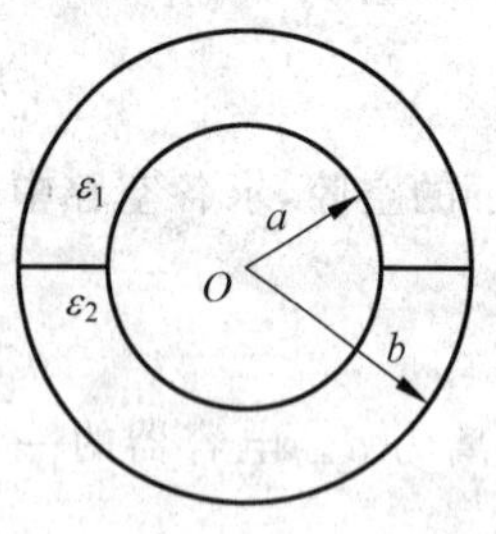

图题　2-21

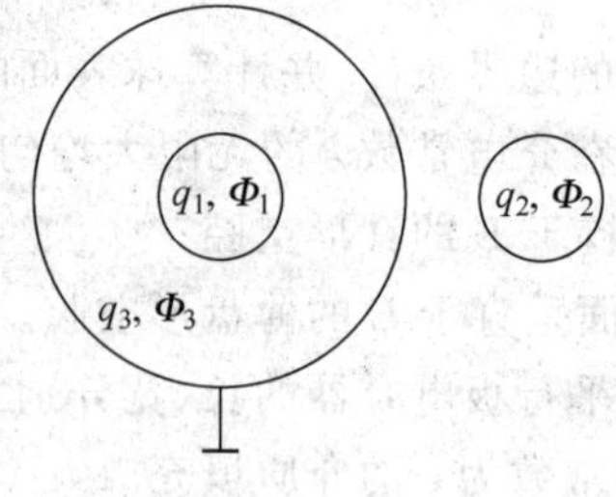

图题　2-22

2-23　已知两个半径分别为 a_1 和 a_2 的导体球，相隔距离为 r，设 $r\gg a_1$，$r\gg a_2$，最初导体 1 不带电，而导体 2 带电荷量 q，然后用一根细导线把两导体连接在一起，试用电位系数求：

(1) 从导体 2 流入导体 1 的电荷量；

(2) 导体系统最后的电位。

2-24　计算在电场强度 $\boldsymbol{E}=\boldsymbol{e}_x y+\boldsymbol{e}_y x$ 的电场中把带电量为 $-2\mu\text{C}$ 的点电荷从(2,1,−1)移到(8,2,−1)时电场所做的功：

(1) 沿曲线 $x=2y^2$；

(2) 沿连接该两点的直线。

2-25　分别用公式 $W_e=\frac{1}{2}\int_V \boldsymbol{D}\cdot\boldsymbol{E}\mathrm{d}V$、$W_e=\frac{1}{2}\int_V \rho\Phi\mathrm{d}V$ 计算一个半径为 a，均匀带电 q 的球体的静电能量。

2-26　有一半径 a，带电荷量 q 的导体球，其球心位于两种介质的分界面上，此两种介质的介电常数分别为 ε_1 和 ε_2，分界面可视为无限大平面，求：

(1) 球的电容；

(2) 总静电能。

2-27　图题 2-27 表示宽度为 w，长度为 l 的平行板电容器，极板间距离为 d，两极板间的电压为 U。在电容器的一部分空间(宽度为 x)放置介电常数为 ε 的介质片，另一部分空间仍为空气。计算介质片所受到的电场力。

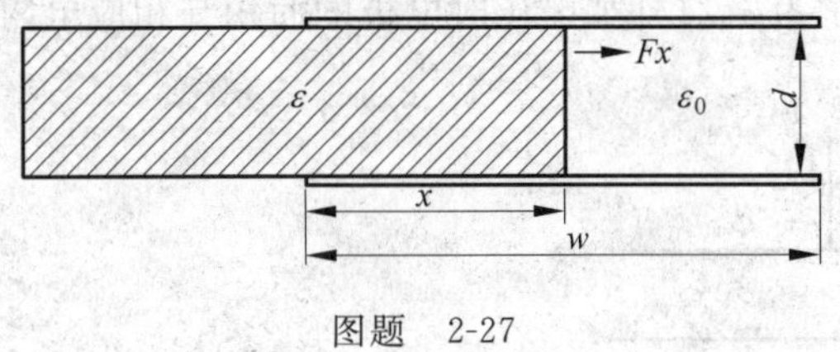

图题　2-27

2-28　把一个电量为 q，半径为 a 的导体球切成两半，求两半球之间的电场力。

2-29　如图题 2-29 所示，两平行的金属板，板间距离为 d，竖直地插在介电常数为 ε 的液体中，板间电压为 U_0。证明液体面升高为 $\Delta h=\frac{\varepsilon-\varepsilon_0}{2mg}\left(\frac{U}{d}\right)^2$，其中 m 为液体密度，g 为重力加速度。

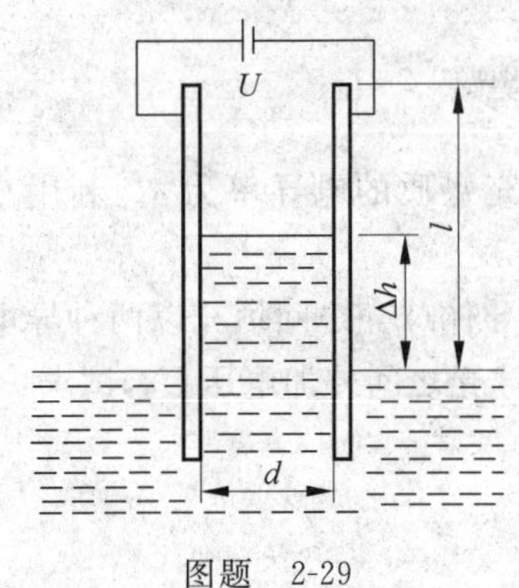

图题　2-29

2-30　空气可变电容器，当动片由 0～180°旋转时，电容量由 25～350pF 线性地变化，当动片为 θ 角时，求作用在动片上的力矩。设动片与定片间电压为 400V。

2-31　一个体密度 ρ 为 $2.32\times10^{-7}\mathrm{C/m^3}$ 的质子束，通过 10 000V 的电压加速后形成等速的质子束，质子束内的电荷均匀分布，质子束直径为 2mm，质子束外没有电荷分布。试求电流密度和电流。

2-32　一个半径为 a 的球内均匀分布总电荷量为 Q 的电荷，球体以匀角速度 ω 绕一个直径旋转，求球内的电流密度。

2-33　一个半径为 a 的导体球带电荷量为 Q，以匀角速度 ω 绕一个直径旋转，求球表面的面电流密度。

2-34　在平行板电容器的两极板之间，填充两导电媒质片，如图题 2-34 所示。若在电极之间外加电压 U_0，求：

(1) 两种介质片中的 $\boldsymbol{E}$、$\boldsymbol{J}$；

(2) 每种介质片上的电压；

(3) 介质分界面上的自由电荷面密度。

2-35　考虑一电导率不为零的电介质(σ,ε)，设其介质特性和导电特性都是不均匀的。证明当介质中有恒定电流 $\boldsymbol{J}$ 时，体积内将出现自由电荷，体密度为 $\rho=\boldsymbol{J}\cdot\nabla(\varepsilon/\sigma)$。试问有没有束缚体电荷 ρ_P？若有则进一步求出 ρ_P。

2-36　在电参数为 ε、σ 的无界均匀漏电介质内有两个理想导体小球，半径分别为 R_1 和 R_2，两球间的距离为 $d(d\gg R_1,d\gg R_2)$，求两小导体球间的电阻(求近似解)。

2-37　在一块厚为 d 的导体材料板上，由两个半径为 r_1 和 r_2 的圆弧和夹角为 α 的两半径割出的一块扇形体，如图题 2-37 所示。求：

(1) 沿厚度方向的电阻；

(2) 两圆弧面间的电阻；

(3) 沿 α 方向的电阻。

导电材料的电导率为 σ。(外加电压时电极的面积与相应电阻的截面相同，电极为理想导体。)

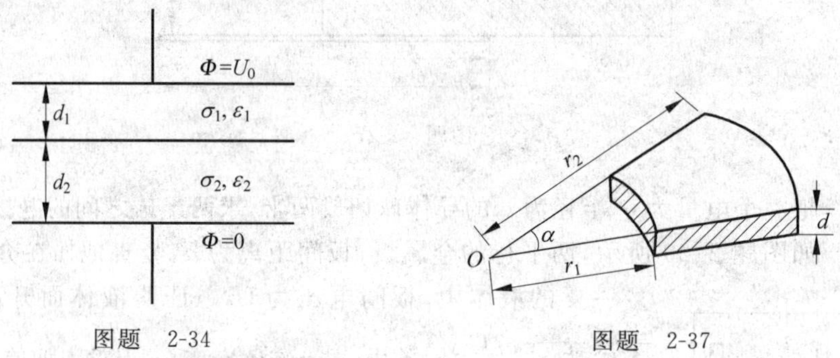

图题　2-34　　　　图题　2-37

2-38　设同轴线内导体半径为 a，外导体半径为 b，填充媒质的电导率为 σ。利用直接积分法计算单位长度同轴线的漏电导。

2-39　如图题 2-39 所示，半径分别为 a 和 b 的两同心导体球壳之间填充以两种导电媒质，上半部电导率为 σ_1，下半部电导率为 σ_2，并在两导体球壳之间外加电压 U_0，试求：

(1) 球壳之间的电场强度；

(2) 导电媒质中的电流分布；

(3) 球壳电阻器的电阻。

2-40　如图题 2-40 所示，一个半径为 a 的导体球，作为接地电极深埋于地下，设大地的等效电导率为 σ，求接地电阻。

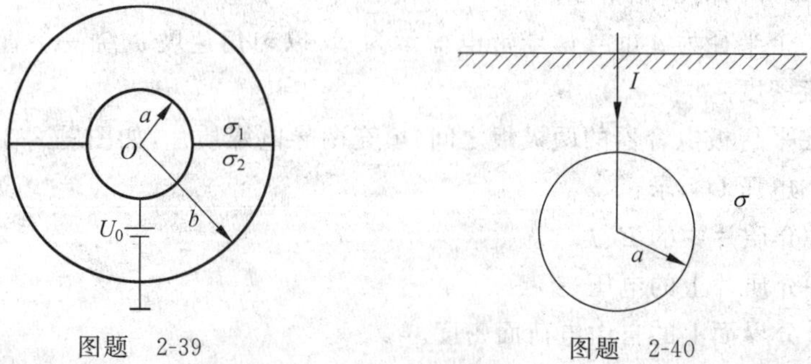

图题　2-39　　　　图题　2-40

2-41 如图题 2-41 所示的半球形接地体,如果由接地体流出的电流强度为 I,在离球心 r 远处的电流密度为多少?场强为多少?地面上 AB 两点(AB 两点距球心的距离分别为 a、b,$a>R_0$,$b>R_0$)间的跨步电压为多少?

2-42 如图题 2-42 所示,半球形导体接地电极,半径为 a,大地电导率为 σ。若在接地电极周围半径为 b 的范围内把电导率提高到 σ_1(如灌盐水),求接地电阻。

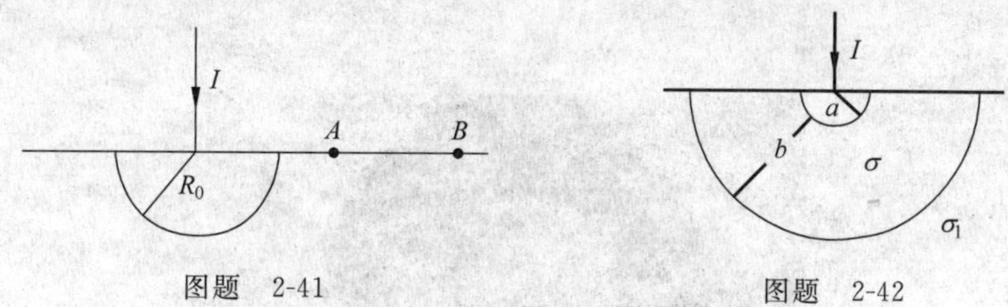

图题 2-41　　　图题 2-42

2-43 一个静电电压表,当两接线端间加有 100V 电压时,指针偏转了 30°,求每弧度电容量的变化量是多少?设弹簧的扭转常数为 1.5N·m/rad。(静电电压表见教学指导书)

安培

(André Marie Ampère,1775—1836,法国)

发现了安培定则(右手螺旋定则)、电流之间的相互作用规律(安培力),发明了电流计,提出分子电流假说、安培定律和安培环路定理。由于在电磁学领域的重要贡献,他被麦克斯韦誉为“电学中的牛顿”。

第3章 恒定磁场

3.1 恒定磁场的基本规律

本节简要地复习大学物理中已经学过的恒定磁场的基本规律。

3.1.1 磁感应强度 B

1. 毕奥-萨伐尔定律

毕奥-萨伐尔定律给出一个电流元产生的磁场

$$\mathrm{d}\boldsymbol{B}=\frac{\mu}{4\pi}\frac{I\mathrm{d}\boldsymbol{l}'\times\boldsymbol{e}_r}{r^2} \tag{3.1}$$

其中 r 是电流元与场点之间的距离,$\boldsymbol{e}_r$ 是由电流元指向场点的单位矢量。一个线电流回路产生的磁场为

$$\boldsymbol{B}=\frac{\mu}{4\pi}\oint_l\frac{I\mathrm{d}\boldsymbol{l}'\times\boldsymbol{e}_r}{r^2} \tag{3.2}$$

同理,可以写出体电流和面电流产生的磁场

$$\boldsymbol{B}=\frac{\mu}{4\pi}\iiint_V\frac{\boldsymbol{J}\mathrm{d}V'\times\boldsymbol{e}_r}{r^2} \tag{3.3}$$

$$\boldsymbol{B}=\frac{\mu}{4\pi}\iint_S\frac{\boldsymbol{J}_S\mathrm{d}S'\times\boldsymbol{e}_r}{r^2} \tag{3.4}$$

2. 磁感应线方程

可以仿照电力线方程写出磁感应线方程,在直角坐标系中为

$$\frac{\mathrm{d}x}{B_x}=\frac{\mathrm{d}y}{B_y}=\frac{\mathrm{d}z}{B_z} \tag{3.5}$$

圆柱坐标系中的磁感应线方程为

$$\frac{\mathrm{d}r}{B_r}=\frac{r\mathrm{d}\varphi}{B_\varphi}=\frac{\mathrm{d}z}{B_z} \tag{3.6}$$

球坐标系中的磁感应线方程为

$$\frac{\mathrm{d}r}{B_r}=\frac{r\mathrm{d}\theta}{B_\theta}=\frac{r\sin\theta\mathrm{d}\varphi}{B_\varphi} \tag{3.7}$$

3.1.2 恒定磁场的基本方程

恒定磁场的基本方程也是包括高斯定理和环路定理

$$\oint\!\!\!\!\oint_S\boldsymbol{B}\cdot\mathrm{d}\boldsymbol{S}=0 \tag{3.8}$$

$$\oint_l\boldsymbol{B}\cdot\mathrm{d}\boldsymbol{l}=\mu_0\sum_i I_i \tag{3.9}$$

其中 $\sum_i I_i$ 是闭合回路 l 内包围的所有电流(包括传导电流和磁化电流)。有电介质时,恒定磁场的基本方程可以写为

$$\begin{cases}\oint\!\!\!\oint_S \boldsymbol{B}\cdot \mathrm{d}\boldsymbol{S}=0 & (3.10)\\ \oint_l \boldsymbol{H}\cdot \mathrm{d}\boldsymbol{l}=\sum_i I_{0i} & (3.11)\end{cases}$$

其中 $\sum_i I_0$ 是闭合回路 l 内包围的所有传导电流。

下面来证明式(3.10),为了简化,只讨论无界真空中的磁场。在直流回路 C 的磁场中任取一闭合曲面 S,穿过 S 面的磁通量为

$$\begin{aligned}\oint\!\!\!\oint_S \boldsymbol{B}\cdot \mathrm{d}\boldsymbol{S}&=\oint\!\!\!\oint_S \left(\frac{\mu_0}{4\pi}\oint_C \frac{I\mathrm{d}\boldsymbol{l}\times \boldsymbol{e}_R}{R^2}\right)\cdot \mathrm{d}\boldsymbol{S}=\oint_C \frac{\mu_0 I\mathrm{d}\boldsymbol{l}}{4\pi}\cdot \oint\!\!\!\oint_S \frac{\boldsymbol{e}_R\times \mathrm{d}\boldsymbol{S}}{R^2}\\ &=\oint_C \frac{\mu_0 I\mathrm{d}\boldsymbol{l}}{4\pi}\cdot \oint\!\!\!\oint_S \left(-\nabla\frac{1}{R}\times \mathrm{d}\boldsymbol{S}\right)\end{aligned}$$

上式的推导中利用了式(1.101)。利用矢量恒等式 $\oint\!\!\!\oint_S (\boldsymbol{n}\times \boldsymbol{A})\mathrm{d}S=\iiint_V \nabla\times \boldsymbol{A}\mathrm{d}V$ (见附录3)可得

$$\oint\!\!\!\oint_S \boldsymbol{B}\cdot \mathrm{d}\boldsymbol{S}=\oint_C \frac{\mu_0 I\mathrm{d}\boldsymbol{l}}{4\pi}\cdot \iiint_V \nabla\times \nabla\frac{1}{R}\mathrm{d}V$$

因为 $\nabla\times\nabla\frac{1}{R}=0$,所以

$$\oint\!\!\!\oint_S \boldsymbol{B}\cdot \mathrm{d}\boldsymbol{S}=0 \tag{3.12}$$

由高斯定理可以写出式(3.12)的微分形式

$$\nabla\cdot \boldsymbol{B}=0 \tag{3.13}$$

下面就来证明式(3.11)。在直流闭合回路 C 的磁场中任取一个闭合回路 L,如图3.1所示,由毕奥-萨伐尔定律可以写出

$$\begin{aligned}\oint_L \boldsymbol{H}\cdot \mathrm{d}\boldsymbol{l}&=\oint_L \frac{I}{4\pi}\oint_C \frac{\mathrm{d}\boldsymbol{l}'\times \boldsymbol{e}_R}{R^2}\cdot \mathrm{d}\boldsymbol{l}=\frac{I}{4\pi}\oint_L\oint_C \frac{(\mathrm{d}\boldsymbol{l}\times \mathrm{d}\boldsymbol{l}')\cdot \boldsymbol{e}_R}{R^2}\\ &=-\frac{I}{4\pi}\oint_L\oint_C \frac{(-\mathrm{d}\boldsymbol{l}\times \mathrm{d}\boldsymbol{l}')\cdot \boldsymbol{e}_R}{R^2}\end{aligned} \tag{3.14}$$

图3.1中的 P 点(场点)是积分路径 L 上的一个点,电流回路 C 所包围的表面对场点 P 构成的立体角为 Ω。P 点沿回路 L 位移 $\mathrm{d}\boldsymbol{l}$ 时,立体角改变 $\mathrm{d}\Omega$,这同保持 P 点不动,而回路 C 位移 $-\mathrm{d}\boldsymbol{l}$ 时立体角的改变是完全一样的。从图3.1中可以看出,如果回路 C 位移 $-\mathrm{d}\boldsymbol{l}$,则回路包围的表面由 S 变为 S',表面的增量为 $\mathrm{d}S=S'-S=\oint_C(-\mathrm{d}\boldsymbol{l}\times \mathrm{d}\boldsymbol{l}')$,即图中 S 与 S' 之间的环形表面($-\mathrm{d}\boldsymbol{l}\times \mathrm{d}\boldsymbol{l}'$ 是图中阴影部分平行四边形的面积),$\mathrm{d}S$ 对 P 点的立体角为

$$\mathrm{d}\Omega = \frac{\mathrm{d}\boldsymbol{S} \cdot (-\boldsymbol{e}_R)}{R^2}$$

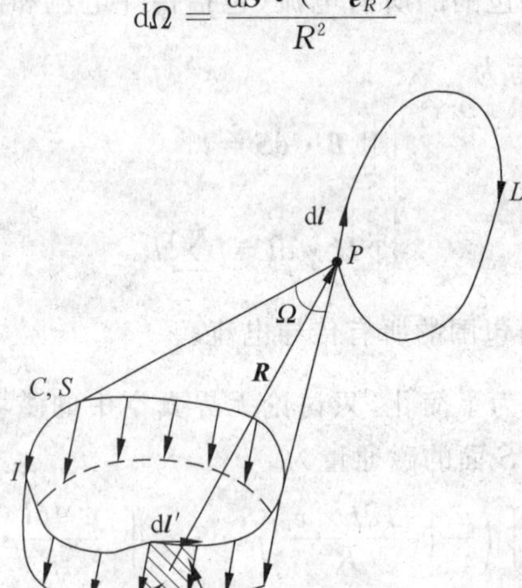

图 3.1 证明安培环路定理示意图

S、S'、$\mathrm{d}S$ 构成的闭合曲面对 P 点的立体角为零，即 $-\Omega_1+\Omega_2+\mathrm{d}\Omega=0$，所以立体角的变化为

$$\Omega_2 - \Omega_1 = -\mathrm{d}\Omega = \oint_C \frac{(-\mathrm{d}\boldsymbol{l} \times \mathrm{d}\boldsymbol{l}') \cdot \boldsymbol{e}_R}{R^2}$$

这就是 P 点位移 $\mathrm{d}\boldsymbol{l}$ 时立体角的改变量。P 点沿着回路 L 移动一周时，立体角的变化为

$$-\Delta\Omega = \oint_L \oint_C \frac{(-\mathrm{d}\boldsymbol{l} \times \mathrm{d}\boldsymbol{l}') \cdot \boldsymbol{e}_R}{R^2} \tag{3.15}$$

比较式(3.14)和式(3.15)可得

$$\oint_L \boldsymbol{H} \cdot \mathrm{d}\boldsymbol{l} = \frac{I}{4\pi}\Delta\Omega \tag{3.16}$$

环积分的结果取决于 $\Delta\Omega$，一般分为两种情况：

(1) 积分回路 L 不与电流回路 C 套链，如图 3.1 所示。可以看出，当从某点开始沿闭合回路 L 绕行一周并回到起始点时，立体角又回复到原来的值，即 $\Delta\Omega=0$，由式(3.16)

$$\oint_L \boldsymbol{H} \cdot \mathrm{d}\boldsymbol{l} = 0 \tag{3.17}$$

(2) 若积分回路 L 与电流回路 C 相套链，即 L 穿过 C 所包围的面 S，如图 3.2 所示。如果取积分回路的起点为 S 面上侧的 A 点，终点为在 S 面下侧的 B 点。由于面元对它上表面上的点所张的立体角为(-2π)，对下表面上的点所张的立体角为($+2\pi$)，所以 S 对 A 点的立体角为(-2π)，对 B 点的立体角为($+2\pi$)，$\Delta\Omega=2\pi-(-2\pi)=4\pi$，由式(3.16)

$$\oint_L \boldsymbol{H} \cdot \mathrm{d}\boldsymbol{l} = \frac{I}{4\pi} \cdot 4\pi = I \tag{3.18}$$

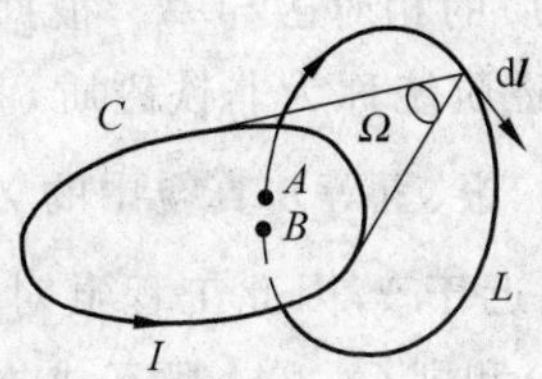

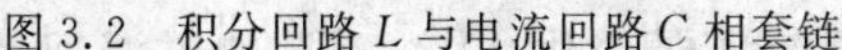

图 3.2　积分回路 L 与电流回路 C 相套链

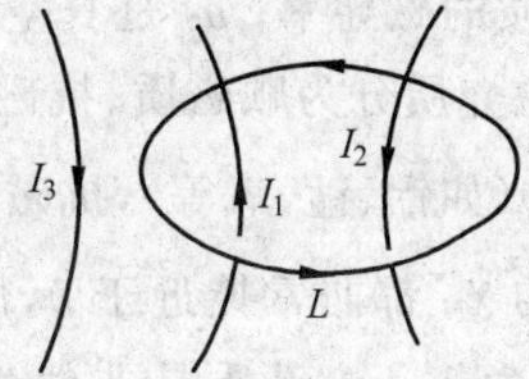

图 3.3　积分回路 L 包围的电流

因为 L 与 C 相套链，I 也就是穿过回路 L 所包围平面 S 的电流，而且当电流与回路 L 成右手螺旋关系时 I 为正，反之 I 为负。综合上述两种情况，可以用一个方程表示为

$$\oint_L \boldsymbol{H} \cdot \mathrm{d}\boldsymbol{l} = \sum_i I_i \tag{3.19}$$

其中 $\sum_i I_i$ 是 L 所包围的电流的代数和。在图 3.3 中，$\sum_i I_i = I_1 - I_2$，积分与 I_3 无关。必须说明的是：环积分与 I_3 无关，而被积函数 $\boldsymbol{H}(\boldsymbol{r})$ 却是三个电流回路产生的总磁场强度。

由斯托克斯定理，式(3.18)的微分形式可以写为

$$\nabla \times \boldsymbol{H} = \boldsymbol{J} \tag{3.20}$$

式(3.13)和式(3.20)给定了恒定磁场的散度和旋度，根据亥姆霍兹定理，恒定磁场的性质是完全确定的。

3.1.3　磁介质的磁化

常用公式

$$\oint_l \boldsymbol{H} \cdot \mathrm{d}\boldsymbol{l} = \sum_i I_0 \tag{3.21}$$

$$\boldsymbol{H} = \frac{\boldsymbol{B}}{\mu_0} - \boldsymbol{M} \tag{3.22}$$

其中 $\boldsymbol{M}$ 是磁化强度矢量。

$$\boldsymbol{B} = \mu_0 \mu_r \boldsymbol{H} \tag{3.23}$$

$$\boldsymbol{M} = \chi_m \boldsymbol{H} \tag{3.24}$$

以上两式适用于各向同性的线性介质，其中 χ_m 是介质的磁化率。面磁化电流密度和体磁化电流密度分别为

$$\boldsymbol{J}_{mS} = \boldsymbol{M} \times \hat{\boldsymbol{n}} \tag{3.25}$$

$$\boldsymbol{J}_m = \nabla \times \boldsymbol{M} \tag{3.26}$$

磁导率和磁化率的关系可以写为

$$\mu = \mu_0 \mu_r \tag{3.27}$$

$$\mu_r = 1 + \chi_m \tag{3.28}$$

其中,μ 是介质的磁导率;μ_0 是真空磁导率;μ_r 是介质的相对磁导率。根据 μ_r 和 χ_m 的取值可以把磁介质分为顺磁质、抗磁质(顺磁质和抗磁质统称为非铁磁质)和铁磁质,顺磁质的 $\chi_m>0$(如铝、锰、氧等),抗磁质的 $\chi_m<0$(如铜、银、氢等),真空中的 $\chi_m=0$。顺磁质和抗磁质的 χ_m 都非常接近于 0,所以 μ_r 都非常接近于 1,因此工程上对于非铁磁性物质 μ_r 都取为 1。铁磁质是非线性介质,式(3.23)和式(3.24)都不成立,铁磁质的 $\mu_r\gg1$(如铁、钴、镍等),并且不是常数,随磁场的强弱变化(从铁磁质的磁滞回线上可以看出)。

关于线性和非线性介质、各向同性和各向异性介质、均匀和非均匀介质的概念与 2.1.6 节中介绍的电介质中的相关概念类似。

例 3.1 证明式(3.26)$\boldsymbol{J}_m=\nabla\times\boldsymbol{M}$。

证明 研究磁介质可以用分子电流模型,任何物质的分子都是由原子组成的,原子中原子核带正电,电子带负电,绕原子核运动。分子中所有电子的运动可以等效为一个电流 i,称为分子电流。分子电流与其环绕的面积 $\boldsymbol{S}$ 的乘积称为分子磁矩 $\boldsymbol{p}_m$,表达式为

$$\boldsymbol{p}_m = i\boldsymbol{S} \tag{3.29}$$

其中 i 和 $\boldsymbol{S}$、$\boldsymbol{p}_m$ 的方向满足右手关系,如图 3.4 所示。没有外磁场时,由于介质内大量分子无规则的热运动,各分子磁矩的排列是杂乱无章的,这时介质没有被磁化。在外磁场中,每个分子磁矩都受到一个力矩的作用,使其在一定程度上转向外磁场方向,介质被磁化,如图 3.5 所示。外磁场越强,分子磁矩的排列越整齐,单位体积中分子磁矩的矢量和就越大,定义磁化强度矢量等于单位体积中分子磁矩的矢量和

$$\boldsymbol{M} = \frac{\Sigma\boldsymbol{p}_m}{\Delta V} \tag{3.30}$$

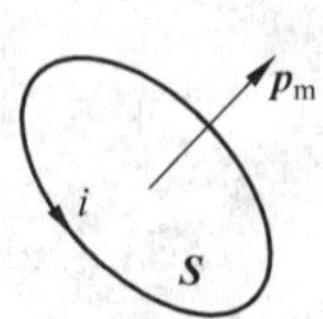

图 3.4 分子电流和分子磁矩

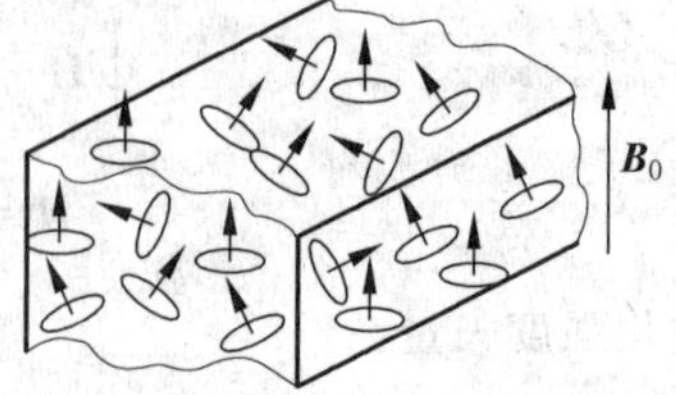

图 3.5 介质磁化

先计算穿过介质内任一曲面 S 的磁化电流 I_m,曲面 S 的边界为 C,如图 3.6 所示。可以看出,在所有的分子电流中,只有环绕边界 C 的分子电流对穿过 S 面的磁化电流有贡献。为了计算所有环绕边界 C 的分子电流,采用微积分的方法,先计算环绕边界 C 上任一线元 $\mathrm{d}\boldsymbol{l}$ 的分子电流。以 $\mathrm{d}\boldsymbol{l}$ 为轴线作一个斜的圆柱面,底面 ΔS 等于分子电流的面积,并与分子电流平行,长度为 $\mathrm{d}\boldsymbol{l}$,如图 3.7 所示。可以看出,只有中心在圆柱面内的分子电流环绕 $\mathrm{d}\boldsymbol{l}$,而中心在圆柱面内的分子电流的数目,就是圆柱面内分子的数目。设介质的分子密度为 N,分子电流为 i,则环绕线元 $\mathrm{d}\boldsymbol{l}$ 的分子电流对磁化电流的贡

献为

$$dI_m = Ndl\cos\theta Si = Ndl\cos\theta p_m$$

由式(3.30)可以写出

$$\boldsymbol{M} = N\boldsymbol{p}_m \tag{3.31}$$

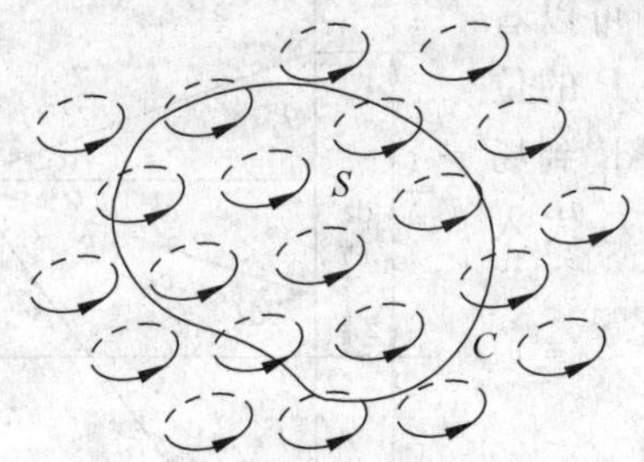

图 3.6　穿过介质内 S 面的磁化电流

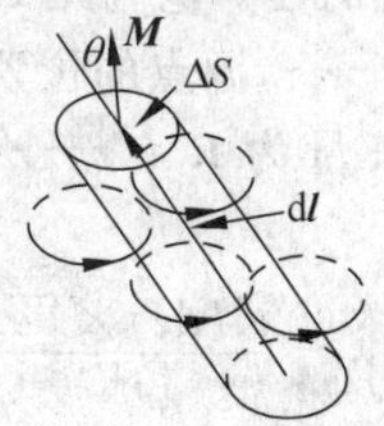

图 3.7　环绕线元 d**l** 的分子电流

所以

$$dI_m = Mdl\cos\theta = \boldsymbol{M} \cdot d\boldsymbol{l}$$

穿过 S 面的总的磁化电流为

$$I_m = \oint_l \boldsymbol{M} \cdot d\boldsymbol{l}$$

上式左侧的磁化电流可以写成体磁化电流密度对 S 面的积分，右侧的线积分可以利用斯托克斯定理变换为面积分，可得

$$\iint_S \boldsymbol{J}_m \cdot d\boldsymbol{S} = \iint_S (\nabla \times \boldsymbol{M}) \cdot d\boldsymbol{S}$$

最后可得

$$\boldsymbol{J}_m = \nabla \times \boldsymbol{M}$$

均匀磁介质内部的分子电流相互抵消，介质表面出现**磁化电流**，如图 3.8 所示。

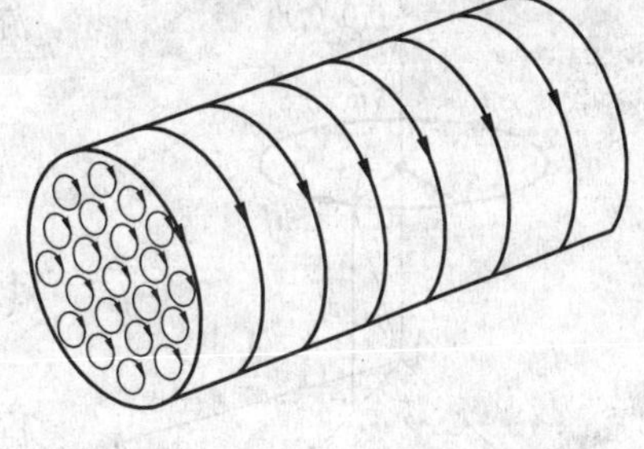

图 3.8　磁介质表面的磁化电流

3.1.4　磁场的计算方法

下面复习一下大学物理中已经学过的磁场的几种计算方法。

1. 利用毕奥-萨伐尔定律计算磁场

根据毕奥-萨伐尔定律，线电流产生的磁感应强度为

$$\boldsymbol{B} = \frac{\mu_0}{4\pi}\oint_l \frac{Id\boldsymbol{l} \times \boldsymbol{e}_r}{r^2} = \frac{\mu_0}{4\pi}\oint_l \frac{Id\boldsymbol{l} \times \boldsymbol{r}}{r^3} \tag{3.32}$$

体电流、面电流产生的磁感应强度，可以写出类似的方程。利用毕奥-萨伐尔定律计算磁场，有下面两类问题。

1) 直接利用毕-萨定律积分

例 3.2 计算长度为 l 的直线电流 I 的磁场。

解 采用圆柱坐标系,直线电流与 z 轴重合,直线电流的中点位于坐标原点,如图 3.9 所示。显然磁场的分布具有轴对称性,可以只在 φ 等于某一常数的平面内计算磁场。从图 3.9 中可以看出,直线电流上的任一电流元 $I\mathrm{d}\boldsymbol{l}'=\boldsymbol{e}_zI\mathrm{d}z'$,场点 P 的位置矢量 $\boldsymbol{r}=\boldsymbol{e}_rr+\boldsymbol{e}_zz$,源点的位置矢量 $\boldsymbol{r}'=\boldsymbol{e}_zz'$,$I\mathrm{d}\boldsymbol{l}'$到场点 P 的距离矢量为 $\boldsymbol{R}=\boldsymbol{r}-\boldsymbol{r}'=\boldsymbol{e}_rr+\boldsymbol{e}_z(z-z')$,代入式(3.32)可得

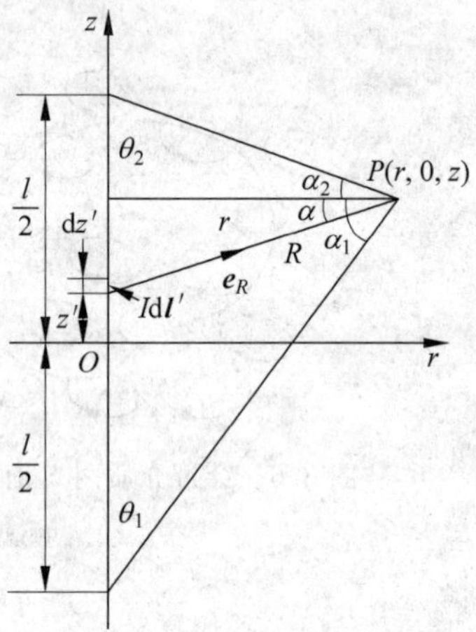

图 3.9 计算直线电流的磁场

$$\begin{aligned}\boldsymbol{B}(\boldsymbol{r})&=\frac{\mu_0}{4\pi}\int_{-l/2}^{+l/2}\frac{\boldsymbol{e}_zI\mathrm{d}z'\times[\boldsymbol{e}_rr+\boldsymbol{e}_z(z-z')]}{[r^2+(z-z')^2]^{3/2}}\\&=\boldsymbol{e}_\varphi\frac{\mu_0I}{4\pi}\int_{-l/2}^{+l/2}\frac{r\mathrm{d}z'}{[r^2+(z-z')^2]^{3/2}}\\&=\boldsymbol{e}_\varphi\frac{\mu_0I}{4\pi r}(\cos\theta_1-\cos\theta_2)\\&=\boldsymbol{e}_\varphi\frac{\mu_0I}{4\pi r}(\sin\alpha_1-\sin\alpha_2)\end{aligned}\tag{3.33}$$

(3.33)式中的 θ_1、θ_2、α_1、α_2 如图 3.9 所示。一段直线电流的两端无限延长即得到无限长直线电流,即 $\alpha_1\to\pi/2$,$\alpha_2\to-\pi/2$,利用式(3.33)可以求得无限长直线电流所产生的磁场为

$$\boldsymbol{B}(\boldsymbol{r})=\boldsymbol{e}_\varphi\frac{\mu_0I}{2\pi r}\tag{3.34}$$

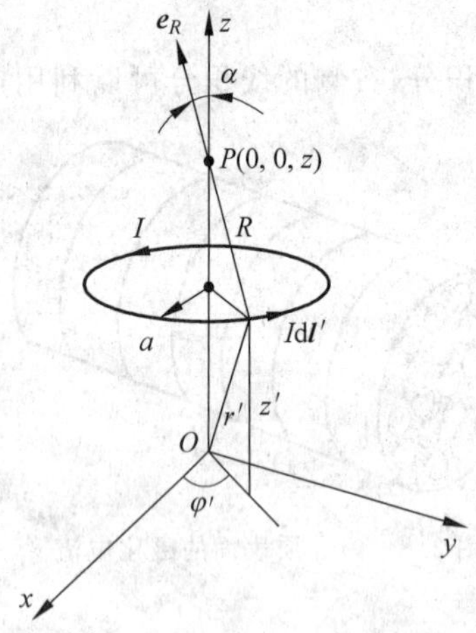

图 3.10 计算载流圆环轴线上的磁场

例 3.3 求半径为 a 的线电流圆环在其垂直轴线上的磁场。

解 采用圆柱坐标系,圆环轴线与 z 轴重合,圆环位于 $z=z'$平面内,如图 3.10 所示。圆环上的任一电流元 $I\mathrm{d}\boldsymbol{l}'=\boldsymbol{e}_\varphi Ia\mathrm{d}\varphi'$,场点 P 的位置矢量 $\boldsymbol{r}=\boldsymbol{e}_zz$,源点的位置矢量 $\boldsymbol{r}'=\boldsymbol{e}_ra+\boldsymbol{e}_zz'$,$I\mathrm{d}\boldsymbol{l}'$到场点 P 的距离矢量为 $\boldsymbol{R}=\boldsymbol{r}-\boldsymbol{r}'=-\boldsymbol{e}_ra+\boldsymbol{e}_z(z-z')$,$\boldsymbol{R}$ 的模为 $R=\sqrt{a^2+(z-z')^2}$,所以

$$\begin{aligned}\boldsymbol{R}=\boldsymbol{e}_RR&=R\left[-\boldsymbol{e}_r\frac{a}{\sqrt{a^2+(z-z')^2}}+\boldsymbol{e}_z\frac{z-z'}{\sqrt{a^2+(z-z')^2}}\right]\\&=R(-\boldsymbol{e}_r\sin\alpha+\boldsymbol{e}_z\cos\alpha)\end{aligned}$$

把 $I\mathrm{d}\boldsymbol{l}'$和 $\boldsymbol{R}$ 代入式(3.32)可得

$$\begin{aligned}\boldsymbol{B}(z)&=\frac{\mu_0I}{4\pi}\oint_l\frac{\mathrm{d}\boldsymbol{l}'\times\boldsymbol{R}}{R^3}=\frac{\mu_0Ia}{4\pi R^2}\int_0^{2\pi}\boldsymbol{e}_\varphi\times(-\boldsymbol{e}_r\sin\alpha+\boldsymbol{e}_z\cos\alpha)\mathrm{d}\varphi'\\&=\frac{\mu_0Ia}{4\pi R^2}\left(\boldsymbol{e}_z\sin\alpha\int_0^{2\pi}\mathrm{d}\varphi'+\cos\alpha\int_0^{2\pi}\boldsymbol{e}_r\mathrm{d}\varphi'\right)\end{aligned}$$

上式中 $\sin\alpha=\dfrac{a}{R}$，$\int_0^{2\pi}\boldsymbol{e}_r\mathrm{d}\varphi'=0$，因此

$$\boldsymbol{B}(z)=\boldsymbol{e}_z\frac{\mu_0 Ia^2}{2R^3}=\boldsymbol{e}_z\frac{\mu_0 Ia^2}{2[a^2+(z-z')^2]^{3/2}} \tag{3.35}$$

圆环中心处的磁场($z=z'$)为

$$\boldsymbol{B}(z')=\boldsymbol{e}_z\frac{\mu_0 I}{2a} \tag{3.36}$$

2) 利用1)中的结论叠加

利用毕奥-萨伐尔定律计算磁场的另一类问题需要利用式(3.34)或式(3.35)，再利用叠加原理计算。

例 3.4 一条扁平的直导体带，宽为 $2a$，中心线与轴 z 重合，流过电流 I，证明在第一象限内

$$B_x=-\frac{\mu_0 I}{4\pi a}\alpha,\quad B_y=\frac{\mu_0 I}{4\pi a}\ln\frac{r_2}{r_1}$$

其中 α、r_1、r_2 如图 3.11 所示。

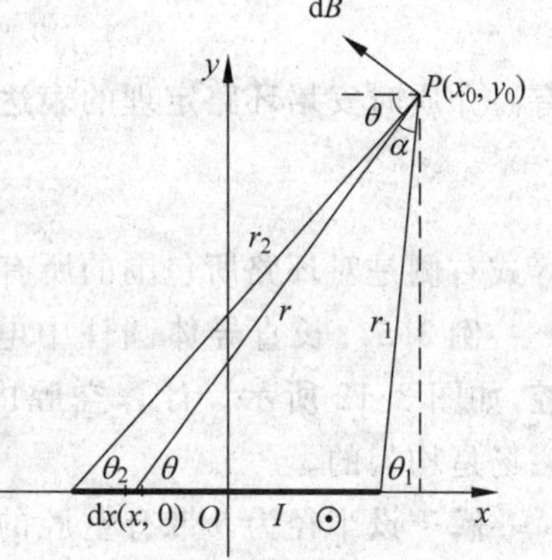

图 3.11 例 3.4 用图

解 利用微积分的方法求解，把导体带分割成许多条无限长载流直导线，第一象限内 P 点的磁场等于所有这些无限长载流直导线在 P 点产生的磁场的叠加。设分割出的任意一条无限长载流直导线的宽度为 $\mathrm{d}x$，其上的电流为 $\mathrm{d}I=\dfrac{I}{2a}\mathrm{d}x$，在 P 点产生的磁场为

$$\mathrm{d}B=\frac{\mu_0\mathrm{d}I}{2\pi r}=\frac{\mu_0 I\mathrm{d}x}{4\pi ar}$$

x 分量为

$$\mathrm{d}B_x=\mathrm{d}B\cos\left(\frac{\pi}{2}-\theta\right)=\frac{\mu_0 I\mathrm{d}x}{4\pi ar}\sin\theta \tag{3.37}$$

式(3.37)中含有三个变量 x、r、θ，作一个变量代换，由

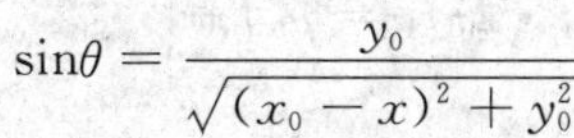

$$\sin\theta=\frac{y_0}{\sqrt{(x_0-x)^2+y_0^2}}$$

所以

$$\mathrm{d}\theta=\frac{y_0\mathrm{d}x}{r^2},\quad \mathrm{d}x=\frac{r^2\mathrm{d}\theta}{y_0}$$

代入式(3.37)可得

$$\mathrm{d}B_x=\frac{\mu_0 I}{4\pi a}\mathrm{d}\theta$$

$$B_x=\frac{\mu_0 I}{4\pi a}\int_{\theta_2}^{\theta_1}\mathrm{d}\theta=\frac{\mu_0 I}{4\pi a}(\theta_1-\theta_2)=\frac{\mu_0 I}{4\pi a}\alpha$$

由图 3.11 中可以看出 $\theta_1=\alpha+\theta_2$，B_x 沿 $-x$ 方向。$\mathrm{d}B$ 的 y 分量为

$$dB_y = dB\sin\left(\frac{\pi}{2}-\theta\right)=\frac{\mu_0 I dx}{4\pi a r}\cos\theta \tag{3.38}$$

同样需要作一个变量代换,由

$$r=\sqrt{y_0^2+(x_0-x)^2},\quad dr=-\frac{(x_0-x)dx}{r}$$

代入式(3.38)可得

$$dB_y=-\frac{\mu_0 I dr}{4\pi a r}$$

$$B_y=-\frac{\mu_0 I}{4\pi a}\int_{r_2}^{r_1}\frac{dr}{r}=\frac{\mu_0 I}{4\pi a}\ln\frac{r_2}{r_1}$$

2. 利用安培环路定理计算

具有轴对称、面对称的问题,计算磁场可以利用安培环路定理,没有磁介质时安培环路定理的表达式为

$$\oint_l \boldsymbol{B}\cdot d\boldsymbol{l}=\mu_0\sum_i I_i$$

有磁介质时安培环路定理的表达式为

$$\oint_l \boldsymbol{H}\cdot d\boldsymbol{l}=\sum_i I_{0i}$$

等式右侧是对环路所包围的所有传导电流求和。

例 3.5 长直导体圆柱中电流均匀分布,电流密度为 J,其中有一平行的圆柱形空腔,如图 3.12 所示。计算空腔内的磁场并证明空腔内的磁场是均匀的。

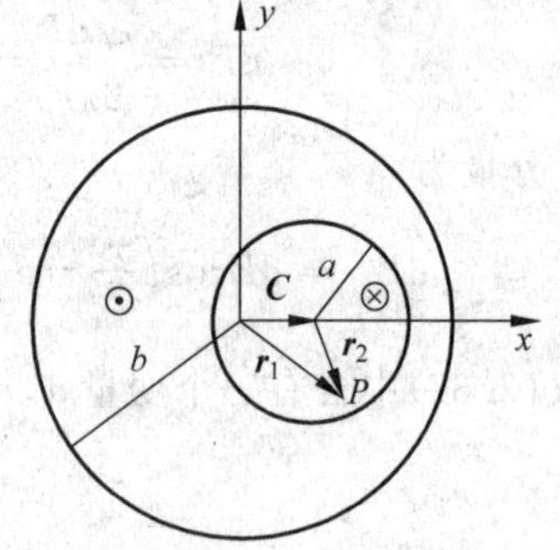

图 3.12 例 3.5 用图

解 设半径为 b 带有空腔的导体中的电流方向为⊙,可以看成是由半径为 b 的实心导体圆柱(电流方向为⊙)与半径为 a 的实心导体圆柱(电流方向为⊗)的叠加。半径为 b 的实心导体圆柱单独存在时,由安培环路定理

$$\oint_l \boldsymbol{B}_1\cdot d\boldsymbol{l}=\mu_0\sum_i I_i,\quad B_1\cdot 2\pi r_1=\mu_0 J\pi r_1^2$$

可以解出

$$B_1=\frac{\mu_0 J r_1}{2}$$

用矢量可以表示为

$$\boldsymbol{B}_1=\frac{\mu_0 J r_1}{2}\boldsymbol{e}_z\times\boldsymbol{e}_{r1}=\frac{\mu_0 J}{2}\boldsymbol{e}_z\times\boldsymbol{r}_1$$

半径为 a 的实心导体圆柱单独存在时,由安培环路定理可以解出

$$B_2=\frac{\mu_0 J r_2}{2},\quad \boldsymbol{B}_2=\frac{\mu_0 J}{2}\boldsymbol{e}_z\times(-\boldsymbol{r}_2)$$

空腔内的磁场为

$$\boldsymbol{B} = \boldsymbol{B}_1 + \boldsymbol{B}_2 = \frac{\mu_0 J}{2}\boldsymbol{e}_z \times (\boldsymbol{r}_1 - \boldsymbol{r}_2) = \frac{\mu_0 J}{2}\boldsymbol{e}_z \times \boldsymbol{C}$$

其中 $\boldsymbol{C}$ 是在如图 3.12 所示的横截面内，由半径为 b 的实心导体圆柱的轴线指向半径为 a 的实心导体圆柱轴线的一个常矢量，所以空腔内的磁场是均匀的。

例 3.6 铁质的无限长圆管中通有电流 I，管的内、外半径分别是 a 和 b。已知铁的磁导率是 μ，求管壁中、管内、外的磁感应强度 $\boldsymbol{B}$，并计算管壁中的体磁化电流密度 $\boldsymbol{J}_{\mathrm{m}}$ 和面磁化电流密度 $\boldsymbol{J}_{\mathrm{mS}}$。

解 设圆柱坐标系的 z 轴与圆管的轴线重合，场是轴对称的。电流沿 z 轴方向流动，磁场只有 φ 分量，管壁中，由安培环路定理

$$\oint_l \boldsymbol{H}_2 \cdot \mathrm{d}\boldsymbol{l} = H_{2\varphi} \cdot 2\pi r = \frac{I}{\pi(b^2 - a^2)}\pi(r^2 - a^2)$$

所以

$$\boldsymbol{H}_2 = \boldsymbol{e}_\varphi \left(\frac{r^2 - a^2}{b^2 - a^2}\right)\frac{I}{2\pi r}, \quad a \leqslant r \leqslant b$$

$$\boldsymbol{B}_2 = \mu \boldsymbol{H}_2 = \boldsymbol{e}_\varphi \mu \left(\frac{r^2 - a^2}{b^2 - a^2}\right)\frac{I}{2\pi r}, \quad a \leqslant r \leqslant b$$

圆管外，由安培环路定理

$$\oint_l \boldsymbol{H}_1 \cdot \mathrm{d}\boldsymbol{l} = H_{1\varphi} \cdot 2\pi r = I$$

所以

$$\boldsymbol{H}_1 = \boldsymbol{e}_\varphi \frac{I}{2\pi r}, \quad b < r < \infty$$

$$\boldsymbol{B}_1 = \mu_0 \boldsymbol{H}_1 = \boldsymbol{e}_\varphi \frac{\mu_0 I}{2\pi r}, \quad b < r < \infty$$

圆管内，由安培环路定理

$$\oint_l \boldsymbol{H}_3 \cdot \mathrm{d}\boldsymbol{l} = H_{3\varphi} \cdot 2\pi r = 0$$

所以

$$H_{3\varphi} = 0, \quad B_{3\varphi} = 0, \quad 0 \leqslant r < a$$

管壁中($a \leqslant r \leqslant b$)的磁化强度为

$$\boldsymbol{M}_2 = \boldsymbol{e}_\varphi \left(\frac{\boldsymbol{B}_2}{\mu_0} - \boldsymbol{H}_2\right) = \boldsymbol{e}_\varphi \left(\frac{\mu}{\mu_0} - 1\right)\left(\frac{r^2 - a^2}{b^2 - a^2}\right)\frac{I}{2\pi r}$$

管壁中的体磁化电流密度为

$$\boldsymbol{J}_{\mathrm{m}} = \nabla \times \boldsymbol{M}_2 = \boldsymbol{e}_z \frac{1}{r}\frac{\partial}{\partial r}(r M_{2\varphi}) = \boldsymbol{e}_z \left(\frac{\mu}{\mu_0} - 1\right)\frac{I}{\pi(b^2 - a^2)}$$

在 $r=a$、$r=b$ 处的面磁化电流密度为

$$\boldsymbol{J}_{\mathrm{mS}}\big|_{r=a} = \boldsymbol{M}_2 \times (-\boldsymbol{e}_r) = 0$$

$$\boldsymbol{J}_{\mathrm{mS}}\big|_{r=b} = \boldsymbol{M}_2 \times \boldsymbol{e}_r = \boldsymbol{e}_z \left[-\left(\frac{\mu}{\mu_0} - 1\right)\frac{I}{2\pi b}\right]$$

3.1.5 磁路

由于磁力线形成闭合回路,因而可以将磁通和闭合电路中的电流相比拟。磁通在磁性材料中流动的闭合通路称为磁路(magnetic circuit)。在电路中电流完全在导线内流动,在导线外部没有任何泄漏。磁性材料中的磁通不能完全被限定在给定的路径中,总有一些漏磁,但是如果磁性材料的磁导率比周围物质的磁导率大得多,绝大部分磁通将集中在磁性材料内,泄漏的磁通可以被忽略。磁路在分析、计算电机、变压器、电磁铁、继电器等器件的问题时有广泛的应用。

1. *磁路的欧姆定律*

如图 3.13 所示,一个铁心磁环上绕有 N 匝线圈,通以电流 I,由于铁心的磁导率 $\mu \gg \mu_0$,磁感应线主要在磁环内流通,在忽略环外漏磁的条件下,$\boldsymbol{H}$ 沿磁环内的积分为

$$\oint_l \boldsymbol{H} \cdot \mathrm{d}\boldsymbol{l} = H_\varphi \cdot 2\pi r = NI$$

可以解出铁心内的 H 和 B 分别为

$$H_\varphi = \frac{NI}{2\pi r}, \quad B_\varphi = \frac{\mu NI}{2\pi r}$$

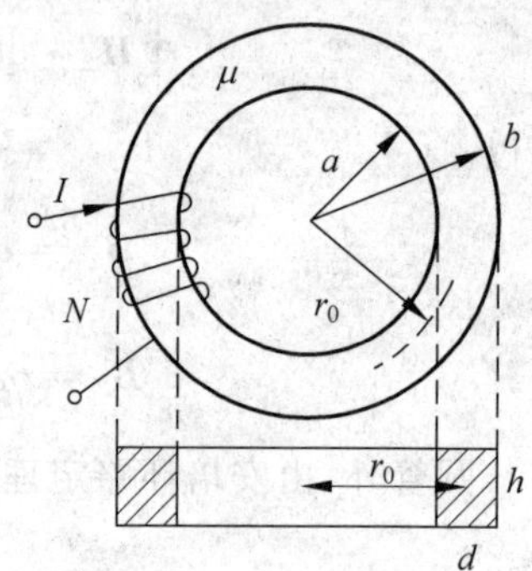

图 3.13 闭合磁路

铁心内的磁通为

$$\Phi = \iint_S B_\varphi \mathrm{d}S = \int_a^b \frac{\mu NI}{2\pi r} \cdot h \mathrm{d}r = \frac{\mu NI}{2\pi} h \ln \frac{b}{a} = \frac{\mu NI}{2\pi} h \ln \frac{r_0 + \dfrac{d}{2}}{r_0 - \dfrac{d}{2}}$$

其中 r_0 是磁环的平均半径,当 $r_0 > d$ 时,利用泰勒级数展开,取一级近似值,可得

$$\ln \frac{1 + \dfrac{d}{2r_0}}{1 - \dfrac{d}{2r_0}} \approx \frac{d}{r_0}$$

所以

$$\Phi = \frac{\mu NI}{2\pi r_0} hd = \frac{\mu NI}{l} S$$

其中 $l = 2\pi r_0$ 是磁环的周长,$S = hd$ 是磁环的横截面积。若令 $NI = e_m$(安匝数)为磁动势,$\dfrac{l}{\mu S} = R_m$ 为磁阻,则

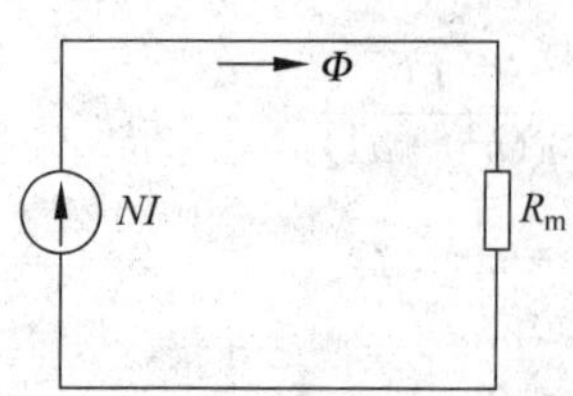

图 3.14 闭合磁路的等效回路

$$\Phi = \frac{e_m}{R_m} \tag{3.39}$$

模仿电路的概念,式(3.39)称为磁路的欧姆定律。可以画出如图 3.13 的等效回路,如图 3.14 所示。由于铁磁材料是非线性介质,磁导率是磁通密度的函数,所以由铁磁材料

构成的磁路是非线性磁路。

2. 有气隙的磁路

如果在磁环上开一个很小的切口，即磁路上有一个很窄的空气隙时，如图3.15所示。可以近似地认为B线穿过空气隙时仍然均匀地分布在$S=hd$横截面上，即铁心内的$\boldsymbol{B}$和空气隙中的$\boldsymbol{B}$相等。但是铁心内、外的$\boldsymbol{H}$不同，分别设为$\boldsymbol{H}_{\mathrm{i}}$和$\boldsymbol{H}_{\mathrm{g}}$，利用安培环路定理可以得到

$$\oint_l \boldsymbol{H}\cdot \mathrm{d}\boldsymbol{l} = H_{\mathrm{i}}\cdot(2\pi r_0 - t) + H_{\mathrm{g}}\cdot t = NI$$

上式中的t是空气隙宽度($t\ll 2\pi r_0$)，由$H_{\mathrm{i}}=\dfrac{B}{\mu}$，$H_{\mathrm{g}}=\dfrac{B}{\mu_0}$，代入上式可得

$$\frac{B}{\mu}\cdot(2\pi r_0 - t) + \frac{B}{\mu_0}\cdot t = NI$$

上式左边分子和分母同乘以$S=hd$可得

$$\Phi\cdot\left(\frac{2\pi r_0 - t}{\mu S} + \frac{t}{\mu_0 S}\right) = NI$$

因为$\dfrac{2\pi r_0 - t}{\mu S}=R_{\mathrm{mi}}$，$\dfrac{t}{\mu_0 S}=R_{\mathrm{mt}}$分别是铁心部分和空气隙部分的磁阻，所以铁心和空气隙组成了两个磁阻串联的磁路，等效回路如图3.16所示，磁路中的磁通量为

$$\Phi = \frac{e_{\mathrm{m}}}{R_{\mathrm{mi}} + R_{\mathrm{mt}}}$$

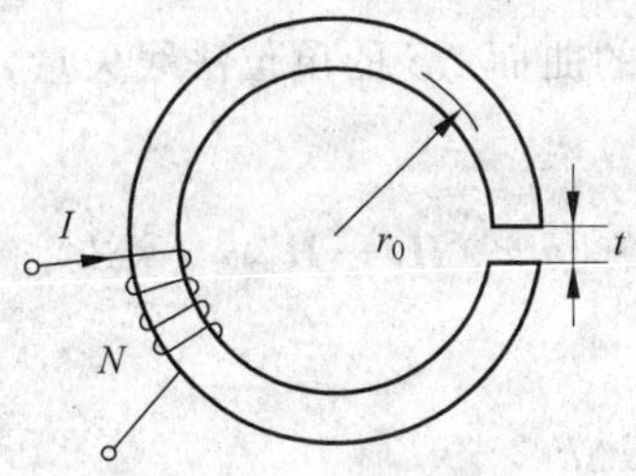

图3.15 有气隙的磁路

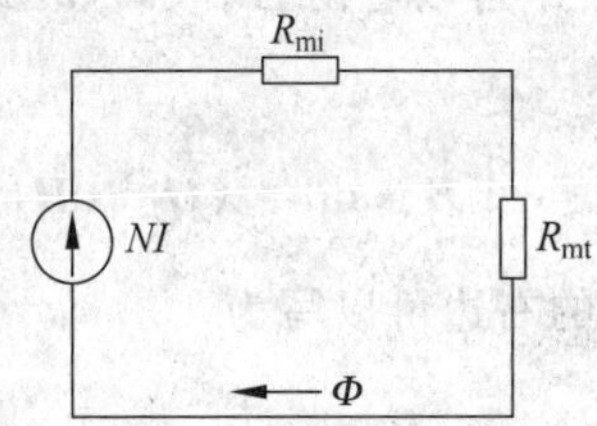

图3.16 有气隙磁路的等效回路

铁心和空气隙中的磁感应强度为

$$B = \frac{\Phi}{S} = \frac{e_{\mathrm{m}}}{S(R_{\mathrm{mi}} + R_{\mathrm{mt}})} = \frac{NI}{\dfrac{2\pi r_0 - t}{\mu} + \dfrac{t}{\mu_0}}$$

铁心和空气隙中的磁场强度分别为

$$H_{\mathrm{i}} = \frac{B}{\mu} = \frac{NI\mu_0}{2\pi r_0\mu_0 + t(\mu - \mu_0)},\quad H_{\mathrm{g}} = \frac{B}{\mu_0} = \frac{NI\mu}{2\pi r_0\mu_0 + t(\mu - \mu_0)}$$

因为$\mu\gg\mu_0$，所以$H_{\mathrm{g}}\gg H_{\mathrm{i}}$。

3.2 恒定磁场的边界条件

3.2.1 两种磁介质界面上的边界条件

1. **H** 切向分量的边界条件

图 3.17 是两种磁介质的分界面，磁导率分别是 μ_1、μ_2，两种介质中的磁场强度分别是 $\boldsymbol{H}_1$、$\boldsymbol{H}_2$，与分界面法线的夹角分别是 θ_1，θ_2，单位法线矢量 $\hat{\boldsymbol{n}}$ 由介质 2 指向介质 1。在两种磁介质的分界面上作一个极窄的矩形回路 $ABCDA$，$AB=CD=\Delta l$，$BC=DA\to 0$，如图 3.17 中所示。利用安培环路定理

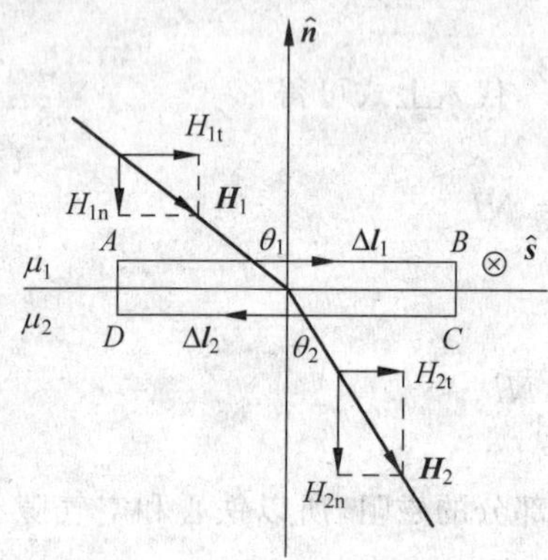

图 3.17 **H** 切向分量的边界条件

$$\oint_l \boldsymbol{H}\cdot \mathrm{d}\boldsymbol{l} = \sum_i I_{0i} \tag{3.40}$$

式(3.40)的左边可以写为

$$\oint_l \boldsymbol{H}\cdot \mathrm{d}\boldsymbol{l} = \int_{AB} \boldsymbol{H}_1\cdot \mathrm{d}\boldsymbol{l} + \int_{BC} \boldsymbol{H}\cdot \mathrm{d}\boldsymbol{l} + \int_{CD} \boldsymbol{H}_2\cdot \mathrm{d}\boldsymbol{l} + \int_{DA} \boldsymbol{H}\cdot \mathrm{d}\boldsymbol{l}$$

由于矩形回路极窄，$BC=DA\to 0$，上式中第二项和第四项积分为零，所以

$$\oint_l \boldsymbol{H}\cdot \mathrm{d}\boldsymbol{l} = \boldsymbol{H}_1\cdot \Delta\boldsymbol{l}_1 + \boldsymbol{H}_2\cdot \Delta\boldsymbol{l}_2 = (\boldsymbol{H}_1 - \boldsymbol{H}_2)\cdot \Delta\boldsymbol{l}_1$$

由图 3.17 中可以看出 $\Delta\boldsymbol{l}_1 = \hat{\boldsymbol{s}}\times\hat{\boldsymbol{n}}\Delta l$，$\hat{\boldsymbol{s}}$ 是回路包围的曲面 ΔS 的单位法线矢量，所以上式可以写为

$$\oint_l \boldsymbol{H}\cdot \mathrm{d}\boldsymbol{l} = (\boldsymbol{H}_1 - \boldsymbol{H}_2)\cdot(\hat{\boldsymbol{s}}\times\hat{\boldsymbol{n}})\Delta l = [\hat{\boldsymbol{n}}\times(\boldsymbol{H}_1 - \boldsymbol{H}_2)]\cdot\hat{\boldsymbol{s}}\Delta l \tag{3.41}$$

式(3.40)的右边可以写为

$$\sum_i I_{0i} = \boldsymbol{J}_S\cdot\hat{\boldsymbol{s}}\Delta l \tag{3.42}$$

把式(3.41)和式(3.42)代入式(3.40)可得

$$\hat{\boldsymbol{n}}\times(\boldsymbol{H}_1 - \boldsymbol{H}_2) = \boldsymbol{J}_S \tag{3.43}$$

界面上无面电流时

$$\hat{\boldsymbol{n}}\times(\boldsymbol{H}_1 - \boldsymbol{H}_2) = 0 \tag{3.44}$$

所以

$$\boldsymbol{H}_1\sin\theta_1 = \boldsymbol{H}_2\sin\theta_2$$

从图 3.17 中可以看出，上式可以写为

$$H_{1\mathrm{t}} = H_{2\mathrm{t}} \tag{3.45}$$

所以在两种磁介质的分界面上，**H** 的切向分量是连续的。

2. **B** 法向分量的边界条件

由恒定磁场的高斯定理 $\oint\!\!\!\oint_S \boldsymbol{B}\cdot \mathrm{d}\boldsymbol{S}=0$，在两种磁介质的分界面上作一个极扁的圆柱形高斯面，仿照2.2.1节中 **D** 的法向分量边界条件的推导方法可以导出

$$B_{1\mathrm{n}}=B_{2\mathrm{n}} \tag{3.46}$$

或者

$$\hat{\boldsymbol{n}}\cdot(\boldsymbol{B}_1-\boldsymbol{B}_2)=0 \tag{3.47}$$

3. **B** 线和 **H** 线在分界面的折射

仿照2.2.1节中推导(2.86)式的方法，可以导出 **B** 线和 **H** 线在分界面上发生折射的关系式

$$\frac{\tan\theta_1}{\tan\theta_2}=\frac{\mu_1}{\mu_2} \tag{3.48}$$

例 3.7 试导出介质表面磁化电流密度 $\boldsymbol{J}_{\mathrm{m}S}$ 的表达式。

解 设图3.17中介质1是真空，介质2是磁介质，介质2表面没有传导电流时，安培环路定理可以写为

$$\oint_l \boldsymbol{B}\cdot \mathrm{d}\boldsymbol{l}=\mu_0\sum_i I_{\mathrm{m}i}$$

上式右边是对环路包围的所有磁化电流求和。用与推导式(3.43)相同的方法可以导出

$$\hat{\boldsymbol{n}}\times(\boldsymbol{B}_1-\boldsymbol{B}_2)=\mu_0\boldsymbol{J}_{\mathrm{m}S} \tag{3.49}$$

由 $\boldsymbol{H}=\dfrac{\boldsymbol{B}}{\mu_0}-\boldsymbol{M}$，真空中 $\boldsymbol{B}_1=\mu_0\boldsymbol{H}_1$，介质中 $\boldsymbol{B}_2=\mu_0\boldsymbol{H}_2+\mu_0\boldsymbol{M}$ 代入式(3.49)可得

$$\hat{\boldsymbol{n}}\times\mu_0\boldsymbol{H}_1-\hat{\boldsymbol{n}}\times(\mu_0\boldsymbol{H}_2+\mu_0\boldsymbol{M})=\mu_0\boldsymbol{J}_{\mathrm{m}S}$$

由于介质2表面没有传导电流，由式(3.44) $\hat{\boldsymbol{n}}\times(\boldsymbol{H}_1-\boldsymbol{H}_2)=0$，代入上式可得

$$-\hat{\boldsymbol{n}}\times\mu_0\boldsymbol{M}=\mu_0\boldsymbol{J}_{\mathrm{m}S},\quad \boldsymbol{J}_{\mathrm{m}S}=\boldsymbol{M}\times\hat{\boldsymbol{n}}$$

3.2.2 铁磁质表面的边界条件

约定铁磁质的下标为2，另一种介质的下标为1。对于铁磁质，边界条件式(3.45)、式(3.46)和式(3.48)仍然成立。由式(3.46)

$$B_{1\mathrm{n}}=B_{2\mathrm{n}}$$

在与磁通垂直的界面上，磁感应强度 **B** 是连续的。由于 $\mu\gg\mu_0$，给定 **B**，铁磁质内的磁场强度 $H\approx 0$，由边界条件式(3.45)

$$H_{1\mathrm{t}}=H_{2\mathrm{t}}\to 0$$

所以铁磁质表面处磁力线(磁感应线)与界面垂直。

3.3 矢量磁位

3.3.1 矢量磁位 A 的引入

由$\nabla \cdot \boldsymbol{B}=0$和矢量恒等式$\nabla \cdot (\nabla \times \boldsymbol{A})=0$,$\boldsymbol{B}$可以写为

$$\boldsymbol{B} = \nabla \times \boldsymbol{A} \tag{3.50}$$

$\boldsymbol{A}$称为矢量磁位,单位是特斯拉·米或韦伯/米(T·m 或 Wb/m)。由式(3.50)定义的$\boldsymbol{A}$不是唯一的。例如,设另一矢量$\boldsymbol{A}'=\boldsymbol{A}+\nabla\psi$,$\psi$为任一标量函数,则

$$\nabla \times \boldsymbol{A}' = \nabla \times (\boldsymbol{A} + \nabla\psi) = \nabla \times \boldsymbol{A} + \nabla \times \nabla\psi = \nabla \times \boldsymbol{A} = \boldsymbol{B}$$

所以对于给定的$\boldsymbol{B}$,可引入无数个$\boldsymbol{A}$。原因是由亥姆霍兹定理,一个矢量场的性质由该矢量场的散度和旋度唯一地确定,式(3.50)只定义了矢量场$\boldsymbol{A}$的旋度,没有定义散度,所以矢量场$\boldsymbol{A}$是不确定的。为了使$\boldsymbol{A}$是唯一的,令

$$\nabla \cdot \boldsymbol{A} = 0 \tag{3.51}$$

此时

$$\nabla \cdot \boldsymbol{A}' = \nabla \cdot (\boldsymbol{A} + \nabla\psi) = \nabla \cdot \boldsymbol{A} + \nabla^2\psi = \nabla^2\psi \neq 0$$

$\boldsymbol{A}'$不满足式(3.51),使得$\boldsymbol{A}$是唯一的。所以矢量磁位$\boldsymbol{A}$是由式(3.50)和式(3.51)引入的,式(3.51)是一个附加的条件,称为库仑规范。

3.3.2 矢量磁位 A 的微分方程及其解

1. 矢量磁位 $\boldsymbol{A}$ 的微分方程

由$\nabla \times \boldsymbol{H}=\boldsymbol{J}$和$\boldsymbol{H}=\dfrac{\boldsymbol{B}}{\mu}$,可以写出

$$\nabla \times \boldsymbol{B} = \mu \boldsymbol{J}$$

把式(3.50)代入可得

$$\nabla \times \nabla \times \boldsymbol{A} = \nabla(\nabla \cdot \boldsymbol{A}) - \nabla^2 \boldsymbol{A} = \mu \boldsymbol{J}$$

利用式(3.51)可得

$$\nabla^2 \boldsymbol{A} = -\mu \boldsymbol{J} \tag{3.52}$$

所以矢量磁位$\boldsymbol{A}$满足矢量的泊松方程,求解时一般先写出分量式。例如,在直角坐标中

$$\nabla^2 A_x = -\mu J_x \tag{3.53}$$

$$\nabla^2 A_y = -\mu J_y \tag{3.54}$$

$$\nabla^2 A_z = -\mu J_z \tag{3.55}$$

2. 泊松方程的解

求解矢量磁位$\boldsymbol{A}$的泊松方程,利用类比法。静电场中电位满足的泊松方程为

$$\nabla^2 \Phi = -\frac{\rho}{\varepsilon} \tag{3.56}$$

其解为

$$\Phi = \frac{1}{4\pi\varepsilon}\iiint_V \frac{\rho \mathrm{d}V}{r} \tag{3.57}$$

对比式(3.53)和式(3.56)，对应的量为 $\Phi \to A_x$，$\frac{1}{\varepsilon} \to \mu$，$\rho \to J_x$，利用类比法可以写出

$$A_x = \frac{\mu}{4\pi}\iiint_V \frac{J_x \mathrm{d}V}{r},\quad A_y = \frac{\mu}{4\pi}\iiint_V \frac{J_y \mathrm{d}V}{r},\quad A_z = \frac{\mu}{4\pi}\iiint_V \frac{J_z \mathrm{d}V}{r}$$

$\boldsymbol{A}$ 的矢量表达式为

$$\boldsymbol{A} = \boldsymbol{e}_x A_x + \boldsymbol{e}_y A_y + \boldsymbol{e}_z A_z = \frac{\mu}{4\pi}\iiint_V \frac{\boldsymbol{J} \mathrm{d}V}{r} \tag{3.58}$$

体电流元产生的矢量磁位为

$$\mathrm{d}\boldsymbol{A} = \frac{\mu}{4\pi}\frac{\boldsymbol{J} \mathrm{d}V}{r} \tag{3.59}$$

面电流和面电流元产生的矢量磁位分别为

$$\boldsymbol{A} = \frac{\mu}{4\pi}\iint_S \frac{\boldsymbol{J}_S \mathrm{d}S}{r} \tag{3.60}$$

$$\mathrm{d}\boldsymbol{A} = \frac{\mu}{4\pi}\frac{\boldsymbol{J}_S \mathrm{d}S}{r} \tag{3.61}$$

线电流和线电流元产生的矢量磁位分别为

$$\boldsymbol{A} = \frac{\mu}{4\pi}\int_l \frac{I \mathrm{d}\boldsymbol{l}}{r} \tag{3.62}$$

$$\mathrm{d}\boldsymbol{A} = \frac{\mu}{4\pi}\frac{I \mathrm{d}\boldsymbol{l}}{r} \tag{3.63}$$

把式(3.62)与比奥-萨伐尔定律对比

$$\boldsymbol{B} = \frac{\mu}{4\pi}\int_l \frac{I \mathrm{d}\boldsymbol{l} \times \boldsymbol{e}_r}{r^2}$$

可以看出，式(3.62)中 $\boldsymbol{A}$ 与电流元 $I\mathrm{d}\boldsymbol{l}$ 同方向，计算简便，所以引入 $\boldsymbol{A}$ 可以简化磁场的计算。

3.3.3 矢量磁位 A 的边界条件

矢量磁位 $\boldsymbol{A}$ 的边界条件为

$$\boldsymbol{A}_1 = \boldsymbol{A}_2 \tag{3.64}$$

式(3.64)与 $B_{1\mathrm{n}} = B_{2\mathrm{n}}$ 等价。

$$\frac{1}{\mu_1}(\nabla \times \boldsymbol{A}_1)_{\mathrm{t}} = \frac{1}{\mu_2}(\nabla \times \boldsymbol{A}_2)_{\mathrm{t}} \tag{3.65}$$

式(3.65)与 $H_{1t}=H_{2t}$ 等价。

这两个边界条件不常用,一般是导出 **B**、**H** 后再利用边界条件。

3.3.4 利用矢量磁位A计算磁场

利用矢量磁位 **A** 计算磁场的基本方法是先由电流的分布($I,\boldsymbol{J},\boldsymbol{J}_S$)求出矢量磁位 **A**,再由 $\boldsymbol{B}=\nabla\times\boldsymbol{A}$ 求磁感应强度 **B**。

例 3.8 求长直线电流的矢量磁位 **A** 和磁感应强度 **B**。

解 设一直线电流的长度为 l,如图 3.18 所示,直线电流上任一电流元 $I\mathrm{d}z'$ 在 P 点产生的矢量磁位为

$$\mathrm{d}\boldsymbol{A}=\boldsymbol{e}_z\frac{\mu_0 I}{4\pi}\cdot\frac{\mathrm{d}z'}{\sqrt{r^2+(z-z')^2}}$$

直线电流在 P 点产生的矢量磁位为

$$\begin{aligned}\boldsymbol{A}&=\boldsymbol{e}_z\frac{\mu_0 I}{4\pi}\int_{-l/2}^{l/2}\frac{\mathrm{d}z'}{\sqrt{r^2+(z-z')^2}}\\&=\boldsymbol{e}_z\frac{\mu_0 I}{4\pi}\ln\frac{\left(\dfrac{l}{2}-z\right)+\sqrt{\left(\dfrac{l}{2}-z\right)^2+r^2}}{-\left(\dfrac{l}{2}+z\right)+\sqrt{\left(\dfrac{l}{2}+z\right)^2+r^2}}\end{aligned}$$

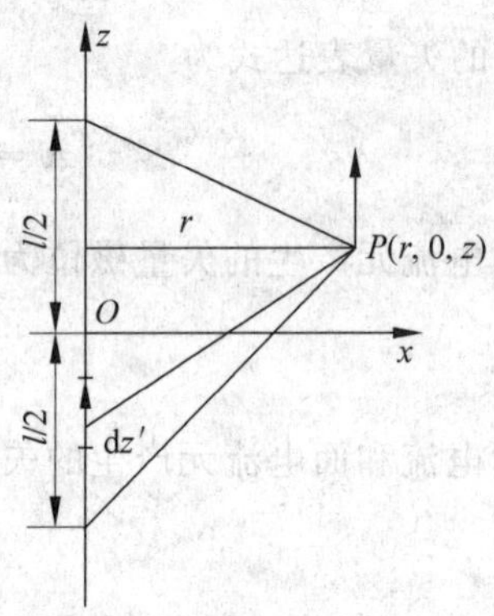

图 3.18 例 3.8 用图

$l\to\infty$ 时

$$\begin{aligned}\boldsymbol{A}&\approx\boldsymbol{e}_z\frac{\mu_0 I}{4\pi}\ln\frac{\dfrac{l}{2}+\sqrt{\left(\dfrac{l}{2}\right)^2+r^2}}{-\dfrac{l}{2}+\sqrt{\left(\dfrac{l}{2}\right)^2+r^2}}\approx\boldsymbol{e}_z\frac{\mu_0 I}{4\pi}\ln\left(\frac{l}{r}\right)^2\\&=\boldsymbol{e}_z\frac{\mu_0 I}{2\pi}\ln\frac{l}{r}\end{aligned}\tag{3.66}$$

式(3.66)的近似计算中利用了泰勒级数。如果直线电流是无限长的,则 **A** 是无限大。原因是由于直线电流延伸到无穷远处,不能选无穷远处作矢量磁位的参考点。可以把参考点选在 $r=r_0$ 处,即令

$$\boldsymbol{A}=\boldsymbol{e}_z\frac{\mu_0 I}{2\pi}\ln\frac{l}{r_0}+\boldsymbol{C}=0$$

其中 **C** 是一个常矢量,$\boldsymbol{C}=-\boldsymbol{e}_z\dfrac{\mu_0 I}{2\pi}\ln\dfrac{l}{r_0}$,在 **A** 的表达式中附加一个常矢量 **C**,不会影响 **B** 的计算。式(3.66)可以写为

$$\boldsymbol{A}=\boldsymbol{e}_z\frac{\mu_0 I}{2\pi}\ln\frac{l}{r}-\boldsymbol{e}_z\frac{\mu_0 I}{2\pi}\ln\frac{l}{r_0}=\boldsymbol{e}_z\frac{\mu_0 I}{2\pi}\ln\frac{r_0}{r}\tag{3.67}$$

无限长直线电流产生的磁感应强度为

$$\boldsymbol{B} = \nabla\times\boldsymbol{A} = -\boldsymbol{e}_\varphi \frac{\partial A_z}{\partial r} = \boldsymbol{e}_\varphi \frac{\mu_0 I}{2\pi r}$$

与利用毕奥-萨伐尔定律计算的结果式(3.34)相同。

例 3.9 半径为 a 的导线圆环载有电流 I，如图 3.19 所示，求空间 $\boldsymbol{A}$ 和 $\boldsymbol{B}$ 的分布。

解 线电流产生的矢量磁位为

$$\mathbf{A} = \frac{\mu_0}{4\pi}\oint_l \frac{I\mathrm{d}\boldsymbol{l}}{R}$$

由电流分布的对称性可以看出：① $\boldsymbol{A}$ 只有 φ 分量 $A=A_\varphi$，② A_φ 与 φ 无关(图 3.19 中在虚线所示的环路上 A_φ 处处相等)。选 $\varphi=0$ 平面上的一点 P 计算 A_φ，在导线圆环上任取一电流元 $I\mathrm{d}\boldsymbol{l}$，$P$ 点距圆环中心的距离为 r，距电流元 $I\mathrm{d}\boldsymbol{l}$ 的距离为 R，电流元 $I\mathrm{d}\boldsymbol{l}$ 在 P 点产生的矢量磁位为 $\mathrm{d}\boldsymbol{A}_1$。与电流元 $I\mathrm{d}\boldsymbol{l}$ 相对于 x 轴对称的另一个电流元 $I\mathrm{d}\boldsymbol{l}'$ 在 P 点产生的矢量磁位为 $\mathrm{d}\boldsymbol{A}_1'$，如图 3.19 所示。所以电流元 $I\mathrm{d}\boldsymbol{l}$ 和 $I\mathrm{d}\boldsymbol{l}'$ 在 P 点产生矢量磁位为 $2\mathrm{d}A\cos\varphi$，其中

$$\mathrm{d}A = \frac{\mu_0}{4\pi}\frac{I\mathrm{d}l}{R}$$

所以导线圆环在 P 点产生矢量磁位为

$$A = A_\varphi = 2\int_0^\pi \mathrm{d}A\cos\varphi = \frac{\mu_0 I}{2\pi}\int_0^\pi \frac{\mathrm{d}l\cos\varphi}{R} \tag{3.68}$$

其中

$$\mathrm{d}l = a\mathrm{d}\varphi \tag{3.69}$$

$$R = \sqrt{r^2 + a^2 - 2ra\cos\beta} \tag{3.70}$$

式中

$$\cos\beta = \frac{\boldsymbol{r}\cdot\boldsymbol{a}}{ra} \tag{3.71}$$

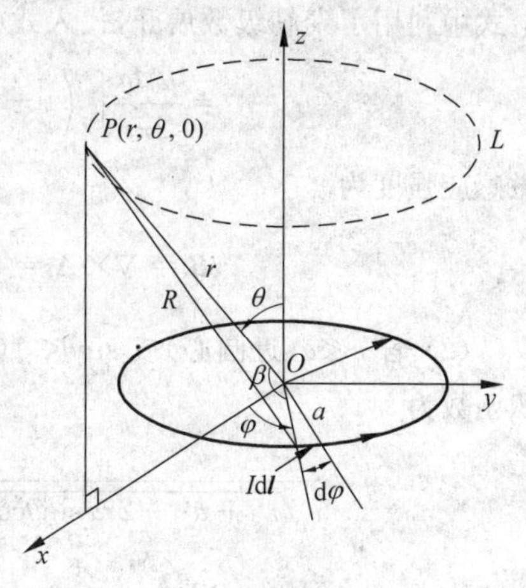

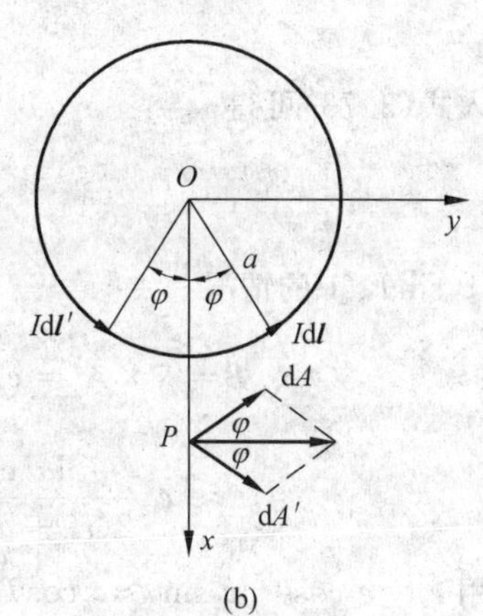

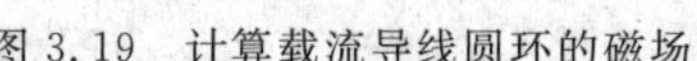
图 3.19 计算载流导线圆环的磁场

其中

$$\boldsymbol{r} = \boldsymbol{e}_x r\sin\theta + \boldsymbol{e}_z r\cos\theta,\quad \boldsymbol{a} = \boldsymbol{e}_x a\cos\varphi + \boldsymbol{e}_y a\sin\varphi$$

所以

$$\cos\beta = \frac{ra\sin\theta\cos\varphi}{ra} = \sin\theta\cos\varphi \tag{3.72}$$

把式(3.69)和式(3.72)代入式(3.68)可得

$$A_\varphi = \frac{\mu_0 Ia}{2\pi}\int_0^\pi \frac{\cos\varphi\mathrm{d}\varphi}{\sqrt{r^2 + a^2 - 2ra\sin\theta\cos\varphi}} \tag{3.73}$$

式(3.73)中的积分可以用以下几种方法求解：①变换成椭圆积分，②利用计算机作数值计算，③利用近似计算。下面利用近似计算求解。

(1) 若 $r \gg a$(远场),式(3.73)中的被积函数为

$$\frac{1}{\sqrt{r^2+a^2-2ra\sin\theta\cos\varphi}}=\frac{1}{r\sqrt{1+\dfrac{a^2}{r^2}-\dfrac{2a}{r}\sin\theta\cos\varphi}}\approx\frac{1}{r}\left(1+\frac{a}{r}\sin\theta\cos\varphi\right)$$

上式中利用了泰勒级数展开,代入式(3.73)可得

$$A_\varphi=\frac{\mu_0 Ia}{2\pi r}\int_0^\pi\left(1+\frac{a}{r}\sin\theta\cos\varphi\right)\cos\varphi\mathrm{d}\varphi=\frac{\mu_0\pi a^2 I\sin\theta}{4\pi r^2}\tag{3.74}$$

磁感应强度为

$$\boldsymbol{B}=\nabla\times\boldsymbol{A}=\boldsymbol{e}_r\frac{\mu_0\pi a^2 I}{2\pi r^3}\cos\theta+\boldsymbol{e}_\theta\frac{\mu_0\pi a^2 I}{4\pi r^3}\sin\theta\tag{3.75}$$

(2) 若 $r \ll a$(近圆心)或 $\sin\theta \ll 1$(近轴),可以证明 $r^2+a^2 \gg 2ra\sin\theta$,式(3.73)中的被积函数为

$$\frac{1}{\sqrt{r^2+a^2-2ra\sin\theta\cos\varphi}}=\frac{1}{\sqrt{r^2+a^2}}\cdot\frac{1}{\sqrt{1-\dfrac{2ra\sin\theta\cos\varphi}{r^2+a^2}}}$$

$$\approx\frac{1}{\sqrt{r^2+a^2}}\left(1+\frac{ra\sin\theta\cos\varphi}{r^2+a^2}\right)$$

代入式(3.73)可得

$$A_\varphi=\frac{\mu_0 Ia^2}{4}\frac{r\sin\theta}{(r^2+a^2)^{3/2}}$$

对于 $\sin\theta \ll 1$ 的情况

$$\boldsymbol{B}=\nabla\times\boldsymbol{A}=\boldsymbol{e}_r\frac{\mu_0 Ia^2\cos\theta}{2(r^2+a^2)^{3/2}}+\boldsymbol{e}_\theta\frac{\mu_0 Ia^2(r^2-2a^2)\sin\theta}{4(r^2+a^2)^{5/2}}$$

$$\approx\boldsymbol{e}_r\frac{\mu_0 Ia^2\cos\theta}{2(r^2+a^2)^{3/2}}$$

利用 $\boldsymbol{e}_z=\boldsymbol{e}_r\cos\theta-\boldsymbol{e}_\theta\sin\theta\approx\boldsymbol{e}_r\cos\theta$ 和 $r\approx z$,所以

$$\boldsymbol{B}=\boldsymbol{e}_z\frac{\mu_0 Ia^2}{2(z^2+a^2)^{3/2}}$$

对于 $r \ll a$ 的情况

$$A_\varphi=\frac{\mu_0 Ir\sin\theta}{4a}$$

$$\boldsymbol{B}=\nabla\times\boldsymbol{A}=\frac{\mu_0 I}{2a}(\boldsymbol{e}_r\cos\theta-\boldsymbol{e}_\theta\sin\theta)=\boldsymbol{e}_z\frac{\mu_0 I}{2a}$$

例 3.10 空间有一电流分布,$\boldsymbol{J}=J_0 r\boldsymbol{e}_z(r\leqslant a)$,求空间任一点的矢量磁位 $\boldsymbol{A}$ 和磁感应强度 $\boldsymbol{B}$。

解 可以利用直接积分法先求出矢量磁位 $\boldsymbol{A}$,然后求磁感应强度 $\boldsymbol{B}$。因为 $\boldsymbol{J}$ 只有 $\boldsymbol{e}_z$ 分量,所以 $\boldsymbol{A}$ 也只有 $\boldsymbol{e}_z$ 分量。由于电流分布的轴对称性,$\boldsymbol{A}$ 只与坐标 r 有关。设 $r<a$ 的

区域内矢量磁位为$\boldsymbol{A}_1$，$r>a$的区域内矢量磁位为$\boldsymbol{A}_2$，则$\boldsymbol{A}_1$、$\boldsymbol{A}_2$分别满足一维的泊松方程和拉普拉斯方程

$$\nabla^2 A_{1z} = \frac{1}{r}\frac{\partial}{\partial r}\left(r\frac{\partial A_{1z}}{\partial r}\right) = -\mu_0 J_0 r, \quad r<a \tag{3.76}$$

$$\nabla^2 A_{2z} = \frac{1}{r}\frac{\partial}{\partial r}\left(r\frac{\partial A_{2z}}{\partial r}\right) = 0, \quad r>a \tag{3.77}$$

对式(3.76)、式(3.77)分别积分2次可得

$$A_{1z} = -\frac{\mu_0 J_0}{9}r^3 + C_1 \ln r + C_2 \tag{3.78}$$

$$A_{2z} = D_1 \ln r + D_2 \tag{3.79}$$

$r<a$区域内的磁感应强度为

$$\boldsymbol{B}_1 = \nabla\times\boldsymbol{A}_1 = -\boldsymbol{e}_\varphi\frac{\partial A_{1z}}{\partial r} = \boldsymbol{e}_\varphi\left(\frac{1}{3}\mu_0 J_0 r^2 - \frac{C_1}{r}\right)$$

因为$r=0$时，$\boldsymbol{B}_1$的数值是有限的，所以$C_1=0$，即

$$\boldsymbol{B}_1 = \boldsymbol{e}_\varphi\frac{1}{3}\mu_0 J_0 r^2, \quad r<a$$

$r>a$区域内的磁感应强度为

$$\boldsymbol{B}_2 = \nabla\times\boldsymbol{A}_2 = -\boldsymbol{e}_\varphi\frac{\partial A_{2z}}{\partial r} = -\boldsymbol{e}_\varphi\frac{D_1}{r}$$

由边界条件$r=a$时，$H_{1t}=H_{2t}$，即$\left.\frac{B_1}{\mu_0}\right|_{r=a} = \left.\frac{B_2}{\mu_0}\right|_{r=a}$，所以$D_1=-\frac{1}{3}\mu_0 J_0 a^3$，代入上式可得

$$\boldsymbol{B}_2 = \boldsymbol{e}_\varphi\frac{\mu_0 J_0 a^3}{3r}, \quad r>a$$

把C_1、D_1代入式(3.78)、式(3.79)可得

$$A_{1z} = -\frac{\mu_0 J_0}{9}r^3 + C_2, \quad A_{2z} = -\frac{\mu_0 J_0}{3}a^3 \ln r + D_2$$

其中C_2、D_2与参考点的选取有关。

3.3.5 磁偶极子及其磁场

如果场点到线圈的距离$r\gg$线圈的线度，任意形状的平面载流线圈可以称为磁偶极子，如图3.20所示。磁偶极子的磁矩定义为

$$\boldsymbol{p}_{\mathrm{m}} = I\boldsymbol{S} \tag{3.80}$$

其中，I是线圈中的电流；$\boldsymbol{S}$是线圈的面积。I与$\boldsymbol{S}$构成右手关系。下面计算磁偶极子的磁场，由

$$\boldsymbol{A} = \frac{\mu_0}{4\pi}\oint_{l'}\frac{I\mathrm{d}\boldsymbol{l}'}{R} \tag{3.81}$$

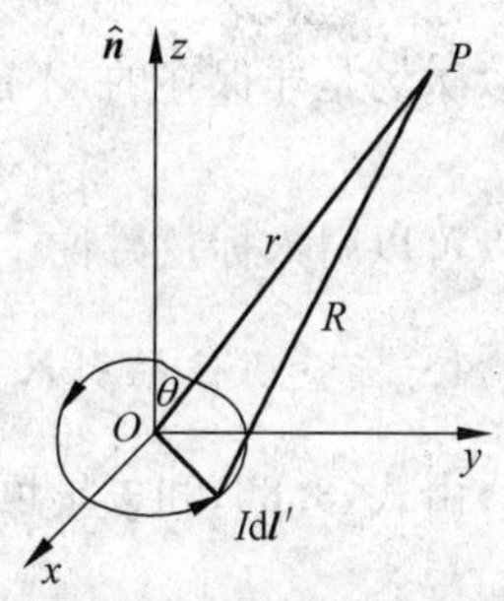

图3.20 计算磁偶极子的磁场

利用矢量恒等式

$$\oint_l \psi \mathrm{d}\boldsymbol{l} = \iint_S \hat{\boldsymbol{n}} \times \nabla\psi \mathrm{d}S$$

式(3.81)可以写为

$$\boldsymbol{A} = \frac{\mu_0 I}{4\pi}\iint_{S'} \hat{\boldsymbol{n}} \times \nabla'\left(\frac{1}{R}\right)\mathrm{d}S'$$

利用矢量等式$\nabla'\dfrac{1}{R}=\dfrac{\boldsymbol{e}_R}{R^2}$,由于$r\gg$线圈的线度,所以$R\approx r$,$\boldsymbol{e}_R\approx\boldsymbol{e}_r$,可得

$$\boldsymbol{A} \approx \frac{\mu_0 I}{4\pi}\iint_{S'} \hat{\boldsymbol{n}} \times \left(\frac{\boldsymbol{e}_r}{r^2}\right)\mathrm{d}S' = \frac{\mu_0 I}{4\pi r^2}\iint_{S'} \hat{\boldsymbol{n}} \times \boldsymbol{e}_r \mathrm{d}S'$$

由于$\hat{\boldsymbol{n}}\times\boldsymbol{e}_r=\sin\theta\boldsymbol{e}_\varphi$,可提出积分号,所以

$$\boldsymbol{A} = \boldsymbol{e}_\varphi \frac{\mu_0 I}{4\pi r^2}\sin\theta \cdot S \tag{3.82}$$

磁感应强度为

$$\boldsymbol{B} = \nabla\times\boldsymbol{A} = \boldsymbol{e}_r \frac{\mu_0 IS}{2\pi r^3}\cos\theta + \boldsymbol{e}_\theta \frac{\mu_0 IS}{4\pi r^3}\sin\theta \tag{3.83}$$

把$\boldsymbol{p}_{\mathrm{m}}=I\boldsymbol{S}$代入式(3.82)和式(3.83)可得

$$\boldsymbol{A} = \frac{\mu_0}{4\pi}\frac{\boldsymbol{p}_{\mathrm{m}}\times\boldsymbol{e}_r}{r^2} \tag{3.84}$$

$$\boldsymbol{B} = \frac{\mu_0 p_{\mathrm{m}}}{4\pi r^3}(\boldsymbol{e}_r 2\cos\theta + \boldsymbol{e}_\theta\sin\theta) \tag{3.85}$$

可以看出磁偶极子在远区产生的$\boldsymbol{A}$、$\boldsymbol{B}$仅与$\boldsymbol{p}_{\mathrm{m}}$、$\boldsymbol{r}$有关,与回路的形状无关。把式(3.85)与第2章式(2.39)对比,可以发现电场和磁场有一定的对偶性。

3.4 标量磁位

在静电场中,引入了电位$\Phi(\boldsymbol{E}=-\nabla\Phi)$,$\Phi$是标量,引入$\Phi$使电场的分析计算简化,恒定磁场中能不能引入标量磁位呢?一般情况下

$$\oint_l \boldsymbol{H}\cdot\mathrm{d}\boldsymbol{l} = \sum_i I_{0i} \neq 0 \quad 或 \quad \nabla\times\boldsymbol{H} = \boldsymbol{J} \neq 0$$

所以磁场是非保守的,不能引入标量磁位。但是在没有电流分布的区域内

$$\boldsymbol{J} = 0, \quad \nabla\times\boldsymbol{H} = 0 \tag{3.86}$$

所以可以引入标量磁位。

1. 标量磁位的引入

由式(3.86)和矢量恒等式$\nabla\times\nabla\Phi=0$,$\boldsymbol{H}$可以写为

$$\boldsymbol{H} = -\nabla\Phi_{\mathrm{m}} \tag{3.87}$$

Φ_{m}称为标量磁位,负号表示$\boldsymbol{H}$的方向,Φ_{m}的单位是安培(A)。空间Φ_{m}相等的各点构成

曲面称为等磁位面，方程为$\Phi_m(x,y,z)=C$，等磁位面与$\boldsymbol{H}$线处处正交。

2. 标量磁位的微分方程

由$\nabla\cdot\boldsymbol{B}=0$和$\boldsymbol{B}=\mu\boldsymbol{H}$，$\boldsymbol{H}=-\nabla\Phi_m$，所以

$$\nabla\cdot\boldsymbol{B}=\nabla\cdot(-\mu\nabla\Phi_m)=-\mu\nabla^2\Phi_m=0$$

可以得到

$$\nabla^2\Phi_m=0 \tag{3.88}$$

所以标量磁位满足拉普拉斯方程。

3. 标量磁位Φ_m的边界条件

用与讨论电位Φ边界条件类似的方法可以导出标量磁位的边界条件

$$\Phi_{m1}=\Phi_{m2} \tag{3.89}$$

$$\mu_1\frac{\partial\Phi_{m1}}{\partial n}=\mu_2\frac{\partial\Phi_{m2}}{\partial n} \tag{3.90}$$

式(3.89)与边界条件$H_{1t}=H_{2t}$等价，式(3.90)与边界条件$B_{1n}=B_{2n}$等价。

4. 标量磁位Φ_m的计算

计算标量磁位，一般是在给定的边界条件下求解$\nabla^2\Phi_m=0$，在第4章中将详细介绍。

3.5 电感

3.5.1 自感系数和互感系数

一个线圈中通入电流I，它所产生的穿过线圈本身的磁链与线圈中的电流成正比，比例系数称为自感系数，可以表示为

$$\Psi_L=LI \tag{3.91}$$

L称为自感系数，单位是亨(H)。对于单匝线圈，穿过线圈的磁链与磁通相等；对于密绕的多匝线圈，如果无漏磁，则

$$\Psi_L=\sum_i\Phi_i \tag{3.92}$$

线圈1中通入电流I_1，它所产生的穿过线圈2的磁链与线圈1中的电流成正比，比例系数称为互感系数，可以表示为

$$\Psi_{12}=M_{12}I_1 \tag{3.93}$$

M_{12}为互感系数，单位也是亨(H)。也可以用线圈2中通入电流I_2所产生的穿过线圈1的磁链定义互感系数

$$\Psi_{21}=M_{21}I_2 \tag{3.94}$$

后面将会证明$M_{12}=M_{21}=M$。自感系数L只与线圈的大小、形状、匝数及周围的介质等因素有关，互感系数M只与两线圈的大小、形状、匝数、周围的介质及相对位置有关。

3.5.2 M和L的计算

1. 利用定义式计算

利用定义式计算自感系数的思路为，由

$$I \to \Psi_L \to L = \frac{\Psi_L}{I}$$

即由线圈中通入的电流 I，求出所产生的穿过线圈本身的磁链 Ψ_L，进而求出自感系数。

利用定义式计算互感系数的思路为

$$I_1 \to \Psi_{12} \to M = \frac{\Psi_{12}}{I_1} \quad 或 \quad I_2 \to \Psi_{21} \to M = \frac{\Psi_{21}}{I_2}$$

即由线圈 1(或线圈 2)中通入的电流 I_1(或 I_2)，计算所产生的穿过线圈 2(或线圈 1)的磁链 Ψ_{12}(Ψ_{21})，进而求出互感系数，可以根据问题中的条件选择简便的方法。

2. 利用矢量磁位 $\boldsymbol{A}$ 计算 L 和 M

1) 利用矢量磁位 $\boldsymbol{A}$ 计算磁通量

穿过曲面 S 的磁通量为

$$\Phi = \iint_S \boldsymbol{B} \cdot \mathrm{d}\boldsymbol{S} \tag{3.95}$$

把 $\boldsymbol{B}=\nabla\times\boldsymbol{A}$ 代入式(3.95)

$$\Phi = \iint_S (\nabla\times\boldsymbol{A}) \cdot \mathrm{d}\boldsymbol{S} = \oint_l \boldsymbol{A} \cdot \mathrm{d}\boldsymbol{l} \tag{3.96}$$

其中 L 是曲面 S 的边界，式(3.96)提供了一种利用矢量磁位计算磁通量的方法。

2) 利用矢量磁位 $\boldsymbol{A}$ 计算互感系数 M

如图 3.21 所示，l_1、l_2 是两个载有电流的回路，首先计算 l_1 中的电流 I_1 产生的穿过回路 l_2 的磁链。设 $I_1\mathrm{d}\boldsymbol{l}_1$ 是回路 l_1 上的任一电流元、$\mathrm{d}\boldsymbol{l}_2$ 是回路 l_2 上的任一线元，回路 l_1 中的电流 I_1 在 $\mathrm{d}\boldsymbol{l}_2$ 处产生的矢量磁位为

$$\boldsymbol{A}_{12} = \frac{\mu_0}{4\pi}\oint_{l_1} \frac{I_1\mathrm{d}\boldsymbol{l}_1}{r}$$

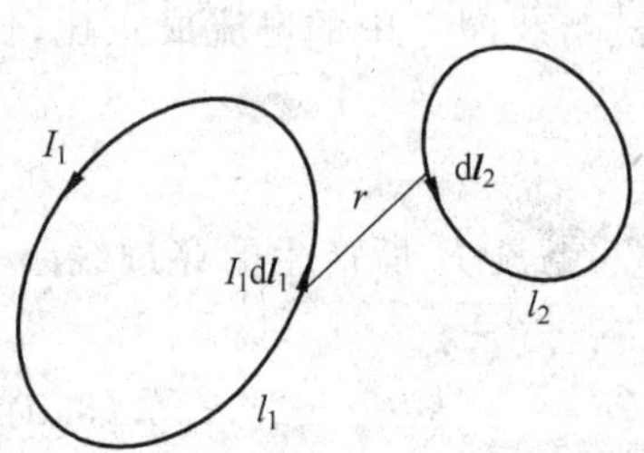

图 3.21 计算互感系数

电流 I_1 产生的穿过回路 l_2 的互感磁链为

$$\Psi_{12} = \Phi_{12} = \oint_{l_2} \boldsymbol{A}_{12} \cdot \mathrm{d}\boldsymbol{l}_2 = \frac{\mu_0 I_1}{4\pi}\oint_{l_2}\oint_{l_1} \frac{\mathrm{d}\boldsymbol{l}_1 \cdot \mathrm{d}\boldsymbol{l}_2}{r}$$

两回路间的互感系数为

$$M_{12} = \frac{\Psi_{12}}{I_1} = \frac{\mu_0}{4\pi}\oint_{l_2}\oint_{l_1} \frac{\mathrm{d}\boldsymbol{l}_1 \cdot \mathrm{d}\boldsymbol{l}_2}{r} \tag{3.97}$$

式(3.97)称为诺伊曼公式。当然也可以首先计算 l_2 中的电流 I_2 产生的穿过回路 l_1 的磁链，进而计算两回路

间的互感系数，结果为

$$M_{21}=\frac{\Psi_{21}}{I_2}=\frac{\mu_0}{4\pi}\oint_{l_1}\oint_{l_2}\frac{\mathrm{d}\boldsymbol{l}_2\cdot\mathrm{d}\boldsymbol{l}_1}{r} \tag{3.98}$$

比较式(3.97)和式(3.98)就可以证明 $M_{12}=M_{21}=M$。

若回路 l_1、l_2 的匝数分别为 N_1、N_2，很容易导出两回路间的互感系数为

$$M=N_1\cdot N_2\cdot\frac{\mu_0}{4\pi}\oint_{l_1}\oint_{l_2}\frac{\mathrm{d}\boldsymbol{l}_1\cdot\mathrm{d}\boldsymbol{l}_2}{r} \tag{3.99}$$

3）利用矢量磁位 **A** 计算自感系数 L

图 3.22 是一个单匝线圈，l_1 是线圈的中心线，l_2 是线圈的内侧边线，可认为电流沿中心线流动，l_1 上的电流在 l_2 上某一点产生矢量磁位为

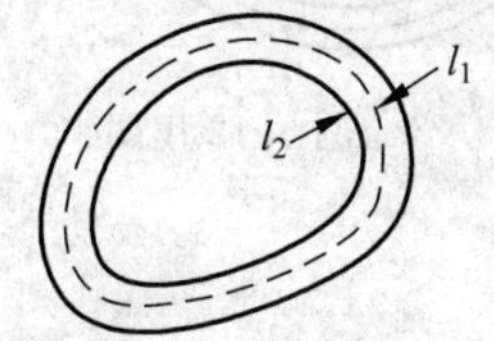

图 3.22 计算自感系数

$$\boldsymbol{A}=\frac{\mu_0}{4\pi}\oint_{l_1}\frac{I\mathrm{d}\boldsymbol{l}_1}{r}$$

线圈中电流产生的穿过线本身的磁链(即 l_1 上的电流产生的穿过 l_2 的磁链)为

$$\Psi_L=\Phi_L=\oint_{l_2}\boldsymbol{A}\cdot\mathrm{d}\boldsymbol{l}_2=\frac{\mu_0 I}{4\pi}\oint_{l_2}\oint_{l_1}\frac{\mathrm{d}\boldsymbol{l}_1\cdot\mathrm{d}\boldsymbol{l}_2}{r}$$

单匝线圈的自感系数为

$$L=\frac{\Psi_L}{I}=\frac{\mu_0}{4\pi}\oint_{l_2}\oint_{l_1}\frac{\mathrm{d}\boldsymbol{l}_1\cdot\mathrm{d}\boldsymbol{l}_2}{r} \tag{3.100}$$

对于 N 匝密绕线圈，自感系数为

$$L=N^2\frac{\mu_0}{4\pi}\oint_{l_2}\oint_{l_1}\frac{\mathrm{d}\boldsymbol{l}_1\cdot\mathrm{d}\boldsymbol{l}_2}{r} \tag{3.101}$$

例 3.11 设双线传输线间的距离为 D，导线的半径为 $a(D\gg a)$，如图 3.23 所示，求单位长度的自感。

图 3.23 求双线传输线间的自感

解 设导线中的电流为 $\pm I$，在两导线构成的平面上 x 处，两导线产生的磁感应强度方向相同，总的磁感应强度为

$$B=\frac{\mu_0 I}{2\pi}\left(\frac{1}{x}+\frac{1}{D-x}\right)$$

两导线间单位长度的磁链为

$$\Psi=\int_a^{D-a}\frac{\mu_0 I}{2\pi}\left(\frac{1}{x}+\frac{1}{D-x}\right)\mathrm{d}x=\frac{\mu_0 I}{\pi}\ln\frac{D-a}{a}\approx\frac{\mu_0 I}{\pi}\ln\frac{D}{a}$$

双线传输线单位长度的自感为

$$L_0=\frac{\Psi}{I}=\frac{\mu_0}{\pi}\ln\frac{D}{a} \tag{3.102}$$

例 3.12 一个单匝线圈的圆形横截面的半径为 a，线圈的平均半径为 R，求单匝线圈的自感。

解 在线圈的中心轴线上取一个线元 $\mathrm{d}\boldsymbol{l}_1=R\mathrm{d}\alpha$，在线圈的内侧边线上取一个线元 $\mathrm{d}\boldsymbol{l}_2=(R-a)\mathrm{d}\theta$，两线元之间的距离 $r=\sqrt{R^2+(R-a)^2-2R(R-a)\cos\alpha}$，如图 3.24 所示，代入(3.100)式可得

$$L=\frac{\mu_0}{4\pi}\oint_{l_2}\oint_{l_1}\frac{\mathrm{d}\boldsymbol{l}_1\cdot\mathrm{d}\boldsymbol{l}_2}{r}=\frac{\mu_0}{4\pi}\oint_{l_2}\oint_{l_1}\frac{\cos\alpha\mathrm{d}l_1\mathrm{d}l_2}{r}$$

$$=\frac{\mu_0}{4\pi}\int_0^{2\pi}\int_0^{2\pi}\frac{R(R-a)\cos\alpha\mathrm{d}\theta\mathrm{d}\alpha}{\sqrt{R^2+(R-a)^2-2R(R-a)\cos\alpha}} \tag{3.103}$$

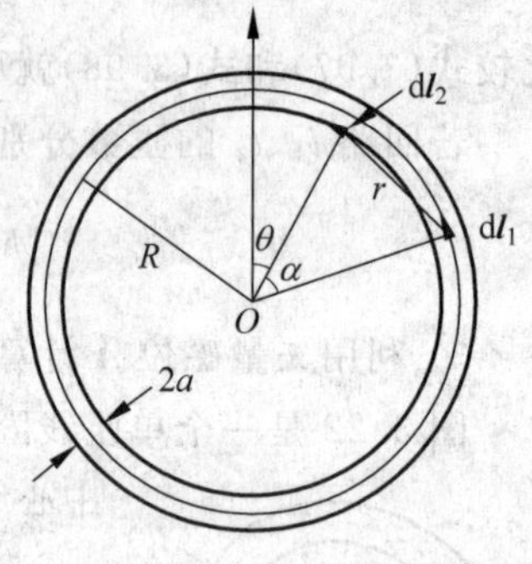

图 3.24 例 3.12 用图

给定导线的半径 a 和线圈的平均半径 R，由(3.103)式利用近似计算或数值方法可以计算一个单匝圆线圈的自感系数。

例 3.13 两个平行且共轴的单匝圆线圈，一个半径为 a，另一个半径为 b，求两个线圈间的互感。

解 由式(3.97)，两线圈间的互感为

$$M=\frac{\mu_0}{4\pi}\oint_{l_2}\oint_{l_1}\frac{\mathrm{d}\boldsymbol{l}_1\cdot\mathrm{d}\boldsymbol{l}_2}{r} \tag{3.104}$$

在两线圈上分别取线元 $\mathrm{d}\boldsymbol{l}_1$、$\mathrm{d}\boldsymbol{l}_2$，相距 r，从 $\mathrm{d}\boldsymbol{l}_2$ 向大线圈平面作垂线 d，r 在大环平面上的投影为 r_1，如图 3.25 所示，可以算出

$$r=\sqrt{d^2+r_1^2},\quad r_1^2=a^2+b^2-2ab\cos\theta$$
$$\mathrm{d}\boldsymbol{l}_1=b\mathrm{d}\psi,\quad \mathrm{d}\boldsymbol{l}_2=a\mathrm{d}\theta$$
$$\mathrm{d}\boldsymbol{l}_1\cdot\mathrm{d}\boldsymbol{l}_2=ab\cos\theta\mathrm{d}\psi\mathrm{d}\theta$$

代入式(3.104)可得

$$M=\frac{\mu_0}{4\pi}\int_0^{2\pi}\int_0^{2\pi}\frac{ab\,\mathrm{d}\psi\mathrm{d}\theta\cos\theta}{(d^2+a^2+b^2-2ab\cos\theta)^{1/2}}$$
$$=\frac{\mu_0 ab}{2}\int_0^{2\pi}\frac{\cos\theta\mathrm{d}\theta}{(d^2+a^2+b^2-2ab\cos\theta)^{1/2}} \tag{3.105}$$

与例 3.9 中的方法类似，式(3.105)中的积分可以用以下几种方法求解：① 变换成椭圆积分，② 利用计算机作数值计算，③ 利用近似计算。下面利用近似计算求解 $a\ll d$ 的情

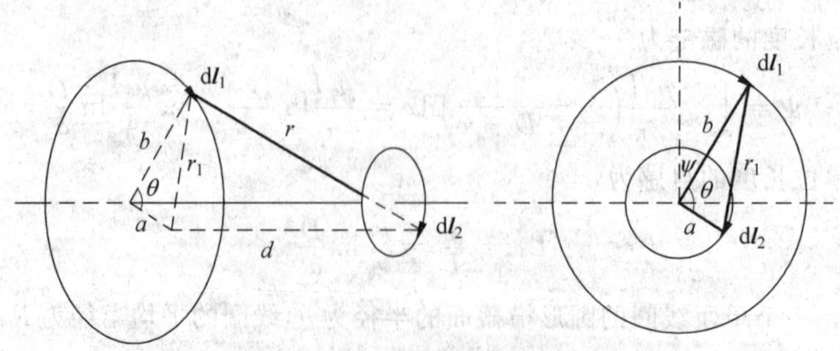

图 3.25 计算两个平行且共轴的圆线圈间的互感

况，式(3.105)中的被积函数为

$$\frac{1}{\sqrt{d^2+a^2+b^2-2ab\cos\theta}} \approx \frac{1}{\sqrt{(d^2+b^2-2ab\cos\theta)}}$$

$$\approx \frac{1}{\sqrt{d^2+b^2}}\left(1+\frac{ab\cos\theta}{d^2+b^2}\right)$$

上式中利用了泰勒级数展开，代入式(3.105)可得

$$M=\frac{\mu_0\pi a^2 b^2}{2(b^2+d^2)^{3/2}}$$

3. 内自感

在式(3.91)中由 $\psi_L=LI$ 定义了自感系数，由导线外部的磁链定义的自感称为外自感，由导线内部的磁链定义的自感称为内自感。前面讨论的都是外自感，下面通过一个例题介绍内自感。

例 3.14 半径为 a，长度为 l 的长直圆导线，求内自感。

解 设导线载有电流 I，电流在横截面上均匀分布，电流 I 和磁感应强度 $\boldsymbol{B}$ 的方向如图 3.26 所示，利用安培环路定理可以计算导线内磁感应强度 $\boldsymbol{B}$ 的分布

$$\oint_l \boldsymbol{B}_{\mathrm{i}}\cdot \mathrm{d}\boldsymbol{l}=\mu_0\sum_i I_i,\quad B_{\mathrm{i}}\cdot 2\pi r=\mu_0\frac{I}{\pi a^2}\cdot\pi r^2$$

$$B_{\mathrm{i}}=\frac{\mu_0 Ir}{2\pi a^2}$$

在与 $\boldsymbol{B}$ 垂直的横截面上，穿过图 3.26 中一个窄条的磁通量为

$$\mathrm{d}\Phi_{\mathrm{i}}=B_{\mathrm{i}}\mathrm{d}S=\frac{\mu_0 Ir}{2\pi a^2}l\mathrm{d}r$$

下面求穿过这个窄条的磁链 $\mathrm{d}\Psi_{\mathrm{i}}$，从图 3.26 中可以看出，$\mathrm{d}\Phi_{\mathrm{i}}$ 只环绕一部分电流

$$I'=\frac{I}{\pi a^2}\cdot\pi r^2=I\frac{r^2}{a^2}$$

若 $\mathrm{d}\Phi_{\mathrm{i}}$ 环绕全部电流 I，则 $\mathrm{d}\Psi_{\mathrm{i}}=\mathrm{d}\Phi_{\mathrm{i}}$；若 $\mathrm{d}\Phi_{\mathrm{i}}$ 环绕部分电流 I'，则 $\mathrm{d}\Psi_{\mathrm{i}}=\frac{\mathrm{d}\Phi_{\mathrm{i}}}{I}\cdot I'$，所以穿过这个窄条的磁链 $\mathrm{d}\Psi_{\mathrm{i}}$ 为

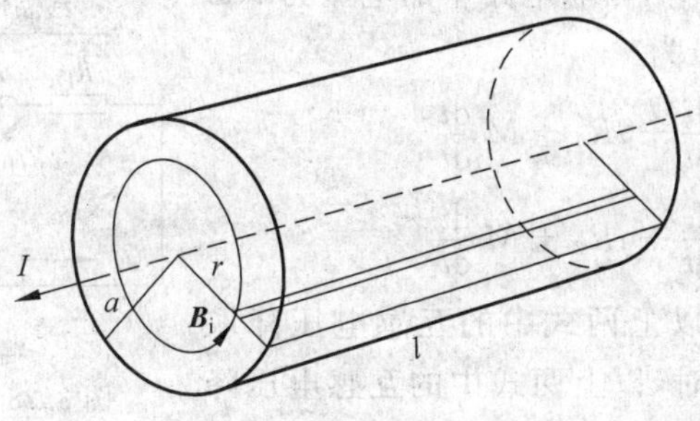

图 3.26 计算内自感

$$d\Psi_i = \frac{r^2}{a^2} d\Phi_i = \frac{\mu_0 I r^3}{2\pi a^4} l dr$$

这段导线的内磁链为

$$\Psi_i = \frac{\mu_0 I l}{2\pi a^4} \int_0^a r^3 dr = \frac{\mu_0 I l}{8\pi}$$

内自感为

$$L_i = \frac{\Psi_i}{I} = \frac{\mu_0 l}{8\pi} \tag{3.106}$$

可以看出导线的内自感仅与导线的长度 l 有关,与导线的半径 a 无关。

4. 电感的串联和并联

两个电感线圈可以串联或并联使用。如果两个串联线圈产生的磁通方向相同称为**串联相加**,如图 3.27(a)所示;如果两个串联线圈产生的磁通方向相反称为**串联相反**,如图 3.27(b)所示;如果两个线圈产生的磁通互相垂直,两个线圈之间的互感为零。同理,可以定义两个并联电感线圈的**并联相加**和**并联相反**。

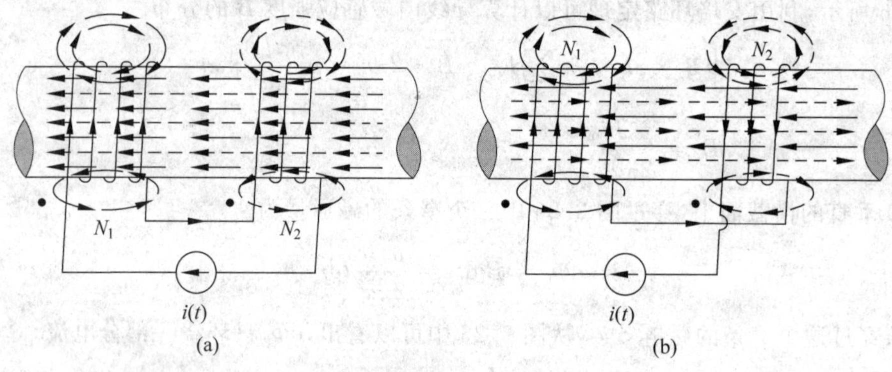

图 3.27 串联相加和串联相反

1) 电感的串联

图 3.28 是两个电感线圈串联的电路,设两个线圈的自感系数分别为 L_1、L_2,内阻分别为 R_1、R_2,互感系数为 M,串联电路中的电流为 $i(t)$ 时,每个线圈两端的电压为

$$u_1 = L_1 \frac{di}{dt} + iR_1 \pm M \frac{di}{dt}$$

$$u_2 = L_2 \frac{di}{dt} + iR_2 \pm M \frac{di}{dt}$$

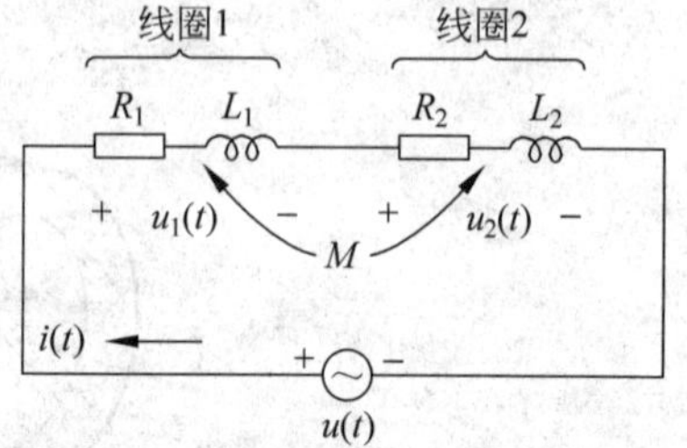

图 3.28 两个电感线圈串联

两个线圈串联相加时,以上两式中的互感电压降取正;两个线圈串联相反时,以上两式中的互感电压降取负。两个线圈两端的电压为

$$u = (L_1 + L_2 \pm 2M)\frac{\mathrm{d}i}{\mathrm{d}t} + i(R_1 + R_2)$$

设 L 为两线圈串联的等效电感，R 为两线圈串联的等效电阻，则

$$L = L_1 + L_2 \pm 2M \tag{3.107}$$

$$R = R_1 + R_2 \tag{3.108}$$

为了判别电路中的电感线圈产生的磁通方向是相加还是相反，一般是在线圈的某一端标一个点（·）来识别，如图 3.27 所示。若两个线圈的电流都是从有标示点的一端流出（或流入），则磁通相加，反之则磁通相反。

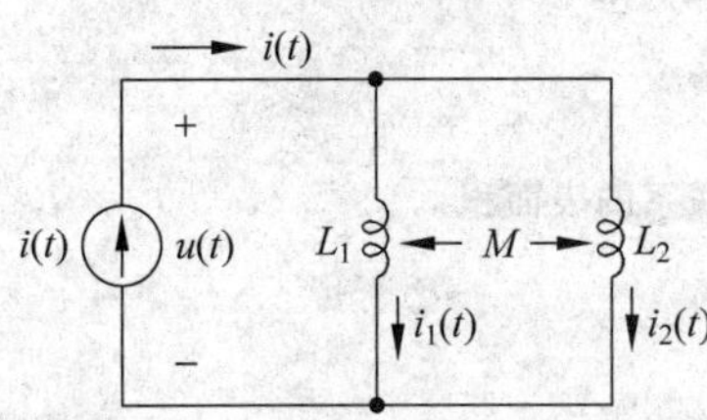

图 3.29　两个电感线圈并联

2) 电感的并联

两个电感线圈并联，如图 3.29 所示，利用与导出式(3.107)类似的方法可以得到两个电感线圈并联的等效电感为

$$L = \frac{L_1 L_2 - M^2}{L_1 + L_2 \pm 2M} \tag{3.109}$$

两个电感线圈并联相加时，式(3.109)分母中取负；两个电感线圈并联相反时，式(3.109)分母中取正。

3.5.3　部分电感

利用 3.5.2 节中介绍的方法，可以计算导体回路的电感。但是常常需要计算导体回路中某一部分电路的电感，例如，需要确定接地导体的电感以计算接地噪声电压。或者需要确定印刷电路板(PCB)上电源迹线的电感，从而确定当一块集成电路板(IC)状态转换并且产生大的瞬态电流时所出现的电压降的大小。利用部分电感的理论可以确定回路中每一部分的电感。

1. 部分自电感

用式(3.91)计算部分电感时，要在线圈表面上对磁通密度求和确定磁链的值，理解部分电感最重要的是要能确定这个表面积。

对于一个载流导体上的某一段，计算部分自电感的磁通面积，是以这段导体为一个边界，另一边是无穷远，另外两边是与导体段垂直的两条直线，如图 3.30 所示。

穿过图 3.30 所示的表面积的磁通量等于

$$\phi = \int_S \boldsymbol{B} \cdot \mathrm{d}S \tag{3.110}$$

因此，一个长为 l、半径为 r_1 的导体段的部分自电感可以写为

$$L = \frac{\mu_0 l}{2\pi}\int_{r_1}^{\infty} \frac{1}{r}\mathrm{d}r \tag{3.111}$$

由于是无穷上限的积分，式(3.111)不能直接算出。然而因为磁通密度 $\boldsymbol{B}$ 等于矢量磁位 $\boldsymbol{A}$ 的旋度 $\boldsymbol{B} = \nabla \times \boldsymbol{A}$，应用 Stokes 定理，式(3.111)在表面积上的积分可以转换为矢量磁

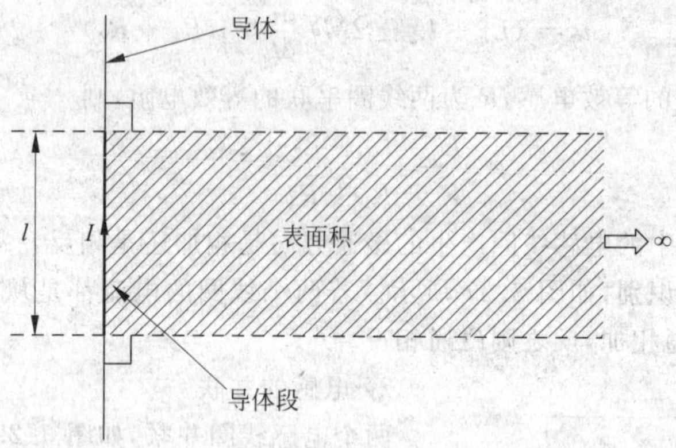

图 3.30　与导体的一段的部分电感相联系的表面积

位 **A** 在这个表面的边界 C 上的线积分，所以

$$\phi = \int_S \boldsymbol{B} \cdot \mathrm{d}\boldsymbol{S} = \int_C \boldsymbol{A} \cdot \mathrm{d}\boldsymbol{l} \tag{3.112}$$

这个表面的边界有四条边：一条边沿着导线，两条边与导线垂直，另一条平行于导体位在无穷远处，如图 3.30 所示。

由于矢量磁位 **A** 在无穷远处等于零，所以沿无穷远处那条边的积分为零。与导线垂直的两条边与矢量磁位 **A** 垂直，因此，沿这条两边的线积分也等于零。所以，沿这个表面边界的积分就简化为仅在与导线相邻的表面的那条边从 a 点到 b 点的线积分。因此，式(3.112)简化为

$$\phi = \int_a^b \boldsymbol{A} \cdot \mathrm{d}\boldsymbol{l} \tag{3.113}$$

这个积分是有限的。对于一个长为 l、半径为 r_1 的圆导体段，部分自电感为

$$L = \frac{\mu_0 l}{2\pi}\left(\ln \frac{2l}{r_1} - 1\right) \tag{3.114}$$

2. 部分互电感

两段任意导体之间的部分互电感可以用与前面计算导体的部分自电感相似的方法来确定。部分互感磁通量的面积：一条边是导体段 2，另一条边在无穷远处，剩余的两条边是与导体段 1 垂直的两条直线，如图 3.31 所示。

图 3.31 表示与两个共面、不平行的导体段相关的部分互感的通量面积。两导体段共面不是必需的，但是如果共面，分析会简化。

考虑如图 3.32 所示两共面、平行的导体段的情况，间距为 D。计算电流 I_1 产生的穿过部分互感表面积(导体 2 和无穷远之间的平面)的通量，除以电流 I_1，得出两导体段之间的部分互感为

$$M = \frac{\mu_0 l}{2\pi}\int_D^{\infty} \frac{1}{r}\mathrm{d}r \tag{3.115}$$

这里 l 是载流导体段的长度。

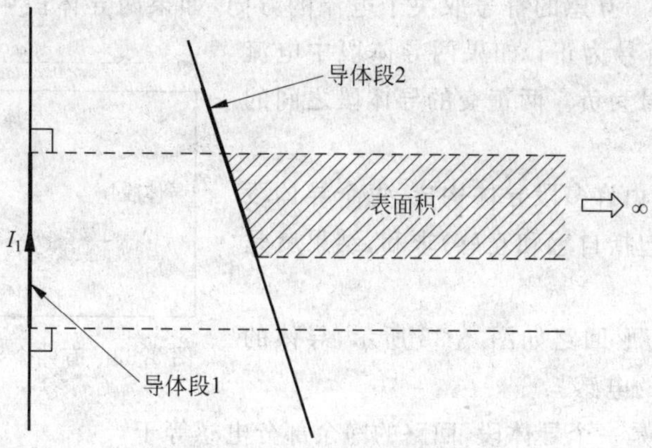

图 3.31 与两导体段的部分互感相关的表面积

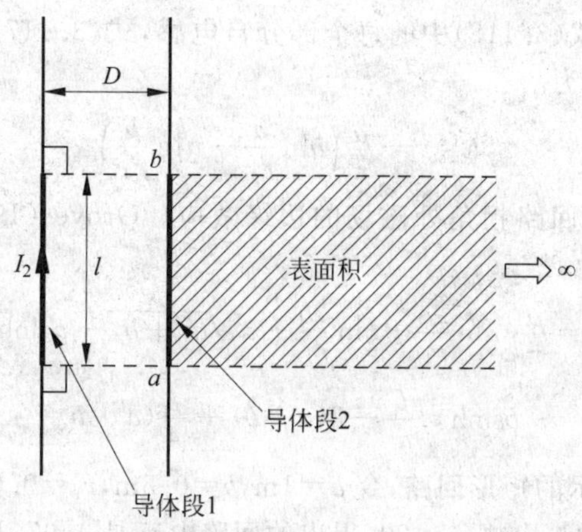

图 3.32 两个共面平行导体段的例子

这个无穷积分又不能直接计算，与部分自电感的情况一样，可以利用 Stokes 定理转化为矢量磁位 **A** 在表面边界上的线积分。矢量磁位 **A** 的积分只需要在与导体段 2 邻近的表面的那条边上计算从 a 点到 b 点的积分，因为在其他三条边上的积分为零。

对于两个相同的长为 l、距离为 D、平行放置的圆导体段，部分互感的无穷级数表达式为

$$M=\frac{\mu_0 l}{2\pi}\left(\ln\frac{2l}{D}-1+\frac{D}{l}+\frac{1}{4}\frac{D^2}{l^2}+\cdots\right) \tag{3.116}$$

如果 $D\ll l$，式(3.116)简化为

$$M=\frac{\mu_0 l}{2\pi}\left(\ln\frac{2l}{D}-1\right) \tag{3.117}$$

3. 净余部分电感

任何导体段的净余部分电感 L_{np} 等于该段的部分自电感加上或减去与附近所有载流

导体的部分互电感。互感的符号取决于电流的方向，如果两导体段中电流的方向相同，则部分互感项的符号为正；如果两导体段中电流的方向相反，则符号为负。两正交的导体段之间的部分互感为零。

如果一个回路由许多段导体构成，每个导体段的净余部分电感(包括自感和互感)求和，结果就是回路的电感。

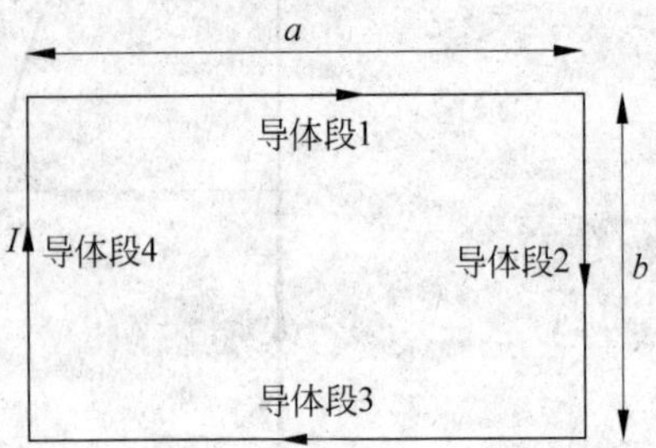

图 3.33 有四个导体段的矩形回路

例 3.15 一矩形回路如图 3.33 所示，导体的半径是 r_1，求回路的电感。

解：每条边都是一个导体段，回路的净余部分电感等于

$$L_{\text{loop}} = (L_{p11} - L_{p31}) + (L_{p22} - L_{p42}) + (L_{p33} - L_{p13}) + (L_{p44} - L_{p24}) \tag{3.118}$$

其中 L_{pii} 是每个导体段的部分自电感，L_{pji} 是每个导体段的部分互感。

将式(3.114)代入式(3.118)中的每个部分自电感，式(3.117)代入每个部分互感，可以得出矩形回路的电感为

$$L_{\text{loop}} = \frac{\mu}{\pi}\left(b\ln\frac{a}{r_1} + a\ln\frac{b}{r_1}\right) \tag{3.119}$$

这个等式忽略了出现在回路拐角处磁场的边缘效应。Grover(1946)给出了以下矩形回路电感的更精确的公式

$$L_{\text{loop}} = \frac{\mu}{\pi}\Big[a\ln\frac{2a}{r_1} + b\ln\frac{2b}{r_1} + 2\sqrt{a^2+b^2} - a\sinh^{-1}\frac{a}{b} - b\sinh^{-1}\frac{b}{a} - 2(a+b) + \frac{\mu}{4}(a+b)\Big] \tag{3.120}$$

对于如图 3.33 所示的矩形回路，令 $a=1\text{m}$，$b=0.5\text{m}$，$r_1=0.0001\text{m}$。由式(3.119)得出的回路电感是 $5.25\mu\text{H}$，由式(3.120)得出的回路电感是 $4.97\mu\text{H}$，二者的差别是由回路拐角处的边缘效应造成的。

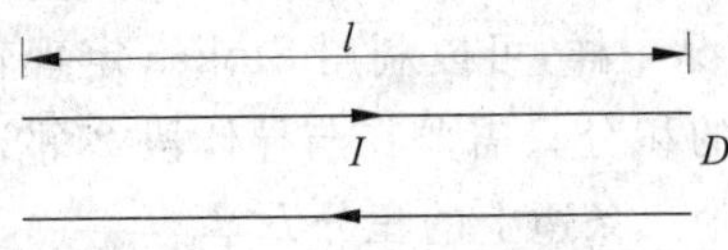

图 3.34 两个不同直径的平行导体

例 3.16 研究间隔很近的两个导体的部分电感，如图 3.34 所示。假设每个导体的长度 l 都远远大于两导体的间距 D。导体的半径都是 r，两导体中的电流方向相反。

解：两个导体的净余部分电感为

$$L = (L_{p11} - L_{p21}) + (L_{p22} - L_{p12}) \tag{3.121}$$

根据对称性，$L_{p11}=L_{p22}$，$L_{p21}=L_{p12}$，因此

$$L = 2(L_{p11} - L_{p21}) \tag{3.122}$$

将式(3.114)代入 L_{p11}，将式(3.117)代入 L_{p12} 可得

$$L = \frac{\mu_0 l}{\pi}\left(\ln\frac{2l}{r} - 1 - \ln\frac{2l}{D} + 1\right) \tag{3.123}$$

除以 l 并且把其中各项展开可以得到两个导体单位长度上的回路电感为

$$L = \frac{\mu_0}{\pi}\ln\frac{D}{r} \tag{3.124}$$

导体 2 的净余部分电感等于

$$L_{np2} = L_{22} - L_{12} \tag{3.125}$$

把式(3.114)代入 L_{22},把式(3.117)代入 L_{12},得到导体 2 的净余部分电感为

$$L_{np2} = \frac{\mu_0 l}{2\pi}\left(\ln\frac{2l}{r} - \ln\frac{2l}{D}\right) \tag{3.126}$$

式(3.126)指出了一个重要事实：如果载有大小相等方向相反电流的两导体相互靠近在一起时,导体的净余部分电感将会减少,这种方法是减小电感的一种实际方法。如果导体 2 是接地导体,导体 1 是信号导体,那么接地电感不仅是接地导体特性的函数,而且是接地导体和信号导体之间间距的函数——信号导体与接地导体越靠近,接地电感就越小。

3.6 磁场的能量和力

3.6.1 电流回路系统的能量

一个电流回路系统的能量等于在建立该系统的过程中电源做的功。如图 3.35 所示,设第 j 个回路中的电流 i_j 由 0 开始增大,穿过第 j 个回路的磁通量也增大,回路中出现感应电动势,根据楞次定律,感应电动势阻碍回路中电流的增大,电源必须克服感应电动势做功,这部分功就转变成系统的磁场能量。第 j 个回路中的电流 i_j 增大时,回路中出现的感应电动势为

$$e_j = -\frac{\mathrm{d}\Psi_j}{\mathrm{d}t} \tag{3.127}$$

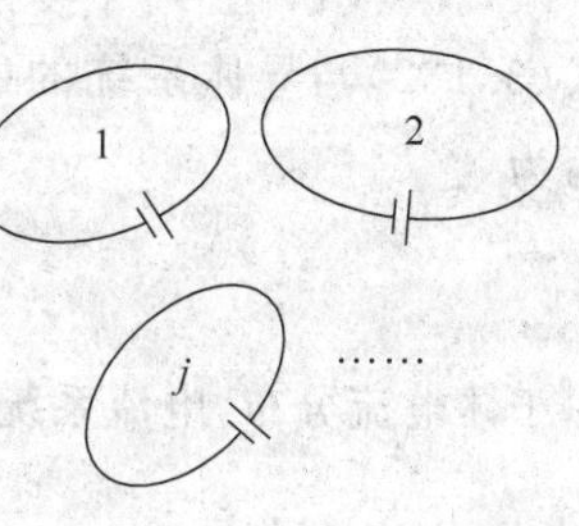

图 3.35 电流回路系统的能量

克服感应电动势 e_j 需要的外加电压为

$$u_j = -e_j = \frac{\mathrm{d}\Psi_j}{\mathrm{d}t}$$

$\mathrm{d}t$ 时间内电源对回路 j 做的功(即非静电力搬运电荷 $\mathrm{d}q_j$ 做的功)为

$$\mathrm{d}W_j = u_j\mathrm{d}q_j = \frac{\mathrm{d}\Psi_j}{\mathrm{d}t}i_j\mathrm{d}t = i_j\mathrm{d}\Psi_j$$

$\mathrm{d}t$ 时间内电源对整个系统(设有 N 个回路)做的功为

$$\mathrm{d}W_{\mathrm{m}} = \sum_{j=1}^{N} i_j\mathrm{d}\Psi_j \tag{3.128}$$

下面计算 $\mathrm{d}\Psi_j$,穿过系统中第 j 个回路的磁链可以写为

$$\Psi_j = \sum_{k=1}^{N} M_{kj}i_k \tag{3.129}$$

$k\neq j$ 时,M_{kj} 是互感系数；$k=j$ 时,M_{kj} 是自感系数,所以

$$\mathrm{d}\Psi_j = \sum_{k=1}^{N} M_{kj}\mathrm{d}i_k$$

把上式代入式(3.128)可得

$$dW_m = \sum_{j=1}^{N}\sum_{k=1}^{N} i_j M_{kj} di_k \tag{3.130}$$

对于线性介质中的磁场,建立某一电流回路系统电源做的功是一定的,与建立该电流回路系统的过程无关。设每个回路中的电流都按比例均匀增大,则在任一时刻各回路中的电流可以写为

$$i_j(t) = \alpha(t) I_j, \quad i_k(t) = \alpha(t) I_k, \quad di_k = I_k d\alpha$$

上式中的 $\alpha(t)$ 由 0 均匀增大到 1。把上式代入式(3.130)可得

$$dW_m = \sum_{j=1}^{N}\sum_{k=1}^{N} M_{kj} I_j I_k \alpha d\alpha$$

电路回路系统的总能量为

$$W_m = \sum_{j=1}^{N}\sum_{k=1}^{N} M_{kj} I_j I_k \int_0^1 \alpha d\alpha = \frac{1}{2}\sum_{j=1}^{N}\sum_{k=1}^{N} M_{kj} I_j I_k \tag{3.131}$$

把式(3.129)代入式(3.131)中可得

$$W_m = \frac{1}{2}\sum_{j=1}^{N}\sum_{k=1}^{N} M_{kj} I_k I_j = \frac{1}{2}\sum_{j=1}^{N} I_j \Psi_j \tag{3.132}$$

式(3.132)与导体系统的能量式(2.128)形式上相同。由式(3.96),式(3.132)可以写为

$$W_m = \frac{1}{2}\sum_{j=1}^{N} I_j \oint_{l_j} \boldsymbol{A} \cdot d\boldsymbol{l}_j \tag{3.133}$$

对于体电流分布,电流系统的总能量可以写为

$$W_m = \frac{1}{2}\int_V \boldsymbol{J} \cdot \boldsymbol{A} dV \tag{3.134}$$

例 3.17 计算两个线圈组成的电流回路系统的能量,两个线圈的电流分别为 I_1、I_2。

解 穿过两个线圈的磁链分别为

$$\Psi_1 = \Psi_{11} \pm \Psi_{21}$$
$$\Psi_2 = \Psi_{22} \pm \Psi_{12}$$

其中 Ψ_{11} 是线圈 1 中的电流产生的穿过线圈 1 的磁链,Ψ_{21} 是线圈 2 中的电流产生的穿过线圈 1 的磁链,Ψ_{22} 是线圈 2 中的电流产生的穿过线圈 2 的磁链,Ψ_{12} 是线圈 1 中的电流产生的穿过线圈 2 的磁链,正号表示两磁链方向相同,负号表示两磁链方向相反。由式(3.132),该电流回路系统的能量为

$$\begin{aligned} W &= \frac{1}{2}\Psi_1 I_1 + \frac{1}{2}\Psi_2 I_2 \\ &= \frac{1}{2}\Psi_{11} I_1 \pm \frac{1}{2}\Psi_{21} I_1 + \frac{1}{2}\Psi_{22} I_2 \pm \frac{1}{2}\Psi_{12} I_2 \end{aligned} \tag{3.135}$$

由自感系数和互感系数的定义可得

$$L_1 = \frac{\Psi_{11}}{I_1},\quad L_2 = \frac{\Psi_{22}}{I_2},\quad M_{12} = \frac{\Psi_{12}}{I_1},\quad M_{21} = \frac{\Psi_{21}}{I_2}$$

其中 $M_{12}=M_{21}=M$,代入式(3.135)可得

$$W_m = \frac{1}{2}L_1 I_1^2 + \frac{1}{2}L_2 I_2^2 \pm M I_1 I_2 \tag{3.136}$$

本题也可以用式(3.131)计算,对于两个电流回路的系统,式(3.131)中,$j=1$ 时,$k=1$,$k=2$,可以写出 2 项

$$\frac{1}{2}M_{11} I_1^2 \pm \frac{1}{2}M_{21} I_1 I_2$$

$j=2$ 时,$k=1$,$k=2$,又可以写出 2 项

$$\pm \frac{1}{2}M_{12} I_1 I_2 + \frac{1}{2}M_{22} I_2^2$$

因为 $M_{11}=L_1$,$M_{12}=M_{21}=M$,$M_{22}=L_2$,所以

$$W_m = \frac{1}{2}L_1 I_1^2 + \frac{1}{2}L_2 I_2^2 \pm M I_1 I_2$$

3.6.2 磁场的能量

把 $\boldsymbol{J}=\nabla\times\boldsymbol{H}$ 代入式(3.134)可得

$$\begin{aligned} W_m &= \frac{1}{2}\int_V \boldsymbol{A}\cdot(\nabla\times\boldsymbol{H})\mathrm{d}V \\ &= \frac{1}{2}\int_V [\boldsymbol{H}\cdot(\nabla\times\boldsymbol{A}) - \nabla\cdot(\boldsymbol{A}\times\boldsymbol{H})]\mathrm{d}V \\ &= \frac{1}{2}\int_V \boldsymbol{H}\cdot\boldsymbol{B}\mathrm{d}V - \frac{1}{2}\oint_S (\boldsymbol{A}\times\boldsymbol{H})\cdot\mathrm{d}\boldsymbol{S} \end{aligned}$$

V 是磁场$\neq 0$ 的整个空间区域,S 是包围 V 的曲面,可取为无限大,在∞ 处,$\boldsymbol{A}$、$\boldsymbol{H}$ 都趋近于 0,所以磁场的能量为

$$W_m = \frac{1}{2}\int_V \boldsymbol{H}\cdot\boldsymbol{B}\mathrm{d}V \tag{3.137}$$

磁场的能量密度为

$$w_m = \frac{1}{2}\boldsymbol{H}\cdot\boldsymbol{B} \tag{3.138}$$

对于各向同性的线性介质,磁场的能量密度可以写为

$$w_m = \frac{1}{2}\frac{B^2}{\mu} = \frac{1}{2}\mu H^2 \tag{3.139}$$

例 3.18 长同轴线的横截面如图 3.36 所示,设内、外导体的横截面上电流均匀分布,求单位长度内的磁场能量和电感。

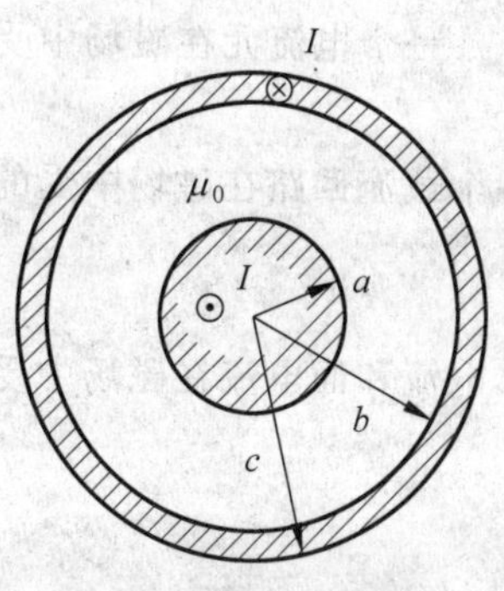

图 3.36 例 3.18 用图

解 先用安培环路定理求各区域内的磁场,在 $r\leqslant a$ 的区域内

$$B_1\cdot 2\pi r = \mu_0 \frac{I}{\pi a^2}\cdot\pi r^2,\quad \boldsymbol{B}_1 = \boldsymbol{e}_\varphi \frac{\mu_0 I r}{2\pi a^2}$$

在 $a\leqslant r\leqslant b$ 的区域内

$$B_2\cdot 2\pi r=\mu_0 I,\quad \boldsymbol{B}_2=\boldsymbol{e}_\varphi\frac{\mu_0 I}{2\pi r}$$

在 $b\leqslant r\leqslant c$ 的区域内

$$B_3\cdot 2\pi r=\mu_0\left[I-I\left(\frac{r^2-b^2}{c^2-b^2}\right)\right],\quad \boldsymbol{B}_3=\boldsymbol{e}_\varphi\frac{\mu_0 I}{2\pi r}\left(\frac{c^2-r^2}{c^2-b^2}\right)$$

在 $r>c$ 的区域内磁场为零。由磁场的能量密度 $w_{\mathrm{m}}=\dfrac{1}{2}\dfrac{B^2}{\mu_0}$,可以计算出各区域单位长度内的磁场能量分别为

$$W_{\mathrm{m1}}=\frac{1}{2\mu_0}\int_0^a B_1^2\cdot 2\pi r\mathrm{d}r=\frac{1}{2\mu_0}\int_0^a\left(\frac{\mu_0 Ir}{2\pi a^2}\right)^2\cdot 2\pi r\mathrm{d}r=\frac{\mu_0 I^2}{16\pi}$$

$$W_{\mathrm{m2}}=\frac{1}{2\mu_0}\int_a^b\left(\frac{\mu_0 I}{2\pi r}\right)^2\cdot 2\pi r\mathrm{d}r=\frac{\mu_0 I^2}{4\pi}\ln\frac{b}{a}$$

$$W_{\mathrm{m3}}=\frac{1}{2\mu_0}\int_b^c\left(\frac{\mu_0 I}{2\pi r}\right)^2\left(\frac{c^2-r^2}{c^2-b^2}\right)^2\cdot 2\pi r\mathrm{d}r$$

$$=\frac{\mu_0 I^2}{4\pi}\left[\frac{c^4}{(c^2-b^2)^2}\ln\frac{c}{b}-\frac{3c^2-b^2}{4(c^2-b^2)}\right]$$

同轴线单位长度内的总磁能 $W_{\mathrm{m}}=W_{\mathrm{m1}}+W_{\mathrm{m2}}+W_{\mathrm{m3}}=\dfrac{1}{2}L_0 I^2$,所以单位长度的电感为

$$L_0=\frac{2W_{\mathrm{m}}}{I^2}=\frac{\mu_0}{8\pi}+\frac{\mu_0}{2\pi}\ln\frac{b}{a}+\frac{\mu_0}{2\pi}\left[\frac{c^4}{(c^2-b^2)^2}\ln\frac{c}{b}-\frac{3c^2-b^2}{4(c^2-b^2)}\right]$$

其中第一项是内导体单位长度的内自感,与式(3.106)相同;第二项是内、外导体间单位长度的电感,称为主电感;第三项是外导体单位长度的内自感。

3.6.3 磁场力

1. 利用安培力和洛伦兹力公式计算磁场力

1) 载流导线在磁场中受的力——安培力

一个电流元在磁场中受的安培力为

$$\mathrm{d}\boldsymbol{f}=I\mathrm{d}\boldsymbol{l}\times\boldsymbol{B} \tag{3.140}$$

一个载流回路在磁场中受的安培力为

$$\boldsymbol{f}=\int_l I\mathrm{d}\boldsymbol{l}\times\boldsymbol{B} \tag{3.141}$$

体电流和面电流在磁场中受的安培力分别为

$$\boldsymbol{f}=\int_V \boldsymbol{J}\mathrm{d}V\times\boldsymbol{B} \tag{3.142}$$

$$\boldsymbol{f}=\int_S \boldsymbol{J}_S\mathrm{d}S\times\boldsymbol{B} \tag{3.143}$$

2）载流回路之间的相互作用力

电流元 $I_1 \mathrm{d}\boldsymbol{l}_1$ 对电流元 $I_2 \mathrm{d}\boldsymbol{l}_2$ 的作用力为

$$\mathrm{d}\boldsymbol{f}_{12} = I_2 \mathrm{d}\boldsymbol{l}_2 \times \boldsymbol{B}_{12} = \frac{\mu_0}{4\pi} \frac{I_2 \mathrm{d}\boldsymbol{l}_2 \times (I_1 \mathrm{d}\boldsymbol{l}_1 \times \boldsymbol{e}_r)}{r^2} \tag{3.144}$$

其中 r 是两电流元之间的距离，$\boldsymbol{e}_r$ 是由电流元 $I_1 \mathrm{d}\boldsymbol{l}_1$ 指向电流元 $I_2 \mathrm{d}\boldsymbol{l}_2$ 的单位矢量。两载流回路之间的相互作用力可以写为

$$\boldsymbol{f}_{12} = \frac{\mu_0}{4\pi} \oint_{l_1} \oint_{l_2} \frac{I_2 \mathrm{d}\boldsymbol{l}_2 \times (I_1 \mathrm{d}\boldsymbol{l}_1 \times \boldsymbol{e}_r)}{r^2} \tag{3.145}$$

式(3.145)是确定电磁单位制中的基本单位——电流单位的依据。设有两条载有恒定电流 I 的无限长平行直导线，距离为 d，如图 3.37 所示，作用在单位长度一段导线上的力可由式(3.145)计算得到

$$f = \frac{\mu_0}{4\pi} \cdot \frac{2I^2}{d} \tag{3.146}$$

式(3.146)中，$\mu_0 = 4\pi \times 10^{-7}$ H/m，当 $d = 1$m，每米导线受的力为 $f = 2 \times 10^{-7}$ N 时，导线上的电流即为 1A，这就是国际单位制(SI)中电磁基本单位安培的定义。

根据式(3.145)可以制成一种绝对电流计，又称为安培秤，如图 3.38 所示，可以通过单纯力学量的测量确定电流的值。

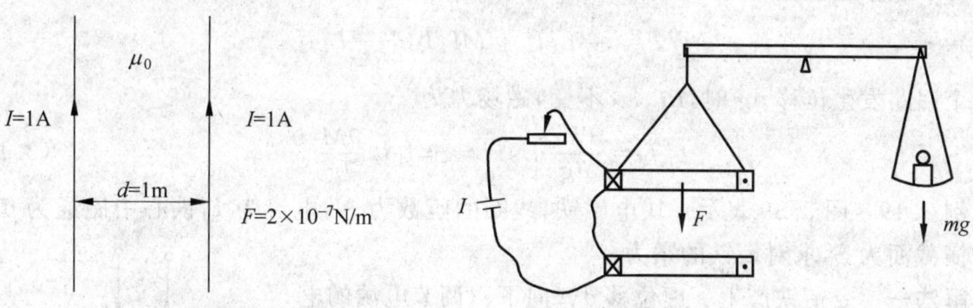

图 3.37 电磁基本单位安培的定义　　　图 3.38 安培秤

3）运动电荷在磁场中受的力——洛伦兹力

运动电荷在磁场中受的洛伦兹力为

$$\boldsymbol{f} = q\boldsymbol{v} \times \boldsymbol{B} \tag{3.147}$$

其中 $\boldsymbol{v}$ 是 q 在磁场 $\boldsymbol{B}$ 中运动的速度。

2. 利用虚位移原理计算磁场力

几个电流回路的系统，设除第 i 个回路外，其余都固定不动，第 i 个回路也只有一个广义坐标 g 变化，则所有电源给系统提供的能量 $\mathrm{d}W$ 等于系统磁场能量的增量 $\mathrm{d}W_\mathrm{m}$ 再加上广义磁场力做的功 $f\mathrm{d}g$，可以表示为

$$\mathrm{d}W = \mathrm{d}W_\mathrm{m} + f\mathrm{d}g \tag{3.148}$$

式(3.148)中 f 是广义磁场力，g 是广义坐标。f 若是力，g 就是在力的方向上移动的距

离；f 若是力矩，g 就是在力矩的作用下转动的角度。

若各回路的磁链不变，各回路中没有感应电动势，电源不需要克服感应电动势做功，$\mathrm{d}W=0$，所以

$$f\mathrm{d}g=-\mathrm{d}W_{\mathrm{m}} \quad f=-\left.\frac{\partial W_{\mathrm{m}}}{\partial g}\right|_{\Psi_j=C} \tag{3.149}$$

若各回路中的电流不变 $I_j=C$，由式(3.128)，$\mathrm{d}t$ 时间内电源对各回路做的功为

$$\mathrm{d}W=\sum_j I_j\mathrm{d}\Psi_j \tag{3.150}$$

由式(3.132)，电流回路系统的能量为

$$W_{\mathrm{m}}=\frac{1}{2}\sum_j I_j\Psi_j$$

所以

$$\mathrm{d}W_{\mathrm{m}}=\frac{1}{2}\sum_j I_j\mathrm{d}\Psi_j=\frac{1}{2}\mathrm{d}W \tag{3.151}$$

把式(3.150)和式(3.151)代入式(3.148)可得

$$f\mathrm{d}g=\mathrm{d}W-\mathrm{d}W_{\mathrm{m}}=\mathrm{d}W_{\mathrm{m}}$$

所以磁场力为

$$f=\left.\frac{\partial W_{\mathrm{m}}}{\partial g}\right|_{I_j=C} \tag{3.152}$$

对于两个电流回路的系统，系统的磁场能量为

$$W_{\mathrm{m}}=\frac{1}{2}L_1I_1^2\pm MI_1I_2+\frac{1}{2}L_2I_2^2$$

若一个回路发生位移 $\mathrm{d}g$ 时，L_1、L_2 不变，磁场力为

$$f=\left.\frac{\partial W_{\mathrm{m}}}{\partial g}\right|_{I_j=C}=\pm I_1I_2\frac{\partial M}{\partial g} \tag{3.153}$$

例 3.19 图 3.39 表示一块电磁铁，线圈的匝数为 N，电流为 I，铁心中磁通为 Φ，铁心的横截面为 S，求对衔铁的举力。

解法一 令衔铁产生一虚位移 $\mathrm{d}y$(向下)，调节电源的电压保持磁路中的 Φ 恒定，衔铁位移将引起空气隙中磁能的改变(铁心与空气隙中的 B 相等，由 $w_{\mathrm{m}}=\frac{B^2}{2\mu}$ 可知铁心中磁能密度远小于空气隙中的磁能密度，所以铁心中的磁能可以忽略)，因此磁能的改变为

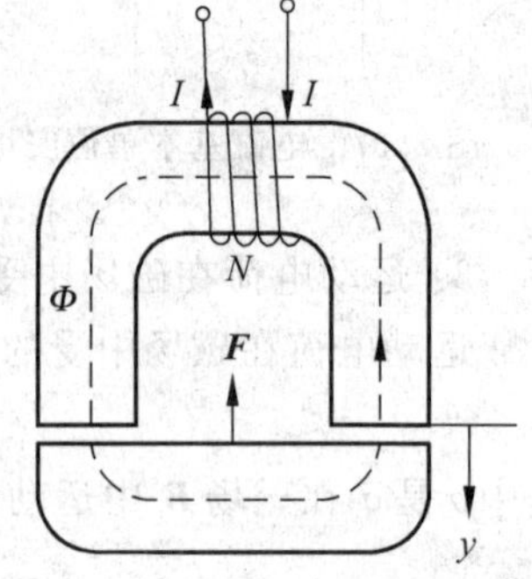

图 3.39 例 3.19 用图

$$\mathrm{d}W_{\mathrm{m}}=2\left(\frac{B^2}{2\mu_0}S\mathrm{d}y\right)=\frac{\Phi^2}{\mu_0 S}\mathrm{d}y$$

所以保持磁路中的 Φ 恒定，对衔铁的举力为

$$\boldsymbol{F}=-\boldsymbol{e}_y\frac{\partial W_{\mathrm{m}}}{\partial y}=-\boldsymbol{e}_y\frac{\Phi^2}{\mu_0 S}$$

负号表示这个力的方向与 $\boldsymbol{e}_y$ 方向相反，即为吸引力。

解法二 令线圈中的电流不变，用 $W_{\mathrm{m}}=\frac{1}{2}LI^2$ 表示线圈总的磁能，衔铁产生一个虚位移 $\mathrm{d}y$(向下)，将引起 Φ 和 L 的改变。由磁路的欧姆定律可以写出

$$\Phi = \frac{NI}{R_{mi} + \frac{2y}{\mu_0 S}}, \quad L = \frac{N\Phi}{I} = \frac{N^2}{R_{mi} + \frac{2y}{\mu_0 S}}$$

其中 R_{mi} 是铁心的磁阻，$\frac{2y}{\mu_0 S}$ 是两个空气隙的磁阻。

$$\boldsymbol{F} = \boldsymbol{e}_y \frac{\partial W_m}{\partial y}\bigg|_{I_j = C} = \boldsymbol{e}_y \frac{I^2}{2}\frac{dL}{dy} = -\boldsymbol{e}_y \frac{1}{\mu_0 S}\left(\frac{NI}{R_{mi} + \frac{2y}{\mu_0 S}}\right)^2 = -\boldsymbol{e}_y \frac{\Phi^2}{\mu_0 S}$$

与解法一中的结果相同。

例 3.20 一平面载流线圈中的电流为 I_1，面积为 S，置于均匀外磁场 $\boldsymbol{B}$ 中，线圈的法线矢量与 $\boldsymbol{B}$ 的夹角为 α，如图 3.40 所示，求线圈受的力矩。

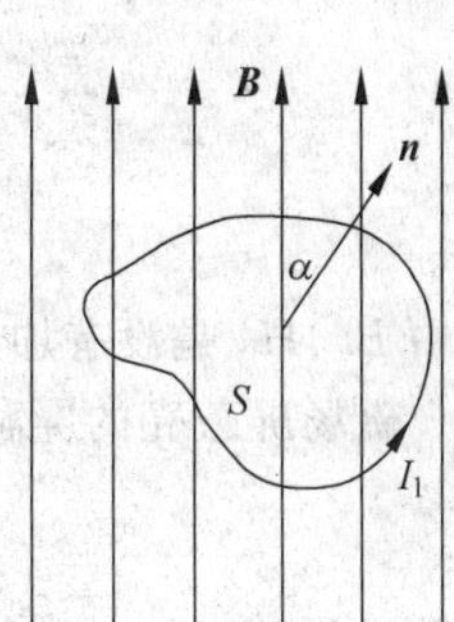

图 3.40 例 3.20 用图

解法一 设均匀外磁场是由电流 I_2 产生的，线圈与磁场的互感磁能为

$$W_m = MI_1I_2 = I_1\psi_{21} = I_1 \cdot BS\cos\alpha$$

线圈受的力矩为

$$T = \frac{\partial W_m}{\partial \alpha}\bigg|_{I_j = C} = -BSI_1\sin\alpha = -Bp_m\sin\alpha$$

用矢量可以表示为 $\boldsymbol{T} = \boldsymbol{p}_m \times \boldsymbol{B}$。其中载流线圈的磁偶极矩为

$$\boldsymbol{p}_m = SI_1 \tag{3.154}$$

解法二 线圈与外磁场的互感系数为

$$M = \frac{\psi_{12}}{I_2} = \frac{BS\cos\alpha}{I_2}$$

线圈受的力矩为

$$T = I_1I_2\frac{\partial M}{\partial \alpha} = -I_1BS\sin\alpha$$

3.7 恒定磁场的应用

3.7.1 磁屏蔽

磁场屏蔽用于屏蔽恒定磁场或变化缓慢的交变磁场，屏蔽体选用高磁导率材料[如钢、铁板(网)，坡莫合金(含镍 45%～80%，少量钼、铜、铬、钒、锰等)等]。

1. 屏蔽原理

如图 3.41 所示，屏蔽壳壁与空气并联，由磁阻表达式

$$R_m = \frac{l}{\mu_0\mu_r S} \tag{3.155}$$

其中空气 $\mu_r = 1$，屏蔽壳 $\mu_r > 10^3$，$R_{m壳} \ll R_{m空气}$，所以 $\boldsymbol{B}$ 线集中在屏蔽壳的壁内(称为聚磁作用)，壳内 $\boldsymbol{B} \approx 0$，实现磁场屏蔽。

2. 屏蔽效果

屏蔽效果定义为

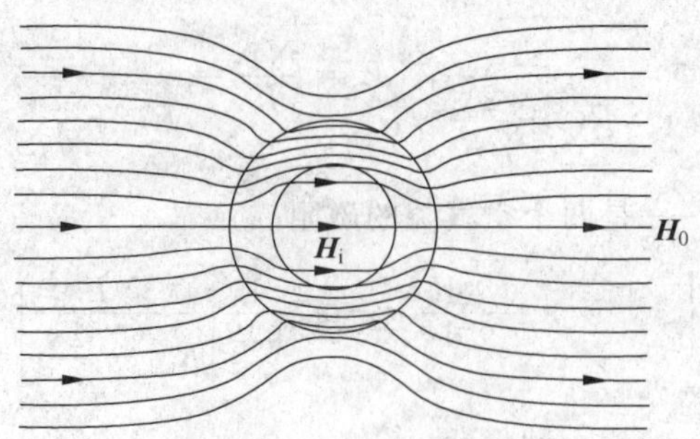

图 3.41　磁场屏蔽原理

$$S = \frac{B_0}{B} \quad 或 \quad S = \frac{H_0}{H} \tag{3.156}$$

其中 B_0、H_0 是没有加屏蔽体时的磁场，B、H 是屏蔽体内的磁场。

磁场屏蔽壳的屏蔽效果可由式(3.157)计算，即

$$S = 1 + \frac{2}{3}\frac{\mu_r t}{R} \tag{3.157}$$

其中 t 是屏蔽体的厚度，R 是与屏蔽体体积相等的球体的半径。设屏蔽体的体积为 V，则 $V=4\pi R^3/3$，$R=\sqrt[3]{3V/(4\pi)}$。屏蔽效果常用分贝(dB)表示为

$$S(\mathrm{dB}) = 20\lg\left(1 + \frac{2}{3}\frac{\mu_r t}{R}\right) \tag{3.158}$$

磁屏蔽不可能把磁力线完全集中在屏蔽体内(见图 3.41)，总有一些泄漏，采用双层屏蔽，可以提高屏蔽效果。

3.7.2　磁记录

磁记录是通过磁化把信息储存在磁带或磁盘上，又可以通过磁性传感器恢复原来的信息，如图 3.42 所示。磁带或磁盘运动通过写磁头和读磁头，磁头是由高磁导率的材料制成，前面有一个空气隙，一般磁头都具有写操作和读操作两种功能。

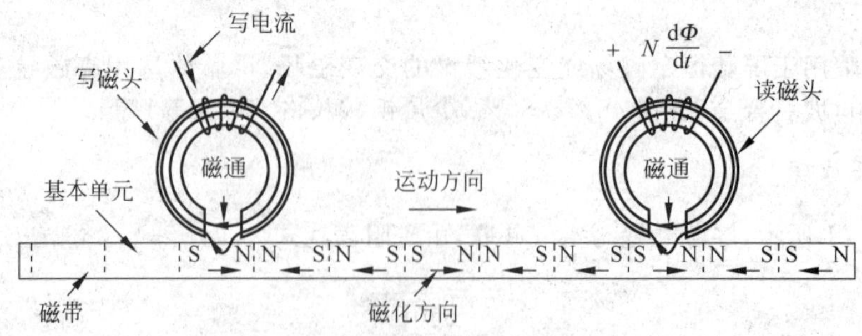

图 3.42　磁记录原理

当磁带通过写磁头时，写磁头中包含信息的电流把信息码写入磁性介质。磁带上的磁性介质通过写磁头时，被空气隙外泄漏的磁场磁化，磁性介质沿运动方向被分成许多字符区域，每一个字符区域又被分成许多基本单元，每一个基本单元储存一个数据字节。

每一个基本单元磁化的方向由该基本单元通过写磁头时写电流的极性确定。

当带有信息码的磁性介质通过读磁头的空气隙时，在读磁头的空气隙处感应出一个磁场，其方向由最靠近空气隙的基本单元磁化的方向确定。随着磁带的运动，当两个基本单元的分界处通过空气隙时，基本单元的极性发生变化，随时间变化的磁通在读磁头线圈的两端感应出一个电压 $e=N\frac{\mathrm{d}\Phi}{\mathrm{d}t}$，该电压中包含了原来的信息码。图 3.43 中表示出写电流、磁性介质的磁化状态、读电压之间的对应时序关系。

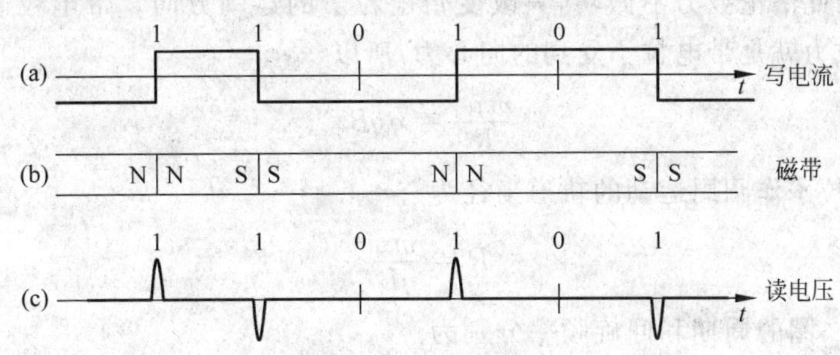

图 3.43 写电流、介质的磁化状态、读电压之间的对应时序关系

为了在磁带或磁盘上获得更高的数据密度，可以采用的技术措施包括：

① 磁头的空气隙必须制作得更小；

② 偏离空气隙处，磁场必须下降得足够快，以保证只磁化正对着的基本单元，而不磁化相邻的基本单元；

③ 磁记录材料的性质也很重要，如磁畴必须足够小，而且不易受到相邻磁畴磁化的影响。目前在一个磁盘上获得的最大记录密度已达到 10^8 bits/cm^2。

3.7.3 回旋加速器

高能带电粒子束，如质子或氘核，常用于原子碰撞的实验中研究原子的内部结构。电场可用于加速带电粒子使之获得很高的速度，从而具有很高的能量。这种使带电粒子具有高能量的装置叫加速器(accelerator)。

最常见的加速器就是电子枪，用于阴极射线管中。用单个电子枪需要很高的电压才能使粒子速度达到要求。然而使粒子依次通过用电子枪排成的队列，粒子每通过一个电子枪就获得一份能量，就可以用不高的电压，使粒子获得很高的能量。这种由电子枪阵列组成的装置叫直线加速器(linear accelerator)。可以想象直线加速器是相当长的。

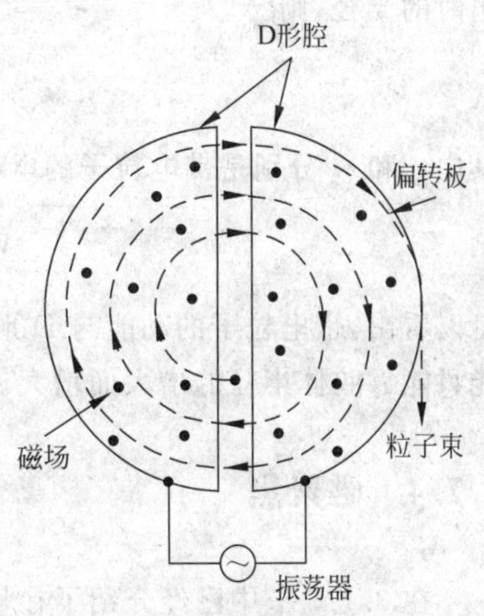

图 3.44 回旋加速器的原理

回旋加速器(cyclotron)只用一个电子枪，但使带电粒子一次又一次地通过它加速到很高的能量。回旋加速器的原理如图 3.44 所示，由两个 D 形的铜质

腔体组成。一个高频振荡器跨接于两个腔体之间。显然,只有两个腔体之间的空隙中存在电场,带电粒子也只有通过空隙时才获得能量。两个腔体被密封在真空室中,以减小与空气分子碰撞而引起的能量损失,整个装置被放在均匀磁场 B 中。

当带电粒子被缝隙的电场加速进入某一个D形腔体时,受到洛伦兹力的作用

$$\boldsymbol{f} = q\boldsymbol{v} \times B$$

由于带电粒子的运动速度与磁场垂直,洛伦兹力的大小为 $f=qvB$,方向垂直于带电粒子的运动方向,因此洛伦兹力不做功,只改变带电粒子的运动方向。带电粒子沿半圆形路径运动,洛伦兹力就是带电粒子受到的向心力,所以

$$\frac{mv^2}{R} = qvB$$

可以解出带电粒子作圆周运动的轨道半径为

$$R = \frac{mv}{qB}$$

带电粒子运动一圈的周期和回旋频率分别为

$$T = \frac{2\pi R}{v} = \frac{2\pi m}{qB}$$

$$f = \frac{1}{T} = \frac{qB}{2\pi m}$$

可以看出只要磁场是均匀的,带电粒子作圆周运动的周期和回旋频率都是恒定的。

由于D形腔体中没有电场,所以带电粒子的速度保持不变。如果振荡器的频率与带电粒子的回旋频率相同,那么带电粒子每次到达空隙处时外加电压的极性正好改变,缝隙中的电场方向随之改变,使粒子得到加速又进入另一D形腔体,这时粒子运动的半径也就大了一些。这样粒子每次通过空隙时都获得一些动能,从而进入更大半径的运动轨道。这一过程一直重复到粒子从D形腔体的边界射出。所以在回旋加速器中,磁场力只改变带电粒子的运动方向,电场力给带电粒子加速。设 v 是粒子射出时的速度,R 是射出时的半径,则

$$v = \frac{qBR}{m}$$

其中 q 和 m 分别是带电粒子的电荷和质量。带电粒子的动能为

$$W = \frac{1}{2}mv^2 = \frac{q^2B^2R^2}{2m}$$

可以看出,带电粒子的动能与D形腔体的半径有关。当磁通密度给定时,带电粒子的动能只能靠腔体半径的增大而增大。

3.7.4 磁聚焦

在3.7.3节中已经介绍了在均匀磁场 $\boldsymbol{B}$ 中以速度 $\boldsymbol{v}$ 运动的电子,受到洛伦兹力 $\boldsymbol{F}$ 的作用,当 $\boldsymbol{v}$ 和 $\boldsymbol{B}$ 垂直时,电子在与磁场 $\boldsymbol{B}$ 垂直的平面内作圆周运动。

一般情况下，电子的速度 v 和磁感应强度 $\boldsymbol{B}$ 不垂直，夹角为 θ，这时可将速度分解为与 $\boldsymbol{B}$ 平行的轴向速度和与 $\boldsymbol{B}$ 垂直的径向速度两部分，$\boldsymbol{v}=\boldsymbol{v}_{/\!/}+\boldsymbol{v}_{\perp}$，垂直于轴向的速度在洛伦兹力作用下使电子绕轴作圆周运动，而平行于轴向的速度使电子沿轴方向作匀速运动，合成的电子运动的轨迹为一条螺旋线，如图 3.45 所示。电子运动的轨道半径为

$$R=\frac{mv_{\perp}}{eB}$$

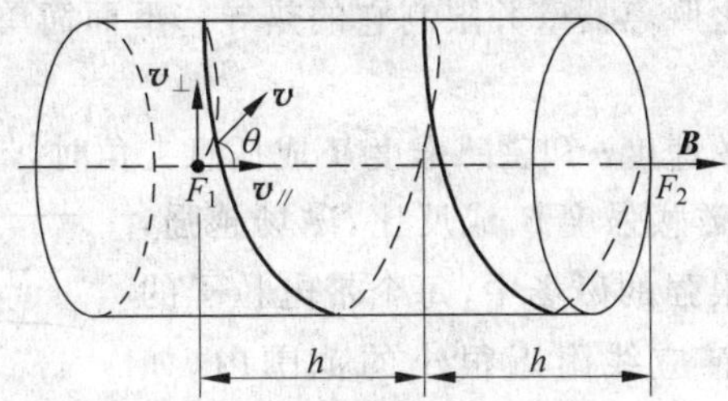

图 3.45　电子运动的轨迹

电子运动一周的时间(周期)为

$$T=\frac{2\pi R}{v_{\perp}}=\frac{2\pi m}{eB}$$

轨迹螺旋线的螺距为

$$h=v_{/\!/}T=\frac{2\pi m}{eB}v_{/\!/}$$

若是一束电子，运动速度 $\boldsymbol{v}$ 和磁感应强度 $\boldsymbol{B}$ 的夹角都很小，$v_{/\!/}\approx v$，对于从同一点出发的不同电子，径向速度 $v_{\perp}$ 不同，所走的圆半径不同，但是轴向速度相等。选择合适的轴向速度和磁感应强度，使电子在经过的路程中恰好包含有整数个螺距，这束电子又将汇聚于一点，如图 3.46 所示，这就是电子束的磁聚焦原理。磁聚焦装置如图 3.47 所示。

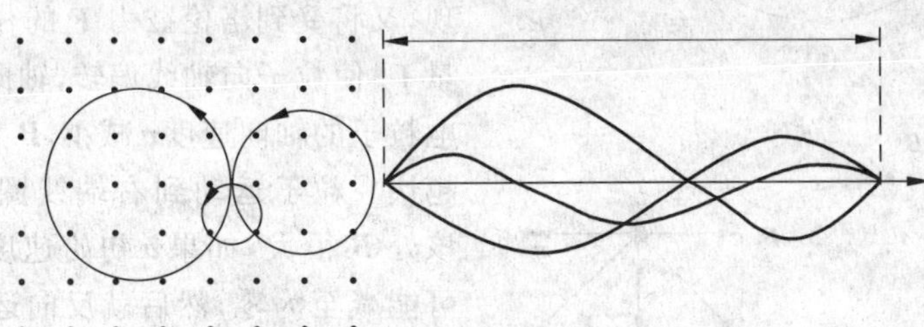

图 3.46　电子束的磁聚焦

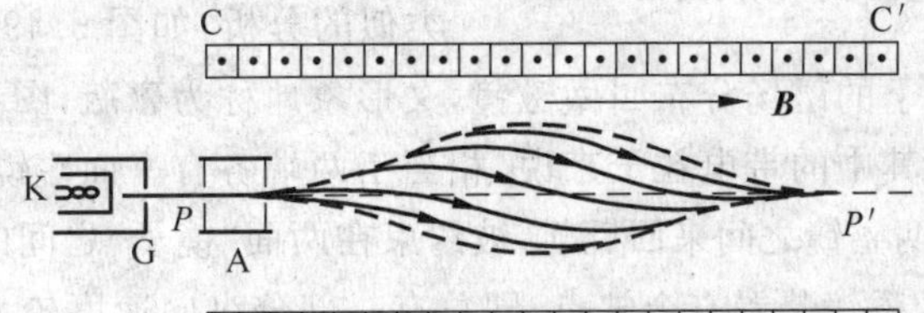

图 3.47　磁聚焦装置

3.7.5 等离子体的磁约束

在热核反应的高温下(约在几百万 K 甚至一亿 K 左右),物质处于等离子态,任何固体材料的容器早已熔毁。为了实现热核反应的人工控制,最大的困难之一在于把一定密度的等离子体约束在一定的空间范围内。目前在大多数受控热核反应的实验装置里用磁场来约束等离子体,使之脱离器壁并限制它的热导。下面简单介绍等离子体磁约束的原理。

大家知道,带电粒子的速度$\boldsymbol{v}$和磁感强度$\boldsymbol{B}$成任意夹角时,带电粒子在磁场中作螺旋线运动,且回旋半径R与磁感强度$\boldsymbol{B}$成反比,磁场越强,半径越小。这样一来,在很强的磁场中,每个带电粒子的运动便被约束在一根磁感应线附近很小的范围内,如图 3.48 所示。也就是说,带电粒子回旋轨道的中心(也叫引导中心)只能沿磁感应线纵向移动,而不能横越它,只有当粒子发生碰撞时,引导中心才能由一根磁感应线跳到另一根磁感应线,因此,强磁场可以使带电粒子的横向输运过程(如扩散、热导)受到限制。

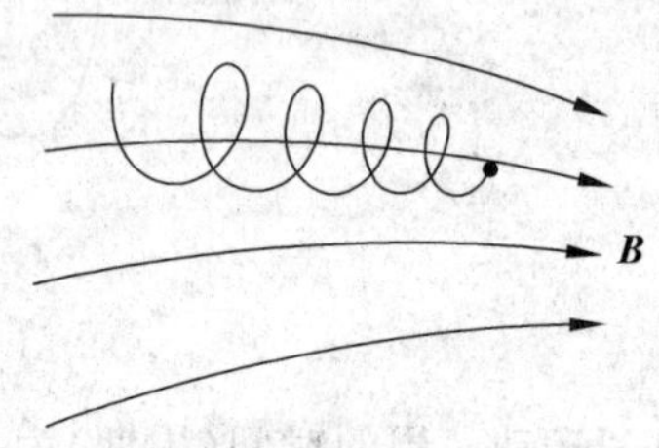

图 3.48 带电粒子的横向约束

带电粒子的纵向约束可以由磁镜装置实现,如图 3.49 所示。两个电流方向相同的线圈产生中央弱两端强的不均匀磁场,当处于中间区域的带电粒子沿着z轴向右运动时,设粒子带正电荷q,速度$\boldsymbol{v}$沿z轴,如图 3.49(c)所示。粒子受到洛伦兹力作用,使粒子垂直纸面向里偏转,可见粒子将获得绕轴旋转的运动速度v_φ。随着粒子分速度v_φ的出现,又将受到洛伦兹力$\boldsymbol{F}$的作用,其径向分量$\boldsymbol{F}_r$使粒子向轴线偏转,轴向分量$\boldsymbol{F}_z$使带电粒子的轴向速度$\boldsymbol{v}$减小,$\boldsymbol{B}$越大,$\boldsymbol{v}$减小得越快。粒子运动到右端线圈附近时,由于该处$\boldsymbol{B}$很大,如果$\boldsymbol{v}$初始速度较小,则$\boldsymbol{v}$有可能减至为零,然后就反向运动,犹如光线射到镜面上反射回来一样。如果处于中间区域的带电粒子沿着z轴向左运动,可以作类似的分析,如图 3.49(b)所示。人们把这种能约束运动带电粒子的磁场分布叫做磁镜,又形象地称为磁瓶,图 3.49(a)所示的便是一种磁镜装置。对于其中的带电粒子来说,相当于两端各有一面磁镜,那些纵向速度不是太大的带电粒子将在两磁镜之间来回反射,被约束在两面“镜子”之间的中间区域而不能逃逸。图 3.49(a)所示的磁镜装置有个缺点,即总有一部分纵向速度较大的粒子会从两端逃逸,采用图 3.50 所示的环形磁场结构,可以避免这个缺点。

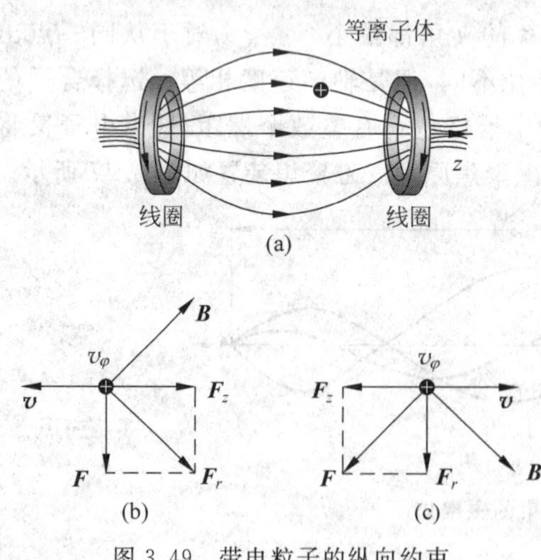

图 3.49 带电粒子的纵向约束

图 3.50 环形磁场磁约束结构

在受控热核聚变中，除了磁镜的约束外，还有其他的一些磁瓶装置，如托卡马克装置、仿星器等，它们的结构虽然不尽相同，但都是采用某种特定形态的磁场来约束等离子体。

应该指出，磁镜约束也存在于自然界中，例如，地球磁场两极强、中间弱就是一个天然磁瓶，它使得来自宇宙射线的带电粒子在两磁极间来回振荡，如图 3.51 所示。生活在地球上的人类及其他生物都应十分感谢这个天然的磁镜约束，正是靠它才将来自宇宙空间的各种高能射线或粒子捕获住，使人类和其他生物不被伤害。

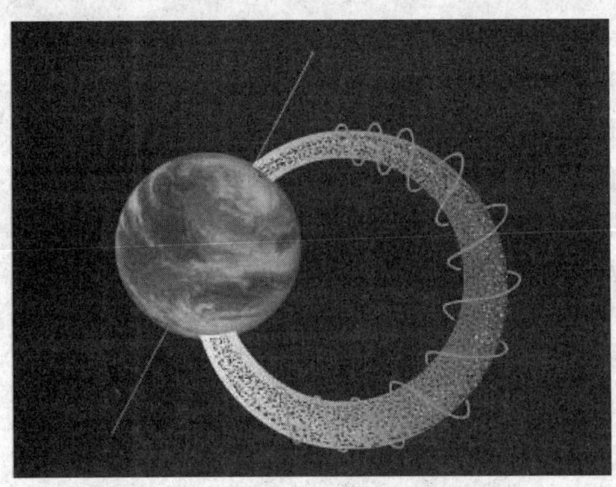

图 3.51 地球附近的磁约束

第 3 章 习题

3-1 一个半径为 a 的导体球带电荷量为 Q，以匀角速度 ω 绕一个直径旋转，求球心处的磁感应强度 B。

3-2　两个相同的半径为 b，各有 N 匝的同轴线圈，相距 d，如图题 3-2 所示。电流 I 以相同方向流过两个线圈。

(1) 求两个线圈中点处的 $\boldsymbol{B}=\boldsymbol{e}_x B_x$；

(2) 证明：在中点处 $\mathrm{d}B/\mathrm{d}x$ 等于零；

(3) 使中点处 $\mathrm{d}^2 B_x/\mathrm{d}x^2$ 也等于零，则 b 和 d 之间应有何种关系。

(这样一对线圈可用于在中点附近获得近似的均匀磁场，称为亥姆霍兹线圈)

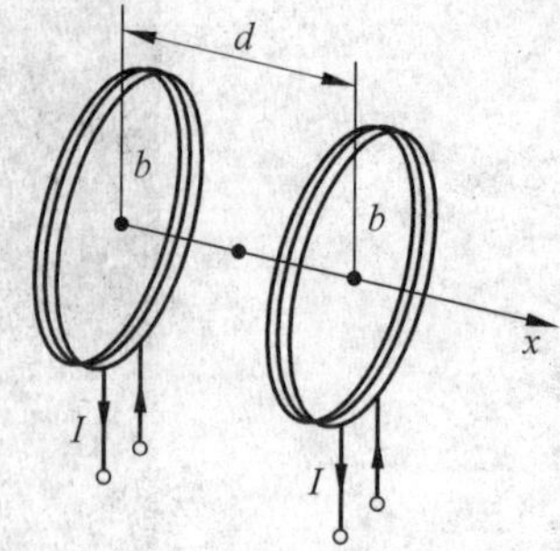

图题　3-2

3-3　若无限长半径为 a 的圆柱体中电流密度 $\boldsymbol{J}=$

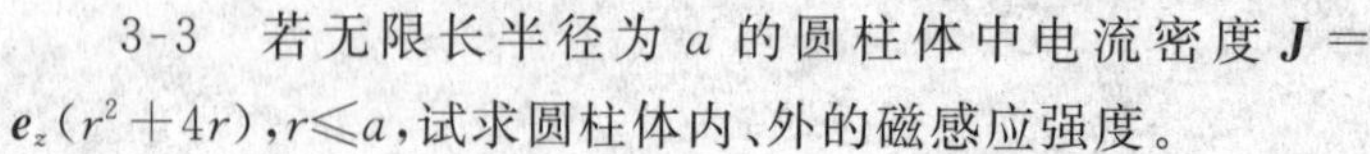

$\boldsymbol{e}_z(r^2+4r)$，$r\leqslant a$，试求圆柱体内、外的磁感应强度。

3-4　下面的矢量函数中哪些可能是磁场？如果是，求其源变量 $\boldsymbol{J}$。

(1) $\boldsymbol{H}=\boldsymbol{e}_r ar$(圆柱坐标)；

(2) $\boldsymbol{H}=\boldsymbol{e}_x(-ay)+\boldsymbol{e}_y ax$；

(3) $\boldsymbol{H}=\boldsymbol{e}_x ax-\boldsymbol{e}_y ay$；

(4) $\boldsymbol{H}=\boldsymbol{e}_\varphi ar$(圆柱坐标)。

3-5　半径为 a 的磁介质球，其磁化强度为 $\boldsymbol{M}=(Az^2+B)\boldsymbol{e}_z$，$A$、$B$ 均为常数。若采用分子电流模型，求磁化电流 $\boldsymbol{J}_{\mathrm{m}}$ 和 $\boldsymbol{J}_{\mathrm{m}S}$。

3-6　一圆形截面的无限长直铜线，半径为 1cm，通过电流 25A，在铜线外套上一个磁性材料制成的圆筒，与之同轴，圆筒的内、外半径为 2cm 及 3cm，相对磁导率为 2000。

(1) 求圆筒内每米长的磁通量；

(2) 求圆筒内的磁化强度 $\boldsymbol{M}$；

(3) 求圆筒内的磁化电流 $\boldsymbol{J}_{\mathrm{m}}$ 和 $\boldsymbol{J}_{\mathrm{m}S}$。

3-7　一环形螺线管，平均半径为 15cm，其圆形截面的半径为 2cm，铁心的相对磁导率是 $\mu_{\mathrm{r}}=1400$，环上绕有 1000 匝线圈，通过电流 0.7A。

(1) 计算螺线管的电感；

(2) 若铁心上开个 0.1cm 的空气隙，假定开口后铁心的 μ_{r} 没有变化，再计算电感；

(3) 求空气隙和铁心内的磁场能量的比值。

3-8　证明：单匝线圈励磁下磁路的自感量为 $L_0=1/R_{\mathrm{m}}$，R_{m} 为磁路的磁阻，故 NI 激励下，电感量为 $L=N^2/R_{\mathrm{m}}$。磁路中单匝激励下的磁场储能 $W_{\mathrm{m}0}=\dfrac{1}{2}\Phi_0^2 R_{\mathrm{m}}$，则 NI 激励下的 $W_{\mathrm{m}}=N^2 W_{\mathrm{m}0}$。

3-9　如图题 3-9 所示，无限长直线电流 I 垂直于磁导率分别为 μ_1 和 μ_2 的两种磁介质的分界面，试求两种媒质中的磁感应强度 $\boldsymbol{B}_1$ 的 $\boldsymbol{B}_2$。

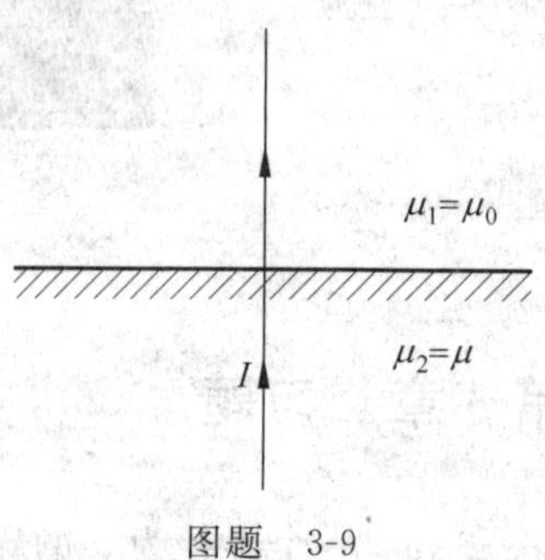

图题　3-9

3-10　一根极细的圆铁杆和很薄的圆铁盘放在磁场 $\boldsymbol{B}_0$ 中并使它们的轴与 $\boldsymbol{B}_0$ 平行。求两样品内的 $\boldsymbol{B}$ 和 $\boldsymbol{H}$。如已知 $\boldsymbol{B}_0=1\mathrm{T}$，$\mu=5000\mu_0$，求两样品内的 $\boldsymbol{M}$。

3-11　已知 $y<0$ 区域为磁性媒质，其相对磁导率 $\mu_r=5000$，$y>0$ 的区域为空气。试求：

(1) 当空气中的磁感应强度 $\boldsymbol{B}_0=\boldsymbol{e}_x0.5-\boldsymbol{e}_y10\mathrm{mT}$ 时，磁性媒质中的磁感应强度 $\boldsymbol{B}$；

(2) 当磁性媒质中的磁感应强度 $\boldsymbol{B}_0=\boldsymbol{e}_x10+\boldsymbol{e}_y0.5\mathrm{mT}$ 时，空气中的磁感应强度 $\boldsymbol{B}_0$。

3-12　证明矢量磁位 $\boldsymbol{A}$ 满足的泊松方程 $\nabla^2\boldsymbol{A}=-\mu_0\boldsymbol{J}$ 的解为 $\boldsymbol{A}=\dfrac{\mu_0}{4\pi}\displaystyle\int_{V'}\dfrac{\boldsymbol{J}(\boldsymbol{r}')}{|\boldsymbol{r}-\boldsymbol{r}'|}\mathrm{d}V'$。

$\left(\text{提示：利用函数}\nabla^2\dfrac{1}{|\boldsymbol{r}-\boldsymbol{r}'|}\text{在}\boldsymbol{r}'\text{处的奇点特性}\right)$

3-13　根据 $\boldsymbol{A}=\dfrac{\mu_0}{4\pi}\displaystyle\int_{V'}\dfrac{\boldsymbol{J}(\boldsymbol{r}')}{|\boldsymbol{r}-\boldsymbol{r}'|}\mathrm{d}V'$，证明 $\nabla\cdot\boldsymbol{A}=0$。

3-14　已知在半径为 a，磁导率为 μ_1 的长直圆柱导体中，有电流 I 沿轴向流动。柱外充满磁导率为 μ_2 的均匀介质，求导体内、外的矢量磁位和磁场。

3-15　一对无限长平行导线，相距 $2a$，线上载有大小相等、方向相反的电流 I，如图题 3-15 所示，求矢量磁位 $\boldsymbol{A}$，并求 $\boldsymbol{B}$。

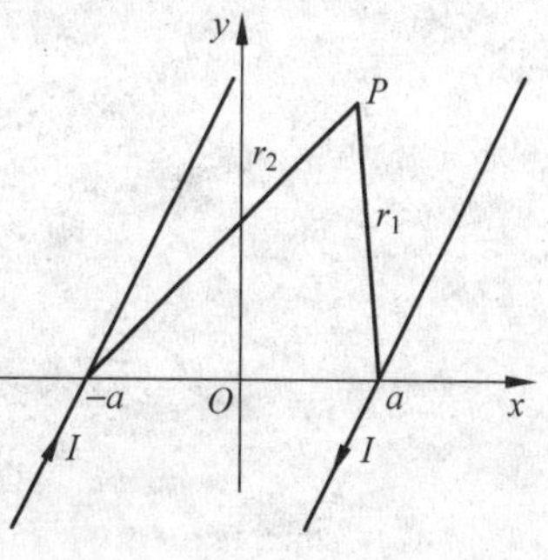

图题　3-15

3-16　一个半径为 a 的均匀带电球体，总电荷量为 q，它以角速度 ω 绕其自身某一直径转动，试求它的磁矩。

3-17　两个长的平行矩形线圈放置在同一平面上，长度分别为 l_1 和 l_2，宽度分别为 w_1 及 w_2，两线圈最靠近边的距离为 s。

证明：两线圈的互感是

$$M=\frac{\mu_0 l_2}{2\pi}\ln\frac{w_2+s}{s\left(1+\dfrac{w_2}{w_1+s}\right)}$$

设 $l_1\geqslant l_2$，两线圈都只有一匝，且已略去端部效应。

3-18　两平行无限长直线电流 I_1 和 I_2，相距为 d，求每根导线单位长度受到的安培力 $\boldsymbol{F}_m$。

3-19　一个通有电流 I_1 的长直导线和一个通有电流 I_2 的圆环在同一平面上，圆心与导线的距离为 d，证明：两电流间相互作用的安培力为 $\boldsymbol{F}_m=\mu_0I_1I_2(\sec\alpha-1)$，$\alpha$ 是圆环对直线最接近圆环的点所张的角。

3-20　如图题 3-20 所示的长螺线管、单位长度内有 N 匝线圈，通过电流 I，铁心磁导率为 μ，截面积为 S，求作用在它上面的磁力。

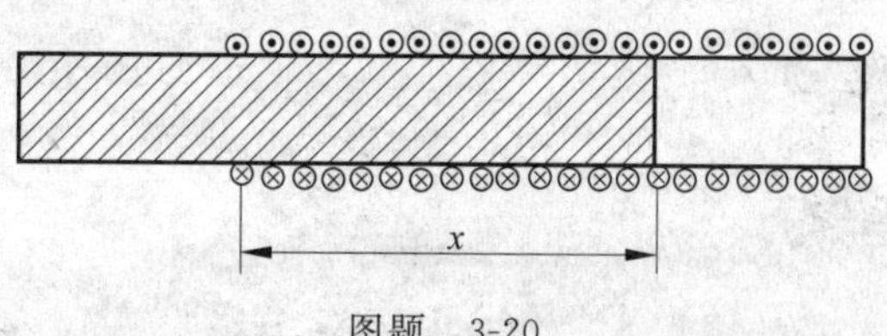

图题　3-20

3-21　已知半径分别为 a 和 b 的两个同轴圆线圈,分别载有电流 I_1 和 I_2,两线圈平面间的距离为 d,并设 $a \ll d$,试证明两线圈的相互作用力为

$$F_z = -\frac{3}{2}\mu_0 \pi I_1 I_2 a^2 b^2 d(d^2 + b^2)^{-5/2}$$

3-22　现有一个能提升 1t 重物的电磁铁,如图题 3-22 所示。其铁心的横截面积为 20cm^2,铁心与衔铁间的缝隙为 0.1mm,铁心的平均长度 $l_1 = 30\text{cm}$,相对磁导率 $\mu_1 = 4000$,忽略衔铁的磁阻,即设衔铁的磁导率 $\mu_r = \infty$,试求此电磁铁所需的安匝数。

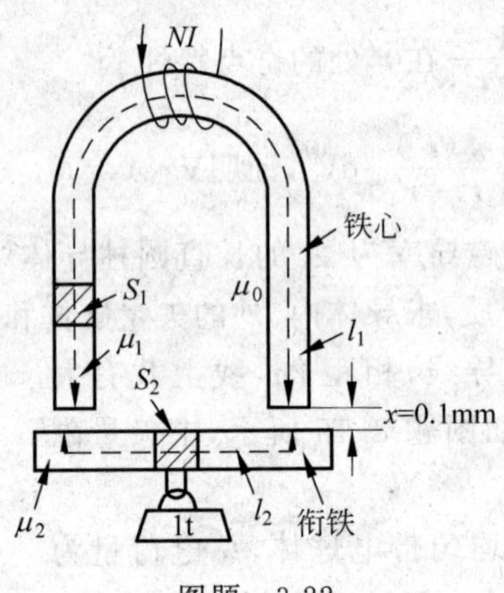

图题　3-22

拉普拉斯

(Pierre Simon Laplace,1749—1827,法国)

"认识一种天才的研究方法,对于科学的进步,并不比发现本身次要。"

第4章 静态场边值问题的解法

第 2、3 章中分别讨论了静电场、导电媒质中的恒定电场和恒定磁场的基本规律和一些基本的求解方法，这些方法只能求解一些简单的电、磁场问题，包括无边界的电磁场问题和一维边值问题(利用直接积分法)。实际工作中将会遇到一些真实的、比较复杂的电、磁场问题，本章系统地介绍一些电、磁场问题的基本解法。

4.1 电磁场边值问题概述

1. 电、磁场的微分方程

从第 2、3 章中可以看出，求解静电场、恒定电场、恒定磁场的问题，都可以归结为求解泊松方程或拉普拉斯方程的问题，如表 4.1 所示。

表 4.1 静电场、恒定电场、恒定磁场满足的微分方程

	泊松方程	拉普拉斯方程
静电场	$\nabla^2\Phi=-\dfrac{\rho}{\varepsilon}$	$\nabla^2\Phi=0$ （$\rho=0$ 的区域）
恒定电场		$\nabla^2\Phi=0$
恒定磁场	$\nabla^2\mathbf{A}=-\mu\boldsymbol{J}$	$\nabla^2\Phi_m=0$ （$\boldsymbol{J}=0$ 的区域）

2. 不同介质分界面上的边界条件

静电场、恒定电场、恒定磁场的边界条件也很相似，包括衔接边界条件和极限边界条件。

(1) 衔接边界条件：静电场、恒定电场、恒定磁场的边界面上满足的衔接条件如表 4.2 所示。

表 4.2 静电场、恒定电场、恒定磁场边界上的衔接条件

静电场	$\Phi_1=\Phi_2$	$\varepsilon_1\dfrac{\partial\Phi_1}{\partial n}=\varepsilon_2\dfrac{\partial\Phi_2}{\partial n}$
恒定电场	$\Phi_1=\Phi_2$	$\sigma_1\dfrac{\partial\Phi_1}{\partial n}=\sigma_2\dfrac{\partial\Phi_2}{\partial n}$
恒定磁场	$\Phi_{m1}=\Phi_{m2}$	$\mu_1\dfrac{\partial\Phi_{m1}}{\partial n}=\mu_2\dfrac{\partial\Phi_{m2}}{\partial n}$

(2) 极限边界条件：静电场、恒定电场、恒定磁场边界面上另一类边界条件是极限条件，需要根据具体问题分析得到。例如，电荷(或电流)分布在有限区域内，$r\to\infty$时，$\Phi\to 0$；一般 Φ 正比于 $1/r$，$r\to 0$ 时，Φ 应当是有限值等。

3. 求解边值问题的依据

(1) 唯一性定理：对于泊松方程和拉普拉斯方程，给定 ρ、$\Phi|_S$ 或$\left.\dfrac{\partial\Phi}{\partial n}\right|_S$，解是唯一的，因此可以根据所研究问题的特点选用最简便的方法求解。第 2 章中已经介绍了直接积

分法,本章还将介绍分离变量法、镜像法、电轴法、有限差分法等方法。

(2) 类比法:无论物理量的意义是否相同(如 Φ、Φ_m、A),只要满足相似的微分方程(泊松方程或拉普拉斯方程)和边界条件,解的形式也是相似的。这里主要介绍静电场边值问题的解法,可以推广用来求解恒定电场和恒定磁场的边值问题。

4.2 直角坐标系中的分离变量法

1. 分离变量法

(1) 使用条件:求解二维或三维边值问题,边界面是简单的几何面,包括平面、圆柱面和球面。

(2) 基本方法:通过分离变量,把$\nabla^2\Phi=0$分解成两个或三个微分方程,分别求解,再利用边界条件确定其中的系数和常数。

2. 直角坐标系中的分离变量法

在直角坐标系中,电位的拉普拉斯方程为

$$\frac{\partial^2\Phi}{\partial x^2}+\frac{\partial^2\Phi}{\partial y^2}+\frac{\partial^2\Phi}{\partial z^2}=0 \tag{4.1}$$

设 $\Phi(x,y,z)=f(x)g(y)h(z)$,代入式(4.1),两边同时除以 $f(x)g(y)h(z)$可得

$$\frac{1}{f(x)}\frac{\mathrm{d}^2f(x)}{\mathrm{d}x^2}+\frac{1}{g(y)}\frac{\mathrm{d}^2g(y)}{\mathrm{d}y^2}+\frac{1}{h(z)}\frac{\mathrm{d}^2h(z)}{\mathrm{d}z^2}=0 \tag{4.2}$$

式(4.2)中,第一项只是 x 的函数,第二项只是 y 的函数,第三项只是 z 的函数,成立的条件是三项分别为常数,设分别为$-k_x^2$、$-k_y^2$、$-k_z^2$,可以得到三个常微分方程

$$\frac{\mathrm{d}^2f(x)}{\mathrm{d}x^2}+k_x^2f(x)=0 \tag{4.3}$$

$$\frac{\mathrm{d}^2g(y)}{\mathrm{d}y^2}+k_y^2g(y)=0 \tag{4.4}$$

$$\frac{\mathrm{d}^2h(z)}{\mathrm{d}z^2}+k_z^2h(z)=0 \tag{4.5}$$

$$k_x^2+k_y^2+k_z^2=0 \tag{4.6}$$

由式(4.6)可以看出,k_x^2、k_y^2、k_z^2 中必然有正有负,即 k_x、k_y、k_z 中有实数也有虚数。对于二维场,其中一个为0(设 $k_x=0$),则 k_y、k_z 一个为实数,一个为虚数。式(4.3)~式(4.5)形式上相同,解的形式也相同,下面讨论式(4.3)的解。

(1) 若 k_x 为实数($k_x^2>0$),式(4.3)的解为

$$f(x)=A_1\sin k_xx+A_2\cos k_xx \tag{4.7}$$

(2) 若 k_x 为虚数($k_x^2<0$,设 $k_x=\mathrm{j}\alpha_x$,$k_x^2=-\alpha_x^2$),式(4.3)的解为

$$f(x)=B_1\sinh\alpha_xx+B_2\cosh\alpha_xx \tag{4.8}$$

或

$$f(x)=B'_1\mathrm{e}^{\alpha_xx}+B'_2\mathrm{e}^{-\alpha_xx} \tag{4.9}$$

式(4.3)的解是双曲函数，还是指数函数，要由边界条件确定：如果 $x=0$ 时，$\Phi=0$，式(4.3)的解就是双曲函数；如果 $x=\to\infty$时，$\Phi=0$，式(4.3)的解就是指数函数。双曲函数的定义为

$$\sinh x = \frac{e^{x} - e^{-x}}{2} \tag{4.10}$$

$$\cosh x = \frac{e^{x} + e^{-x}}{2} \tag{4.11}$$

双曲函数曲线和指数函数曲线如图 4.1、图 4.2 所示。

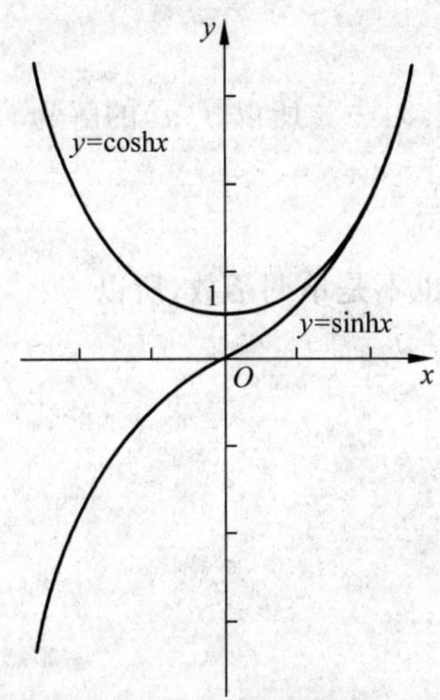

图 4.1　双曲函数曲线

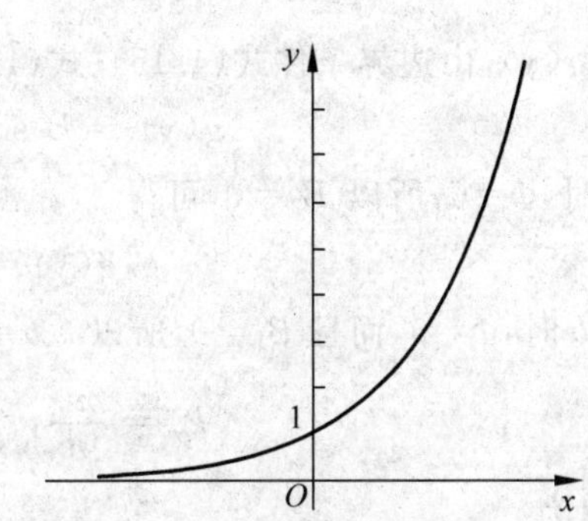

图 4.2　指数函数曲线

可以看出，若 k_x 为实数，式(4.3)的解是周期函数；若 k_x 为虚数，式(4.3)的解是单调函数。

$g(y)$、$h(z)$的解形式上与 $f(x)$相同，即形式上与式(4.7)～式(4.9)式相同。根据具体问题的边界条件，确定 $f(x)$、$g(y)$、$h(z)$的解的形式(单调函数即为式(4.8)或式(4.9)，周期函数即为式(4.7))，电位函数的通解则为

$$\Phi(x,y,z) = f(x)g(y)h(z) \tag{4.12}$$

例 4.1　求图 4.3 所示长方形体积内的电位函数，边界条件为除了 $z=c$ 面的电位为 $U(x,y)$以外，其他各表面电位都为 0。

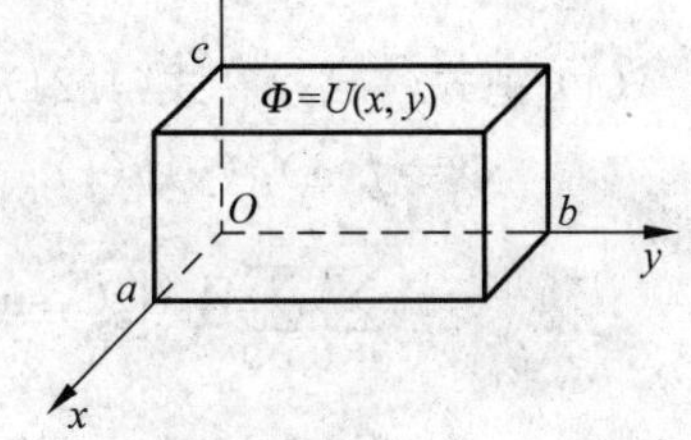

图 4.3　例 4.1 用图

解　长方形体积内部无电荷分布，所以

$$\begin{cases} \dfrac{d^2\Phi}{dx^2} + \dfrac{d^2\Phi}{dy^2} + \dfrac{d^2\Phi}{dz^2} = 0 \\ \Phi|_S \text{ 给定} \end{cases}$$

这是第一类边值问题，边界条件为

$$x = 0, \quad \Phi = 0 \tag{4.13}$$

$$x=a,\ \Phi=0 \tag{4.14}$$

$$y=0,\ \Phi=0 \tag{4.15}$$

$$y=b,\ \Phi=0 \tag{4.16}$$

$$z=0,\ \Phi=0 \tag{4.17}$$

$$z=c,\ \Phi=U(x,y) \tag{4.18}$$

(1) $f(x)$,由边界条件式(4.13)、式(4.14),$f(x)$不是单调函数,所以

$$f(x)=A_1\sin k_x x+A_2\cos k_x x$$

由 $x=0$ 时,$\Phi=0$,所以 $A_2=0$,可得

$$f(x)=A_1\sin k_x x$$

再由 $x=a$ 时,$\Phi=0$,而且 $A_1\neq0$,所以 $k_x=n\pi,n=1,2,3,\cdots$。所以 $f(x)$的解为

$$f(x)=\sum_{n=1}^{\infty}A_n\sin\frac{n\pi}{a}x \tag{4.19}$$

(2) $g(y)$,由边界条件式(4.15)、式(4.16),$g(y)$也不是单调函数,所以

$$g(y)=B_1\sin k_y y+B_2\cos k_y y$$

由 $y=0$ 时,$\Phi=0$,所以 $B_2=0$,可得

$$g(y)=B_1\sin k_y y$$

再由 $y=b$ 时,$\Phi=0$,而且 $B_1\neq0$,所以 $k_y b=m\pi$,即

$$k_y=\frac{m\pi}{b},\quad m=1,2,3,\cdots$$

$g(y)$的解为

$$g(y)=\sum_{m=1}^{\infty}B_m\sin\frac{m\pi}{b}y \tag{4.20}$$

(3) $h(z)$,由 $k_z^2=-(k_x^2+k_y^2)$,所以

$$k_z=\pm\mathrm{j}(k_x^2+k_y^2)^{1/2}=\pm\mathrm{j}\left[\left(\frac{n\pi}{a}\right)^2+\left(\frac{m\pi}{b}\right)^2\right]^{1/2}=\pm\mathrm{j}\alpha_z$$

$h(z)$是单调函数,可以写为

$$h(z)=C_1\sinh\alpha_z z+C_2\cosh\alpha_z z$$

由边界条件式(4.17),$z=0$ 时,$\Phi=0$ 可得 $C_2=0$,所以

$$h(z)=C_1\sinh\alpha_z z \tag{4.21}$$

(4) 把式(4.19)~式(4.21)代入式(4.12),通解为

$$\begin{aligned}\Phi&=f(x)g(y)h(z)\\&=\sum_{n=1}^{\infty}\sum_{m=1}^{\infty}A_nB_mC_1\sin\frac{n\pi}{a}x\cdot\sin\frac{m\pi}{b}y\cdot\sinh\left[\left(\frac{n\pi}{a}\right)^2+\left(\frac{m\pi}{b}\right)^2\right]^{1/2}z\\&=\sum_{n=1}^{\infty}\sum_{m=1}^{\infty}A_{nm}\sin\frac{n\pi}{a}x\cdot\sin\frac{m\pi}{b}y\cdot\sinh\alpha_z z\end{aligned} \tag{4.22}$$

(5) 确定系数 A_{nm}

由边界条件式(4.18),$z=c$ 时,$\Phi=U(x,y)$,代入式(4.22),可得

$$\sum_{n=1}^{\infty}\sum_{m=1}^{\infty}C_{nm}\sin\frac{n\pi}{a}x\cdot\sin\frac{m\pi}{b}y=U(x,y) \tag{4.23}$$

其中

$$C_{nm}=A_{nm}\sinh\alpha_z c \tag{4.24}$$

利用三角函数的正交性可以求出式(4.23)中双重傅里叶级数的系数，把式(4.23)两边同乘以 $\sin\frac{s\pi}{a}x\cdot\sin\frac{t\pi}{b}y$，然后分别对 $x(0\to a)$、$y(0\to b)$积分

$$\int_0^a\int_0^b\sum_{n=1}^{\infty}\sum_{m=1}^{\infty}C_{nm}\sin\frac{n\pi}{a}x\cdot\sin\frac{s\pi}{a}x\mathrm{d}x\cdot\sin\frac{m\pi}{b}y\cdot\sin\frac{t\pi}{b}y\mathrm{d}y$$

$$=\int_0^a\int_0^b U(x,y)\sin\frac{s\pi}{a}x\cdot\sin\frac{t\pi}{b}y\mathrm{d}x\mathrm{d}y$$

利用三角函数的正交性可得

$$\frac{ab}{4}C_{st}=\int_0^a\int_0^b U(x,y)\sin\frac{s\pi}{a}x\cdot\sin\frac{t\pi}{b}y\mathrm{d}x\mathrm{d}y$$

所以

$$C_{st}=\frac{4}{ab}\int_0^a\int_0^b U(x,y)\sin\frac{s\pi}{a}x\cdot\sin\frac{t\pi}{b}y\mathrm{d}x\mathrm{d}y \tag{4.25}$$

给定 $U(x,y)$，就可以求出 C_{st}。

① 若

$$U(x,y)=U_0\sin\frac{\pi}{a}x\cdot\sin\frac{\pi}{b}y \tag{4.26}$$

方法 1：把式(4.26)代入式(4.25)，可得

$$C_{st}=\frac{4U_0}{ab}\int_0^a\sin\frac{\pi}{a}x\cdot\sin\frac{s\pi}{a}x\mathrm{d}x\cdot\int_0^b\sin\frac{\pi}{b}y\cdot\sin\frac{t\pi}{b}y\mathrm{d}y$$

所以 $C_{11}=U_0$，其他 $C_{st}=0(s\neq1,t\neq1)$。

方法 2：把式(4.26)代入式(4.23)，

$$\sum_{n=1}^{\infty}\sum_{m=1}^{\infty}C_{nm}\sin\frac{n\pi}{a}x\cdot\sin\frac{m\pi}{b}y=U_0\sin\frac{\pi}{a}x\cdot\sin\frac{\pi}{b}y$$

比较系数可得

$$C_{11}=U_0,\quad C_{nm}=0(n\neq1,m\neq1)$$

由式(4.24)

$$A_{11}=\frac{U_0}{\sinh\alpha_z c},\quad A_{nm}=0(n\neq1,m\neq1)$$

所以

$$\begin{aligned}\Phi&=A_{11}\sin\frac{\pi}{a}x\cdot\sin\frac{\pi}{b}y\cdot\sinh\alpha_z z\\&=\frac{U_0}{\sinh\sqrt{\left(\frac{\pi}{a}\right)^2+\left(\frac{\pi}{b}\right)^2}c}\sin\frac{\pi}{a}x\cdot\sin\frac{\pi}{b}y\\&\quad\cdot\sinh\sqrt{\left(\frac{\pi}{a}\right)^2+\left(\frac{\pi}{b}\right)^2}z\end{aligned} \tag{4.27}$$

② 若

$$U(x,y)=U_0(\text{常数}) \tag{4.28}$$

把式(4.28)代入式(4.25),可得

$$\begin{aligned}C_{st}&=\frac{4}{ab}\int_0^a\int_0^b U_0\sin\frac{s\pi}{a}x\cdot\sin\frac{t\pi}{b}y\mathrm{d}x\mathrm{d}y\\&=\frac{4U_0}{st\pi^2}\left(\cos\frac{s\pi}{a}x\right)\Bigg|_0^a\cdot\left(\cos\frac{t\pi}{b}y\right)\Bigg|_0^b=\frac{16U_0}{st\pi^2}\Bigg|_{s,t=\text{奇数}}\end{aligned}$$

只有当 s 和 t 都为奇数时,C_{st} 才不为 0,用$(2n—1)$代替 s,其中 $n=1,2,3,\cdots$; 用$(2m-1)$代替 t,其中 $m=1,2,3,\cdots$,则

$$C_{st}=\frac{16U_0}{(2n-1)(2m-1)\pi^2}$$

由式(4.24)可以求出 A_{st},代入式(4.22)就可以求出电位的分布

$$\begin{aligned}\Phi=&\frac{16U_0}{\pi^2}\sum_{n=1}^{\infty}\sum_{m=1}^{\infty}\frac{\sin\frac{(2n-1)\pi}{a}x\cdot\sin\frac{(2n-1)\pi}{a}x}{(2n-1)(2m-1)}\\&\cdot\frac{\sinh\sqrt{\left[\frac{(2n-1)\pi}{a}\right]^2+\left[\frac{(2m-1)\pi}{b}\right]^2}z}{\sinh\sqrt{\left[\frac{(2n-1)\pi}{a}\right]^2+\left[\frac{(2m-1)\pi}{b}\right]^2}c}\end{aligned} \tag{4.29}$$

例 4.2 求图 4.4 中导体槽内电位的分布。槽的宽度在 x 方向和 z 方向都是无穷大,槽由两块 T 形的导体构成,两导体间有一狭缝,外加恒定电压 U_0。

图 4.4 例 4.2 用图

解 本题中场的分布可以分解成两个场的叠加 $\Phi=\Phi_1+\Phi_2$,如图 4.4 所示。其中 $\Phi_1=\frac{U_0}{d}y$,是平行板电容器中的场,Φ_2 是由 $x=0$ 处的电位分布 $U(y)$产生的场,而在原来的两个平行板处,电位为 0。先求 Φ_2

(1) Φ_2 的边界条件

在 $x=0$ 的面上

$$\begin{cases}\Phi_2=\Phi-\Phi_1=0-\dfrac{U_0}{d}y=-\dfrac{U_0}{d}y, & 0\leqslant y\leqslant\dfrac{d}{2}\\[2ex]\Phi_2=\Phi-\Phi_1=U_0-\dfrac{U_0}{d}y, & \dfrac{d}{2}\leqslant y\leqslant d\end{cases} \tag{4.30}$$

$$|x|\to\infty\text{ 时},\quad \Phi_2=0 \tag{4.31}$$

$$y=0\text{ 时},\quad \Phi_2=0,y=d\text{ 时},\quad \Phi_2=0 \tag{4.32}$$

(2) 写出通解，这是一个二维问题，与 z 无关，所以

$$k_x^2 + k_y^2 = 0 \tag{4.33}$$

由边界条件式(4.32)，$g(y)$可以写为

$$g(y) = \sum_{n=1}^{\infty} C_n \sin\frac{n\pi}{d}y \tag{4.34}$$

显然 $f(x)$应当是单调函数，由边界条件式(4.31)，$|x|\to\infty$时，$\Phi_2=0$，$f(x)$应当是指数函数，而且式(4.9)中第一项为0，所以

$$f(x) = B\mathrm{e}^{-\alpha_x|x|}$$

其中 $k_x^2=-\alpha_x^2=-k_y^2$，即 $\alpha_x=k_y=\dfrac{n\pi}{d}$，所以

$$f(x) = \sum_{n=1}^{\infty} B_n \mathrm{e}^{-\frac{n\pi}{d}|x|} \tag{4.35}$$

由式(4.34)和式(4.35)，Φ_2 的通解为

$$\Phi_2 = \sum_{n=1}^{\infty} A_n \mathrm{e}^{-\frac{n\pi}{d}|x|} \sin\frac{n\pi}{d}y \tag{4.36}$$

其中 $A_n=B_nC_n$。

(3) 确定系数 A_n

由边界条件式(4.30)，$x=0$ 时

$$\begin{cases} \displaystyle\sum_{n=1}^{\infty} A_n \sin\frac{n\pi}{d}y = -\frac{U_0}{d}y, & 0 \leqslant y \leqslant \dfrac{d}{2} \\ \displaystyle\sum_{n=1}^{\infty} A_n \sin\frac{n\pi}{d}y = U_0 - \frac{U_0}{d}y, & \dfrac{d}{2} \leqslant y \leqslant d \end{cases} \tag{4.37}$$

把式(4.37)两边同乘以 $\sin\dfrac{s\pi}{d}y$，然后由对 y 由 $0\to d$ 积分可得

$$\int_0^d \sum_{n=1}^{\infty} A_n \sin\frac{n\pi}{d}y \cdot \sin\frac{s\pi}{d}y\mathrm{d}y$$

$$= \int_0^{d/2} -\frac{U_0}{d}y \cdot \sin\frac{s\pi}{d}y\mathrm{d}y + \int_{d/2}^{d} \left(U_0 - \frac{U_0}{d}y\right) \cdot \sin\frac{s\pi}{d}y\mathrm{d}y$$

所以

$$\frac{d}{2}A_s = U_0\int_{d/2}^{d} \sin\frac{s\pi}{d}y\mathrm{d}y - \frac{U_0}{d}\int_0^d y \cdot \sin\frac{s\pi}{d}y\mathrm{d}y = \frac{U_0 d}{s\pi}\cos\frac{s\pi}{2}$$

只有 s 为偶数时，A_s 才不为0，而且有

$$A_s = \frac{2U_0}{s\pi}(-1)^{s/2}\bigg|_{s=\text{偶数}}$$

用 $2n$ 代替 s，其中 $n=1,2,3,\cdots$，可得 $A_n=\dfrac{U_0}{n\pi}(-1)^n$，代入式(4.36)可以求出

$$\Phi_2 = \frac{U_0}{\pi}\sum_{n=1}^{\infty} \frac{(-1)^n}{n}\mathrm{e}^{-\frac{2n\pi}{d}|x|} \cdot \sin\frac{2n\pi}{d}y$$

导体槽内电位的分布

$$\Phi = \Phi_1 + \Phi_2 = \frac{U_0}{d}y + \frac{U_0}{\pi}\sum_{n=1}^{\infty}\frac{(-1)^n}{n}e^{-\frac{2n\pi}{d}|x|} \cdot \sin\frac{2n\pi}{d}y$$

附录：三角函数的正交性

在任意区间上

$$\int_0^l \sin\frac{n\pi}{l}x \cdot \sin\frac{m\pi}{l}x\,dx = \begin{cases} l/2, & m = n \\ 0, & m \neq n \end{cases}$$

$$\int_0^l \cos\frac{n\pi}{l}x \cdot \cos\frac{m\pi}{l}x\,dx = \begin{cases} l/2, & m = n \\ 0, & m \neq n \end{cases}$$

$$\int_0^l \sin\frac{n\pi}{l}x \cdot \cos\frac{m\pi}{l}x\,dx = 0$$

4.3 圆柱坐标系中的分离变量法

4.3.1 圆柱坐标系中二维场的分离变量法

圆形区域中的二维场，场的分布与 z 无关，如无限长圆柱形区域内的场，如图 4.5 所示。拉普拉斯方程可以写为

$$\frac{1}{r}\frac{\partial}{\partial r}\left(r\frac{\partial \Phi}{\partial r}\right) + \frac{1}{r^2}\cdot\frac{\partial^2 \Phi}{\partial \varphi^2} = 0 \tag{4.38}$$

设 $\Phi(r,\varphi) = f(r)g(\varphi)$，代入式(4.38)，两边同时乘以 $\frac{r^2}{f(r)g(\varphi)}$，可得

$$\frac{r}{f(r)}\cdot\frac{\partial}{\partial r}\left(r\frac{\partial f(r)}{\partial r}\right) + \frac{1}{g(\varphi)}\frac{\partial^2 g(\varphi)}{\partial \varphi^2} = 0 \tag{4.39}$$

图 4.5　圆形区域中的二维场

式(4.39)成立的条件是两项分别等于常数，设分别为 γ^2 和 $-\gamma^2$，可以得到两个微分方程

$$\frac{d^2 g(\varphi)}{d\varphi^2} + \gamma^2 g(\varphi) = 0 \tag{4.40}$$

$$r^2\frac{d^2 f(r)}{dr^2} + r\frac{df(r)}{dr} - \gamma^2 f(r) = 0 \tag{4.41}$$

1. 式(4.40)的解

式(4.40)与直角坐标系中的三个方程形式上相同，解应为周期函数或单调函数。

① 在圆形区域内 $\Phi(\varphi+2k\pi)=\Phi(\varphi)$，所以 $g(\varphi)$ 应为周期函数

$$g(\varphi) = A\sin\gamma\varphi + B\cos\gamma\varphi$$

② 在平面上同一点，Φ 应该是单值的，即 $\Phi(\varphi+2\pi)=\Phi(\varphi)$，所以

$$A\sin\gamma(\varphi+2\pi) + B\cos\gamma(\varphi+2\pi) = A\sin\gamma\varphi + B\cos\gamma\varphi$$

γ 应该是整数，令 $\gamma=n=1,2,3,\cdots$，所以

$$g(\varphi) = A_n\sin n\varphi + B_n\cos n\varphi \tag{4.42}$$

2. 式(4.41)的解

把 $\gamma=n$ 代入式(4.41)可得

$$r^2\frac{\mathrm{d}^2 f(r)}{\mathrm{d}r^2}+r\frac{\mathrm{d}f(r)}{\mathrm{d}r}-n^2 f(r)=0 \tag{4.43}$$

这是欧拉型方程(变系数微分方程),可以设 $r=\mathrm{e}^t$,式(4.43)变换为

$$\frac{\mathrm{d}^2 f}{\mathrm{d}t^2}-n^2 f=0$$

解出 $f(t)$,再变换成 $f(r)$,可得

$$f(r)=C_n r^n+\frac{D_n}{r^n} \tag{4.44}$$

3. 通解为

$$\Phi(r,\varphi)=\sum_{n=1}^{\infty}(A_n\sin n\varphi+B_n\cos n\varphi)\left(C_n r^n+\frac{D_n}{r^n}\right) \tag{4.45}$$

利用分离变量法求解圆柱坐标系中的边值问题,可以直接利用通解式(4.45),再利用边界条件求出其中的系数。

例 4.3 一根半径为 a,介电常数为 ε 的无限长介质圆柱体置于均匀外电场 $\boldsymbol{E}_0$ 中,与 $\boldsymbol{E}_0$ 垂直。设外电场沿 x 轴方向,圆柱体轴线与 z 轴重合,如图 4.6 所示,求圆柱体内、外的电位函数。

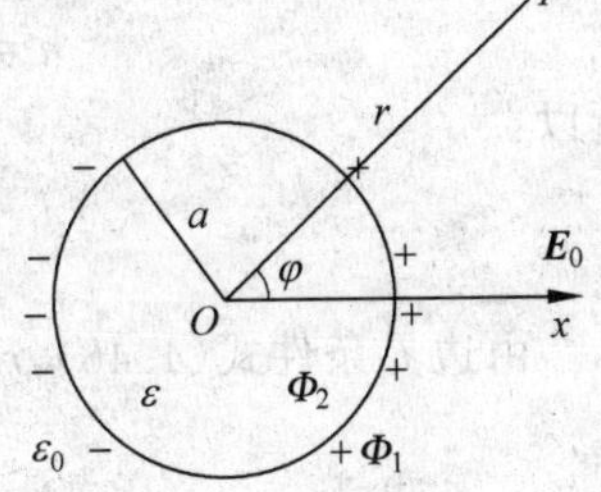

图 4.6 例 4.3 用图

解

1) 通解

无限长介质圆柱体,场的分布与 z 无关,选圆柱坐标,圆柱的轴线与 z 轴重合,$\boldsymbol{E}_0$ 沿 x 方向。设圆柱体内、外的电位函数分别为 Φ_2、Φ_1,介电常数分别为 ε、ε_0,通解为

$$\Phi_1(r,\varphi)=\sum_{n=1}^{\infty}(A_n\sin n\varphi+B_n\cos n\varphi)\left(C_n r^n+\frac{D_n}{r^n}\right),\quad r>a \tag{4.46}$$

$$\Phi_2(r,\varphi)=\sum_{n=1}^{\infty}(A'_n\sin n\varphi+B'_n\cos n\varphi)\left(C'_n r^n+\frac{D'_n}{r^n}\right),\quad r<a \tag{4.47}$$

2) 边界条件

(1) 电位参考点选在坐标原点,所以

$$r=0\text{ 时},\quad \Phi_2=0 \tag{4.48}$$

(2) 没放圆柱体前,$\boldsymbol{E}_0$ 在圆柱体外任意一点 P 产生的电位为

$$\Phi_0=\int\boldsymbol{E}_0\cdot\mathrm{d}\boldsymbol{r}=\int E_0\mathrm{d}r\cos(\pi-\varphi)=-E_0 r\cos\varphi+C$$

$r=0$ 时,$\Phi_0=0$,所以 $C=0$,可得

$$\Phi_0=-E_0 r\cos\varphi \tag{4.49}$$

$r\to\infty$ 时,圆柱体上的极化电荷对 P 点电位的影响趋近于 0,所以 $r\to\infty$ 时

$$\Phi_1 = \Phi_0 = -E_0 r\cos\varphi \tag{4.50}$$

(3) $r=a$ 处

$$\Phi_1 = \Phi_2 \tag{4.51}$$

$$\varepsilon_0 \frac{\partial \Phi_1}{\partial r} = \varepsilon \frac{\partial \Phi_2}{\partial r} \tag{4.52}$$

3) 化简通解

由于场的分布对称于 x 轴,$\Phi(r,\varphi)=\Phi(r,-\varphi)$,$g(\varphi)$是偶函数,所以 $A_n=0$,$A_n'=0$,通解可以化简为

$$\Phi_1(r,\varphi) = \sum_{n=1}^{\infty}\left(a_n r^n + \frac{b_n}{r^n}\right)\cos n\varphi, \quad r > a \tag{4.53}$$

$$\Phi_2(r,\varphi) = \sum_{n=1}^{\infty}\left(c_n r^n + \frac{d_n}{r^n}\right)\cos n\varphi, \quad r < a \tag{4.54}$$

由边界条件式(4.50),$r\to\infty$时,

$$\sum_{n=1}^{\infty}\left(a_n r^n + \frac{b_n}{r^n}\right)\cos n\varphi = -E_0 r\cos\varphi$$

比较系数,可得

$$n = 1, \quad a_1 r = -E_0 r, \quad 则\ a_1 = -E_0$$

$$n \neq 1, \quad a_n = 0, \quad b_n = 0$$

所以

$$\Phi_1(r,\varphi) = \left(-E_0 r + \frac{b_1}{r}\right)\cos\varphi \tag{4.55}$$

由边界条件式(4.48),$r=0$ 时,$\Phi_2=0$,所以 $d_n=0$,式(4.54)可以化简为

$$\Phi_2(r,\varphi) = \sum_{n=1}^{\infty} c_n r^n \cos n\varphi \tag{4.56}$$

由边界条件式(4.51),$r=a$ 时,$\Phi_1=\Phi_2$,所以

$$\sum_{n=1}^{\infty} c_n a^n \cos n\varphi = \left(-E_0 a + \frac{b_1}{a}\right)\cos\varphi$$

比较系数,可得

$$n = 1, \quad c_1 a = -E_0 a + \frac{b_1}{a} \tag{4.57}$$

$$n \neq 1, \quad c_n = 0$$

所以

$$\Phi_2 = c_1 r\cos\varphi \tag{4.58}$$

式(4.55)和式(4.58)称为 Φ_1、Φ_2 的最简形式。

4) 确定系数 c_1、b_1

由边界条件式(4.52)可以写出

$$\varepsilon c_1 \cos\varphi = \varepsilon_0\left(-E_0 - \frac{b_1}{a^2}\right)\cos\varphi$$

即

$$\varepsilon c_1 = \varepsilon_0 \left(-E_0 - \frac{b_1}{a^2}\right) \tag{4.59}$$

由式(4.57)、式(4.59)可以解得

$$c_1 = -\frac{2\varepsilon_0}{\varepsilon + \varepsilon_0} E_0, \quad b_1 = \frac{\varepsilon - \varepsilon_0}{\varepsilon + \varepsilon_0} a^2 E_0$$

代入式(4.55)和式(4.58)可得圆柱体内、外的电位函数

$$\Phi_1(r,\varphi) = -\left(1 - \frac{\varepsilon - \varepsilon_0}{\varepsilon + \varepsilon_0} \cdot \frac{a^2}{r^2}\right) E_0 r\cos\varphi, \quad r > a \tag{4.60}$$

$$\Phi_2(r,\varphi) = -\frac{2\varepsilon_0}{\varepsilon + \varepsilon_0} \cdot E_0 r\cos\varphi, \quad r < a \tag{4.61}$$

Φ_2 也可以写为

$$\Phi_2(r,\varphi) = -\frac{2\varepsilon_0}{\varepsilon + \varepsilon_0} \cdot E_0 x, \quad r < a \tag{4.62}$$

圆柱体内、外场强的分布为

$$\boldsymbol{E}_2 = -\nabla \Phi_2 = -\boldsymbol{e}_x \frac{\partial \Phi_2}{\partial x} = \boldsymbol{e}_x \frac{2\varepsilon_0}{\varepsilon + \varepsilon_0} E_0 \tag{4.63}$$

$$\begin{aligned}\boldsymbol{E}_1 = -\nabla \Phi_1 &= \boldsymbol{e}_r \left[1 + \frac{\varepsilon - \varepsilon_0}{\varepsilon + \varepsilon_0}\left(\frac{a^2}{r^2}\right)\right] E_0 \cos\varphi \\ &\quad + \boldsymbol{e}_\varphi \left[-1 + \frac{\varepsilon - \varepsilon_0}{\varepsilon + \varepsilon_0}\left(\frac{a^2}{r^2}\right)\right] E_0 \sin\varphi\end{aligned} \tag{4.64}$$

由式(4.63)可以看出，在外电场和圆柱体上极化电荷的共同作用下，圆柱体内是均匀电场(比外电场要小)，圆柱体外的电场发生了畸变，如图4.7所示。

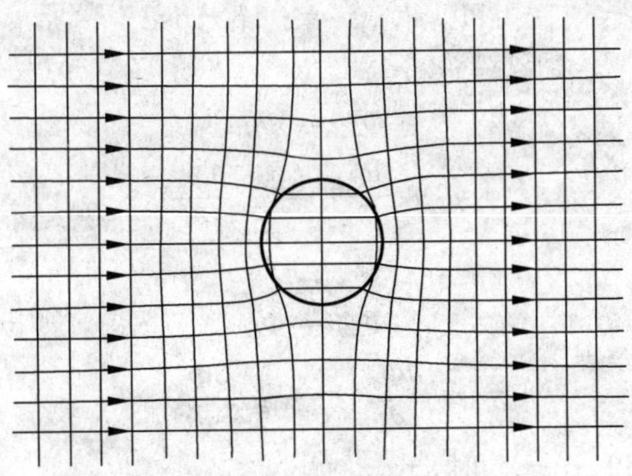

图4.7 介质圆柱体内、外的电场

例4.4 一长直磁屏蔽圆筒，放入均匀外磁场 $\boldsymbol{H} = \boldsymbol{e}_x H_0$ 中，圆筒的轴线与外磁场垂直，如图4.8所示。圆筒的内半径为 a，外半径为 b，设屏蔽材料的磁导率 $\mu = \mu_0 \mu_r$ 为常数，$\mu_r \gg 1$，圆筒内、外均为空气。求圆筒空腔中的磁场强度。

解 因为圆筒很长，可以忽略圆筒两端磁场的畸变，将待求磁场看作是平行平面场。选用圆柱坐标系，使 z 轴与圆筒的轴线重合，x 轴方向与外磁场的方向一致。屏蔽圆筒的内、外表面为媒质的分界面，将场域划分为三个区域。因所求的场域内没有电流分布，各

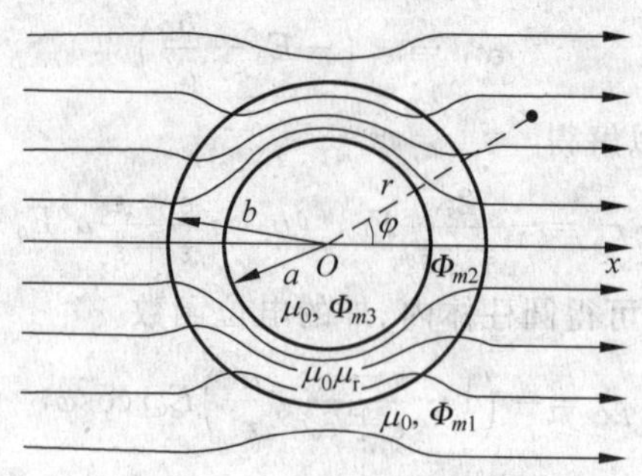

图 4.8 例 4.4 用图

区域内的标量磁位满足拉普拉斯方程，由于场的分布对称于 x 轴，$\Phi(r,\varphi)=\Phi(r,-\varphi)$，$g(\varphi)$是偶函数，通解为

$$\Phi_{m1}(r,\varphi)=\sum_{n=1}^{\infty}\left(C_n r^n+\frac{D_n}{r^n}\right)\cos n\varphi,\quad r>b \tag{4.65}$$

$$\Phi_{m2}(r,\varphi)=\sum_{n=1}^{\infty}\left(C'_n r^n+\frac{D'_n}{r^n}\right)\cos n\varphi,\quad a<r<b \tag{4.66}$$

$$\Phi_{m3}(r,\varphi)=\sum_{n=1}^{\infty}\left(C''_n r^n+\frac{D''_n}{r^n}\right)\cos n\varphi,\quad r<a \tag{4.67}$$

边界条件：选坐标原点为标量磁位的参考点，所以

$$\Phi_{m3}\big|_{r=0}=0 \tag{4.68}$$

类似于例题 4.3 中边界条件式(4.49)的讨论可得

$$\Phi_{m1}\big|_{r\to\infty}=-H_0 r\cos\varphi \tag{4.69}$$

在 $r=a$ 的分界面上

$$\Phi_{m2}=\Phi_{m3} \tag{4.70}$$

$$\mu_0\mu_r\frac{\partial\Phi_{m2}}{\partial r}=\mu_0\frac{\partial\Phi_{m3}}{\partial r} \tag{4.71}$$

在 $r=b$ 的分界面上

$$\Phi_{m1}=\Phi_{m2} \tag{4.72}$$

$$\mu_0\frac{\partial\Phi_{m1}}{\partial r}=\mu_0\mu_r\frac{\partial\Phi_{m2}}{\partial r} \tag{4.73}$$

由边界条件式(4.69)，$r\to\infty$时，

$$\sum_{n=1}^{\infty}\left(C_n r^n+\frac{D_n}{r^n}\right)\cos n\varphi=-H_0 r\cos\varphi$$

比较系数，可得 $n=1$ 时，$C_1=-H_0$，$n\neq1$ 时，$C_n=0$，$D_n=0$，所以

$$\Phi_{m1}(r,\varphi)=\left(-H_0 r+\frac{D_1}{r}\right)\cos\varphi \tag{4.74}$$

由边界条件式(4.68)，式(4.67)中的 $D''_n=0$，式(4.67)可以化简为

$$\Phi_{m3}(r,\varphi)=\sum_{n=1}^{\infty}C''_n r^n\cos n\varphi \tag{4.75}$$

由边界条件式(4.72),可得

$$\left(-H_0b+\frac{D_1}{b}\right)\cos\varphi=\sum_{n=1}^{\infty}\left(C'_nb^n+\frac{D'_n}{b^n}\right)\cos n\varphi$$

比较系数,可得 $n=1$ 时

$$-H_0b+\frac{D_1}{b}=C'_1b+\frac{D'_1}{b} \tag{4.76}$$

$n\neq1$ 时,$C'_n=0$,$D'_n=0$,所以

$$\Phi_{m2}(r,\varphi)=\left(C'_1r+\frac{D'_1}{r}\right)\cos\varphi \tag{4.77}$$

由边界条件式(4.73),可得

$$-H_0-\frac{D_1}{b^2}=\mu_r\left(C'_1-\frac{D'_1}{b^2}\right) \tag{4.78}$$

由边界条件式(4.70),可得

$$\left(C'_1a+\frac{D'_1}{a}\right)\cos\varphi=\sum_{n=1}^{\infty}C''_na^n\cos n\varphi$$

比较系数,可得 $n=1$ 时

$$C'_1a+\frac{D'_1}{a}=C''_1a \tag{4.79}$$

$n\neq1$ 时,$C''_n=0$,所以

$$\Phi_{m3}(r,\varphi)=C''_1r\cos\varphi \tag{4.80}$$

由边界条件式(4.71),可得

$$\mu_r\left(C'_1-\frac{D'_1}{a^2}\right)=C''_1 \tag{4.81}$$

联立求解式(4.76)、式(4.78)、式(4.79)和式(4.81),可以解出 D_1、C'_1、D'_1、C''_1。因本题只需求解圆筒内部区域中的磁场,所以只需解出 C''_1 即可。经计算可得

$$C''_1=\frac{-4\mu_rb^2H_0}{(\mu_r+1)^2b^2-(\mu_r-1)^2a^2} \tag{4.82}$$

由式(4.80),磁屏蔽圆筒内的标量磁位和磁场强度分别为

$$\begin{aligned}\Phi_{m3}&=\frac{-4\mu_rb^2H_0}{(\mu_r+1)^2b^2-(\mu_r-1)^2a^2}r\cos\varphi\\&=\frac{-4\mu_rb^2H_0}{(\mu_r+1)^2b^2-(\mu_r-1)^2a^2}x\end{aligned} \tag{4.83}$$

$$\boldsymbol{H}_3=-\nabla\Phi_{m3}=-\boldsymbol{e}_x\frac{\partial\Phi_{m3}}{\partial x}=\boldsymbol{e}_x\frac{4\mu_rb^2H_0}{(\mu_r+1)^2b^2-(\mu_r-1)^2a^2} \tag{4.84}$$

可以看出,磁屏蔽圆筒内的磁场是均匀的,其方向与外磁场强度方向一致。因为磁屏蔽圆筒的 $\mu_r\gg1$,式(4.84)可以简化为

$$\boldsymbol{H}_3=\boldsymbol{e}_x\frac{4b^2H_0}{\mu_r(b^2-a^2)}=\boldsymbol{e}_x\frac{4H_0}{\mu_r\left[1-\left(\frac{a}{b}\right)^2\right]} \tag{4.85}$$

屏蔽效果定义为

$$S=\frac{H_0}{H_3}=\frac{\mu_r}{4}\left[1-\left(\frac{a}{b}\right)^2\right] \tag{4.86}$$

用分贝(dB)可以表示为

$$S(\text{dB})=20\lg\frac{H_0}{H_3}=20\lg\frac{\mu_r}{4}\left[1-\left(\frac{a}{b}\right)^2\right] \tag{4.87}$$

可以看出,磁屏蔽材料的相对磁导率越大,筒壁越厚,屏蔽效果越好。

4.3.2 圆柱坐标系中三维场的分离变量法*

圆柱坐标系中的三维场,拉普拉斯方程可以写为

$$\frac{1}{r}\frac{\partial}{\partial r}\left(r\frac{\partial \Phi}{\partial r}\right)+\frac{1}{r^2}\cdot\frac{\partial^2\Phi}{\partial\varphi^2}+\frac{\partial^2\Phi}{\partial z^2}=0 \tag{4.88}$$

设 $\Phi(r,\varphi,z)=f(r)g(\varphi)h(z)$,代入式(4.88),两边同时乘以$\dfrac{r^2}{f(r)g(\varphi)h(z)}$,可得

$$\frac{r}{f(r)}\cdot\frac{\partial}{\partial r}\left(r\frac{\partial f(r)}{\partial r}\right)+\frac{1}{g(\varphi)}\frac{\partial^2 g(\varphi)}{\partial\varphi^2}+r^2\frac{1}{h(z)}\cdot\frac{\partial^2 h(z)}{\partial z^2}=0 \tag{4.89}$$

第二项只是 φ 的函数,为了使式(4.89)成立,第二项必须等于常数,设此常数为 $-n^2$,可得

$$\frac{\mathrm{d}^2 g(\varphi)}{\mathrm{d}\varphi^2}+n^2 g(\varphi)=0 \tag{4.90}$$

把第二项等于 $-n^2$ 代入式(4.89),并两端同除以 r^2,可得

$$\frac{1}{r\cdot f(r)}\cdot\frac{\partial}{\partial r}\left(r\frac{\partial f(r)}{\partial r}\right)-\frac{n^2}{r^2}+\frac{1}{h(z)}\cdot\frac{\partial^2 h(z)}{\partial z^2}=0 \tag{4.91}$$

第三项只是 z 的函数,为了使式(4.91)成立,第三项必须等于常数,设此常数为 k^2,可得

$$\frac{\mathrm{d}^2 h(z)}{\mathrm{d}z^2}-k^2 h(z)=0 \tag{4.92}$$

把第三项等于 k^2 代入式(4.91),并两端同除以 $r^2 f(r)$,可得

$$r\frac{\partial}{\partial r}\left(r\frac{\partial f(r)}{\partial r}\right)+(k^2r^2-n^2)f(r)=0 \tag{4.93}$$

式(4.90)、式(4.92)、式(4.93)就是分离变量后得到的三个常微分方程,下面分别加以讨论。

式(4.90)的解为(见4.2节)

$$g(\varphi)=A_1\sin n\varphi+A_2\cos n\varphi \tag{4.94}$$

其中 n 只能取整数,$n^2>0$,$n^2<0$ 的情况不存在。

式(4.92)的解可能取三种形式(见4.2节),令 $\alpha^2=-k^2$,如果 $k^2<0$,即 $\alpha^2>0$,则

$$h(z)=A_1\sin\alpha z+A_2\cos\alpha z \tag{4.95}$$

如果 $k^2>0$,即 $\alpha^2<0$,而且 $z=0$ 时,$\Phi=0$,则

$$h(z)=B_1\sinh kz+B_2\cosh kz \tag{4.96}$$

如果 $k^2>0$，即 $\alpha^2<0$，而且 $x=\rightarrow\infty$ 时，$\Phi=0$，则

$$h(z)=B'_1\mathrm{e}^{kz}+B'_2\mathrm{e}^{-kz} \tag{4.97}$$

式(4.93)是贝塞尔方程，令 $x=kr$，式(4.93)变为

$$x\frac{\partial}{\partial x}\left(x\frac{\partial f(x)}{\partial x}\right)+(x^2-n^2)f(x)=0 \tag{4.98}$$

这就是贝塞尔方程的标准形式。式(4.93)的解称为贝塞尔函数，如果 $k^2>0$，即 k 是实数时

$$f(r)=A_nJ_n(kr)+B_nN_n(kr) \tag{4.99}$$

其中 $J_n(kr)$ 称为第一类 n 阶贝塞尔函数，$N_n(kr)$ 称为第二类 n 阶贝塞尔函数。$J_n(kr)$ 与 $N_n(kr)$ 的函数图形如图 4.9、图 4.10 所示，可以看出 $J_n(kr)$ 与 $N_n(kr)$ 都多次出现零点，使 $J_n(kr)$ 与 $N_n(kr)$ 为零的 kr 值称为第一类贝塞尔函数或第二类贝塞尔函数的零根，用 α_{ni} 表示。

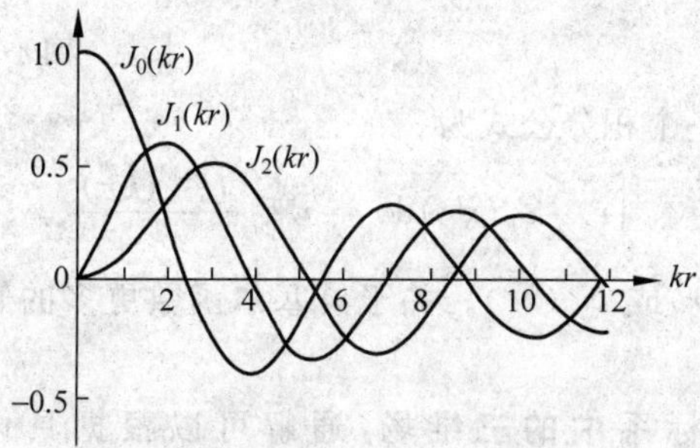

图 4.9　第一类贝塞尔函数图形

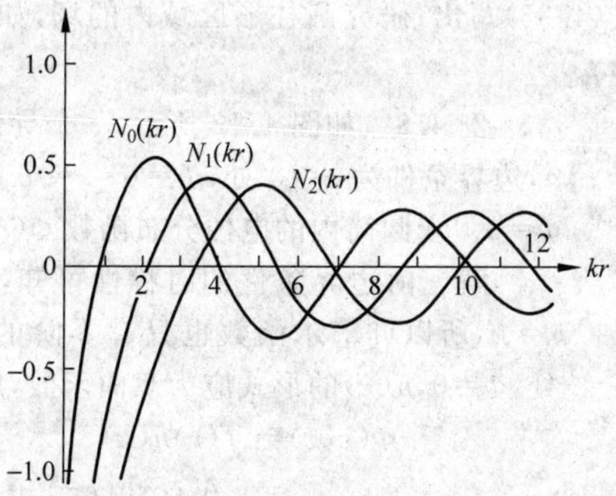

图 4.10　第二类贝塞尔函数图形

如果 $k^2<0$，即 k 是虚数时，式(4.99)成为

$$f(r)=A_nJ_n(\mathrm{j}kr)+B_nN_n(\mathrm{j}kr) \tag{4.100}$$

出现虚自变量的第一类、第二类贝塞尔函数，这两种函数的值会出现虚数，不便于运算，为此定义虚宗量的贝塞尔函数

$$I_n(kr)=\mathrm{j}^{-n}J_n(\mathrm{j}kr) \tag{4.101}$$

称为第一类虚宗量贝塞尔函数。

$$K_n(kr) = \mathrm{j}^{n+1}\frac{\pi}{2}[J_n(\mathrm{j}kr) + \mathrm{j}N_n(\mathrm{j}kr)] \tag{4.102}$$

称为第二类虚宗量贝塞尔函数。式(4.93)的解可以写为

$$f(r) = A'I_n(kr) + B'_nK_n(kr) \tag{4.103}$$

$I_n(kr)$和$K_n(kr)$的函数曲线如图4.11所示。

设函数$J_n(kr)$在$(0,\infty)$区间内有无穷多个零点(不包括原点),即$J(a_m)=0$,则$n\geqslant1$的函数系$J_n(kr)$都是在区间$[0,a]$上的正交系,其正交性可以表示为

$$\int_0^a rJ_n(k_ir)J_n(k_jr)\mathrm{d}r = \begin{cases} 0, & i \neq j \\ \dfrac{a^2}{2}\cdot J_{n+1}^2(k_ia), & i = j \end{cases} \tag{4.104}$$

图4.11 $I_n(kr)$和$K_n(kr)$的函数曲线

其中$k_ia=\alpha_{ni}$。

贝塞尔函数常用的一个积分公式为

$$\int r^{n+1}Z_n(kr)\mathrm{d}r = r^{n+1}\frac{J_{n+1}(kr)}{k} \tag{4.105}$$

其中$Z_n(kr)$可以是$J_n(kr)$或$N_n(kr)$。关于贝塞尔函数更多的知识,可以参看数学物理方面的书籍。

综上所述,圆柱坐标系中的三维场,通解可以根据具体问题的边界条件,由式(4.94)~式(4.97)、式(4.99)和式(4.103)写出。如果Φ沿z轴单调变化,通解可以由式(4.99)、式(4.94)、式(4.96)或式(4.97)写出;如果Φ沿z轴周期性变化,通解可以由式(4.103)、式(4.94)、式(4.95)写出;研究圆柱形区域内的场,如果场的分布与φ无关,通解中就不包含式(4.94)。

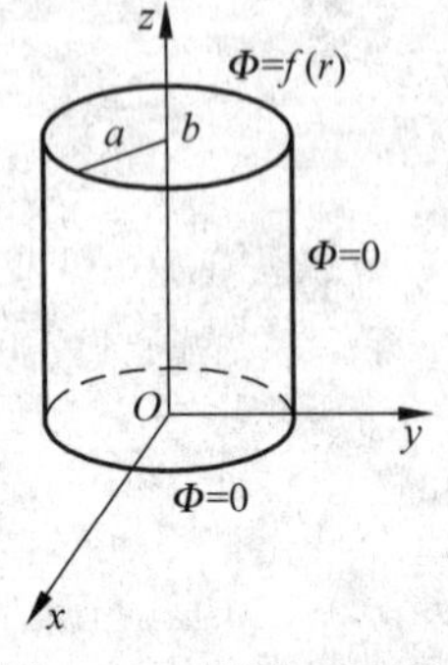

图4.12 例题4.5用图

例4.5 如图4.12所示,一个导体圆筒高度为b,半径为a,边界条件为$z=0$处,$\Phi=0$;$z=b$处,$\Phi=f(r)$;$r=a$处,$\Phi=0$。求圆筒内的电位分布函数$\Phi(r,\varphi,z)$。

解 由边界条件的对称性可知,场的分布与φ无关,即$n=0$,所以贝塞尔函数也只有零阶的。由边界条件在$z=0$处,$\Phi=0$,$h(z)$的形式应为双曲函数,所以

$$\begin{aligned}\Phi(r,z) &= f(r)h(z) \\ &= [A_1\cosh(kz) + A_2\sinh(kz)] \\ &\quad\cdot[B_1J_0(kr) + B_2N_0(kr)]\end{aligned} \tag{4.106}$$

由边界条件在$z=0$处,$\Phi=0$,所以$A_1=0$。又由$r=0$处,Φ应为有限值,由图4.10中可以看出应有$B_2=0$。所以式(4.106)可以化简为

$$\Phi(r,z) = A\sinh(kz)\cdot J_0(kr) \tag{4.107}$$

由边界条件$r=a$处,$\Phi=0$,可得

$$\Phi(a,z) = A\sinh(kz)\cdot J_0(ka) = 0$$

所以 ka 应是零阶贝塞尔函数的零根 α_{0i}，i 从 1 到 ∞，即

$$k_i = \frac{\alpha_{0i}}{a} \tag{4.108}$$

代入式(4.107)可得

$$\Phi(r,z) = \sum_{i=1}^{\infty} A_i \sinh(k_i z) \cdot J_0(k_i r) \tag{4.109}$$

由边界条件 $z=b$ 处，$\Phi=f(r)$ 可得

$$f(r) = \sum_{i=1}^{\infty} A_i \sinh(k_i b) \cdot J_0(k_i r)$$

为了确定系数 A_i，利用贝塞尔函数的正交性公式，上式两边同乘以 $rJ_0(k_m r)$，然后从 0 到 a 对 r 积分可得

$$\begin{aligned}\int_0^a f(r) r J_0(k_m r)\mathrm{d}r &= \int_0^a \sum_{i=1}^{\infty} A_i \sinh(k_i b) \cdot rJ_0(k_i r) J_0(k_m r)\mathrm{d}r \\ &= A_m \sinh(k_m b) \cdot \frac{a^2}{2} J_1^2(k_m a)\end{aligned}$$

所以

$$A_m = \frac{1}{\sinh(k_m b) \cdot \dfrac{a^2}{2} J_1^2(k_m a)} \int_0^a r f(r) J_0(k_m r)\mathrm{d}r \tag{4.110}$$

给定 $f(r)$ 就可以算出 A_m，如 $f(r)=U_0$，则有

$$\int_0^a U_0 r J_0(k_m r)\mathrm{d}r = U_0 a \frac{J_1(k_m a)}{k_m}$$

所以

$$A_m = \frac{2U_0}{k_m a \cdot \sinh(k_m b) \cdot J_1(k_m a)} \tag{4.111}$$

代入式(4.109)，即得 $\Phi(r,z)$ 的最终解为

$$\Phi(r,z) = \sum_{m=1}^{\infty} \frac{2U_0 \sinh(k_m z) \cdot J_0(k_m r)}{k_m a \cdot \sinh(k_m b) \cdot J_1(k_m a)} \tag{4.112}$$

例 4.6 一圆柱形导体圆筒，半径为 a，长度为 h。筒内无电荷分布，上、下底接地，圆柱侧面电位为 U_0，如图 4.13 所示，试求圆柱内的电位分布。

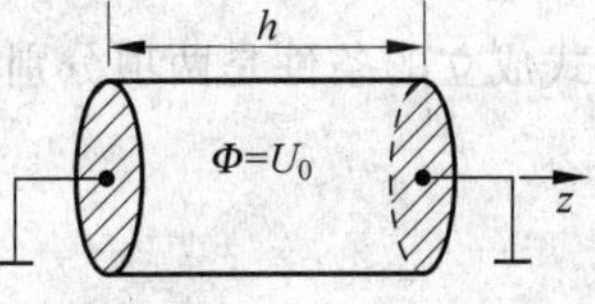

图 4.13 例 4.6 用图

解 由边界条件 $z=0$ 处，$\Phi=0$，$z=h$ 处，$\Phi=0$，所以 $h(z)$ 应当写为

$$h(z) = A_1 \sin\alpha z + A_2 \cos\alpha z$$

其中 $A_2=0$，$\alpha=\dfrac{n\pi}{h}$，$k=\mathrm{j}\alpha$。可以看出，场的分布与 φ 无关，即 $n=0$，所以只有零阶的虚宗量贝塞尔函数，所以

$$\Phi(r,z) = f(r)h(z) = \sum_{n=1}^{\infty} \left[A' I_0\left(\frac{n\pi}{h}r\right) + B' K_0\left(\frac{n\pi}{h}r\right)\right] A_1 \sin\frac{n\pi}{h}z$$

又由 $r=0$ 处，Φ 应为有限值，由图 4.11 中可以看出应有 $B'=0$。所以上式可以化简为

$$\Phi(r,z)=\sum_{n=1}^{\infty}C_nI_0\left(\frac{n\pi}{h}r\right)\sin\frac{n\pi}{h}z \tag{4.113}$$

由边界条件 $r=a$ 处,$\Phi=U_0$,可得

$$U_0=\sum_{n=1}^{\infty}C_nI_0\left(\frac{n\pi}{h}a\right)\sin\frac{n\pi}{h}z$$

上式两边同乘以 $\sin\frac{m\pi}{h}z$,然后从 0 到 h 对 z 积分可得

$$U_0\int_0^h\sin\frac{m\pi}{h}z\,\mathrm{d}z=\int_0^h\sum_{n=1}^{\infty}C_nI_0\left(\frac{n\pi}{h}a\right)\sin\frac{n\pi}{h}z\sin\frac{m\pi}{h}z\,\mathrm{d}z$$

可以算出

$$C_m=\frac{4U_0}{m\pi\cdot I_0\left(\frac{n\pi}{h}a\right)},\quad m=1,3,5,\cdots$$

代入式(4.113)可得

$$\Phi(r,z)=\sum_{m=1,3,5,\cdots}^{\infty}\frac{4U_0}{m\pi}\cdot\frac{I_0\left(\frac{n\pi}{h}r\right)}{I_0\left(\frac{n\pi}{h}a\right)}\sin\frac{n\pi}{h}z$$

4.4 球坐标系中的分离变量法

在球坐标系中只讨论轴对称场(场的分布与 φ 无关),如图 4.14 所示,拉普拉斯方程为

$$\frac{1}{r^2}\frac{\partial}{\partial r}\left(r^2\frac{\partial\Phi}{\partial r}\right)+\frac{1}{r^2\sin\theta}\frac{\partial}{\partial\theta}\left(\sin\theta\frac{\partial\Phi}{\partial\theta}\right)=0 \tag{4.114}$$

分离变量,令 $\Phi(r,\theta)=f(r)g(\theta)$,代入式(4.114),两边同乘以$\frac{r^2}{f(r)g(\theta)}$,可得

$$\frac{1}{f(r)}\frac{\partial}{\partial r}\left(r^2\frac{\partial f(r)}{\partial r}\right)+\frac{1}{g(\theta)\sin\theta}\frac{\partial}{\partial\theta}\left(\sin\theta\frac{\partial g(\theta)}{\partial\theta}\right)=0$$

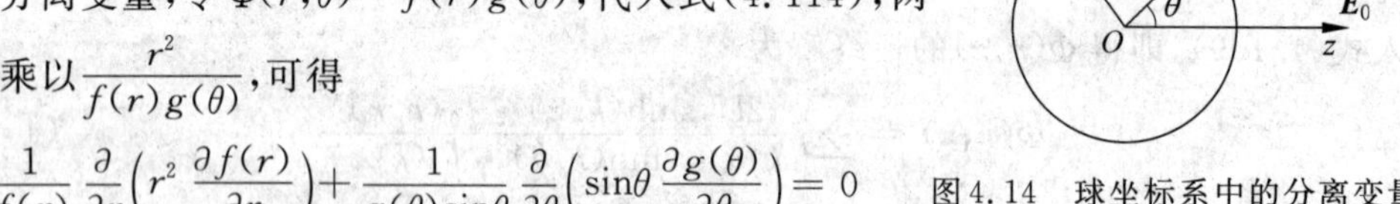

图4.14 球坐标系中的分离变量法

上式成立的条件是两项分别等于常数,设分别为 λ 和 $-\lambda$,可以得到两个微分方程

$$\frac{\mathrm{d}}{\mathrm{d}r}\left(r^2\frac{\mathrm{d}f(r)}{\mathrm{d}r}\right)=\lambda f(r) \tag{4.115}$$

$$\frac{1}{\sin\theta}\frac{\mathrm{d}}{\mathrm{d}\theta}\left(\sin\theta\frac{\mathrm{d}g(\theta)}{\mathrm{d}\theta}\right)=-\lambda g(\theta) \tag{4.116}$$

1. 式(4.116)的解

令 $x=\cos\theta$,通过变量代换,式(4.116)可以写为

$$(1-x^2)\frac{\mathrm{d}^2g(x)}{\mathrm{d}x^2}-2x\frac{\mathrm{d}g(x)}{\mathrm{d}x}+\lambda g(x)=0 \tag{4.117}$$

这是勒让德方程,其中 $\lambda=m(m+1)$,$m=1,2,3,\cdots$,式(4.116)的解称为勒让德多项式,记为 $g(x)=P_m(x)$,可以用下面的公式计算,即

$$P_m(x) = \frac{1}{2^m m!} \cdot \frac{d^m}{dx^m}(x^2 - 1)^m \tag{4.118}$$

下面是前面几阶勒让德多项式

$$\begin{cases} P_0(x) = 1 \\ P_1(x) = x \\ P_2(x) = \frac{1}{2}(3x^2 - 1) \\ P_3(x) = \frac{1}{2}(5x^3 - 3x) \\ P_4(x) = \frac{1}{8}(35x^4 - 30x^2 + 3) \\ P_5(x) = \frac{1}{8}(63x^5 - 70x^3 + 15x) \\ \cdots \end{cases} \tag{4.119}$$

其中 $x=\cos\theta$。更高阶的勒让德多项式可以从相关的数学手册中查到。勒让德多项式具有正交性

$$\int_0^\pi P_m(\cos\theta) P_n(\cos\theta) \sin\theta d\theta = \int_{-1}^1 P_m(x) P_n(x) dx = 0, \quad m \neq n \tag{4.120}$$

$$\int_0^\pi [P_m(\cos\theta)]^2 \sin\theta d\theta = \int_{-1}^1 [P_m(x)]^2 dx = \frac{2}{2m+1} \tag{4.121}$$

2. 式(4.115)的解

把 $\lambda=m(m+1)$ 代入式(4.115)可得

$$r^2 \frac{d^2 f(r)}{dr^2} + 2r \frac{df(r)}{dr} - m(m+1) f(r) = 0 \tag{4.122}$$

这是欧拉型方程,还是作变量代换,设 $r=e^t$,式(4.122)变为

$$\frac{d^2 f(t)}{dt^2} + \frac{df(t)}{dt} - m(m+1) f(t) = 0$$

解出 $f(t)$,再变换成 $f(r)$,可得

$$f(r) = A_m r^m + B_m r^{-(m+1)} \tag{4.123}$$

3. 通解

$$\Phi(r,\theta) = \sum_{m=0}^{\infty} \left(A_m r^m + \frac{B_m}{r^{m+1}} \right) P_m(\cos\theta) \tag{4.124}$$

利用分离变量法求解球坐标系中的边值问题,也是直接利用通解式(4.124),再利用边界条件求出其中的系数。

例 4.7 在均匀外电场 $\boldsymbol{E}_0$ 中放置一个半径为 a,介电常数为 ε 的介质球,球外的介电常数为 ε_0,如图 4.15 所示,计算球内、外的电位函数。

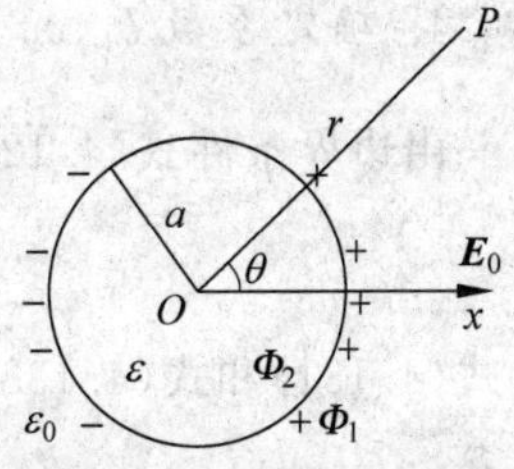

图 4.15 例 4.7 用图

解 选用球坐标系,使极轴沿 $\boldsymbol{E}_0$ 方向,设球体内、外的电位函数分别为 Φ_2、Φ_1,介电常数分别为 ε、ε_0,如图 4.15 所示。

1. 通解

$$\Phi_1(r,\theta)=\sum_{m=0}^{\infty}\left(a_m r^m+\frac{b_m}{r^{m+1}}\right)P_m(\cos\theta),\quad r>a \tag{4.125}$$

$$\Phi_2(r,\theta)=\sum_{m=0}^{\infty}\left(c_m r^m+\frac{d_m}{r^{m+1}}\right)P_m(\cos\theta),\quad r<a \tag{4.126}$$

2. 边界条件

$r\to\infty$时的边界条件与例 4.3 中相同,即

$$\Phi_1=-E_0 r\cos\theta \tag{4.127}$$

$r\to 0$ 时,Φ_2 有限,所以 $d_m=0$;$r=a$ 时

$$\Phi_1=\Phi_2 \tag{4.128}$$

$$\varepsilon_0\frac{\partial\Phi_1}{\partial r}=\varepsilon\frac{\partial\Phi_2}{\partial r} \tag{4.129}$$

3. 化简通解

由边界条件式(4.127),$r\to\infty$时

$$\sum_{m=0}^{\infty}\left(a_m r^m+\frac{b_m}{r^{m+1}}\right)P_m(\cos\theta)=-E_0 r\cos\theta$$

比较系数可得 $m=1$ 时,$a_1 r=-E_0 r$,所以 $a_1=-E_0$;$m\neq 1$ 时,$a_m=0$,$b_m=0$,式(4.125)可以化简为

$$\Phi_1=\left(-E_0 r+\frac{b_1}{r^2}\right)\cos\theta \tag{4.130}$$

由边界条件式(4.128)、式(4.130)和式(4.126)可得

$$\left(-E_0 a+\frac{b_1}{a^2}\right)\cos\theta=\sum_{m=0}^{\infty}c_m a^m P_m(\cos\theta)$$

比较系数可得,$m=1$ 时

$$-E_0 a+\frac{b_1}{a^2}=c_1 a \tag{4.131}$$

$m\neq 1$ 时,$c_m=0$,所以

$$\Phi_2=c_1 r\cos\theta \tag{4.132}$$

式(4.130)和式(4.132)称为最简形式。

4. 确定系数 b_1、c_1

由边界条件式(4.129)

$$\varepsilon_0\left(-E_0-\frac{2b_1}{a^3}\right)=\varepsilon c_1 \tag{4.133}$$

由式(4.131)和式(4.133)可以解出

$$b_1=\frac{\varepsilon-\varepsilon_0}{\varepsilon+2\varepsilon_0}E_0 a^3,\quad c_1=-\frac{3\varepsilon_0}{\varepsilon+2\varepsilon_0}E_0$$

代入式(4.130)和式(4.132)可得

$$\Phi_1 = -E_0 r\cos\theta + \frac{\varepsilon-\varepsilon_0}{\varepsilon+2\varepsilon_0}a^3 E_0 \frac{1}{r^2}\cos\theta \tag{4.134}$$

$$\Phi_2 = -\frac{3\varepsilon_0}{\varepsilon+2\varepsilon_0}E_0 r\cos\theta \tag{4.135}$$

球内的电场强度为

$$\begin{aligned}\boldsymbol{E}_2 &= -\nabla\Phi_2 = \boldsymbol{e}_r \frac{3\varepsilon_0}{\varepsilon+2\varepsilon_0}E_0\cos\theta - \boldsymbol{e}_\theta \frac{3\varepsilon_0}{\varepsilon+2\varepsilon_0}E_0\sin\theta \\ &= \boldsymbol{e}_z \frac{3\varepsilon_0}{\varepsilon+2\varepsilon_0}E_0\end{aligned} \tag{4.136}$$

式(4.136)的推导中利用了式(1.44)。可以看出,球内是均匀场,比外电场 $\boldsymbol{E}_0$ 小,是由于极化电荷在球内产生的电场与外电场 $\boldsymbol{E}_0$ 方向相反。

例 4.8 半径为 a 的球形电容器由上、下两个导体半球壳构成,若上半球壳加电压 U_0,下半球壳的电位为零(接地),如图 4.16 所示,计算球内电位的分布。

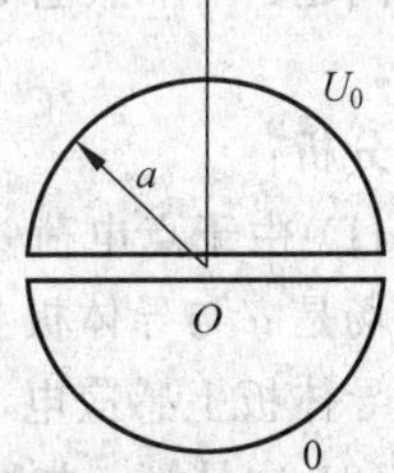

图 4.16 例 4.8 用图

解 这也是一个轴对称的问题,通解为

$$\Phi(r,\theta) = \sum_{m=0}^{\infty}\left(A_m r^m + \frac{B_m}{r^{m+1}}\right)P_m(\cos\theta) \tag{4.137}$$

对于球内区域,$r=0$ 处,电位应是有限值,所以 $B_m=0$,通解化简为

$$\Phi(r,\theta) = \sum_{m=0}^{\infty} A_m r^m P_m(\cos\theta) \tag{4.138}$$

边界条件,$r=a$ 时

$$\sum_{m=0}^{\infty} A_m a^m P_m(\cos\theta) = \begin{cases} U_0, & 0\leqslant\theta<\pi/2 \\ 0, & \pi/2<\theta\leqslant\pi \end{cases} \tag{4.139}$$

上式两边同乘以 $P_n(\cos\theta)\sin\theta$,$\theta$ 从 $0\to\pi$ 积分,可得

$$\int_0^{\pi}\sum_{m=0}^{\infty} A_m a^m P_m(\cos\theta)P_n(\cos\theta)\sin\theta\mathrm{d}\theta = \int_0^{\pi/2} U_0 P_n(\cos\theta)\sin\theta\mathrm{d}\theta$$

利用勒让德函数的正交性可以解出

$$A_n = \frac{(2n+1)U_0}{2a^n}\int_0^1 P_n(x)\mathrm{d}x \tag{4.140}$$

可以解出

$$A_0 = \frac{U_0}{2}\int_0^1 \mathrm{d}x = \frac{U_0}{2}$$

$$A_1 = \frac{(2+1)U_0}{2a}\int_0^1 x\mathrm{d}x = \frac{3U_0}{4a}$$

$$A_2 = \frac{(4+1)U_0}{2a^2}\int_0^1 \frac{1}{2}(3x^2-1)\mathrm{d}x = 0$$

$$A_3 = \frac{(6+1)U_0}{2a^3}\int_0^1 \frac{1}{2}(5x^3-3x)\mathrm{d}x = -\frac{7U_0}{16a^3}$$

$$A_4=\frac{(8+1)U_0}{2a^4}\int_0^1\frac{1}{8}(35x^4-30x^2+3)\mathrm{d}x=0$$

$$A_5=\frac{(10+1)U_0}{2a^5}\int_0^1\frac{1}{8}(63x^5-70x^3+15x)\mathrm{d}x=\frac{11U_0}{32a^5}$$

$$\cdots$$

所以球形电容器内的电位函数为

$$\Phi(r,\theta)=\frac{U_0}{2}+\frac{3U_0}{4a}rP_1(\cos\theta)-\frac{7U_0}{16a^3}r^3P_3(\cos\theta)+\frac{11U_0}{32a^5}r^5P_5(\cos\theta)-\cdots$$

4.5 镜像法

4.5.1 点电荷对无限大导体平面的镜像

问题：一个点电荷 q，与一接地的无限大导体平板相距 h(见图 4.17)，求平板上方的电场。

分析：

(1) 由于点电荷 q 的存在，导体板上出现分布不均匀的感应电荷，导体板上方任一点的电场是 q 与导体板上所有感应电荷产生的电场的叠加。解这个问题的困难在于需要计算导体板上感应电荷的分布，并计算所有感应电荷在该点产生的场。

(2) 这是第一类边值问题，导体板上方满足拉普拉斯方程 $\nabla^2\Phi=0$(除 q 所在点外)，给定了边界面上的电位($z=0$ 处，$\Phi=0$)，满足唯一性定理，所以可以用各种方法求解，只要满足给定的边界条件，解就是唯一的。

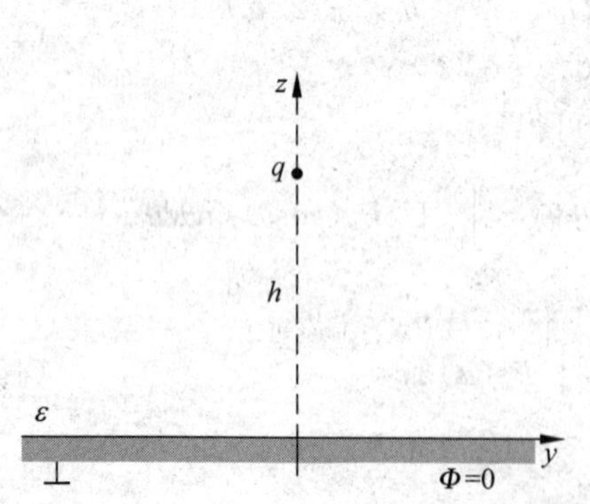

图 4.17 点电荷 q 与接地的无限大导体平板

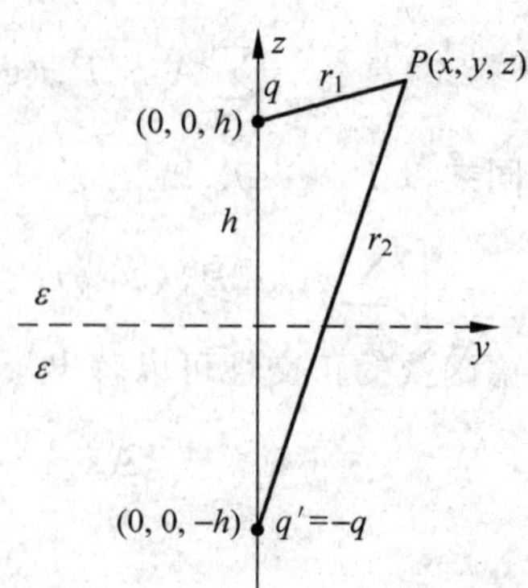

图 4.18 点电荷对无限大导体平面的镜像

(3) 设想抽去导体板(感应电荷也就不存在了)，空间充满同种介质 ε，在原导体板下方 h 处放一点电荷 $q'=-q$，如图 4.18 所示。此时导体板上方仍然满足拉普拉斯方程和原来的边界条件($z=0$ 处，$\Phi=0$)，根据唯一性定理，电场的分布是不变的，解是唯一的。这样就用一个点电荷 q' 代替了导体板表面所有感应电荷的影响。

导体板上方任一点的电位可以写为

$$\Phi(x,y,z)=\frac{1}{4\pi\varepsilon_0}\left(\frac{q}{r_1}+\frac{q'}{r_2}\right)$$
$$=\frac{1}{4\pi\varepsilon_0}\left[\frac{q}{\sqrt{x^2+y^2+(z-h)^2}}-\frac{q}{\sqrt{x^2+y^2+(z+h)^2}}\right] \tag{4.141}$$

这种方法把导体板上所有感应电荷的影响用一点电荷 q'代替，q'处于 q 的镜像位置，所以这种方法称为镜像法。一个点电荷相对于无限大导体平面，镜像电荷的大小为

$$q'=-q \tag{4.142}$$

镜像电荷的位置

$$h'=h \tag{4.143}$$

点电荷与无限大导体平板之间电力线和等位面的分布如图 4.19 所示，导体板下方的电场是假想的，导体板上方的电力线是 q 与感应电荷之间的电力线。

镜像法适用的区域不包括镜像电荷所在区域，例如本题中，是导体板的上方。

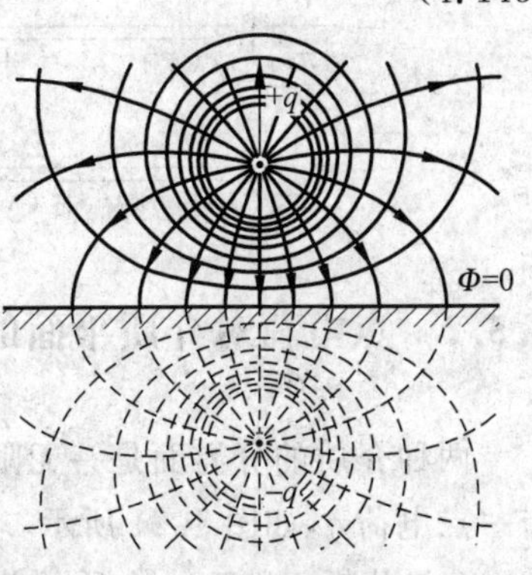

图 4.19 点电荷与无限大导体平板之间的电场

利用镜像法求出了导体板上方电位的分布式(4.141)，进而还可以求出导体板上感应电荷的分布。导体板表面附近的场强为

$$\boldsymbol{E}_1=\boldsymbol{e}_n\frac{\sigma}{\varepsilon_0} \tag{4.144}$$

所以

$$\sigma=\varepsilon_0 E_n=-\varepsilon_0\left.\frac{\partial\Phi}{\partial z}\right|_{z=0}=-\frac{qh}{2\pi(x^2+y^2+h^2)^{3/2}}$$

变换到平面极坐标系，$x^2+y^2=r^2$，可得

$$\sigma=-\frac{qh}{2\pi(r^2+h^2)^{3/2}} \tag{4.145}$$

导体板上总的感应电荷为

$$q_s=\iint\sigma\mathrm{d}s=-\frac{qh}{2\pi}\int_0^{\infty}\int_0^{2\pi}\frac{r\mathrm{d}r\mathrm{d}\varphi}{(r^2+h^2)^{3/2}}=-q \tag{4.146}$$

导体板上总的感应电荷等于镜像电荷，原来电力线是从 q 发出，终止于感应电荷；引入镜像电荷以后，电力线终止于镜像电荷，电力线和等位线的分布不变，如图 4.19 所示，所以可以用一个镜像电荷代替导体板上所有感应电荷的影响。

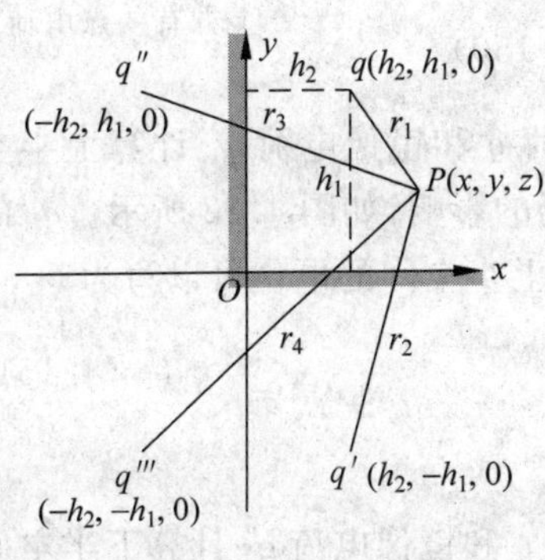

图 4.20 例 4.9 用图

例 4.9 图 4.20 所示为相交成直角的两个导体平面附近有一个点电荷 q，导体平面沿 x 轴正方向、沿 y 轴正方向、沿 z 轴的长度都远远大于点电荷到两个导体平面的距离，求第一象限内电场的分布。

解 建立坐标系，如图 4.20 所示，求第一象限内的

电场。边界条件为 $y=0$ 时,$\Phi=0$; $x=0$ 时,$\Phi=0$。

为了保证 $y=0$ 时,$\Phi=0$,取镜像电荷 $q'=-q$,位置在$(h_2,-h_1,0)$点。

为了保证 $x=0$ 时,$\Phi=0$;取镜像电荷 $q''=-q$,位置在$(-h_2,h_1,0)$点;$q'''=-q'=q$,位置在$(-h_2,-h_1,0)$点;q''、q'''同时保证了 $y=0$ 时,$\Phi=0$ 的条件。所以引入 q'、q''、q'''满足本题的边界条件。

第一象限内任一点 $P(x,y,z)$的电场为

$$\Phi=\frac{1}{4\pi\varepsilon_0}\left(\frac{q}{r_1}+\frac{q'}{r_2}+\frac{q''}{r_3}+\frac{q'''}{r_4}\right)$$

$$=\frac{q}{4\pi\varepsilon_0}\left[\frac{1}{\sqrt{(x-h_2)^2+(y-h_1)^2+z^2}}-\frac{1}{\sqrt{(x-h_2)^2+(y+h_1)^2+z^2}}\right.$$

$$\left.-\frac{1}{\sqrt{(x+h_2)^2+(y-h_1)^2+z^2}}+\frac{1}{\sqrt{(x+h_2)^2+(y+h_1)^2+z^2}}\right]$$

4.5.2 点电荷对介质平面的镜像

两种介质的分界面是一无限大平面,介电常数分别为 ε_1,ε_2,在上半空间距界面 h 处有一点电荷 q,如图 4.21 所示,求空间电场的分布。

(1) 分析:由于 q,介质的分界面上出现极化电荷(分布不均匀),空间任一点的电场是 q 与介质板上所有极化电荷产生的电场的叠加。解这个问题的困难是需要求分界面上极化电荷的分布和所有极化电荷在空间某一点产生的电场。

(2) 设上半空间和下半空间的电位分别是 Φ_1、Φ_2,满足的微分方程分别为

$$\nabla^2\Phi_1=0\quad(\text{除 } q \text{ 所在点外}),\quad z>0 \tag{4.147}$$

$$\nabla^2\Phi_2=0,\quad z<0 \tag{4.148}$$

在 $z=0$ 界面上的边界条件为

$$\Phi_1=\Phi_2 \tag{4.149}$$

$$\varepsilon_1\frac{\partial\Phi_1}{\partial z}=\varepsilon_2\frac{\partial\Phi_2}{\partial z} \tag{4.150}$$

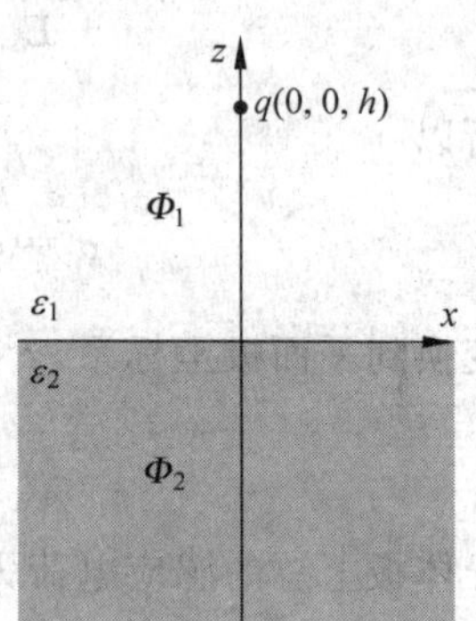

图 4.21 两种介质分界面上方有一点电荷

(3) 上半空间的场,设空间充满同一种介质 ε_1,由电荷 q 和镜像电荷 q' 计算上半空间的场,即用 q' 代替分界面上所有极化电荷对上半空间场的影响,如图 4.22 所示。q' 的位置(只能在下半空间)定在 $z=h'=-h$ 处,大小待定,则上半空间的电位可以写为

$$\Phi_1=\frac{q}{4\pi\varepsilon_1 r}+\frac{q'}{4\pi\varepsilon_1 r'} \tag{4.151}$$

其中 $r=\sqrt{x^2+y^2+(z-h)^2}$,$r'=\sqrt{x^2+y^2+(z+h)^2}$。

(4) 下半空间的场,设空间充满同一种介质 ε_2,由电荷 q 和镜像电荷 q'' 计算下半空间的场,即用 q'' 代替分界面上所有极化电荷对下半空间场的影响,如图 4.23 所示。q'' 的位置

(只能在上半空间)定在 $z=h$ 处(与 q 的位置重合),大小待定,则下半空间的电位可以写为

$$\Phi_2=\frac{q+q''}{4\pi\varepsilon_2 r} \tag{4.152}$$

其中 $r=\sqrt{x^2+y^2+(z-h)^2}$。

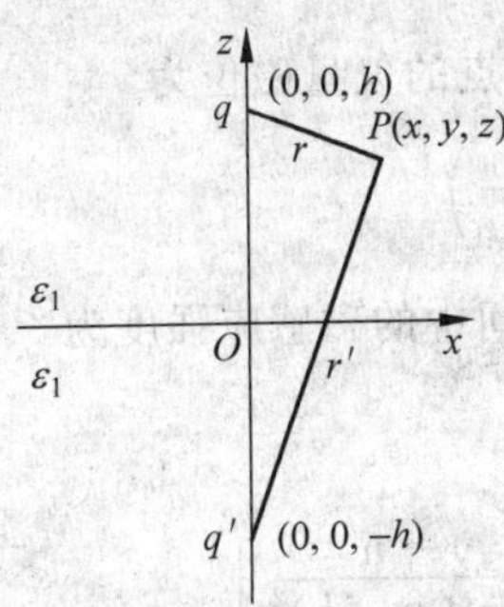

图 4.22 上半空间的场

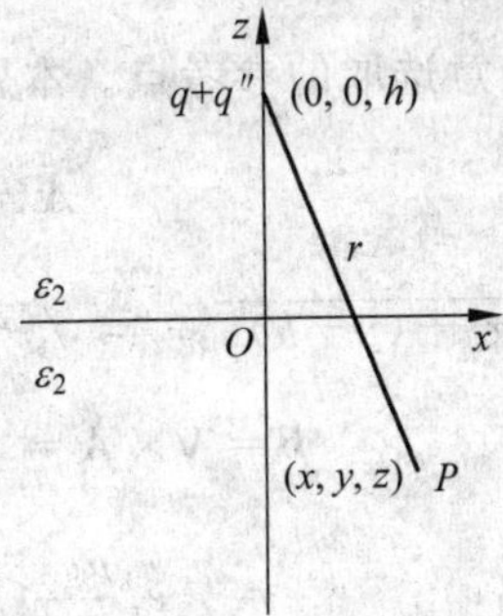

图 4.23 下半空间的场

(5) 利用边界条件确定 q' 和 q''。

由边界条件式(4.149)、式(4.150)可得

$$\frac{q+q'}{\varepsilon_1}=\frac{q+q''}{\varepsilon_2},\quad q'=-q''$$

可以解出

$$q'=-\frac{\varepsilon_2-\varepsilon_1}{\varepsilon_2+\varepsilon_1}q \tag{4.153}$$

$$q''=\frac{\varepsilon_2-\varepsilon_1}{\varepsilon_2+\varepsilon_1}q \tag{4.154}$$

代入式(4.151)、式(4.152)即可求出 Φ_1、Φ_2,进而利用电位梯度求出场强的分布。

4.5.3 电流对铁板平面的镜像

空气中一根通有电流 I 的直导线平行于铁板平面,与铁板表面距离为 h,如图 4.24 所示。设铁的磁导率 μ 可视为无穷大,求空气中的磁场。

首先讨论铁板表面的边界条件,由于铁的磁导率 μ 可视为无穷大,铁板内的磁场 $\boldsymbol{H}_2=0$(否则 $\boldsymbol{B}_2\to\infty$),利用磁场的边界条件可得 $H_{1t}=H_{2t}=0$,即铁板表面处(空气一侧)磁场的切向分量为 0,**磁场 $\boldsymbol{H}_1$ 垂直于铁板的表面**,这就是铁板表面的边界条件。

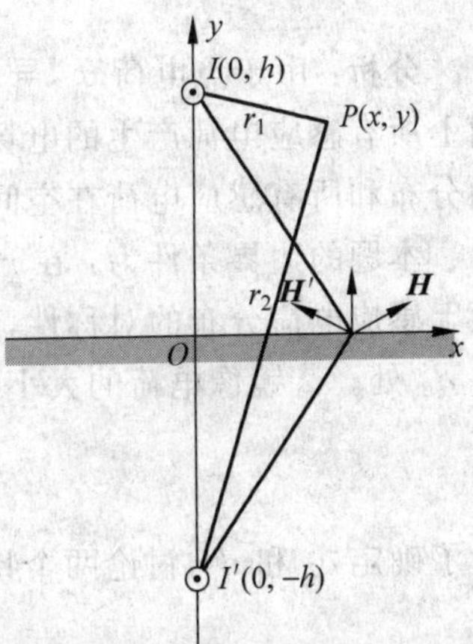

图 4.24 直线电流的镜像

用镜像法求解这个问题,设镜像电流 $I'=I$,方向也相同,位于原来电流 I 的镜像位置处,如图 4.24 所示,很容易验证 I 与 I' 在铁板表面任一点处产生的合磁场与铁

板表面垂直,满足边界条件。所以可以用 I' 代替铁板表面所有磁化电流的影响,计算上半空间的磁场。

由式(3.67),一无限长直线电流产生的矢量磁位为

$$\mathbf{A}=\boldsymbol{e}_z\frac{\mu_0 I}{2\pi}\ln\frac{r_0}{r}$$

其中 r_0 是任意选取的参考点。本题中上半空间中任一点的矢量磁位为

$$\mathbf{A}=\boldsymbol{e}_z\frac{\mu_0 I}{2\pi}\left(\ln\frac{r_0}{r_1}+\ln\frac{r_0}{r_2}\right)$$

其中 $r_1=\sqrt{x^2+(y-h)^2}$,$r_2=\sqrt{x^2+(y+h)^2}$,上半空间中的磁感应强度为

$$\begin{aligned}\boldsymbol{B}=\nabla\times\mathbf{A}&=\boldsymbol{e}_x\frac{\partial A_z}{\partial y}-\boldsymbol{e}_y\frac{\partial A_z}{\partial x}\\&=-\boldsymbol{e}_x\frac{\mu_0 I}{2\pi}\left[\frac{y+h}{x^2+(y+h)^2}+\frac{y-h}{x^2+(y-h)^2}\right]\\&\quad+\boldsymbol{e}_y\frac{\mu_0 I}{2\pi}\left[\frac{x}{x^2+(y+h)^2}+\frac{x}{x^2+(y-h)^2}\right]\end{aligned}$$

4.5.4 点电荷对导体球的镜像

一个半径为 a 的接地导体球,在与球心相距 d_1 处有一个点电荷 q_1,如图 4.25 所示。试求导体球外的电位函数。

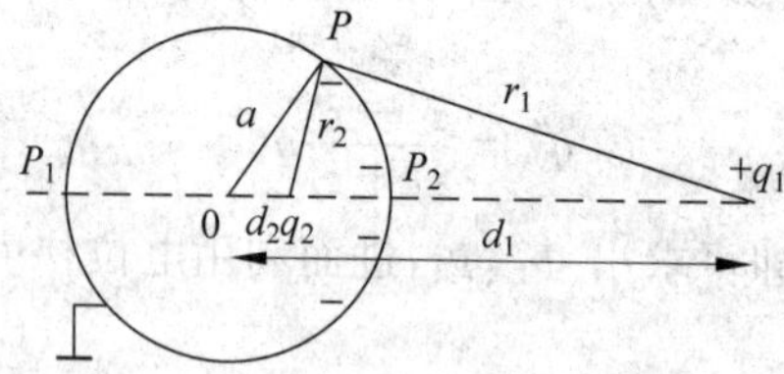

图 4.25 点电荷对导体球的镜像

分析:由于点电荷 q_1,导体球表面出现感应电荷,导体球外任一点的电场是 q_1 与球面上所有感应电荷产生的电场的叠加。解这个问题的困难是需要计算球面上感应电荷的分布和所有感应电荷在空间某一点产生的电场。

本题的边界条件为:在 $r=a$ 处,$\Phi=0$。用镜像法求解,①镜像电荷的位置:根据球面上感应电荷分布的对称性,镜像电荷应在 q_1 与 0 点的连接线上 0 点的右侧,设在距 0 点 d_2 处。②镜像电荷的大小:球面上任一点 P 处的电位为

$$\Phi_P=\frac{1}{4\pi\varepsilon_0}\left(\frac{q_1}{r_1}+\frac{q_2}{r_2}\right)=0 \tag{4.155}$$

为了确定 q_2 和 d_2,讨论两个特殊点,对于 P_1 点

$$\frac{1}{4\pi\varepsilon_0}\left(\frac{q_1}{a+d_1}+\frac{q_2}{a+d_2}\right)=0 \tag{4.156}$$

对于 P_2 点

$$\frac{1}{4\pi\varepsilon_0}\left(\frac{q_1}{d_1-a}+\frac{q_2}{a-d_2}\right)=0 \tag{4.157}$$

由式(4.156)、式(4.157)可以解出

镜像电荷 $$q_2=-\frac{a}{d_1}q_1 \tag{4.158}$$

镜像电荷的位置 $$d_2=\frac{a^2}{d_1} \tag{4.159}$$

即用镜像电荷代替了导体球面上所有的感应电荷，球外任一点 $P(r,\theta,\varphi)$ 的电位为

$$\Phi=\frac{1}{4\pi\varepsilon_0}\left(\frac{q_1}{r_1}-\frac{aq_1}{d_1r_2}\right) \tag{4.160}$$

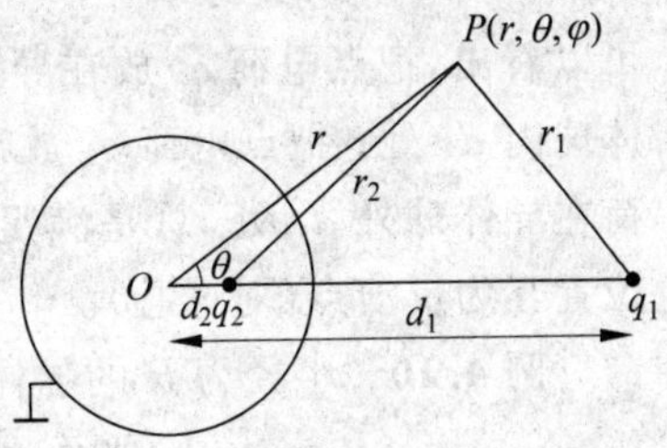

图 4.26 计算导体球外的场强

其中 $r_1=\sqrt{r^2+d_1^2-2rd_1\cos\theta}$，$r_2=\sqrt{r^2+d_2^2-2rd_2\cos\theta}$，如图 4.26 所示。场强的分布为

$$E_r=-\frac{\partial\Phi}{\partial r}=\frac{q_1}{4\pi\varepsilon_0}\left(\frac{r-d_1\cos\theta}{r_1^3}-\frac{a}{d_1}\cdot\frac{r-d_2\cos\theta}{r_2^3}\right) \tag{4.161}$$

$$E_\theta=-\frac{1}{r}\frac{\partial\Phi}{\partial\theta}=\frac{q_1}{4\pi\varepsilon_0}\left(\frac{d_1\sin\theta}{r_1^3}-\frac{a}{d_1}\cdot\frac{d_2\sin\theta}{r_2^3}\right) \tag{4.162}$$

导体球面上的感应电荷密度的分布为

$$\sigma=\varepsilon_0E_r|_{r=a}=\frac{-q_1(d_1^2-a^2)}{4\pi a(a^2+d_1^2-2ad_1\cos\theta)^{3/2}}$$

球面上总的感应电荷为

$$q_i=\oint\!\!\!\oint_s\sigma\mathrm{d}s=-\frac{q_1(d_1^2-a^2)}{4\pi a}\cdot 2\pi\int_0^\pi\frac{a^2\sin\theta\mathrm{d}\theta}{(a^2+d_1^2-2ad_1\cos\theta)^{3/2}}=-\frac{a}{d_1}q_1=q_2$$

球面上总的感应电荷等于镜像电荷。

如果导体球不接地，原来也不带电，由于 q_1 的影响，导体球的电位为

$$\Phi=\frac{1}{4\pi\varepsilon_0}\frac{q_1}{d_1}$$

在 $r=a$ 处，边界条件为

$$\Phi|_s=\frac{1}{4\pi\varepsilon_0}\frac{q_1}{d_1} \tag{4.163}$$

大家已经知道，q_1 与镜像电荷 q_2 使导体球表面 $\Phi=0$，为了使球面上满足边界条件式(4.163)，需在球心位置放置镜像电荷 $q''=\frac{a}{d_1}q_1$，此时导体球表面的电位

$$\Phi=\frac{1}{4\pi\varepsilon_0}\frac{\frac{a}{d_1}q_1}{a}=\frac{1}{4\pi\varepsilon_0}\frac{q_1}{d_1}$$

球外任一点的电位由 q_1、q_2、q'' 计算。

如果把一点电荷 q_2 放在接地的导体球形空腔内，距球心 d_2 处，求空腔内电场，如图 4.27 所示。用与推导式(4.158)、式(4.159)类似的方法可以导出

镜像电荷 q_1 的位置 $$d_1 = \frac{a^2}{d_2} \tag{4.164}$$

镜像电荷 q_1 的大小 $$q_1 = -\frac{a}{d_2}q_2 \tag{4.165}$$

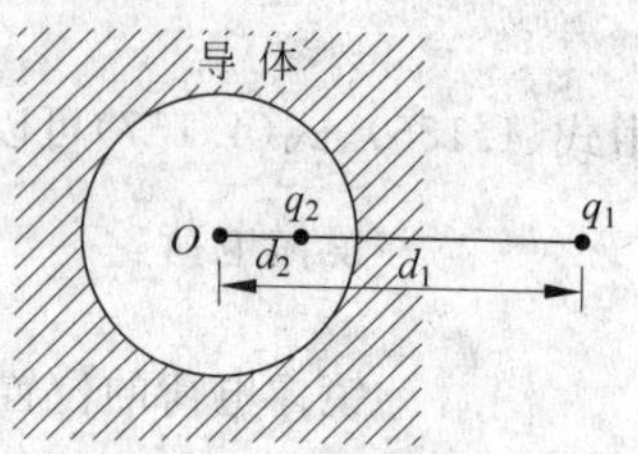

图 4.27 点电荷在接地的导体球形空腔内

可以看出，把点电荷 q_1 放在导体球外 d_1 处，镜像电荷在导体球内 d_2 处；把点电荷 q_2 放在导体球面内 d_2 处，镜像电荷在导体球外 d_1 处，总是满足条件 $d_1d_2 = a^2$，q_1 与 q_2 的位置互为反演点(对球心)。

例 4.10 半径为 R 的导体半球，置于一无限大接地导体平面上，点电荷 q 位于导体平面上方，与导体平面的距离是 $d(d>R)$，如图 4.28 所示，求 q 受的力。

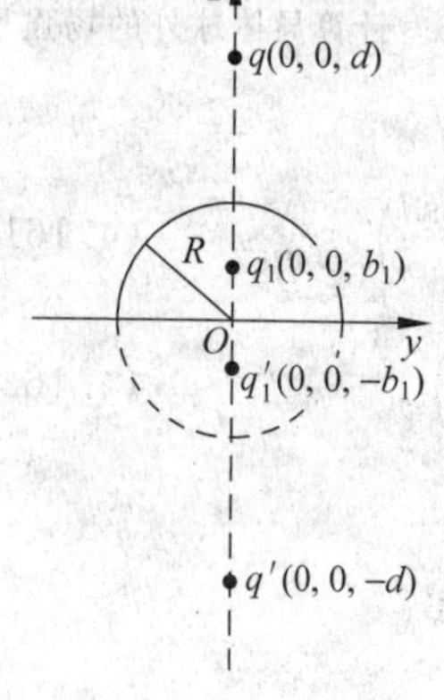

图 4.28 例 4.10 用图

解 电荷 q 受的力是导体半球面和平面上的感应电荷对 q 的作用力，利用一个或几个镜像电荷代替半球面和平面上所有的感应电荷，求这些镜像电荷对 q 的作用力。

q 相对于球面的镜像电荷

$$q_1 = -\frac{R}{d}q, \quad 位置在\ b_1 = \frac{R^2}{d}$$

q 与 q_1 使半球的电位为 0，但平面的电位不为 0。为了使平面的电位为 0，分别取 q 和 q_1 相对于平面的镜像电荷

$$q' = -q, \qquad 位置在\ d' = -d$$

$$q_1' = -q_1 = \frac{R}{d}q, \quad 位置在\ b_1' = -b_1$$

q、q'、q_1、q_1' 使平面电位为 0。q'、q_1' 是否破坏了半球上电位为 0 的条件呢？可以看出 q'、q_1' 相对于球面正好互为镜像电荷，保证了半球的电位仍为 0。q 所受的力就是三个镜像电荷 q_1、q_1'、q' 对 q 的作用力

$$F = \frac{1}{4\pi\varepsilon_0}\left[\frac{qq_1}{(d-b_1)^2} + \frac{qq'}{(2d)^2} + \frac{qq_1'}{(d+b_1)^2}\right] = -\frac{q^2}{4\pi\varepsilon_0}\left[\frac{4R^3d^3}{(d^4-R^4)^2} + \frac{1}{4d^2}\right]$$

例 4.11 一个导体球半径为 a，带有电荷 Q，置于一块接地导体平板上方，球心与导体板之间的距离为 D，如图 4.29 所示，求镜像电荷及导体球与导体平板之间的电容。

解 带电导体球置于接地导体平板上方，由于导体球上电荷的作用，导体板上出现感应电荷，分布是不均匀的；由于导体板的存在，导体球上电荷的分布也是不均匀的。可以用逐次逼近法计算镜像电荷的分布。

首先在导体球的中心放一个点电荷 Q_1，代替球面上所有的电荷，导体板的电位不为 0。第二步在导体板的下方设置 Q_1 的镜像电荷 $-Q_1$，这就使导体板的电位为 0，但是又改变了球面的电位。第三步在球体内设置 $-Q_1$ 的镜像电荷 Q_2。这样就重新恢复了导体球面的电位，但是导体平面的电位又不为 0 了。把这个迅速收敛的过程进行下去，一直到达

到需要的准确度为止，如图 4.30 所示。这些镜像电荷及其位置列在表 4.3 中，其中 $r=a/2D$。

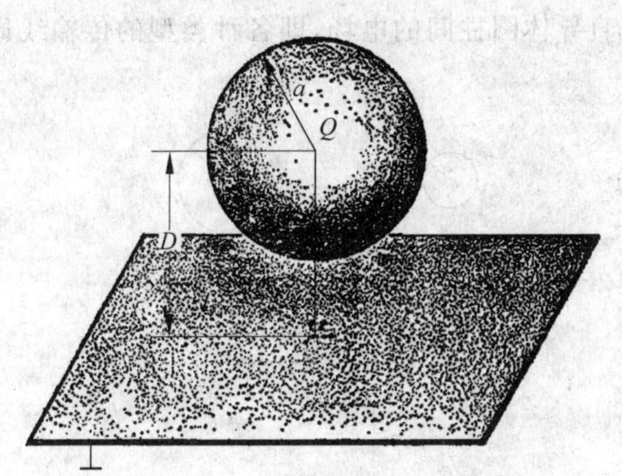

图 4.29 导体球置于接地导体平板上方

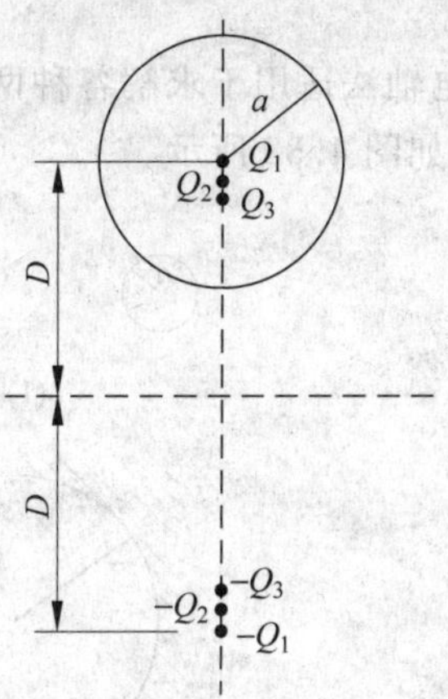

图 4.30 镜像电荷的设置

表 4.3 镜像电荷及其位置

导体球内		导体板下方	
镜像电荷	与球心的距离	镜像电荷	与球心的距离
Q_1	0	$-Q_1$	$2D$
$Q_2=rQ_1$	$a^2/2D$	$-Q_2$	$2D-a^2/2D$
$Q_3=\frac{r^2}{1-r^2}Q_1$	$\frac{a^2/2D}{1-(a/2D)^2}$	$-Q_3$	$2D-\frac{a^2/2D}{1-(a/2D)^2}$
…	…	…	…

对于 $D=3a$，导体球与导体板之间的等位面如图 4.31 所示。导体球上总的电荷为

$$Q=Q_1\left(1+r+\frac{r^2}{1-r^2}+\cdots\right)$$

只有 Q_1 对导体球的电位有贡献，$-Q_1$ 和 Q_2、$-Q_2$ 和 Q_3 等各对电荷在球面上产生的电位都等于 0。所以导体球的电位为

$$U=\frac{Q_1}{4\pi\varepsilon_0 a}$$

导体球与导体平板之间的电容为

$$C=\frac{Q}{U}=4\pi\varepsilon_0 a\left(1+r+\frac{r^2}{1-r^2}+\cdots\right)$$

可以看出，导体板的存在使导体球的电容增大了。

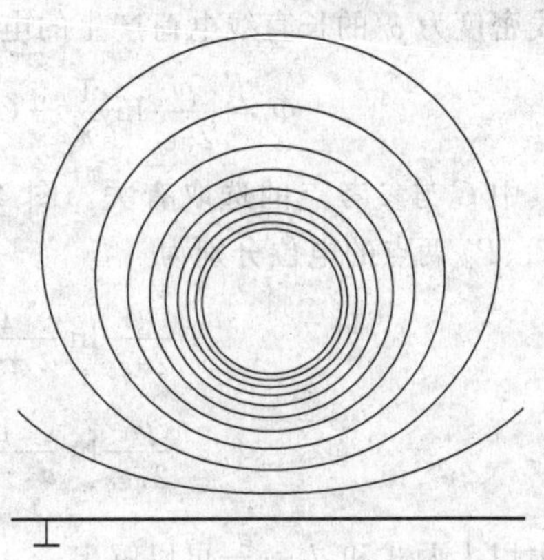
图 4.31 导体球与导体板之间的等位面

4.5.5 电轴法

电轴法适用于求解各种两平行长直导体圆柱间的电场，即各种类型的传输线周围的电场，如图 4.32 所示。

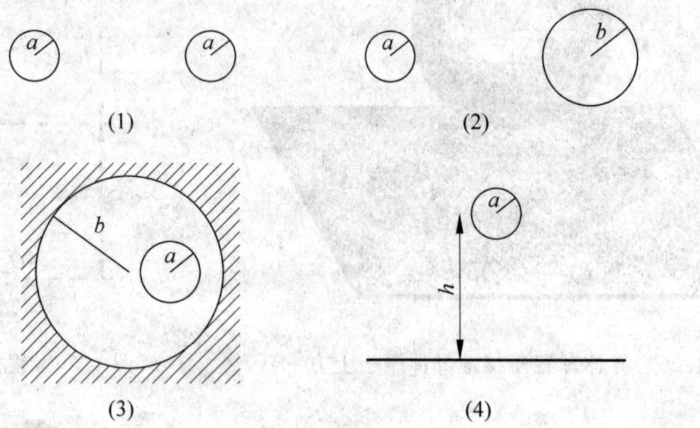

图 4.32 电轴法适用的范围

1. 线电荷对圆柱面的镜像

半径为 a 的长直接地导体圆柱外有一条和它平行的直线电荷，电荷线密度为 ρ_{l1}，与圆柱轴线相距 d_1，如图 4.33 所示，求空间的电位函数。

用镜像法求解，镜像电荷的位置仍取在 d_1 的反演点，$d_2=\dfrac{a^2}{d_1}$。下面计算镜像电荷的大小，一条电荷线密度为 ρ_l 的长直线电荷产生的电位为

$$\Phi=\frac{\rho_l}{2\pi\varepsilon_0}\ln\frac{1}{r}+C \qquad (4.166)$$

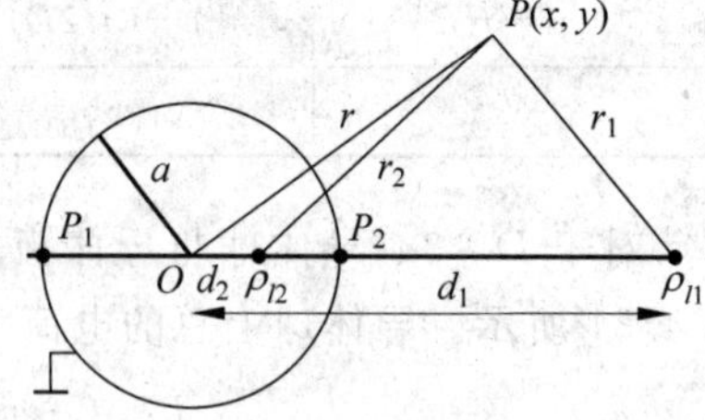

图 4.33 线电荷对圆柱面的镜像

其中 C 与参考点的选取有关。图 4.33 中圆柱面上 P_1、P_2 两点的电位分别为

$$\frac{\rho_{l1}}{2\pi\varepsilon_0}\ln\frac{1}{a+d_1}+\frac{\rho_{l2}}{2\pi\varepsilon_0}\ln\frac{1}{a+d_2}+C=0$$

$$\frac{\rho_{l1}}{2\pi\varepsilon_0}\ln\frac{1}{d_1-a}+\frac{\rho_{l2}}{2\pi\varepsilon_0}\ln\frac{1}{a-d_2}+C=0$$

由以上两式和 $d_2=\dfrac{a^2}{d_1}$ 可以解出

$$\rho_{l2}=-\rho_{l1} \qquad (4.167)$$

所以圆柱外任一点的电位为

$$\Phi = \frac{\rho_{l1}}{2\pi\varepsilon_0}\ln\frac{1}{r_1} + \frac{\rho_{l2}}{2\pi\varepsilon_0}\ln\frac{1}{r_2} + C = \frac{\rho_{l1}}{2\pi\varepsilon_0}\ln\frac{r_2}{r_1} + C \tag{4.168}$$

2. 等位面方程

令 Φ=常数，即 $r_2/r_1 = k$。把坐标原点平移到 ρ_{l1} 和 ρ_{l2} 连线的中点，如图 4.34 所示，可以写出

$$\frac{r_2^2}{r_1^2} = \frac{(x+b)^2 + y^2}{(x-b)^2 + y^2} = k^2$$

其中 b 是 ρ_{l1}、ρ_{l2} 到新坐标原点的距离。整理后可得

$$\left(x - \frac{k^2+1}{k^2-1}b\right)^2 + y^2 = \left(\frac{2bk}{k^2-1}\right)^2 \tag{4.169}$$

这是 xy 平面上的圆方程，圆心坐标 $\left(\frac{k^2+1}{k^2-1}b, 0\right)$ 和圆的半径 $\frac{2bk}{k^2-1}$ 都随着 k 的取值而变化，给定一个 k，有一对等位面(圆柱面)，由此可以绘出等位面的分布，如图 4.35 所示。

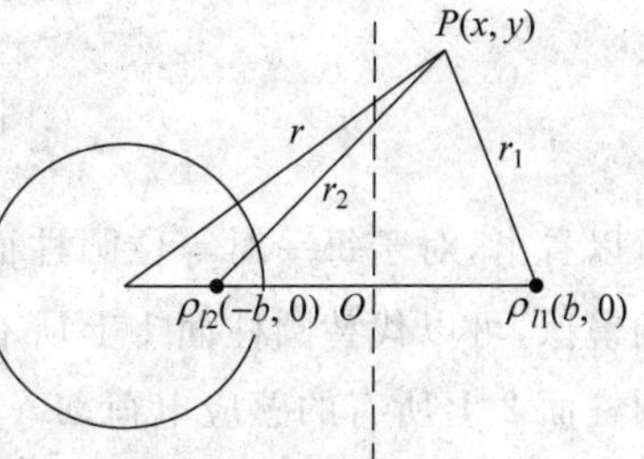

图 4.34 坐标原点平移到 ρ_{l1} 和 ρ_{l2} 连线的中点

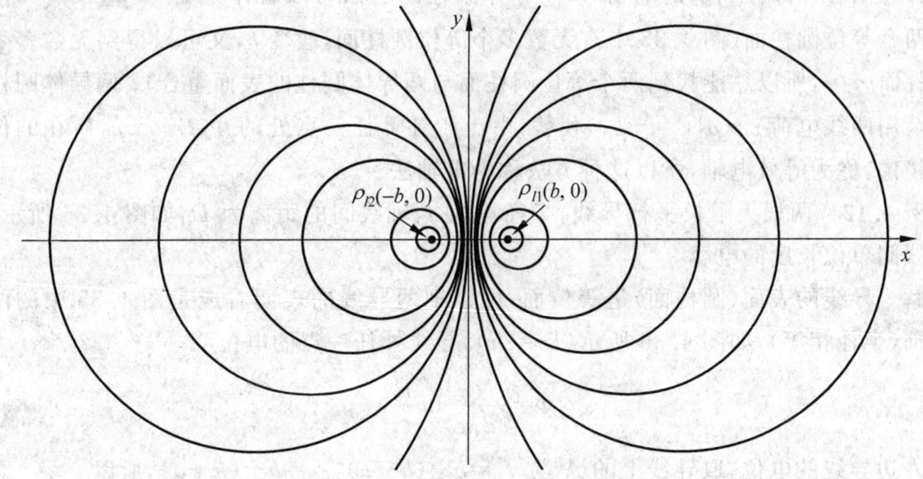

图 4.35 ρ_{l1} 和 ρ_{l2} 产生的等位面

设某一对等位面(圆柱面)的半径为 $a = \frac{2bk}{k^2-1}$，圆心(轴线)的坐标为 $(\pm h, 0)$，$h = \frac{k^2+1}{k^2-1}b$，如图 4.36 所示，则

$$h^2 = \frac{(k^2+1)^2 b^2}{(k^2-1)^2} = \frac{[(k^2-1)^2 + 4k^2]b^2}{(k^2-1)^2} = b^2 + a^2$$

所以

$$a^2 = h^2 - b^2 = (h+b)(h-b) = d_1 d_2$$

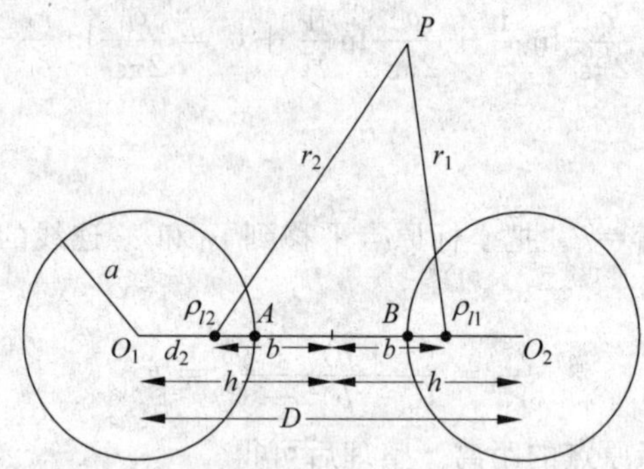

图 4.36　任意一对等位圆柱面

可以看出，对于每一对等位圆柱面，ρ_{l1} 和 ρ_{l2} 所在的位置互为镜像：ρ_{l2} 是 ρ_{l1} 对于圆柱面 1 的镜像，可以代替圆柱面 1 上所有的感应电荷；ρ_{l1} 是 ρ_{l2} 对于圆柱面 2 的镜像，可以代替圆柱面 2 上所有的感应电荷。

3. 电轴法

计算两导体圆柱周围的电场时，两导体圆柱的表面可以看作是 ρ_{l1} 和 ρ_{l2}（$=-\rho_{l1}$）产生的两个等位圆柱面（图 4.35 中有无数多个等位圆柱面，改变 b，又可以得到无数多个等位圆柱面……，所以总能找到两个等位圆柱面与两导体圆柱的表面重合）；两导体圆柱上的电荷用两线电荷 ρ_{l1}、ρ_{l2}（$=-\rho_{l1}$）代替，由 $\pm\rho_{l1}$ 计算任一点处的 Φ、$\boldsymbol{E}$。$\pm\rho_{l1}$ 所在的位置互为镜像，称为等效电轴，所以这种方法称为电轴法。

例 4.12　两根无限长平行导线，半径均为 a，轴线间的距离为 D，如图 4.36 所示，求两导线间单位长度的电容。

解　导线的表面（圆柱面）是等位面，可以把两导线的表面看成是图 4.35 中的两个等位面（半径相等），如图 4.36 所示（$D=2h$），导线外任一点的电位为

$$\Phi = \frac{\rho_{l1}}{2\pi\varepsilon_0}\ln\frac{r_2}{r_1}$$

计算左边导线的电位，取导线上的 A 点，$r_2=b-(h-a)$，$r_1=b+(h-a)$，所以

$$\Phi_{\mathrm{A}} = \frac{\rho_{l1}}{2\pi\varepsilon_0}\ln\frac{b-(h-a)}{b+(h-a)}$$

计算右边导体的电位，取导线上的 B 点，$r_2=b+(h-a)$，$r_1=b-(h-a)$，所以

$$\Phi_{\mathrm{B}} = \frac{\rho_{l1}}{2\pi\varepsilon_0}\ln\frac{b+(h-a)}{b-(h-a)}$$

两导线间的电位差

$$U_{\mathrm{BA}} = \Phi_{\mathrm{B}} - \Phi_{\mathrm{A}} = \frac{\rho_{l1}}{2\pi\varepsilon_0}\left[\ln\frac{b+(h-a)}{b-(h-a)} - \ln\frac{b-(h-a)}{b+(h-a)}\right] = \frac{\rho_{l1}}{\pi\varepsilon_0}\ln\frac{b+(h-a)}{b-(h-a)}$$

单位长度的电容为

$$C_0 = \frac{\rho_{l1}}{U_{BA}} = \frac{\pi\varepsilon_0}{\ln\dfrac{b+(h-a)}{b-(h-a)}} \tag{4.170}$$

若 $h \gg a, h \approx b$,可得

$$C_0 = \frac{\pi\varepsilon_0}{\ln\dfrac{2h}{a}} \tag{4.171}$$

例 4.13 半径为 a_1、a_2 的两平行长直导线的轴间距离为 $d(d > a_1 + a_2)$,电压为 U_0,求空间电位的分布 Φ 和单位长度的电容 C_0。

解 利用电轴法,两导线的表面看成是图 4.35 中的两个等位面(半径不相等),如图 4.37 所示。关键是确定电轴的位置 b。圆柱 2 上的电荷用 ρ_l 表示,圆柱 1 上的电荷用 $-\rho_l$ 表示。

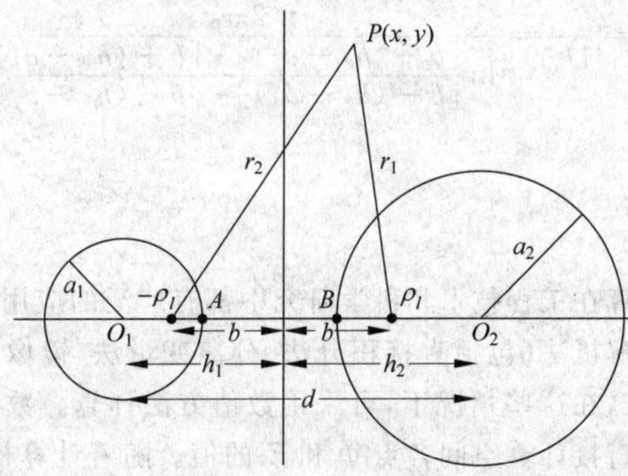

图 4.37 例 4.13 用图

ρ_l 相对于导线 1 的镜像是 $-\rho_l$,所以

$$a_1^2 = d_1 d_2 = (h_1 + b)(h_1 - b) = h_1^2 - b^2$$

即

$$b^2 = h_1^2 - a_1^2 \tag{4.172}$$

同理,由 $-\rho_l$ 相对于导线 2 的镜像是 ρ_l,可以导出

$$b^2 = h_2^2 - a_2^2 \tag{4.173}$$

又有

$$h_1 + h_2 = d \tag{4.174}$$

由式(4.172)~式(4.174)可以解出

$$\begin{cases} h_1 = \dfrac{d^2 + a_1^2 - a_2^2}{2d} \\ h_2 = \dfrac{d^2 + a_2^2 - a_1^2}{2d} \end{cases} \tag{4.175}$$

由式(4.175)、式(4.172)或式(4.173)可得

$$b = \left[\left(\frac{d^2 + a_1^2 - a_2^2}{2d}\right)^2 - a_1^2\right]^{1/2} = \left[\left(\frac{d^2 + a_2^2 - a_1^2}{2d}\right)^2 - a_2^2\right]^{1/2}$$

两导线外任一点的电位为

$$\Phi = \frac{\rho_l}{2\pi\varepsilon_0}\ln\frac{r_2}{r_1}$$

用与例 4.12 中完全相同的方法可以解出,两导线间的电位差为

$$U_0 = \Phi_B - \Phi_A = \frac{\rho_l}{2\pi\varepsilon_0}\ln\frac{[b+(h_2-a_2)]\cdot[b+(h_1-a_1)]}{[b-(h_2-a_2)]\cdot[b-(h_1-a_1)]}$$

可以解出

$$\Phi = \frac{U_0}{\ln\dfrac{[b+(h_2-a_2)]\cdot[b+(h_1-a_1)]}{[b-(h_2-a_2)]\cdot[b-(h_1-a_1)]}}\ln\frac{r_2}{r_1}$$

单位长度的电容为

$$C_0 = \frac{\rho_l}{U_0} = \frac{2\pi\varepsilon_0}{\ln\dfrac{[b+(h_2-a_2)]\cdot[b+(h_1-a_1)]}{[b-(h_2-a_2)]\cdot[b-(h_1-a_1)]}} \tag{4.176}$$

4.6 有限差分法

电磁场的分析、计算在工程技术和科学研究中都有广泛的应用。当场域边界的几何形状比较复杂时,应用解析法(包括直接积分法、分离变量法、镜像法、复变函数法等)分析计算会遇到很多困难,在这些情况下,可采用数值方法计算。数值计算方法不推导场的表达式,利用计算机直接计算空间各点 Φ 和 E 的值。随着计算机技术的发展,数值计算方法发展得很快,已经成为一门新的学科——计算电磁学,成为工程技术上分析计算电磁场问题的重要手段。目前已经有许多种分析、计算电磁场的数值方法,如有限差分法、有限元法、矩量法、模拟电荷法、边界元法、时域有限差分法等。可以分析计算静态电磁场,也可以分析计算时变电磁场。由于各种数值方法的发展,使电磁场的分析计算实用化。

在电磁场的各种数值分析方法中,有限差分法以其简单、直观的特点得到广泛的应用。本节以有限差分法为例,介绍电磁场数值方法的基本原理和基本方法。

4.6.1 差分原理

有限差分法是以差分原理为基础的一种数值计算方法。因此,需要先介绍一下差分原理的基本思想。

1. 一阶差分和一阶差商

设一函数 $f(x)$,当自变量 x 有一很小的增量 $\Delta x=h$ 时,函数 $f(x)$的增量

$$\Delta f(x) = f(x+h) - f(x) \tag{4.177}$$

称为函数 $f(x)$的一阶差分。差分 Δf 与微分 $\mathrm{d}f$ 的区别在于:在微分 $\mathrm{d}f$ 的定义中,$\Delta x\rightarrow 0$;

在差分 Δf 的定义中，$\Delta x=h$ 为一有限值，所以也称为有限差分。当 h 很小时，差分 Δf 很接近微分 $\mathrm{d}f$。

一阶差分除以增量 h 的商，称为一阶差商

$$\frac{\Delta f(x)}{\Delta x}=\frac{f(x+h)-f(x)}{h} \tag{4.178}$$

当 h 很小时，一阶差商接近一阶微商（导数）。

2. 二阶差分和二阶差商

对一阶差分 $\Delta f(x)$ 再次差分，就得到 $f(x)$ 的二阶差分

$$\Delta^2 f(x)=\Delta f(x+h)-\Delta f(x) \tag{4.179}$$

同样，当增量 h 很小时，二阶差分 $\Delta^2 f$ 接近于二阶微分 $\mathrm{d}^2 f$，二阶差分 $\Delta^2 f$ 除以增量 h^2 的商称为二阶差商，

$$\frac{\Delta^2 f(x)}{(\Delta x)^2}=\frac{\Delta f(x+h)-\Delta f(x)}{h^2} \tag{4.180}$$

当 h 很小时，二阶差商接近二阶微商（导数）。偏导数也可以按式(4.177)～式(4.180)近似表示为差分和差商。这样就可以把偏微分方程（泊松方程或拉普拉斯方程）转化为差分方程，然后进行求解，这就是有限差分法的基本思路。

4.6.2 有限差分法的基本方法

有限差分法是通过场域的离散化，把连续的场域划分为一系列离散的场点，以各离散点上电、磁场的数值解来近似连续场域内的真实解，借助计算机可以保证计算的精确度。下面以二维静电场的第一类边值问题为例，说明利用有限差分法分析计算电磁场的方法和步骤。如图4.38所示，设在以 L 为边界的场域 D 内，电位函数 Φ 满足泊松方程，并给定第一类边值

$$\nabla^2\Phi=\frac{\partial^2\Phi}{\partial x^2}+\frac{\partial^2\Phi}{\partial y^2}=F,\quad \text{在 } D \text{ 域内} \tag{4.181}$$

$$\Phi|_L=f \tag{4.182}$$

式(4.181)中的 $F=\rho(x,y)/\varepsilon$，当 $\rho(x,y)=0$ 时，式(4.181)为拉普拉斯方程。

1. 场域的离散化

场域的离散化就是用一定形状的网格把待求的连续的场域划分为有限个离散的点，这样就把无限多个连续的场点转化为有限多个离散的场点，为利用差分方程组求解电磁场的分布创造了条件。在图4.38中是用分别平行于 x 轴和 y 轴的两组平行直线把场域 D 划分成正方形网格，网格线的交点称为**节点**，网格线之间的距离 h 称为**步距**。只求解各节点上的场(Φ 或 $\boldsymbol{E}$)，这样，各节点就是离散化后的场点。h 越小，对场的描述就越细致。在实际应用中，经常用这种正方形网格使场域离散化。根据实际问题的需要，也可采用矩形网格或正三角形网格。对于圆形边界，可采用极坐标网格，如图4.39所示，在

下面的讨论中,均采用正方形的网格。

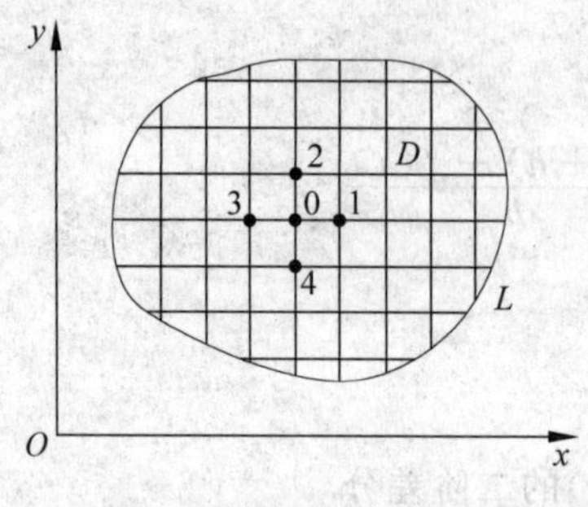

图 4.38　场域的离散化

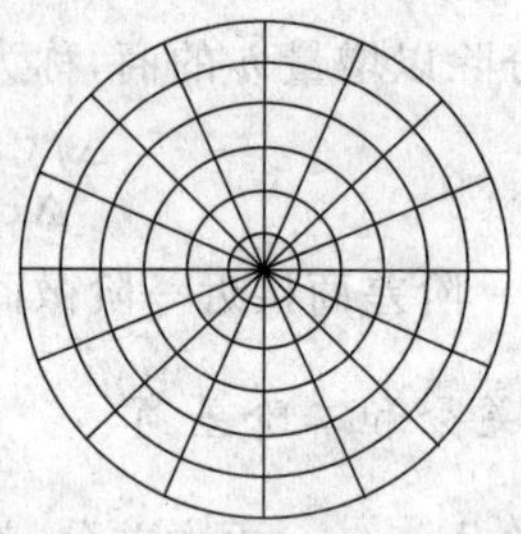

图 4.39　极坐标网格

2. 泊松方程(或拉普拉斯方程)→差分方程

图 4.38 中场域 D 内任一节点和与其相邻的 4 个节点都组成一个相同的结构(称为对称星形),如节点 0 和与其相邻的节点 1、2、3、4 组成一个对称星形。设节点 0、1、2、3、4 的位函数分别为 Φ_0、Φ_1、Φ_2、Φ_3、Φ_4。

在通过 0 点且平行于 x 轴的直线上,任意点处的位函数 Φ_x 可由泰勒公式展开为

$$\Phi_x = \Phi_0 + \left.\frac{\partial \Phi}{\partial x}\right|_0 (x - x_0) + \frac{1}{2!}\left.\frac{\partial^2 \Phi}{\partial x^2}\right|_0 (x - x_0)^2 + \frac{1}{3!}\left.\frac{\partial^3 \Phi}{\partial x^3}\right|_0 (x - x_0)^3 + \cdots \tag{4.183}$$

在节点 1 处,$x = x_0 + h$,所以 $x - x_0 = h$,代入式(4.183)可得

$$\Phi_1 = \Phi_0 + h\left.\frac{\partial \Phi}{\partial x}\right|_0 + \frac{1}{2!}h^2\left.\frac{\partial^2 \Phi}{\partial x^2}\right|_0 + \frac{1}{3!}h^3\left.\frac{\partial^3 \Phi}{\partial x^3}\right|_0 + \cdots \tag{4.184}$$

在节点 3 处,$x = x_0 - h$,所以 $x - x_0 = -h$,代入式(4.183)可得

$$\Phi_3 = \Phi_0 - h\left.\frac{\partial \Phi}{\partial x}\right|_0 + \frac{1}{2!}h^2\left.\frac{\partial^2 \Phi}{\partial x^2}\right|_0 - \frac{1}{3!}h^3\left.\frac{\partial^3 \Phi}{\partial x^3}\right|_0 + \cdots \tag{4.185}$$

式(4.184)+式(4.185),由于 h 很小,略去 h^3 以上的各项可得

$$\Phi_1 + \Phi_3 \approx 2\Phi_0 + h^2\frac{\partial \Phi^2}{\partial x^2}$$

所以

$$\left.\frac{\partial^2 \Phi}{\partial x^2}\right|_0 \approx \frac{\Phi_1 - 2\Phi_0 + \Phi_3}{h^2} \tag{4.186}$$

式(4.186)是 x 方向 Φ 的二阶偏导数的差分表达式,误差大致和步距 h 的二次方成正比,h 越小计算的准确度越高。用完全相似的方法可以导出 y 方向二阶偏导数的差分表达式

$$\left.\frac{\partial^2 \Phi}{\partial y^2}\right|_0 \approx \frac{\Phi_2 - 2\Phi_0 + \Phi_4}{h^2} \tag{4.187}$$

把式(4.186)、式(4.187)代入式(4.181),泊松方程可以写为

$$\Phi_1 + \Phi_2 + \Phi_3 + \Phi_4 - 4\Phi_0 = h^2 F \tag{4.188}$$

对于拉普拉斯方程，$F=0$，可以写为

$$\Phi_1+\Phi_2+\Phi_3+\Phi_4-4\Phi_0=0 \tag{4.189}$$

可以看出，场域 D 中任何一点的电位 Φ_0，可以用与它相邻的四点的电位来表示。

3. 边界条件的离散化

对于第一类边值问题，设边界正好与网格线重合，如图 4.40 所示，把边界上的值 $f(s)$ 直接赋给边界上的各节点即可。第一类边值问题，若边界不与网格线重合，或第二、三类边值问题，或存在两种不同媒质的分界面，边界条件的离散化方法比较复杂，可参考有关文献。

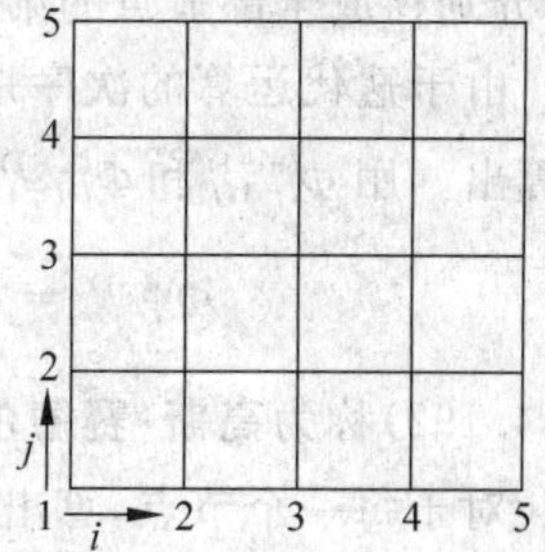

图 4.40 边界与网格线重合

4. 差分方程组及其解法

(1) 对于给定的场域 D，选择适当的步距 h 划分网格，把场域离散化。每一网格节点的位置用双下标 (i,j) 表示，如图 4.40 所示。

(2) 对于每一个内点（不在边界上的节点），利用式(4.188)或式(4.189)列出差分方程，得到一个差分方程组，在图 4.40 中

内点(2,2)：　$\Phi_{2,1}+\Phi_{1,2}+\Phi_{2,3}+\Phi_{3,2}-4\Phi_{2,2}=h^2F_{2,2}$

内点(2,3)：　$\Phi_{2,2}+\Phi_{1,3}+\Phi_{2,4}+\Phi_{3,3}-4\Phi_{2,3}=h^2F_{2,3}$

……

内点(4,4)：　$\Phi_{4,3}+\Phi_{3,4}+\Phi_{4,5}+\Phi_{5,4}-4\Phi_{4,4}=h^2F_{4,4}$

在一般的计算问题中，可列出几十至几百个方程，这组方程数目虽然很多，但是每个方程的结构都相似，通式可写为

$$\Phi_{i,j}=\frac{1}{4}(\Phi_{i+1,j}+\Phi_{i,j+1}+\Phi_{i-1,j}+\Phi_{i,j-1}-h^2F_{i,j}) \tag{4.190}$$

可以看出，步距 h 越小，对场的描述越细致，计算结果越精确，但方程的数目也越多。在计算实际的问题时，应根据所要求的精度、计算机的容量和计算速度确定适当的步距 h。

(3) 差分方程组的解法。

利用计算机求解差分方程组，一般采用超松弛迭代法，下面介绍超松弛迭代法的具体方法和演变过程。

① 给定各节点的初始值 $\Phi_{i,j}$。

边界上各节点的初始值可由边界条件给出；各内点的初始值，需要根据给定的边界条件估计。初始值取得好可以减少迭代次数，加快计算速度。

② 迭代运算从 i、j 的最小值做起（i 小的先做，对固定的 i，j 小的先做），即从左下角→右上角，对所有的内点依次按差分方程式(4.190)进行第一次运算，各内点运算的结果为 $\Phi_{i,j}^{(1)}$，称为第一次近似值。把第一次近似值作为各内点的电位值，再从左下角→右上角，

对所有的内点依次按差分方程式(4.190)进行第二次迭代运算，各内点运算的结果为 $\Phi_{i,j}^{(2)}$，称为第二次近似值……。这样周而复始地进行迭代运算，由各内点的第 n 次近似值 $\Phi_{i,j}^{(n)}$，可以算出第 $n+1$ 次近似值为

$$\Phi_{i,j}^{(n+1)} = \frac{1}{4}(\Phi_{i+1,j}^{(n)} + \Phi_{i,j+1}^{(n)} + \Phi_{i-1,j}^{(n)} + \Phi_{i,j-1}^{(n)} - h^2 F_{i,j}) \tag{4.191}$$

式(4.191)称为**简单迭代法**。利用简单迭代法，计算占用的存储单元多(需要两套存储单元，分别存放全部节点的第 n 次和第 $n+1$ 次近似值)，迭代运算收敛的速度也比较慢。

由于迭代运算的次序是由左下角→右上角，所以在计算 $\Phi_{i,j}^{(n+1)}$ 时，$\Phi_{i-1,j}^{(n+1)}$ 和 $\Phi_{i,j-1}^{(n+1)}$ 已经算出。用 $\Phi_{i-1,j}^{(n+1)}$ 和 $\Phi_{i,j-1}^{(n+1)}$ 代替式(4.191)中的 $\Phi_{i-1,j}^{(n)}$ 和 $\Phi_{i,j-1}^{(n)}$，则

$$\Phi_{i,j}^{(n+1)} = \frac{1}{4}(\Phi_{i+1,j}^{(n)} + \Phi_{i,j+1}^{(n)} + \Phi_{i-1,j}^{(n+1)} + \Phi_{i,j-1}^{(n+1)} - h^2 F_{i,j}) \tag{4.192}$$

式(4.192)称为**高斯-赛德尔迭代法**。这样，只需要一套存储单元存放各节点计算的近似值。对于每一个节点，算出 $(n+1)$ 次近似值以后，就用第 $(n+1)$ 次近似值代替存储单元中原来的第 n 次近似值，所以可以节省存储单元。但是迭代运算的收敛速度还是比较慢，为了加快收敛速度，通常采用超松弛迭代法。

令某一节点第 $(n+1)$ 次近似值和第 n 次近似值的余数为

$$R_{i,j}^{(n)} = \Phi_{i,j}^{(n+1)} - \Phi_{i,j}^{(n)} \tag{4.193}$$

则第 $(n+1)$ 次近似值取为

$$\Phi_{i,j}^{(n+1)} = \Phi_{i,j}^{(n)} + \alpha R_{i,j}^{(n)} \tag{4.194}$$

α 称为加速收敛因子(也称为松弛因子)，把式(4.193)、式(4.192)代入式(4.194)，可得

$$\Phi_{i,j}^{(n+1)} = \Phi_{i,j}^{(n)} + \frac{\alpha}{4}(\Phi_{i+1,j}^{(n)} + \Phi_{i,j+1}^{(n)} + \Phi_{i-1,j}^{(n+1)} + \Phi_{i,j-1}^{(n+1)} - h^2 F_{i,j} - 4\Phi_{i,j}^{(n)}) \tag{4.195}$$

式(4.195)即为**超松弛迭代公式**。加速收敛因子 α 的取值范围为 $1<\alpha<2$，当 $\alpha=1$ 时，回到高斯-赛德尔迭代法，即式(4.192)；当 $\alpha>2$ 时，迭代运算不收敛；正确选择 α 的值可以减少迭代次数，提高运算速度。对于第一类边值问题，最佳收敛因子 α 可按下述方法计算：若正方形场域用正方形网格划分，每边长度为 ph，则

$$\alpha = \frac{2}{1 + \sin\frac{\pi}{p}} \tag{4.196}$$

若矩形场域用正方形网格划分，两边长度分别为 ph 和 qh，且 p、q 都很大(>15)，则

$$\alpha = 2 - \pi\sqrt{2}\sqrt{\frac{1}{p^2} + \frac{1}{q^2}} \tag{4.197}$$

利用式(4.196)或式(4.197)算出最佳收敛因子 α 以后，还可以上机进行检验和修正。

③ 计算的精确度。

严格地说，只有当所有内点相邻两次近似值的余数都等于零，即 $R_{i,j}^{(n)}=0$ 时，迭代运算才应该结束，实际上这是不可能的。一般是当所有内点相邻两次近似值的绝对误差(当给定非零的初始值时，也可用相对误差)小于给定的误差范围时，即

$$\Phi_{i,j}^{(n+1)} - \Phi_{i,j}^{(n)} < \text{给定的误差范围} \tag{4.198}$$

或

$$(\Phi_{i,j}^{(n+1)} - \Phi_{i,j}^{(n)})/\Phi_{i,j}^{(n+1)} < \text{给定的误差范围} \tag{4.199}$$

时,迭代运算终止。

(4) 具有对称性场的解法。

求解具有对称性的二维平面场,利用对称性,可以缩小计算的场域。例如,在例 4.14 中,利用对称性可使计算的场域缩小一半。

具有对称性的二维平面场中各内点的差分方程仍是式(4.188)或式(4.189)。下面着重讨论一下对称线上各节点的差分方程和超松弛迭代公式。为了简化,只讨论对称线与网格线重合的情况,如图 4.41 所示。AA'为对称线,0 点的差分方程为

$$\Phi_0 = (\Phi_1 + \Phi_2 + \Phi_3 + \Phi_4 - h^2 F)/4$$

由对称性 $\Phi_1 = \Phi_3$,所以

$$\Phi_0 = (2\Phi_3 + \Phi_2 + \Phi_4 - h^2 F)/4$$

图 4.41 具有对称性的场

利用与前面相同的方法,可以写出对称线上各点的超松弛迭代公式

$$\Phi_{i,j}^{(n+1)} = \Phi_{i,j}^{(n)} + \frac{\alpha}{4}(2\Phi_{i-1,j}^{(n+1)} + \Phi_{i,j+1}^{(n)} + \Phi_{i,j-1}^{(n+1)} - h^2 F_{i,j} - 4\Phi_{i,j}^{(n)}) \tag{4.200}$$

例 4.14 一长直接地金属槽的横截面如图 4.42 所示,设上盖板的电位为 100V,侧壁与底面接地,即电位为 0V,求槽内电位的分布。

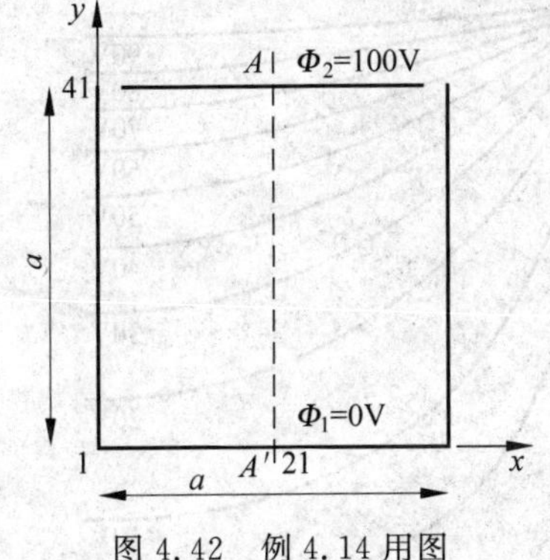

图 4.42 例 4.14 用图

解 当金属槽的长度远大于横截面的线度时,分析金属槽内(不靠近两端)电场的分布,可以忽略两端的边缘效应,认为场的分布与 z 无关,简化为二维平面场,选用直角坐标系。槽内无电荷分布,电位函数 Φ 满足拉普拉斯方程,属于第一类边值问题

$$\frac{\partial^2 \Phi}{\partial x^2} + \frac{\partial^2 \Phi}{\partial y^2} = 0 \quad (0 < x < a, 0 < y < a)$$

槽内场的分布是左右对称的,对称线是 AA',只需要计算左半侧场的分布即可。用正方形网格划分场域,选取步距 $h = a/40$,利用式(4.196)可以算出加速收敛因子

$$\alpha = \frac{2}{1 + \sin\frac{\pi}{40}} \approx 1.85$$

利用式(4.195)和式(4.200)写出超松弛迭代公式,对于各内点($i=2 \sim 20, j=2 \sim 40$)

$$\Phi_{i,j}^{(n+1)} = \Phi_{i,j}^{(n)} + \frac{1.85}{4}(\Phi_{i+1,j}^{(n)} + \Phi_{i,j+1}^{(n)} + \Phi_{i-1,j}^{(n+1)} + \Phi_{i,j-1}^{(n+1)} - 4\Phi_{i,j}^{(n)})$$

对称线 AA' 上的各节点($i=21, j=2 \sim 40$)

$$\Phi_{i,j}^{(n+1)} = \Phi_{i,j}^{(n)} + \frac{1.85}{4}(2\Phi_{i-1,j}^{(n+1)} + \Phi_{i,j+1}^{(n)} + \Phi_{i,j-1}^{(n+1)} - 4\Phi_{i,j}^{(n)})$$

边界条件为

$$\Phi_{1,1\sim 41}=0, \quad \Phi_{1\sim 21,1}=0, \quad \Phi_{2\sim 21,41}=100$$

给定各内点的初始值,在本题中可以看出,电位由上至下是递减的。先假定是均匀递减,则各内点电位的初始值可设定为

$$\Phi_{i,j}^{(0)} = \frac{\Phi_2-\Phi_1}{p}(j-1) = \frac{100}{40}(j-1)$$

其中 $i=2\sim 21, j=2\sim 40$。

确定计算精确度为:相对误差$<10^{-5}$,即

$$\frac{\Phi_{i,j}^{(n+1)}-\Phi_{i,j}^{(n)}}{\Phi_{i,1}^{(n+1)}} < 10^{-5}$$

计算程序框图如图4.43所示。编写计算程序可以利用Fortran语言或MATLAB,Fortran语言适用于大型科学问题的计算,使用MATLAB绘制等位面图更方便。利用计算结果绘制的等位面如图4.44所示。

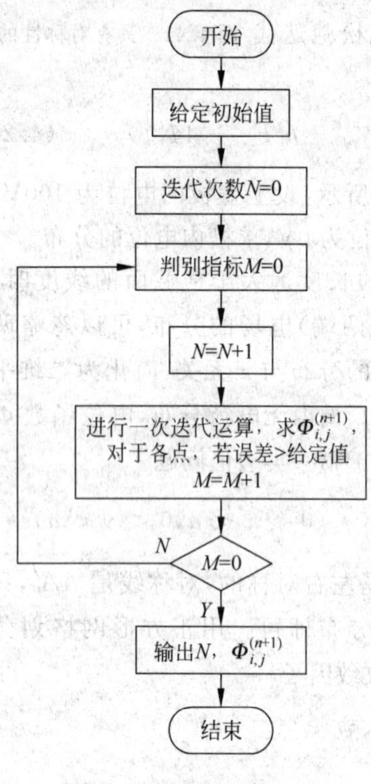

图4.43 计算程序框图

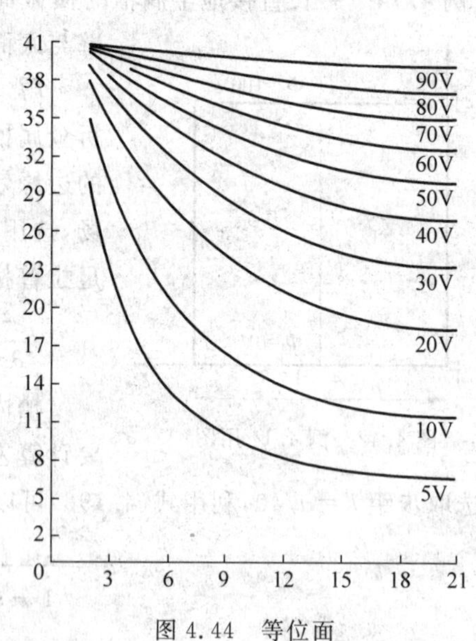

图4.44 等位面

4.6.3 轴对称场的计算

在实际的工程问题中,常遇到具有轴对称性的三维场问题。例如示波管和显像管中

的聚焦电场，载流螺线管内的磁场等。这类三维场问题可简化为对称轴平面（rz 平面，z 轴为对称轴）内的二维场分析计算，一般采用圆柱坐标系。

对 rz 平面内场域的离散化，网格划分的方法与二维平面场相同，如图 4.45 所示，但是场在空间分布的特性，即微分方程是截然不同的，因此需要导出轴对称场内泊松方程（或拉普拉斯方程）的差分形式和超松弛迭代公式。

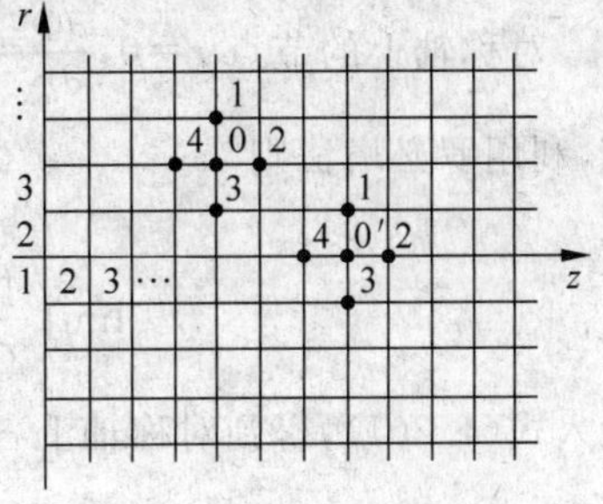

图 4.45 轴对称场的离散化

1. 轴对称场中泊松方程的差分形式

在圆柱坐标系中，取轴对称场的对称轴与 z 轴重合，场的分布与 φ 无关，泊松方程可以写为

$$\nabla^2\Phi=\frac{\partial^2\Phi}{\partial r^2}+\frac{1}{r}\frac{\partial\Phi}{\partial r}+\frac{\partial^2\Phi}{\partial z^2}=P \tag{4.201}$$

在 rz 平面内，用正方形网格划分场域。利用泰勒级数展开，类似于式(4.184)～式(4.187)的推导方法，可以得到

$$\left.\frac{\partial\Phi}{\partial r}\right|_0=\frac{\Phi_1-\Phi_3}{2h} \tag{4.202}$$

$$\left.\frac{\partial^2\Phi}{\partial r^2}\right|_0=\frac{\Phi_1-2\Phi_0+\Phi_3}{h^2} \tag{4.203}$$

$$\left.\frac{\partial^2\Phi}{\partial z^2}\right|_0=\frac{\Phi_2-2\Phi_0+\Phi_4}{h^2} \tag{4.204}$$

把以上三式代入式(4.201)，泊松方程的差分形式可以写为

$$\left(1+\frac{h}{2r_0}\right)\Phi_1+\Phi_2+\left(1-\frac{h}{2r_0}\right)\Phi_3+\Phi_4-4\Phi_0=h^2P \tag{4.205}$$

其中 $r_0=(j-1)h$，是 0 点到 z 轴的距离。

2. 轴对称场中的超松弛迭代公式

每一个网格节点用双下标 (j,k) 表示，利用式(4.205)写出各内点的差分方程，通式为

$$\Phi_{i,j}=\frac{1}{4}\left[\left(1+\frac{1}{2(j-1)}\right)\Phi_{j+1,k}+\Phi_{j,k+1}+\left(1-\frac{1}{2(j-1)}\right)\Phi_{j-1,k}+\Phi_{j,k-1}-h^2P_{j,k}\right]$$

利用与 4.6.2 节中相似的方法，可以写出轴对称场中的超松弛迭代公式

$$\begin{aligned}\Phi_{i,j}^{(n+1)}=\Phi_{i,j}^{(n)}+\frac{\alpha}{4}\Bigg[&\left(1+\frac{1}{2(j-1)}\right)\Phi_{j+1,k}^{(n)}+\Phi_{j,k+1}^{(n)}\\&+\left(1-\frac{1}{2(j-1)}\right)\Phi_{j-1,k}^{(n+1)}+\Phi_{j,k-1}^{(n+1)}-h^2P_{j,k}-4\Phi_{j,k}^{(n)}\Bigg]\end{aligned} \tag{4.206}$$

加速收敛因子 α 可先由式(4.196)或式(4.197)算出估计值，再由上机实验确定最佳值。

对称轴上的节点 $r=0$，$\frac{\partial \Phi}{\partial r}=0$，泊松方程式(4.201)中第二项 $\frac{1}{r}\frac{\partial \Phi}{\partial r}$ 是 0/0 型的不定值，利用罗必塔法则

$$\lim_{r\to 0}\left(\frac{1}{r}\frac{\partial \Phi}{\partial r}\right)=\lim_{r\to 0}\frac{\left(\frac{\partial \Phi}{\partial r}\right)'}{r'}=\frac{\partial^2 \Phi}{\partial r^2}=0$$

代入式(4.201)，得到对称轴上各节点的泊松方程

$$2\frac{\partial^2 \Phi}{\partial r^2}+\frac{\partial^2 \Phi}{\partial z^2}=P \tag{4.207}$$

把式(4.203)、式(4.204)代入上式，并利用场的对称性($\Phi_1=\Phi_3$)，可以写出对称轴上各节点的差分方程

$$4\Phi_1+\Phi_2+\Phi_4-6\Phi_0-h^2P=0 \tag{4.208}$$

对称轴上各节点差分方程的通式可以写为

$$\Phi_{j,k}=(4\Phi_{j+1,k}+\Phi_{j,k+1}+\Phi_{j,k-1}-h^2P_{j,k})/6 \tag{4.209}$$

同样可以导出超松弛迭代公式

$$\Phi_{j,k}^{(n+1)}=\Phi_{j,k}^{(n)}+\frac{\alpha}{6}(4\Phi_{j+1,k}^{(n)}+\Phi_{j,k+1}^{(n)}+\Phi_{j,k-1}^{(n+1)}-h^2P_{j,k}-6\Phi_{j,k}^{(n)}) \tag{4.210}$$

4.6.4 场强 $\boldsymbol{E}$、$\boldsymbol{H}$、$\boldsymbol{B}$ 的计算

利用有限差分法求出位函数(电位 Φ、标量磁位 Φ_m 或矢量磁位 A_z)的数值解以后，可进一步利用差分原理计算场强 $\boldsymbol{E}$、$\boldsymbol{H}$、$\boldsymbol{B}$ 的分布。

为了计算方便，把电位的实际值写为

$$\Phi_0=M_\Phi \Phi \tag{4.211}$$

把标量磁位的实际值写为

$$\Phi_{m0}=M_{\Phi m}\Phi_m \tag{4.212}$$

把矢量磁位的实际值写为

$$A_{z0}=M_A A_z \tag{4.213}$$

式(4.211)～式(4.213)中 Φ、Φ_m、A_z 分别称为电位，标量磁位和矢量磁位的相对值，M_Φ、$M_{\Phi m}$、M_A 分别称为电位、标量磁位和矢量磁位的标度。例如，例 4.14 中，接地金属槽上盖板的电位 $\Phi_2=100$V 可以看作是相对值，计算出金属槽内电位的分布。若上盖板电位的实际值为 150，则电位的标度应 M_Φ 取为 1.5。把求出的各节点的电位数值都乘以 1.5，即可得到各节点电位的实际值，不需要再重新计算。这样取不同的电位标度 M_Φ，就可求出上盖板具有不同电位时金属槽内电位的分布，给求解同一类问题带来很大方便。

利用电、磁场的基本公式和差分原理，场强 $\boldsymbol{E}$、$\boldsymbol{H}$、$\boldsymbol{B}$ 的表达式可以写为

$$\boldsymbol{E}=-\nabla\Phi_0=-M_\Phi\nabla\Phi=-M_\Phi\left(\boldsymbol{e}_x\frac{\partial\Phi}{\partial x}+\boldsymbol{e}_y\frac{\partial\Phi}{\partial y}\right)$$

$$\approx-M_\Phi\left(\boldsymbol{e}_x\frac{\Phi_1-\Phi_3}{2h}+\boldsymbol{e}_y\frac{\Phi_2-\Phi_4}{2h}\right) \tag{4.214}$$

$$\boldsymbol{H}=-\nabla\Phi_{m0}=-M_{\Phi m}\nabla\Phi_m=-M_{\Phi m}\left(\boldsymbol{e}_x\frac{\partial\Phi_m}{\partial x}+\boldsymbol{e}_y\frac{\partial\Phi_m}{\partial y}\right)$$

$$\approx-M_{\Phi m}\left(\boldsymbol{e}_x\frac{\Phi_{m1}-\Phi_{m3}}{2h}+\boldsymbol{e}_y\frac{\Phi_{m2}-\Phi_{m4}}{2h}\right) \tag{4.215}$$

$$\boldsymbol{B}=\nabla\times\boldsymbol{A}_0=M_A\nabla\times\boldsymbol{A}=M_A\left(\boldsymbol{e}_x\frac{\partial A_z}{\partial y}-\boldsymbol{e}_y\frac{\partial A_z}{\partial x}\right)$$

$$\approx M_A\left(\boldsymbol{e}_x\frac{A_{z2}-A_{z4}}{2h}-\boldsymbol{e}_y\frac{A_{z1}-A_{z3}}{2h}\right) \tag{4.216}$$

式(4.216)中仍设 $\boldsymbol{A}$ 只有 z 分量 $A=A_z$。若求边界上各节点处的场强(如图 4.46 中的 s 点),可用边界与相邻的网格线之间中点的场强来近似。例如

$$\boldsymbol{E}=-M_\Phi\nabla\Phi=-M_\Phi\frac{\partial\Phi}{\partial y}\boldsymbol{e}_y\approx-M_\Phi\frac{\Phi_s-\Phi_4}{h}\boldsymbol{e}_y \tag{4.217}$$

当网格线比较密,h 很小时,这种近似引起的误差是很小的。式(4.217)中 $\boldsymbol{E}$ 只有 y 分量,是假设边界为金属导体,所以界面附近 $\boldsymbol{E}$ 只有法向分量。

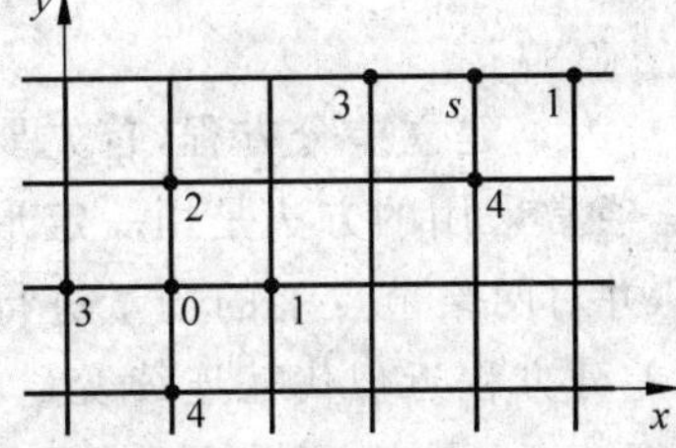

图 4.46 求边界上各节点处的场强

4.6.5 时域有限差分法简介

时域有限差分法(Finite Difference Time Domain,FDTD)是 1966 年 K. S. Yee 首先提出的一种以 Maxwell 方程为基础的解决电磁波问题的数值计算方法。FDTD 算法将 Maxwell 方程中的两个旋度方程直接转化为差分形式,将电磁场进行空间和时间上的离散化,得到电磁场演化的迭代方程组。

1. *麦克斯韦方程和 Yee 元细胞*

设电磁参数不随时间变化,引入虚构磁流概念,宏观电磁场的 Maxwell 旋度方程组可表示为

$$\nabla\times\boldsymbol{H}=\frac{\partial\boldsymbol{D}}{\partial t}+\boldsymbol{J}_e \tag{4.217}$$

$$\nabla\times\boldsymbol{E}=-\frac{\partial B}{\partial t}-J_m \tag{4.218}$$

其中,$\boldsymbol{E}$ 是电场强度(V/m),$\boldsymbol{H}$ 是磁场强度(A/m),$\boldsymbol{D}$ 是电位移矢量(V/m^2),$\boldsymbol{B}$ 是磁场感应强度(T),$\boldsymbol{J}_e$是电流密度矢量(A/m^2),$\boldsymbol{J}_m$是磁流密度矢量(V/m^2)。

对于各向同性的线性媒质,本构关系为

$$\boldsymbol{D}=\varepsilon\boldsymbol{E},\quad \boldsymbol{B}=\mu\boldsymbol{H},\quad \boldsymbol{J}_{\mathrm{e}}=\sigma\boldsymbol{E},\quad \boldsymbol{J}_{\mathrm{m}}=\sigma_{\mathrm{m}}\boldsymbol{H} \tag{4.219}$$

其中,ε 是介电常数(F/m),μ 是磁导率(H/m),σ 是电导率(S/m),σ_{m}是等效磁导率(Ω/m)。

在直角坐标系下,式(4.217)和式(4.218)可以写为

$$\begin{cases}\dfrac{\partial H_z}{\partial y}-\dfrac{\partial H_y}{\partial z}=\varepsilon\dfrac{\partial E_x}{\partial t}+\sigma E_x\\ \dfrac{\partial H_x}{\partial z}-\dfrac{\partial H_z}{\partial x}=\varepsilon\dfrac{\partial E_y}{\partial t}+\sigma E_y\\ \dfrac{\partial H_y}{\partial x}-\dfrac{\partial H_x}{\partial y}=\varepsilon\dfrac{\partial E_z}{\partial t}+\sigma E_z\end{cases} \tag{4.220}$$

$$\begin{cases}\dfrac{\partial E_z}{\partial y}-\dfrac{\partial E_y}{\partial z}=-\mu\dfrac{\partial H_x}{\partial t}-\sigma_m H_x\\ \dfrac{\partial E_x}{\partial z}-\dfrac{\partial E_z}{\partial x}=-\mu\dfrac{\partial H_y}{\partial t}-\sigma_m H_y\\ \dfrac{\partial E_y}{\partial x}-\dfrac{\partial E_x}{\partial y}=-\mu\dfrac{\partial H_z}{\partial t}-\sigma_m H_z\end{cases} \tag{4.221}$$

为了建立差分方程,首先要将连续的变量离散化,通常采用的方法是用一定形式的网格来划分空间,并对网络节点上的场量进行计算。用离散变量的差分方程近似代替连续变量的微分方程,再进行求解计算。图4.47所示为Yee的网格单元示意图。

可以看出,每一个磁场分量由四个电场分量环绕,同样,每个电场分量由四个磁场分量环绕。这种电磁场各分量的空间配置不仅满足安培环流定律和法拉第电磁感应定律,也适合Maxwell方程的差分计算,能够恰当地描述电磁波在空间的传播特性。

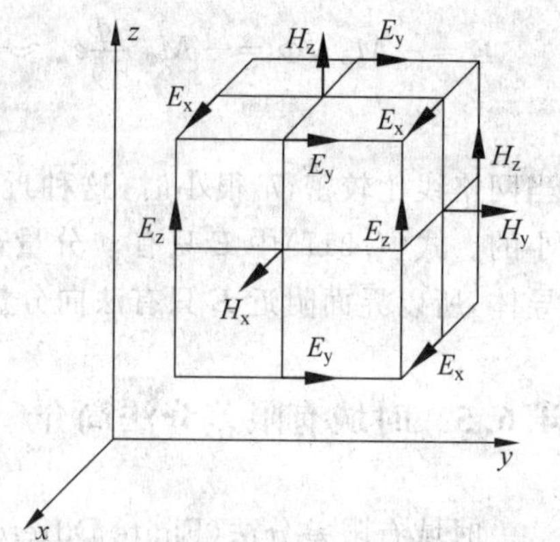

图4.47 Yee网格单元

在图4.47的Yee网格中,用Δx、Δy、Δz表示在x、y、z方向的空间网格步长,用Δt表示时间步长,n表示时间的步数,$f(x,y,z,t)$表示E或H在直角坐标系中的某一分量,在时间和空间中的离散用以下的符号表示:

$$f(x,y,z,t)=f(i\Delta x,j\Delta y,j\Delta z,n\Delta t)=f^n(i,j,k) \tag{4.222}$$

2. FDTD基本公式

把式(4.220)和式(4.221)的六个方程的空间和时间上的微分用中心差分代替,从而能够得到直角坐标系下的三维的FDTD基本公式:

$$E_x^{n+1}\left(i+\frac{1}{2},j,k\right)=CA(m)\cdot E_x^n\left(i+\frac{1}{2},j,k\right)$$

$$+CB(m)\cdot\left[\frac{H_z^{n+1/2}\left(i+\frac{1}{2},j+\frac{1}{2},k\right)-H_z^{n+1/2}\left(i+\frac{1}{2},j-\frac{1}{2},k\right)}{\Delta y}\right.$$

$$-\frac{H_y^{n+1/2}\left(i+\frac{1}{2},j,k+\frac{1}{2}\right)-H_y^{n+1/2}\left(i+\frac{1}{2},j,k-\frac{1}{2}\right)}{\Delta z}\Bigg] \tag{4.223}$$

其中标号 $m=(i+1/2,\ j,\ k)$。

$$E_y^{n+1}\left(i,j+\frac{1}{2},k\right)=CA(m)\cdot E_y^n\left(i,j+\frac{1}{2},k\right)+CB(m)\cdot\left[\frac{H_x^{n+1/2}\left(i,j+\frac{1}{2},k+\frac{1}{2}\right)-H_x^{n+1/2}\left(i,j+\frac{1}{2},k-\frac{1}{2}\right)}{\Delta z}-\frac{H_z^{n+1/2}\left(i+\frac{1}{2},j+\frac{1}{2},k\right)-H_z^{n+1/2}\left(i-\frac{1}{2},j+\frac{1}{2},k\right)}{\Delta x}\right] \tag{4.224}$$

其中标号 $m=(i,\ j+1/2,\ k)$。

$$E_z^{n+1}\left(i,j,k+\frac{1}{2}\right)=CA(m)\cdot E_z^n\left(i,j,k+\frac{1}{2}\right)+CB(m)\cdot\left[\frac{H_y^{n+1/2}\left(i+\frac{1}{2},j,k+\frac{1}{2}\right)-H_y^{n+1/2}\left(i-\frac{1}{2},j,k+\frac{1}{2}\right)}{\Delta x}-\frac{H_x^{n+1/2}\left(i,j+\frac{1}{2},k+\frac{1}{2}\right)-H_x^{n+1/2}\left(i,j-\frac{1}{2},k+\frac{1}{2}\right)}{\Delta y}\right] \tag{4.225}$$

其中标号 $m=(i,\ j,\ k+1/2)$。

$$H_x^{n+1/2}\left(i,j+\frac{1}{2},k+\frac{1}{2}\right)=CP(m)\cdot H_x^{n-1/2}\left(i,j+\frac{1}{2},k+\frac{1}{2}\right)-CQ(m)\cdot\left[\frac{E_z^n\left(i,j+1,k+\frac{1}{2}\right)-E_z^n\left(i,j,k+\frac{1}{2}\right)}{\Delta y}-\frac{E_y^n\left(i,j+\frac{1}{2},k+1\right)-E_z^n\left(i,j+\frac{1}{2},k\right)}{\Delta z}\right] \tag{4.226}$$

其中标号 $m=(i,\ j+1/2,\ k+1/2)$。

$$H_y^{n+1/2}\left(i+\frac{1}{2},j,k+\frac{1}{2}\right)=CP(m)\cdot H_y^{n-1/2}\left(i+\frac{1}{2},j,k+\frac{1}{2}\right)-CQ(m)\cdot\left[\frac{E_x^n\left(i+\frac{1}{2},j,k+1\right)-E_x^n\left(i+\frac{1}{2},j,k\right)}{\Delta z}-\frac{E_z^n\left(i+1,j,k+\frac{1}{2}\right)-E_z^n\left(i,j,k+\frac{1}{2}\right)}{\Delta x}\right] \tag{4.227}$$

其中标号 $m=(i+1/2,\ j,\ k+1/2)$。

$$H_z^{n+1/2}\left(i+\frac{1}{2},j+\frac{1}{2},k\right)=CP(m)\cdot H_z^{n-1/2}\left(i+\frac{1}{2},j+\frac{1}{2},k\right)-CQ(m)\cdot\left[\frac{E_y^n\left(i+1,j+\frac{1}{2},k\right)-E_y^n\left(i,j+\frac{1}{2},k\right)}{\Delta x}\right.$$

$$-\frac{E_x^n\left(i+\frac{1}{2},j+1,k\right)-E_x^n\left(i+\frac{1}{2},j,k\right)}{\Delta y}\Bigg] \tag{4.228}$$

其中标号 $m=(i+1/2,\ j+1/2,\ k)$。

上面6个式中 $CA(m)$、$CB(m)$、$CP(m)$ 和 $CQ(m)$ 分别是：

$$CA(m)=\frac{\frac{\varepsilon(m)}{\Delta t}-\frac{\sigma(m)}{2}}{\frac{\varepsilon(m)}{\Delta t}+\frac{\sigma(m)}{2}}=\frac{1-\frac{\sigma(m)\Delta t}{2\varepsilon(m)}}{1+\frac{\sigma(m)\Delta t}{2\varepsilon(m)}} \tag{4.229}$$

$$CB(m)=\frac{1}{\frac{\varepsilon(m)}{\Delta t}+\frac{\sigma(m)}{2}}=\frac{\frac{\Delta t}{\varepsilon(m)}}{1+\frac{\sigma(m)\Delta t}{2\varepsilon(m)}} \tag{4.230}$$

$$CP(m)=\frac{\frac{\mu(m)}{\Delta t}-\frac{\sigma_m(m)}{2}}{\frac{\mu(m)}{\Delta t}+\frac{\sigma_m(m)}{2}}=\frac{1-\frac{\sigma_m(m)\Delta t}{2\mu(m)}}{1+\frac{\sigma_m(m)\Delta t}{2\mu(m)}} \tag{4.231}$$

$$CQ(m)=\frac{1}{\frac{\mu(m)}{\Delta t}+\frac{\sigma_m(m)}{2}}=\frac{\frac{\Delta t}{\mu(m)}}{1+\frac{\sigma_m(m)\Delta t}{2\mu(m)}} \tag{4.232}$$

3. 激励源

FDTD算法中常用的激励源，从源随时间变化的特性看有：时谐场源和脉冲源；从空间分布来看，有面源、线源和点源。

1）谐场源

入射场为

$$E_i(t)=\begin{cases}0, & t<0\\ E_0\sin\omega t, & t\geqslant 0\end{cases} \tag{4.233}$$

这是一个自 $t=0$ 开始的半无限正弦波。

2）脉冲源

以高斯脉冲为例

$$E_i(t)=e^{-4\pi(t-t_0)^2}/\tau^2 \tag{4.234}$$

其中 τ 是常数，决定了高斯脉冲的宽度。

4. 边界条件

1）吸收边界条件

当用时域有限差分法求解电磁场辐射、散射等开放空间的问题时，所需的空间应为无限大的，这样才能反映现实的情况。采用计算机对实验过程进行仿真时，当所需空间为无穷大时，计算机内存满足不了这样的要求。因此，必须对现实空间设置一定的边界，即使用有限的空间模拟无限空间中电磁波的传播，以减少计算过程中所需的计算时间和存储空间。为了使设置了边界的有限的计算空间能模拟无限大的空间，需要对该有限空间的边界做特殊的算法处理，使得向边界面行进的波在边界面处保持"外向行进"的特征，无明显的反射发生，并且不会使内部空间的场产生畸变。具有这种功能的边界条件称为吸收边界条件，或网格截断条件。

Mur 在 1981 年提出了适用于时域有限差分法中应用的单行波方程的各阶近似及其差分格式后，吸收边界条件得到了广泛的应用，经过大量的实践证实，Mur 近似吸收边界条件能够满足计算精确性。

设 f 表示场分量，在 $x=0$ 界面上吸收边界条件为

$$\begin{aligned}
f^{n+1}(0,j,k) = &-f^{n-1}(1,j,k) + \frac{c\Delta t - \Delta x}{c\Delta t + \Delta x}\left[f^{n+1}(1,j,k) + f^{n-1}(0,j,k)\right] \\
&+ \frac{2\Delta x}{c\Delta t + \Delta x}\left[f^{n}(0,j,k) + f^{n}(1,j,k)\right] \\
&+ \frac{(c\Delta t)^2 \Delta x}{2\Delta y^2 (c\Delta t + \Delta x)}\left[f^{n}(0,j+1,k)\right. \\
&- 2f^{n}(0,j,k) + f^{n}(0,j-1,k) \\
&\left.+ f^{n}(1,j+1,k) - 2f^{n}(1,j,k) + f^{n}(1,j-1,k)\right] \\
&+ \frac{(c\Delta t)^2 \Delta x}{2\Delta z^2 (c\Delta t + \Delta x)}\left[f^{n}(0,j,k+1)\right. \\
&- 2f^{n}(0,j,k) + f^{n}(0,j,k-1) \\
&\left.+ f^{n}(1,j,k+1) - 2f^{n}(1,j,k) + f^{n}(1,j,k-1)\right]
\end{aligned} \tag{4.235}$$

类似地可以写出其他 5 个边界面上($x=x_m$，$y=0$，$y=y_m$，$z=0$，$z=z_m$)的吸收边界条件。

2) 一般边界条件

如果所模拟的空间是有特定的边界限制，则应当根据实际情况应用边界条件。例如良导体边界条件：该边界上所有切向电场和法向磁场分量均设置为零。

5. 数值的稳定性

FDTD 方法是用以一组差分方程代替麦克斯韦旋度方程，即以差分方程组的解来代替原来的电磁场偏微分方程组的解。只有在保证离散后的解收敛和稳定性的情况下，这种代替才有意义。收敛性是指当离散间隔趋于零时，差分方程的解在空间任意点和任意时刻都一致趋于原方程的解。稳定性是指寻求一种离散间隔所满足的条件，在此条件下差分方程的数值解与原方程的严格解之间的差近似相等。数值的稳定性取决于时间步长与空间步长的关系，理论分析表明，只有合理地选择时间步长和空间步长，满足下式，才能实现数值稳定的条件：

$$c\Delta t \leqslant \frac{1}{\sqrt{\dfrac{1}{(\Delta x)^2} + \dfrac{1}{(\Delta y)^2} + \dfrac{1}{(\Delta z)^2}}} \tag{4.236}$$

式中，c 是最大相速值，Δt、Δx、Δy、Δz 分别是时间步长、沿 x 轴、y 轴和 z 轴的空间步长。

电磁波所在空间的媒质特性如果与频率有关,那么电磁波的传播速度也将随频率而变化,这种现象称为色散,存在色散现象的媒质称为色散媒质。当用差分方程近似代替Maxwell旋度方程来模拟电磁波在空间的传播时,在非色散媒质空间中也会出现色散现象,因为在FDTD网格中波的传播速度将随波长、传播方向以及离散化的情况而改变,这种非物理的色散现象称为数值色散,数值色散严重影响FDTD算法精度的提高。

研究表明,数值色散现象的产生是由于用近似差分计算代替微分计算而引起的。因此可以通过减少离散化过程所取时间和空间步长而减小数值色散对计算的影响。但是由于时间和空间步长的减小需要相应的增加计算机存储空间,因此在实际计算过程中需要适当选取时间和空间步长。一般要求空间步长不大于波频谱中主要高频分量所对应波长 $\lambda_{\min}$ 的十分之一,即

$$\Delta_{\max} < \frac{\lambda_{\min}}{10} \tag{4.237}$$

这时不论电磁波在网格中的传播方向如何,主要频谱成分的数值相速的变化均小于1%。计算中时间步数应满足

$$N \geqslant \frac{3T}{\Delta t} \tag{4.238}$$

第4章 习题

4-1 图题4-1所示为一长方形截面的导体槽,槽可以视为无限长,其上有一块与槽相绝缘的盖板,槽的电位为零,盖板的电位为 $U_0 \sin \frac{\pi}{a} x$,求槽内的电位函数。

4-2 两平行的无限大导体平面,距离为 b,其间有一极薄的导体片由 $y=d$ 到 $y=b$,如图题4-2所示。上板和薄片保持电位 U_0,下板接地,求板间电位的分布。设在薄片平面上,从 $y=0$ 到 $y=d$ 电位线性变化。

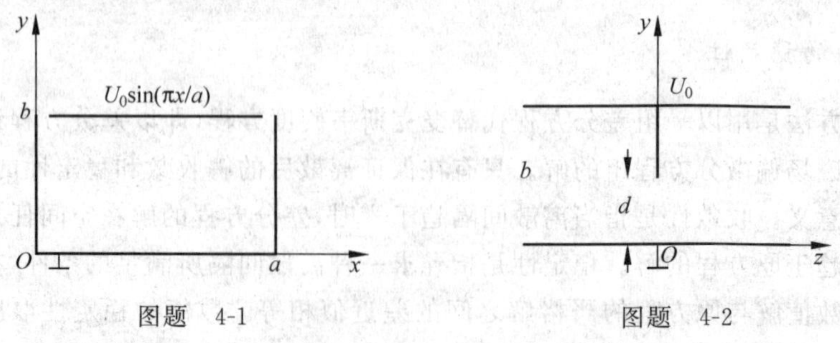

图题 4-1　　图题 4-2

4-3 如图题4-3所示的导体槽,底面保持电位 U,其余两面电位为零,求槽内电位的解。

4-4 在均匀电场 $\boldsymbol{E}=\boldsymbol{e}_x E_0$ 中垂直于电场方向放置一圆柱导体,半径为 a。求圆柱外的电位函数和导体表面的感应电荷密度。

4-5 介电常数为 ε 的无限大介质中外加均匀电场 $\boldsymbol{E}=\boldsymbol{e}_x E_0$,在介质中沿 z 轴方向开

一个半径为 a 的圆柱形空腔，求空腔内、外的电位。

4-6 阴极射线管中的均匀偏转磁场是由在管颈上放置一对按余弦定律绕线的线圈产生的。可以将管颈视为无限长，其表面电流密度按 $\cos\varphi$ 变化来计算。这样的线圈称为鞍线圈，如图题 4-6 所示。证明：鞍线圈内的磁场是均匀的。

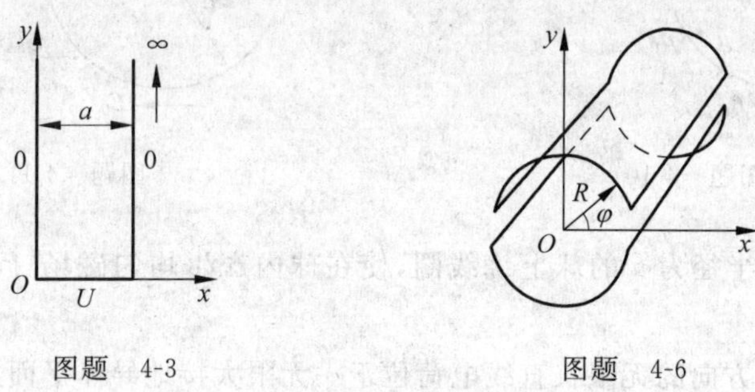

图题 4-3 图题 4-6

4-7 一个半径为 b，无限长的薄导体圆柱面，分割成 4 个"四分之一的圆柱面"，如图题 4-7 所示。第二、四象限的圆柱面接地，第一、三象限的圆柱面分别保持电位 U_0 和 $-U_0$，求圆柱面内的电位分布。

4-8 一个内半径为 a 的半无限长金属圆筒，筒底与圆筒之间绝缘，圆筒接地，筒底电位为 U，如图题 4-8 所示，求筒内电位的分布。

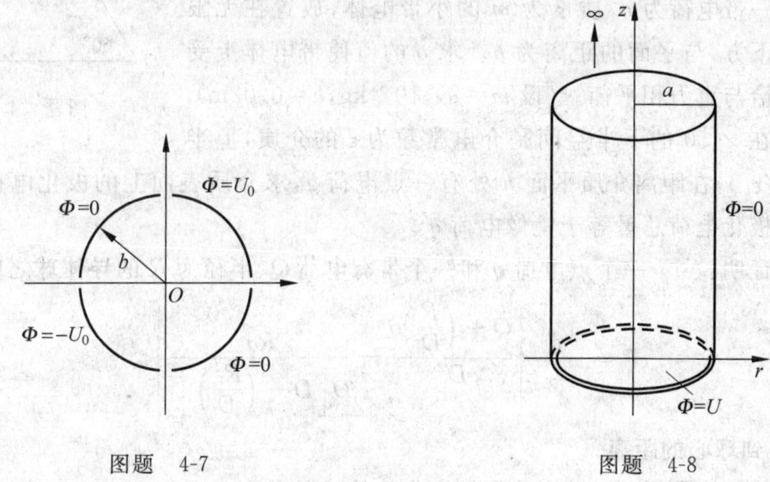

图题 4-7 图题 4-8

4-9 无限大介质中外加均匀电场 $\boldsymbol{E}=\boldsymbol{e}_z E_0$，在介质中有一个半径为 a 的球形空腔，求空腔中的 $\boldsymbol{E}$ 和空腔表面的极化电荷密度（介质的介电常数为 ε）。

4-10 一半径为 a，磁导率为 μ 的介质球体，置于均匀磁场 $\boldsymbol{B}_0$ 中，如图 4-10 所示，求球内、外的矢量磁位和磁感应强度。

4-11 在均匀电场 $\boldsymbol{E}_0$ 中放入半径为 a 的导体球，如图题 4-11 所示，设：(1)导体球充电至 U_0；(2)导体球带电 Q；试分别计算这两种情形下球外的电位分布。

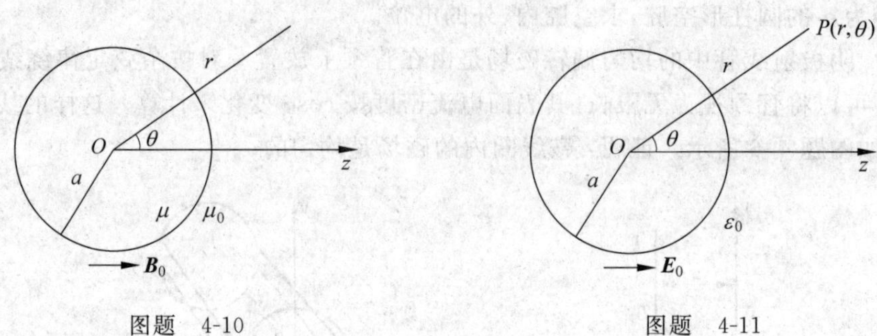

图题 4-10　　图题 4-11

4-12 欲在一半径为 a 的球上绕线圈，使在球内产生均匀磁场，问线圈应如何绕法(即求绕线密度)。

4-13 沿 y 轴方向的无限长直线电荷位于一无限大接地导体平面上方，高度为 h，线电荷密度为 ρ_l，求镜像电荷及导体平面上方的电位函数。

4-14 一点电荷 q 与无限大导体平面距离为 d，如果把它移到无穷远处，需要做多少功？

4-15 一点电荷 q 放在成 $60°$ 的导体角内的 $x=1, y=1$ 点，如图题 4-15 所示。(1)求出所有镜像电荷的位置和大小，(2)求点 $x=2, y=1$ 的电位。

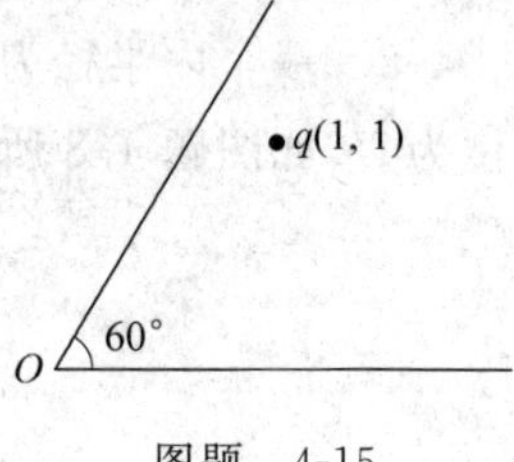

图题 4-15

4-16 一带电荷为 q，质量为 m 的小带电体，放置在无限大导体平面下方，与平面的距离为 h。求 q 的值使带电体上受到的静电力恰与重力相平衡。(设 $m=2\times10^{-3}\text{kg}, h=0.02\text{m}$)

4-17 在 $z<0$ 的下半空间是介电常数为 ε 的介质，上半空间是空气(ε_0)，在距离介质平面 h 处有一点电荷 q，求介质表面上的极化电荷密度，并证明表面上极化电荷总量等于镜像电荷 q'。

4-18 证明：(1) 一个点电荷 q 和一个带有电荷 Q、半径为 R 的导体球之间的力是

$$F=\frac{q}{4\pi\varepsilon_0}\left\{\frac{Q+\left(\frac{R}{D}\right)q}{D^2}-\frac{Rq}{D\left[D-\left(\frac{R^2}{D}\right)\right]^2}\right\}$$

其中 D 是 q 到球心的距离。

(2) 当 q 与 Q 同号时，且当下式成立时 F 是吸引力。

$$\frac{Q}{q}<\frac{RD^3}{(D^2-R^2)^2}-\frac{R}{D}$$

4-19 两点电荷 $+Q$ 和 $-Q$ 位于一个半径为 a 的导电球直径的延长线上，分别距球心为 D 和 $-D$。

(1) 证明：镜像电荷构成一偶极子，位于球心，偶极矩为 $\dfrac{2a^3Q}{D^2}$；

(2) 令 D 和 Q 分别趋于无穷，同时保持 Q/D^2 不变，计算球外的电场。

4-20　真空中一点电荷 $q=10^{-6}$C,放在半径为 $a=5$cm 的不接地导体球壳外,距球心为 $d=15$cm。求:

(1) 球面上的电场强度何处最大,其数值是多少?

(2) 若将球壳接地,情况如何?

4-21　一与地面平行架设的圆截面导线,半径为 a,悬挂高度为 h。证明:导线与地间单位长度的电容为

$$C_0=\frac{2\pi\varepsilon_0}{\ln\frac{2h}{a}}$$

4-22　上题中设导线与地间的电压为 U_0,证明:地对导线单位长度的作用力为

$$F_0=\frac{\pi\varepsilon_0 U^2}{\left(\ln\frac{2h}{a}\right)^2 h}$$

(提示:利用虚位移法)

4-23　一个二维静电场,边界条件如图题 4-23 所示,将正方形场域分成 100 个正方形网格,有 81 个内部节点。假定 81 个节点的初始值都定为 0,试用超松弛迭代法计算 81 个内部节点的电位值(计算精度:相对误差$<10^{-5}$)。

(1) 编写计算程序,上机计算,记录计算结果。

(2) 改变加速收敛因子 α 的值(增大、减小),记录迭代次数的变化,比较计算结果。

(3) 初始值设为非 0 值,记录迭代次数的变化,比较计算结果。

(4) 画 10×10 的网格,在每个节点上标上电位值,分别绘出 1V、2V、3V、4V、5V 等位线。参考公式:$\Phi_1+\frac{\Phi_2-\Phi_1}{h}\Delta x=\Phi_c$,所以 $\Delta x=\frac{h(\Phi_c-\Phi_1)}{\Phi_2-\Phi_1}$,其中:$\Phi_c$ 是等位线的电位,Φ_1 和 Φ_2 是相邻两节点的电位,h 是网格间距,Δx 是 $\Phi=\Phi_c$ 的点偏离 Φ_1 节点的距离。

4-24　一长直导体片,置于一横截面为正方形的长直导体管中的对角线上,如图题 4-24 所示,设导体管的电位为 0V,导体片的电位为 6V,试用超松弛迭代法计算导体管横截面上电位的分布(计算 1/4 区域,划分 14×14 网格,计算精度:相对误差$<10^{-5}$,要求同题 4-23(1)～(4))。

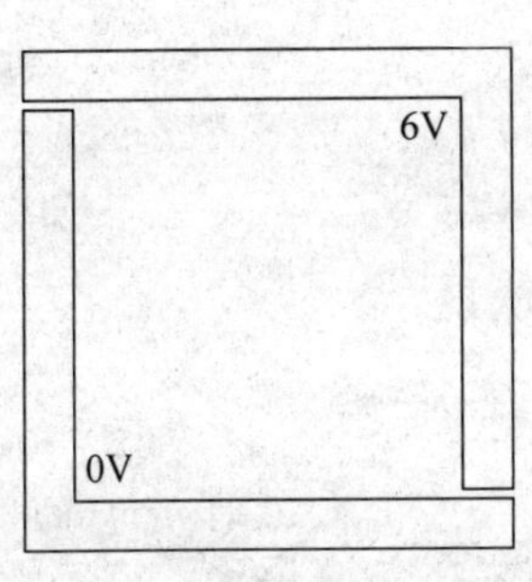

图题　4-23

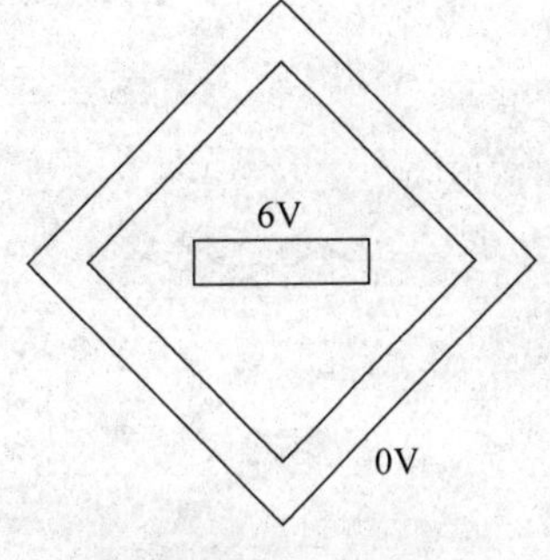

图题　4-24

4-25　聚焦电极是圆筒形的,聚焦电场是轴对称场(三维场),只需要计算对称轴所在的任一平面内的二维场的分布即可,图题 4-25 所示是对称轴平面内电极的位置。试用超松弛迭代法计算导体管横截面上电位的分布(计算 1/2 区域,划分 8×15 网格,计算精度:相对误差$<10^{-5}$,要求同题 4-23(1)～(4))。

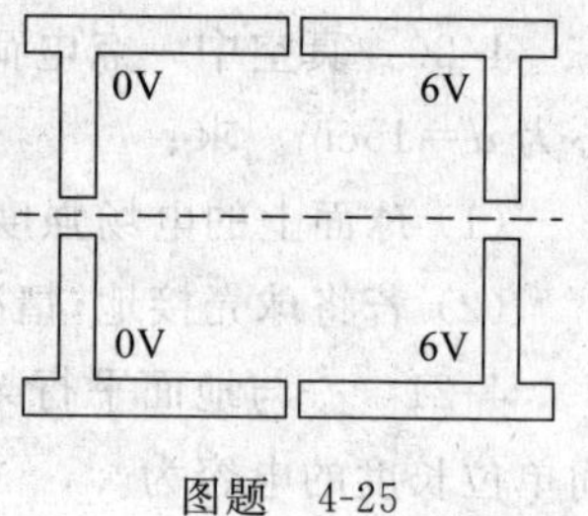

图题　4-25

法拉第

(Michael Faraday,1791—1867,**英国**)

"自然科学家应当是这样一种人：他愿意倾听每一种意见，却要自己下决心做出判断。他应当不被表面现象所迷惑，不对每一种假设有偏爱，不属于任何学派，在学术上不盲从大师。他应该重事不重人。真理应当是他的首要目标。如果有了这些品质，再加上勤勉，那么他确实可以有希望走进自然的圣殿。"

第5章 时变电磁场

前面几章研究了静态电磁场(静电场、恒定电场、恒定磁场)。在静态电磁场中电场、磁场是独立存在的,电场是由电荷产生的,磁场是由电流产生的。若电荷、电流随时间变化,它们所产生的电场、磁场也随时间变化,我们知道变化的电场会在其周围空间激发变化的磁场,变化的磁场又会在其周围空间激发变化的电场,这样电场和磁场相互联系、相互转化,成为不可分割的整体,称为电磁场。

5.1 电磁感应定律

1. 法拉第定律

法拉第定律的内容为:穿过导体回路的磁通量发生变化时,回路中就会出现感应电动势,其数学表达式为

$$e_i = -\frac{\mathrm{d}\psi}{\mathrm{d}t} \tag{5.1}$$

其中 ψ 是穿过导体回路的磁链,对于密绕线圈 $\psi = N\Phi$。感应电动势的数值为 $e_i = \frac{\mathrm{d}\psi}{\mathrm{d}t}$,感应电动势的方向有两种判定方法。

方法1:规定 e_i 和 ψ 的正方向满足右手法则,如图5.1所示。首先由 ψ 的方向确定 e_i 的正方向,如果 $\frac{\mathrm{d}\psi}{\mathrm{d}t} > 0$,则 e_i 为负,如果 $\frac{\mathrm{d}\psi}{\mathrm{d}t} < 0$,则 e_i 为正。

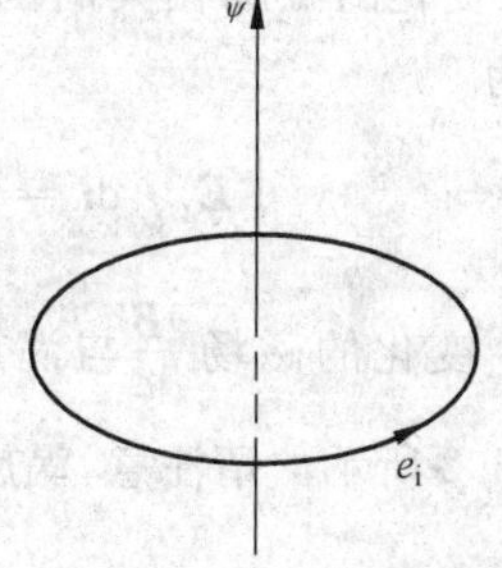

图5.1 e_i 和 ψ 的正方向满足右手法则

方法2:根据楞次定律,感应电流产生的磁通,总是阻止引起感应电流的磁通的变化。首先设 Φ 是穿过导体回路的原磁通,Φ' 是感应电流产生的穿过导体回路的磁通,如果 Φ 增大,Φ' 与 Φ 反方向,如果 Φ 减少,Φ' 与 Φ 同方向,这样就可以由 Φ 的方向和变化确定 Φ' 的方向,从而确定感应电动势和感应电流的方向。

由电动势的定义可以写出

$$e_i = \oint_l \boldsymbol{E}_i \cdot \mathrm{d}\boldsymbol{l} = -\frac{\mathrm{d}\psi}{\mathrm{d}t} \tag{5.2}$$

2. 动生电动势和感生电动势

根据引起穿过导体回路的磁通量发生变化的原因不同,可以把导体回路中产生的感应电动势分为动生电动势和感生电动势。

1) 动生电动势

磁场 $\boldsymbol{B}$ 不变化,导体回路在磁场中运动,导体回路中产生的感应电动势称为动生电动势。产生动生电动势的非静电力是洛伦兹力 $f = q\boldsymbol{v} \times \boldsymbol{B}$,由电动势的定义,动生电动势的表达式为

$$e_i = \int_l (\boldsymbol{v} \times \boldsymbol{B}) \cdot \mathrm{d}\boldsymbol{l} \tag{5.3}$$

计算动生电动势可以用式(5.3),也可以用法拉第定律(5.1)式。

2) 感生电动势

磁场 $\boldsymbol{B}$ 变化,导体回路不运动,导体回路中产生的感应电动势称为感生电动势。产生感生电动势的非静电力是感应电场力(详见麦克斯韦关于感应电场的假说)。由电动势的定义,感生电动势可以写为

$$e_i = \oint_l \boldsymbol{E}_i \cdot \mathrm{d}\boldsymbol{l} \tag{5.4}$$

其中 $\boldsymbol{E}_i$ 是感应电场的场强。

计算感生电动势可以用式(5.4),也可以用法拉第定律

$$e_i = -\frac{\mathrm{d}\psi}{\mathrm{d}t} = -\iint_S \frac{\partial \boldsymbol{B}}{\partial t} \cdot \mathrm{d}\boldsymbol{S} \tag{5.5}$$

3. 麦克斯韦关于感应电场(涡旋电场)的假说

麦克斯韦关于感应电场(涡旋电场)的假说基本思想是:变化的磁场在其周围空间激发涡旋电场,场方程可以写为

$$\oint_l \boldsymbol{E}_i \cdot \mathrm{d}\boldsymbol{l} = -\frac{\mathrm{d}\psi}{\mathrm{d}t} = -\iint_S \frac{\partial \boldsymbol{B}}{\partial t} \cdot \mathrm{d}\boldsymbol{S} \tag{5.6}$$

变化的磁场$\frac{\partial \boldsymbol{B}}{\partial t}$与涡旋电场 $\boldsymbol{E}_i$ 之间满足左手关系,如图 5.2 所示。请注意,涡旋电场的电力线是闭合曲线。

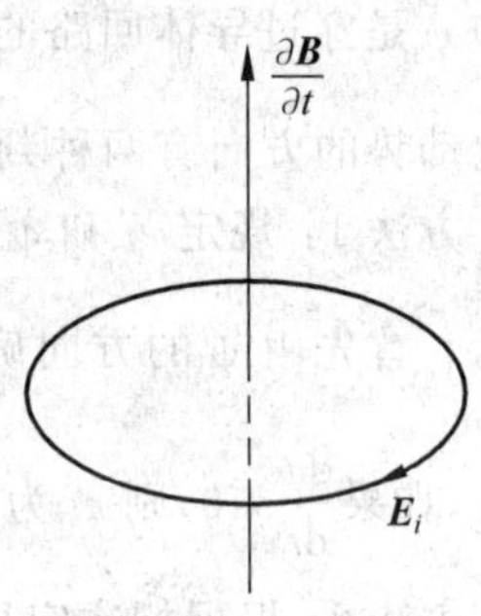

图 5.2 变化的磁场激发涡旋电场

4. 电磁感应定律的积分形式和微分形式

在电磁感应现象中,一般情况下磁场 $\boldsymbol{B}$ 变化,导体回路也运动,回路中出现的感应电动势为

$$e_i = \oint_l \boldsymbol{E}_i \cdot \mathrm{d}\boldsymbol{l} = -\iint_S \frac{\partial \boldsymbol{B}}{\partial t} \cdot \mathrm{d}\boldsymbol{S} + \int_l (\boldsymbol{v} \times \boldsymbol{B}) \cdot \mathrm{d}\boldsymbol{l} \tag{5.7}$$

式(5.7)中的 $\boldsymbol{E}_i$ 是磁场的变化产生的,对于电荷激发的电场(库仑场),由式(2.18)

$$\oint_l \boldsymbol{E}_{库} \cdot \mathrm{d}\boldsymbol{l} = 0 \tag{5.8}$$

空间总的电场 $\boldsymbol{E}=\boldsymbol{E}_{库}+\boldsymbol{E}_i$,所以

$$\oint_l \boldsymbol{E} \cdot \mathrm{d}\boldsymbol{l} = \oint_l (\boldsymbol{E}_{库} + \boldsymbol{E}_i) \cdot \mathrm{d}\boldsymbol{l} = -\iint_S \frac{\partial \boldsymbol{B}}{\partial t} \cdot \mathrm{d}\boldsymbol{S} + \int_l (\boldsymbol{v} \times \boldsymbol{B}) \cdot \mathrm{d}\boldsymbol{l} \tag{5.9}$$

这就是电磁感应定律的积分形式。利用斯托克斯定理,式(5.9)可以写为

$$\iint_S (\nabla \times \boldsymbol{E}) \cdot \mathrm{d}\boldsymbol{S} = -\iint_S \frac{\partial \boldsymbol{B}}{\partial t} \cdot \mathrm{d}\boldsymbol{S} + \iint_S [\nabla \times (\boldsymbol{v} \times \boldsymbol{B})] \cdot \mathrm{d}\boldsymbol{S}$$

所以

$$\nabla\times\boldsymbol{E}=-\frac{\partial\boldsymbol{B}}{\partial t}+\nabla\times(\boldsymbol{v}\times\boldsymbol{B})\tag{5.10}$$

这就是电磁感应定律的微分形式。讨论时变场，不考虑导体回路的运动，式(5.10)可以写为

$$\nabla\times\boldsymbol{E}=-\frac{\partial\boldsymbol{B}}{\partial t}\tag{5.11}$$

例 5.1 一个 $h\times w$ 的单匝矩形线圈放在时变磁场 $\boldsymbol{B}=\boldsymbol{e}_yB_0\sin\omega t$ 中。开始时线圈面的法线$\hat{\boldsymbol{n}}$与 y 轴成 α 角，如图 5.3 所示。求：(1)线圈静止时的感应电动势；(2)线圈以角速度 ω 绕 x 轴旋转时的感应电动势。

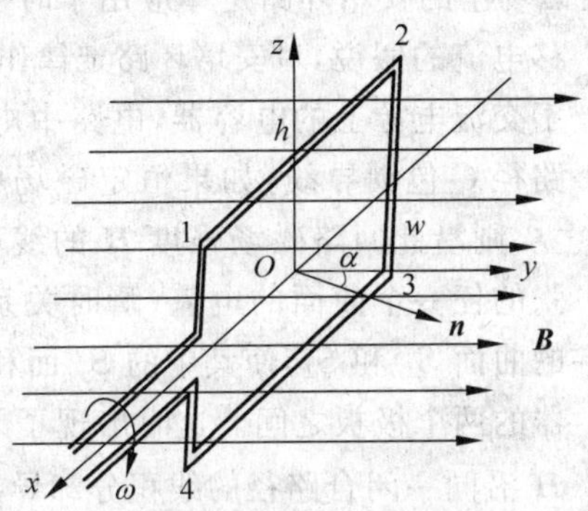

图 5.3 例 5.1 用图

解

(1) 线圈静止时，感应电动势是由磁场随时间变化引起的，用式(5.1)计算

$$\Phi=\iint_S\boldsymbol{B}\cdot\mathrm{d}\boldsymbol{S}=\boldsymbol{e}_y B_0\sin\omega t\cdot\hat{\boldsymbol{n}}hw$$

$$=B_0hw\sin\omega t\cdot\cos\alpha$$

$$e_i=-\frac{\mathrm{d}\Phi}{\mathrm{d}t}=-\omega B_0hw\cos\omega t\cdot\cos\alpha$$

(2) 线圈以角速度 ω 旋转时，感应电动势既有因磁场随时间变化引起的感生电动势，又有因线圈转动引起的动生电动势，可以用式(5.1)计算。此时线圈面的法线$\hat{\boldsymbol{n}}$是时间的函数，表示为$\hat{\boldsymbol{n}}(t)$，所以

$$\Phi=\boldsymbol{B}(t)\cdot\hat{\boldsymbol{n}}(t)S=\boldsymbol{e}_yB_0\sin\omega t\cdot\boldsymbol{e}_yhw\cos\alpha=B_0hw\sin\omega t\cdot\cos\omega t$$

$$e_i=-\frac{\mathrm{d}\Phi}{\mathrm{d}t}=-\omega B_0hw\cos(2\omega t)$$

也可以分别计算感生电动势和动生电动势

$$e_i=-\iint_S\frac{\partial\boldsymbol{B}}{\partial t}\cdot\mathrm{d}\boldsymbol{S}+\oint_l(\boldsymbol{v}\times\boldsymbol{B})\cdot\mathrm{d}\boldsymbol{l}$$

上式中的第一项与(a)中求得的静止时的感生电动势相同，第二项为

$$\oint_l(\boldsymbol{v}\times\boldsymbol{B})\cdot\mathrm{d}\boldsymbol{l}=\int_2^1\hat{\boldsymbol{n}}\frac{w}{2}\omega\times\boldsymbol{e}_yB_0\sin\omega t\cdot\boldsymbol{e}_x\mathrm{d}x+\int_4^3\left(-\hat{\boldsymbol{n}}\frac{w}{2}\omega\right)\times\boldsymbol{e}_yB_0\sin\omega t\cdot\boldsymbol{e}_x\mathrm{d}x$$

$$= 2\left[\frac{w}{2}\omega B_0 \sin\omega t \cdot \sin\alpha\right]h = \omega B_0 hw\sin\omega t \cdot \sin\omega t$$

$$e_i = -\omega B_0 hw\cos\omega t \cdot \cos\omega t + \omega B_0 hw\sin\omega t \cdot \sin\omega t$$

$$= -\omega B_0 hw\cos(2\omega t)$$

5.2 位移电流

1. 麦克斯韦关于位移电流的假说

麦克斯韦发现了将恒定磁场中的安培环路定律应用于时变场时出现的矛盾,提出位移电流的假说,对安培环路定律作了修正。图5.4表示连接于交流电源上的电容器,电路中电流为 i。取一个闭合积分路径 C 包围导线,如果恒定磁场中的安培环路定律仍然成立,则沿此回路磁场强度 $\boldsymbol{H}$ 的线积分将等于穿过该回路所张的任一个曲面的电流(瞬时关系)。在回路上张两个不同的曲面 S_1 和 S_2,使其中的 S_1 面和导线相截,S_2 面穿过电容器的两个极板之间。这时出现了矛盾:穿过 S_1 面的电流为 i,而穿过 S_2 面的电流为零。$\boldsymbol{H}$ 沿同一闭合路径的线积分却导出了两种不同的结果,这显然是不合理的。这种矛盾的结果说明安培环路定律的应用受到了限制。

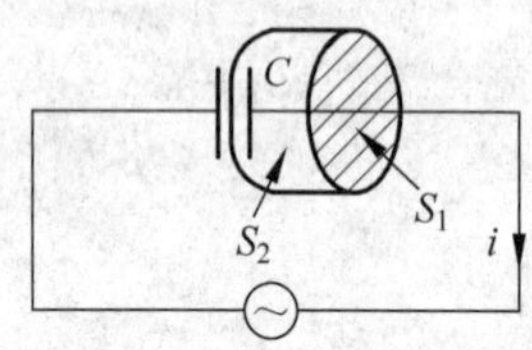

图5.4 安培环路定律应用于时变场时出现的矛盾

麦克斯韦深入研究了这一问题,提出了位移电流的假说。他认为,在电容器的两极板间存在着另一种电流,其量值与传导电流 i 相等。因为对于由 S_1 和 S_2 构成的闭合面,利用电流连续性方程和高斯定理

$$\oint_S \boldsymbol{J} \cdot \mathrm{d}\boldsymbol{S} = -\frac{\partial q}{\partial t} \tag{5.12}$$

$$\oint_S \boldsymbol{D} \cdot \mathrm{d}\boldsymbol{S} = q \tag{5.13}$$

其中 q 为极板上的电荷量。利用以上两式可以导出

$$\oint_S \boldsymbol{J} \cdot \mathrm{d}\boldsymbol{S} = -\oint_S \frac{\partial \boldsymbol{D}}{\partial t} \cdot \mathrm{d}\boldsymbol{S} = -\oint_S \boldsymbol{J}_{\mathrm{d}} \cdot \mathrm{d}\boldsymbol{S} \tag{5.14}$$

其中

$$\boldsymbol{J}_{\mathrm{d}} = \frac{\partial \boldsymbol{D}}{\partial t} \tag{5.15}$$

麦克斯韦称之为位移电流密度,请读者验证$\frac{\partial \boldsymbol{D}}{\partial t}$具有电流密度的量纲 $\mathrm{A/m^2}$。考虑到由 S_1 和 S_2 构成的闭合曲面的法线方向向外,式(5.14)可以写为

$$\iint_{S_1} \boldsymbol{J} \cdot \mathrm{d}\boldsymbol{S} = \iint_{S_2} \boldsymbol{J}_{\mathrm{d}} \cdot \mathrm{d}\boldsymbol{S}$$

所以穿过 S_1 面的传导电流与穿过 S_2 面的位移电流相等,这就消除了原来安培环路定理中的矛盾。

麦克斯韦关于位移电流假说的基本思想是：变化的电场在其周围空间激发涡旋磁场，这样变化的电场等效于一种电流，称为位移电流。场方程为

$$\oint_l \boldsymbol{H}\cdot d\boldsymbol{l} = I_c + I_d = \iint_S \boldsymbol{J}\cdot d\boldsymbol{S} + \iint_S \frac{\partial \boldsymbol{D}}{\partial t}\cdot d\boldsymbol{S} \tag{5.16}$$

变化的电场 $\frac{\partial \boldsymbol{D}}{\partial t}$ 与涡旋磁场 $\boldsymbol{H}$ 之间满足右手关系，如图 5.5 所示。

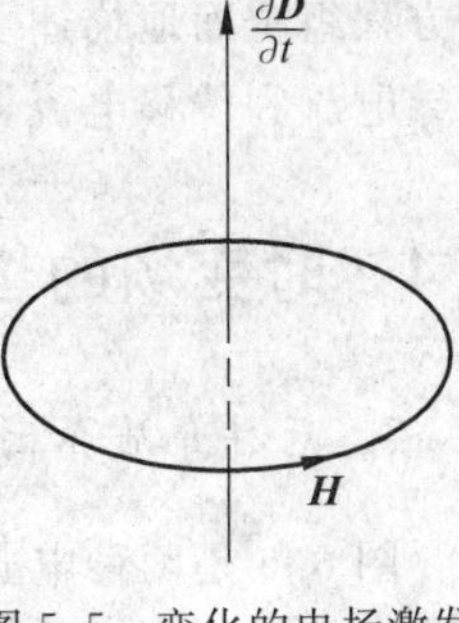

图 5.5 变化的电场激发涡旋磁场

2. 全电流定律（安培环路定理）

引入位移电流的假说，安培环路定理写为(5.16)式，也称为全电流定律。利用斯托克斯定理可以写出全电流定律的微分形式

$$\nabla\times \boldsymbol{H} = \boldsymbol{J} + \frac{\partial \boldsymbol{D}}{\partial t} \tag{5.17}$$

5.3 麦克斯韦方程组

静止媒质中的麦克斯韦方程组为

$$\oint_l \boldsymbol{H}\cdot d\boldsymbol{l} = \iint_S \left(\boldsymbol{J} + \frac{\partial \boldsymbol{D}}{\partial t}\right)\cdot d\boldsymbol{S} \tag{5.18}$$

$$\oint_l \boldsymbol{E}\cdot d\boldsymbol{l} = -\iint_S \frac{\partial \boldsymbol{B}}{\partial t}\cdot d\boldsymbol{S} \tag{5.19}$$

$$\oiint_S \boldsymbol{B}\cdot d\boldsymbol{S} = 0 \tag{5.20}$$

$$\oiint_S \boldsymbol{D}\cdot d\boldsymbol{S} = q \tag{5.21}$$

相应的微分形式为

$$\nabla\times \boldsymbol{H} = \boldsymbol{J} + \frac{\partial \boldsymbol{D}}{\partial t} \tag{5.22}$$

$$\nabla\times \boldsymbol{E} = -\frac{\partial \boldsymbol{B}}{\partial t} \tag{5.23}$$

$$\nabla\cdot \boldsymbol{B} = 0 \tag{5.24}$$

$$\nabla\cdot \boldsymbol{D} = \rho \tag{5.25}$$

对于各向同性线性介质，描述介质性能的方程为

$$\boldsymbol{D} = \varepsilon_0\varepsilon_r \boldsymbol{E} \tag{5.26}$$

$$\boldsymbol{B} = \mu_0\mu_r \boldsymbol{H} \tag{5.27}$$

$$\boldsymbol{J} = \sigma \boldsymbol{E} \tag{5.28}$$

根据亥姆霍兹定理，一个矢量场的性质由它的旋度和散度唯一地确定，所以麦克斯

韦方程组全面地描述了电磁场的基本规律。可以看出在时变电磁场中，磁场的场源包括传导电流和位移电流，电场的场源包括电荷和变化的磁场。

5.4 时变场的边界条件

1. 两种介质界面上的边界条件

图 5.6 是两种电介质的分界面，介电常数分别是 ε_1、ε_2，两种电介质中的电场强度分别是 $\boldsymbol{E}_1$、$\boldsymbol{E}_2$，与分界面法线的夹角分别是 θ_1、θ_2。在两种电介质的分界面上作一个极窄的矩形回路 $abcda$，$ab=cd=\Delta l$，$bc=da=\Delta h\to 0$，$\hat{\boldsymbol{n}}$是由介质 2 指向介质 1 的法线矢量，$\hat{\boldsymbol{n}}_1$ 是矩形回路所围面积的法线矢量，如图 5.6 中所示。利用电磁感应定律

$$\oint_l \boldsymbol{E}\cdot \mathrm{d}\boldsymbol{l} = -\iint_S \frac{\partial \boldsymbol{B}}{\partial t}\cdot \mathrm{d}\boldsymbol{S} \tag{5.29}$$

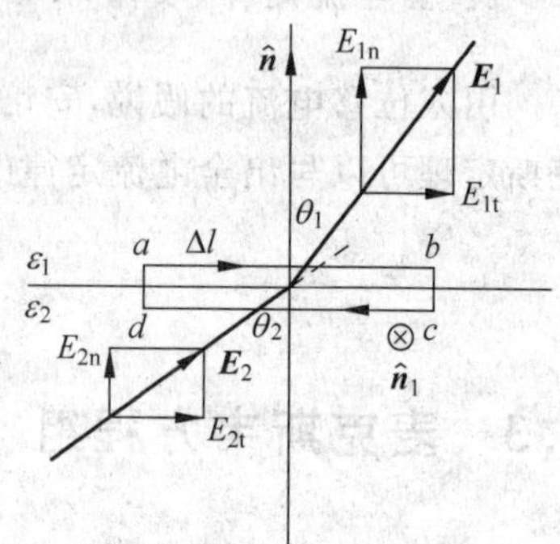

图 5.6 **E** 切向分量的边界条件

式(5.29)左边对闭合环路的积分可以写为对四个边的线积分之和

$$\int_{ab}\boldsymbol{E}_1\cdot \mathrm{d}\boldsymbol{l}+\int_{bc}\boldsymbol{E}\cdot \mathrm{d}\boldsymbol{l}+\int_{cd}\boldsymbol{E}_2\cdot \mathrm{d}\boldsymbol{l}+\int_{da}\boldsymbol{E}\cdot \mathrm{d}\boldsymbol{l}$$

由于矩形回路极窄，$bc=da\to 0$，上式中第二项和第四项积分为零，第一项和第三项积分可以写为

$$\begin{aligned}\oint_l \boldsymbol{E}\cdot \mathrm{d}\boldsymbol{l} &= \int_{ab}\boldsymbol{E}_1\cdot \mathrm{d}\boldsymbol{l}+\int_{cd}\boldsymbol{E}_2\cdot \mathrm{d}\boldsymbol{l}\\ &= E_1\sin\theta_1\cdot\Delta l - E_2\sin\theta_2\cdot\Delta l = (E_{1t}-E_{2t})\Delta l\end{aligned} \tag{5.30}$$

由于矩形回路的面积很小，式(5.29)的右边可以写为

$$-\iint_S \frac{\partial \boldsymbol{B}}{\partial t}\cdot \mathrm{d}\boldsymbol{S} = \lim_{\Delta h\to 0}\left[-\left(\frac{\partial \boldsymbol{B}}{\partial t}\right)_{n_1}\Delta h\Delta l\right]=0 \tag{5.31}$$

其中$\left(\frac{\partial \boldsymbol{B}}{\partial t}\right)_{n_1}$是$\frac{\partial \boldsymbol{B}}{\partial t}$在$\hat{\boldsymbol{n}}_1$ 方向的投影。把式(5.30)和式(5.31)代入式(5.29)可以得到 **E** 的切向分量满足的边界条件

$$E_{1t}=E_{2t} \tag{5.32}$$

用矢量可以表示为

$$\hat{\boldsymbol{n}}\times(\boldsymbol{E}_1-\boldsymbol{E}_2)=0 \tag{5.33}$$

同理，由全电流定律

$$\oint_l \boldsymbol{H}\cdot \mathrm{d}\boldsymbol{l} = \iint_S\left(\boldsymbol{J}+\frac{\partial \boldsymbol{D}}{\partial t}\right)\cdot \mathrm{d}\boldsymbol{S} \tag{5.34}$$

式(5.34)的左侧

$$\oint_l \boldsymbol{H}\cdot \mathrm{d}\boldsymbol{l} = (H_{1t}-H_{2t})\Delta l \tag{5.35}$$

式(5.34)的右侧

$$\iint_S \left(\boldsymbol{J}+\frac{\partial \boldsymbol{D}}{\partial t}\right)\cdot \mathrm{d}\boldsymbol{S}=\lim_{\Delta h\to 0}\left[\left(\frac{I}{\Delta h\Delta l}\right)_{n_1}\Delta h\Delta l+\left(\frac{\partial \boldsymbol{D}}{\partial t}\right)_{n_1}\Delta h\Delta l\right]$$
$$=J_S\Delta l \tag{5.36}$$

其中$\left(\frac{I}{\Delta l}\right)_{n_1}=J_S$是穿过矩形回路的面电流密度。把式(5.35)和式(5.36)代入式(5.34)可以得到$\boldsymbol{H}$的切向分量满足的边界条件

$$H_{1t}-H_{2t}=J_S \tag{5.37}$$

$$\hat{\boldsymbol{n}}\times(\boldsymbol{H}_1-\boldsymbol{H}_2)=\boldsymbol{J}_S \tag{5.38}$$

界面上没有面电流时上面两式可以写为

$$H_{1t}=H_{2t} \tag{5.39}$$

$$\hat{\boldsymbol{n}}\times(\boldsymbol{H}_1-\boldsymbol{H}_2)=0 \tag{5.40}$$

用与讨论恒定磁场边界条件相同的方法，由磁场的高斯定理$\oint_S \boldsymbol{B}\cdot \mathrm{d}\boldsymbol{S}=0$可以导出$\boldsymbol{B}$的法向分量满足的边界条件

$$B_{1n}=B_{2n} \tag{5.41}$$

$$\hat{\boldsymbol{n}}\cdot(\boldsymbol{B}_1-\boldsymbol{B}_2)=0 \tag{5.42}$$

用与讨论静电场边界条件相同的方法，由电场的高斯定理$\oint_S \boldsymbol{D}\cdot \mathrm{d}\boldsymbol{S}=q$可以导出$\boldsymbol{D}$的法向分量满足的边界条件

$$D_{1n}-D_{2n}=\rho_S \tag{5.43}$$

$$\hat{\boldsymbol{n}}\cdot(\boldsymbol{D}_1-\boldsymbol{D}_2)=\rho_S \tag{5.44}$$

界面上没有面电荷时上面两式可以写为

$$D_{1n}=D_{2n} \tag{5.45}$$

$$\hat{\boldsymbol{n}}\cdot(\boldsymbol{D}_1-\boldsymbol{D}_2)=0 \tag{5.46}$$

用与讨论静电场和恒定磁场边界条件相同的方法，可以导出时变电磁场中电力线和磁力线在介质分界面上发生的折射

$$\frac{\tan\theta_1}{\tan\theta_2}=\frac{\varepsilon_1}{\varepsilon_2} \tag{5.47}$$

$$\frac{\tan\theta_1}{\tan\theta_2}=\frac{\mu_1}{\mu_2} \tag{5.48}$$

2. 理想导体与介质界面上的边界条件(设理想导体的下标为2，介质的下标为1)

由于理想导体的电导率$\sigma\to\infty$，由欧姆定律$\boldsymbol{J}=\sigma\boldsymbol{E}$，在理想导体内，$\boldsymbol{E}_2=0$。再由法拉第定律

$$\nabla\times\boldsymbol{E}_2=-\frac{\partial \boldsymbol{B}_2}{\partial t}=0$$

所以$\boldsymbol{B}_2$为常数或为0，在时变场中，$\boldsymbol{B}_2$只能为0。所以在理想导体内$\boldsymbol{B}_2=0$，$\boldsymbol{H}_2=0$。下

面讨论理想导体与介质界面上的边界条件。

由式(5.32)可以得到理想导体表面(介质一侧)电场的切向分量满足的边界条件

$$E_{1t} = E_{2t} = 0 \tag{5.49}$$

$$\hat{\boldsymbol{n}} \times \boldsymbol{E}_1 = 0 \tag{5.50}$$

由式(5.37)可以得到理想导体表面(介质一侧)磁场的切向分量满足的边界条件

$$H_{1t} = J_S \tag{5.51}$$

$$\hat{\boldsymbol{n}} \times \boldsymbol{H}_1 = \boldsymbol{J}_S \tag{5.52}$$

式(5.52)常被用来计算导体表面的感应电流,如图5.7所示。由式(5.41)可以得到理想导体表面(介质一侧)磁场的法向分量满足的边界条件

$$B_{1n} = B_{2n} = 0 \tag{5.53}$$

$$\hat{\boldsymbol{n}} \cdot \boldsymbol{B}_1 = 0 \tag{5.54}$$

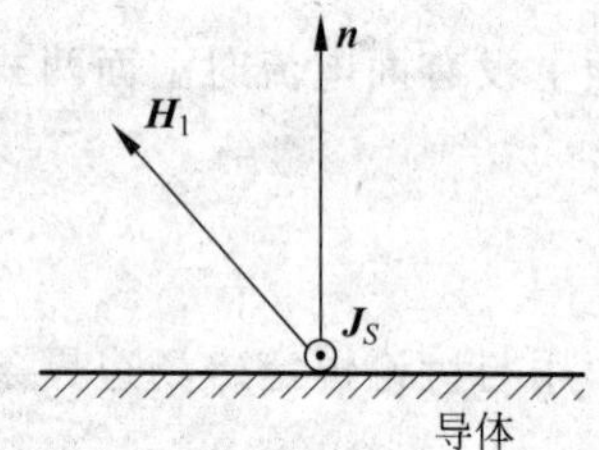

图5.7 导体表面的感应电流

所以**在理想导体的表面,电场的切向分量为零,磁场的法线分量为零**。由式(5.43)可以得到理想导体表面(介质一侧)$\boldsymbol{D}$ 的法向分量满足的边界条件

$$D_{1n} = \rho_S \tag{5.55}$$

$$\hat{\boldsymbol{n}} \cdot \boldsymbol{D}_1 = \rho_S \tag{5.56}$$

真正的理想导体不存在,在实际问题中,金属可以看作是理想导体。一种材料能否被看成是理想导体还与频率有关(详见6.5节),在频率比较低的情况下,大地也可以看成是理想导体。

例5.2 在两导体平板($z=0$ 和 $z=d$)之间的空气中传播的电磁波,已知其电场强度为

$$\boldsymbol{E} = \boldsymbol{e}_y E_0 \sin\left(\frac{\pi}{d}z\right)\cos(\omega t - k_x x)$$

式中的 k_x 为常数。试求:(1)磁场强度 $\boldsymbol{H}$;(2)两导体表面的面电流密度 $\boldsymbol{J}_S$。

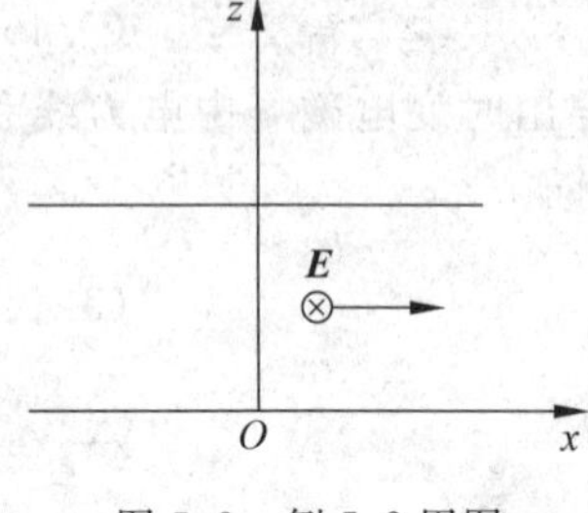

图5.8 例5.2用图

解

(1) 这是一个沿 x 方向传播的电磁波,电场沿 $\boldsymbol{e}_y$ 方向。取如图5.8所示的坐标系,由 $\nabla \times \boldsymbol{E} = -\mu_0 \frac{\partial \boldsymbol{H}}{\partial t}$ 可得

$$-\boldsymbol{e}_x \frac{\partial E}{\partial z} + \boldsymbol{e}_z \frac{\partial E}{\partial x} = -\mu_0 \frac{\partial \boldsymbol{H}}{\partial t}$$

所以

$$\begin{aligned}\boldsymbol{H} &= -\frac{1}{\mu_0}E_0\left[-\boldsymbol{e}_x\int \frac{\pi}{d}\cos\left(\frac{\pi}{d}z\right)\cos(\omega t - k_x x)\mathrm{d}t + \boldsymbol{e}_z\int k_x \sin\left(\frac{\pi}{d}z\right)\sin(\omega t - k_x x)\mathrm{d}t\right] \\ &= \boldsymbol{e}_x \frac{\pi}{\omega\mu_0 d}E_0\cos\left(\frac{\pi}{d}z\right)\sin(\omega t - k_x x) + \boldsymbol{e}_z \frac{k_x}{\omega\mu_0}E_0\sin\left(\frac{\pi}{d}z\right)\cos(\omega t - k_x x)\end{aligned}$$

可以看出,$\boldsymbol{E}$ 和 $\boldsymbol{H}$ 都满足理想导体表面的边界条件,即在 $z=0$ 和 $z=d$ 处,$E_t = E_y = 0$,

$H_n = H_z = 0$。

(2) 导体表面的电流存在于两导体相向的一面，在 $z=0$ 的表面上，法线单位矢量 $\hat{\boldsymbol{n}} = \boldsymbol{e}_z$，所以

$$\boldsymbol{J}_S = \hat{\boldsymbol{n}} \times \boldsymbol{H} = \boldsymbol{e}_z \times \boldsymbol{H}\big|_{z=0} = \boldsymbol{e}_y \frac{\pi}{\omega\mu_0 d} E_0 \sin(\omega t - k_x x)$$

在 $z=d$ 的表面上，法线单位矢量 $\hat{\boldsymbol{n}} = -\boldsymbol{e}_z$，所以

$$\boldsymbol{J}_S = \hat{\boldsymbol{n}} \times \boldsymbol{H} = -\boldsymbol{e}_z \times \boldsymbol{H}\big|_{z=d} = \boldsymbol{e}_y \frac{\pi}{\omega\mu_0 d} E_0 \sin(\omega t - k_x x)$$

5.5 坡印廷定理和坡印廷矢量

1. 电磁场的能量

电场的能量密度为

$$w_e = \frac{1}{2}\boldsymbol{D} \cdot \boldsymbol{E} \tag{5.57}$$

磁场的能量密度为

$$w_m = \frac{1}{2}\boldsymbol{H} \cdot \boldsymbol{B} \tag{5.58}$$

由于变化的电场和变化的磁场统称为电磁场，所以电磁场的能量密度为

$$w = \frac{1}{2}\boldsymbol{D} \cdot \boldsymbol{E} + \frac{1}{2}\boldsymbol{H} \cdot \boldsymbol{B} \tag{5.59}$$

由于电场、磁场都随时间变化，所以空间每一点处的能量密度 w 也随时间变化，时变电磁场中就出现能量的流动。

2. 能流密度矢量 $\boldsymbol{S}$(坡印廷矢量)

能流密度矢量 $\boldsymbol{S}$ 定义为：单位时间内穿过与能量流动方向垂直的单位截面的能量，其瞬时值的表达式为

$$\boldsymbol{S} = \boldsymbol{E} \times \boldsymbol{H} \tag{5.60}$$

能流密度矢量 $\boldsymbol{S}$ 的单位是 $\mathrm{W/m^2}$，方向表示该点能量流动的方向。

3. 坡印廷定理

坡印廷定理描述电磁场中能量的守恒和转换关系，下面推导坡印廷定理的表达式，由

$$\nabla \times \boldsymbol{E} = -\frac{\partial \boldsymbol{B}}{\partial t} \tag{5.61}$$

$$\nabla \times \boldsymbol{H} = \boldsymbol{J} + \frac{\partial \boldsymbol{D}}{\partial t} \tag{5.62}$$

用 $\boldsymbol{H}$ · 式(5.61)减去 $\boldsymbol{E}$ · 式(5.62)可得

$$\boldsymbol{H}\cdot(\nabla\times\boldsymbol{E})-\boldsymbol{E}\cdot(\nabla\times\boldsymbol{H})=-\boldsymbol{H}\cdot\frac{\partial\boldsymbol{B}}{\partial t}-\boldsymbol{E}\cdot\boldsymbol{J}-\boldsymbol{E}\cdot\frac{\partial\boldsymbol{D}}{\partial t}\tag{5.63}$$

式(5.63)的左边等于$\nabla\cdot(\boldsymbol{E}\times\boldsymbol{H})$,右边的第1项和第3项分别为

$$\begin{aligned}\boldsymbol{H}\cdot\frac{\partial\boldsymbol{B}}{\partial t}&=\mu\boldsymbol{H}\cdot\frac{\partial\boldsymbol{H}}{\partial t}=\boldsymbol{B}\cdot\frac{\partial\boldsymbol{H}}{\partial t}\\&=\frac{1}{2}\left(\boldsymbol{H}\cdot\frac{\partial\boldsymbol{B}}{\partial t}+\boldsymbol{B}\cdot\frac{\partial\boldsymbol{H}}{\partial t}\right)=\frac{\partial}{\partial t}\left(\frac{1}{2}\boldsymbol{H}\cdot\boldsymbol{B}\right)\\\boldsymbol{E}\cdot\frac{\partial\boldsymbol{D}}{\partial t}&=\varepsilon\boldsymbol{E}\cdot\frac{\partial\boldsymbol{E}}{\partial t}=\boldsymbol{D}\cdot\frac{\partial\boldsymbol{E}}{\partial t}\\&=\frac{1}{2}\left(\boldsymbol{E}\cdot\frac{\partial\boldsymbol{D}}{\partial t}+\boldsymbol{D}\cdot\frac{\partial\boldsymbol{E}}{\partial t}\right)=\frac{\partial}{\partial t}\left(\frac{1}{2}\boldsymbol{E}\cdot\boldsymbol{D}\right)\end{aligned}$$

把上式代入式(5.63)中可得

$$\nabla\cdot(\boldsymbol{E}\times\boldsymbol{H})=-\frac{\partial}{\partial t}\left(\frac{1}{2}\boldsymbol{H}\cdot\boldsymbol{B}+\frac{1}{2}\boldsymbol{E}\cdot\boldsymbol{D}\right)-\boldsymbol{E}\cdot\boldsymbol{J}$$

把上式两边作体积分,并注意到$\frac{1}{2}\boldsymbol{H}\cdot\boldsymbol{B}+\frac{1}{2}\boldsymbol{E}\cdot\boldsymbol{D}=w$,可得

$$\int_V\nabla\cdot(\boldsymbol{E}\times\boldsymbol{H})\mathrm{d}V=-\frac{\partial}{\partial t}\int_V w\mathrm{d}V-\int_V\boldsymbol{E}\cdot\boldsymbol{J}\mathrm{d}V$$

由散度定理$\int_V\nabla\cdot(\boldsymbol{E}\times\boldsymbol{H})\mathrm{d}V=\oint_S(\boldsymbol{E}\times\boldsymbol{H})\cdot\mathrm{d}\boldsymbol{S}$,且$\int_V w\mathrm{d}V=W$,所以

$$\frac{\partial W}{\partial t}=-\oint_S(\boldsymbol{E}\times\boldsymbol{H})\cdot\mathrm{d}\boldsymbol{S}-\int_V\boldsymbol{E}\cdot\boldsymbol{J}\mathrm{d}V\tag{5.64}$$

式(5.64)即为坡印廷定理的数学表达式,其中$\frac{\partial W}{\partial t}$表示$V$内单位时间内电磁能量的增量,$-\oint_S(\boldsymbol{E}\times\boldsymbol{H})\cdot\mathrm{d}\boldsymbol{S}$表示通过$\boldsymbol{S}$面流入的功率(单位时间内流入的能量),第3项

$$\int_V\boldsymbol{E}\cdot\boldsymbol{J}\mathrm{d}V=\int_V p\mathrm{d}V=P$$

表示V内损耗的焦耳热功率(单位时间内损耗的能量)。所以说坡印廷定理描述了电磁场中能量的守恒和转换关系。

5.6 时变电磁场的矢量位和标量位

讨论恒定电、磁场时,为了计算方便,引入了标量电位Φ、矢量磁位$\boldsymbol{A}$和标量磁位Φ_{m},讨论时变电磁场,也可以引入标量位和矢量位。

5.6.1 矢量位A和标量位Φ的引入

1. 矢量位$\boldsymbol{A}$的引入

由$\nabla\cdot\boldsymbol{B}=0$和矢量恒等式$\nabla\cdot\nabla\times\boldsymbol{A}=0$,$\boldsymbol{B}$可以写为

$$\boldsymbol{B} = \nabla\times\boldsymbol{A} \tag{5.65}$$

2. 标量位 Φ 的引入

把式(5.65)代入$\nabla\times\boldsymbol{E}=-\dfrac{\partial\boldsymbol{B}}{\partial t}$可得

$$\nabla\times\boldsymbol{E} = -\frac{\partial}{\partial t}(\nabla\times\boldsymbol{A}) = -\nabla\times\frac{\partial\boldsymbol{A}}{\partial t}$$

所以$\nabla\times\left(\boldsymbol{E}+\dfrac{\partial\boldsymbol{A}}{\partial t}\right)=0$,再由矢量恒等式$\nabla\times\nabla\Phi=0$,可以写出

$$\boldsymbol{E}+\frac{\partial\boldsymbol{A}}{\partial t} = -\nabla\Phi \quad 或 \quad \boldsymbol{E} = -\nabla\Phi-\frac{\partial\boldsymbol{A}}{\partial t} \tag{5.66}$$

可以看出,引入的标量位与标量电位不同,Φ 不仅与 $\boldsymbol{E}$ 有关,而且与 $\boldsymbol{A}$ 有关;$\boldsymbol{A}$ 也与 $\boldsymbol{E}$ 有关。所以时变电磁场中不再分电位和磁位,而称为时变电磁场的矢量位和标量位。

3. 洛伦兹条件

由式(5.65)和式(5.66)还不能唯一地确定 $\boldsymbol{A}$ 和 Φ。例如,设有

$$\boldsymbol{A}' = \boldsymbol{A}+\nabla\psi, \quad \Phi' = \Phi-\frac{\partial\psi}{\partial t}$$

ψ 为任意一个标量,则

$$\nabla\times\boldsymbol{A}' = \nabla\times\boldsymbol{A}+\nabla\times\nabla\psi = \nabla\times\boldsymbol{A}$$

$$\begin{aligned}-\nabla\Phi'-\frac{\partial\boldsymbol{A}'}{\partial t} &= -\nabla\left(\Phi-\frac{\partial\psi}{\partial t}\right)-\frac{\partial}{\partial t}(\boldsymbol{A}+\nabla\psi)\\ &= -\nabla\Phi+\nabla\frac{\partial\psi}{\partial t}-\frac{\partial A}{\partial t}-\frac{\partial}{\partial t}\nabla\psi = -\nabla\Phi-\frac{\partial\boldsymbol{A}}{\partial t} = \boldsymbol{E}\end{aligned}$$

即由式(5.65)和式(5.66)可以得到无数多个 Φ、$\boldsymbol{A}$。这是由于式(5.65)只给出 $\boldsymbol{A}$ 的旋度,没有给定 $\boldsymbol{A}$ 的散度,根据亥姆霍兹定理 $\boldsymbol{A}$ 是不确定的。为了唯一地确定 $\boldsymbol{A}$ 和 Φ,必须给定 $\boldsymbol{A}$ 的散度,讨论时变场,采用洛伦兹条件

$$\nabla\cdot\boldsymbol{A} = -\mu\varepsilon\frac{\partial\Phi}{\partial t} \tag{5.67}$$

由式(5.65)、式(5.66)、式(5.67)定义的 $\boldsymbol{A}$、Φ 是唯一确定的。

5.6.2 达朗贝尔方程

达朗贝尔方程是时变场电磁场的矢量位 $\boldsymbol{A}$ 和标量位 Φ 满足的微分方程。首先推导矢量位 $\boldsymbol{A}$ 的达朗贝尔方程,对式(5.65)两边取旋度

$$\nabla\times(\nabla\times\boldsymbol{A}) = \nabla\times\boldsymbol{B} = \mu\nabla\times\boldsymbol{H}$$

把$\nabla\times\boldsymbol{H}=\boldsymbol{J}+\varepsilon\dfrac{\partial\boldsymbol{E}}{\partial t}$和$\boldsymbol{E}=-\nabla\Phi-\dfrac{\partial\boldsymbol{A}}{\partial t}$代入上式可得

$$\nabla(\nabla\cdot\boldsymbol{A})-\nabla^2\boldsymbol{A} = \mu\boldsymbol{J}-\mu\varepsilon\frac{\partial}{\partial t}(\nabla\Phi)-\mu\varepsilon\frac{\partial^2\boldsymbol{A}}{\partial t^2}$$

经过整理可得

$$\nabla^2 \boldsymbol{A} - \mu\varepsilon \frac{\partial^2 \boldsymbol{A}}{\partial t^2} = \nabla(\nabla\cdot \boldsymbol{A}) - \mu \boldsymbol{J} + \nabla\left(\mu\varepsilon \frac{\partial \Phi}{\partial t}\right) = \nabla\left(\nabla\cdot \boldsymbol{A} + \mu\varepsilon \frac{\partial \Phi}{\partial t}\right) - \mu \boldsymbol{J}$$

利用式(5.67)可得

$$\nabla^2 \boldsymbol{A} - \mu\varepsilon \frac{\partial^2 \boldsymbol{A}}{\partial t^2} = -\mu \boldsymbol{J} \tag{5.68}$$

下面推导标量位 Φ 的达朗贝尔方程,把 $\boldsymbol{D}=\varepsilon \boldsymbol{E}$ 代入$\nabla\cdot \boldsymbol{D}=\rho$,并利用式(5.66)可得

$$\varepsilon \nabla\cdot \boldsymbol{E} = -\varepsilon \nabla\cdot \left(\nabla\Phi + \frac{\partial \boldsymbol{A}}{\partial t}\right) = \rho$$

所以

$$\nabla^2 \Phi + \nabla\cdot \frac{\partial \boldsymbol{A}}{\partial t} = -\frac{\rho}{\varepsilon} \tag{5.69}$$

其中

$$\nabla\cdot \frac{\partial \boldsymbol{A}}{\partial t} = \frac{\partial}{\partial t} \nabla\cdot \boldsymbol{A} = \frac{\partial}{\partial t}\left(-\mu\varepsilon \frac{\partial \Phi}{\partial t}\right)$$

把上式代入式(5.69)可得

$$\nabla^2 \Phi - \mu\varepsilon \frac{\partial^2 \Phi}{\partial t^2} = -\frac{\rho}{\varepsilon} \tag{5.70}$$

由于电磁波传播速度 $v=\frac{1}{\sqrt{\mu\varepsilon}}$,式(5.68)、式(5.70)可以写为

$$\nabla^2 \boldsymbol{A} - \frac{1}{v^2} \frac{\partial^2 \boldsymbol{A}}{\partial t^2} = -\mu \boldsymbol{J} \tag{5.71}$$

$$\nabla^2 \Phi - \frac{1}{v^2} \frac{\partial \Phi}{\partial t} = -\frac{\rho}{\varepsilon} \tag{5.72}$$

式(5.68)、式(5.70)或式(5.71)、式(5.72)称为 $\boldsymbol{A}$、Φ 的波动方程或达朗贝尔方程。两式形式完全相同,而且 $\boldsymbol{A}$ 仅由 $\boldsymbol{J}$ 决定,Φ 仅由 ρ 决定,给求解 $\boldsymbol{A}$、Φ 带来方便,达朗贝尔方程的求解将在第 8 章中介绍。

5.7 应用案例 电磁场在医学领域的应用

5.7.1 CT

CT(Computed Tomography,计算机断层扫描)是利用精确准直的 X 线束、γ 射线、超声波等,与灵敏度极高的探测器围绕人体的某一部位作一个接一个的断面扫描,具有扫描时间快、图像清晰等特点,可用于多种疾病的检查。CT 机如图 5-9 所示。根据所采用的射线不同可分为 X 射线 CT(X-CT)、超声 CT(UCT)以及 γ 射线 CT(γ-CT)等。传统的 X 射线成像技术只能产生二维图像,而 CT 扫描产生的是三维图像。

1. 成像原理

X 射线源产生一个很薄的扇形波束,宽度足以覆盖人体上要检查的部位,厚度只有

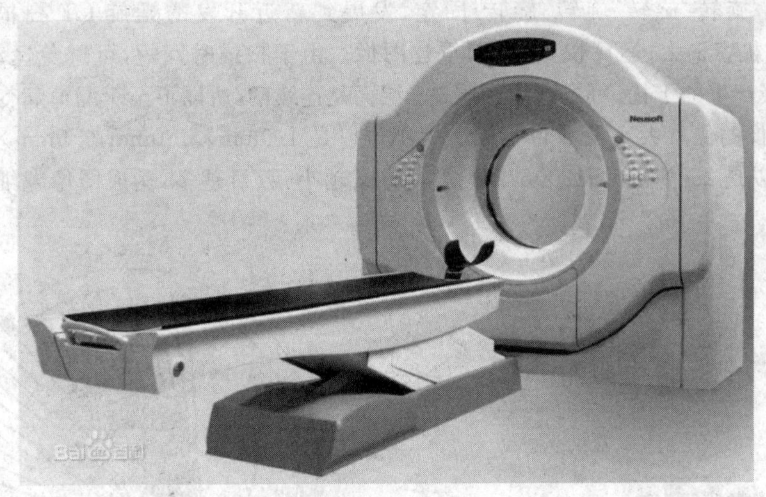

图 5.9　CT 机

几毫米，对人体某一部位一定厚度的层面进行扫描，如图 5.10 所示，扫描的一个断层如图 5.11 所示。由探测器接收透过该层面的 X 射线，转变为电信号，再经模/数转换器变为数字信号输入计算机处理。

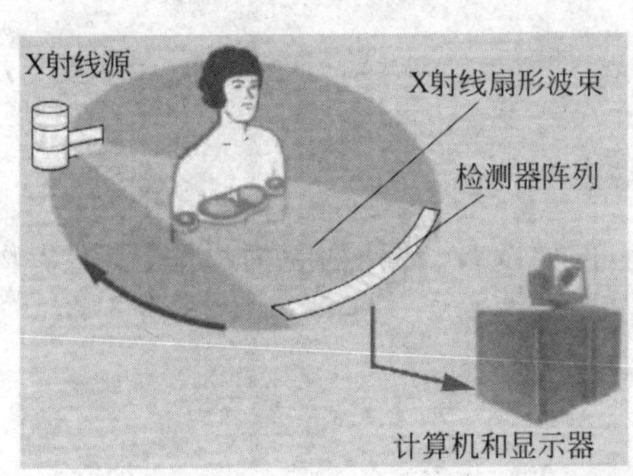

图 5.10　CT 扫描

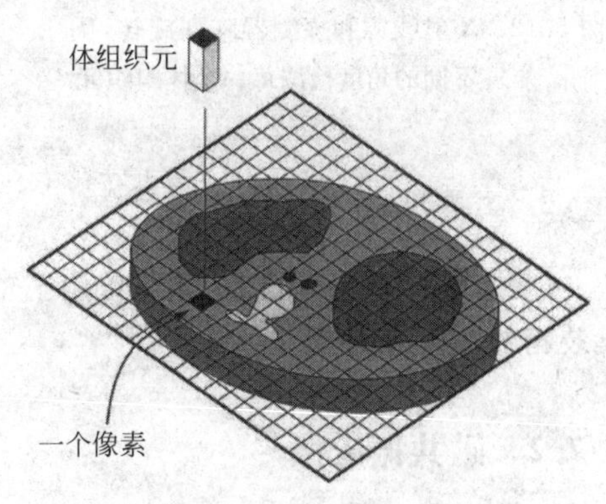

图 5.11　扫描的一个断层

X 射线源和探测器阵列安装在一个环形的框架上，每次几分之一度地绕病人旋转，波束透过人体被探测器阵列接收，这样就从不同的角度（1000 个角度以上）记录了被检查的部位对 X 射线的衰减情况，如图 5.12 所示。对于每一个断层，CT 作 $n\times10^3$ 次检测（n 是探测器的数量），CT 就可以重构每个体组织元的三维图像（像素）。病人躺着的平台缓慢地沿轴向移动，检测完一个断层，就开始检测下一个断层。利用这些测量结果，CT 就可以重构每个断层以致整个器官的三维图像。这些像素由黑到白灰度不同，黑影表示低吸收区，即低密度区，如含气体多的肺部；白影表示高吸收区，即高密度区，如骨骼。利用这些立体的图像，医生就可以发现体内各部位的细小病变。

CT 探测器的数量已经多达 4800 个，分布在环形框架的一周，如图 5.13 所示。扫描方式也从平移/旋转、旋转/旋转、旋转/固定，发展到新近开发的螺旋 CT 扫描（spiral CT scan）。计算机容量大、运算快，可立即重建图像。由于扫描时间短，可避免运动产生的伪影，例如呼吸产生的干扰，可提高图像质量；层面是连续的，所以不至于漏掉病变。不同 CT 装置所得图像的像素大小及数目不同。大小可以是 1.0mm×1.0mm，0.5mm×0.5mm 不等；数目可以是 256×256，512×512 不等。像素越小，数目越多，构成图像越细致，即空间分辨力越高。

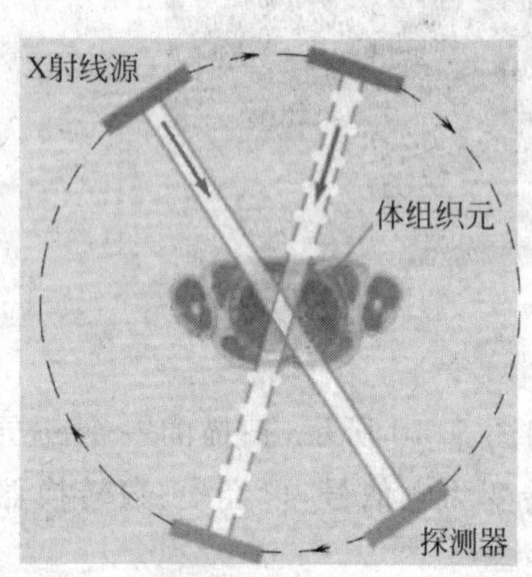

图 5.12　X 射线源和探测器阵列旋转，从不同的角度检测每一个体组织元

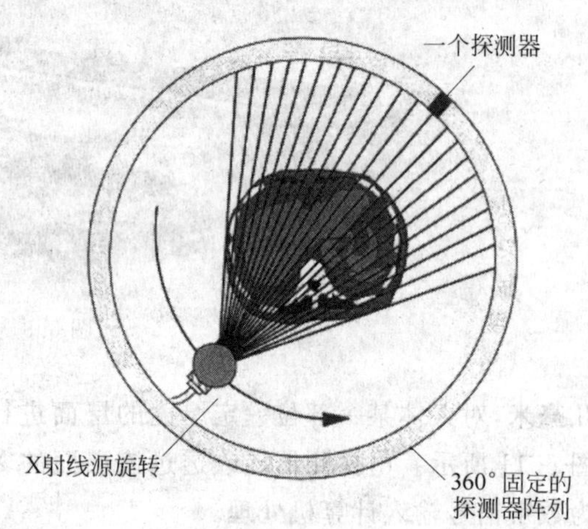

图 5.13　探测器阵列分布在环形框架的一周

2. 主要用途

CT 除了用于医学检查，还可以用于工业检测，例如设备、部件的无损检测，大型货物集装箱的安保检测等。

5.7.2　磁共振成像

1. 核磁共振(NMR)

核磁共振主要是由原子核的自旋运动引起的。原子核是带正电荷的粒子，自旋就能产生环形电流，形成磁矩($\boldsymbol{p}_m$)。

当自旋核处于磁感应强度为 $\boldsymbol{B}_0$ 的外磁场中时，除自旋外，还会绕 $\boldsymbol{B}_0$ 运动，这种运动情况与陀螺的运动情况十分相像，称为拉莫尔进动(见 6.6.2 节)。

微观磁矩在外磁场中的取向是量子化的(方向量子化)，自旋量子数为 l 的原子核在外磁场作用下只可能有 $2l+1$ 个取向，每一个取向都可以用一个自旋量磁子数 m 来表示，m 与 l 之间的关系是

$$m=l,l-1,l-2,\cdots,-l$$

原子核的每一种取向都代表了核在该磁场中的一种能量状态，l 值为 1/2 的核(例如

氢)在外磁场作用下只有两种取向(两个能级):①与外磁场平行,能量低,磁量子数 $m=+1/2$;②与外磁场相反,能量高,磁量子数 $m=-1/2$。这两种状态之间的能量差是 ΔW,一个核要从低能态跃迁到高能态,必须吸收 ΔW 的能量。

让处于外磁场中的自旋核接受一定频率的电磁波辐射,当辐射的能量恰好等于自旋核两种不同取向的能量差时,处于低能态的自旋核吸收电磁辐射能跃迁到高能态,这种现象称为共振吸收。处于高能态的自旋核也可以把吸收的能量以电磁波的形式辐射出去,从而又跃迁到低能态,这种现象称为共振发射。共振吸收和共振发射的过程就称为"核磁共振(NMR)"。

2. 磁共振成像(MRI)

磁共振成像(也称为核磁共振成像)的"核"指的是氢原子核,因为人体约70%是由水组成的,而每个水分子中就有两个氢原子。当把人体的某一部分置于在磁场中,用适当的电磁波照射它,使之发生核磁共振,然后分析释放出的电磁波,就可以得知构成被测部位原子核的位置和组织的种类,据此可以绘制成被测部位的精确立体图像,如图5.14所示。

根据拉莫尔定理,共振频率与磁场强度成正比,设计一个与空间位置一一对应的磁场分布(可以在主磁场 $\boldsymbol{B}_0$ 上叠加一个梯度磁场,梯度磁场一般远远小于主磁场),使得不同位置上的自旋核以不同的频率共振,则每个频率的信号对应着一个具体位置上的被测物的磁共振特性,就可以从测得的NMR信号中生成与某个参数有关的图像,这种把空间位置与磁场、共振频率对应起来的方法称为空间编码。

MRI重建图像的方法有投影重建法、傅里叶变换法、回波平面法等,每一种方法都采用不同的空间编码技术。

人体不同组织之间、正常组织与该组织中的病变组织之间氢核密度、弛豫时间T1、T2三个参数的差异,是MRI用于临床诊断最主要的物理基础。

由于,人体中各种组织含水比例不同,即含氢核数的多少不同,因此NMR信号强度有差异,利用这种差异作为特征量,把各种组织分开,就是氢核密度的核磁共振图像。

加上外磁场后,磁化过程是一个指数函数,这个指数函数的时间常数称为弛豫时间T1。出现共振发射时,发射的电磁波的衰减也是一个指数函数,这个指数函数的时间常数称为弛豫时间T2。对于某一种组织,弛豫时间T1、T2是固定的。

MRI系统由磁铁系统、射频系统和计算机图像重建系统组成。磁铁系统可以产生静磁场和梯度磁场,静磁场是主磁场,当前临床所用超导磁铁,磁场强度为0.5~4.0T(特斯拉),常用的是1.5T和3.0T。梯度磁场用来实现NMR信号的空间编码,由三组线圈产生 x、y、z 三个方向的梯度磁场,叠加起来,可得到任意方向的梯度磁场。

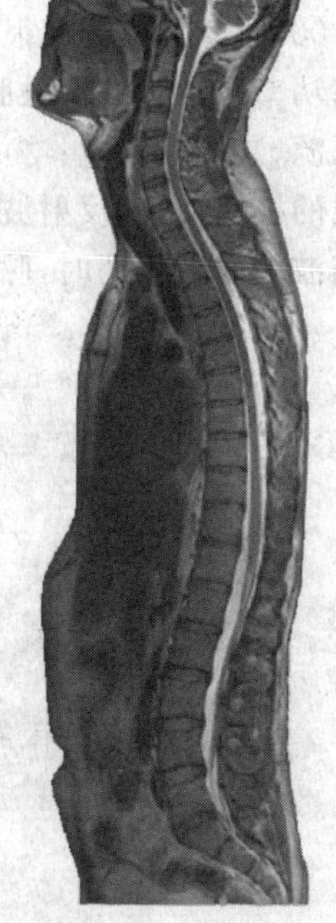

图5.14 磁共振成像

射频系统产生短而强的射频场,以脉冲方式加到样品上,使样品中的氢核产生 NMR 现象。

计算机图像重建系统,把射频接收器送来的信号经 A/D 转换,根据与观察层面各体素的对应关系,经计算机处理,得出层面图像数据,再经 D/A 转换器,加到图像显示器上,用不同的灰度等级显示出欲观察层面的图像。

由于核磁共振是磁场成像,没有放射性,所以对人体无害,是非常安全的。有的人误认为“核磁共振”中有“核”,就与放射性有关,所以称为“磁共振”更准确一些。磁共振成像在物理、化学、医疗、石油化工、考古等方面获得了广泛的应用。

5.7.3 微波切除肿瘤

利用聚焦的微波波束可以消融恶性肿瘤。由成像系统引导,例如 CT 或 B 超,医生能够确定肿瘤的位置,在身体内插入一根很细的同轴传输线(直径 1.5mm),把传输线的顶端(像天线一样的探头)插入到肿瘤内部。传输线的另一端连接到信号发生器,可以传送 915MHz、60W 的功率。肿瘤组织内的极性分子在微波场的作用下高速运动产生热量,当温度升到 60℃以上时,肿瘤细胞的蛋白质变性凝固,导致其不可逆坏死。

肿瘤温度的升高与它接收的能量有关,微波消融技术对于治疗肝癌、肺癌、肾上线癌等是一种很有前途的新技术。

高功率纳秒脉冲($10^{-9}\sim10^{-12}$s)也可以用于消融肿瘤。高功率纳秒脉冲具有极高的电压和电流。脉冲的持续时间大约是 200ns,电压和电流的幅度大约分别是 3000V 和 60A,峰值功率大约是 180 000W,而脉冲携带的总能量只有 $1.8\times10^5\times2\times10^{-7}=0.0036$J。虽然能量很低,但是极高的电压对于摧毁恶性肿瘤是非常有效的。一个利用高功率纳秒脉冲消融肿瘤的探头如图 5.15 所示。步骤如下:①打开开关,由于连接到高压源,装置被充电;②关闭开关,由于终端短路,电压波在传输线的终端反射,在开关附近波的极性反转,反射波与入射波在负载处(肿瘤病灶处)相遇,产生瞬态电压脉冲;③最后当波的后沿相遇时,脉冲结束。

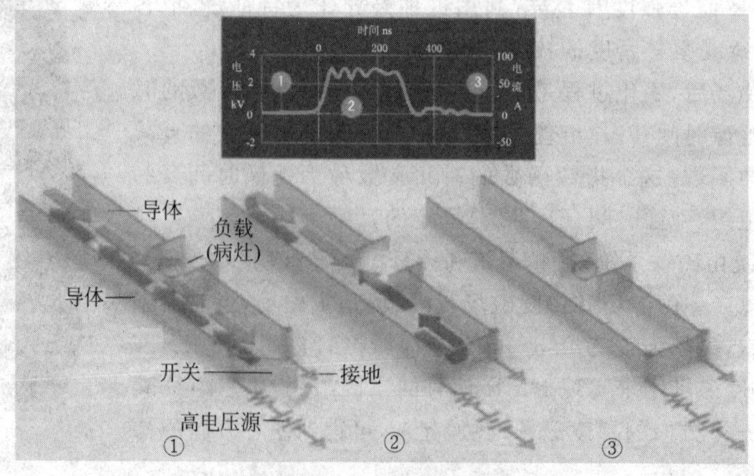

图 5.15 高功率纳秒脉冲消融肿瘤

第5章　习题

5-1　已知真空平板电容器的极板面积为 S，间距为 d，当外加电压 $U=U_0\sin\omega t$ 时，计算电容器中的位移电流，证明它等于导线中的传导电流。

5-2　一圆柱形电容器，内导体半径和外导体内半径分别为 a 和 b，长为 l。设外加电压 $U_0\sin\omega t$，试计算电容器极板间的位移电流，证明该位移电流等于导线中的传导电流。

5-3　当电场 $\boldsymbol{E}=\boldsymbol{e}_x E_0\cos\omega t\,\mathrm{V/m}$，$\omega=1000\mathrm{rad/s}$ 时，计算下列媒质中传导电流密度与位移电流密度的振幅之比：

(1) 铜 $\sigma=5.7\times10^7\mathrm{S/m}$，$\varepsilon_r=1$；

(2) 蒸馏水 $\sigma=2\times10^{-4}\mathrm{S/m}$，$\varepsilon_r=80$；

(3) 聚苯乙烯 $\sigma=2\times10^{-16}\mathrm{S/m}$，$\varepsilon_r=2.53$。

5-4　由麦克斯韦方程组，导出点电荷的电场强度计算公式和泊松方程。

5-5　将麦克斯韦方程的微分形式写成8个标量方程：

(1) 在直角坐标系中；

(2) 在圆柱坐标系中；

(3) 在球坐标系中。

5-6　试由微分形式麦克斯韦方程组中的两个旋度方程及电流连续性方程导出两个散度方程。

5-7　利用麦克斯韦方程证明：通过任意闭合曲面的传导电流与位移电流之和等于零。

5-8　在由理想导电壁($\sigma=\infty$)限定的区域 $0\leqslant x\leqslant a$ 内存在一个如下的电磁场

$$E_y=H_0\mu\omega\left(\frac{a}{\pi}\right)\sin\left(\frac{\pi x}{a}\right)\sin(kz-\omega t)$$

$$H_x=-H_0k\left(\frac{a}{\pi}\right)\sin\left(\frac{\pi x}{a}\right)\sin(kz-\omega t)$$

$$H_z=H_0\cos\left(\frac{\pi x}{a}\right)\cos(kz-\omega t)$$

验证它们是否满足边界条件，写出导电壁上的面电流密度表达式。

5-9　设区域Ⅰ($z<0$)的媒质参数 $\varepsilon_{r1}=1,\mu_{r1}=1,\sigma_1=0$；区域Ⅱ($z>0$)的媒质参数 $\varepsilon_{r2}=5,\mu_{r2}=20,\sigma_2=0$。区域Ⅰ中的电场强度

$$\boldsymbol{E}_1=\boldsymbol{e}_x[60\cos(15\times10^8t-5z)+20\cos(15\times10^8t+5z)]\,\mathrm{V/m}$$

区域Ⅱ中的电场强度

$$\boldsymbol{E}_2=\boldsymbol{e}_xA\cos(15\times10^8t-50z)\,\mathrm{V/m}$$

求：(1) 常数 A；

(2) 磁场强度 $\boldsymbol{H}_1$ 和 $\boldsymbol{H}_2$；

(3) 证明在 $z=0$ 处 $\boldsymbol{H}_1$ 和 $\boldsymbol{H}_2$ 满足边界条件。

5-10　设电场强度和磁场强度分别为 $\boldsymbol{E}=\boldsymbol{E}_0\cos(\omega t+\psi_e)$，$\boldsymbol{H}=\boldsymbol{H}_0\cos(\omega t+\psi_m)$，证明

其坡印廷矢量的平均值为$\boldsymbol{S}_{\mathrm{av}}=\dfrac{1}{2}\boldsymbol{E}_0\times\boldsymbol{H}_0\cos(\psi_{\mathrm{e}}-\psi_{\mathrm{m}})$。

5-11　已知真空区域中时变电磁场的瞬时值为$\boldsymbol{H}(y,t)=\boldsymbol{e}_x\sqrt{2}\cos20x\sin(\omega t-k_y y)$，试求电场强度的复矢量、能量密度及能流密度矢量的平均值。

5-12　一个真空中存在的电磁场为

$$\boldsymbol{E}=\boldsymbol{e}_x \mathrm{j}E_0\sin kz,\quad \boldsymbol{H}=\boldsymbol{e}_y\sqrt{\frac{\varepsilon_0}{\mu_0}}E_0\cos kz$$

其中$k=2\pi/\lambda=\omega/c$，λ是波长。求$z=0,\lambda/8,\lambda/4$各点的坡印廷矢量的瞬时值和平均值。

5-13　已知电磁波的电场$\boldsymbol{E}=\boldsymbol{e}_x E_0\cos(\omega\sqrt{\mu_0\varepsilon_0}\,z-\omega t)$，求此电磁波的磁场、瞬时值能流密度矢量及其在一周期内的平均值。

5-14　已知时变电磁场中矢量位$\boldsymbol{A}=\boldsymbol{e}_x\boldsymbol{A}_{\mathrm{m}}\sin(\omega t-kz)$，其中$\boldsymbol{A}_{\mathrm{m}}$、$k$是常数。求电场强度、磁场强度和瞬时坡印廷矢量。

赫兹

(Heinrich Rudolph Hertz,1857—1894,德国)

1887 年首先发表了电磁波发生和接收的实验论文,证实了电磁波的存在。

第6章 平面电磁波

6.1 正弦电磁场的复数表示方法

1. 电磁场量的复数形式

讨论时变电磁场，在实际问题中最常见的是正弦电磁场（用正弦函数或余弦函数表示），非正弦电磁场（如脉冲波、方波）也可以用傅里叶分析的方法分解为正弦电磁场的叠加，例如

$$E(t)=\sum_{n=1}^{\infty}E_n\sin(n\omega_0 t+\psi_n) \tag{6.1}$$

$n=1$ 是基波，$n\neq 1$ 表示各次谐波。研究正弦电磁场，常用复数形式，例如

$$\begin{aligned}\boldsymbol{E}(x,y,z,t)&=\boldsymbol{e}_xE_x(x,y,z,t)+\boldsymbol{e}_yE_y(x,y,z,t)+\boldsymbol{e}_zE_z(x,y,z,t)\\&=\boldsymbol{e}_xE_{xm}(x,y,z)\cos(\omega t+\psi_x)+\boldsymbol{e}_yE_{ym}(x,y,z)\cos(\omega t+\psi_y)\\&\quad+\boldsymbol{e}_zE_{zm}(x,y,z)\cos(\omega t+\psi_z)\end{aligned} \tag{6.2}$$

用复数表示，以 E_x 分量为例

$$\begin{aligned}E_x(x,y,z,t)&=E_{xm}(x,y,z)\cos(\omega t+\psi_x)=\mathrm{Re}[E_{xm}(x,y,z)\mathrm{e}^{\mathrm{j}(\omega t+\psi_x)}]\\&=\mathrm{Re}(\dot{E}_{xm}\mathrm{e}^{\mathrm{j}\omega t})\end{aligned}$$

其中

$$\dot{E}_{xm}=E_{xm}(x,y,z)\mathrm{e}^{\mathrm{j}\psi_x} \tag{6.3}$$

称为 x 分量的复振幅，同理可以写出 y 分量的复振幅和 z 分量的复振幅

$$\dot{E}_{ym}=E_{ym}(x,y,z)\mathrm{e}^{\mathrm{j}\psi_y} \tag{6.4}$$

$$\dot{E}_{zm}=E_{zm}(x,y,z)\mathrm{e}^{\mathrm{j}\psi_z} \tag{6.5}$$

所以式(6.2)可以写为

$$\boldsymbol{E}(x,y,z,t)=\mathrm{Re}[(\boldsymbol{e}_x\dot{E}_{xm}+\boldsymbol{e}_y\dot{E}_{ym}+\boldsymbol{e}_z\dot{E}_{zm})\mathrm{e}^{\mathrm{j}\omega t}]=\mathrm{Re}[\dot{\boldsymbol{E}}_m\mathrm{e}^{\mathrm{j}\omega t}]$$

其中

$$\dot{\boldsymbol{E}}_m=\boldsymbol{e}_x\dot{E}_{xm}+\boldsymbol{e}_y\dot{E}_{ym}+\boldsymbol{e}_z\dot{E}_{zm} \tag{6.6}$$

称为矢量复振幅。复数形式中常略去 Re，所以

$$\boldsymbol{E}(x,y,z,t)=\dot{\boldsymbol{E}}_m\mathrm{e}^{\mathrm{j}\omega t} \tag{6.7}$$

为了更方便，表示复数的“·”也可以略去。

2. 复数场量对时间的微分、积分运算

由式(6.7)

$$\frac{\partial\boldsymbol{E}}{\partial t}=\mathrm{j}\omega\dot{\boldsymbol{E}}_m\mathrm{e}^{\mathrm{j}\omega t}=\mathrm{j}\omega\boldsymbol{E} \tag{6.8}$$

$$\frac{\partial^2\boldsymbol{E}}{\partial t^2}=-\omega^2\dot{\boldsymbol{E}}_m\mathrm{e}^{\mathrm{j}\omega t}=-\omega^2\boldsymbol{E} \tag{6.9}$$

$$\int \boldsymbol{E}\mathrm{d}t = \int \dot{\boldsymbol{E}}_m \mathrm{e}^{\mathrm{j}\omega t}\,\mathrm{d}t = \frac{1}{\mathrm{j}\omega}\dot{\boldsymbol{E}}_m \mathrm{e}^{\mathrm{j}\omega t} = \frac{1}{\mathrm{j}\omega}\boldsymbol{E} \tag{6.10}$$

可以看出复数场量对时间的一阶导数等于乘上 $\mathrm{j}\omega$，对时间的二阶导数等于乘上 $-\omega^2$，对时间的积分等于乘上$\frac{1}{\mathrm{j}\omega}$，这样就大大简化了运算过程。

3. 麦克斯韦方程组的复数形式

把 $\nabla\times\boldsymbol{H} = \boldsymbol{J} + \frac{\partial \boldsymbol{D}}{\partial t}$ 中的电磁场量都改写为复数形式

$$\nabla\times\dot{\boldsymbol{H}}_m \mathrm{e}^{\mathrm{j}\omega t} = \dot{\boldsymbol{J}}_m \mathrm{e}^{\mathrm{j}\omega t} + \mathrm{j}\omega\dot{\boldsymbol{D}}_m \mathrm{e}^{\mathrm{j}\omega t}$$

所以

$$\nabla\times\dot{\boldsymbol{H}}_m = \dot{\boldsymbol{J}}_m + \mathrm{j}\omega\dot{\boldsymbol{D}}_m$$

为了书写方便，可以略去下标 m，上式可以写为

$$\nabla\times\dot{\boldsymbol{H}} = \dot{\boldsymbol{J}} + \mathrm{j}\omega\dot{\boldsymbol{D}} \tag{6.11}$$

同理，可以写出麦克斯韦方程组中其他几个方程的复数形式

$$\nabla\times\dot{\boldsymbol{E}} = -\mathrm{j}\omega\dot{\boldsymbol{B}} \tag{6.12}$$

$$\nabla\cdot\dot{\boldsymbol{B}} = 0 \tag{6.13}$$

$$\nabla\cdot\dot{\boldsymbol{D}} = \dot{\rho} \tag{6.14}$$

电流连续性方程 $\nabla\cdot\boldsymbol{J} + \frac{\partial\rho}{\partial t} = 0$ 的复数形式为

$$\nabla\cdot\dot{\boldsymbol{J}} + \mathrm{j}\omega\dot{\rho} = 0 \tag{6.15}$$

在有些文献中也略去了表示复振幅的“·”。

例 6.1 把 $\boldsymbol{E}=\boldsymbol{e}_y E_{ym}\cos(\omega t-kx+\psi)+\boldsymbol{e}_z E_{zm}\sin(\omega t-kx+\psi)$ 改写成复数形式。

解

$$\begin{aligned}\boldsymbol{E} &= \boldsymbol{e}_y E_{ym}\cos(\omega t-kx+\psi)+\boldsymbol{e}_z E_{zm}\cos\left(\omega t-kx+\psi-\frac{\pi}{2}\right)\\ &= \mathrm{Re}\left[\boldsymbol{e}_y E_{ym}\mathrm{e}^{\mathrm{j}(\omega t-kx+\psi)}+\boldsymbol{e}_z E_{zm}\mathrm{e}^{\mathrm{j}\left(\omega t-kx+\psi-\frac{\pi}{2}\right)}\right]\end{aligned}$$

所以矢量复振幅为

$$\dot{\boldsymbol{E}}_m = \boldsymbol{e}_y E_{ym}\mathrm{e}^{\mathrm{j}(-kx+\psi)} + \boldsymbol{e}_z E_{zm}\mathrm{e}^{\mathrm{j}\left(-kx+\psi-\frac{\pi}{2}\right)} = \boldsymbol{e}_y\dot{E}_{ym} + \boldsymbol{e}_z\dot{E}_{zm}$$

例 6.2 把$\dot{E}_{xm}=2\mathrm{j}E_0\sin\theta\cos(kx\cos\theta)\mathrm{e}^{-\mathrm{j}kz\sin\theta}$改写成瞬时形式。

解 $\dot{E}_{xm}=2\mathrm{j}E_0\sin\theta\cos(kx\cos\theta)\mathrm{e}^{-\mathrm{j}kz\sin\theta}=2E_0\sin\theta\cos(kx\cos\theta)\mathrm{e}^{\mathrm{j}\left(-kz\sin\theta+\frac{\pi}{2}\right)}$

所以瞬时形式为

$$E_x = 2E_0\sin\theta\cos(kx\cos\theta)\cos\left(\omega t-kz\sin\theta+\frac{\pi}{2}\right)$$

6.2 平均坡印廷矢量

正弦电磁场的瞬时形式为

$$\boldsymbol{E} = \boldsymbol{e}_x E_{xm}\cos(\omega t + \psi_{xE}) + \boldsymbol{e}_y E_{ym}\cos(\omega t + \psi_{yE}) + \boldsymbol{e}_z E_{zm}\cos(\omega t + \psi_{zE})$$

$$\boldsymbol{H} = \boldsymbol{e}_x H_{xm}\cos(\omega t + \psi_{xH}) + \boldsymbol{e}_y H_{ym}\cos(\omega t + \psi_{yH}) + \boldsymbol{e}_z H_{zm}\cos(\omega t + \psi_{zH})$$

瞬时形式的坡印廷矢量为

$$\boldsymbol{S} = \boldsymbol{E} \times \boldsymbol{H} = \begin{vmatrix} \boldsymbol{e}_x & \boldsymbol{e}_y & \boldsymbol{e}_z \\ E_x & E_y & E_z \\ H_x & H_y & H_z \end{vmatrix} \tag{6.16}$$

先计算平均坡印廷矢量的 x 分量 $S_x = E_y H_z - E_z H_y$

$$\begin{aligned} S_{x\text{av}} = \frac{1}{T}\int_0^T S_x \mathrm{d}t = \frac{1}{T}\int_0^T [&E_{ym} H_{zm}\cos(\omega t + \psi_{yE})\cos(\omega t + \psi_{zH}) \\ &- E_{zm} H_{ym}\cos(\omega t + \psi_{zE})\cos(\omega t + \psi_{yH})]\mathrm{d}t \end{aligned} \tag{6.17}$$

利用三角函数公式

$$\cos\alpha\cos\beta = \frac{1}{2}[\cos(\alpha + \beta) + \cos(\alpha - \beta)]$$

式(6.17)中

$$\int_0^T \cos(2\omega t + \psi_{yE} + \psi_{zH})\mathrm{d}t = 0, \quad \frac{1}{T}\int_0^T \cos(\psi_{yE} - \psi_{zH})\mathrm{d}t = \cos(\psi_{yE} - \psi_{zH})$$

所以

$$S_{x\text{av}} = \frac{1}{2}[E_{ym} H_{zm}\cos(\psi_{yE} - \psi_{zH}) - E_{zm} H_{ym}\cos(\psi_{zE} - \psi_{yH})] \tag{6.18}$$

因为

$$\dot{E}_y = E_{ym}\mathrm{e}^{\mathrm{j}\psi_{yE}}, \quad \dot{H}_z = H_{zm}\mathrm{e}^{\mathrm{j}\psi_{zH}}, \quad \dot{H}_z^* = H_{zm}\mathrm{e}^{-\mathrm{j}\psi_{zH}}$$

$$\dot{E}_z = E_{zm}\mathrm{e}^{\mathrm{j}\psi_{zE}}, \quad \dot{H}_y = H_{ym}\mathrm{e}^{\mathrm{j}\psi_{yH}}, \quad \dot{H}_y^* = H_{ym}\mathrm{e}^{-\mathrm{j}\psi_{yH}}$$

所以

$$\mathrm{Re}[\dot{E}_y \dot{H}_z^*] = E_{ym} H_{zm}\cos(\psi_{yE} - \psi_{zH})$$

$$\mathrm{Re}[\dot{E}_z \dot{H}_y^*] = E_{zm} H_{ym}\cos(\psi_{zE} - \psi_{yH})$$

式(6.18)可以写为

$$S_{x\text{av}} = \frac{1}{2}\mathrm{Re}[\dot{E}_y \dot{H}_z^* - \dot{E}_z \dot{H}_y^*]$$

同理可得平均坡印廷矢量的 y 分量和 z 分量

$$S_{y\text{av}} = \frac{1}{2}\mathrm{Re}[\dot{E}_z \dot{H}_x^* - \dot{E}_x \dot{H}_z^*], \quad S_{z\text{av}} = \frac{1}{2}\mathrm{Re}[\dot{E}_x \dot{H}_y^* - \dot{E}_y \dot{H}_x^*]$$

所以平均坡印廷矢量为

$$
\begin{aligned}
\boldsymbol{S}_{\mathrm{av}} &= \boldsymbol{e}_x S_{x\mathrm{av}} + \boldsymbol{e}_y S_{y\mathrm{av}} + \boldsymbol{e}_z S_{z\mathrm{av}} \\
&= \frac{1}{2}\mathrm{Re}[\boldsymbol{e}_x(\dot{E}_y \dot{H}_z^* - \dot{E}_z \dot{H}_y^*) + \boldsymbol{e}_y(\dot{E}_z \dot{H}_x^* - \dot{E}_x \dot{H}_z^*) + \boldsymbol{e}_z(\dot{E}_x \dot{H}_y^* - \dot{E}_y \dot{H}_x^*)] \\
&= \frac{1}{2}\mathrm{Re}(\dot{\boldsymbol{E}} \times \dot{\boldsymbol{H}}^*)
\end{aligned}
\tag{6.19}
$$

例 6.3 计算沿一段长同轴线传输的功率,已知内外导体间的电压为 U,横截面上的电流为 I(U、I 均为振幅值)。

解

(1) 若内、外导体是理想导体,介质无损耗(理想介质)

导体内:$E=0,H=0,S=0$

介质内:设同轴线内导体单位长度的电荷为 ρ_l,利用高斯定理可以求出介质内的电场强度为

$$\boldsymbol{E} = \boldsymbol{e}_r \frac{U}{r\ln\dfrac{b}{a}}$$

利用安培环路定理可以求出介质内的磁场强度为

$$\boldsymbol{H} = \boldsymbol{e}_\varphi \frac{I}{2\pi r}$$

介质内的坡印廷矢量为

$$\boldsymbol{S}_{\mathrm{av}} = \frac{1}{2}\mathrm{Re}(\dot{\boldsymbol{E}} \times \dot{\boldsymbol{H}}^*) = \boldsymbol{e}_z \frac{UI}{4\pi r^2 \ln\dfrac{b}{a}}$$

方向如图 6.1 所示。下面计算穿过介质横截面的功率

$$\int_A \boldsymbol{S}\cdot \mathrm{d}\boldsymbol{A} = \int_A S\mathrm{d}A = \int_a^b \frac{UI}{4\pi r^2 \ln\dfrac{b}{a}} \cdot 2\pi r\mathrm{d}r = \frac{1}{2}UI = \overline{U}\,\overline{I}$$

说明传输线传输的功率是通过导线周围的电磁场传输的,而不是沿导线内传输的。

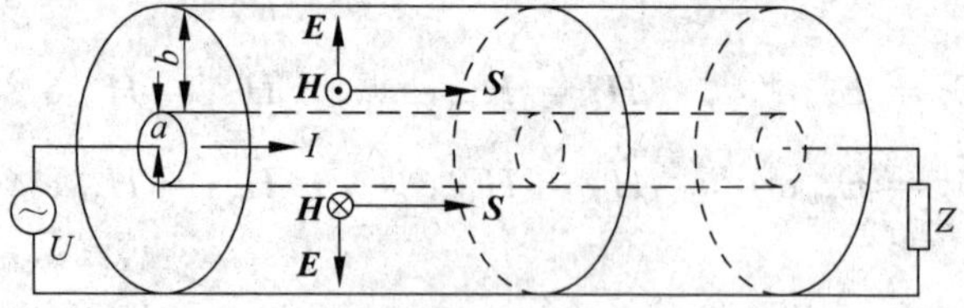

图 6.1 内、外导体是理想导体

(2) 若内、外导体是非理想导体

非理想导体的电导率 σ 是有限值,所以导线内 $\boldsymbol{E}_{内} \neq 0$,由边界条件,介质内电场强度的切向分量与导体内的电场强度相等。除此之外,由于内、外导体之间的电位差,介质内还存在电场强度的法向分量,总的电场强度为

$$\boldsymbol{E} = \boldsymbol{E}_{\mathrm{t}} + \boldsymbol{E}_{\mathrm{n}}$$

如图 6.2 所示。介质内的磁场强度仍为

$$\boldsymbol{H} = \boldsymbol{e}_\varphi \frac{I}{2\pi r}$$

介质内的坡印廷矢量为

$$\boldsymbol{S}=\operatorname{Re}\left(\frac{1}{2}\dot{\boldsymbol{E}}\times\dot{\boldsymbol{H}}^{*}\right)=\operatorname{Re}\left[\frac{1}{2}(\dot{\boldsymbol{E}}_{\mathrm{t}}+\dot{\boldsymbol{E}}_{\mathrm{n}})\times\dot{\boldsymbol{H}}^{*}\right]=\boldsymbol{S}_{\mathrm{n}}+\boldsymbol{S}_{\mathrm{t}}$$

流入内导体的功率为

$$-\iint\boldsymbol{S}_{\mathrm{n}}\cdot\mathrm{d}\boldsymbol{A}=\iint S_{\mathrm{n}}\mathrm{d}A=\frac{1}{2}E_{\mathrm{t}}(a)H(a)\cdot2\pi al=\frac{1}{2}E_{\mathrm{t}}(a)Il \tag{6.20}$$

内导体表面处电场强度的切向分量 $E_{\mathrm{t}}(a)$ 可以用下面的方法求出

$$J=\frac{I}{\pi a^{2}}=\sigma E_{内}=\sigma E_{\mathrm{t}}$$

所以

$$E_{\mathrm{t}}(a)=\frac{I}{\sigma\pi a^{2}}$$

代入式(6.20)可以得到

$$-\iint\boldsymbol{S}_{\mathrm{n}}\cdot\mathrm{d}\boldsymbol{A}=\frac{1}{2}\cdot\frac{l}{\sigma\pi a^{2}}I^{2}=\frac{1}{2}RI^{2}=R\bar{I}^{2}$$

流入内导体的功率正好等于该段导体内消耗的焦耳热功率。所以导体为非理想导体时，同轴线内一部分能量 $\boldsymbol{S}_{\mathrm{t}}$ 沿导体传送，另一部分能量 $\boldsymbol{S}_{\mathrm{n}}$ 被导线吸收，转化为焦耳热。

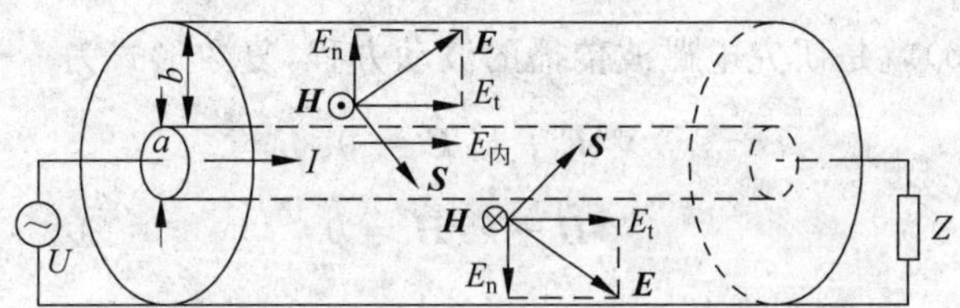

图 6.2 内、外导体是非理想导体

6.3 理想介质中的均匀平面波

6.3.1 电磁波传播的基本方程

1. 麦克斯韦方程组

讨论电磁波的传播，理想介质中是无源区，$\boldsymbol{J}=0$，$\rho=0$，麦克斯韦方程为

$$\nabla\times\boldsymbol{H}=\varepsilon\frac{\partial\boldsymbol{E}}{\partial t} \tag{6.21}$$

$$\nabla\times\boldsymbol{E}=-\mu\frac{\partial\boldsymbol{H}}{\partial t} \tag{6.22}$$

$$\nabla\cdot\boldsymbol{H}=0 \tag{6.23}$$

$$\nabla\cdot\boldsymbol{E}=0 \tag{6.24}$$

复数形式为

$$\nabla \times \dot{\boldsymbol{H}} = \mathrm{j}\omega\varepsilon\, \dot{\boldsymbol{E}} \tag{6.25}$$

$$\nabla \times \dot{\boldsymbol{E}} = -\mathrm{j}\omega\mu\, \dot{\boldsymbol{H}} \tag{6.26}$$

$$\nabla \cdot \dot{\boldsymbol{H}} = 0 \tag{6.27}$$

$$\nabla \cdot \dot{\boldsymbol{E}} = 0 \tag{6.28}$$

2. 波动方程

对式(6.22)的两端取旋度,并利用式(6.21)可得

$$\nabla \times (\nabla \times \boldsymbol{E}) = -\mu \frac{\partial}{\partial t}(\nabla \times \boldsymbol{H}) = -\mu\varepsilon \frac{\partial^2 \boldsymbol{E}}{\partial t^2}$$

利用矢量恒等式$\nabla \times (\nabla \times \boldsymbol{E}) = \nabla(\nabla \cdot \boldsymbol{E}) - \nabla^2 \boldsymbol{E}$、式(6.24)和 $\mu\varepsilon = \frac{1}{v^2}$,上式可以写为

$$\nabla^2 \boldsymbol{E} - \frac{1}{v^2} \frac{\partial^2 \boldsymbol{E}}{\partial t^2} = 0 \tag{6.29}$$

同理对式(6.21)的两端取旋度,可以导出

$$\nabla^2 \boldsymbol{H} - \frac{1}{v^2} \frac{\partial^2 \boldsymbol{H}}{\partial t^2} = 0 \tag{6.30}$$

式(6.29)和式(6.30)就是研究电磁波传播的波动方程,复数形式为

$$\nabla^2 \dot{\boldsymbol{E}} + k^2\, \dot{\boldsymbol{E}} = 0 \tag{6.31}$$

$$\nabla^2 \dot{\boldsymbol{H}} + k^2\, \dot{\boldsymbol{H}} = 0 \tag{6.32}$$

其中 $k^2 = \frac{\omega^2}{v^2} = \omega^2 \mu\varepsilon$,$k$ 称为波数。

6.3.2 均匀平面电磁波

均匀平面电磁波是等相位面(波阵面)为平面,且在等相位面上场强处处相等的电磁波。距离辐射源很远时,球面波、柱面波都可以看成是平面波,发射天线的远区也可以看成是平面波,所以研究均匀平面电磁波具有重要的意义。

1. 波动方程

设一均匀平面波沿 z 轴传播,等相位面平行于 xy 平面,如图 6.3 所示。在同一等相位面上,场强处处相等(即 $\boldsymbol{E}$、$\boldsymbol{H}$ 与 x、y 无关),所以

$$\boldsymbol{E} = \boldsymbol{E}(z,t), \boldsymbol{H} = \boldsymbol{H}(z,t), \nabla^2 = \frac{\partial^2}{\partial z^2}$$

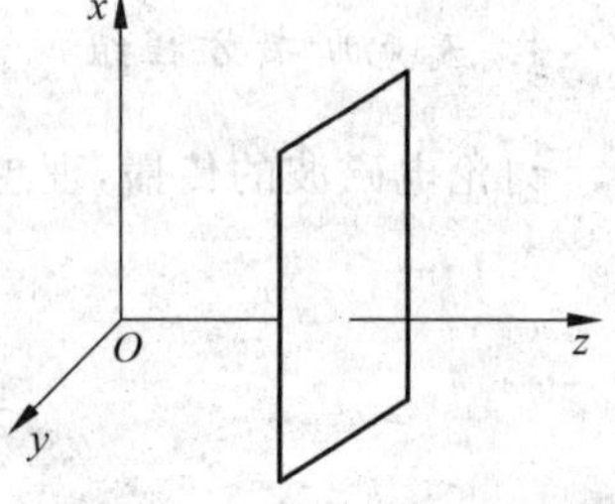

图 6.3 均匀平面电磁波

设 $\boldsymbol{E}$ 沿 x 方向,即 $\boldsymbol{E} = \boldsymbol{e}_x E_x$,由

$$\nabla \times \boldsymbol{E} = -\mu \frac{\partial \boldsymbol{H}}{\partial t}$$

可以得到 $\boldsymbol{H}=\boldsymbol{e}_y H_y$，所以波动方程式(6.29)和式(6.30)可以写为

$$\frac{\partial^2 E_x}{\partial z^2}-\frac{1}{v^2}\frac{\partial^2 E_x}{\partial t^2}=0 \tag{6.33}$$

$$\frac{\partial^2 H_y}{\partial z^2}-\frac{1}{v^2}\frac{\partial^2 H_y}{\partial t^2}=0 \tag{6.34}$$

复数形式为

$$\frac{\mathrm{d}^2 \dot{E}_x}{\mathrm{d}z^2}-(\mathrm{j}k)^2\dot{E}_x=0 \tag{6.35}$$

$$\frac{\mathrm{d}^2 \dot{H}_y}{\mathrm{d}z^2}-(\mathrm{j}k)^2\dot{H}_y=0 \tag{6.36}$$

2. **E**、**H** 的表达式

式(6.35)是一个二阶齐次常微分方程，它的解可以写为

$$\dot{E}_x=\dot{E}_m^+\mathrm{e}^{-\mathrm{j}kz}+\dot{E}_m^-\mathrm{e}^{\mathrm{j}kz} \tag{6.37}$$

其中 $\dot{E}_m^+$、$\dot{E}_m^-$ 是复常数，含有初相位因子

$$\dot{E}_m^+=E_m^+\mathrm{e}^{\mathrm{j}\psi^+},\quad \dot{E}_m^-=E_m^-\mathrm{e}^{\mathrm{j}\psi^-}$$

由式(6.26)和 $\boldsymbol{E}=\boldsymbol{e}_x E_x$，可以得到

$$\dot{\boldsymbol{H}}=\frac{1}{-\mathrm{j}\omega\mu}\nabla\times\dot{\boldsymbol{E}}=\boldsymbol{e}_y\frac{1}{-\mathrm{j}\omega\mu}\frac{\partial \dot{E}_x}{\partial z}$$

把式(6.37)代入上式可得

$$\dot{H}_y=\frac{1}{-\mathrm{j}\omega\mu}(-\mathrm{j}k\dot{E}_m^+\mathrm{e}^{-\mathrm{j}kz}+\mathrm{j}k\dot{E}_m^-\mathrm{e}^{\mathrm{j}kz})=\frac{k}{\omega\mu}(\dot{E}_m^+\mathrm{e}^{-\mathrm{j}kz}-\dot{E}_m^-\mathrm{e}^{\mathrm{j}kz}) \tag{6.38}$$

下面说明式(6.37)、式(6.38)中各项的意义，式(6.37)中第一项为

$$\dot{E}_m^+\mathrm{e}^{-\mathrm{j}kz}\mathrm{e}^{\mathrm{j}\omega t}=E_m^+\mathrm{e}^{\mathrm{j}(\omega t-kz+\psi^+)}$$

取实部为

$$E_m^+\cos(\omega t-kz+\psi^+)=E_m^+\cos\left[\omega\left(t-\frac{z}{v}\right)+\psi^+\right] \tag{6.39}$$

式(6.39)表示一列沿 z 轴正方向传播的均匀平面波，称为入射波。这列波由源点($z=0$)传到 z 点需要的时间 $\Delta t=\frac{z}{v}$，所以 z 点 t 时刻的相位就是波源在 $t-\Delta t=t-\frac{z}{v}$时刻的相位。

同理，式(6.37)中的第二项 $\dot{E}_m^-\mathrm{e}^{\mathrm{j}kz}\cdot\mathrm{e}^{\mathrm{j}\omega t}$ 可以写为

$$E_m^-\cos(\omega t+kz+\psi^-)=E_m^-\cos\left[\omega\left(t+\frac{z}{v}\right)+\psi^-\right] \tag{6.40}$$

式(6.40)表示沿 z 轴负方向传播的均匀平面波，称为反射波。

在无限大均匀介质中,没有反射波,式(6.37)、式(6.38)可以写为

$$\dot{E}_x = \dot{E}_m e^{-jkz} \tag{6.41}$$

$$\dot{H}_y = \frac{k}{\omega\mu}\dot{E}_m e^{-jkz} \tag{6.42}$$

瞬时形式可以写为

$$E_x = E_m\cos(\omega t - kz + \psi^+) \tag{6.43}$$

$$H_y = \frac{k}{\omega\mu}E_m\cos(\omega t - kz + \psi^+) \tag{6.44}$$

3. 均匀平面波的传播特性

1) 一些基本参数的意义及有关公式

常用的基本参数有角频率 ω、周期 T、频率 f、波长 λ、相速度 v 和波数 k,常用的公式为

$$T = \frac{1}{f} = \frac{2\pi}{\omega}$$

$$v = \lambda f,\quad v = \frac{1}{\sqrt{\mu\varepsilon}}$$

$$k = \frac{\omega}{v} = \frac{2\pi}{\lambda} = \omega\sqrt{\mu\varepsilon}$$

在自由空间中(如真空)相速度为 $c = \frac{1}{\sqrt{\mu_0\varepsilon_0}} = 3\times 10^8\,\text{m/s}$ 。

2) 波阻抗

波阻抗定义为电场与磁场之比,由式(6.41)、式(6.42)

$$\frac{E_x}{H_y} = \frac{\omega\mu}{k} = \frac{\mu}{\sqrt{\mu\varepsilon}} = \sqrt{\frac{\mu}{\varepsilon}}$$

所以波阻抗的表达式为

$$\eta = \sqrt{\frac{\mu}{\varepsilon}} \tag{6.45}$$

其中 μ 的单位是伏·秒/(米·安)[V·s/(m·A)],ε 的单位是安·秒/(米·伏)[A·s/(m·V)],很容易验证波阻抗 η 的单位是 Ω,具有电阻的量纲。对于自由空间(如真空)$\mu_0 = 4\pi\times 10^{-7}\,\text{H/m}$,$\varepsilon_0 = \frac{1}{36\pi}\times 10^{-9}\,\text{F/m}$,故

$$\eta_0 = \sqrt{\frac{\mu_0}{\varepsilon_0}} = 120\pi \approx 377(\Omega) \tag{6.46}$$

3) $\boldsymbol{E}$ 和 $\boldsymbol{H}$ 都垂直于传播方向

由式(6.41)、式(6.42)可以看出,对于均匀平面电磁波,电场 $\boldsymbol{E}$ 和磁场 $\boldsymbol{H}$ 都垂直于传播方向,$\boldsymbol{E}$、$\boldsymbol{H}$ 和传播方向 $\boldsymbol{S}$ 构成右手关系 $\boldsymbol{S} = \boldsymbol{E}\times\boldsymbol{H}$,这种波称为横电磁波或 TEM 波。

4) **E** 和 **H** 同频率、同相位

由式(6.41)、式(6.42)可以看出，对于均匀平面电磁波，电场 **E** 和磁场 **H** 同频率、同相位。

理想介质中均匀平面波的传播特性(3)、(4)从图 6.4 中可以看得很清楚。

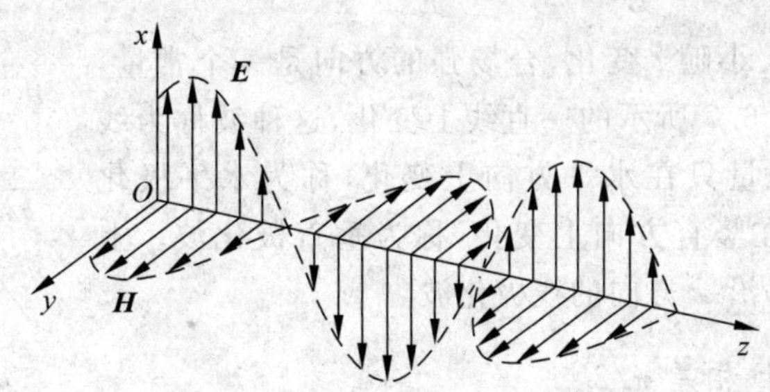

图 6.4 均匀平面电磁波 **E**、**H**、**S** 的方向、频率及相位关系

4. 沿任意方向 $\boldsymbol{e}_n$ 传播的均匀平面波

沿 z 轴正方向传播的均匀平面波的表达式为

$$\dot{\boldsymbol{E}} = \dot{\boldsymbol{E}}_m \mathrm{e}^{-\mathrm{j}kz} \tag{6.47}$$

如图 6.5 所示，等相位面上任一点 $P(x,y,z)$ 的矢径为 $\boldsymbol{r}=\boldsymbol{e}_x x+\boldsymbol{e}_y y+\boldsymbol{e}_z z$，所以 $\boldsymbol{e}_z \cdot \boldsymbol{r}=z$，式(6.47)可以写为

$$\dot{\boldsymbol{E}} = \dot{\boldsymbol{E}}_m \mathrm{e}^{-\mathrm{j}k\boldsymbol{e}_z \cdot \boldsymbol{r}} \tag{6.48}$$

所以沿任意方向 $\boldsymbol{e}_n$ 传播的均匀平面波可以写为

$$\dot{\boldsymbol{E}} = \dot{\boldsymbol{E}}_m \mathrm{e}^{-\mathrm{j}k\boldsymbol{e}_n \cdot \boldsymbol{r}} \tag{6.49}$$

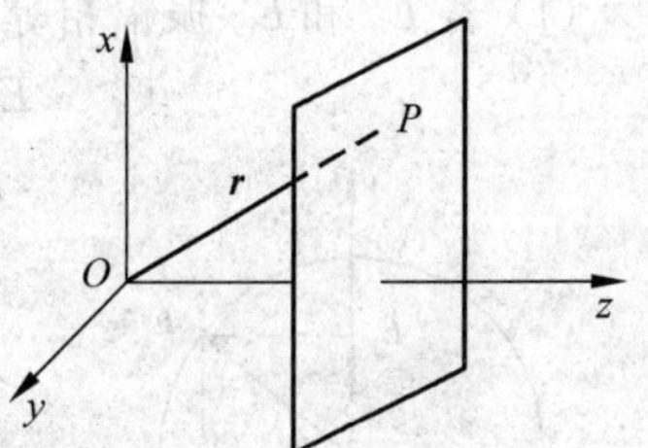

图 6.5 沿任意方向 $\boldsymbol{e}_n$ 传播的均匀平面波

6.4 波的极化特性

波的极化描述在电磁波传播的过程中 **E**(**H**)的方向的变化。上节讨论中 **E** 只有 x 分量，**H** 只有 y 分量，是一个特例，选坐标时有意使 x 轴沿 **E** 方向。一般情况下，**E**、**H** 在等相位面上有两个分量，如图 6.6 所示，下面以 **E** 为例讨论。

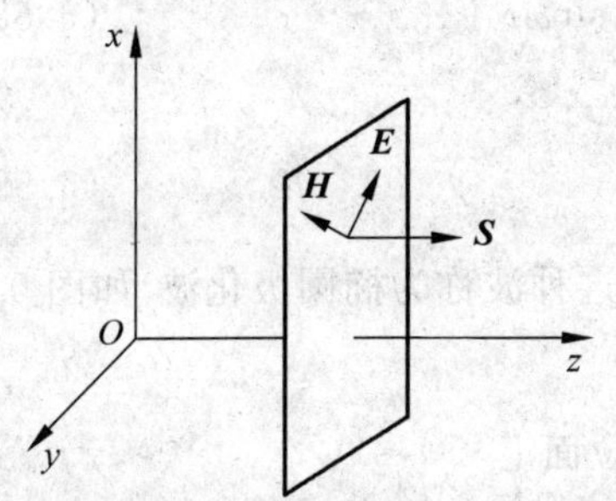

图 6.6 **E**、**H** 在等相位面上有两个分量

1. 若 E_x、E_y 相位相同

$$E_x = E_{xm}\cos(\omega t - kz)$$
$$E_y = E_{ym}\cos(\omega t - kz)$$

这里设初相位为 0。在 $z=0$ 的等相位面上，

$$\begin{cases} E_x = E_{xm}\cos\omega t \\ E_y = E_{ym}\cos\omega t \end{cases}$$

合场强的大小为

$$E=\sqrt{E_x^2+E_y^2}=\sqrt{E_{xm}^2+E_{ym}^2}\cos\omega t \tag{6.50}$$

合场强的方向用 $\boldsymbol{E}$ 与 x 轴的夹角表示

$$\alpha=\arctan\frac{E_y}{E_x}=\arctan\frac{E_{ym}}{E_{xm}} \tag{6.51}$$

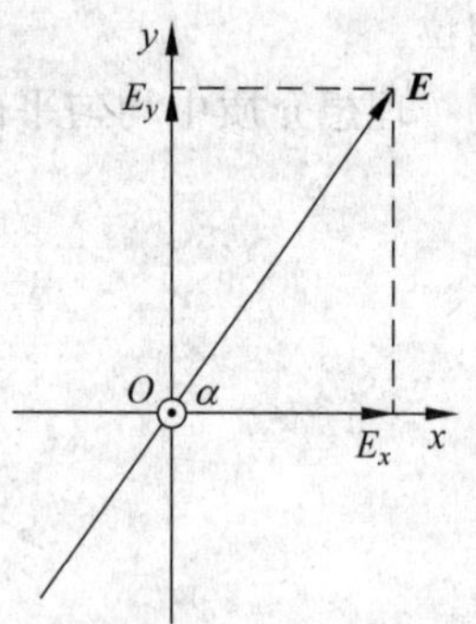

图 6.7　线极化波

可以看出,合场强的大小随 t 变化,合场强的方向是一个常量,说明电场矢量只在图 6.7 所示的一直线上变化,这种波称为线极化波。如果电场矢量只在水平方向上变化,称为水平极化波,如果电场矢量只在竖直方向上变化,称为垂直极化波。上一节设 $\boldsymbol{E}=\boldsymbol{e}_xE_x$,就是沿 x 方向的线极化波。

2. 若 E_x、E_y 相位相差 $\pi/2$

$$E_x=E_{xm}\cos(\omega t-kz) \tag{6.52}$$

$$E_y=E_{ym}\cos\left(\omega t-kz-\frac{\pi}{2}\right)=E_{ym}\sin(\omega t-kz) \tag{6.53}$$

(1) 若 E_x 和 E_y 振幅相等,$E_{xm}=E_{ym}=E_m$,在 $z=0$ 的等相位面上,

$$E_x=E_m\cos\omega t,E_y=E_m\sin\omega t \tag{6.54}$$

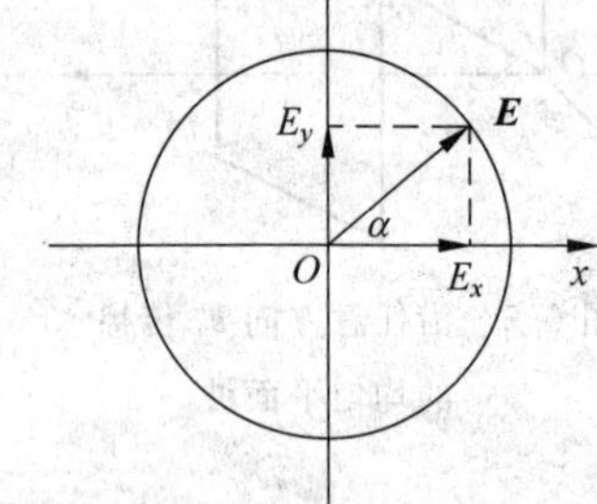

图 6.8　圆极化波

合场强的大小为

$$E=\sqrt{E_x^2+E_y^2}=E_m \tag{6.55}$$

合场强的方向可以表示为 $\tan\alpha=\dfrac{E_y}{E_x}=\tan\omega t$,所以

$$\alpha=\omega t \tag{6.56}$$

所以合场强大小不变,方向以角速度 ω 旋转,$\boldsymbol{E}$ 的端点的轨迹是一个圆,这种波称为圆极化波,如图 6.8 所示。由式(6.54)可以导出

$$E_x^2+E_y^2=E_m^2 \tag{6.57}$$

也可以看出 $\boldsymbol{E}$ 的端点的轨迹是一个圆。

(2) 若 E_x 和 E_y 振幅不相等,$E_{xm}\neq E_{ym}$,在 $z=0$ 的等相位面上

$$E_x=E_{xm}\cos\omega t,\quad E_y=E_{ym}\sin\omega t \tag{6.58}$$

两式移项,平方相加可得

$$\frac{E_x^2}{E_{xm}^2}+\frac{E_y^2}{E_{ym}^2}=1 \tag{6.59}$$

式(6.59)是椭圆方程,说明 $\boldsymbol{E}$ 的端点的轨迹是一个椭圆,这种波称为椭圆极化波,如图 6.9 所示,椭圆短轴和长轴之比称为椭圆极化波的椭圆度。

如果 E_x 和 E_y 的相位差 $\Delta\psi\neq\dfrac{\pi}{2}$,在 $z=0$ 的等相位面上

$$E_x=E_{xm}\cos\omega t,\quad E_y=E_{ym}\cos(\omega t-\psi) \tag{6.60}$$

消去 t 可得

$$\frac{E_x^2}{E_{xm}^2}+\frac{E_y^2}{E_{ym}^2}-\frac{2E_xE_y}{E_{xm}E_{ym}}\cos\psi=\sin^2\psi \tag{6.61}$$

也是一个椭圆方程，但与坐标轴斜交，如图 6.10 所示，也是一种椭圆极化波。

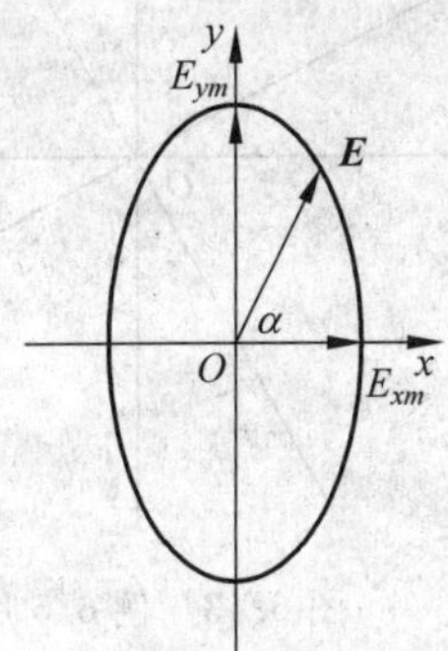

图 6.9 椭圆极化波($\Delta\psi=\pi/2$)

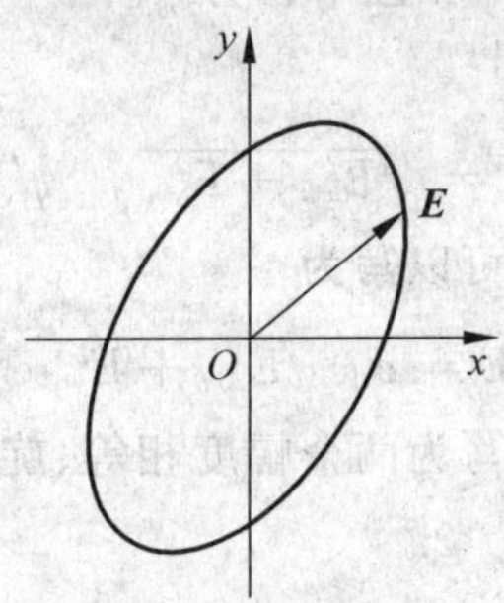

图 6.10 椭圆极化波($\Delta\psi\neq\pi/2$)

(3) 电矢量 $\boldsymbol{E}$ 的旋转方向。

圆极化波和椭圆极化波根据电矢量 $\boldsymbol{E}$ 的旋转方向，又可以分为右旋极化波和左旋极化波。若 $\boldsymbol{E}$ 的旋转方向与传播方向成右手关系，称为右旋极化波；若 $\boldsymbol{E}$ 的旋转方向与传播方向成左手关系，称为左旋极化波，如图 6.11 所示。

例 6.4 试判断对于由式(6.52)、式(6.53)表示的圆极化波电矢量 $\boldsymbol{E}$ 的旋转方向。

解 $t=0$ 时，$E_y=0$，$E_x=E_m$，则 $\boldsymbol{E}=\boldsymbol{e}_xE_m$；

$t=T/4$ 时，$\omega t=\dfrac{2\pi}{T}\cdot\dfrac{T}{4}=\dfrac{\pi}{2}$，$E_y=E_m$，$E_x=0$，则 $\boldsymbol{E}=\boldsymbol{e}_yE_m$。

可以看出，由式(6.52)、式(6.53)表示的圆极化波($\Delta\psi=-\pi/2$)，电矢量 $\boldsymbol{E}$ 是右旋的，如图 6.12 所示。可以证明，若 $\Delta\psi=\pi/2$，电矢量 $\boldsymbol{E}$ 是左旋的。

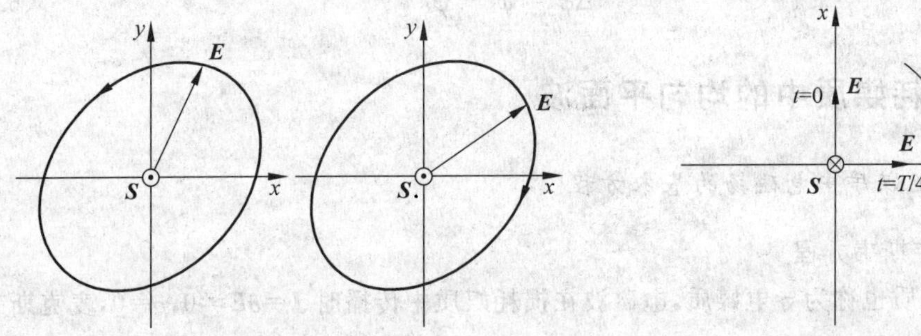

图 6.11 右旋极化波和左旋极化波　　图 6.12 例 6.4 用图

例 6.5 试证明任一线极化波可以分解为两个幅度相等、旋转方向相反的圆极化波之和。

解 设线极化波为

$$\boldsymbol{E}=\boldsymbol{e}_x E_{xm}\mathrm{e}^{\mathrm{j}\psi}+\boldsymbol{e}_y E_{ym}\mathrm{e}^{\mathrm{j}\psi} \tag{6.62}$$

如图 6.13 所示。把坐标系旋转,使 x 轴与 $\boldsymbol{E}$ 重合,在新坐标系 $Ox'y'$ 中,电场的表达式为

$$\boldsymbol{E}=\boldsymbol{e}_{x'}E_{x'm}\mathrm{e}^{\mathrm{j}\psi'} \tag{6.63}$$

可以看出

$$E_{x'm}=\sqrt{E_{xm}^2+E_{ym}^2},\quad \psi'=\psi$$

所以式(6.63)可以写为

$$\boldsymbol{E}=\boldsymbol{e}_{x'}\sqrt{E_{xm}^2+E_{ym}^2}\,\mathrm{e}^{\mathrm{j}\psi} \tag{6.64}$$

式(6.64)可以写为两个幅度相等、旋转方向相反的圆极化波之和

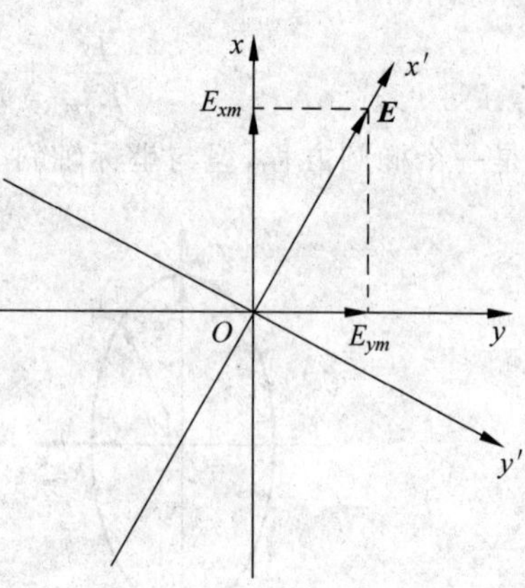

图 6.13　例 6.5 用图

$$\boldsymbol{E}=\boldsymbol{E}_1+\boldsymbol{E}_2$$

其中

$$\boldsymbol{E}_1=\boldsymbol{e}_{x'}\frac{1}{2}\sqrt{E_{xm}^2+E_{ym}^2}\,\mathrm{e}^{\mathrm{j}\psi}+\boldsymbol{e}_{y'}\mathrm{j}\frac{1}{2}\sqrt{E_{xm}^2+E_{ym}^2}\,\mathrm{e}^{\mathrm{j}\psi} \tag{6.65}$$

$$\boldsymbol{E}_2=\boldsymbol{e}_{x'}\frac{1}{2}\sqrt{E_{xm}^2+E_{ym}^2}\,\mathrm{e}^{\mathrm{j}\psi}-\boldsymbol{e}_{y'}\mathrm{j}\frac{1}{2}\sqrt{E_{xm}^2+E_{ym}^2}\,\mathrm{e}^{\mathrm{j}\psi} \tag{6.66}$$

$\boldsymbol{E}_1$ 是左旋极化波,$\boldsymbol{E}_2$ 是右旋极化波。

更为一般地讲,任何形式的极化波都可以分解为两个相互正交的线极化波,也可以分解为两个旋转方向相反的圆极化波。换言之,用两个相互正交的线极化波或两个旋转方向相反的圆极化波可以构成任意形式的极化波,其表达式分别为

$$\boldsymbol{E}=\boldsymbol{e}_x E_{xm}\mathrm{e}^{\mathrm{j}\psi_x}+\boldsymbol{e}_y E_{ym}\mathrm{e}^{\mathrm{j}\psi_y} \tag{6.67}$$

$$\boldsymbol{E}=(\boldsymbol{e}_x-\mathrm{j}\boldsymbol{e}_y)E_{1m}\mathrm{e}^{\mathrm{j}\psi_1}+(\boldsymbol{e}_x+\mathrm{j}\boldsymbol{e}_y)E_{2m}\mathrm{e}^{\mathrm{j}\psi_2} \tag{6.68}$$

其中两个圆极化波的初相位差为

$$\Delta\psi=\psi_1-\psi_2 \tag{6.69}$$

6.5　损耗媒质中的均匀平面波

1. 损耗媒质中电磁场的基本方程

1) 麦克斯韦方程

损耗媒质也称为导电媒质,电磁波在损耗媒质中传播时 $\boldsymbol{J}=\sigma\boldsymbol{E}\neq 0$,$\rho=0$,麦克斯韦方程可以写为

$$\nabla\times\boldsymbol{H}=\sigma\boldsymbol{E}+\varepsilon\frac{\partial\boldsymbol{E}}{\partial t} \tag{6.70}$$

$$\nabla\times\boldsymbol{E}=-\mu\frac{\partial\boldsymbol{H}}{\partial t} \tag{6.71}$$

$$\nabla\cdot\boldsymbol{H}=0 \tag{6.72}$$

$$\nabla \cdot \boldsymbol{E} = 0 \tag{6.73}$$

2) 波动方程

对式(6.71)的两端取旋度,并利用式(6.70)可得

$$\nabla \times (\nabla \times \boldsymbol{E}) = -\mu \frac{\partial}{\partial t}(\nabla \times \boldsymbol{H}) = -\mu\sigma \frac{\partial \boldsymbol{E}}{\partial t} - \mu\varepsilon \frac{\partial^2 \boldsymbol{E}}{\partial t^2}$$

利用矢量恒等式$\nabla \times (\nabla \times \boldsymbol{E}) = \nabla(\nabla \cdot \boldsymbol{E}) - \nabla^2 \boldsymbol{E}$和式(6.73),上式可以写为

$$\nabla^2 \boldsymbol{E} - \mu\varepsilon \frac{\partial^2 \boldsymbol{E}}{\partial t^2} - \mu\sigma \frac{\partial \boldsymbol{E}}{\partial t} = 0 \tag{6.74}$$

同理,对式(6.70)的两端取旋度,可以导出

$$\nabla^2 \boldsymbol{H} - \mu\varepsilon \frac{\partial^2 \boldsymbol{H}}{\partial t^2} - \mu\sigma \frac{\partial \boldsymbol{H}}{\partial t} = 0 \tag{6.75}$$

2. 基本方程的复数形式——复介电常数

首先讨论麦克斯韦方程组的复数形式

$$\nabla \times \dot{\boldsymbol{H}} = \sigma \dot{\boldsymbol{E}} + \mathrm{j}\omega\varepsilon \dot{\boldsymbol{E}} = \mathrm{j}\omega\varepsilon \left(1 - \mathrm{j}\frac{\sigma}{\omega\varepsilon}\right)\dot{\boldsymbol{E}} = \mathrm{j}\omega\varepsilon_c \dot{\boldsymbol{E}} \tag{6.76}$$

定义$\varepsilon_c = \varepsilon\left(1 - \mathrm{j}\frac{\sigma}{\omega\varepsilon}\right)$为导电媒质中的等效介电常数。

$$\nabla \times \dot{\boldsymbol{E}} = -\mathrm{j}\omega\mu \dot{\boldsymbol{H}} \tag{6.77}$$

$$\nabla \cdot \dot{\boldsymbol{H}} = 0 \tag{6.78}$$

$$\nabla \cdot \dot{\boldsymbol{E}} = 0 \tag{6.79}$$

波动方程式(6.74)的复数形式为

$$\nabla^2 \dot{\boldsymbol{E}} = -\omega^2\mu\varepsilon \dot{\boldsymbol{E}} + \mathrm{j}\omega\mu\sigma \dot{\boldsymbol{E}} = -\omega^2\mu\varepsilon\left(1 - \mathrm{j}\frac{\sigma}{\omega\varepsilon}\right)\dot{\boldsymbol{E}}$$

$$= -\omega^2\mu\varepsilon_c \dot{\boldsymbol{E}}$$

令$-\omega^2\mu\varepsilon_c = \gamma^2$,上式可以写为

$$\nabla^2 \dot{\boldsymbol{E}} - \gamma^2 \dot{\boldsymbol{E}} = 0 \tag{6.80}$$

同理式(6.75)的复数形式可以写为

$$\nabla^2 \dot{\boldsymbol{H}} - \gamma^2 \dot{\boldsymbol{H}} = 0 \tag{6.81}$$

其中传播常数$\gamma = \mathrm{j}\omega\sqrt{\mu\varepsilon_c} = \alpha + \mathrm{j}\beta$。可以看出引入复介电常数$\varepsilon_c$以后,损耗媒质中的麦克斯韦方程组和波动方程与理想介质中的形式完全相同,这就为研究损耗媒质中电磁波的传播创造了有利的条件。

对于均匀平面波,设$\boldsymbol{E} = \boldsymbol{e}_x E_x$,则$\boldsymbol{H} = \boldsymbol{e}_y H_y$,$\nabla^2 = \frac{\partial^2}{\partial z^2}$(详见 6.3.2 节),式(6.80)、式(6.81)可以写为

$$\frac{\mathrm{d}^2 \dot{E}_x}{\mathrm{d}z^2} - \gamma^2 \dot{E}_x = 0 \tag{6.82}$$

$$\frac{\mathrm{d}^2 \dot{H}_y}{\mathrm{d}z^2} - \gamma^2 \dot{H}_y = 0 \tag{6.83}$$

3. 损耗媒质中 $\boldsymbol{E}$、$\boldsymbol{H}$ 的表达式

由式(6.82)可以解出 $\dot{E}_x = \dot{E}_x^+ \mathrm{e}^{-\gamma z} + \dot{E}_x^- \mathrm{e}^{\gamma z}$,不考虑反射波,所以

$$\dot{E}_x = \dot{E}_x^+ \mathrm{e}^{-\gamma z} = \dot{E}_x^+ \mathrm{e}^{-\alpha z} \mathrm{e}^{-\mathrm{j}\beta z} \tag{6.84}$$

其中复常数 $\dot{E}_x^+ = E_x^+ \mathrm{e}^{\mathrm{j}\psi_E}$,令 $\psi_E = 0$,式(6.84)的瞬时形式可以写为

$$E_x(z,t) = E_{xm}^+ \mathrm{e}^{-\alpha z} \cos(\omega t - \beta z) \tag{6.85}$$

由式(6.77) $\dot{\boldsymbol{H}} = -\frac{1}{\mathrm{j}\omega\mu} \nabla \times \dot{\boldsymbol{E}}$,所以

$$\dot{H}_y = -\frac{1}{\mathrm{j}\omega\mu} \frac{\partial \dot{E}_x}{\partial z} = \frac{\alpha + \mathrm{j}\beta}{\mathrm{j}\omega\mu} \dot{E}_x^+ \mathrm{e}^{-\alpha z} \mathrm{e}^{-\mathrm{j}\beta z} \tag{6.86}$$

令 $\frac{\alpha + \mathrm{j}\beta}{\mathrm{j}\omega\mu} \dot{E}_x = \frac{\alpha + \mathrm{j}\beta}{\mathrm{j}\omega\mu} E_{xm}^+ \mathrm{e}^{\mathrm{j}0} = H_{ym}^+ \mathrm{e}^{\mathrm{j}\psi_M}$,显然 $\psi_M \neq 0$,式(6.86)的瞬时形式为

$$H_y(z,t) = H_{ym}^+ \mathrm{e}^{-\alpha z} \cos(\omega t - \beta z + \psi_M) \tag{6.87}$$

4. 导电媒质中电磁波的传播特性

1) 复介电常数

$$\varepsilon_c = \varepsilon - \mathrm{j}\frac{\sigma}{\omega} \tag{6.88}$$

引入 ε_c 后,损耗媒质和理想介质中电磁场的基本方程在形式上完全相同,所以解的形式也相同,这就为求解损耗媒质中的电磁场与电磁波问题提供了方便。复介电常数虚部与实部之比为

$$\frac{\sigma}{\omega\varepsilon} = \frac{\sigma E}{\omega\varepsilon E} = \frac{|\dot{J}|}{\left|\frac{\partial \dot{D}}{\partial t}\right|} = \frac{\text{传导电流}}{\text{位移电流}} \tag{6.89}$$

传导电流越大损耗越大,定义导电媒质的损耗角 δ_c

$$\tan|\delta_c| = \frac{\sigma}{\omega\varepsilon} \tag{6.90}$$

2) 传播常数

$$\gamma = \mathrm{j}\omega\sqrt{\mu\varepsilon_c} = \mathrm{j}\omega\sqrt{\mu\left(\varepsilon - \mathrm{j}\frac{\sigma}{\omega}\right)} = \alpha + \mathrm{j}\beta \tag{6.91}$$

式(6.91)两边平方,令等式两边实部、虚部分别相等,可以得到两个方程,求解可得

$$\alpha = \omega\sqrt{\frac{\mu\varepsilon}{2}\left(\sqrt{1 + \frac{\sigma^2}{\omega^2\varepsilon^2}} - 1\right)} \tag{6.92}$$

$$\beta = \omega\sqrt{\frac{\mu\varepsilon}{2}\left(\sqrt{1 + \frac{\sigma^2}{\omega^2\varepsilon^2}} + 1\right)} \tag{6.93}$$

由式(6.84)～式(6.87)可以看出,在损耗媒质中电场和磁场的振幅按 $e^{-\alpha z}$ 随传播距离衰减,每传播单位长度($z=1$m),衰减为原来的 $e^{-\alpha}$ 倍,所以 α 称为衰减常数,单位是 Np/m(奈培每米)。在式(6.84)～式(6.87)中,β 表示相位随传播距离的变化量($e^{-j\beta z}$),所以 β 称为相位常数,单位是 rad/m(弧度每米)。

3) 波阻抗

由式(6.84)和式(6.86)可以导出损耗媒质中的波阻抗

$$\eta_c = \frac{\dot{E}_x}{\dot{H}_y} = \frac{j\omega\mu}{\alpha + j\beta} = \sqrt{\frac{\mu}{\varepsilon_c}} = \sqrt{\frac{\mu}{\varepsilon\left(1 - j\frac{\sigma}{\omega\varepsilon}\right)}} = \frac{\eta}{\sqrt{1 - j\frac{\sigma}{\omega\varepsilon}}} \tag{6.94}$$

波阻抗为复数,也说明 $\dot{E}_x$ 和 $\dot{H}_y$ 相位不同。由式(6.84)和式(6.86)可以看出,损耗媒质中均匀平面波的电场和磁场在空间仍然相互垂直并且都垂直于传播方向,但是存在相位差,如图 6.14 所示。

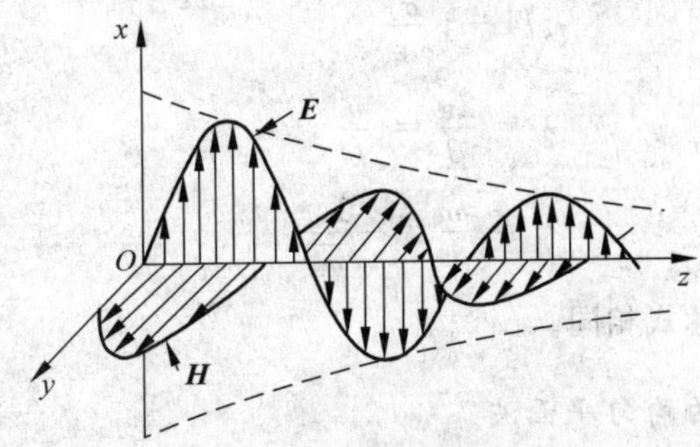

图 6.14 损耗媒质中的均匀平面波

4) 相速度和波长

损耗媒质中均匀平面波的相速度和波长分别为

$$v = \frac{\omega}{\beta} = \frac{1}{\sqrt{\frac{\mu\varepsilon}{2}\left(\sqrt{1 + \frac{\sigma^2}{\omega^2\varepsilon^2}} + 1\right)}} \tag{6.95}$$

$$\lambda = \frac{2\pi}{\beta} = \frac{2\pi}{\omega\sqrt{\frac{\mu\varepsilon}{2}\left(\sqrt{1 + \frac{\sigma^2}{\omega^2\varepsilon^2}} + 1\right)}} \tag{6.96}$$

可以看出,在损耗媒质中均匀平面波的相速度随频率变化,这种现象称为色散效应。

5. 弱导电媒质中的均匀平面波

导电媒质可以分为弱导电媒质、强导电媒质和一般的导电媒质。满足下面条件的是弱导电媒质

$$\frac{\sigma}{\omega\varepsilon} \ll 1 \tag{6.97}$$

其物理意义是:传导电流远远小于位移电流。弱导电媒质的基本参数为

$$\alpha=\omega\sqrt{\frac{\mu\varepsilon}{2}\left(\sqrt{1+\frac{\sigma^2}{\omega^2\varepsilon^2}}-1\right)}\approx\frac{\sigma}{2}\sqrt{\frac{\mu}{\varepsilon}} \tag{6.98}$$

其中

$$\sqrt{1+\frac{\sigma^2}{\omega^2\varepsilon^2}}\approx 1+\frac{1}{2}\frac{\sigma^2}{\omega^2\varepsilon^2}$$

$$\beta=\omega\sqrt{\frac{\mu\varepsilon}{2}\left(\sqrt{1+\frac{\sigma^2}{\omega^2\varepsilon^2}}+1\right)}\approx\omega\sqrt{\mu\varepsilon} \tag{6.99}$$

$$\eta_c=\sqrt{\frac{\mu}{\varepsilon\left(1-\mathrm{j}\,\frac{\sigma}{\omega\varepsilon}\right)}}=\sqrt{\frac{\mu}{\varepsilon}}\left(1+\mathrm{j}\,\frac{\sigma}{2\omega\varepsilon}\right) \tag{6.100}$$

其中

$$\frac{1}{\sqrt{1-\mathrm{j}\,\frac{\sigma}{\omega\varepsilon}}}\approx 1+\mathrm{j}\,\frac{\sigma}{2\omega\varepsilon}$$

$$\lambda=\frac{2\pi}{\beta}=\frac{v}{f} \tag{6.101}$$

$$v=\frac{\omega}{\beta}=\frac{1}{\sqrt{\mu\varepsilon}} \tag{6.102}$$

λ、v与理想介质中的表达式相同。

6. 强导电媒质中的均匀平面波

强导电媒质就是良导体,良导体条件为

$$\frac{\sigma}{\omega\varepsilon}\gg 1 \tag{6.103}$$

其物理意义是:传导电流远远大于位移电流。下面介绍强导电媒质的基本参数

$$\alpha=\omega\sqrt{\frac{\mu\varepsilon}{2}\left(\sqrt{1+\frac{\sigma^2}{\omega^2\varepsilon^2}}-1\right)}\approx\sqrt{\frac{\omega\mu\sigma}{2}}=\sqrt{\pi f\mu\sigma} \tag{6.104}$$

$$\beta=\omega\sqrt{\frac{\mu\varepsilon}{2}\left(\sqrt{1+\frac{\sigma^2}{\omega^2\varepsilon^2}}+1\right)}\approx\sqrt{\frac{\omega\mu\sigma}{2}}=\sqrt{\pi f\mu\sigma} \tag{6.105}$$

衰减常数和相位常数相等。波阻抗为

$$\eta_c=\sqrt{\frac{\mu}{\varepsilon\left(1-\mathrm{j}\,\frac{\sigma}{\omega\varepsilon}\right)}}\approx\sqrt{\frac{\mathrm{j}\omega\mu}{\sigma}}=\sqrt{\frac{\omega\mu}{\sigma}}\,\mathrm{e}^{\mathrm{j}\frac{\pi}{4}}=\sqrt{\frac{\pi f\mu}{\sigma}}(1+\mathrm{j}) \tag{6.106}$$

波长和相速度分别为

$$\lambda=\frac{2\pi}{\beta}=2\sqrt{\frac{\pi}{f\mu\sigma}} \tag{6.107}$$

$$v=\frac{\omega}{\beta}=2\sqrt{\frac{\pi f}{\mu\sigma}} \tag{6.108}$$

例 6.6 海水的电参数为 $\mu=\mu_0$，$\varepsilon=81\varepsilon_0$，$\sigma=4\text{S/m}$。(1)求频率 $f=1\text{MHz}$ 和 $f=100\text{MHz}$ 的均匀平面波在海水中传播时的衰减常数、相位常数、波阻抗、相速和波长；(2)已知 $f=1\text{MHz}$ 的均匀平面波在海水中沿 z 轴正方向传播，设 $\boldsymbol{E}=\boldsymbol{e}_x E_x$，振幅为 1V/m，试写出电场和磁场的瞬时表达式 $\boldsymbol{E}(z,t)$ 和 $\boldsymbol{H}(z,t)$。

解

(1) $f=1\text{MHz}$ 时，$\dfrac{\sigma}{\omega\varepsilon}=\dfrac{\sigma}{2\pi f\varepsilon_0\varepsilon_r}=\dfrac{0.89\times10^9}{f}\gg1$，海水是良导体，所以

$$\alpha=\sqrt{\frac{\omega\mu\sigma}{2}}=4\pi\times10^{-3}\sqrt{\frac{f}{10}}=1.26\pi\text{Np/m}$$

$$\beta=\sqrt{\frac{\omega\mu\sigma}{2}}=1.26\pi\text{rad/m}$$

$$\eta_c=(1+\text{j})\sqrt{\frac{\omega\mu}{2\sigma}}=\pi\times10^{-3}\sqrt{\frac{f}{10}}(1+\text{j})=0.316\pi(1+\text{j})\approx1.4\text{e}^{\text{j}45^\circ}\Omega$$

$$\lambda=\frac{2\pi}{\beta}=1.59\text{m}$$

$$v=\frac{\omega}{\beta}=1.59\times10^6\text{m/s}$$

$f=100\text{MHz}$ 时，$\dfrac{\sigma}{\omega\varepsilon}=\dfrac{0.89\times10^9}{f}=8.9$，海水是一般导体，所以

$$\alpha=\omega\sqrt{\frac{\varepsilon\mu}{2}\left(\sqrt{1+\frac{\sigma^2}{\omega^2\varepsilon^2}}-1\right)}=11.97\pi\text{Np/m}$$

$$\beta=\omega\sqrt{\frac{\varepsilon\mu}{2}\left(\sqrt{1+\frac{\sigma^2}{\omega^2\varepsilon^2}}+1\right)}=42.1\text{rad/m}$$

$$\eta_c=\sqrt{\frac{\mu}{\varepsilon\left(1-\text{j}\dfrac{\sigma}{\omega\varepsilon}\right)}}=\frac{41.89}{\sqrt{1-\text{j}8.9}}$$

$$\lambda=\frac{2\pi}{\beta}=0.149\text{m},v=\frac{\omega}{\beta}=1.49\times10^7\text{m/s}$$

(2) 设电场的初相位为 0，$f=1\text{MHz}$ 时电场强度的表达式为

$$\begin{aligned}\boldsymbol{E}(z,t)&=\boldsymbol{e}_x E_m\text{e}^{-\alpha z}\cos(\omega t-\beta z)\\&=\boldsymbol{e}_x 1\times\text{e}^{-1.26\pi z}\cos(2\pi\times10^6 t-1.26\pi z)\text{V/m}\end{aligned}$$

$$\begin{aligned}\boldsymbol{H}(z,t)&=\boldsymbol{e}_y\frac{E}{\eta_c}=\boldsymbol{e}_y\frac{E_m}{|\eta_c|}\text{e}^{-\alpha z}\cos(\omega t-\beta z-\psi)\\&=\boldsymbol{e}_y 0.71\text{e}^{-1.26\pi z}\cos(2\pi\times10^6 t-1.26\pi z-45^\circ)\text{A/m}\end{aligned}$$

6.6 电磁波在各向异性介质中的传播*

前面几节研究了均匀平面电磁波在无限大均匀各向同性媒质中的传播规律，本节将讨论电磁波在无限大均匀各向异性媒质中的传播规律和性质，主要包括磁化等离子体和

铁氧体这两种典型的均匀各向异性媒质。

6.6.1 等离子体中的均匀平面波

等离子体是物质的第四态。等离子体就是电离了的气体,由带负电的电子、带正电的离子和中性的分子组成,由于电子和离子数目相同,因此称为等离子体。等离子体在自然界广泛存在,如位于地球上空 60～2000km 的电离层就是等离子体,是由于高空稀薄空气在太阳紫外线的照射下发生电离,分裂为带负电的电子和带正电的离子,由于热运动,电子和离子又不断地复合成中性分子,最后电离与复合达到动态平衡时,使电离层具有一定数量的电子和相等数量的离子,形成等离子体。此外,流星余迹、航天器高速穿越大气层时其周围形成的高温区域(航天器与大气发生剧烈摩擦,在高达 2000℃的表面空气电离产生的等离子体层对电磁波具有吸收和反射作用,会阻断航天器与外界的无线电通信,这种现象称为黑障)、日光灯和微波电子管内也都是等离子体存在的实例。

1. 等离子体的宏观电磁特性

由于电离前气体本不带电,所以经过部分电离后,等离子体宏观上仍呈电中性,体电荷密度处处为0。为了使以下的分析和讨论简化,先作以下设定:①等离子体的密度较小(如电离层),粒子的平均自由程较长,可以忽略各粒子之间的碰撞,即不考虑热运动;②正离子的质量远大于电子的质量,在外场作用下,认为离子是静止不动的,只考虑电子的运动;③设电子的分布是均匀的,用 N_e 表示等离子体每单位体积中电子的数目。在外场作用下电子运动产生的运流电流密度为

$$\boldsymbol{J}_v=-N_e e\boldsymbol{v} \tag{6.109}$$

单位是 A/m^2,其中电子的电量 $e=1.60\times10^{-19}$C,$\boldsymbol{v}$ 是电子运动的平均速度。由全电流定律

$$\nabla\times\dot{\boldsymbol{H}}=\dot{\boldsymbol{J}}_v+j\omega\varepsilon_0\dot{\boldsymbol{E}} \tag{6.110}$$

写成分量形式为

$$\begin{bmatrix}\nabla\times\dot{\boldsymbol{H}}|_x\\ \nabla\times\dot{\boldsymbol{H}}|_y\\ \nabla\times\dot{\boldsymbol{H}}|_z\end{bmatrix}=\begin{bmatrix}\dot{J}_{vx}\\ \dot{J}_{vy}\\ \dot{J}_{vz}\end{bmatrix}+j\omega\varepsilon_0\begin{bmatrix}\dot{E}_x\\ \dot{E}_y\\ \dot{E}_z\end{bmatrix}=-N_e e\begin{bmatrix}\dot{v}_{vx}\\ \dot{v}_{vy}\\ \dot{v}_{vz}\end{bmatrix}+j\omega\varepsilon_0\begin{bmatrix}\dot{E}_x\\ \dot{E}_y\\ \dot{E}_z\end{bmatrix}$$

$$=j\omega[\varepsilon]\begin{bmatrix}\dot{E}_x\\ \dot{E}_y\\ \dot{E}_z\end{bmatrix} \tag{6.111}$$

其中$\nabla\times\dot{\boldsymbol{H}}|_x$、$\nabla\times\dot{\boldsymbol{H}}|_y$、$\nabla\times\dot{\boldsymbol{H}}|_z$ 分别表示$\nabla\times\dot{\boldsymbol{H}}$的 x、y、z 方向的分量,$[\varepsilon]$是等离子体的等效介电常数,是一个二阶张量(张量是矢量的推广,有 n^r 个分量,r 称为张量的阶。例如,零阶张量是标量,一阶张量是矢量,二阶张量则成为矩阵),可以写成一个方阵

$$[\varepsilon]=\begin{bmatrix}\varepsilon_{11} & \varepsilon_{12} & \varepsilon_{13}\\ \varepsilon_{21} & \varepsilon_{22} & \varepsilon_{23}\\ \varepsilon_{31} & \varepsilon_{32} & \varepsilon_{33}\end{bmatrix} \tag{6.112}$$

下面求$[\varepsilon]$中ε_{ij}的表达式。设外场包括时变场(简谐场)和一个较强的恒定磁场$\boldsymbol{B}_0=\boldsymbol{e}_zB_0$，电子的运动方程为

$$m_e\frac{\mathrm{d}\boldsymbol{v}}{\mathrm{d}t}=-e[\boldsymbol{E}+\boldsymbol{v}\times(\boldsymbol{B}+\boldsymbol{B}_0)] \tag{6.113}$$

其中电子的质量$m_e=9.11\times10^{-31}\,\mathrm{kg}$。$\boldsymbol{E}$和$\boldsymbol{B}$是一个较弱的简谐时变场的电场强度和磁感应强度。因为

$$|\boldsymbol{v}\times\boldsymbol{B}|\leqslant vB=\frac{v\mu_0E}{\eta_0}=vE\sqrt{\mu_0\varepsilon_0}=\frac{v}{c}E$$

等离子体中的电子运动的速率v远小于真空中的光速c，所以时变磁场力远小于时变电场力，可以忽略。因外电场是简谐变化的，电子与其他粒子的碰撞概率又不大，故可认为电子的速度和加速度也是简谐变化的。写出式(6.113)的复数形式

$$\mathrm{j}\omega m_e\dot{\boldsymbol{v}}=-e[\dot{\boldsymbol{E}}+\boldsymbol{e}_x\dot{v}_yB_0-\boldsymbol{e}_y\dot{v}_xB_0] \tag{6.114}$$

式(6.114)的分量式为

$$\mathrm{j}\omega\dot{v}_x=-\frac{e}{m_e}\dot{E}_x-\omega_c\dot{v}_y \tag{6.115}$$

$$\mathrm{j}\omega\dot{v}_y=-\frac{e}{m_e}\dot{E}_y+\omega_c\dot{v}_x \tag{6.116}$$

$$\mathrm{j}\omega\dot{v}_z=-\frac{e}{m_e}\dot{E}_z \tag{6.117}$$

其中$\omega_c=\frac{e}{m_e}B_0$称为电子的**回旋角频率**。由式(6.115)～式(6.117)可以解出

$$\dot{v}_x=\frac{e}{m_e}\cdot\frac{-\mathrm{j}\omega\dot{E}_x+\omega_c\dot{E}_y}{\omega_c^2-\omega^2} \tag{6.118}$$

$$\dot{v}_y=\frac{e}{m_e}\cdot\frac{-\mathrm{j}\omega\dot{E}_y-\omega_c\dot{E}_x}{\omega_c^2-\omega^2} \tag{6.119}$$

$$\dot{v}_z=-\frac{e\dot{E}_z}{\mathrm{j}\omega m_e} \tag{6.120}$$

可以看出，当$\omega=\omega_c$时，v_x和v_y有极点，说明当频率ω接近ω_c时，电子的运动速度增长很快，因而电子与周围的离子或中性分子的碰撞次数明显增加，电磁波的损耗也明显增加。把式(6.118)～式(6.120)代入式(6.111)，并比较等式两边矩阵各行元素中$\dot{E}_x$、$\dot{E}_y$、$\dot{E}_z$的系数，可得

$$[\varepsilon]=\begin{bmatrix}\varepsilon_1 & \mathrm{j}\varepsilon_2 & 0\\ -\mathrm{j}\varepsilon_2 & \varepsilon_1 & 0\\ 0 & 0 & \varepsilon_3\end{bmatrix} \tag{6.121}$$

其中

$$\varepsilon_1 = \varepsilon_0\left(1+\frac{\omega_{\mathrm{p}}^2}{\omega_{\mathrm{c}}^2-\omega^2}\right) \tag{6.122}$$

$$\varepsilon_2 = \frac{\varepsilon_0\omega_{\mathrm{p}}^2\left(\dfrac{\omega_{\mathrm{c}}}{\omega}\right)}{\omega_{\mathrm{c}}^2-\omega^2} \tag{6.123}$$

$$\varepsilon_3 = \varepsilon_0\left(1-\frac{\omega_{\mathrm{p}}^2}{\omega^2}\right) \tag{6.124}$$

其中

$$\omega_{\mathrm{p}} = \sqrt{\frac{N_{\mathrm{e}}e^2}{\varepsilon_0 m_{\mathrm{e}}}} \tag{6.125}$$

称为**等离子体的角频率**。电位移矢量 $\boldsymbol{D}$ 和电场强度 $\boldsymbol{E}$ 的关系式为

$$\begin{bmatrix}\dot{D}_x\\ \dot{D}_y\\ \dot{D}_z\end{bmatrix} = \begin{bmatrix}\varepsilon_1 & \mathrm{j}\varepsilon_2 & 0\\ -\mathrm{j}\varepsilon_2 & \varepsilon_1 & 0\\ 0 & 0 & \varepsilon_3\end{bmatrix}\begin{bmatrix}\dot{E}_x\\ \dot{E}_y\\ \dot{E}_z\end{bmatrix} \tag{6.126}$$

式(6.126)表明 $\boldsymbol{D}$ 和 $\boldsymbol{E}$ 的方向不再相同。例如，D_x 分量不仅与 E_x 有关，而且与 E_y 有关。因此沿电磁波传播方向加恒定磁场的等离子体呈现各向异性的特性，可以证明，恒定磁场与电磁波的传播方向垂直，等离子体也呈现各向异性的特性。

2. 等离子体中均匀平面电磁波的传播特性

先讨论没有外加恒定磁场时等离子体中均匀平面电磁波的传播特性。由式(6.122)～式(6.124)可以看出，当外加恒定磁场 $B_0=0$ 时，电子的回旋角频率 $\omega_{\mathrm{c}}=0$，而

$$\varepsilon_1 = \varepsilon_3 = \varepsilon_0\left(1-\frac{\omega_{\mathrm{p}}^2}{\omega^2}\right) = \varepsilon \tag{6.127}$$

$$\varepsilon_2 = 0$$

代入式(6.126)可以看出等效介电常数变成一个标量，等离子体是各向同性的。所以等离子体对电磁波呈现的各向异性是由于外加了一个恒定磁场引起的。

从式(6.127)可以看出，若 $\omega\gg\omega_{\mathrm{p}}$，等离子体的介电常数 ε 近似等于真空的介电常数 ε_0；若 $\omega>\omega_{\mathrm{p}}$，等离子体的相对介电常数小于1，与一般的介质完全不同；$\omega<\omega_{\mathrm{p}}$，等离子体的等效介电常数 ε 是负值，表示等离子体内没有电磁波存在，即电磁波在等离子体表面被反射。

电磁波在等离子体内的相速度为

$$v = \frac{1}{\sqrt{\mu_0\varepsilon}} = \frac{1}{\sqrt{\mu_0\varepsilon_0\left(1-\dfrac{\omega_{\mathrm{p}}^2}{\omega^2}\right)}} = \frac{c}{\sqrt{1-\dfrac{\omega_{\mathrm{p}}^2}{\omega^2}}} \tag{6.128}$$

折射系数为

$$n = \frac{c}{v} = \sqrt{1-\frac{\omega_{\mathrm{p}}^2}{\omega^2}} \tag{6.129}$$

图6.15是 n 和 $1/n$ 随 $\omega/\omega_{\mathrm{p}}$ 变化的曲线，可以看出 ω 比 ω_{p} 大很多时，折射系数趋近于1，电磁波可以穿越等离子体；当 $\omega/\omega_{\mathrm{p}}<1$ 时，折射系数为0，发生全反射；当 $\omega>\omega_{\mathrm{p}}$ 时，折射

系数大于 0 而小于 1，电磁波发生反射和折射。

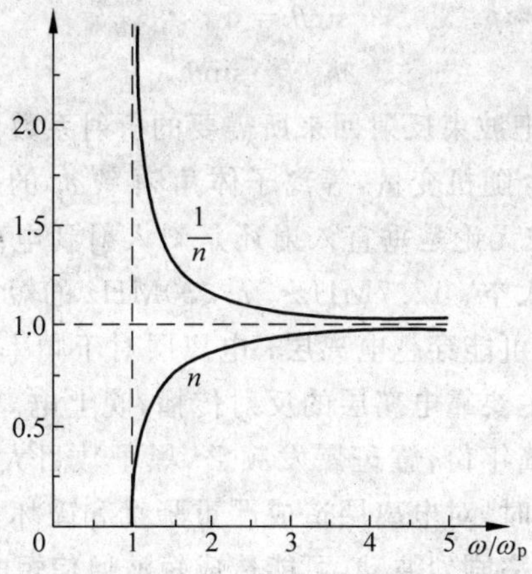

图 6.15　n 和 $1/n$ 随 ω/ω_p 变化的曲线

电离层的电子密度随高度变化，从而折射系数也随高度变化，假定折射系数随 z 连续地缓慢变化，但不随另外两个坐标 x 和 y 变化。可以把电离层分成许多很薄的层，由折射定律式(6.266)，电磁波通过每两层之间的界面时，$n\sin\theta$ 都是守恒的，因此

$$n\sin\theta = n_1 \sin\theta_i \tag{6.130}$$

其中 θ_i 是 $z=0$ 时的入射角，n_1 是 $z=0$ 时入射端的折射系数。设 $n_1=1$，则

$$n\sin\theta = \sin\theta_i$$

把上式对波传播的距离 l 微分

$$\frac{d\theta}{dl} = -\frac{1}{n} \cdot \frac{dn}{dl}\tan\theta \tag{6.131}$$

如果电子的密度随 z 增加，则折射系数 n 随 z 减小，$\frac{dn}{dl}$ 是负的，所以角 θ 随传播距离的增加而增加，如图 6.16 所示。如果 n 变得足够小，θ 就可以等于 90°。在这一点上 $\tan\theta$ 变成无穷大，但 $\frac{dn}{dl}$ 变成了零。过了这点以后，$\tan\theta$ 变成负的，而 $\frac{dn}{dl}$ 变成了正的，θ 继续增大，直到波束以等于入射角的角度 θ_i 穿出电离层。

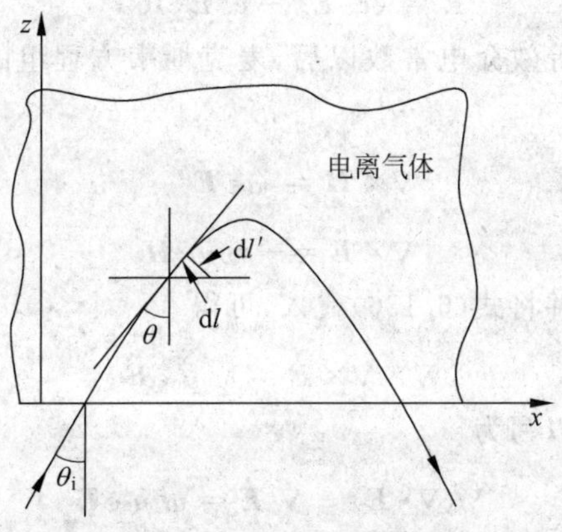

图 6.16　电磁波在等离子层中的反射

在波束的顶部

$$\sin\theta = 1$$

$$n_{90^\circ} = \sin\theta_i$$

这就是入射角为 θ_i 时足以把波束反射回来所需要的折射系数。

电离层的电子密度是个随机变量,等离子体角频率 ω_p 的平均值约为 12.7MHz。频率 $f<12.7\text{MHz}$ 的中、短波无论是垂直入射还是斜入射到电离层,通常都会被反射回地面而不能穿越电离层进入太空; $12.7\text{MHz}<f<30\text{MHz}$ 的短波以适当的角度斜入射,则可以被电离层反射,否则有可能穿越电离层;电离层对于频率 $f>30\text{MHz}$ 的超短波和微波则几乎是透明的。短波主要靠电离层的反射传播,晚上电离层不稳定导致接收端波信号不佳。在太阳活动的高峰年份,耀斑爆发频繁,黑子数目大增,太阳风(即来自太阳的高能带电粒子流)扫过地球时,对电离层造成严重骚扰和破坏,导致电子密度波动范围扩大,从而导致等离子体角频率剧烈波动,可能造成短波通信短时间内中断。

实验表明,等离子体是非铁磁物质,其磁导率非常接近真空磁导率 μ_0。下面讨论等离子体的等效电导率,不考虑外加的恒定磁场,时变场的磁场仍然忽略不计,式(6.113)的复数形式为

$$\mathrm{j}m_e\omega\dot{v} = -e\dot{\boldsymbol{E}} \tag{6.132}$$

由式(6.132)和式(6.109)可以写出

$$\dot{\boldsymbol{J}}_v = \frac{Ne^2}{\mathrm{j}m_e\omega}\dot{\boldsymbol{E}} \tag{6.133}$$

电流密度的相位滞后于外电场 90°,说明稀薄等离子体的损耗几乎为 0。由式(6.133)可以写出等离子体的等效电导率

$$\sigma = \frac{N_e e^2}{\mathrm{j}m_e\omega} \tag{6.134}$$

3. 磁化等离子体中均匀平面电磁波的传播特性

设恒定磁场仍沿 z 轴正方向 $\boldsymbol{B}_0=\boldsymbol{e}_z B_0$,等离子体中有一个沿 z 轴正方向传播的均匀平面波,不失一般性,设其极化方式为椭圆极化,电场的表达式为

$$\dot{\boldsymbol{E}} = (\boldsymbol{e}_x\dot{E}_x + \boldsymbol{e}_y\dot{E}_y)\mathrm{e}^{-\mathrm{j}\beta z} \tag{6.135}$$

在等离子体中,引入等效介电常数以后,麦克斯韦方程组的全电流定律和电磁感应定律分别为

$$\nabla\times\dot{\boldsymbol{H}} = \mathrm{j}\omega\varepsilon\dot{\boldsymbol{E}} \tag{6.136}$$

$$\nabla\times\dot{\boldsymbol{E}} = -\mathrm{j}\omega\mu_0\dot{\boldsymbol{H}} \tag{6.137}$$

对式(6.137)两边取旋度并将式(6.136)代入,可得

$$\nabla\times\nabla\times\dot{\boldsymbol{E}} = \omega^2\mu_0\varepsilon\dot{\boldsymbol{E}}$$

利用矢量恒等式,上式可以写为

$$\nabla(\nabla\cdot\dot{\boldsymbol{E}}) - \nabla^2\dot{\boldsymbol{E}} = \omega^2\mu_0\varepsilon\dot{\boldsymbol{E}} \tag{6.138}$$

写成矩阵形式为

$$\begin{bmatrix}\nabla(\nabla\cdot\dot{\boldsymbol{E}})-\nabla^2\dot{\boldsymbol{E}}\mid_x\\ \nabla(\nabla\cdot\dot{\boldsymbol{E}})-\nabla^2\dot{\boldsymbol{E}}\mid_y\\ \nabla(\nabla\cdot\dot{\boldsymbol{E}})-\nabla^2\dot{\boldsymbol{E}}\mid_z\end{bmatrix}=\omega^2\mu_0\begin{bmatrix}\varepsilon_1 & \mathrm{j}\varepsilon_2 & 0\\ -\mathrm{j}\varepsilon_2 & \varepsilon_1 & 0\\ 0 & 0 & \varepsilon_3\end{bmatrix}\begin{bmatrix}\dot{E}_x\\ \dot{E}_y\\ \dot{E}_z\end{bmatrix} \tag{6.139}$$

由式(6.139)两边 x 分量、y 分量分别相等可得

$$\nabla^2\dot{E}_x-\frac{\partial}{\partial x}(\nabla\cdot\dot{\boldsymbol{E}})+\omega^2\mu_0(\varepsilon_1\dot{E}_x+\mathrm{j}\varepsilon_2\dot{E}_y)=0 \tag{6.140}$$

$$\nabla^2\dot{E}_y-\frac{\partial}{\partial y}(\nabla\cdot\dot{\boldsymbol{E}})+\omega^2\mu_0(-\mathrm{j}\varepsilon_2\dot{E}_x+\varepsilon_1\dot{E}_y)=0 \tag{6.141}$$

因为 $\frac{\partial}{\partial x}=\frac{\partial}{\partial y}=0$，以上两式可以化简为

$$\frac{\partial^2\dot{E}_x}{\partial z^2}+\omega^2\mu_0(\varepsilon_1\dot{E}_x+\mathrm{j}\varepsilon_2\dot{E}_y)=0 \tag{6.142}$$

$$\frac{\partial^2\dot{E}_y}{\partial z^2}+\omega^2\mu_0(-\mathrm{j}\varepsilon_2\dot{E}_x+\varepsilon_1\dot{E}_y)=0 \tag{6.143}$$

把式(6.135)代入以上两式可得

$$(-\beta^2+\omega^2\mu_0\varepsilon_1)\dot{E}_x+\mathrm{j}\omega^2\mu_0\varepsilon_2\dot{E}_y=0 \tag{6.144}$$

$$-\mathrm{j}\omega^2\mu_0\varepsilon_2\dot{E}_x+(-\beta^2+\omega^2\mu_0\varepsilon_1)\dot{E}_y=0 \tag{6.145}$$

这是一个关于$\dot{E}_x$ 和$\dot{E}_y$ 的联立方程组，要使$\dot{E}_x$ 和$\dot{E}_y$ 具有非 0 解，该方程组的系数行列式必须等于 0，即

$$\begin{vmatrix}-\beta^2+\omega^2\mu_0\varepsilon_1 & \mathrm{j}\omega^2\mu_0\varepsilon_2\\ -\mathrm{j}\omega^2\mu_0\varepsilon_2 & -\beta^2+\omega^2\mu_0\varepsilon_1\end{vmatrix}=0 \tag{6.146}$$

可以解出

$$\beta^2-\omega^2\mu_0\varepsilon_1=\pm\omega^2\mu_0\varepsilon_2 \tag{6.147}$$

由式(6.147)可以看出，联立方程组式(6.144)和式(6.145)有两组解，第一组解为$\dot{E}_y=-\mathrm{j}\dot{E}_x$，即

$$\dot{\boldsymbol{E}}=E_0(\boldsymbol{e}_x-\mathrm{j}\boldsymbol{e}_y)\mathrm{e}^{-\mathrm{j}\beta_1 z} \tag{6.148}$$

这是一个右旋圆极化波，相位常数

$$\beta_1=\omega\sqrt{\mu_0(\varepsilon_1+\varepsilon_2)} \tag{6.149}$$

相速度为

$$v_1=\frac{\omega}{\beta_1}=\frac{1}{\sqrt{\mu_0(\varepsilon_1+\varepsilon_2)}}=\frac{c}{\sqrt{1+\frac{\omega_{\mathrm{p}}^2}{\omega(\omega_{\mathrm{c}}-\omega)}}} \tag{6.150}$$

其中 c 是真空中的光速。

第二组解为$\dot{E}_y=\mathrm{j}\dot{E}_x$，即

$$\dot{\boldsymbol{E}} = E_0(\boldsymbol{e}_x + \mathrm{j}\boldsymbol{e}_y)\mathrm{e}^{-\mathrm{j}\beta_2 z} \tag{6.151}$$

这是一个左旋圆极化波,相位常数

$$\beta_1 = \omega\sqrt{\mu_0(\varepsilon_1 - \varepsilon_2)} \tag{6.152}$$

相速度为

$$v_2 = \frac{\omega}{\beta_2} = \frac{1}{\sqrt{\mu_0(\varepsilon_1 - \varepsilon_2)}} = \frac{c}{\sqrt{1 - \frac{\omega_p^2}{\omega(\omega_c + \omega)}}} \tag{6.153}$$

可以看出,沿电磁波的传播方向加一恒定磁场,在等离子体内传播的均匀平面波有如下特点:

(1) 在等离子体内传播的均匀平面波仍然是横电磁波(TEM 波)。

(2) 在等离子体内可以传播右旋和左旋的圆极化均匀平面波,但传播常数不同。

(3) 法拉第旋转效应。

一个线极化波可以分解成两个等幅、向相反方向旋转的圆极化波,设线极化波为

$$\boldsymbol{E} = \boldsymbol{e}_x E_0 \mathrm{e}^{\mathrm{j}\psi}$$

则它可以分解成两个圆极化波之和,即

$$\boldsymbol{E} = \frac{E_0}{2}\mathrm{e}^{\mathrm{j}\psi}(\boldsymbol{e}_x + \mathrm{j}\boldsymbol{e}_y) + \frac{E_0}{2}\mathrm{e}^{\mathrm{j}\psi}(\boldsymbol{e}_x - \mathrm{j}\boldsymbol{e}_y)$$

其中第一项是左旋圆极化波,第二项是右旋圆极化波。在各向同性的媒质中,左旋和右旋圆极化波的传播常数是一样的,因此在 z 等于常数的任一平面上,合成波的极化方向仍沿 x 方向,即仍是一沿 x 方向的线极化波。但在各向异性的媒质中,左旋和右旋圆极化波的传播常数不一样,相速度也不一样,因此随着波的传播,线极化波的极化面(电场强度和传播方向决定的平面)发生旋转,这种效应称为法拉第旋转效应,如图 6.17 所示。在沿传播方向加有恒定磁场的等离子体中就存在法拉第旋转效应,这是不同旋转方向的圆极化波以不同相速传播的必然结果。

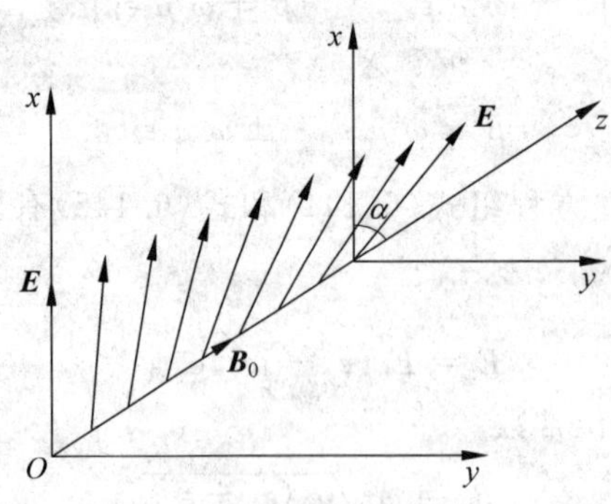

图 6.17 法拉第旋转效应

6.6.2 铁氧体中的均匀平面波

铁氧体是以 Fe_2O_3 为主与其他金属氧化物烧结而成的铁磁性材料,由于成分不同,具有不同的电磁性能。例如,磁导率很高、电导率很低、易磁化也易退磁的软磁铁氧体材

料；磁化后不易退磁、具有很高剩磁及矫顽力的硬磁铁氧体材料；电导率很低、而且高频下损耗很小的微波铁氧体材料；以及旋磁铁氧体材料、矩磁铁氧体材料、压磁铁氧体材料等。铁氧体材料广泛应用于各种电子设备中的磁芯、磁头，还可作记忆元件、微波元件、吸波材料等。在恒定外磁场作用下，铁氧体是各向异性媒质。

铁氧体是一种铁磁材料，内部有磁畴存在，在同一个磁畴内电子自旋磁矩的方向互相平行。虽然电子有自旋，也有绕原子核的轨道运动，两者都产生磁矩，但是由于各电子作轨道运动产生的磁矩的方向不同而互相抵消，所以磁畴的磁化强度主要是由电子的自旋磁矩构成的。但是不同磁畴磁化强度的方向是随机的，因此没有外场时铁氧体不显磁性。有外场作用时，各磁畴取向排列，铁氧体具有很强的磁性。

1. 自旋电子在恒定外磁场 $\boldsymbol{B}_0$ 中的进动

把电子的自旋看成是一个小电流环，磁矩为 $\boldsymbol{p}_{\mathrm{m}}$，设电子的质量为 m_{e}、电量为 e，自旋角动量为 $\boldsymbol{J}$，由量子力学的理论可以写出

$$\boldsymbol{p}_{\mathrm{m}} = \gamma \boldsymbol{J} \tag{6.154}$$

其中 $\gamma = -\dfrac{|e|}{m_{\mathrm{e}}}$。把电子看成一个刚体，电子作自旋运动，角动量的变化律等于电子所受的合外力矩，即

$$\frac{\mathrm{d}\boldsymbol{J}}{\mathrm{d}t} = \boldsymbol{T} \tag{6.155}$$

与电磁力相比，万有引力可忽略，故合外力矩 $\boldsymbol{T}$ 只有外磁场 $\boldsymbol{B}_0$ 施加给自旋磁矩 $\boldsymbol{p}_{\mathrm{m}}$ 的力矩

$$\boldsymbol{T} = \boldsymbol{p}_{\mathrm{m}} \times \boldsymbol{B}_0 \tag{6.156}$$

把式(6.154)和式(6.156)代入式(6.155)

$$\frac{\mathrm{d}\boldsymbol{p}_{\mathrm{m}}}{\mathrm{d}t} = \gamma(\boldsymbol{p}_{\mathrm{m}} \times \boldsymbol{B}_0) = \gamma\mu_0(\boldsymbol{p}_{\mathrm{m}} \times \boldsymbol{H}_0) \tag{6.157}$$

设外加恒定磁场沿 z 轴正方向 $\boldsymbol{B}_0 = \boldsymbol{e}_z B_0$，把式(6.157)写成 3 个标量方程为

$$\frac{\mathrm{d}p_{\mathrm{m}x}}{\mathrm{d}t} = -|\gamma|\mu_0 H_0 p_{\mathrm{m}y} \tag{6.158}$$

$$\frac{\mathrm{d}p_{\mathrm{m}y}}{\mathrm{d}t} = |\gamma|\mu_0 H_0 p_{\mathrm{m}x} \tag{6.159}$$

$$\frac{\mathrm{d}p_{\mathrm{m}z}}{\mathrm{d}t} = 0 \tag{6.160}$$

微分方程式(6.158)～式(6.160)的解是

$$p_{\mathrm{m}x} = p\sin\omega_{\mathrm{c}} t \tag{6.161}$$

$$p_{\mathrm{m}y} = -p\cos\omega_{\mathrm{c}} t \tag{6.162}$$

$$p_{\mathrm{m}z} = C \tag{6.163}$$

其中 $\omega_{\mathrm{c}} = |\gamma|\mu_0 H_0$，$C$ 是一个常数。式(6.161)～式(6.163)表明电子自旋磁矩 $\boldsymbol{p}_{\mathrm{m}}$ 以角速度 ω_{c} 绕恒定外磁场 $\boldsymbol{B}_0$ 旋转，$\boldsymbol{p}_{\mathrm{m}}$ 与 $\boldsymbol{B}_0$ 的夹角保持不变($p_{\mathrm{m}z} = C$)，这种运动称为进动，

如图 6.18 所示。

设单位体积内有 N 个自旋电子，根据定义，铁氧体中的磁化强度等于单位体积中电子自旋磁矩的矢量和，即

$$\boldsymbol{M} = N\boldsymbol{p}_{\mathrm{m}} \tag{6.164}$$

从宏观上看，式(6.157)可以写为

$$\frac{\mathrm{d}\boldsymbol{M}}{\mathrm{d}t} = \gamma\mu_0(\boldsymbol{M}\times\boldsymbol{H}_0) \tag{6.165}$$

式(6.165)称为朗道-栗弗席兹方程。

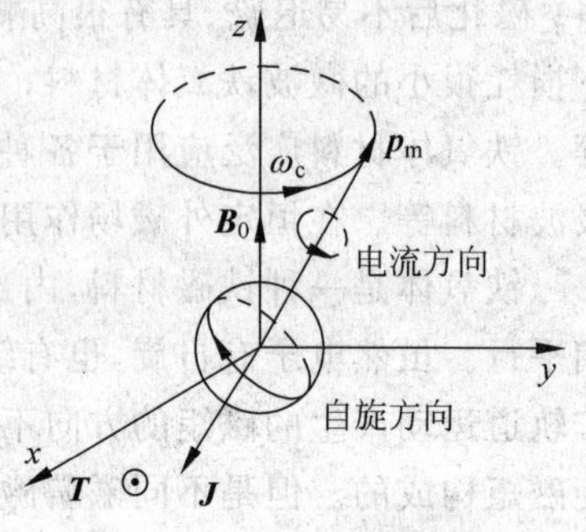

图 6.18 $\boldsymbol{p}_{\mathrm{m}}$ 绕 $\boldsymbol{B}_0$ 右旋进动

2. 铁氧体的张量磁导率

设在铁氧体中，除了有较强的恒定磁场 $\boldsymbol{H}_0=\boldsymbol{e}_zH_0$ 以外，还有较弱的时变磁场 $\boldsymbol{h}$，总的磁场为

$$\boldsymbol{H} = \boldsymbol{H}_0 + \boldsymbol{h}(t) = \boldsymbol{e}_xh_x + \boldsymbol{e}_yh_y + \boldsymbol{e}_z(H_0 + h_z) \tag{6.166}$$

磁化强度为

$$\boldsymbol{M} = \boldsymbol{M}_0 + \boldsymbol{m} = \boldsymbol{e}_xm_x + \boldsymbol{e}_ym_y + \boldsymbol{e}_z(M_0 + m_z) \tag{6.167}$$

其中 $\boldsymbol{M}_0=\boldsymbol{e}_zM_0$ 是恒定磁场 $\boldsymbol{H}_0$ 产生的磁化强度，$\boldsymbol{m}$ 是时变磁场 $\boldsymbol{h}$ 产生的磁化强度。将式(6.166)和式(6.167)代入朗道-栗弗席兹方程，可得

$$\frac{\mathrm{d}}{\mathrm{d}t}(\boldsymbol{M}_0 + \boldsymbol{m}) = \gamma\mu_0(\boldsymbol{M}_0 + \boldsymbol{m})\times(\boldsymbol{H}_0 + \boldsymbol{h}) \tag{6.168}$$

若时变磁场 $\boldsymbol{h}\to 0$，则 $\boldsymbol{m}\to 0$，所以

$$\frac{\mathrm{d}}{\mathrm{d}t}\boldsymbol{M}_0 = \gamma\mu_0\boldsymbol{M}_0\times\boldsymbol{H}_0 \tag{6.169}$$

以上两式相减，忽略高阶项 $\boldsymbol{m}\times\boldsymbol{h}$ 可得

$$\frac{\mathrm{d}\boldsymbol{m}}{\mathrm{d}t} = \gamma\mu_0(\boldsymbol{m}\times\boldsymbol{M}_0 + \boldsymbol{M}_0\times\boldsymbol{h}) \tag{6.170}$$

设时变磁场 $\boldsymbol{h}$ 是简谐场，从而 $\boldsymbol{m}$ 也是简谐场，于是

$$\mathrm{j}\omega\dot{\boldsymbol{m}} = \gamma\mu_0(\dot{\boldsymbol{m}}\times\boldsymbol{H}_0 + \boldsymbol{M}_0\times\dot{\boldsymbol{h}}) \tag{6.171}$$

式(6.171)的 3 个标量方程为

$$\mathrm{j}\omega\dot{m}_x = \gamma\mu_0(H_0\dot{m}_y - M_0\dot{h}_y) \tag{6.172}$$

$$\mathrm{j}\omega\dot{m}_y = \gamma\mu_0(-H_0\dot{m}_x + M_0\dot{h}_x) \tag{6.173}$$

$$\mathrm{j}\omega\dot{m}_z = 0 \tag{6.174}$$

联立求解式(6.172)～式(6.174)可得

$$\begin{bmatrix}\dot{m}_x\\ \dot{m}_y\\ \dot{m}_z\end{bmatrix} = \frac{\omega_{\mathrm{m}}}{\omega_{\mathrm{c}}^2-\omega^2}\begin{bmatrix}\omega_{\mathrm{c}} & \mathrm{j}\omega & 0\\ -\mathrm{j}\omega & \omega_{\mathrm{c}} & 0\\ 0 & 0 & 0\end{bmatrix}\begin{bmatrix}\dot{h}_x\\ \dot{h}_y\\ \dot{h}_z\end{bmatrix} \tag{6.175}$$

其中 ω_c 称为拉摩(Larmer)进动角频率

$$\omega_c = -\gamma\mu_0 H_0 = \frac{|e|}{m_e} B_0 \tag{6.176}$$

$$\omega_m = -\gamma\mu_0 M_0 = \frac{|e|}{m_e} \mu_0 M_0 \tag{6.177}$$

由式(6.175)可以看出,当时变场的角频率 ω 非常接近进动角频率 ω_c 时,很小的时变磁场分量 h_x 或 h_y 就可以产生很强的磁化强度,这就是**磁共振**现象。

仿照磁感应强度、磁化强度和磁场强度之间的关系式

$$\boldsymbol{B} = \mu_0(\boldsymbol{H}+\boldsymbol{M}) = \mu\boldsymbol{H} \tag{6.178}$$

对于时变场,可以写出

$$\dot{\boldsymbol{b}} = \mu_0(\dot{\boldsymbol{h}}+\dot{\boldsymbol{m}}) = \mu\dot{\boldsymbol{h}} \tag{6.179}$$

写成矩阵形式为

$$\begin{bmatrix} \dot{b}_x \\ \dot{b}_y \\ \dot{b}_z \end{bmatrix} = \mu_0 \begin{bmatrix} \dot{h}_x + \dot{m}_x \\ \dot{h}_y + \dot{m}_y \\ \dot{h}_z + \dot{m}_z \end{bmatrix} = [\mu] \begin{bmatrix} \dot{h}_x \\ \dot{h}_y \\ \dot{h}_z \end{bmatrix} \tag{6.180}$$

把(6.175)式代入(6.180)式,可得

$$[\mu] = \begin{bmatrix} \mu_1 & \mathrm{j}\mu_2 & 0 \\ -\mathrm{j}\mu_2 & \mu_1 & 0 \\ 0 & 0 & \mu_3 \end{bmatrix} \tag{6.181}$$

其中

$$\mu_1 = \mu_0\left(1+\frac{\omega_c\omega_m}{\omega_c^2-\omega^2}\right), \quad \mu_2 = \mu_0\,\frac{\omega\omega_m}{\omega_c^2-\omega^2}, \quad \mu_3 = \mu_0$$

可以看出,在恒定磁场作用下的铁氧体对时变场的磁导率是一个张量,即铁氧体是各向异性的。

3. 铁氧体中均匀平面电磁波的传播特性

受到较强恒定磁场 $\boldsymbol{H}_0 = \boldsymbol{e}_z H_0$ 饱和磁化的铁氧体材料的宏观电磁参数,介电常数 $\varepsilon=\varepsilon_0\varepsilon_r$,磁导率为张量,如式(6.181)所示。麦克斯韦方程组的全电流定律和电磁感应定律分别为

$$\nabla\times\dot{\boldsymbol{h}} = \mathrm{j}\omega\varepsilon\,\dot{\boldsymbol{E}} \tag{6.182}$$

$$\nabla\times\dot{\boldsymbol{E}} = -\mathrm{j}\omega\mu\,\dot{\boldsymbol{h}} \tag{6.183}$$

利用与6.6.1节分析磁化等离子体中均匀平面波传播特性相同的方法,可以研究均匀平面波在磁化铁氧体中的传播特性,分析过程不再重复,结论有以下几点:

(1) 磁化铁氧体中传播的均匀平面波仍然是TEM波。

(2) 磁化铁氧体中可以传播两种均匀平面波,相位常数不同。第一种波为

$$\dot{\boldsymbol{h}} = h_0(\boldsymbol{e}_x - \mathrm{j}\boldsymbol{e}_y)\mathrm{e}^{-\mathrm{j}\beta_1 z} \tag{6.184}$$

这是一个右旋极化波,相位常数

$$\beta_1 = \omega\sqrt{\varepsilon(\mu_1 + \mu_2)} \tag{6.185}$$

相速度为

$$v_1 = \frac{\omega}{\beta_1} = \frac{1}{\sqrt{\varepsilon(\mu_1 + \mu_2)}} = \frac{1}{\sqrt{\mu_0\varepsilon}\cdot\sqrt{1 + \dfrac{\omega_\mathrm{m}}{\omega_\mathrm{c} - \omega}}} \tag{6.186}$$

第二种波为

$$\dot{\boldsymbol{h}} = h_0(\boldsymbol{e}_x + \mathrm{j}\boldsymbol{e}_y)\mathrm{e}^{-\mathrm{j}\beta_2 z} \tag{6.187}$$

这是一个左旋极化波,相位常数

$$\beta_1 = \omega\sqrt{\varepsilon(\mu_1 - \mu_2)} \tag{6.188}$$

相速度为

$$v_2 = \frac{\omega}{\beta_2} = \frac{1}{\sqrt{\varepsilon(\mu_1 - \mu_2)}} = \frac{1}{\sqrt{\mu_0\varepsilon}\cdot\sqrt{1 + \dfrac{\omega_\mathrm{m}}{\omega_\mathrm{c} + \omega}}} \tag{6.189}$$

(3) 铁氧体中也存在法拉第旋转效应。

4. 铁氧体的应用

铁氧体的宏观电磁参数的范围大体如下:相对磁导率 $\mu_\mathrm{r} = 10^2 \sim 10^4$,相对介电常数 $\varepsilon_\mathrm{r} = 2 \sim 25$,电导率 $\sigma = 10^{-6} \sim 10^{-3}$(S/m)。铁氧体良好的电磁性能使它被大量地应用于电子技术的各个领域,以下简要介绍几例。

1) 回转器(gyrator)

回转器是利用法拉第效应制作的器件。在一个有铁氧体的波导中,沿波导加有轴向恒定磁场,如果有一线偏振波在波导内传播,将在铁氧体中产生法拉第旋转,即沿波的传播方向此线偏振波 $\boldsymbol{E}$ 矢量旋转的方向相对于恒定磁场是相同的,如图 6.19(a)、(b)所示,$\boldsymbol{E}$ 的方向相对于恒定磁场是右旋的。图 6.20 是含有铁氧体棒的回转器示意图,沿波传播方向加有恒定磁场 $\boldsymbol{H}_0$,在回转器的一端波导有 90°扭转,波由回转器左端进入,顺时针扭转 90°后抵达铁氧体棒,选择铁氧体的尺寸及恒定磁场,恰使波在铁氧体区域再顺时针旋转 90°,因此,波由回转器左端传播到右端后,产生 180°的相移。当波由右端进入时,到铁氧体处,波按恒定磁场 $\boldsymbol{H}_0$ 方向顺时针旋转 90°,到 90°扭转部位时,又反向转 90°,因此两者抵消,波没有相移。因此,回转器是使波由一个方向传播产生 180°相

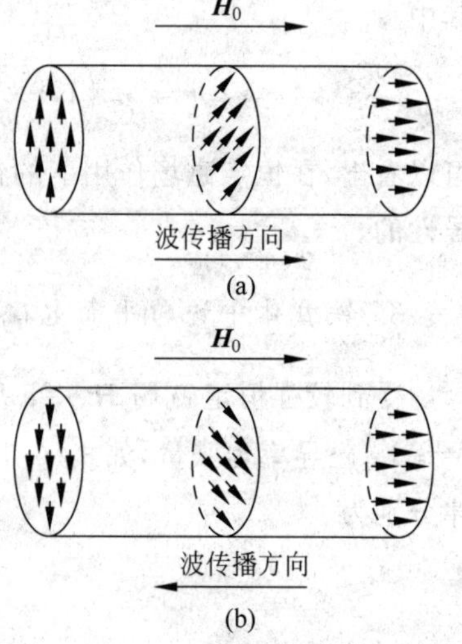

图 6.19 $\boldsymbol{E}$ 矢量旋转的方向相对于恒定磁场是相同的

移、而沿相反方向传播的波不产生相移的非互易性器件。

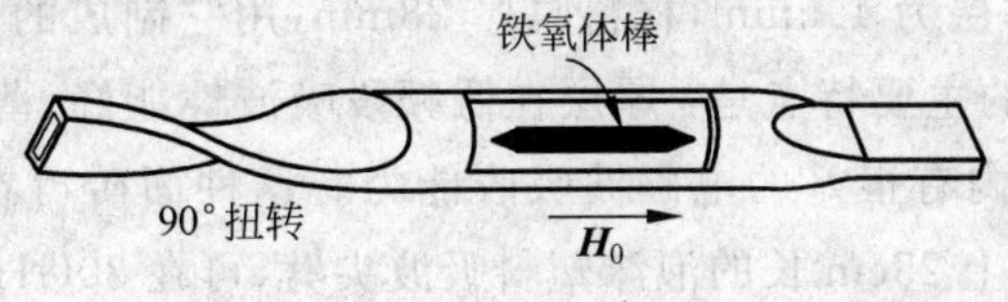

图 6.20 回转器

2）隔离器(isolator)

吸收式隔离器是法拉第效应的另一种应用，如图 6.21 所示。当波由隔离器左端进入时，经 45°扭转区，$\boldsymbol{E}$ 与薄电阻片垂直，此时场在电阻片上引起的损耗最小，经过铁氧体区域后，电场又转回原来的取向，于是可以损耗最小地从右端输出(一般小于 0.5dB)。而当波由右端进入时，经铁氧体区域，相对于恒定磁场方向而言，$\boldsymbol{E}$ 的旋转方向与左端进入时一样，于是使 $\boldsymbol{E}$ 的方向平行于电阻片，这就使损耗大大增加(典型值为 30dB)，从而形成了正向波可以通过而反向波基本不能通过的隔离器。

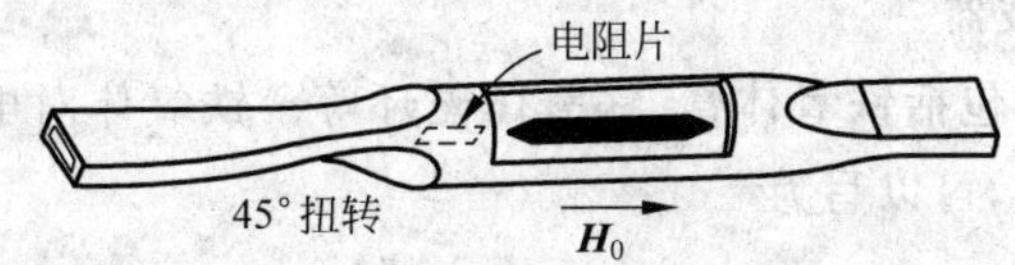

图 6.21 吸收式隔离器

3）铁氧体吸波材料

铁氧体是一种损耗介质，电磁波在铁氧体中的传播损耗包括涡流损耗、磁滞损耗、畴壁共振损耗、自然共振损耗(磁化强度 $\boldsymbol{M}$ 绕外磁场 $\boldsymbol{H}$ 进动引起的损耗)等。利用铁氧体制作的吸波材料广泛地应用在电波暗室、电磁兼容暗室等设备中。在频率 $f<10^6$ Hz 频段，主要利用铁氧体中的涡流损耗和磁滞损耗；在 10^6 Hz$<f<10^8$ Hz 频段，主要利用铁氧体中的畴壁共振损耗；在 10^8 Hz$<f<10^{10}$ Hz 频段，主要利用铁氧体中的自然共振损耗。一种电磁兼容暗室中使用的铁氧体吸波材料如图 6.22 所示，这种铁氧体吸波材料对低频段的吸收性能比较好，与泡沫塑料吸波尖劈组合使用，可以在 30～1000MHz 的频率范围内获得很好的吸波效果。

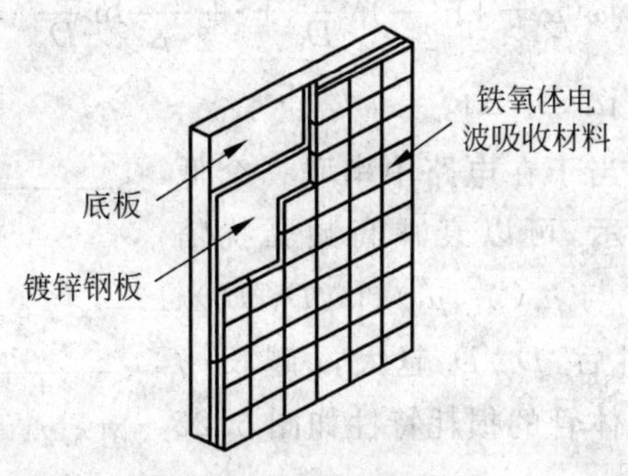

图 6.22 铁氧体吸波材料

一种新的双层铁氧体吸波材料由一厚一薄两层铁氧体构成,中间填充有阻燃材料。薄层厚度仅 1.5mm,厚层为 4.5mm,材料总厚 28mm,用它制成的 10cm×10cm 面砖,单体总质量仅 314g。它的主要特点是:厚层在低频段吸波性能好,薄层在高频段吸波性能好,从而在较宽的频带内有很好的电磁波吸收能力。这种面砖可在 30～2000MHz 频带内衰减 20dB 以上。加上 25cm 长的泡沫塑料吸波尖劈,可在 30GHz 以内实现 30dB 以上的衰减。

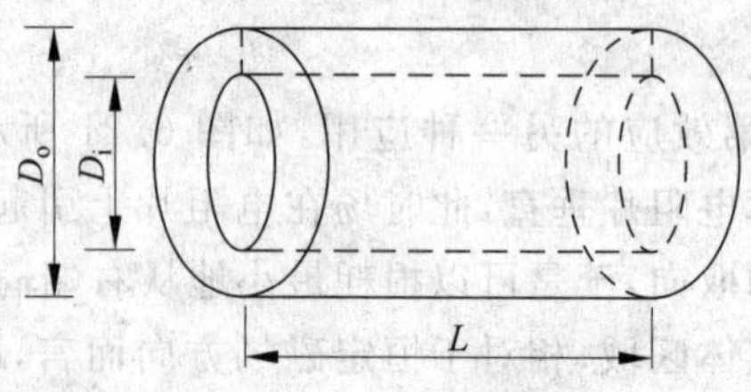

图 6.23　铁氧体管

4) 铁氧体损耗滤波器

铁氧体损耗滤波器包括铁氧体管、铁氧体磁环等。铁氧体对电磁波有损耗,体现在铁氧体的磁导率是复数,可以写为

$$\mu_r = \mu_r' - j\mu_r'' \tag{6.190}$$

例如,铁氧体管如图 6.23 所示,套在导线或电缆上就可以作为低通滤波器使用。当电流穿过铁氧体管时,穿过管截面的磁通为

$$\Phi = \iint \boldsymbol{B} \cdot d\boldsymbol{S} = \frac{\mu I l}{2\pi r}\int_{D_i/2}^{D_o/2} \frac{dr}{r} = \frac{\mu I l}{2\pi r}\ln\frac{D_o}{D_i}$$

其中 $\boldsymbol{B} = \dfrac{\mu I}{2\pi r}\boldsymbol{e}_\varphi$, $d\boldsymbol{S} = l dr \boldsymbol{e}_\varphi$, $\mu = \mu_0\mu_r$。电感为

$$L = \frac{\Phi}{I} = \frac{\mu l}{2\pi r}\ln\frac{D_o}{D_i} \tag{6.191}$$

增加铁氧体管后,感抗的增加量为:$\Delta Z = j\omega(L - L_0)$,$L_0$ 是无铁氧体管时的电感值,可以算出

$$\begin{aligned}\Delta Z &= j\omega(\mu_r' - 1)\frac{\mu_0 l}{2\pi r}\ln\frac{D_o}{D_i} + \frac{\omega\mu_0\mu_r'' l}{2\pi r}\ln\frac{D_o}{D_i} \\ &= j\Delta x + \Delta R = j\omega L_i + R_i\end{aligned} \tag{6.192}$$

所以增加铁氧体管后,相当于在电路中串联一个低通滤波器,如图 6.24 所示,可以衰减高频骚扰信号。由式(6.192),L_i、R_i 与 $\mu_r(\mu_r'、\mu_r'')$、$\ln(D_o/D_i)$、f、l 成正比。在确定材料后,D_o/D_i 越大,l 越长,f 越高,则 L、R 越大。铁氧体管的损耗特性如图 6.25 所示。

R_i　L_i

图 6.24　增加铁氧体管相当于串联一个低通滤波器

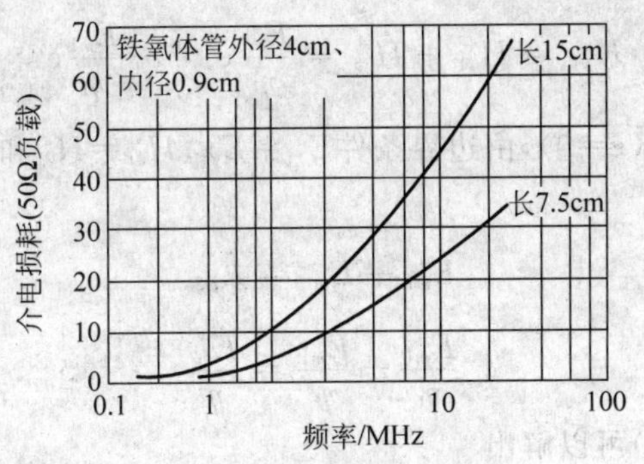

图 6.25　铁氧体管的损耗特性

6.7　平面上的垂直入射

在均匀媒质中，均匀平面波沿直线传播，在两种媒质的分界面上，将会发生反射和透射。

6.7.1　两种媒质分界面上的垂直入射

1. 入射波、反射波和透射波

设均匀平面波沿 z 轴入射在两种媒质的分界面上，如图 6.26 所示。设入射波电场强度的正方向沿 x 轴，则入射波的电场和磁场分别为

$$\dot{E}_{x1}^{+}=\dot{E}_{m1}^{+}\mathrm{e}^{-\gamma_1 z},\quad \dot{H}_{y1}^{+}=\frac{\dot{E}_{m1}^{+}}{\eta_1}\mathrm{e}^{-\gamma_1 z}\tag{6.193}$$

反射波的电场和磁场分别为

$$\dot{E}_{x1}^{-}=\dot{E}_{m1}^{-}\mathrm{e}^{\gamma_1 z},\quad \dot{H}_{y1}^{-}=-\frac{\dot{E}_{m1}^{-}}{\eta_1}\mathrm{e}^{\gamma_1 z}\tag{6.194}$$

透射波的电场和磁场分别为

$$\dot{E}_{x2}^{+}=\dot{E}_{m2}^{+}\mathrm{e}^{-\gamma_2 z},\quad \dot{H}_{y2}^{+}=\frac{\dot{E}_{m2}^{+}}{\eta_2}\mathrm{e}^{-\gamma_2 z}\tag{6.195}$$

以上各量的方向如图 6.26 所示。

图 6.26　两媒质界面上的垂直入射

2. 反射系数和透射系数

在介质 1 中电场的合场强为

$$\dot{E}_{x1}=\dot{E}_{x1}^{+}+\dot{E}_{x1}^{-}=\dot{E}_{m1}^{+}\mathrm{e}^{-\gamma_1 z}+\dot{E}_{m1}^{-}\mathrm{e}^{\gamma_1 z}\tag{6.196}$$

磁场的合场强为

$$\dot{H}_{y1}=\dot{H}_{y1}^{+}+\dot{H}_{y1}^{-}=\frac{\dot{E}_{m1}^{+}}{\eta_1}\mathrm{e}^{-\gamma_1 z}-\frac{\dot{E}_{m1}^{-}}{\eta_1}\mathrm{e}^{\gamma_1 z} \tag{6.197}$$

在两种介质的分界面上($z=0$),由边界条件$\dot{E}_{1t}=\dot{E}_{2t}$,$\dot{H}_{1t}=\dot{H}_{2t}$和式(6.195)~式(6.197)可得

$$\dot{E}_{m1}^{+}+\dot{E}_{m1}^{-}=\dot{E}_{m2}^{+} \tag{6.198}$$

$$\frac{\dot{E}_{m1}^{+}}{\eta_1}-\frac{\dot{E}_{m1}^{-}}{\eta_1}=\frac{\dot{E}_{m2}^{+}}{\eta_2} \tag{6.199}$$

由式(6.198)、式(6.199)可以解出

$$\dot{E}_{m1}^{-}=\frac{\eta_2-\eta_1}{\eta_2+\eta_1}\dot{E}_{m1}^{+} \tag{6.200}$$

$$\dot{E}_{m2}^{+}=\frac{2\eta_2}{\eta_2+\eta_1}\dot{E}_{m1}^{+} \tag{6.201}$$

定义分界面处的反射系数为

$$\Gamma=\frac{\dot{E}_{m1}^{-}}{\dot{E}_{m1}^{+}}=\frac{\eta_2-\eta_1}{\eta_2+\eta_1} \tag{6.202}$$

分界面处的透射系数为

$$\tau=\frac{\dot{E}_{m2}^{+}}{\dot{E}_{m1}^{+}}=\frac{2\eta_2}{\eta_2+\eta_1} \tag{6.203}$$

Γ与τ之间满足如下关系

$$\tau=\Gamma+1 \tag{6.204}$$

下面计算分界面处($z=0$)透射的功率密度,由$\boldsymbol{S}_{\mathrm{av}}=\mathrm{Re}\left(\frac{1}{2}\dot{\boldsymbol{E}}\times\dot{\boldsymbol{H}}^{*}\right)$,利用式(6.195)、式(6.198)和式(6.199)可得

$$\begin{aligned}S_{\mathrm{av}}&=\mathrm{Re}\left(\frac{1}{2}\dot{E}_{m2}^{+}\cdot\frac{\dot{E}_{m2}^{+*}}{\eta_2}\right)=\mathrm{Re}\left[\frac{1}{2}(\dot{E}_{m1}^{+}+\dot{E}_{m1}^{-})\left(\frac{\dot{E}_{m1}^{+*}}{\eta_1}-\frac{\dot{E}_{m1}^{-*}}{\eta_1}\right)\right]\\&=\mathrm{Re}\left[\frac{1}{2}\frac{E_{m1}^{+2}}{\eta_1}-\frac{1}{2}\frac{E_{m1}^{-2}}{\eta_1}\right]\end{aligned}$$

上式第一项是入射波的功率密度,第二项是反射波的功率密度。

6.7.2 理想导体表面的反射、驻波

设均匀平面波由理想介质垂直入射到理想导体表面,对于理想介质$\gamma_1=\mathrm{j}\beta_1$。

1. 入射端的合场强

理想导体内$\dot{E}_2=0$,在分界面上($z=0$),由式(6.198)可得

$$\dot{E}_{m1}^{+}+\dot{E}_{m1}^{-}=0,\quad 则\quad \dot{E}_{m1}^{+}=-\dot{E}_{m1}^{-},\quad 所以\quad \Gamma=-1$$

理想导体表面发生全反射,入射波和反射波分别为

$$\dot{E}_{x1}^{+}=\dot{E}_{m1}^{+}\mathrm{e}^{-\mathrm{j}\beta_1 z},\quad \dot{E}_{x1}^{-}=-\dot{E}_{m1}^{+}\mathrm{e}^{\mathrm{j}\beta_1 z}$$

理想介质中电场的合场强为

$$\dot{E}_{x1}=\dot{E}_{x1}^{+}+\dot{E}_{x1}^{-}=\dot{E}_{m1}^{+}(\mathrm{e}^{-\mathrm{j}\beta_1 z}-\mathrm{e}^{\mathrm{j}\beta_1 z})=-2\mathrm{j}\,\dot{E}_{m1}^{+}\sin\beta_1 z \tag{6.205}$$

式(6.205)中,设电场的初相位 $\psi=0$,即$\dot{E}_{m1}^{+}=E_{m1}^{+}\mathrm{e}^{\mathrm{j}0}$。理想介质中合场强的瞬时形式为

$$E_{x1}(z,t)=2E_{m1}^{+}\sin\beta_1 z\sin\omega t \tag{6.206}$$

理想介质中磁场的合场强为

$$\begin{aligned}\dot{H}_{y1}&=\dot{H}_{y1}^{+}+\dot{H}_{y1}^{-}\\&=\frac{\dot{E}_{x1}^{+}}{\eta_1}-\frac{\dot{E}_{x1}^{-}}{\eta_1}=\frac{\dot{E}_{m1}^{+}}{\eta_1}\mathrm{e}^{-\mathrm{j}\beta_1 z}+\frac{\dot{E}_{m1}^{+}}{\eta_1}\mathrm{e}^{\mathrm{j}\beta_1 z}\\&=2\,\frac{\dot{E}_{m1}^{+}}{\eta_1}\cos\beta_1 z\end{aligned} \tag{6.207}$$

其瞬时形式为

$$H_{y1}(z,t)=2\,\frac{E_{m1}^{+}}{\eta_1}\cos\beta_1 z\cos\omega t \tag{6.208}$$

式(6.205)～式(6.208)中,场强的振幅是随 z 做周期性变化的。

(1) $\beta_1 z=-(2n+1)\dfrac{\pi}{2}$,即 $z=-(2n+1)\dfrac{\lambda}{4}$时,$n=1,2,3,\cdots$,电场的振幅最大,磁场的振幅为0。

(2) $\beta_1 z=-n\pi$,即 $z=-n\dfrac{\lambda}{2}$时,电场的振幅为0,磁场的振幅最大。

这种波称为驻波,如图6.27所示。相对于驻波,理想介质中的均匀平面波

$$\dot{E}_x=\dot{E}_{xm}\mathrm{e}^{-\mathrm{j}\beta z} \tag{6.209}$$

称为等幅行波;导电媒质中的均匀平面波

$$\dot{E}_x=\dot{E}_{xm}\mathrm{e}^{-\alpha z}\mathrm{e}^{-\mathrm{j}\beta z} \tag{6.210}$$

称为衰减行波。

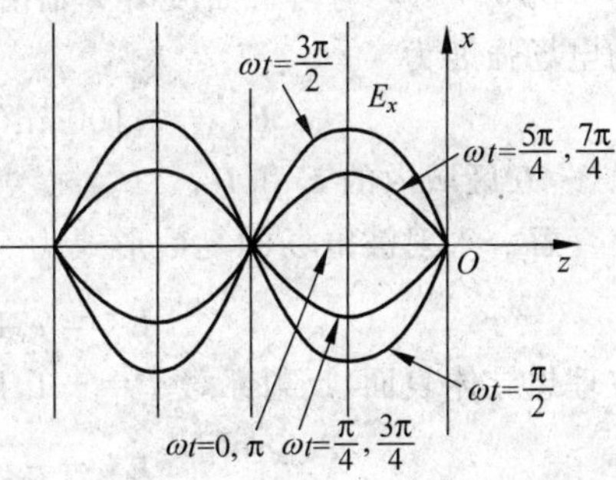

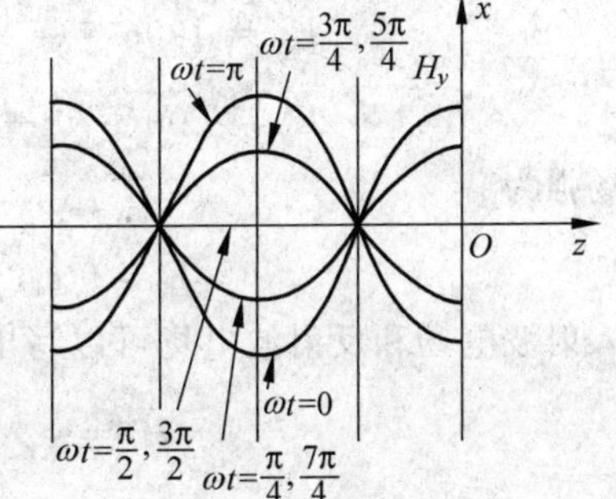

图6.27 驻波电场、磁场的时空关系

2. 导体表面的面电流密度

$$\begin{aligned}\boldsymbol{J}_S&=\hat{\boldsymbol{n}}\times\dot{\boldsymbol{H}}_1=-\boldsymbol{e}_z\times\boldsymbol{e}_y\dot{H}_{y1}\\&=\boldsymbol{e}_x\dot{H}_{y1}\big|_{z=0}=\boldsymbol{e}_x\frac{2\dot{E}_{m1}^{+}}{\eta_1}\end{aligned} \tag{6.211}$$

3. 驻波的能量和能流

驻波电场、磁场的能量密度分别为

$$w_e=\frac{1}{2}\varepsilon_1 E_{x1}^2(z,t)=2\varepsilon_1 E_{m1}^{+2}\sin^2\beta_1 z\sin^2\omega t \tag{6.212}$$

$$w_m=\frac{1}{2}\mu_1 H_{y1}^2(z,t)=2\mu_1\frac{E_{m1}^{+\,2}}{\eta_1^2}\cos^2\beta_1 z\cos^2\omega t$$

$$=2\varepsilon_1 E_{m1}^{+\,2}\cos^2\beta_1 z\cos^2\omega t \tag{6.213}$$

可以看出,$t=0$ 时,$w_e=0$,能量全部储存在磁场中;$t=T/8$ 时,$\omega t=\pi/4$

$$w_e=\varepsilon_1 E_{m1}^{+\,2}\sin^2\beta_1 z,\quad w_m=\varepsilon_1 E_{m1}^{+\,2}\cos^2\beta_1 z$$

说明一部分磁场能量转化为电场能量;$t=T/4$ 时,$w_m=0$,能量全部储存在电场中;$t=0\sim T/4$时,磁场能量转化为电场能量。很容易证明,$t=T/4\sim T/2$ 时,电场能量又转化为磁场能量,……。

下面计算驻波的平均能流密度 $\boldsymbol{S}_{av}=\mathrm{Re}\left(\frac{1}{2}\boldsymbol{E}_1\times\boldsymbol{H}_1^*\right)$,由式(6.205)和式(6.207)可得

$$S_{av}=\mathrm{Re}\left[\frac{1}{2}(-2\mathrm{j}\,\dot{E}_{m1}^{+}\sin\beta_1 z)\cdot 2\frac{\dot{E}_{m1}^{+\,*}}{\eta_1}\cos\beta_1 z\right]$$

$$=\mathrm{Re}\left(-2\mathrm{j}\frac{E_{m1}^{+\,2}}{\eta_1}\sin\beta_1 z\cos\beta_1 z\right)=0 \tag{6.214}$$

所以驻波只有电场和磁场能量的交换,没有能量的传输。

例 6.7 一均匀平面波沿 z 轴由理想介质垂直入射在理想导体表面($z=0$),入射波的电场强度为

$$\boldsymbol{E}^+=\boldsymbol{e}_x 100\sin(\omega t-\beta z)+\boldsymbol{e}_y 200\cos(\omega t-\beta z)$$

求 $z<0$ 区域内的 $\boldsymbol{E}$ 和 $\boldsymbol{H}$。

解 入射波电场的复数形式为

$$\dot{\boldsymbol{E}}^+=\boldsymbol{e}_x 100\mathrm{e}^{\mathrm{j}\left(-\beta z-\frac{\pi}{2}\right)}+\boldsymbol{e}_y 200\mathrm{e}^{-\mathrm{j}\beta z}$$

在理想导体表面,反射系数 $\Gamma=-1$,所以反射波电场为

$$\dot{\boldsymbol{E}}^-=-\boldsymbol{e}_x 100\mathrm{e}^{\mathrm{j}\left(\beta z-\frac{\pi}{2}\right)}-\boldsymbol{e}_y 200\mathrm{e}^{\mathrm{j}\beta z}$$

入射端总电场的 x 分量和 y 分量分别为

$$\dot{E}_x=100\mathrm{e}^{-\mathrm{j}\frac{\pi}{2}}(\mathrm{e}^{-\mathrm{j}\beta z}-\mathrm{e}^{\mathrm{j}\beta z})=100\mathrm{e}^{-\mathrm{j}\frac{\pi}{2}}\cdot(-2\mathrm{j}\sin\beta z)$$

$$\dot{E}_y=200(\mathrm{e}^{-\mathrm{j}\beta z}-\mathrm{e}^{\mathrm{j}\beta z})=200(-2\mathrm{j}\sin\beta z)$$

合场强为

$$\dot{\boldsymbol{E}}=-\boldsymbol{e}_x\mathrm{j}200\mathrm{e}^{-\mathrm{j}\frac{\pi}{2}}\sin\beta z-\boldsymbol{e}_y\mathrm{j}400\sin\beta z$$

由入射波电场和反射波电场可以写出入射波磁场和反射波磁场

$$\dot{\boldsymbol{H}}^+=\boldsymbol{e}_y\frac{100}{\eta_0}\mathrm{e}^{\mathrm{j}\left(-\beta z-\frac{\pi}{2}\right)}-\boldsymbol{e}_x\frac{200}{\eta_0}\mathrm{e}^{-\mathrm{j}\beta z}$$

$$\dot{\boldsymbol{H}}^-=\boldsymbol{e}_y\frac{100}{\eta_0}\mathrm{e}^{\mathrm{j}\left(\beta z-\frac{\pi}{2}\right)}-\boldsymbol{e}_x\frac{200}{\eta_0}\mathrm{e}^{\mathrm{j}\beta z}$$

入射端总磁场的 y 分量和 x 分量分别为

$$\dot{H}_y=\frac{100}{\eta_0}\mathrm{e}^{-\mathrm{j}\frac{\pi}{2}}(\mathrm{e}^{-\mathrm{j}\beta z}+\mathrm{e}^{\mathrm{j}\beta z})=\frac{100}{\eta_0}\mathrm{e}^{-\mathrm{j}\frac{\pi}{2}}\cdot 2\cos\beta z$$

$$\dot{H}_x = -\frac{200}{\eta_0}(\mathrm{e}^{-\mathrm{j}\beta z} + \mathrm{e}^{\mathrm{j}\beta z}) = -\frac{200}{\eta_0} \cdot 2\cos\beta z$$

合磁场为

$$\dot{\boldsymbol{H}} = -\boldsymbol{e}_x \frac{400}{\eta_0}\cos\beta z + \boldsymbol{e}_y \frac{200}{\eta_0}\mathrm{e}^{-\mathrm{j}\frac{\pi}{2}}\cos\beta z$$

4. 趋肤深度 δ(透入深度)

电磁波从导体表面向内部传播,其值衰减到表面处值的 1/e 时进入导体内部的深度称为趋肤深度或透入深度,即

$$\mathrm{e}^{-\alpha\delta} = \mathrm{e}^{-1} \quad 则\ \alpha\delta = 1$$

对于良导体,由式(6.104)可得

$$\delta = \frac{1}{\alpha} = \sqrt{\frac{2}{\omega\mu\sigma}} \tag{6.215}$$

例 6.8 铜的电参数为 $\mu=\mu_0, \varepsilon=\varepsilon_0, \sigma=5\times10^7\,\mathrm{S/m}$,对下列频率的电磁波求趋肤深度 δ: (1)50Hz; (2)1MHz; (3)10GHz。

解 对于 $f=50\mathrm{Hz}$、$f=1\mathrm{MHz}$ 和 $f=10\mathrm{GHz}$,可以验证

$$\frac{\sigma}{\omega\varepsilon_0} = \frac{5.8\times10^7}{2\pi f\times8.85\times10^{-12}} \gg 1$$

所以,$f=50\mathrm{Hz}$ 时

$$\delta = \sqrt{\frac{2}{2\pi f\mu_0\sigma}} \approx 9.3\times10^{-3}\,\mathrm{m}$$

$f=1\mathrm{MHz}$ 时

$$\delta = \sqrt{\frac{2}{2\pi f\mu_0\sigma}} \approx 6.6\times10^{-5}\,\mathrm{m}$$

$f=10\mathrm{GHz}$ 时

$$\delta = \sqrt{\frac{2}{2\pi f\mu_0\sigma}} \approx 6.6\times10^{-7}\,\mathrm{m}$$

5. 表面电阻和导体的损耗

良导体的波阻抗可以写为

$$\eta_c = \sqrt{\frac{\pi f\mu}{\sigma}}(1+\mathrm{j}) = R_S + \mathrm{j}X_S$$

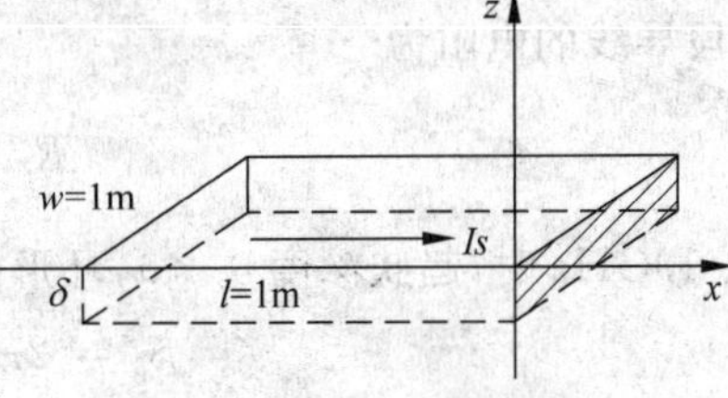

图 6.28 表面电阻

其中

$$R_S = X_S = \sqrt{\frac{\pi f\mu}{\sigma}} = \sqrt{\frac{\omega\mu\cdot\sigma}{2\sigma\cdot\sigma}} = \frac{1}{\sigma\cdot\delta} \tag{6.216}$$

其中 R_S 是每平方米导体表面(厚度为 δ)的电阻,称为表面电阻; X_S 是每平方米导体表面(厚度为 δ)的电抗,称为表面电抗;如图 6.28 所示。一些常见金属材料的透入深度和表面电阻如表 6.1 所示。

表 6.1 一些常见金属材料的透入深度和表面电阻

材料名称	δ/m	R_S/Ω	材料名称	δ/m	R_S/Ω
银	$0.064/\sqrt{f}$	$2.52\times10^{-7}\sqrt{f}$	铁	$0.159/\sqrt{f}$	$6.26\times10^{-7}\sqrt{f}$
紫铜	$0.066/\sqrt{f}$	$2.61\times10^{-7}\sqrt{f}$	锡	$0.17/\sqrt{f}$	
铝	$0.083/\sqrt{f}$	$3.26\times10^{-7}\sqrt{f}$	石墨	$1.6/\sqrt{f}$	
黄铜	$0.13/\sqrt{f}$	$5.01\times10^{-7}\sqrt{f}$			

导体中的电流也在 δ 厚度以内流动，称为表面电流。由 $\boldsymbol{J}_S=\hat{\boldsymbol{n}}\times\boldsymbol{H}_1$，表面电流密度的大小为

$$\boldsymbol{J}_S = H_{1t}\,|_S \tag{6.217}$$

导体表面单位面积损耗的功率为

$$P_S = \frac{1}{2}J_S^2R_S = \frac{1}{2}H_{1t}^2R_S \quad \text{W/m}^2 \tag{6.218}$$

例 6.9 求直径 $\phi=2$mm，长 $l=1$mm 的裸铜线在频率分别为 50Hz、1MHz、10GHz 下呈现的电阻(铜的 $\sigma=5.8\times10^7$S/m)。

解 在例题 6.8 中已经计算出频率分别为 50Hz、1MHz、10GHz 时铜的趋肤深度 δ 分别为 9.3×10^{-3}m、6.6×10^{-5}m、6.6×10^{-7}m。

$f=50$Hz 时，铜线的半径 $a=1\text{mm}\ll\delta_1$，可以认为电流在横截面上均匀分布，这段导线的电阻为

$$R_1 = \frac{l}{\sigma S} = 0.0055\Omega$$

$f=1$MHz 时，趋肤深度 $\delta_2\ll a$，电流只在电线表面流动，横截面为一环形，面积为

$$S_2 = 2\pi a\cdot\delta_2 \approx 4.15\times10^{-7}\,\text{m}^2$$

这段导线的电阻为

$$R_2 = \frac{l}{\sigma S_2} \approx 0.0415\Omega$$

$f=10$GHz 时，趋肤深度 $\delta_3\ll a$，环形横截面的面积为

$$S_3 = 2\pi a\cdot\delta_3 \approx 4.15\times10^{-9}\,\text{m}^2$$

这段导线的电阻为

$$R_3 = \frac{l}{\sigma S_3} \approx 4.15\Omega$$

可以看出，不同频率时这段导线的电阻差别很大。

6.7.3 两种理想介质界面的反射、驻波比

均匀平面波垂直入射在两种理想介质的分界面处，传播常数 $\gamma_1=\text{j}\beta_1$，$\gamma_2=\text{j}\beta_2$。

1. 入射端的合场强

$$\begin{aligned}\dot{E}_{x1} &= \dot{E}_{x1}^{+} + \dot{E}_{x1}^{-} = \dot{E}_{m1}^{+}\mathrm{e}^{-\mathrm{j}\beta_1 z} + \dot{E}_{m1}^{-}\mathrm{e}^{\mathrm{j}\beta_1 z} \\ &= \dot{E}_{m1}^{+}\mathrm{e}^{-\mathrm{j}\beta_1 z} + \Gamma\dot{E}_{m1}^{+}\mathrm{e}^{\mathrm{j}\beta_1 z} - \Gamma\dot{E}_{m1}^{+}\mathrm{e}^{-\mathrm{j}\beta_1 z} + \Gamma\dot{E}_{m1}^{+}\mathrm{e}^{-\mathrm{j}\beta_1 z} \\ &= (1-\Gamma)\dot{E}_{m1}^{+}\mathrm{e}^{-\mathrm{j}\beta_1 z} + 2\Gamma\dot{E}_{m1}^{+}\cos\beta_1 z \end{aligned} \tag{6.219}$$

$$\begin{aligned}\dot{H}_{y1} &= \dot{H}_{y1}^{+} + \dot{H}_{y1}^{-} = \frac{\dot{E}_{x1}^{+}}{\eta_1} - \frac{\dot{E}_{x1}^{-}}{\eta_1} \\ &= \frac{\dot{E}_{m1}^{+}}{\eta_1}\mathrm{e}^{-\mathrm{j}\beta_1 z} - \Gamma\frac{\dot{E}_{m1}^{+}}{\eta_1}\mathrm{e}^{\mathrm{j}\beta_1 z} - \Gamma\frac{\dot{E}_{m1}^{+}}{\eta_1}\mathrm{e}^{-\mathrm{j}\beta_1 z} + \Gamma\frac{\dot{E}_{m1}^{+}}{\eta_1}\mathrm{e}^{-\mathrm{j}\beta_1 z} \\ &= \frac{(1-\Gamma)}{\eta_1}\dot{E}_{m1}^{+}\mathrm{e}^{-\mathrm{j}\beta_1 z} - \mathrm{j}\frac{2\Gamma}{\eta_1}\dot{E}_{m1}^{+}\sin\beta_1 z \end{aligned} \tag{6.220}$$

式(6.219)和式(6.220)中，第一项是行波，第二项是驻波。所以均匀平面波垂直入射在两种理想介质的分界面上，入射端既有行波成分，也有驻波成分，称为行驻波状态。

2. 入端阻抗

式(6.219)也可以写为

$$\dot{E}_{x1} = \dot{E}_{m1}^{+}\mathrm{e}^{-\mathrm{j}\beta_1 z} + \Gamma\dot{E}_{m1}^{+}\mathrm{e}^{\mathrm{j}\beta_1 z} = \dot{E}_{m1}^{+}\mathrm{e}^{-\mathrm{j}\beta_1 z}(1 + \Gamma\mathrm{e}^{\mathrm{j}2\beta_1 z}) \tag{6.221}$$

定义任意点 z 处的反射系数

$$\Gamma(z) = \Gamma\mathrm{e}^{\mathrm{j}2\beta_1 z} \tag{6.222}$$

其中 Γ 是分界面处($z=0$)的反射系数。把式(6.222)代入式(6.221)可得

$$\dot{E}_{x1} = \dot{E}_{m1}^{+}\mathrm{e}^{-\mathrm{j}\beta_1 z}[1 + \Gamma(z)] \tag{6.223}$$

同理由式(6.220)可得

$$\begin{aligned}\dot{H}_{y1} &= \frac{\dot{E}_{m1}^{+}}{\eta_1}\mathrm{e}^{-\mathrm{j}\beta_1 z} - \Gamma\frac{\dot{E}_{m1}^{+}}{\eta_1}\mathrm{e}^{\mathrm{j}\beta_1 z} = \frac{\dot{E}_{m1}^{+}}{\eta_1}\mathrm{e}^{-\mathrm{j}\beta_1 z}(1 - \Gamma\mathrm{e}^{\mathrm{j}2\beta_1 z}) \\ &= \frac{\dot{E}_{m1}^{+}}{\eta_1}\mathrm{e}^{-\mathrm{j}\beta_1 z}[1 - \Gamma(z)] \end{aligned} \tag{6.224}$$

定义入射端任一点处的入端阻抗为

$$\eta(z) = \frac{\dot{E}_{x1}(z)}{\dot{H}_{y1}(z)} = \eta_1\frac{1+\Gamma(z)}{1-\Gamma(z)} \tag{6.225}$$

在均匀媒质中，没有介质分界面，$\Gamma(z)=0$，$\eta(z)=\eta_1$。

3. 驻波比

由式(6.219)

$$\dot{E}_{x1} = \dot{E}_{m1}^{+}\mathrm{e}^{-\mathrm{j}\beta_1 z} + \dot{E}_{m1}^{-}\mathrm{e}^{\mathrm{j}\beta_1 z}$$

入射波和反射波相位相同处，振幅相加，合场强的最大值为

$$E_{x1,\max} = E_{m1}^{+} + E_{m1}^{-}$$

入射波和反射波相位相反处,振幅相减,合场强的最小值为

$$E_{x1,\min} = E_{m1}^{+} - E_{m1}^{-}$$

定义驻波比

$$S = \frac{E_{x1,\max}}{E_{x1,\min}} = \frac{E_{m1}^{+} + E_{m1}^{-}}{E_{m1}^{+} - E_{m1}^{-}} = \frac{1 + \frac{E_{m1}^{-}}{E_{m1}^{+}}}{1 - \frac{E_{m1}^{-}}{E_{m1}^{+}}} = \frac{1 + |\Gamma|}{1 - |\Gamma|} \tag{6.226}$$

全反射时(如理想导体表面的反射)$\Gamma=-1, S\to\infty$;无反射时 $\Gamma=0, S=1$。

应用举例:利用同轴线或波导传输电磁能量,要尽量降低同轴线或波导中的驻波比,才能有效地传输电磁能量。图6.29是发射机通过同轴电缆向发射天线传输能量,如果发射机与同轴电缆、同轴电缆与发射天线阻抗都匹配,同轴线中的反射系数 Γ 接近0,驻波比接近1,可以有效地向发射天线传输电磁能量。如果发射机与同轴电缆或同轴电缆与发射天线阻抗不匹配,同轴电缆中的反射系数和驻波都比较大,会影响能量的传输。

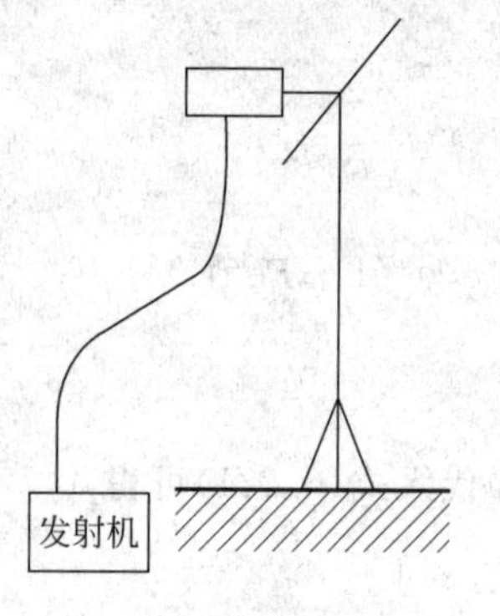

图6.29 发射系统

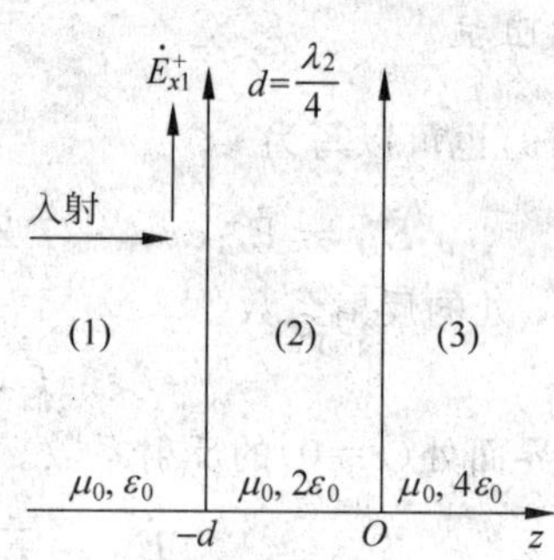

图6.30 例6.10用图

例6.10 图6.30中是三种不同的媒质层,三个区域中的媒质参数如图中所示,求 $z=-d$ 处的入端阻抗。

解 三个区域中的波阻抗分别为

$$\eta_1 = \sqrt{\frac{\mu_0}{\varepsilon_0}} = 377\Omega, \quad \eta_2 = \sqrt{\frac{\mu_0}{2\varepsilon_0}} \approx 266.6\Omega, \quad \eta_3 = \sqrt{\frac{\mu_0}{4\varepsilon_0}} = 188.5\Omega$$

0点处的反射系数为

$$\Gamma(0) = \frac{\eta_3 - \eta_2}{\eta_3 + \eta_2} = -0.1716$$

$-d$ 点处的反射系数为

$$\Gamma(-d) = \Gamma(0)\mathrm{e}^{-\mathrm{j}2\beta_2\frac{\lambda_2}{4}} = \Gamma(0)\mathrm{e}^{-\mathrm{j}\pi} = 0.1716$$

$-d$ 点处的入端阻抗为

$$\eta(-d) = \eta_2 \frac{1 + \Gamma(-d)}{1 - \Gamma(-d)} = 377\Omega = \eta_1$$

所以在 $z=-d$ 的界面上没有反射，区域(1)中的入射波的能量全部输入到区域(2)中，这种现象称为匹配状态，适当选取区域(2)的参数和厚度，可以实现匹配状态。本例题是一个 $\lambda/4$ 阻抗变换器。

6.8 平面上的斜入射

6.8.1 理想导体表面的斜入射

电磁波由理想介质斜入射到理想导体表面，理想导体内部 $\boldsymbol{E}_2=0,\boldsymbol{H}_2=0$，只需要讨论上半空间场的分布，如图 6.31 所示。入射波方向与分界面法线构成的平面称为入射面，图 6.31 中的入射面就是 xz 平面。如果电场矢量平行于入射面，称为平行极化，如图 6.31(a)所示；如果电场矢量垂直于入射面，称为垂直极化，如图 6.31(b)所示。任意方向极化的电磁波，可以分解为平行极化和垂直极化两个分量。在图 6.31 中入射角是 θ，反射角是 θ'，由反射定理 $\theta=\theta'$。设入射波方向的单位矢量为 $\boldsymbol{e}_n^+$，反射波方向的单位矢量为 $\boldsymbol{e}_n^-$，则

$$\boldsymbol{e}_n^+ = \boldsymbol{e}_x\sin\theta + \boldsymbol{e}_z\cos\theta \tag{6.227}$$

$$\boldsymbol{e}_n^- = \boldsymbol{e}_x\sin\theta - \boldsymbol{e}_z\cos\theta \tag{6.228}$$

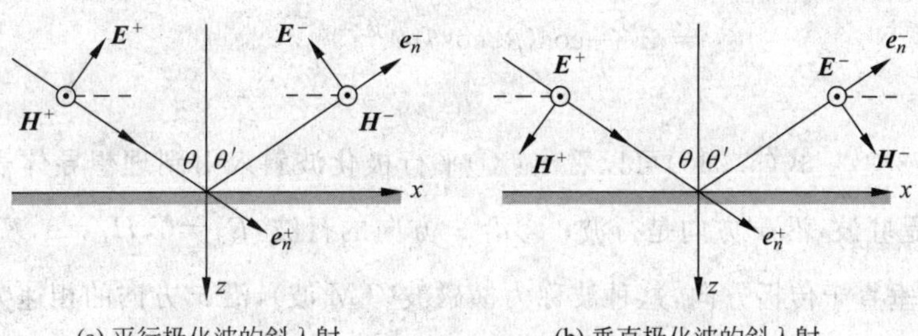

图 6.31 理想导体表面的斜入射

1. 平行极化波的斜入射

1) 入射端的合场强

由图 6.31(a)中可以看出，入射端总的电场为

$$\dot{\boldsymbol{E}} = \dot{\boldsymbol{E}}^+ \mathrm{e}^{-\mathrm{j}\beta\boldsymbol{e}_n^+\cdot\boldsymbol{r}} + \dot{\boldsymbol{E}}^- \mathrm{e}^{-\mathrm{j}\beta\boldsymbol{e}_n^-\cdot\boldsymbol{r}} \tag{6.229}$$

其中 $\boldsymbol{r}=\boldsymbol{e}_x x+\boldsymbol{e}_y y+\boldsymbol{e}_z z$，再由式(6.227)和式(6.229)可得

$$\boldsymbol{e}_n^+ \cdot \boldsymbol{r} = x\sin\theta + z\cos\theta$$

$$\boldsymbol{e}_n^- \cdot \boldsymbol{r} = x\sin\theta - z\cos\theta$$

电场的 x 分量和 z 分量分别为

$$\dot{E}_x = \dot{E}^+ \cos\theta\mathrm{e}^{-\mathrm{j}\beta(x\sin\theta+z\cos\theta)} - \dot{E}^- \cos\theta\mathrm{e}^{-\mathrm{j}\beta(x\sin\theta-z\cos\theta)} \tag{6.230}$$

$$\dot{E}_z = -\dot{E}^+ \sin\theta e^{-j\beta(x\sin\theta+z\cos\theta)} - \dot{E}^- \sin\theta e^{-j\beta(x\sin\theta-z\cos\theta)} \tag{6.231}$$

入射端总的磁场为

$$\begin{aligned}\dot{H}_y &= \dot{H}^+ e^{-j\beta e_n^+ \cdot r} + \dot{H}^- e^{-j\beta e_n^- \cdot r} \\ &= \frac{\dot{E}^+}{\eta} e^{-j\beta(x\sin\theta+z\cos\theta)} + \frac{\dot{E}^-}{\eta} e^{-j\beta(x\sin\theta-z\cos\theta)}\end{aligned} \tag{6.232}$$

由边界条件,在 $z=0$ 处,$E_{1t}=E_{2t}=0$,即$\dot{E}_x=0$,所以

$$\dot{E}^+ \cos\theta e^{-j\beta x\sin\theta} - \dot{E}^- \cos\theta e^{-j\beta x\sin\theta} = 0$$

所以$\dot{E}^+=\dot{E}^-$,代入式(6.230)~式(6.232)可得

$$\begin{aligned}\dot{E}_x &= \dot{E}^+ \cos\theta e^{-j\beta x\sin\theta}(e^{-j\beta z\cos\theta} - e^{j\beta z\cos\theta}) \\ &= -2j\dot{E}^+ \cos\theta\sin(\beta z\cos\theta) e^{-j\beta x\sin\theta}\end{aligned} \tag{6.233}$$

$$\begin{aligned}\dot{E}_z &= -\dot{E}^+ \sin\theta e^{-j\beta x\sin\theta}(e^{-j\beta z\cos\theta} + e^{j\beta z\cos\theta}) \\ &= -2\dot{E}^+ \sin\theta\cos(\beta z\cos\theta) e^{-j\beta x\sin\theta}\end{aligned} \tag{6.234}$$

$$\begin{aligned}\dot{H}_y &= \frac{\dot{E}^+}{\eta} e^{-j\beta x\sin\theta}(e^{-j\beta z\cos\theta} + e^{j\beta z\cos\theta}) \\ &= 2\frac{\dot{E}^+}{\eta}\cos(\beta z\cos\theta) e^{-j\beta x\sin\theta}\end{aligned} \tag{6.235}$$

2) 讨论

由式(6.233)~式(6.235)可以看出:①平行极化波斜入射到理想导体表面,在入射端沿 z 方向是驻波,沿 x 方向是行波;②沿 x 方向的行波,$\dot{E}_x \neq 0$,$\dot{H}_x=0$,$\dot{\boldsymbol{E}}$不垂直于传播方向,$\dot{\boldsymbol{H}}$仍垂直于传播方向,这种波称为横磁波(TM 波),沿 x 方向的相速为

$$v_x = \frac{\omega}{\beta_x} = \frac{\omega}{\beta\sin\theta} = \frac{v}{\sin\theta} \tag{6.236}$$

其中 $v=\dfrac{\omega}{\beta}$ 是入射波沿 $\boldsymbol{e}_n^+$ 方向的相速。

2. 垂直极化波的斜入射

1) 入射端的合场强

由图 6.31(b)中可以看出,入射端总的电场为

$$\begin{aligned}\dot{E}_y &= \dot{E}^+ e^{-j\beta e_n^+ \cdot r} + \dot{E}^- e^{-j\beta e_n^- \cdot r} \\ &= \dot{E}^+ e^{-j\beta(x\sin\theta+z\cos\theta)} + \dot{E}^- e^{-j\beta(x\sin\theta-z\cos\theta)}\end{aligned} \tag{6.237}$$

在 $z=0$ 的平面上,由边界条件,$E_{1t}=E_{2t}=0$,即$\dot{E}_y=0$,可得

$$\dot{E}^+ e^{-j\beta x\sin\theta} + \dot{E}^- e^{-j\beta x\sin\theta} = 0$$

所以$\dot{E}^-=-\dot{E}^+$,代入式(6.237)可得

$$\dot{E}_y = \dot{E}^+ \mathrm{e}^{-\mathrm{j}\beta x\sin\theta}(\mathrm{e}^{-\mathrm{j}\beta z\cos\theta} - \mathrm{e}^{\mathrm{j}\beta z\cos\theta})$$

$$= -2\mathrm{j}\,\dot{E}^+ \sin(\beta z\cos\theta)\mathrm{e}^{-\mathrm{j}\beta x\sin\theta} \tag{6.238}$$

入射端磁场的 x 分量和 z 分量分别为

$$\dot{H}_x = -\dot{H}^+ \cos\theta\mathrm{e}^{-\mathrm{j}\beta \boldsymbol{e}_n^+\cdot\boldsymbol{r}} + \dot{H}^- \cos\theta\mathrm{e}^{-\mathrm{j}\beta \boldsymbol{e}_n^-\cdot\boldsymbol{r}}$$

$$= -\frac{\dot{E}^+}{\eta}\cos\theta\mathrm{e}^{-\mathrm{j}\beta(x\sin\theta+z\cos\theta)} - \frac{\dot{E}^+}{\eta}\cos\theta\mathrm{e}^{-\mathrm{j}\beta(x\sin\theta-z\cos\theta)}$$

$$= -2\,\frac{\dot{E}^+}{\eta}\cos\theta\cos(\beta z\cos\theta)\mathrm{e}^{-\mathrm{j}\beta x\sin\theta} \tag{6.239}$$

$$\dot{H}_z = \dot{H}^+ \sin\theta\mathrm{e}^{-\mathrm{j}\beta \boldsymbol{e}_n^+\cdot\boldsymbol{r}} + \dot{H}^- \sin\theta\mathrm{e}^{-\mathrm{j}\beta \boldsymbol{e}_n^-\cdot\boldsymbol{r}}$$

$$= \frac{\dot{E}^+}{\eta}\sin\theta\mathrm{e}^{-\mathrm{j}\beta(x\sin\theta+z\cos\theta)} - \frac{\dot{E}^+}{\eta}\sin\theta\mathrm{e}^{-\mathrm{j}\beta(x\sin\theta-z\cos\theta)}$$

$$= -2\mathrm{j}\,\frac{\dot{E}^+}{\eta}\sin\theta\sin(\beta z\cos\theta)\mathrm{e}^{-\mathrm{j}\beta x\sin\theta} \tag{6.240}$$

2) 讨论

由式(6.238)～式(6.240)可以看出：①垂直极化波斜入射到理想导体表面，在入射端沿 z 方向是驻波，沿 x 方向是行波；②沿 x 方向的行波，$\dot{H}_x\neq 0$，$\dot{E}_x=0$，$\dot{\boldsymbol{H}}$不垂直于传播方向，$\dot{\boldsymbol{E}}$仍垂直于传播方向，这种波称为横电波(TE 波)，沿 x 方向的相速为

$$v_x = \frac{\omega}{\beta_x} = \frac{\omega}{\beta\sin\theta} = \frac{v}{\sin\theta} \tag{6.241}$$

其中 $v=\dfrac{\omega}{\beta}$ 是入射波沿 $\boldsymbol{e}_n^+$ 方向的相速。

6.8.2 理想介质表面的斜入射

1. 平行极化波的斜入射

平行极化波斜入射到两种理想介质的分界面上，入射波、反射波、透射波如图 6.32 所示，图中入射波、反射波、透射波方向的单位矢量分别为

$$\boldsymbol{e}_{n1}^+ = \boldsymbol{e}_x\sin\theta + \boldsymbol{e}_z\cos\theta \tag{6.242}$$

$$\boldsymbol{e}_{n1}^- = \boldsymbol{e}_x\sin\theta - \boldsymbol{e}_z\cos\theta \tag{6.243}$$

$$\boldsymbol{e}_{n2}^+ = \boldsymbol{e}_x\sin\theta'' + \boldsymbol{e}_z\cos\theta'' \tag{6.244}$$

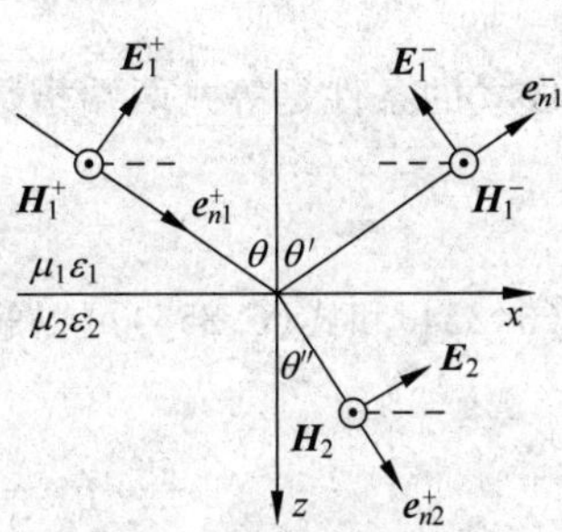

图 6.32 入射波、反射波、透射波

1) 场的分布

入射端电场为

$$\dot{\boldsymbol{E}}_1 = \dot{\boldsymbol{E}}_1^+ \mathrm{e}^{-\mathrm{j}\beta_1 \boldsymbol{e}_{n1}^+\cdot\boldsymbol{r}} + \dot{\boldsymbol{E}}_1^- \mathrm{e}^{-\mathrm{j}\beta_1 \boldsymbol{e}_{n1}^-\cdot\boldsymbol{r}} \tag{6.245}$$

其中

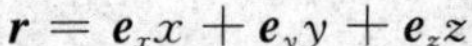

$$\boldsymbol{r} = \boldsymbol{e}_x x + \boldsymbol{e}_y y + \boldsymbol{e}_z z$$

利用式(6.242)~式(6.245)可以导出

$$\dot{E}_{x1} = \dot{E}_1^+ \cos\theta e^{-j\beta_1(x\sin\theta + z\cos\theta)} - \dot{E}_1^- \cos\theta e^{-j\beta_1(x\sin\theta - z\cos\theta)} \tag{6.246}$$

$$\dot{E}_{z1} = -\dot{E}_1^+ \sin\theta e^{-j\beta_1(x\sin\theta + z\cos\theta)} - \dot{E}_1^- \sin\theta e^{-j\beta_1(x\sin\theta - z\cos\theta)} \tag{6.247}$$

$$\dot{H}_{y1} = \frac{\dot{E}_1^+}{\eta_1} e^{-j\beta_1(x\sin\theta + z\cos\theta)} + \frac{\dot{E}_1^-}{\eta_1} e^{-j\beta_1(x\sin\theta - z\cos\theta)} \tag{6.248}$$

透射端电磁场为

$$\dot{E}_{x2} = \dot{E}_2 \cos\theta'' e^{-j\beta_2(x\sin\theta'' + z\cos\theta'')} \tag{6.249}$$

$$\dot{E}_{z2} = -\dot{E}_2 \sin\theta'' e^{-j\beta_2(x\sin\theta'' + z\cos\theta'')} \tag{6.250}$$

$$\dot{H}_{y2} = \frac{\dot{E}_2}{\eta_2} e^{-j\beta_2(x\sin\theta'' + z\cos\theta'')} \tag{6.251}$$

2) 折射定律

由边界条件,在 $z=0$ 处,$E_{1t}=E_{2t}$,即$\dot{E}_{x1}=\dot{E}_{x2}$,由式(6.246)和式(6.249)可以得到

$$\dot{E}_1^+ \cos\theta e^{-j\beta_1 x\sin\theta} - \dot{E}_1^- \cos\theta e^{-j\beta_1 x\sin\theta} = \dot{E}_2 \cos\theta'' e^{-j\beta_2 x\sin\theta''} \tag{6.252}$$

式(6.252)成立的条件是等式两端指数相等,即 $\beta_1 \sin\theta = \beta_2 \sin\theta''$,所以

$$\begin{aligned} \frac{\sin\theta''}{\sin\theta} = \frac{\beta_1}{\beta_2} = \frac{v_2}{v_1} = \frac{n_1}{n_2} \\ = \frac{\sqrt{\varepsilon_1}}{\sqrt{\varepsilon_2}} \end{aligned} \tag{6.253}$$

式(6.253)即为折射定律,推导中利用了以下关系式

$$\beta_1 = \frac{\omega}{v_1}, \quad \beta_2 = \frac{\omega}{v_2}, \quad n = \frac{c}{v}, \quad v = \frac{1}{\sqrt{\mu\varepsilon}}$$

对于垂直极化波,也可以导出同样的结果。

3) 平行极化波的反射系数和透射系数

式(6.252)中,指数相等,所以

$$\dot{E}_1^+ \cos\theta - \dot{E}_1^- \cos\theta = \dot{E}_2 \cos\theta'' = \dot{E}_2 \sqrt{1 - \frac{\varepsilon_1}{\varepsilon_2} \sin^2\theta} \tag{6.254}$$

由边界条件,在 $z=0$ 处,$H_{1t}=H_{2t}$,即$\dot{H}_{1y}=\dot{H}_{2y}$,由式(6.248)和式(6.251)可得

$$\frac{\dot{E}_1^+}{\eta_1} e^{-j\beta_1 x\sin\theta} + \frac{\dot{E}_1^+}{\eta_1} e^{-j\beta_1 x\sin\theta} = \frac{\dot{E}_2}{\eta_2} e^{-j\beta_2 x\sin\theta''}$$

上式成立的条件是等式两端指数相等,所以

$$\frac{\dot{E}_1^+}{\eta_1} + \frac{\dot{E}_1^-}{\eta_1} = \frac{\dot{E}_2}{\eta_2} \tag{6.255}$$

由式(6.254)和式(6.255)可以解出平行极化波的反射系数为

$$\Gamma_{/\!/} = \frac{\dot{E}_1^-}{\dot{E}_1^+} = \frac{\dfrac{\varepsilon_2}{\varepsilon_1}\cos\theta - \sqrt{\dfrac{\varepsilon_2}{\varepsilon_1} - \sin^2\theta}}{\dfrac{\varepsilon_2}{\varepsilon_1}\cos\theta + \sqrt{\dfrac{\varepsilon_2}{\varepsilon_1} - \sin^2\theta}} \tag{6.256}$$

平行极化波的透射系数为

$$\tau_{/\!/}=\frac{\dot{E}_2}{\dot{E}_1^+}=\frac{2\cos\theta\sqrt{\dfrac{\varepsilon_2}{\varepsilon_1}}}{\dfrac{\varepsilon_2}{\varepsilon_1}\cos\theta+\sqrt{\dfrac{\varepsilon_2}{\varepsilon_1}-\sin^2\theta}} \tag{6.257}$$

可以证明

$$1+\Gamma_{/\!/}=\tau_{/\!/}\cdot\frac{\eta_1}{\eta_2} \tag{6.258}$$

2. 垂直极化波的斜入射

利用与上面类似的方法可以导出垂直极化波的反射系数为

$$\Gamma_{\perp}=\frac{\cos\theta-\sqrt{\dfrac{\varepsilon_2}{\varepsilon_1}-\sin^2\theta}}{\cos\theta+\sqrt{\dfrac{\varepsilon_2}{\varepsilon_1}-\sin^2\theta}} \tag{6.259}$$

垂直极化波的透射系数为

$$\tau_{\perp}=\frac{2\cos\theta}{\cos\theta+\sqrt{\dfrac{\varepsilon_2}{\varepsilon_1}-\sin^2\theta}} \tag{6.260}$$

可以证明

$$1+\Gamma_{\perp}=\tau_{\perp} \tag{6.261}$$

若反射面两侧(或一侧)为导电媒质,把式(6.256)、式(6.257)、式(6.259)、式(6.260)中相应的 ε 换为 ε_c。

3. 全反射

由折射定律

$$\sin\theta''=\sqrt{\frac{\varepsilon_1}{\varepsilon_2}}\sin\theta$$

若 $\varepsilon_1>\varepsilon_2$,$\theta$ 较大时,$\sin\theta''$可能$\geqslant 1$,此时没有透射,称为全反射。可以看出,发生全反射的条件是 $\varepsilon_1>\varepsilon_2$,即只有电磁波从光密媒质射向光疏媒质时,才可能出现全反射。$\sin\theta''=1$ 时

$$\sin\theta_c=\sqrt{\frac{\varepsilon_2}{\varepsilon_1}} \tag{6.262}$$

θ_c 称为临界角,入射角 $\theta\geqslant\theta_c$ 时发生全反射。

图 6.33 是一块介质板,上、下面都是空气,介质板内的电磁波入射在介质与空气的分界面上,如果入射角 θ 大于临界角 θ_c,电磁波就在介质板上底面和下底面之间不断地发生全反射,电磁波被约束在介质板内,并沿 z 轴正方向传播。以上介质板内传输电磁波的原理同样适用于圆柱形的介质波导,光纤通信中采用的光纤就是一种介质波导,如

图 6.34 所示。

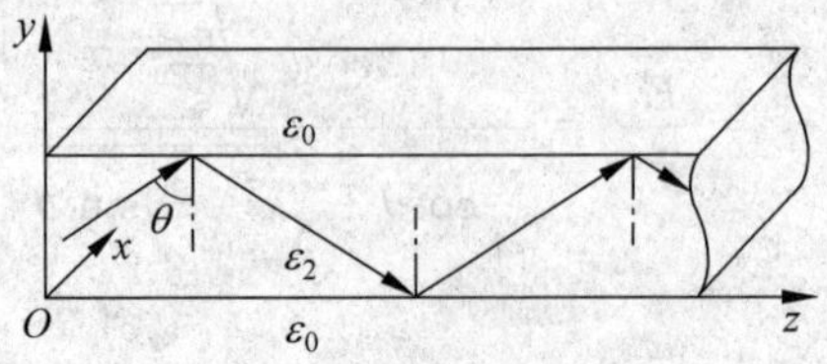

图 6.33 介质板波导

例 6.11 图 6.34 所示为光纤的纵剖面示意图，光纤的芯线材料的相对折射率 $n_1=\sqrt{\varepsilon_{r1}}$，包层材料的相对折射率 $n_2=\sqrt{\varepsilon_{r2}}$。若要求光信号从空气(相对折射率 $n_0=1$)进入光纤后，能在光纤内发生全反射传输(在芯线和包层的分界面上发生全反射)，试确定入射角 θ_i。

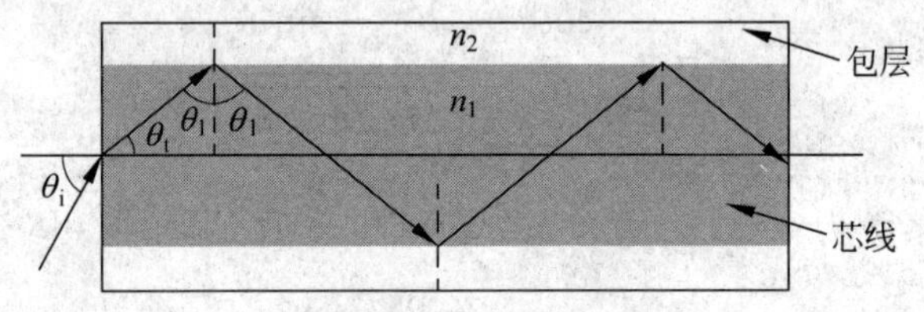

图 6.34 光纤内的全反射

解 在芯线和包层的分界面上发生全反射的条件为

$$\theta_1 \geqslant \theta_c = \arcsin\left(\sqrt{\frac{\varepsilon_2}{\varepsilon_1}}\right) = \arcsin\left(\frac{n_2}{n_1}\right)$$

即

$$\sin\theta_1 \geqslant \sin\theta_c = \frac{n_2}{n_1}$$

由于 $\theta_1=\dfrac{\pi}{2}-\theta_t$，所以 $\sin\theta_1=\sin\left(\dfrac{\pi}{2}-\theta_t\right)=\cos\theta_t$，因而可得

$$\cos\theta_t \geqslant \sin\theta_c = \frac{n_2}{n_1}$$

由折射定律式(6.253)

$$\sin\theta_i = \frac{n_1}{n_0}\sin\theta_t = n_1\sin\theta_t = n_1\sqrt{1-\cos^2\theta_t} \leqslant n_1\sqrt{1-\left(\frac{n_2}{n_1}\right)^2} = \sqrt{n_1^2-n_2^2}$$

所以

$$\theta_i \leqslant \arcsin\sqrt{n_1^2-n_2^2}$$

这个例题就是计算光纤的数值孔径，即在光纤的入射端允许的最大入射角的正弦。

4. 全透射(无反射)

(1) 对于平行极化波，令反射系数 $\Gamma_{/\!/}=0$，由式(6.256)可得

$$\frac{\varepsilon_2}{\varepsilon_1}\cos\theta = \sqrt{\frac{\varepsilon_2}{\varepsilon_1}-\sin^2\theta}$$

可以解出

$$\theta = \theta_B = \arctan\sqrt{\frac{\varepsilon_2}{\varepsilon_1}} \tag{6.263}$$

θ_B 称为布儒斯特角，当 $\theta=\theta_B$ 时，没有反射，发生全透射。

(2) 对于垂直极化波，可以证明 $\varepsilon_1 \neq \varepsilon_2$ 时，$\Gamma_\perp \neq 0$，所以不可能发生全透射。

沿任意方向极化的电磁波(可以分解为平行极化波和垂直极化波)，以 θ_B 入射到两种媒质的界面上时，反射波中只有垂直极化波分量，利用这种方法可以得到垂直极化波，称为极化滤波器。

6.9 相速度与群速度

在 6.1 节中介绍了电磁波的相速度，记为

$$v_p = \frac{\omega}{k} \tag{6.264}$$

相速度就是相位传播的速度，或者说是图 6.3 中等相位面传播的速度。在理想介质中 $k=\omega\sqrt{\mu\varepsilon}$ 是角频率 ω 的线性函数，所以相速度 $v_p = 1/\sqrt{\mu\varepsilon}$ 是一个与频率无关的常数。然而在损耗媒质中，传播常数 $\gamma = j\omega\sqrt{\mu\varepsilon_c} = \alpha + j\beta$，其中相位系数 β 由式(6.93)给出，相速度

$$v_p = \frac{\omega}{\beta} = \frac{1}{\sqrt{\frac{\mu\varepsilon}{2}\left(\sqrt{1+\frac{\sigma^2}{\omega^2\varepsilon^2}}+1\right)}} \tag{6.265}$$

所以在损耗媒质中，相速度不再是一个常数，而是频率的函数。不同频率的波将以不同的相速度传播，这种现象称为**色散现象**，损耗媒质是一种色散媒质。

一个实际的电磁波信号是由许多频率成分组成的，为了描述信号能量传播的速度，需要引入“群速度”的概念。大家知道，单一频率的正弦波是不能携带任何信息的，有用信息是通过调制加到载波上发射出去的，调制波传播的速度才是有用信号传播的速度。现在讨论一种最简单的情况，设有两个振幅均为 E_m，角频率分别为 $\omega+\Delta\omega$ 和 $\omega-\Delta\omega$ 的行波($\Delta\omega \ll \omega$)，在色散媒质中的相位系数分别为 $\beta+\Delta\beta$ 和 $\beta-\Delta\beta$，如图 6.35(a)所示。这两个行波可用下列两式表示

$$E_1 = E_m e^{j[(\omega+\Delta\omega)t-(\beta+\Delta\beta)z]}, \quad E_2 = E_m e^{j[(\omega-\Delta\omega)t-(\beta-\Delta\beta)z]}$$

合成波为

$$E = 2E_m\cos(\Delta\omega t - \Delta\beta z)e^{j(\omega t-\beta z)} \tag{6.266}$$

可以看出合成波的振幅是随时间按余弦规律变化的，是一个调幅波，也称为包络波，如图 6.35(b)中的虚线所示。

群速度的定义是包络波上某一恒定相位点推进的速度，由($\Delta\omega t - \Delta\beta z$)为常数可得

$$v_g = \frac{dz}{dt} = \frac{\Delta\omega}{\Delta\beta} \tag{6.267}$$

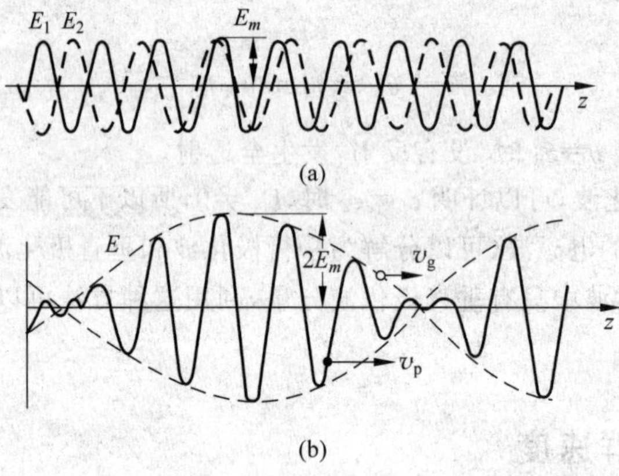

图 6.35 相速和群速

当 $\Delta\omega \ll \omega$ 时,式(6.267)可以写为

$$v_g = \frac{d\omega}{d\beta} \tag{6.268}$$

利用式(6.264)和式(6.268),可以导出群速和相速之间的关系

$$v_g = \frac{d\omega}{d\beta} = \frac{d(v_p\beta)}{d\beta} = v_p + \beta\frac{dv_p}{d\beta} = v_p + \frac{\omega}{v_p}\cdot\frac{dv_p}{d\omega}v_g$$

所以

$$v_g = \frac{v_p}{1 - \dfrac{\omega}{v_p}\cdot\dfrac{dv_p}{d\omega}} \tag{6.269}$$

显然,存在以下三种可能的情况:

(1) $\frac{dv_p}{d\omega} = 0$,即相速与频率无关时,$v_g = v_p$,群速等于相速,无色散现象。

(2) $\frac{dv_p}{d\omega} < 0$,即相速随频率升高减小时,$v_g < v_p$,群速小于相速,称为正常色散。

(3) $\frac{dv_p}{d\omega} > 0$,即相速随频率升高增大时,$v_g > v_p$,群速大于相速,称为反常色散。

6.10 应用案例

6.10.1 电磁频谱

无线电波、红外线、可见光、紫外线、X 射线、γ 射线都是电磁波。按照波长或频率的顺序把这些电磁波排列起来,就是电磁波谱,如图 6.36 所示。

波长与频率的关系式为

$$\lambda = \frac{c}{f} \tag{6.270}$$

其中 c 是光速。光量子的能量为

$$w = hf \tag{6.271}$$

其中 $h=6.62\times10^{-34}\mathrm{J\cdot S}$ 是普朗克常数，f 是频率(Hz)。

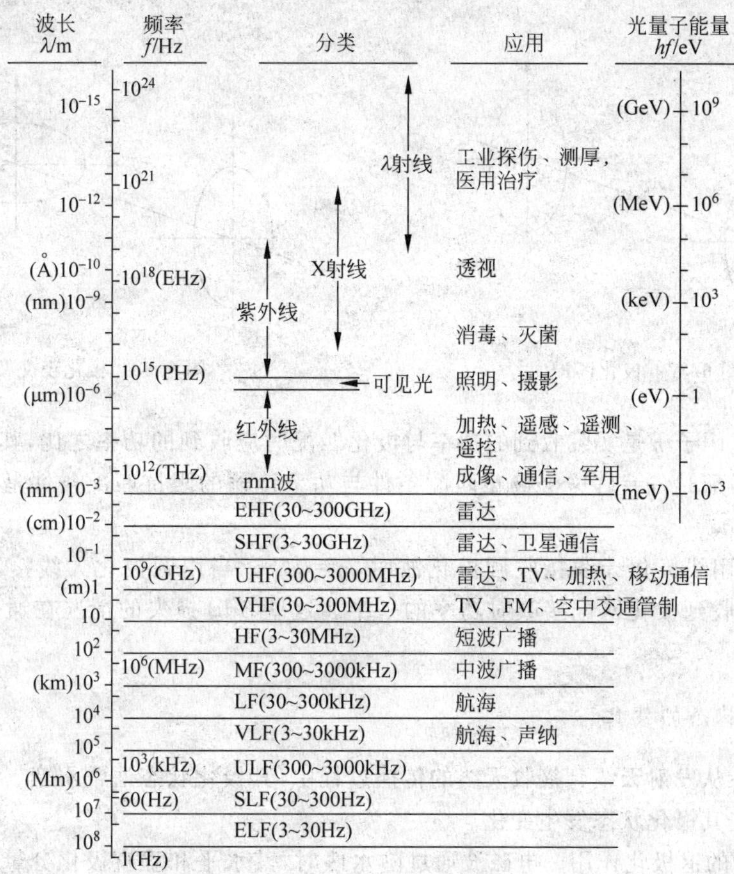

图 6.36 电磁波谱

6.10.2 极化技术的应用(简介)

1. 极化状态的匹配

接收天线的极化状态应与被接收电磁波的极化状态相匹配，才能最大限度地接收该电磁波的功率。

在水平极化与垂直线极化情况下，极化匹配要求接收天线具有与发射天线相同的极化状态。

当天线用于接收时，它是逆着被接收电磁波传播的方向来观察的，此时，定义方向角和旋向的坐标系与被接收的电磁波相比，变化了 180°。例如入射的 45°线极化波对接收天线成了 135°线极化波。在椭圆极化(含圆极化)情况下，就是左右旋转的方向反了，入射的左旋圆极化波在接收天线看来电场强度矢量是右旋的。所以当接收天线的极化椭圆与入射电磁波的极化椭圆在空间相合而且旋向相反时,极化是匹配的,其他情况则是失配的,如图 6.37 所示;当两个椭圆长短轴交叉重合而且旋向相同时,极化是正交的,如图 6.38 所示。

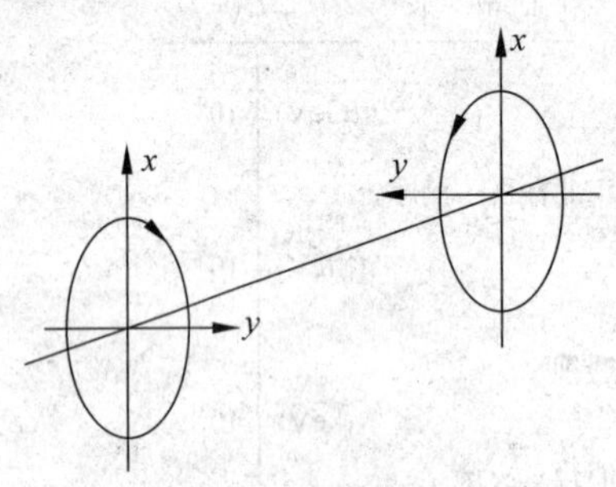

图 6.37　极化匹配

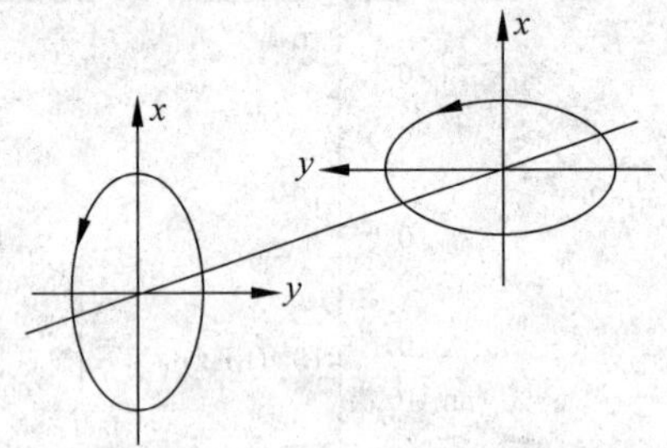

图 6.38　极化正交

极化匹配因子 η 是实际收到的功率与极化匹配时应收到的功率之比,其值在 0 到 1 之间。极化匹配时,$\eta=1$,这个极化匹配条件与功率传输的阻抗匹配条件是相似的。极化正交时 $\eta=0$。

例如,当用线极化天线接收圆极化波时,$\eta=0.5$。当用圆极化天线接收线极化波时,同样只能收到极化匹配接收时功率的一半。这些 3dB 损失的情况在通信中都是常见的。

2. 极化状态的变化

电磁波在从发射天线到接收天线的传播过程中,其极化状态通常不变。但下述几种环境因素会使其极化状态发生变化。

(1) 雨滴的退极化作用。电磁波通过降水区时,其水平和垂直极化分量所经受的衰减不同,通过后两个分量的幅度比有所改变,合成极化状态即有改变。此种雨滴的退极化作用,在路径较长和电波频率较高的情况下是很明显的。大气中的冰晶和其他水汽凝结物也有退极化作用。因此,频率在 10GHz 以上的微波远程通信和卫星通信要考虑这个问题。

(2) 反射的影响。发生地(海)面或其他平面的反射时,圆极化波的旋向反转,且因其垂直和水平两个分量的反射系数不同,反射后的幅度比和相位差改变,合成的波变为椭圆极化波。此种现象随着频率的升高而加强。在发生多径传播的情况下,城市中地面反射、建筑物的一次及多次反射和边缘绕射等,会使到达接收天线的电波的极化状态显著偏离发射时的极化状态。在系统设计中,对极化状态及匹配情况一般不予考虑,而是在发射功率上留出适当余量。

(3) 电离层的影响。当电磁波穿过大气高层的电离层时,由于 Faraday 旋转作用,电波离开电离层时的极化状态已经显著改变。当不考虑衰减时,线极化的平面波的长轴方向随着传播距离而逐渐偏转。电波频率越低,偏转角度越大。L 波段(1~2GHz)卫星通信的电波，极化偏转角度也不小。在选定接收天线极化状态时须考虑这个情况。

3. 极化在雷达上的应用

(1) 目标的退极化作用。飞机、导弹、船舶和车辆等雷达目标对电波的反射过程都具有极强的、多样的退极化作用。各类雷达都有极化失配的损失，德国 G. Wanielik 和 D. J. R. Stock 曾发表过对小型喷气式飞机 Falcon323 的测量结果，极化失配的损失约为 2dB。

(2) 极化增强技术。如果一部雷达具备多极化模式，能实时测出特定目标的极化散射矩阵，然后计算出该目标的最佳极化值；雷达再按该目标的最大极值极化进行发射，按同极化接收，将会收到任意改变发射和接收极化组合时所能获得的最强目标回波。这就是极化增强(polarimetric enhancement)技术，它可以提高目标回波的信噪比，增大雷达探测能力。

4. 极化在抗干扰技术中的应用

一般来说，只要将被干扰设备的接收天线改变成与干扰电波极化相正交(完全失配)，即可在很大程度上抑制干扰(例如抑制 30dB 以上)，使其不再影响该设备的正常工作。

通过调整接收极化与入射干扰极化相正交，从而最大限度地减少进入接收机的干扰信号，采用的电路称为极化滤波器。调整接收极化的方法是用两个正交极化的信号，以适当的复数加权(幅相加权)合成出等效的极化状态。

6.10.3 电磁波增透技术与隐身技术

图 6.39 中有 3 层介质，两个分界面。设电磁波由介质 1 入射在分界面 1 上，发生反射(反射波 1)和透射(透射波 1)；透射波 1 穿过介质 2 入射在分界面 2 上，又发生反射(反射波 2)和透射(透射波 2)；反射波 2 穿过介质 2 入射在分界面 1 上，又发生反射和透射；这个过程一直进行下去，在介质 2 中出现多重反射，在介质 1 和介质 3 中都会出现多重透射波。如果能够使介质 1 中的反射波和多重透射波叠加的合场强为 0，即可使这个多层介质的界面上无反射，这在工程技术和军事领域都有广泛的应用。

1. 多层介质增透层(膜)

在例 6.10 中已经介绍了利用 $\lambda/4$ 阻抗变换器实现阻抗匹配，使区域(1)中的入射波的能量全部输入到区域(2)中，就是一个单层增透膜的实例，习题 6-27 是另一个实例(天线罩)。本节讨论多层介质增透层(膜)。

对于两层介质，由式(6.225)可知介质 1 中任意一点的波阻抗为

$$\eta_1(z) = \frac{\dot{E}_{x1}(z)}{\dot{H}_{y1}(z)}$$

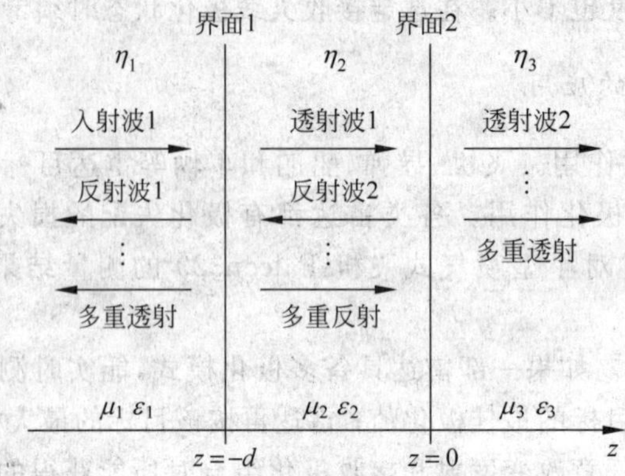

图 6.39 3层介质界面上的垂直入射

其中

$$\dot{E}_{x1} = \dot{E}_{m1}^{+}\mathrm{e}^{-\mathrm{j}\beta_1 z} + \Gamma\dot{E}_{m1}^{+}\mathrm{e}^{\mathrm{j}\beta_1 z}$$

$$\dot{H}_{y1} = \frac{\dot{E}_{m1}^{+}}{\eta_1}\mathrm{e}^{-\mathrm{j}\beta_1 z} - \Gamma\frac{\dot{E}_{m1}^{+}}{\eta_1}\mathrm{e}^{\mathrm{j}\beta_1 z}$$

反射系数 $\Gamma=\dfrac{\eta_2-\eta_1}{\eta_2+\eta_1}$,所以

$$\eta_1(z) = \eta_1\frac{\mathrm{e}^{-\mathrm{j}\beta_1 z}+\Gamma\mathrm{e}^{\mathrm{j}\beta_1 z}}{\mathrm{e}^{-\mathrm{j}\beta_1 z}-\Gamma\mathrm{e}^{\mathrm{j}\beta_1 z}}$$

可以推导出,$z=-d$ 处的波阻抗为

$$\eta_1(-d) = \eta_1\frac{\eta_2+\mathrm{j}\eta_1\tan(\beta_1 d)}{\eta_1+\mathrm{j}\eta_2\tan(\beta_1 d)} \tag{6.272}$$

对于3层介质(见图6.39),可以用类似的方法推导出在介质2中 $z=-d$ 处的波阻抗为

$$\eta_2(-d) = \eta_2\frac{\eta_3+\mathrm{j}\eta_2\tan(\beta_2 d)}{\eta_2+\mathrm{j}\eta_3\tan(\beta_2 d)} \tag{6.273}$$

界面1处的反射系数为

$$\Gamma = \frac{\eta_2(-d)-\eta_1}{\eta_2(-d)+\eta_1} \tag{6.274}$$

依此类推,对于 $n+1$ 层介质(见图6.40),在介质 n 中 $z=-d_n$ 处的波阻抗为

$$\eta_n(-d_n) = \eta_n\frac{\eta_{n+1}+\mathrm{j}\eta_n\tan(\beta_n d_n)}{\eta_n+\mathrm{j}\eta_{n+1}\tan(\beta_n d_n)} \tag{6.275}$$

为了求介质1与介质2分界面上的反射系数,可以由式(6.275)向前递推:在介质$(n-1)$中 $z=-d_{n-1}$ 处的波阻抗为

$$\eta_{n-1}(-d_{n-1}) = \eta_{n-1}\frac{\eta_n+\mathrm{j}\eta_{n-1}\tan(\beta_{n-1}d_{n-1})}{\eta_{n-1}+\mathrm{j}\eta_n\tan(\beta_{n-1}d_{n-1})}$$

依此类推,在介质2中 $z=-d_2$ 处的波阻抗为

$$\eta_2(-d_2) = \eta_2\frac{\eta_3+\mathrm{j}\eta_2\tan(\beta_2 d_2)}{\eta_2+\mathrm{j}\eta_3\tan(\beta_2 d_2)}$$

所以介质 1 与介质 2 分界面上的反射系数为

$$\Gamma_1 = \frac{\eta_2(-d_2) - \eta_1}{\eta_2(-d_2) + \eta_1} \tag{6.276}$$

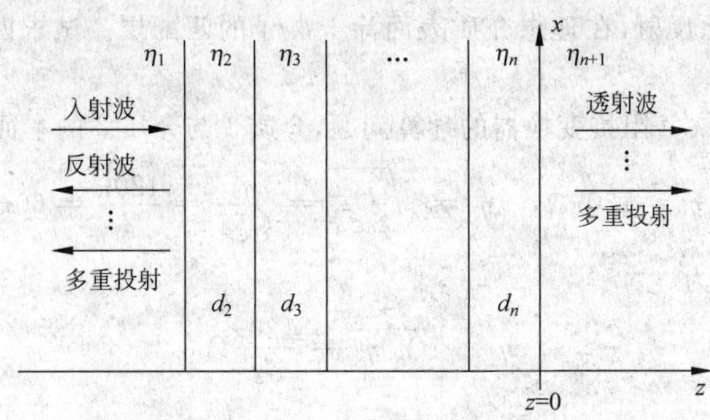

图 6.40 $n+1$ 层介质界面上的垂直入射

例 6.12 有一厚度为 d，本征阻抗为 η_2 的介质置于本征阻抗分别为 η_1 和 η_3 的两种介质之间，若要使均匀平面波从介质 1 垂直入射到与介质 2 的分界面上时不发生反射，求 d 和 η_2 的值。

解 如图 6.39 所示，均匀平面波在介质 1 与介质 2 分界面上的反射系数为 0，则 $\eta_2(-d)=\eta_1$，即

$$\eta_2 \frac{\eta_3 + \mathrm{j}\eta_2 \tan(\beta_2 d)}{\eta_2 + \mathrm{j}\eta_3 \tan(\beta_2 d)} = \eta_1$$

上式可以展开为

$$\eta_2\eta_3\cos(\beta_2 d) + \mathrm{j}\eta_2^2\sin(\beta_2 d) = \eta_1\eta_2\cos(\beta_2 d) + \mathrm{j}\eta_1\eta_3\sin(\beta_2 d)$$

上式两边实部、虚部分别相等，可得

$$\eta_2\eta_3\cos(\beta_2 d) = \eta_1\eta_2\cos(\beta_2 d) \tag{6.277}$$

$$\eta_2^2\sin(\beta_2 d) = \eta_1\eta_3\sin(\beta_2 d) \tag{6.278}$$

(1) $\eta_1=\eta_3\neq\eta_2$ 时，以上两式成立的条件是 $\sin(\beta_2 d)=0$，即 $\beta_2 d=n\pi$，所以

$$d = \frac{n\pi}{\beta_2} = n\frac{\lambda_2}{2}, \quad n = 1,2,3\cdots\cdots \tag{6.279}$$

所以，当介质 1 与介质 3 相同，介质 2 的厚度是介质内半波长的整数倍时，均匀平面波从介质 1 垂直入射到与介质 2 的分界面上时不发生反射，这种介质层称为半波介质窗。

(2) $\eta_1\neq\eta_3\neq\eta_2$ 时，式(6.277)、式(6.278)成立的条件是

$$\cos(\beta_2 d) = 0 \quad 且 \quad \eta_2 = \sqrt{\eta_1\eta_3}$$

即 $\beta_2 d=(2n+1)\dfrac{\pi}{2}$，所以

$$d = (2n+1)\frac{\lambda_2}{4} \tag{6.280}$$

所以，当介质 1 与介质 3 不同，介质 2 的本征阻抗 $\eta_2=\sqrt{\eta_1\eta_3}$，厚度是介质内 1/4 波

长的奇数倍时,均匀平面波从介质1垂直入射到与介质2的分界面上时不发生反射,这种介质层称为$\lambda/4$阻抗变换器。例6.13就是一个$\lambda/4$阻抗变换器的例子。

例6.13 频率$f=10\text{GHz}$的均匀平面波从空气垂直入射到$\varepsilon=4\varepsilon_0$、$\mu=\mu_0$的理想介质表面上,为了消除反射,在理想介质表面涂上$\lambda/4$的匹配层。试求匹配层的相对介电常数和最小厚度。

解 这是一个$\lambda/4$阻抗变换器的计算问题,介质1与介质3的本征阻抗分别为

$$\eta_1=\eta_0=120\pi\Omega,\quad \eta_3=\sqrt{\frac{\mu_0}{\varepsilon_0\varepsilon_{r3}}}=\frac{\eta_0}{\sqrt{\varepsilon_{r3}}}=\frac{120\pi}{2}=60\pi(\Omega)$$

匹配层的本征阻抗为

$$\eta_2=\sqrt{\eta_1\eta_3}=\frac{120\pi}{\sqrt{2}}\Omega$$

由$\eta_2=\sqrt{\dfrac{\mu_0}{\varepsilon_0\varepsilon_{r2}}}=\dfrac{\eta_0}{\sqrt{\varepsilon_{r2}}}$,可得

$$\varepsilon_{r2}=\left(\frac{\eta_0}{\eta_2}\right)^2=2$$

由$\lambda_2=\dfrac{v_2}{C}\lambda_0=\dfrac{\lambda_0}{\sqrt{\varepsilon_{r2}}}$,可得

$$d_2=\frac{\lambda_2}{4}=\frac{0.03}{4\sqrt{2}}=5.3\times10^{-3}(\text{m})$$

应用举例:利用波阻抗匹配原理设计的天线罩,既可以保护天线,又不影响电磁波的接收。8.9.2节图8.47气象雷达的天线是抛物面天线,外面加了一个天线罩。

照相机镜头的光学增透膜也是利用波阻抗匹配原理设计的,可以减少镜头对入射光的反射,增大镜头的光通量。例如一个7片6组的标准镜头,不加增透膜的透光率是59%,加单层增透膜的透光率是81%,加多层增透膜的透光率可以达到97%以上。

一般情况下,单一波长增透采用单层或双层膜,宽带增透需要采用多层膜。例如蔡司的$T*$镜头通常都是镀6层膜,必要时也使用8层镀膜。

2. 消除良导体表面反射的方法

电磁波在良导体表面发生全反射,在很多情况下,希望消除良导体表面的反射波,例如能够隐蔽飞行不被敌方雷达发现的隐身飞机或导弹,消除电波暗室四壁和天花板的反射等。下面介绍几种消除良导体表面反射的方法。

1) 外形隐身技术

外形隐身技术是通过改变飞行器的外形,减小重点姿态角域内的RCS(雷达散射截面积)。例如图6.41中的战斗机就是用倾斜的平板组成的多面体机身代替常规的二次曲面形机身,将入射到机身上的雷达波的大部分能量反射到雷达接收不到的方向上,因此可以显著地降低机身的RCS。

图 6.41 外形隐身技术

2）利用损耗涂层

利用损耗涂层吸收入射的电磁波，要满足两个条件：①电磁波入射到涂层表面，要能尽量多地进入到涂层内部，即波阻抗要匹配；②进入涂层内的波要能迅速地被衰减，即电磁损耗要大。涂层的电磁损耗包括电损耗（涡流损耗、介电极化损耗等）和磁损耗（磁滞损耗、铁磁共振损耗等），把电磁波的能量转换成热能损耗掉。

只要损耗涂层的表面阻抗等于入射端的波阻抗（$\eta_2=\eta_1=120\Omega$），就能在 $z=-d$ 处实现阻抗匹配而无反射，如图 6.42 所示。

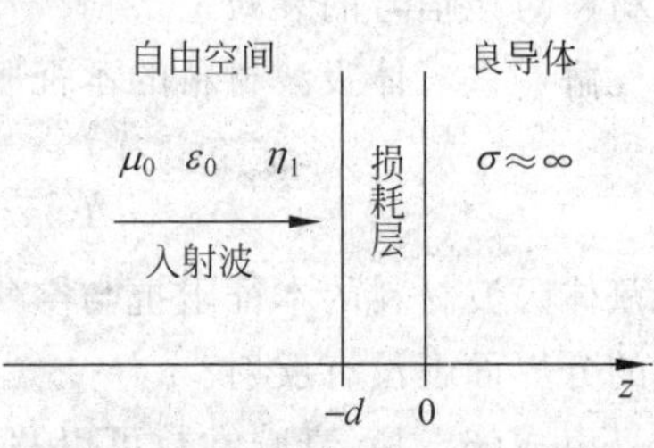

图 6.42 损耗涂层的表面阻抗匹配

选用电导率 σ 较小的材料制作损耗涂层，让损耗涂层的厚度 d 远小于趋肤深度 δ，这样损耗涂层的表面电阻就会比较大。由式（6.216），损耗层的表面阻抗为

$$\eta_2=\frac{1}{\sigma\cdot d} \tag{6.281}$$

将无反射条件 $\eta_2=\eta_1=120\Omega$ 代入上式，损耗层厚度应为

$$d=\frac{1}{120\pi\sigma} \tag{6.282}$$

3）干涉对消

把一层厚度为 $\lambda/4$ 的介质材料敷在导体板上，介质材料的阻抗设计使约有 50% 的入射波在介质层表面被反射，另外约 50% 的入射波进入介质层在导体板表面被反射，反射系数是 -1，在介质层左侧，两列反射波相位相反，干涉对消，如图 6.43 所示。图中 1 是入射波，2 是被介质层表面反射的波，3 是被导体板表面反射的波。这种方法只对特定的波长有效。

4）铁氧体吸波材料

铁氧体吸波材料（如图 6.44 所示）具有宽频带的吸收特性。铁氧体吸波材料具有很高的磁导率 μ 和介电常数 ε，μ 和 ε 都是复数，对电磁波的衰减很大。铁氧体吸波材料的相对磁导率和相对介电常数的比值 $\mu_r/\varepsilon_r=1$，本征阻抗与自由空间的波阻抗相等，所以入射波在空气和铁氧体吸波材料的分界面上没有反射。

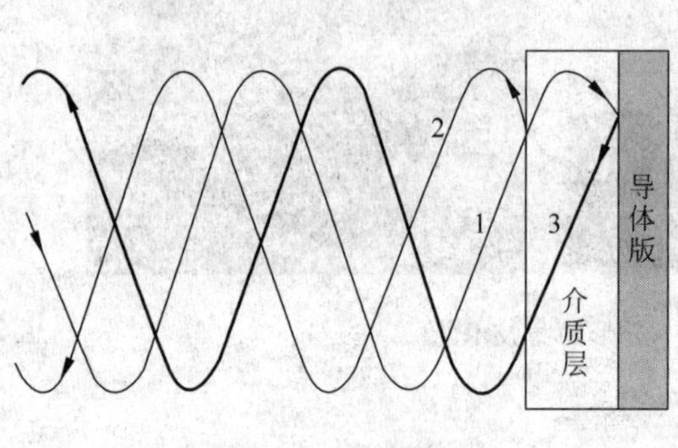

图 6.43　干涉对消

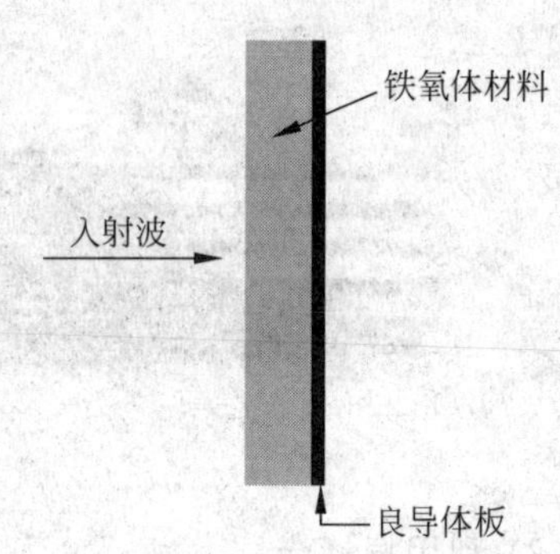

图 6.44　铁氧体吸波材料

例 6.14　100MHz 的均匀平面波垂直入射在覆有铁氧体吸波材料的良导体板上，仍如图 6.44 所示，铁氧体吸波材料的厚度为 10mm，$\mu_r=\varepsilon_r=60(2-\mathrm{j}1)$，$\sigma=0$，求铁氧体吸波材料对该信号的衰减量。

解　铁氧体吸波材料的本征阻抗为

$$\eta_2=\sqrt{\frac{\mu_0\mu_r}{\varepsilon_0\varepsilon_r}}=\sqrt{\frac{\mu_0}{\varepsilon_0}}=120\pi\Omega$$

铁氧体吸波材料的本征阻抗与空气中的波阻抗相等，所以电磁波在空气和铁氧体吸波材料的分界面上没有反射。

由式(6.91)，衰减常数可以写为

$$\alpha=\mathrm{Re}\gamma=\mathrm{Re}\sqrt{\mathrm{j}\omega\mu\sigma-\omega^2\mu\varepsilon}$$

其中 $\sigma=0$，铁氧体的 μ 和 ε 都是复数，可以写为 $\mu=\mu'-\mathrm{j}\mu''$，$\varepsilon=\varepsilon'-\mathrm{j}\varepsilon''$，代入上式可得

$$\begin{aligned}\alpha&=\mathrm{Re}\sqrt{-\omega^2\mu\varepsilon}=\mathrm{Re}[\mathrm{j}\omega\sqrt{\mu_0\varepsilon_0}\cdot\sqrt{(\mu_r'-\mathrm{j}\mu_r'')(\varepsilon_r'-\mathrm{j}\varepsilon_r'')}]\\&=\mathrm{Re}\left(\mathrm{j}\frac{2\pi}{\lambda_0}\sqrt{\mu_r\varepsilon_r}\right)\end{aligned}$$

把 μ_r 和 ε_r 代入可得

$$\alpha=\mathrm{Re}\left[\mathrm{j}\frac{2\pi}{\lambda_0}\cdot60(2-\mathrm{j}1)\right]=\mathrm{Re}\left[\frac{120\pi}{\lambda_0}(1+\mathrm{j}2)\right]=\frac{120\pi}{\lambda_0}$$

所以铁氧体吸波材料对该信号的衰减量为

$$A=\mathrm{e}^{-\alpha d}=\mathrm{e}^{-120\pi\cdot\frac{d}{\lambda_0}}\approx\mathrm{e}^{-1.257}$$

用分贝可以表示为

$$A(\mathrm{dB})=20\lg A\approx-11\mathrm{dB}$$

5）吸波尖劈

吸波尖劈如图 6.45 所示，是在泡沫塑料(聚氯乙烯树脂)中掺入碳和石墨，外面涂防火剂，是一种宽频带的损耗介质。电磁波垂直入射在吸波尖劈上，在吸波尖劈中损耗很大，所以反射很小。吸波材料做成尖劈形，是为了电磁波在传播的过程中阻抗匹配，减小反射。例如空气的波阻抗是 120πΩ，若吸波材料的 $\mu_r=1$，$\varepsilon_r=2-\mathrm{j}1$，吸波尖劈实芯部分(尖劈底部)的本征阻抗为 $120\pi/\sqrt{2-\mathrm{j}1}$，如果没有尖劈，阻抗不匹配，必然产生反射。电

磁波由劈尖处入射，逐渐到达尖劈的底部，等效介电常数和等效的本征阻抗是连续变化的，由 $120\pi\Omega$ 连续变化到 $120\pi/\sqrt{2-\mathrm{j}1}$，所以在与传播方向垂直的任意平面上(即波阵面上)阻抗都是匹配的。吸波尖劈一般用在电波暗室四壁和天花板上。

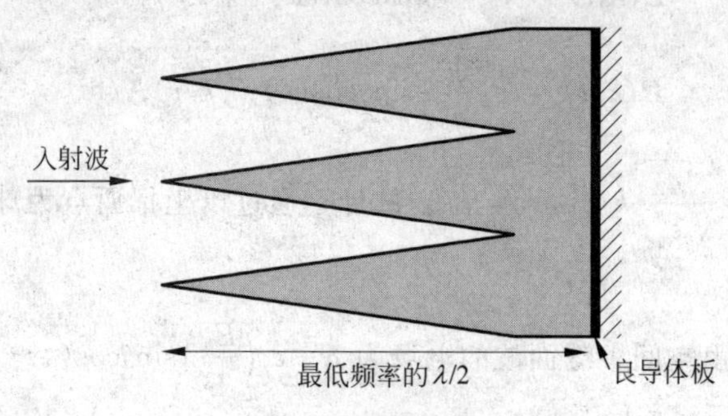

图 6.45　吸波尖劈

为了改善电磁兼容暗室空间的利用率，吸波材料可以采用铁氧体砖与尖劈的复合体，如图 6.46 所示。铁氧体材料对电磁波低频段的吸收性能比较好，在保证同样吸收性能的条件下，复合体的总长度要比单纯尖劈短得多。

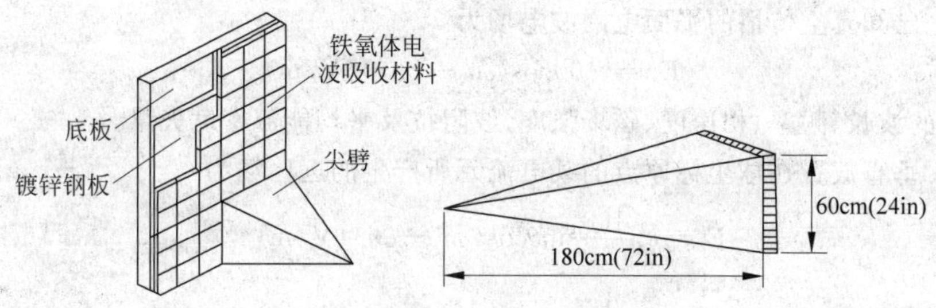

图 6.46　铁氧体砖与尖劈的复合体

第 6 章　习题

6-1　已知正弦电磁场的电场瞬时值为

$$\boldsymbol{E}(z,t)=\boldsymbol{e}_x 0.03\sin(10^8\pi t-kz)+\boldsymbol{e}_x 0.04\cos\left(10^8\pi t-kz-\frac{\pi}{3}\right)\mathrm{V/m}$$

试求：(1)电场的复矢量；(2)磁场的复矢量和瞬时值。

6-2　真空中同时存在两个正弦电磁场，电场强度分别为 $\boldsymbol{E}_1=\boldsymbol{e}_x E_{10}\mathrm{e}^{-\mathrm{j}k_1 z}$，$\boldsymbol{E}_2=\boldsymbol{e}_y E_{20}\mathrm{e}^{-\mathrm{j}k_2 z}$，试证明总的平均能流密度等于两个正弦电磁场的平均能流密度之和。

6-3　已知横截面积为 $a\times b$ 的矩形金属波导中电磁场的复数形式为

$$\boldsymbol{E}=-\boldsymbol{e}_y\mathrm{j}\omega\mu\frac{a}{\pi}H_0\sin\frac{\pi x}{a}\mathrm{e}^{-\mathrm{j}\beta z}$$

$$\boldsymbol{H}=\left(\boldsymbol{e}_x\mathrm{j}\beta\frac{a}{\pi}H_0\sin\frac{\pi x}{a}+\boldsymbol{e}_z H_0\cos\frac{\pi x}{a}\right)\mathrm{e}^{-\mathrm{j}\beta z}$$

式中 H_0、ω、μ、β 都是常数。试求：(1)瞬时坡印廷矢量；(2)平均坡印廷矢量。

6-4　在球坐标系中，已知电磁场的瞬时值

$$\boldsymbol{E}(\boldsymbol{r},t)=\boldsymbol{e}_\theta\frac{E_0}{r}\sin\theta\cos(\omega t-k_0 r)\,\mathrm{V/m}$$

$$\boldsymbol{H}(\boldsymbol{r},t)=\boldsymbol{e}_\varphi\frac{E_0}{\eta_0 r}\sin\theta\cos(\omega t-k_0 r)\,\mathrm{A/m}$$

式中 E_0 为常数，$\eta_0=\sqrt{\dfrac{\mu_0}{\varepsilon_0}}$，$k_0=\omega\sqrt{\mu_0\varepsilon_0}$。试计算通过以坐标原点为球心，以 r_0 为半径的球面 S 的总功率。

6-5　已知在自由空间中球面波的电场为 $\boldsymbol{E}=\boldsymbol{e}_\theta\left(\dfrac{E_0}{r}\right)\sin\theta\cos(\omega t-kr)$，求 $\boldsymbol{H}$ 和 k。

6-6　已知在空气中 $\boldsymbol{H}=-\mathrm{j}\boldsymbol{e}_y 2\cos(15\pi x)\mathrm{e}^{-\mathrm{j}\beta z}$，$f=3\times10^9(\mathrm{Hz})$，试求 $\boldsymbol{E}$ 和 β。

6-7　均匀平面波的磁场强度 $\boldsymbol{H}$ 的振幅为 $\dfrac{1}{3\pi}\mathrm{A/m}$，以相位常数 30rad/m 在空气中沿 $-\boldsymbol{e}_z$ 方向传播。当 $t=0$ 和 $z=0$ 时，若 $\boldsymbol{H}$ 的取向为 $-\boldsymbol{e}_y$，试写出 $\boldsymbol{E}$ 和 $\boldsymbol{H}$ 的表示式，并求出波的频率和波长。

6-8　已知真空传播的平面电磁波电场为

$$E_x=100\cos(\omega t-2\pi z)(\mathrm{V/m})$$

试求此波的波长、频率、相速度、磁场强度、波阻抗及平均能流密度矢量。

6-9　垂直放置在球坐标原点的某电流元所产生的远区场为

$$\boldsymbol{E}=\boldsymbol{e}_\theta\frac{100}{r}\sin\theta\cos(\omega t-\beta r)(\mathrm{V/m})$$

$$\boldsymbol{H}=\boldsymbol{e}_\varphi\frac{0.265}{r}\sin\theta\cos(\omega t-\beta r)(\mathrm{A/m})$$

试求穿过 $r=1000\mathrm{m}$ 的半球面的平均功率。

6-10　利用式(6.67)、式(6.68)讨论怎么构成线极化波、圆极化波和椭圆极化波。

6-11　说明下列各式表示的均匀平面波的极化形式和旋转方向。

(1) $\boldsymbol{E}=\boldsymbol{e}_x\mathrm{j}E_1\mathrm{e}^{\mathrm{j}kz}+\boldsymbol{e}_y\mathrm{j}E_1\mathrm{e}^{\mathrm{j}kz}$

(2) $\boldsymbol{E}=\boldsymbol{e}_xE_m\sin(\omega t-kz)+\boldsymbol{e}_yE_m\cos(\omega t-kz)$

(3) $\boldsymbol{E}=\boldsymbol{e}_xE_0\mathrm{e}^{-\mathrm{j}kz}-\boldsymbol{e}_y\mathrm{j}E_0\mathrm{e}^{-\mathrm{j}kz}$

(4) $\boldsymbol{E}=\boldsymbol{e}_xE_m\sin\left(\omega t-kz+\dfrac{\pi}{4}\right)+\boldsymbol{e}_yE_m\cos\left(\omega t-kz-\dfrac{\pi}{4}\right)$

(5) $\boldsymbol{E}=\boldsymbol{e}_xE_0\sin(\omega t-kz)+\boldsymbol{e}_y2E_0\cos(\omega t-kz)$

(6) $\boldsymbol{E}=\boldsymbol{e}_xE_m\sin\left(\omega t-kz-\dfrac{\pi}{4}\right)+\boldsymbol{e}_yE_m\cos(\omega t-kz)$

6-12　试证：

(1) 一个椭圆极化波可分解为一个左旋和一个右旋圆极化波；

(2) 一个圆极化波可由两个互相垂直的线极化波叠加而成。

6-13 电磁波在真空中传播，其电场强度矢量的复数表达式为

$$\boldsymbol{E}=(\boldsymbol{e}_x-\mathrm{j}\boldsymbol{e}_y)10^{-4}\mathrm{e}^{-\mathrm{j}20\pi z}\mathrm{V/m}$$

求：(1) 工作频率 f；

(2) 磁场强度矢量的复数表达式；

(3) 坡印廷矢量的瞬时值和时间平均值；

(4) 此电磁波是何种极化？旋转方向如何？

6-14 在无限空间中有一沿 z 轴方向传播的右旋圆极化波，假定它是由两个线极化波合成的。已知其中一个线极化波的电场沿 x 轴方向，在 $z=0$ 处的电场幅值为 E_0(V/m)，角频率为 ω，试写出此圆极化波的电场 $\boldsymbol{E}$ 和磁场 $\boldsymbol{H}$ 的表达式，并证明此波的时间平均能流密度矢量是两线极化波的时间平均能流密度矢量之和。

6-15 海水的电导率 $\sigma=4$S/m，相对介电常数 $\varepsilon_r=81$，相对磁导率 $\mu_r=1$，试分别计算频率 $f=10$kHz、1MHz、100MHz、1GHz 的电磁波在海水中的波长、衰减系数和波阻抗。

6-16 求证：电磁波在良导体内传播一个波长时，场量的衰减约为 55dB。

6-17 自由空间中，电场振幅 $E_1=100$V/m 的平面波透过厚度为 5μm 的银箔，如图题 6-17 所示。设 $\sigma=6.17\times10^7$S/m，$f=200$MHz，试求 E_2、E_3、E_4 的值。

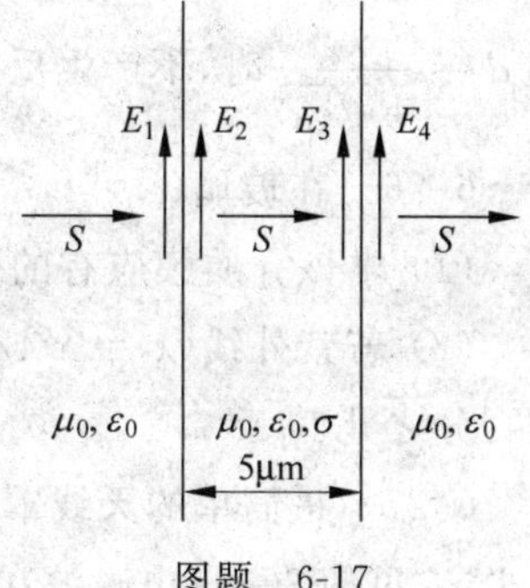

图题 6-17

6-18 一均匀平面波，频率 $f=5$GHz，媒质 1 ($z<0$)的参数为 $\varepsilon_{r1}=4$，$\mu_{r1}=1$，$\sigma_1=0$；媒质 2($z>0$)的参数为 $\varepsilon_{r2}=2$，$\mu_{r2}=50$，$\sigma_2=20$S/m。设入射波磁场 $\boldsymbol{H}_i=\boldsymbol{e}_y\cos(\omega t-\beta_1 z)$A/m，求进入媒质 2 的平均功率密度。

6-19 频率 $f=100$MHz 的均匀平面波，从空气中垂直入射到 $z=0$ 处的理想导体表面。假设入射波电场的振幅 $E_{im}=6$mV/m，沿 x 方向极化。

(1) 写出入射波电场、磁场的复数表示式和瞬时值表示式；

(2) 写出反射波电场、磁场的复数表示式和瞬时值表示式；

(3) 写出空气中合成波电场、磁场的复数表示式和瞬时值表示式；

(4) 确定距导体平面最近的合成波电场为零的位置。

6-20 一束右旋圆极化波垂直入射到位于 $z=0$ 的理想导体板上，其电场强度的复数表示式为 $\boldsymbol{E}_i=E_0(\boldsymbol{e}_x-\mathrm{j}\boldsymbol{e}_y)\mathrm{e}^{-\mathrm{j}\beta z}$。

(1) 确定反射波的极化方式；

(2) 求导体板上的感应电流；

(3) 以余弦为基准，写出总电场强度的瞬时表示式。

6-21 均匀平面波的电场振幅为 $E_m^+=100\mathrm{e}^{\mathrm{j}0}$ V/m，从空气垂直入射到无损耗的介质平面上，已知介质的 $\mu_2=\mu_0$，$\varepsilon_2=4\varepsilon_0$，$\sigma_2=0$，求反射波和透射波中电场的振幅。

6-22　当平面波自第一种理想介质向第二种理想介质垂直投射时，若媒质波阻抗 $\eta_2 > \eta_1$，证明边界处为电场驻波最大点；若 $\eta_2 < \eta_1$，则边界处为电场驻波最小点。

6-23　频率为 $f=300\text{MHz}$ 的线极化均匀平面电磁波，其电场强度振幅值为 2V/m，从空气垂直入射到 $\varepsilon_r=4$、$\mu_r=1$ 的理想介质平面上，求分界面处的：

(1) 反射系数、透射系数、驻波比；

(2) 入射波、反射波和透射波的电场和磁场；

(3) 入射波、反射波和透射波的平均能流密度。

6-24　一束圆极化波垂直投射于一块介质板上，入射电场为

$$\boldsymbol{E} = E_m(\boldsymbol{e}_x + \mathrm{j}\boldsymbol{e}_y)\mathrm{e}^{-\mathrm{j}\beta z}$$

求分界面处反射波与传输波的电场，它们的极化方式如何？

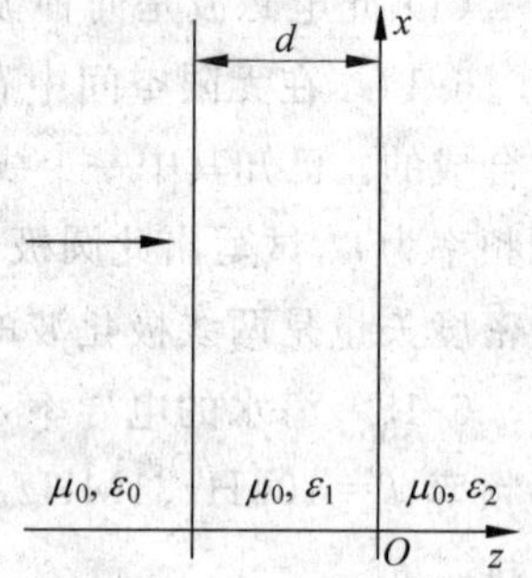

图题　6-25

6-25　如图题 6-25 所示，在 $z>0$ 区域，媒质的介电常数为 ε_2，在此媒质的表面放置厚度为 d，介电常数为 ε_1 的介质板。对于由左边垂直入射的均匀平面波，证明当 $\varepsilon_{r1} = \sqrt{\varepsilon_{r2}}$ 和 $d = \dfrac{\lambda_0}{4\sqrt{\varepsilon_{r1}}}$ 时，不产生反射。

6-26　在玻璃($\varepsilon_r=4$，$\mu_r=1$)上涂一种透明介质膜以消除红外线($\lambda_0=0.75\mu\text{m}$)反射。

(1) 求该介质膜应有的介电常数及厚度；

(2) 若紫外线($\lambda_0'=0.42\mu\text{m}$)垂直照射至涂有介质膜的玻璃上，反射功率占入射功率的百分之几？

6-27　最简单的天线罩是单层介质板。如已知介质板的 $\varepsilon=2.8\varepsilon_0$，问介质的厚度应为多少，方可使 3GHz 电磁波在垂直入射于板面时没有反射。当频率为 3.1GHz 及 2.9GHz 时，反射增大多少？

6-28　有一正弦均匀平面波由空气斜入射到 $z=0$ 的理想导体平面上，其电场强度的复数表示式为 $\boldsymbol{E}(x,z)=\boldsymbol{e}_y 10\mathrm{e}^{-\mathrm{j}(6x+8z)}\ \text{V/m}$。

(1) 求波的频率和波长；

(2) 以余弦函数为基准，写出入射波电场和磁场的瞬时表示式；

(3) 确定入射角；

(4) 求反射波电场和磁场的复数表示式；

(5) 求合成波电场和磁场的复数表示式。

6-29　一个线极化平面波从自由空间入射到 $\varepsilon_r=4$，$\mu_r=1$ 的电介质分界面上，如果入射波电场矢量与入射面的夹角为 45°。试求：

(1) 入射角为何值时，反射波只有垂直极化波；

(2) 此时反射波的平均能流是入射波的百分之几？

6-30 垂直极化波从水下源以入射角 $\theta_i=20°$ 投射到水与空气的分界面上。水的 $\varepsilon_r=81$，$\mu_r=1$。试求：

(1) 临界角 θ_c；

(2) 反射系数 $\Gamma_\perp$；

(3) 传输系数 $\tau_\perp$。

6-31 当平面波向等腰直角玻璃棱镜的底边垂直投射时，如图题 6-31 所示，若玻璃的相对介电常数 $\varepsilon_r=4$，试求反射功率 W_r 与入射功率 W_i 之比。

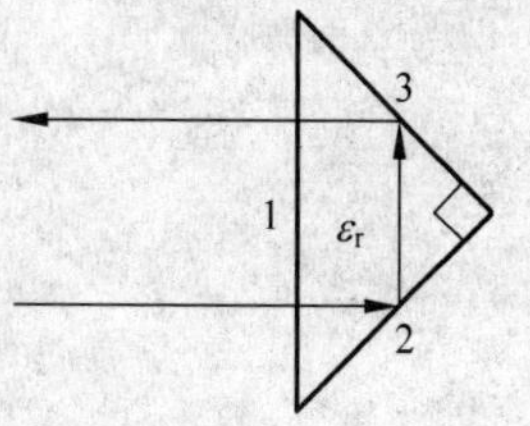

图题 6-31

瑞利

(Rayleigh, John William Strutt, Lord, 1842—1919,英国)

1895 年成功地分离出氩,从而获得 1904 年诺贝尔奖。1897 年建立了金属波导管内电磁波传播的理论,指出在金属空管内存在着各种电磁波模式的可能性,并引入了截止波长的概念。

第7章 导行电磁波

本章将研究电磁波沿导波系统传播的规律。导波系统是用来引导传输电磁波能量和信息的装置,如信号从发射机到天线或从天线到接收机的传送。常见的导波系统如图7.1所示,有传输线,如平行双线、同轴线;金属波导,如矩形波导、圆波导;介质波导,如光纤;表面波导,如微带线。本章只介绍导行电磁波基本的分析方法,更深入的内容将在《微波技术》课程中学习。

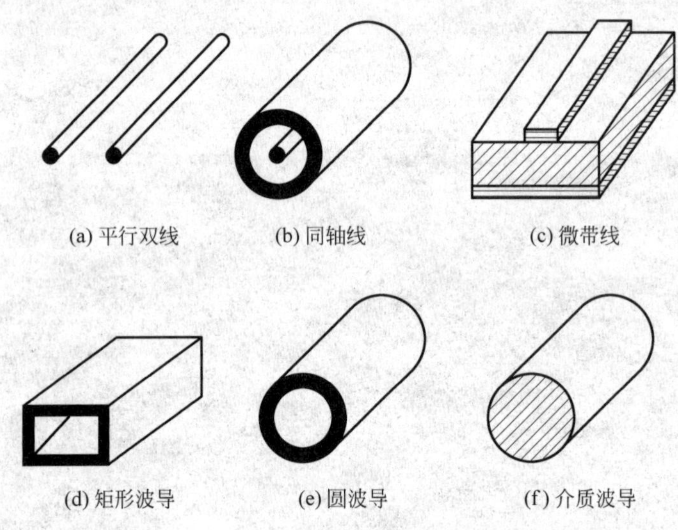

图7.1　常见的几种导波系统

7.1 传输线

在这一节中将讨论传输TEM波的平行双线导波系统,采用"路"的分析方法,把传输线作为分布参数电路,得到由传输线单位长度电阻、电感、电容和电导组成的等效电路,进而研究波沿传输线的传输特性。

7.1.1 传输线的分布参数及其等效电路

设传输线的几何长度为l,工作波长为λ,则传输线的电长度为l/λ。一般认为电长度$l/\lambda>0.1$的传输线是长线,长线上各点的电流(电压)的大小和相位均不相等,需采用分布参数电路;几何长度与工作波长相比可以忽略不计的传输线是短线,短线上各点的电流(电压)的大小和相位近似相等,可采用集中参数电路分析。在微波段工作的传输线,满足长线的条件,应采用分布参数电路分析。

1. 传输线的分布参数

设传输线的分布参数沿线是均匀分布的(传输线的截面尺寸、形状、材料、周围媒质特性沿传输线轴线方向不改变),这种传输线称为均匀传输线。均匀传输线单位长度上

的分布电阻用 R_1 表示，单位长度的分布电导用 G_1 表示，单位长度的分布电容用 C_1 表示，单位长度的分布电感用 L_1 表示。显然 R_1、G_1、C_1、L_1 均是常数。

2. 均匀传输线的等效电路

对于均匀传输线，由于电路参数沿线均匀分布，故可任取一小线元 Δz 来分析，此线元满足 $\Delta z \ll \lambda$，是一个短线，则此线元可等效成集总参数电路，等效参数为 $R_1\Delta z$、$L_1\Delta z$、$C_1\Delta z$、$G_1\Delta z$，线元等效电路如图 7.2 所示。

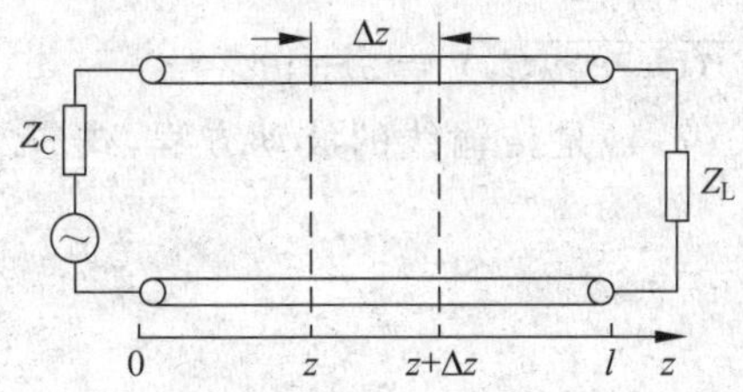

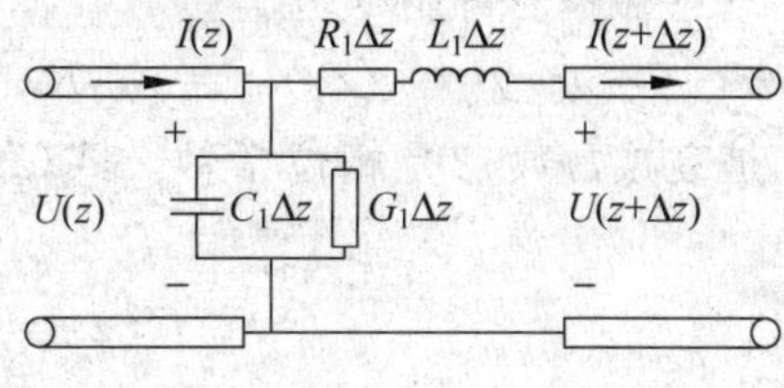

图 7.2 线元等效电路

整个传输线由许多小线元组成，故整个传输线的等效集总参数电路可以看成是由许多线元的 Γ 型网络链接而成，如图 7.3 所示。

对于无耗网络，$R_1=0$、$G_1=0$，则等效电路如图 7.4 所示。

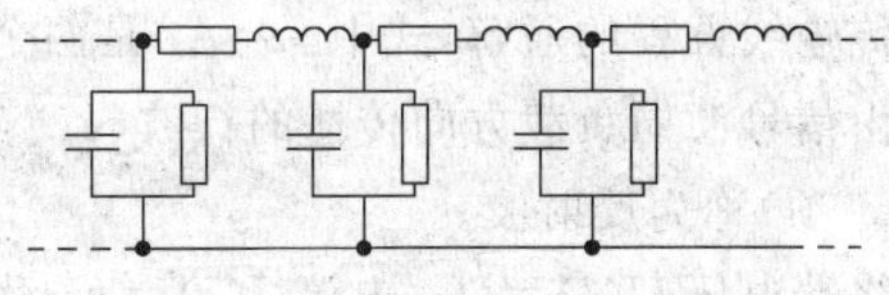

图 7.3 传输线集总参数电路

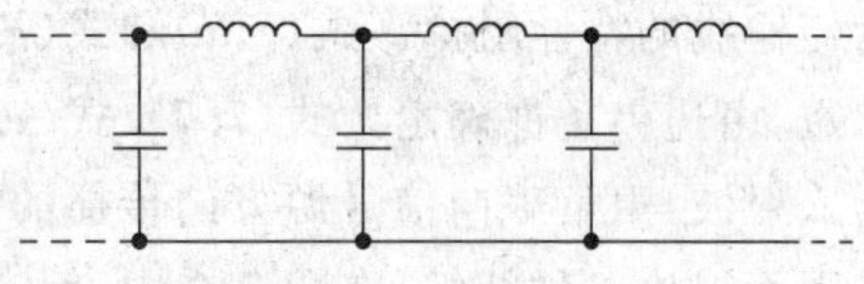

图 7.4 无耗线等效电路

7.1.2 均匀传输线方程及其解

1. 均匀传输线方程

在如图 7.2 所示的等效电路中，设在时刻 t，位置 z 处的电压和电流分别为 $U(z,t)$ 和 $I(z,t)$，而在位置 $z+\Delta z$ 处的电压和电流分别为 $U(z+\Delta z,t)$ 和 $I(z+\Delta z,t)$。可以看出

$$\begin{aligned} -\mathrm{d}U(z) &= I(z)Z_1\mathrm{d}z \\ -\mathrm{d}I(z) &= U(z)Y_1\mathrm{d}z \end{aligned} \tag{7.1}$$

其中 $Z_1=R_1+\mathrm{j}\omega L_1$，$Y_1=G_1+\mathrm{j}\omega C_1$，分别表示传输线单位长度的串联阻抗和并联导纳。式(7.1)可以写为

$$\frac{\mathrm{d}U(z)}{\mathrm{d}z}=-Z_1I(z) \tag{7.2}$$

$$\frac{\mathrm{d}I(z)}{\mathrm{d}z}=-Y_1U(z) \tag{7.3}$$

2. 均匀传输线方程的解

式(7.2)、式(7.3)再对 z 求导可得

$$\frac{\mathrm{d}^2U(z)}{\mathrm{d}z^2}-\gamma^2U(z)=0 \tag{7.4}$$

$$\frac{\mathrm{d}^2I(z)}{\mathrm{d}z^2}-\gamma^2I(z)=0 \tag{7.5}$$

其中 γ 为传输线的传播常数

$$\gamma=\sqrt{Z_1Y_1}=\sqrt{(R_1+\mathrm{j}\omega L_1)(G_1+\mathrm{j}\omega C_1)}=\alpha+\mathrm{j}\beta \tag{7.6}$$

其中 α 是衰减常数,β 是相位常数。式(7.4)、式(7.5)是传输线的波动方程,式(7.4)的解为

$$U(z)=A_1\mathrm{e}^{-\gamma z}+A_2\mathrm{e}^{\gamma z} \tag{7.7}$$

由式(7.2)可得

$$I(z)=-\frac{1}{Z_1}\frac{\mathrm{d}U(z)}{\mathrm{d}z}=\frac{1}{Z_0}(A_1\mathrm{e}^{-\gamma z}-A_2\mathrm{e}^{\gamma z}) \tag{7.8}$$

其中

$$Z_0=\sqrt{\frac{Z_1}{Y_1}}=\sqrt{\frac{R_1+\mathrm{j}\omega L_1}{G_1+\mathrm{j}\omega C_1}} \tag{7.9}$$

称为传输线的特性阻抗。式(7.7)和式(7.8)是传输线方程的通解,式中 A_1、A_2 是两个待定常数,由边界条件确定。式(7.7)、式(7.8)中由信号源向负载方向传播的行波($\mathrm{e}^{-\gamma z}$项)称为入射波,由负载向信号源方向传播的行波($\mathrm{e}^{\gamma z}$项)称为反射波。

下面讨论一种特解,在图7.2中,假定已知终端电压 $U(l)=U_L$、电流 $I(l)=I_L$,代入式(7.7)和式(7.8),经推导可得

$$\begin{cases}U(z)=\dfrac{U_L+I_LZ_0}{2}\mathrm{e}^{\gamma(l-z)}+\dfrac{U_L-I_LZ_0}{2}\mathrm{e}^{-\gamma(l-z)}\\[2ex] I(z)=\dfrac{U_L+I_LZ_0}{2Z_0}\mathrm{e}^{\gamma(l-z)}-\dfrac{U_L-I_LZ_0}{2Z_0}\mathrm{e}^{-\gamma(l-z)}\end{cases} \tag{7.10}$$

现在改变一下坐标系,如图7.5所示,z 坐标由源点→负载,d 坐标由负载→源点,可以看出,$d=l-z$,则式(7.10)变为

$$\begin{cases}U(d)=\dfrac{U_L+I_LZ_0}{2}\mathrm{e}^{\gamma d}+\dfrac{U_L-I_LZ_0}{2}\mathrm{e}^{-\gamma d}\\[2ex] I(d)=\dfrac{U_L+I_LZ_0}{2Z_0}\mathrm{e}^{\gamma d}-\dfrac{U_L-I_LZ_0}{2Z_0}\mathrm{e}^{-\gamma d}\end{cases} \tag{7.11}$$

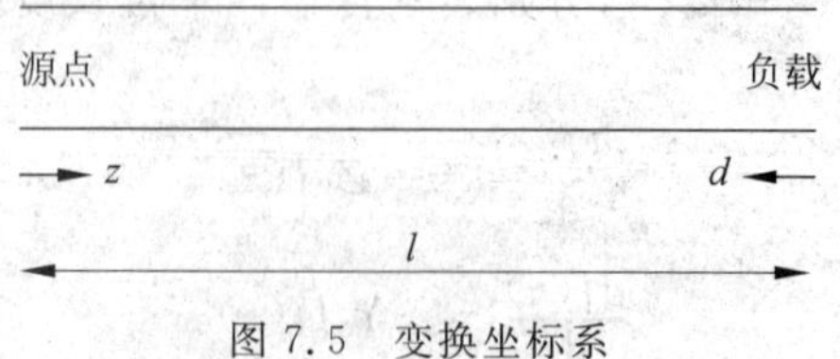

图7.5 变换坐标系

对无耗传输线，$R_1=0$、$G_1=0$，则式(7.6)、式(7.9)变为

$$\gamma = \mathrm{j}\omega\sqrt{L_1C_1} = \mathrm{j}\beta \tag{7.12}$$

$$Z_0 = \sqrt{\frac{L_1}{C_1}} \tag{7.13}$$

将式(7.12)代入式(7.11)，可得无耗传输线的解为

$$\begin{cases} U(d) = U_{\mathrm{L}}\cos\beta d + \mathrm{j}I_{\mathrm{L}}Z_0\sin\beta d \\ I(d) = \mathrm{j}\,\dfrac{U_{\mathrm{L}}}{Z_0}\sin\beta d + I_{\mathrm{L}}\cos\beta d \end{cases} \tag{7.14}$$

3. 均匀传输线方程解的物理意义

传输线上任意位置的电压和电流都是入射波(用 U^+、I^+ 表示)和反射波(用 U^-、I^- 表示)的叠加，用复振幅可以表示为

$$\begin{cases} U(z) = U^+(z) + U^-(z) = A_1\mathrm{e}^{-\gamma z} + A_2\mathrm{e}^{\gamma z} \\ I(z) = \dfrac{1}{Z_0}[U^+(z) - U^-(z)] = I^+(z) + I^-(z) \end{cases} \tag{7.15}$$

相应的特解为

$$\begin{cases} U(d) = U_{\mathrm{L}}^+\mathrm{e}^{\gamma d} + U_{\mathrm{L}}^-\mathrm{e}^{-\gamma d} = U^+(d) + U^-(d) \\ I(d) = \dfrac{U_{\mathrm{L}}^+}{Z_0}\mathrm{e}^{\gamma d} - \dfrac{U_{\mathrm{L}}^-}{Z_0}\mathrm{e}^{-\gamma d} = I^+(d) + I^-(d) \end{cases} \tag{7.16}$$

式中，U_{L}^+、U_{L}^- 分别是负载处入射波电压与反射波电压的复振幅。$U^{\pm}(d)$和 $I^{\pm}(d)$可以写为

$$\begin{cases} U^{\pm}(d) = \dfrac{U_{\mathrm{L}} \pm I_{\mathrm{L}}Z_0}{2}\mathrm{e}^{\pm\gamma d} \\ I^{\pm}(d) = \pm\dfrac{U_{\mathrm{L}} \pm I_{\mathrm{L}}Z_0}{2Z_0}\mathrm{e}^{\pm\gamma d} \end{cases} \tag{7.17}$$

7.1.3 传输线上行波的特性参数

1. 特性阻抗 Z_0

特性阻抗定义为传输线上入射波电压和入射波电流之比，即

$$Z_0 = \frac{U^+(z)}{I^+(z)} = \sqrt{\frac{R_1 + \mathrm{j}\omega L_1}{G_1 + \mathrm{j}\omega C_1}} \tag{7.18}$$

一般情况下，Z_0 是一个与传输线的分布参数和工作频率有关的复杂复函数。对于无耗传输线，$R_1=0$，$G_1=0$，则

$$Z_0 = \sqrt{L_1/C_1} \tag{7.19}$$

可以看出，无耗传输线的特性阻抗为一实数，无耗传输线上各点的电压与电流相位相同，Z_0 的大小与工作频率无关，仅取决于传输线本身的固有参数(L_1、C_1)，即传输线的形式、

尺寸和周围介质的特性。

例如,对于平行双线,单位长度的电容 $C_1=\dfrac{\pi\varepsilon}{\ln(2D/d)}$、单位长度的电感 $L_1=\dfrac{\mu}{\pi}\ln\dfrac{2D}{d}$,代入式(7.19)可得

$$Z_0=\frac{120}{\sqrt{\varepsilon_r}}\ln\frac{2D}{d} \tag{7.20}$$

其中 d 是导线的直径,D 是两线中心之间的距离。

对于同轴线,单位长度的电容 $C_1=\dfrac{2\pi\varepsilon}{\ln(D/d)}$、单位长度的电感 $L_1=\dfrac{\mu}{2\pi}\ln\dfrac{D}{d}$,代入式(7.19)可得

$$Z_0=\frac{60}{\sqrt{\varepsilon_r}}\ln\frac{D}{d} \tag{7.21}$$

其中 d 是内导线的直径,D 是外导体的内直径。

2. 传播常数 γ

传播常数是描述传输线上导波沿导波系统传播过程中衰减和相移的参数,一般为复数,表达式为式(7.6),其中 α 是单位长度上的衰减量,称为衰减常数,单位为 dB/m(有时也用 Np/m,1Np/m=8.86dB/m);β 为相移常数,表示传输线上单位长度波的相位变化,单位为 rad/m。

对于无耗传输线,$R_1=G_1=0$,则 $\alpha=0$,此时 $\gamma=j\beta=j\omega\sqrt{L_1C_1}$。

3. 导波波长 λ_g

在同一瞬时,传输线上导波的相位相差 2π 的两点之间的距离称为导波波长,用 λ_g 表示为

$$\lambda_g=\frac{2\pi}{\beta} \tag{7.22}$$

4. 相速度

相速度定义为某一频率行波的某一恒定相位点传播的速度,表达式为

$$v_p=\frac{\omega}{\beta}=f\lambda_g \tag{7.23}$$

对于无耗传输线

$$v_p=\frac{\omega}{\beta}=\frac{1}{\sqrt{L_1C_1}} \tag{7.24}$$

对于平行双线和同轴线 $v_p=c/\sqrt{\varepsilon_r}$,由此可见,在平行线和同轴线等 TEM 波传输线中,波的相速度等于波在相应的无限大介质中的传播速度,与频率无关,传输的是非色散波,所以这类传输线具有宽频带的优点。

7.1.4 传输线的工作参数

1. 输入阻抗

输入阻抗定义为传输线上任一点的输入电压与该点的输入电流之比，即

$$Z_{\text{in}}(d)=\frac{U(d)}{I(d)} \tag{7.25}$$

对于无耗传输线，将式(7.14)代入式(7.25)可得

$$Z_{\text{in}}(d)=\frac{U(d)}{I(d)}=Z_0\,\frac{Z_{\text{L}}+\text{j}Z_0\tan\beta d}{Z_0+\text{j}Z_{\text{L}}\tan\beta d} \tag{7.26}$$

其中 $Z_{\text{L}}=U_{\text{L}}/I_{\text{L}}$ 是负载阻抗。

2. 反射系数

反射系数定义为传输线上某一点处的反射波电压(或电流)与入射波电压(或电流)之比，由式(7.16)

$$\begin{cases}\Gamma_u(d)=\dfrac{U^-(d)}{U^+(d)}=\Gamma_{\text{L}}\text{e}^{-2\alpha d}\text{e}^{-\text{j}2\beta d}=|\Gamma_{\text{L}}|\text{e}^{-2\alpha d}\text{e}^{\text{j}\psi}\\[2ex]\Gamma_i(d)=\dfrac{I^-(d)}{I^+(d)}=-\Gamma_u(d)\end{cases} \tag{7.27}$$

其中，$\psi=\psi_{\text{L}}-2\beta d$，$\Gamma_{\text{L}}$ 为终端反射系数，表达式为式(7.28)。如不特别说明，反射系数是指电压反射系数，用 $\Gamma(d)$ 表示。终端反射系数与负载阻抗的关系为

$$\Gamma_{\text{L}}=\frac{U_{\text{L}}^-}{U_{\text{L}}^+}=\frac{U_{\text{L}}-I_{\text{L}}Z_0}{U_{\text{L}}+I_{\text{L}}Z_0}=\frac{Z_{\text{L}}-Z_0}{Z_{\text{L}}+Z_0}=|\Gamma_{\text{L}}|\text{e}^{\text{j}\psi_{\text{L}}} \tag{7.28}$$

传输线上任一点的输入阻抗和反射系数的关系为

$$Z_{\text{in}}(d)=\frac{U(d)}{I(d)}=\frac{U^+(d)+U^-(d)}{I^+(d)+I^-(d)}=\frac{U^+(d)[1+\Gamma(d)]}{I^+(d)[1-\Gamma(d)]}=Z_0\,\frac{1+\Gamma(d)}{1-\Gamma(d)} \tag{7.29}$$

还可以写成

$$\Gamma(d)=\frac{Z_{\text{in}}(d)-Z_0}{Z_{\text{in}}(d)+Z_0} \tag{7.30}$$

3. 驻波比与行波系数

驻波比 S 定义为传输线上电压(或电流)最大值与最小值之比，行波系数 K 定义为传输线上电压(或电流)的最小值与最大值之比，即驻波比的倒数，于是有

$$S=\frac{|U(d)|_{\max}}{|U(d)|_{\min}}=\frac{|I(d)|_{\max}}{|I(d)|_{\min}}=\frac{1}{K} \tag{7.31}$$

对于无耗传输线，$\gamma=\text{j}\beta$，代入式(7.16)可得

$$U(d)=U_{\text{L}}^+\text{e}^{\text{j}\beta d}+U_{\text{L}}^-\text{e}^{-\text{j}\beta d}=U_{\text{L}}^+\text{e}^{\text{j}\beta d}[1+|\Gamma_{\text{L}}|\text{e}^{\text{j}(\psi_{\text{L}}-2\beta d)}] \tag{7.32}$$

由式(7.32)可知

$$\begin{cases}|U(d)|_{\max}=|U_L^+|(1+|\Gamma_L|)\\|U(d)|_{\min}=|U_L^+|(1-|\Gamma_L|)\end{cases}\tag{7.33}$$

即反射波与入射波同相位时，合成波幅值最大，该点称为电压驻波腹点；反射波与入射波反相位时，合成波幅值最小，该点称为电压驻波节点。将式(7.33)代入式(7.31)，可得

$$S=\frac{1+|\Gamma_L|}{1-|\Gamma_L|}\tag{7.34}$$

当$|\Gamma_L|=0$时，$S=1$和$K=1$，表示传输线上没有反射波，即为匹配状态。

7.1.5 无耗传输线工作状态分析

根据传输线终端所接的负载阻抗的不同，它可具有三种不同的工作状态，即行波、驻波和行驻波状态。

1. 行波状态(无反射情况)

行波状态是无反射的传输状态，此时反射系数为零，由式(7.28)可得$Z_L=Z_0$，称此时的负载为匹配负载，传输线处于匹配状态。传输线上电压、电流的瞬时值为

$$\begin{cases}U(d,t)=\mathrm{Re}[U(d)\mathrm{e}^{\mathrm{j}\omega t}]=|U_L^+|\cos(\omega t+\beta d+\psi_u)\\I(d,t)=\mathrm{Re}[I(d)\mathrm{e}^{\mathrm{j}\omega t}]=\dfrac{|U_L^+|}{Z_0}\cos(\omega t+\beta d+\psi_u)\end{cases}\tag{7.35}$$

其中ψ_u是入射波电压的初相位。传输线上的阻抗分布

$$Z_{in}(d)=\frac{U(d)}{I(d)}=Z_0\tag{7.36}$$

传输线上传输的功率为

$$P(d)=\frac{1}{2}\mathrm{Re}[U(d)I^*(d)]=\frac{1}{2}\frac{|U_L^+|}{Z_0}\tag{7.37}$$

综上所述，行波的特点如下：沿线各点电压、电流的振幅不变；沿线各点的输入阻抗等于特性阻抗；线上任一点的电压和电流相位相同；线上各点传输功率相等。

2. 驻波状态(全反射情况)

当传输线终端短路、开路或接纯电抗负载时，终端的入射波将被全反射，沿线入射波与反射波叠加形成驻波分布。

1) 终端短路($Z_L=0$)

当$Z_L=0$时，由式(7.28)、式(7.34)、式(7.27)分别可得：$\Gamma_L=-1$，$S=\infty$，$|\Gamma(d)|=+1$，即$|U^-(d)|=|U^+(d)|$，此式说明当传输线终端短路时，反射波与入射波振幅相等，线上将产生全反射，因此传输线工作于纯驻波状态。

由$\Gamma_L=U_L^-/U_L^+=-1$、$\Gamma_{iL}=I_L^-/I_L^+=1$可见，终端负载处电压反射波与入射波反相叠加，是电压驻波节点；而电流反射波与入射波同相叠加，是电流腹点。

由式(7.16)得沿无耗线电压分布

$$\begin{cases}U(d)=U_L^+\mathrm{e}^{\mathrm{j}\beta d}+U_L^-\mathrm{e}^{-\mathrm{j}\beta d}=U_L^+(\mathrm{e}^{\mathrm{j}\beta d}-\mathrm{e}^{-\mathrm{j}\beta d})=2U_L^+\mathrm{j}\sin\beta d\\ I(d)=\dfrac{U_L^+}{Z_0}\mathrm{e}^{\mathrm{j}\beta d}-\dfrac{U_L^-}{Z_0}\mathrm{e}^{-\mathrm{j}\beta d}=\dfrac{U_L^+}{Z_0}(\mathrm{e}^{\mathrm{j}\beta d}+\mathrm{e}^{-\mathrm{j}\beta d})=2\dfrac{U_L^+}{Z_0}\cos\beta d\end{cases}\tag{7.38}$$

瞬时值表达式为

$$\begin{cases}U(d,t)=\mathrm{Re}[U(d)\mathrm{e}^{\mathrm{j}\omega t}]=2\mid U_L^+\mid\sin\beta d\cos\left(\omega t+\dfrac{\pi}{2}+\psi_u\right)\\ I(d,t)=\mathrm{Re}[I(d)\mathrm{e}^{\mathrm{j}\omega t}]=\dfrac{2\mid U_L^+\mid}{Z_0}\cos\beta d\cos(\omega t+\psi_u)\end{cases}\tag{7.39}$$

传输线上阻抗分布为

$$Z_{\mathrm{in}}(d)=\frac{U(d)}{I(d)}=\mathrm{j}Z_0\tan\beta d\tag{7.40}$$

由式(7.38)、式(7.39)、式(7.40)可画出终端短路传输线上，沿线电压、电流、输入阻抗分布，如图7.6所示。

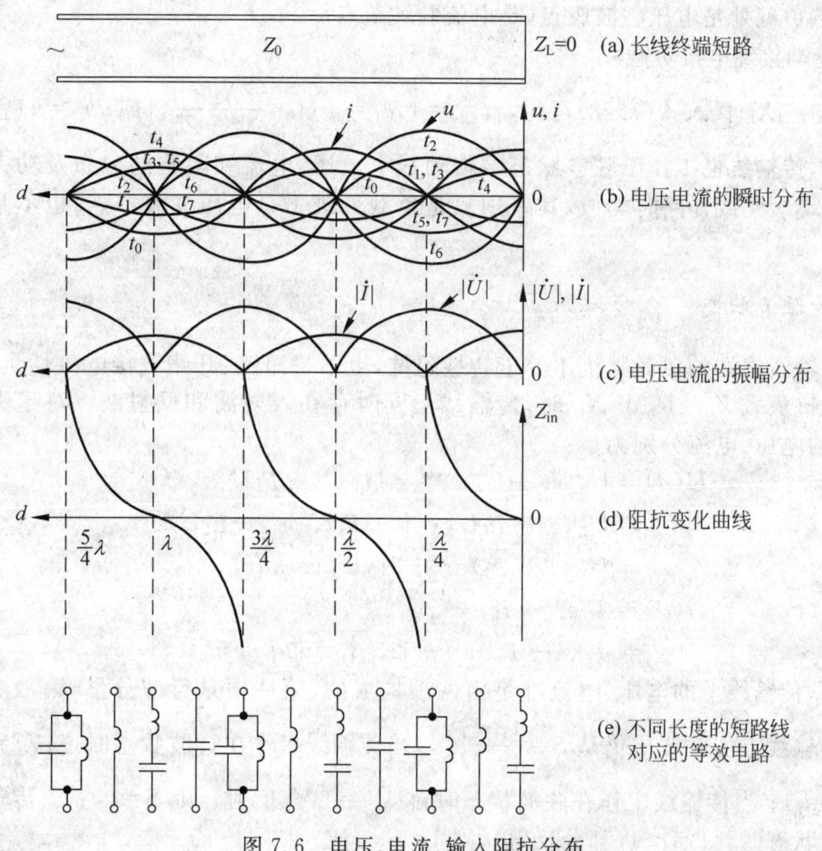

图7.6 电压、电流、输入阻抗分布

可以看出：

(1) 瞬时电压或电流的振幅随位置 d 作正弦或余弦变化，瞬时电压和电流的相位差为 $\pi/2$。

(2) 当 $d=(2n+1)\lambda/4(n=0,1,\cdots)$时,$|U(d)|_{\max}=2|U_L^+|$,$|I(d)|_{\min}=0$,电压振幅恒为最大值,电流振幅恒为零,这些点称为电压的波腹点和电流的波节点;当 $d=n\lambda/2$ $(n=0,1,\cdots)$时,$|U(d)|_{\min}=0$,$|I(d)|_{\max}=2|U_L^+|/Z_0=2|I_L^+|$,电流振幅恒为最大值,而电压振幅恒为零,这些点称为电流的波腹点和电压的波节点。可以看出,线上电压或电流相邻的两节点(或腹点)间距离为$\lambda/2$,而相邻节点与腹点间距离为$\lambda/4$。

(3) 传输线上传输的功率 $P(d)=\frac{1}{2}\mathrm{Re}[U(d)I^*(d)]=0$。可见在驻波状态下,传输线不能传输能量而只能储存能量,电场能量和磁场能量相互转换。

(4) 传输线上各点阻抗为纯电抗,在电压波节点处 $Z_{in}=0$,相当于串联谐振,在电压波腹点处 $Z_{in}=\mathrm{j}|\infty|$,相当于并联谐振,在 $0<d<\lambda/4$ 内,$Z_{in}=\mathrm{j}X$ 相当于一个纯电感,在 $\lambda/4<d<\lambda/2$ 内,$Z_{in}=-\mathrm{j}X$ 相当于一个纯电容,阻抗随距离周期性变化,周期为$\lambda/2$。

2) 终端开路($Z_L=\infty$)

当 $Z_L=\infty$时,由式(7.28)、式(7.27)、式(7.34)分别可得:$\Gamma_L=1$,$|\Gamma(d)|=1$,$S=\infty$,$|U^-(d)|=|U^+(d)|$,由此可知,当传输线终端开路时,传输线也是工作于纯驻波状态,终端负载处是电压驻波腹点,是电流驻波节点。

3) 终端接纯电抗负载

将 $Z_L=\mathrm{j}X_L$ 代入式(7.28)可得,$|\Gamma_L|=1$,$\phi_L=\arctan\dfrac{2X_LZ_0}{X_L^2-Z_0^2}$,$|\Gamma(d)|=|\Gamma_L|=1$,产生全反射,传输线也工作于驻波状态。传输线上电压、电流和阻抗的分布及功率传输情况也与终端短路或开路时类似,其差别只是负载处既不是电压驻波节点,也不是电压驻波腹点。

3. 行驻波状态

当传输线终端的负载阻抗不等于特性阻抗,也不是短路、开路或接电抗性负载,而是接任意阻抗负载 $Z_L=R_L+\mathrm{j}X_L$ 时,传输线上同时存在入射波和反射波。对于无耗传输线,线上的电压、电流分别为

$$\begin{aligned}U(d)&=U_L^+\mathrm{e}^{\mathrm{j}\beta d}+U_L^-\mathrm{e}^{-\mathrm{j}\beta d}=U_L^+\mathrm{e}^{\mathrm{j}\beta d}+\Gamma_LU_L^+\mathrm{e}^{-\mathrm{j}\beta d}\\&=U_L^+\mathrm{e}^{\mathrm{j}\beta d}+\Gamma_LU_L^+\mathrm{e}^{-\mathrm{j}\beta d}+\Gamma_LU_L^+\mathrm{e}^{\mathrm{j}\beta d}-\Gamma_LU_L^+\mathrm{e}^{\mathrm{j}\beta d}\\&=U_L^+(1-\Gamma_L)\mathrm{e}^{\mathrm{j}\beta d}+2\Gamma_LU_L^+\cos\beta d\end{aligned}\tag{7.41}$$

$$\begin{aligned}I(d)&=I_L^+\mathrm{e}^{\mathrm{j}\beta d}+I_L^-\mathrm{e}^{-\mathrm{j}\beta d}\\&=I_L^+(1-\Gamma_L)\mathrm{e}^{\mathrm{j}\beta d}+\mathrm{j}2\Gamma_LI_L^+\sin\beta d\end{aligned}\tag{7.42}$$

可以看出,传输线上的电压、电流都是由两项构成的,第一项是行波分量,第二项是驻波分量。传输线上的驻波比仍是 $S=\dfrac{1+|\Gamma_L|}{1-|\Gamma_L|}$,当传输线工作在行波状态时,$|\Gamma_L|=0$(无反射),则 $S=1$;当传输线工作在驻波状态时,$|\Gamma_L|=1$(全反射),则 $S=\infty$;当传输线工作在行驻波状态时,$|\Gamma_L|<1$(部分反射),则 $1<S<\infty$。

7.1.6 史密斯圆图

史密斯圆图(Smith Chart)是用来分析传输线匹配问题的有效工具,具有概念清晰、

求解直观、精确度较高等特点，被广泛应用于微波工程中。

1. 阻抗圆图

为了使阻抗圆图适用于任意特性阻抗的传输线的计算，圆图上的阻抗均采用归一化值(用小写字母表示)。由式(7.29)可得归一化输入阻抗与该点反射系数的关系为

$$z_{\text{in}}(d)=\frac{Z_{\text{in}}(d)}{Z_0}=\frac{1+\Gamma(d)}{1-\Gamma(d)} \tag{7.43}$$

由式(7.28)，归一化负载阻抗可以写为

$$z_{\text{L}}=\frac{Z_{\text{L}}}{Z_0}=\frac{1+\Gamma_{\text{L}}}{1-\Gamma_{\text{L}}} \quad \text{或} \quad \Gamma_{\text{L}}=\frac{z_{\text{L}}-1}{z_{\text{L}}+1} \tag{7.44}$$

为了实现 $\Gamma(d)$ 与 $z_{\text{in}}(d)$ 之间的图解换算，可将反射系数和反射系数与阻抗的关系叠画在一个复平面上，这就构成了阻抗圆图。阻抗圆图是由等反射系数圆族、等电阻圆族、等电抗圆族及等相位线族组成，下面分别进行讨论。

1) 等反射系数圆

若已知终端反射系数 $\Gamma_{\text{L}}=|\Gamma_{\text{L}}|\text{e}^{\text{j}\psi_{\text{L}}}$，对于无耗传输线，由式(7.27)，距终端 d 处的反射系数为

$$\begin{aligned}\Gamma(d)&=\Gamma_{\text{L}}\text{e}^{-\text{j}2\beta d}=|\Gamma_{\text{L}}|\text{e}^{\text{j}(\psi_{\text{L}}-2\beta d)}\\&=|\Gamma_{\text{L}}|\text{e}^{\text{j}\psi}\end{aligned} \tag{7.45}$$

由式(7.44)可知，当负载阻抗 z_{L} 一定时，$|\Gamma_{\text{L}}|$ 是一个常数，故式(7.45)表示的是极坐标内(复平面)的圆方程。也就是说，在复平面上等反射系数模的轨迹是以坐标原点为圆心、$|\Gamma_{\text{L}}|$ 为半径的圆，这个圆称为等反射系数圆。不同的反射系数模，对应不同大小的圆。因为 $|\Gamma_{\text{L}}|\leqslant 1$，因此所有的反射系数圆都位于单位圆内，这一组圆族称为等反射系数圆族，如图 7.7 所示。一般等反射系数圆不画在圆图中，其相位标度尺在圆图旁边。

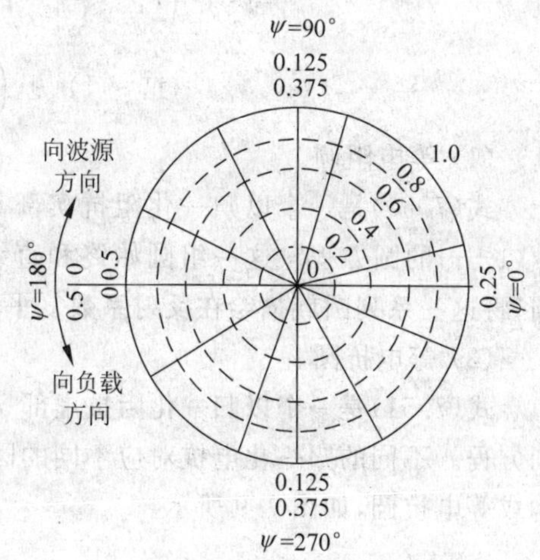

图 7.7　等反射系数圆

2) 等相位线

由式(7.45)可知，离终端距离为 d 处，反射系数的相位为

$$\psi=\psi_{\text{L}}-2\beta d \tag{7.46}$$

式(7.46)为直线方程，即表明在极坐标系内，等相位线是由原点发出的一系列的射线，在单位圆外设置等相位线角度的刻度尺，标出反射系数的相位角，标度范围为 0°～360°，如图 7.7 所示。

式(7.46)表明，反射系数的相位角与传输线上的电长度具有一一对应的关系，故可在角度的刻度尺外设置电长度刻度尺。由式(7.46)可以证明，线上 A、B 两点处的反射系数关系为

$$\Gamma(d_{\text{A}})=\Gamma(d_{\text{B}})\text{e}^{\text{j}\Delta\psi} \tag{7.47}$$

其中

$$\Delta\psi = \psi_A - \psi_B = \frac{4\pi}{\lambda}(d_B - d_A) = \frac{4\pi}{\lambda}\Delta d \tag{7.48}$$

表示传输线上移动的距离 Δd 与圆图上转动的角度 $\Delta\psi$ 之间的关系,由式(7.48)可见,在圆图上反射系数转动一周,线上移动长度 $\lambda/2$,故电长度刻度尺标度范围为 $0\sim\lambda/2$,零点位置通常选在 $\psi=\pi$ 处;为了使用方便,有的圆图上标有两个方向的波长数数值,如图7.7所示。向负载方向移动读里圈读数,向波源方向移动读外圈读数。一般等相位线并不画出。

3) 阻抗圆图

为了在 Γ 复平面上叠画出归一化阻抗 z_{in} 的坐标,设 $\Gamma=\Gamma_r+j\Gamma_i$,$z_{in}=r+jx$,则式(7.43)变为

$$r + jx = \frac{1+(\Gamma_r + j\Gamma_i)}{1-(\Gamma_r + j\Gamma_i)} = \frac{1-(\Gamma_r^2+\Gamma_i^2)}{(1-\Gamma_r)^2+\Gamma_i^2} + j\frac{2\Gamma_i}{(1-\Gamma_r)^2+\Gamma_i^2} \tag{7.49}$$

式(7.49)两边实部和虚部分别相等,得到两个方程,经变形可得

$$\left(\Gamma_r - \frac{r}{1+r}\right)^2 + \Gamma_i^2 = \left(\frac{1}{1+r}\right)^2 \tag{7.50}$$

$$(\Gamma_r - 1)^2 + \left(\Gamma_i - \frac{1}{x}\right)^2 = \left(\frac{1}{x}\right)^2 \tag{7.51}$$

(1) 等电阻圆。

式(7.50)是一个以归一化阻抗实部 r 为参变量,圆心坐标为 $(r/(1+r),0)$,半径是 $1/(1+r)$ 的圆方程。这一组圆始终和直线 $\Gamma_r=1$ 相切。不同的归一化电阻对应不同的圆,将这一系列圆族描绘在反射系数复平面内就构成等电阻圆,如图7.8所示。

(2) 等电抗圆。

式(7.51)是一个以归一化阻抗虚部 x 为参变量,圆心坐标为 $(1,1/x)$,半径是 $1/x$ 的圆方程。不同的归一化电抗对应不同的圆,将这一系列圆族描绘在反射系数复平面内就构成等电抗圆,如图7.9所示。

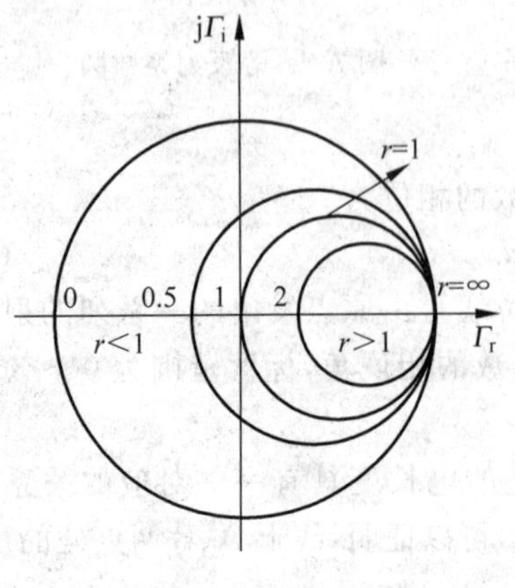

图7.8　等电阻圆

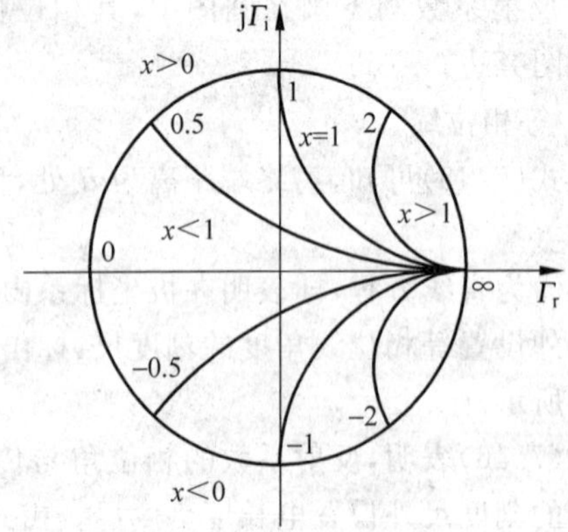

图7.9　等电抗圆

(3) 阻抗圆图。

将等反射系数圆、等相位线、等电阻圆、等电抗圆叠画在反射系数的复平面内，就得到阻抗圆图或称史密斯阻抗圆图，如图 7.10 所示(实用的史密斯阻抗圆图见附录 7)。为了清楚，一般不画出等反射系数圆、等相位线，使用者根据需要自行画出。在阻抗圆图中，r 的值标注在等电阻圆与实轴的交点处，以及与 $x=\pm1$ 的等电抗圆的交点处；x 的值标注在等电抗圆与 $r=0$ 及 $r=1$ 的等电阻圆的交点处。阻抗圆图具有如下几个特点。

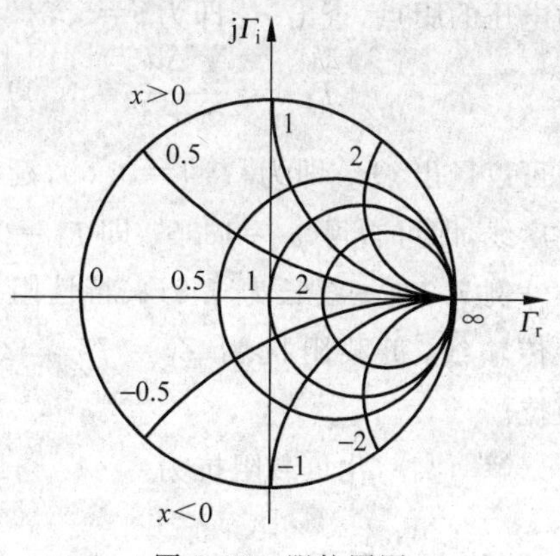

图 7.10 阻抗圆图

① 三个特殊点：短路点，其坐标为(−1,0)，对应于 $r=0, x=0, \Gamma=e^{j\pi}$；开路点，其坐标为(1,0)，此处对应于$r=\infty, x=\infty, \Gamma=1$；匹配点，其坐标为(0,0)，对应于 $r=1, x=0, |\Gamma|=0$。

② 三条特殊线：圆图上实轴为 $x=0$ 的轨迹，表示阻抗是纯电阻性的，其中正实半轴为电压波腹点的轨迹，线上的 r 值即为驻波比 S 的读数；负实半轴为电压波节点的轨迹，线上的 r 值即为行波系数 K 的读数；最外面的单位圆为 $r=0$ 的纯电抗轨迹，即为 $|\Gamma|=1$ 的全反射系数圆的轨迹。

③ 两个特殊面：圆图实轴以上的上半平面是感性阻抗的轨迹；实轴以下的下半平面是容性阻抗的轨迹。

④ 两个旋转方向：传输线上的点向电源方向移动时，在圆图上沿等反射系数圆顺时针旋转；传输线上的点向负载方向移动时，在圆图上沿等反射系数圆逆时针旋转。

⑤ 圆图上任意一点对应了四个参量：x、r、、Γ 和 φ。知道了前两个参量或后两个参量均可确定该点在圆图上的位置。注意 x 和 r 均为归一化值，如果要求它们的实际值，应分别乘上传输线的特性阻抗。

2. 应用举例

了解了阻抗圆图的结构，就可以用它来解决一些微波技术中的问题。例如，求反射系数，$|\Gamma(d)|$的最小值是零，最大值是 1，其他的值可以按比例求出，反射系数的相角可以从圆图外圈标注的角度求出。也可以用另一种方法求反射系数：等反射系数圆与正实半轴交点处的 r 值即为驻波比 S 的读数，等反射系数圆与负实半轴交点处的 r 值即为行波系数 K 的读数。由 S 或 $K(=1/S)$和式(7.34)就可以求出反射系数的模$|\Gamma(d)|$，反射系数的相角仍可以从圆图外圈标注的角度求出。

例 7.1 已知一特性阻抗 Z_0 为 50Ω 的无耗传输线，端接负载阻抗 Z_L 为 200＋j125Ω，求终端反射系数 Γ_L 和驻波比 S。

解 归一化负载阻抗为

$$z_L=\frac{Z_L}{Z_0}=4.0+j2.5$$

在阻抗圆图上标出此负载点 z_L,如图 7.11 所示。

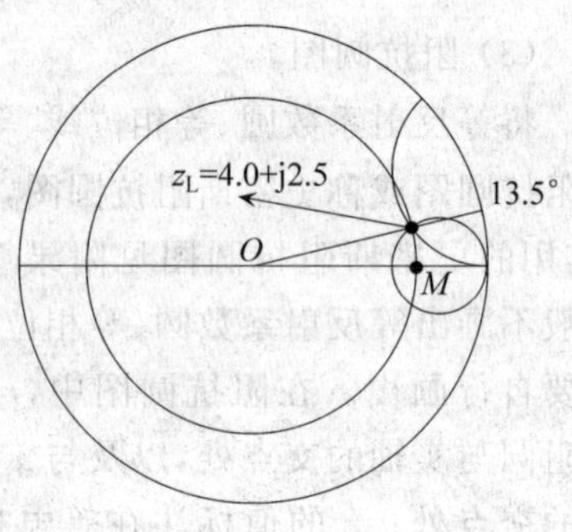

图 7.11 例 7.1 用图

过阻抗点 z_L 作等$|\Gamma_L|$圆交正实轴于 M 点,该点为电压的腹点,查出 r_M 即为$S=5.5$。由式(7.34)

$$|\Gamma_L|=\frac{S-1}{S+1}=0.69$$

也可以量出 Oz_L 即为$|\Gamma_L|=0.69$,延长 Oz_L 交角度刻度线,即可查得 $\psi_L=13.5°$,即 $\Gamma_L=0.69e^{j13.5°}$。

例 7.2 一线长为 0.81λ、特性阻抗为 50Ω 的无耗传输线,负载阻抗为 $Z_L=75-j25\Omega$,求其输入阻抗。

解 归一化负载阻抗为

$$z_L=(75-j25)/50=1.5-j0.5$$

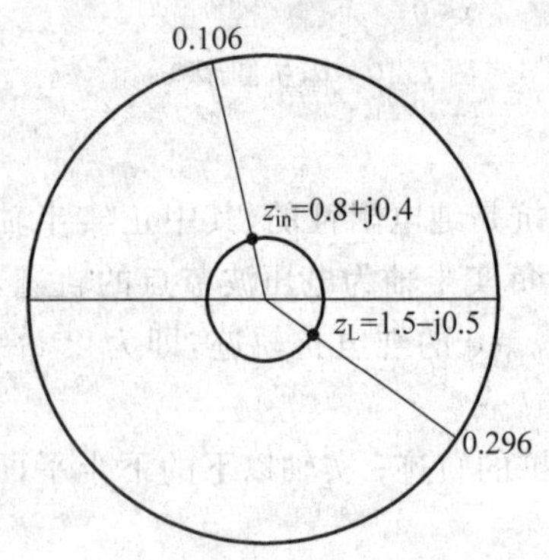

图 7.12 例 7.2 用图

在阻抗圆图上标出此负载点 z_L,其对应的向波源波长数为 0.296,如图 7.12 所示。

以 z_L 点为起点,沿等 Γ 圆顺时针(向波源)旋转电长度 0.81 到 z_{in} 点,对应的向波源波长数为 0.296+0.81=1.106(取 0.106),查得距负载 0.81λ 处的输入阻抗为

$$z_{in}=0.8+j0.4$$

输入阻抗的实际值为

$$Z_{in}=z_{in}\cdot Z_0=40+j20$$

7.2 波导

7.2.1 波导的一般分析方法

1. 导行波的三种模式

(1) 被限制在导体之间沿其轴向传播的导行波,只有横向电场和横向磁场,无纵向电场和纵向磁场,称为横电磁(TEM)波。

(2) 在传播方向上有磁场分量,没有电场分量,即电场只有横向分量,这种模式的电磁波称为横电(TE)波。

(3) 在传播方向上有电场分量,没有磁场分量,即磁场只有横向分量,这种模式的电磁波称为横磁(TM)波。

平行双线传输线和同轴线中传播的都是 TEM 波,金属波导中传播的是 TE 波或 TM 波。任何形式的场形分布都可以用一个或多个上述模式的适当组合得到。

2. 导波方程及求解方法

本节重点介绍纵向场法。纵向场法就是先求解纵向(即电磁波传播方向)场分量满足的波动方程,然后通过横向场与纵向场间的关系求得全部的场分量。

1) 纵向场的波动方程

对于任意截面的均匀导波系统,设波导壁是理想导体($\sigma=\infty$),媒质是均匀、无耗、各向同性的理想介质($\sigma=0$),媒质中无源($\rho=0,\boldsymbol{J}=0$)。对于角频率为 ω 的导行波,电场和磁场满足麦克斯韦方程组

$$\begin{cases}\nabla\times\boldsymbol{H}=\mathrm{j}\omega\varepsilon\boldsymbol{E} & (7.52\mathrm{a})\\ \nabla\times\boldsymbol{E}=-\mathrm{j}\omega\mu\boldsymbol{H} & (7.52\mathrm{b})\\ \nabla\cdot\boldsymbol{E}=0 & (7.52\mathrm{c})\\ \nabla\cdot\boldsymbol{H}=0 & (7.52\mathrm{d})\end{cases}$$

式中,ε 和 μ 分别为媒质的介电常数和磁导率。

采用广义圆柱坐标系(u,v,z),设导波沿 z 向(纵向)传播,纵向坐标 z 与横向坐标(u,v)无关,则微分算符∇和电场 $\boldsymbol{E}$、磁场 $\boldsymbol{H}$ 分别可以写为

$$\begin{cases}\nabla=\nabla_{\mathrm{t}}+\boldsymbol{e}_z\dfrac{\partial}{\partial z}\\ \boldsymbol{E}(u,v,z)=\boldsymbol{E}_{\mathrm{t}}(u,v,z)+\boldsymbol{e}_zE_z(u,v,z)\\ \boldsymbol{H}(u,v,z)=\boldsymbol{H}_{\mathrm{t}}(u,v,z)+\boldsymbol{e}_zH_z(u,v,z)\end{cases}\tag{7.53}$$

其中,下标 t 表示横向分量。由正弦电磁场的波动方程(亥姆霍兹方程)式(6.31)、式(6.32)

$$\nabla^2\boldsymbol{E}+k^2\boldsymbol{E}=0$$
$$\nabla^2\boldsymbol{H}+k^2\boldsymbol{H}=0$$

把式(7.53)代入上式,可以得到纵向场满足的波动方程

$$\begin{aligned}&\left(\nabla_{\mathrm{t}}^2+\frac{\partial^2}{\partial z^2}\right)E_z+k^2E_z=0\\ &\left(\nabla_{\mathrm{t}}^2+\frac{\partial^2}{\partial z^2}\right)H_z+k^2H_z=0\end{aligned}\tag{7.54}$$

2) 纵向场的求解方法

以 $E_z(u,v,z)$为例求解,令 $E_z(u,v,z)=E_{1z}(u,v)Z(z)$,代入式(7.54),利用分离变量法可得

$$\frac{\mathrm{d}^2}{\mathrm{d}z^2}Z(z)-(\mathrm{j}\beta)^2Z(z)=0\tag{7.55}$$

$$\nabla_{\mathrm{t}}^2E_{1z}(u,v)-(\mathrm{j}k_{\mathrm{c}})^2E_{1z}(u,v)=0\tag{7.56}$$

$$k_{\mathrm{c}}^2+\beta^2=k^2\tag{7.57}$$

其中 k_{c} 称为截止波数。式(7.55)的解为

$$Z(z)=A_1\mathrm{e}^{-\mathrm{j}\beta z}+A_2\mathrm{e}^{\mathrm{j}\beta z}\tag{7.58}$$

式中,$A_1\mathrm{e}^{-\mathrm{j}\beta z}$ 表示入射波;$A_2\mathrm{e}^{\mathrm{j}\beta z}$ 表示反射波;β 称为导波的相位常数,即

$$\beta = \sqrt{k^2 - k_c^2} \tag{7.59}$$

设电磁波沿 z 轴的正方向传输,不存在反射波,可以写出

$$\begin{cases} E_z(u,v,z) = E_{1z}(u,v)\mathrm{e}^{-\mathrm{j}\beta z} \\ H_z(u,v,z) = H_{1z}(u,v)\mathrm{e}^{-\mathrm{j}\beta z} \end{cases} \tag{7.60}$$

在直角坐标系中,坐标变量为(x,y,z),方程(7.60)可以写为

$$\begin{cases} E_z(x,y,z) = E_{1z}(x,y)\mathrm{e}^{-\mathrm{j}\beta z} \\ H_z(x,y,z) = H_{1z}(x,y)\mathrm{e}^{-\mathrm{j}\beta z} \end{cases} \tag{7.61}$$

其中 $E_{1z}(x,y)$满足的方程可由式(7.54)写为

$$\left(\frac{\partial^2}{\partial x^2} + \frac{\partial^2}{\partial y^2} + k_c^2\right)E_{1z}(x,y) = 0 \tag{7.62}$$

同理可得

$$\left(\frac{\partial^2}{\partial x^2} + \frac{\partial^2}{\partial y^2} + k_c^2\right)H_{1z}(x,y) = 0 \tag{7.63}$$

3) 横向分量与纵向分量的关系

波导中电磁场量的表达式为

$$\begin{cases} \boldsymbol{E}(x,y,z) = \boldsymbol{E}(x,y)\mathrm{e}^{-\mathrm{j}\beta z} \\ \boldsymbol{H}(x,y,z) = \boldsymbol{H}(x,y)\mathrm{e}^{-\mathrm{j}\beta z} \end{cases} \tag{7.64}$$

把式(7.52a)、式(7.52b)在直角坐标系中展开,并利用式(7.64),可以得到 x、y、z 三个分量的 6 个标量方程

$$\frac{\partial E_z}{\partial y} + \mathrm{j}\beta E_y = -\mathrm{j}\omega\mu H_x \tag{7.65a}$$

$$-\frac{\partial E_z}{\partial x} - \mathrm{j}\beta E_x = -\mathrm{j}\omega\mu H_y \tag{7.65b}$$

$$\frac{\partial E_y}{\partial x} - \frac{\partial E_x}{\partial y} = -\mathrm{j}\omega\mu H_z \tag{7.65c}$$

$$\frac{\partial H_z}{\partial y} + \mathrm{j}\beta H_y = \mathrm{j}\omega\varepsilon E_x \tag{7.65d}$$

$$-\frac{\partial H_z}{\partial x} - \mathrm{j}\beta H_x = \mathrm{j}\omega\varepsilon E_y \tag{7.65e}$$

$$\frac{\partial H_y}{\partial x} - \frac{\partial H_x}{\partial y} = \mathrm{j}\omega\varepsilon E_z \tag{7.65f}$$

以上 6 个方程经过简单运算可以将波导中的横向场分量 E_x、E_y、H_x、H_y 用两个纵向分量 E_z、H_z 表示

$$E_x = \frac{-\mathrm{j}}{k_c^2}\left(\beta\frac{\partial E_z}{\partial x} + \omega\mu\frac{\partial H_z}{\partial y}\right) \tag{7.66a}$$

$$E_y = \frac{-\mathrm{j}}{k_c^2}\left(\beta\frac{\partial E_z}{\partial y} - \omega\mu\frac{\partial H_z}{\partial x}\right) \tag{7.66b}$$

$$H_x = \frac{-\mathrm{j}}{k_c^2}\left(\beta\frac{\partial H_z}{\partial x} - \omega\varepsilon\frac{\partial E_z}{\partial y}\right) \tag{7.66c}$$

$$H_y = \frac{-\mathrm{j}}{k_c^2}\left(\beta\frac{\partial H_z}{\partial y} + \omega\varepsilon\frac{\partial E_z}{\partial x}\right) \tag{7.66d}$$

在规则导波系统中场的纵向分量满足标量齐次波动方程，可以先利用边界条件求得纵向场分量 E_z 和 H_z，而后将其代入式(7.66)即可求得场的横向分量。

3. 导行波的传输特性

1）相移常数和截止波长

由式(7.59)，导波系统中的相移常数为

$$\beta = \sqrt{k^2 - k_c^2} = \sqrt{\omega^2\mu\varepsilon - k_c^2} \tag{7.67}$$

当 $k_c = k$，$\beta = 0$ 时，系统处于传输和截止之间的临界状态，此时对应的频率称为临界频率或截止频率，记为

$$f_c = \frac{k_c}{2\pi\sqrt{\mu\varepsilon}} = \frac{k_c}{2\pi}v \tag{7.68}$$

相应的临界波长或截止波长为

$$\lambda_c = \frac{v}{f_c} = \frac{2\pi}{k_c} \tag{7.69}$$

由式(7.67)可知，当频率很低，$k^2 < k_c^2$ 时，β 为虚数，相应的导模不能传播；当频率很高，$k^2 > k_c^2$ 时，β 为实数，则相应的导模可以传播，由此可得导模无衰减传输的条件是

$$f > f_c \quad \text{或} \quad \lambda < \lambda_c \tag{7.70}$$

2）相速、群速、波导波长

相速度是指导波系统中电磁波（导模）的等相位面传输的速度

$$v_p = \frac{\omega}{\beta} = \frac{\omega}{\sqrt{k^2 - k_c^2}} = \frac{v}{\sqrt{1-(\lambda/\lambda_c)^2}} \tag{7.71}$$

其中，$v = 1/\sqrt{\mu\varepsilon}$，$\lambda = \lambda_0/\sqrt{\varepsilon_r}$，$\lambda_0$ 为自由空间的波长。

群速是指波的包络传输的速度（详见 6.9 节）

$$v_g = \frac{d\omega}{d\beta} = v\sqrt{1-\left(\frac{\lambda}{\lambda_c}\right)^2} \tag{7.72}$$

群速、相速的关系为

$$v_p \cdot v_g = v^2 \tag{7.73}$$

波导波长是指等相位面在一个周期 T 内传输的距离，或相位差 2π 的相位面之间的距离

$$\lambda_g = \frac{2\pi}{\beta} = \frac{2\pi}{k}\frac{1}{\sqrt{1-k_c^2/k^2}} = \frac{\lambda}{\sqrt{1-(\lambda/\lambda_c)^2}} \tag{7.74}$$

3）波阻抗

波阻抗定义为相互正交的横向电场与横向磁场之比

$$Z = \frac{E_u}{H_v} = -\frac{E_v}{H_u} \tag{7.75}$$

4) 传输功率

导波系统所传输的电磁波平均功率为

$$\overline{P} = \mathrm{Re}\left[\int_S \frac{1}{2}(\boldsymbol{E}\times\boldsymbol{H}^*)\cdot \mathrm{d}\boldsymbol{S}\right] = \frac{1}{2|Z|}\int_S |E_T|^2 \mathrm{d}S = \frac{|Z|}{2}\int_S |H_T|^2 \mathrm{d}S \tag{7.76}$$

7.2.2 规则金属波导

规则金属波导是指各种形状截面的无限长直的空心金属管,其截面形状、尺寸、结构材料、管内介质填充情况等沿其管轴方向均不改变。管壁材料一般用铜、铝等金属制成,有时其壁上镀有金或银。波导管壁的电导率很高,求解时通常可假设波导壁为理想导体;管内填充的介质假设为理想介质;在管壁处的边界条件是电场的切线分量和磁场的法线分量为零。

规则金属波导仅有一个导体,不能传播 TEM 模,其传播模式为横电(TE)模和横磁(TM)模,且存在无限多的模式。每种导模都有相应的截止波长(或截止频率),只有满足条件 $f>f_c$ 或 $\lambda<\lambda_c$ 才能传输。规则金属波导的横截面可以做成矩形、圆形、脊形、椭圆形等,本节主要研究矩形波导。

矩形波导是截面形状为矩形的金属波导管,如图 7.13 所示,a、b 分别表示内壁的宽边和窄边尺寸($a>b$),波导内通常充以空气。

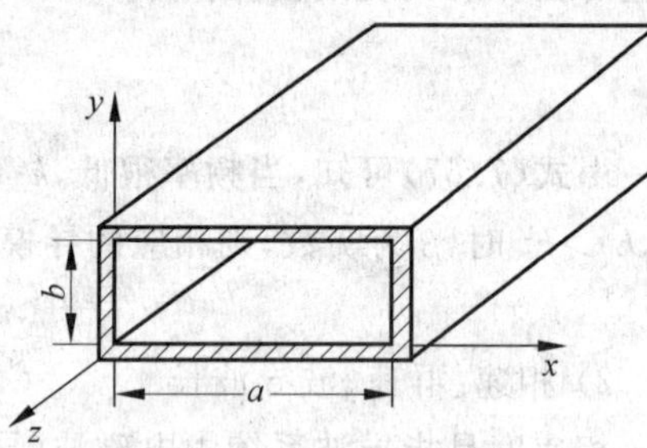

图 7.13　矩形波导

1. 矩形波导的导模

1) TM 波($H_{1z}(x,y)=0, E_{1z}(x,y)\neq 0$)

利用纵向场法,首先求解纵向电场分量 E_z,然后利用式(7.66)求场的其他分量。应用分离变量法,求解式(7.62),设 $E_{1z}(x,y)=f(x)g(y)$,代入式(7.62),可以分离出两个常微分方程

$$\frac{\mathrm{d}^2 f(x)}{\mathrm{d}x^2} + k_x^2 f(x) = 0 \tag{7.77}$$

$$\frac{\mathrm{d}^2 g(y)}{\mathrm{d}y^2} + k_y^2 g(y) = 0 \tag{7.78}$$

其中

$$k_x^2 + k_y^2 = k_c^2 \tag{7.79}$$

式(7.77)的解为

$$f(x) = A\sin k_x x + B\cos k_y y \tag{7.80}$$

对于图 7.13 所示的矩形波导,E_z 满足的边界条件为

$$E_z|_{x=0} = 0,\quad E_z|_{x=a} = 0 \tag{7.81}$$

代入式(7.80)可得

$$k_x = \frac{m\pi}{a}, \quad m = 1,2,3,\cdots$$

所以

$$f(x) = A\sin\frac{m\pi}{a}x$$

同理可以求出式(7.78)的解

$$g(y) = C\sin k_y y$$

$$k_y = \frac{n\pi}{b} \quad n = 1,2,3,\cdots$$

所以 TM 波的纵向场分量为

$$E_z(x,y,z,t) = \sum_{m=1}^{\infty}\sum_{n=1}^{\infty} E_{mn}\sin\left(\frac{m\pi}{a}x\right)\sin\left(\frac{n\pi}{b}y\right)e^{j(\omega t-\beta z)} \tag{7.82}$$

其中 $E_{mn}=AC$ 由激励源的强度决定。由式(7.79)可得截止波数为

$$k_C = \sqrt{k_x^2+k_y^2} = \sqrt{\left(\frac{m\pi}{a}\right)^2+\left(\frac{n\pi}{b}\right)^2} \tag{7.83}$$

把式(7.82)和 $H_z(x,y,z,t)=0$ 代入式(7.66)可以求得 TM 波的其他横向场分量

$$\begin{cases} E_x(x,y,z,t) = \dfrac{-j\beta}{k_c^2}\displaystyle\sum_{m=1}^{\infty}\sum_{n=1}^{\infty}\frac{m\pi}{a}E_{mn}\cos\left(\frac{m\pi}{a}x\right)\sin\left(\frac{n\pi}{b}y\right)e^{j(\omega t-\beta z)} \\ E_y(x,y,z,t) = \dfrac{-j\beta}{k_c^2}\displaystyle\sum_{m=1}^{\infty}\sum_{n=1}^{\infty}\frac{n\pi}{b}E_{mn}\sin\left(\frac{m\pi}{a}x\right)\cos\left(\frac{n\pi}{b}y\right)e^{j(\omega t-\beta z)} \\ H_x(x,y,z,t) = \dfrac{j\omega\varepsilon}{k_c^2}\displaystyle\sum_{m=1}^{\infty}\sum_{n=1}^{\infty}\frac{n\pi}{b}E_{mn}\sin\left(\frac{m\pi}{a}x\right)\cos\left(\frac{n\pi}{b}y\right)e^{j(\omega t-\beta z)} \\ H_y(x,y,z,t) = \dfrac{-j\omega\varepsilon}{k_c^2}\displaystyle\sum_{m=1}^{\infty}\sum_{n=1}^{\infty}\frac{m\pi}{a}E_{mn}\cos\left(\frac{m\pi}{a}x\right)\sin\left(\frac{n\pi}{b}y\right)e^{j(\omega t-\beta z)} \end{cases} \tag{7.84}$$

可以看出,矩形波导中可以存在无穷多种 TM 导模,用 TM_{mn} 表示,m 和 n 为任意正整数,称为波形指数,分别代表 TM 波沿 x 方向和 y 方向分布的半波个数,一组 m、n 对应一种 TM 波形。由式(7.82)可以看出,为了满足 $E_z(x,y,z,t)\neq 0$ 的条件,m、$n\neq 0$,所以最低型模为 TM_{11} 模。

2) TE 波($E_{1z}(x,y)=0, H_{1z}(x,y)\neq 0$)

用类似的方法可以求得 TE 波的场分量为

$$H_z(x,y,z) = \sum_{m=0}^{\infty}\sum_{n=0}^{\infty} H_{mn}\cos\left(\frac{m\pi}{a}x\right)\cos\left(\frac{n\pi}{b}y\right)e^{j(\omega t-\beta z)}$$

$$E_x(x,y,z,t) = \frac{j\omega\mu}{k_c^2}\sum_{m=0}^{\infty}\sum_{n=0}^{\infty}\frac{n\pi}{b}H_{mn}\cos\left(\frac{m\pi}{a}x\right)\sin\left(\frac{n\pi}{b}y\right)e^{j(\omega t-\beta z)}$$

$$E_y(x,y,z,t) = \frac{-j\omega\mu}{k_c^2}\sum_{m=0}^{\infty}\sum_{n=0}^{\infty}\frac{m\pi}{a}H_{mn}\sin\left(\frac{m\pi}{a}x\right)\cos\left(\frac{n\pi}{a}y\right)e^{j(\omega t-\beta z)}$$

$$E_z(x,y,z,t) = 0$$

$$\begin{cases} H_x(x,y,z,t) = \dfrac{\mathrm{j}\beta}{k_c^2}\displaystyle\sum_{m=0}^{\infty}\sum_{n=0}^{\infty}\dfrac{m\pi}{a}H_{mn}\sin\left(\dfrac{m\pi}{a}x\right)\cos\left(\dfrac{n\pi}{b}y\right)\mathrm{e}^{\mathrm{j}(\omega t-\beta z)} \\ H_y(x,y,z,t) = \dfrac{\mathrm{j}\beta}{k_c^2}\displaystyle\sum_{m=0}^{\infty}\sum_{n=0}^{\infty}\dfrac{n\pi}{b}H_{mn}\cos\left(\dfrac{m\pi}{a}x\right)\sin\left(\dfrac{n\pi}{b}y\right)\mathrm{e}^{\mathrm{j}(\omega t-\beta z)} \end{cases} \tag{7.85}$$

其中

$$k_c = \sqrt{k_x^2 + k_y^2} = \sqrt{\left(\frac{m\pi}{a}\right)^2 + \left(\frac{n\pi}{b}\right)^2} \tag{7.86}$$

矩形波导中可以存在无穷多种 TE 导模，由式(7.86)可以看出，m 和 n 不能同时为零，因此，矩形波导能够存在 TE_{m0} 模和 TE_{0n} 模及 TE_{mn} (m、$n\neq0$)模，其中 TE_{10} 模是最低次模，其余称为高次模。

2. 截止频率、截止波长

将式(7.83)、式(7.86)代入式(7.68)、式(7.69)可得矩形波导导模的截止频率 f_c 及相应的截止波长 λ_c

$$f_c = \frac{v}{\lambda_c} = \frac{1}{2\sqrt{\mu\varepsilon}}\sqrt{\left(\frac{m}{a}\right)^2 + \left(\frac{n}{b}\right)^2} \tag{7.87}$$

$$\lambda_c = \frac{2\pi}{k_c} = \frac{2}{\sqrt{\left(\frac{m}{a}\right)^2 + \left(\frac{n}{b}\right)^2}} \tag{7.88}$$

以 $a=7.0\mathrm{cm}$、$b=3.0\mathrm{cm}$ 的矩形波导为例，把按式(7.88)求出的各种模式的截止波长依大小排列，如图 7.14 所示。

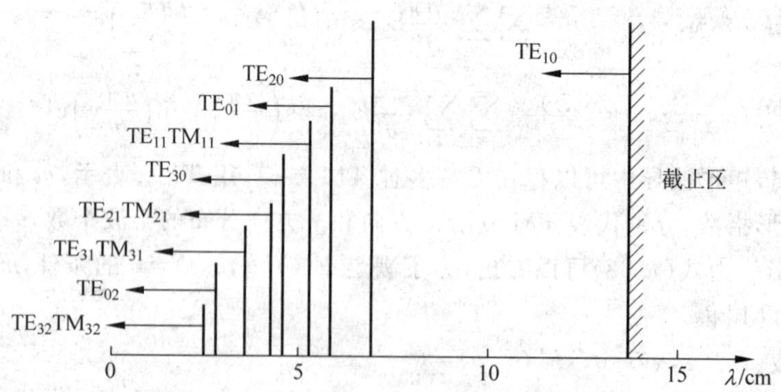

图 7.14 矩形波导各模式截止波长分布

某种导模在波导中能够传输的条件是 $\lambda<\lambda_c$(或 $f>f_c$)。导波系统中截止波长 λ_c 最长(或截止频率 f_c 最低)的导模称为该导波系统的主模，其他模式则称为高次模。从图 7.14 中可以看出，当工作波长大于 TE_{10} 模的截止波长时就进入截止区，任何模式的波都不能传播；当工作波长大于 TE_{20} 模的截止波长而小于 TE_{10} 模的截止波长时，波导内只存在 TE_{10} 模(主模)沿波导传播；如果工作波长进一步缩短(频率更高)，波导中就会出现 TE_{20}、TE_{01} 等高次模。频率越高，出现的高次模也就越多。

导波系统中不同导模的截止波长 λ_c 相同的现象称为模式简并现象。由式(7.88)可见，相同波形指数 m 和 n 的 TE_{mn} 和 TM_{mn} 模的 λ_c 相同，故除 TE_{m0} 和 TM_{0n} 模外，矩形波导的导模都具有双重简并现象。

3. TE_{10} 模

矩形波导的主模为 TE_{10} 模，因为该模式具有场结构简单、稳定、频带宽和损耗小等特点，所以实用时波导工作在 TE_{10} 模。下面主要介绍 TE_{10} 模的场分布及其传输特性。

1) TE_{10} 模的场分布

将 $m=1$、$n=0$、$k_c=\pi/a$ 代入式(7.85)，可得 TE_{10} 模各场分量的表达式

$$\begin{cases} H_z = H_{10}\cos\left(\dfrac{\pi}{a}x\right)e^{j(\omega t-\beta z)} \\ E_y = -\dfrac{j\omega\mu a}{\pi}H_{10}\sin\left(\dfrac{\pi}{a}x\right)e^{j(\omega t-\beta z)} \\ H_x = \dfrac{j\beta a}{\pi}H_{10}\sin\left(\dfrac{\pi}{a}x\right)e^{j(\omega t-\beta z)} \\ E_x = E_z = H_y = 0 \end{cases} \tag{7.89}$$

可见，TE_{10} 模只有 E_y、H_x 和 H_z 三个场分量，场的分布与 y 无关，即沿 y 轴均匀分布。电场只有 E_y 分量，磁场有 H_x 和 H_z 两个分量，图 7.15 表示出某一时刻 TE_{10} 模完整的场分布。磁力线是平面内的闭合曲线(虚线所示)；E_y 随 x 呈正弦规律变化，在 $x=0$ 和 $x=a$ 处为零，在 $x=a/2$ 处最大，即在 x 边上有半个驻波分布。H_x 随 x 变化规律和 E_y 相同；H_z 随 x 呈余弦规律变化，在 $x=0$ 和 $x=a$ 处最大，在 $x=a/2$处为零，在 x 边上有半个驻波分布。

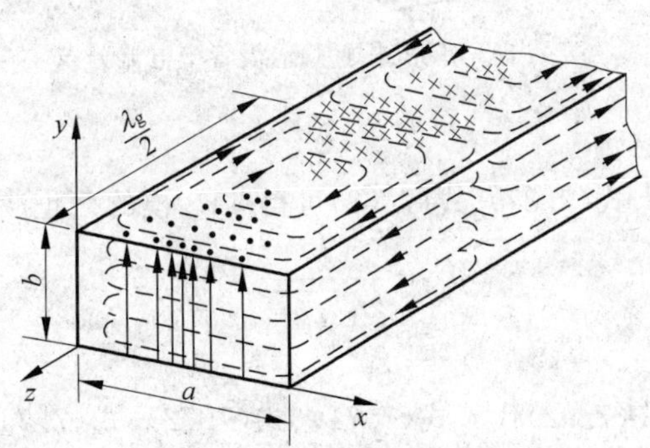

图 7.15 矩形波导 TE_{10} 模的场分布

2) TE_{10} 模管壁电流的分布

当波导中传输微波信号时，在金属波导内壁表面上将产生感应电流，称之为管壁电流。在微波频率，趋肤效应将使这种管壁电流集中在很薄的波导内壁表面流动，这种管壁电流可视为面电流，表达式为

$$\boldsymbol{J}_S = \boldsymbol{e}_n \times \boldsymbol{H}\big|_S \tag{7.90}$$

其中 $\boldsymbol{H}|_S$ 表示管壁内表面的磁场强度。将式(7.89)代入式(7.90)可得 TE_{10} 模管壁电流的分布(设 $t=0$)

$$\boldsymbol{J}_S|_{x=0}=\boldsymbol{e}_x\times\boldsymbol{H}|_S=-\boldsymbol{e}_yH_z|_{x=0}=-\boldsymbol{e}_yH_{10}\cos\beta z$$

$$\boldsymbol{J}_S|_{x=a}=-\boldsymbol{e}_x\times\boldsymbol{H}|_S=\boldsymbol{e}_yH_z|_{x=a}=-\boldsymbol{e}_yH_{10}\cos\beta z=\boldsymbol{J}_S|_{x=0}$$

$$\begin{aligned}\boldsymbol{J}_S|_{y=0}&=\boldsymbol{e}_y\times\boldsymbol{H}|_S=\boldsymbol{e}_xH_z|_{y=0}-\boldsymbol{e}_zH_x|_{y=0}\\&=\boldsymbol{e}_xH_{10}\cos\left(\frac{\pi}{a}x\right)\cos\beta z-\boldsymbol{e}_z\frac{\beta a}{\pi}H_{10}\sin\left(\frac{\pi}{a}x\right)\sin\beta z\end{aligned}$$

$$\begin{aligned}\boldsymbol{J}_S|_{y=b}&=-\boldsymbol{e}_y\times\boldsymbol{H}|_S=-\boldsymbol{e}_xH_z|_{y=b}+\boldsymbol{e}_zH_x|_{y=b}\\&=-\boldsymbol{e}_xH_{10}\cos\left(\frac{\pi}{a}x\right)\cos\beta z+\boldsymbol{e}_z\frac{\beta a}{\pi}H_{10}\sin\left(\frac{\pi}{a}x\right)\sin\beta z=-\boldsymbol{J}_S|_{y=0}\end{aligned}$$

根据以上计算结果,波导内壁的电流分布如图 7.16 所示。

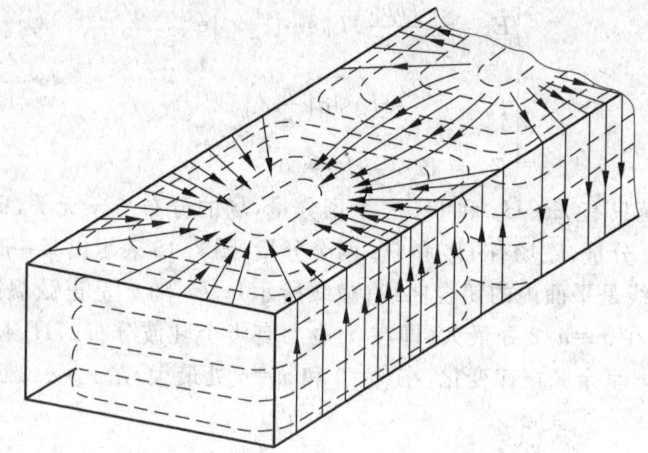

图 7.16　矩形波导 TE_{10} 模管壁电流分布

3) TE_{10} 模的传输特性

将 $m=1,n=0$ 代入式(7.87)、式(7.88)可得 TE_{10} 模的截止波长、截止频率

$$f_c=\frac{1}{2a\sqrt{\mu\varepsilon}}=\frac{v}{2a}\tag{7.91}$$

$$\lambda_c=2a\tag{7.92}$$

将 $m=1,n=0$ 及式(7.92)代入式(7.71)、式(7.72)、式(7.74)可得相速、群速、波导波长分别为

$$v_p=\frac{\omega}{\beta}=\frac{v}{\sqrt{1-(\lambda/2a)^2}}\tag{7.93}$$

$$v_g=\frac{d\omega}{d\beta}=v\sqrt{1-(\lambda/2a)^2}\tag{7.94}$$

$$\lambda_g=\frac{\lambda}{\sqrt{1-(\lambda/2a)^2}}\tag{7.95}$$

波阻抗

$$Z = -\frac{E_y}{H_x} = \frac{\omega\mu}{\beta} = \frac{\eta}{\sqrt{1-(\lambda/2a)^2}} \tag{7.96}$$

例 7.3 一矩形波导的尺寸为 $a=2\text{cm}, b=1\text{cm}$，内部充满空气，该波导能否传输波长 3cm 的信号？求其在波导中的相移常数、波导波长、相速度、群速度和波阻抗。

解 先由式(7.88)计算其主模 TE_{10} 模的截止波长 $\lambda_c=2a=4\text{cm}$，所以可以传输波长 3cm 的信号。该信号的角频率为

$$\omega = 2\pi f = 2\pi\frac{c}{\lambda} = 2\pi\times10^{10}\,\text{rad/s}$$

由式(7.86)，截止波数 $k_c=\pi/a$，所以相移常数为

$$\beta = \sqrt{k^2-k_c^2} = \sqrt{\omega^2\mu_0\varepsilon_0-(\pi/a)^2} \approx 138.5$$

波导波长为

$$\lambda_g = \frac{\lambda}{\sqrt{1-(\lambda/2a)^2}} \approx 4.54\text{cm}$$

相速度

$$v_p = \frac{c}{\sqrt{1-(\lambda/2a)^2}} \approx 4.54\times10^8\,\text{m/s}$$

群速度

$$v_g = c\sqrt{1-\left(\frac{\lambda}{2a}\right)^2} = 1.98\times10^8\,\text{m/s}$$

波阻抗

$$Z = \frac{120\pi}{\sqrt{1-(\lambda/2a)^2}} \approx 181.4\pi\Omega$$

4. 矩形波导尺寸选择原则

为了保证在给定频率范围内的电磁波在波导中都能以单一的 TE_{10} 模传播，其他高次模都截止。为此应满足：$\left.\begin{matrix}\lambda_c(TE_{20})\\ \lambda_c(TE_{01})\end{matrix}\right\}$(取大的 λ_c)$<\lambda<\lambda_c(TE_{10})$，即 $\left.\begin{matrix}a\\ 2b\end{matrix}\right\}$(取大数)$<\lambda<2a$，由此得到 $\lambda/2<a<\lambda, b<\lambda/2$。综合考虑抑制高次模、损耗小和传输功率大诸条件，矩形波导截面尺寸一般选择 $a=0.7\lambda, b=(0.4\sim0.5)\lambda$。

7.2.3 同轴线

同轴线是一种双导体传输线，如图 7.17 所示。同轴线按结构可分为两种：硬同轴线和软同轴线。硬同轴线是以圆柱形铜棒作内导体，同心的铜管作外导体，内、外导体间媒质通常为空气，内、外导体用高频介质垫圈支撑，这种同轴线也称为同轴波导；软同轴线的内导体一般采用多股铜

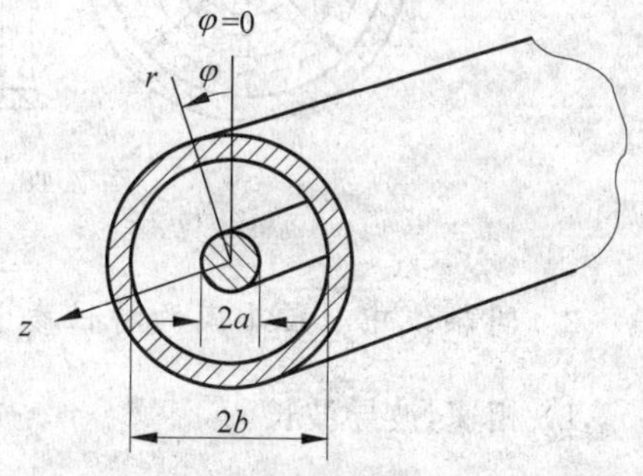

图 7.17 同轴线结构

丝,外导体是铜丝网,在内、外导体间用介质填充,外导体网外有一层橡胶保护壳,这种同轴线又称为同轴电缆。

在同轴线中既可传输主模 TEM 波,也可能存在高次模 TE 和 TM 波。

1. 同轴线传输的主模:TEM 模($E_{1z}(x,y)=0$,$H_{1z}(x,y)=0$)

设同轴线内导体半径为 a,外导体内半径为 b,两导体之间填充高频介质,相对介电常数为 ε_r。采用圆柱坐标系(r,φ,z)。同轴线内的场具有轴对称性,场的分布与 φ 无关,对于 TEM 波,电场可以写为

$$\boldsymbol{E}(r,z)=\boldsymbol{E}_t(r)\mathrm{e}^{-\mathrm{j}\beta z} \tag{7.97}$$

$\boldsymbol{E}_t(r)$可由电位函数的梯度求出

$$\boldsymbol{E}_t(r)=-\nabla_t\Phi(r) \tag{7.98}$$

而电位函数满足拉普拉斯方程

$$\frac{1}{r}\frac{\mathrm{d}}{\mathrm{d}r}\left(r\frac{\mathrm{d}\Phi(r)}{\mathrm{d}r}\right)=0 \tag{7.99}$$

利用直接积分法求解式(7.99),代入边界条件 $\Phi(a)=U_0$,$\Phi(b)=0$,得到的解为

$$\Phi(r)=\frac{U_0\ln b/r}{\ln b/a} \tag{7.100}$$

代入式(7.98)、式(7.97)可求得横向电场为

$$\boldsymbol{E}(r,z)=\boldsymbol{E}_t(r)\mathrm{e}^{-\mathrm{j}\beta z}=\boldsymbol{e}_r\frac{U_0}{r\ln(b/a)}\mathrm{e}^{-\mathrm{j}\beta z} \tag{7.101}$$

其中 $\beta=k=\omega\sqrt{\mu\varepsilon}$ 为传播常数。

同轴线内的横向磁场则为

$$\boldsymbol{H}(r,z)=\boldsymbol{e}_\varphi\frac{1}{\eta}E_t(r)\mathrm{e}^{-\mathrm{j}\beta z}=\boldsymbol{e}_\varphi\frac{1}{\eta}\cdot\frac{U_0}{r\ln(b/a)}\mathrm{e}^{-\mathrm{j}\beta z} \tag{7.102}$$

其中 $\eta=\sqrt{\mu/\varepsilon}$ 是介质的波阻抗。根据式(7.101)和式(7.102)可画出同轴线中 TEM 模的场结构,如图 7.18 所示。

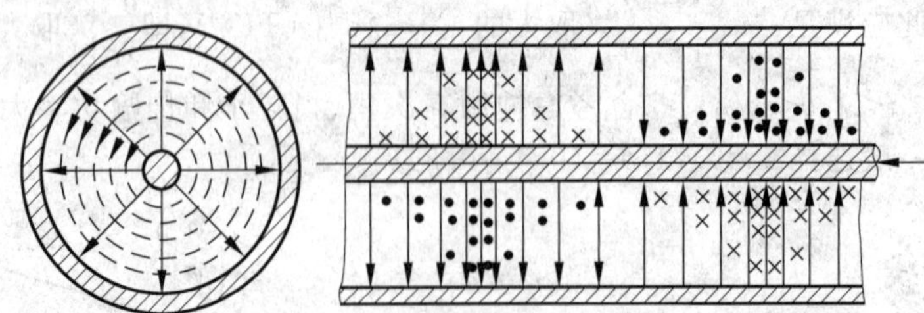

图 7.18 同轴线 TEM 模场结构

2. 同轴线中 TEM 模的特性参量

1) 相速、波导波长

对于同轴线中的 TEM 模,$\beta=k=\omega\sqrt{\mu\varepsilon}$,$k_c=\sqrt{k^2-\beta^2}=0$,$\lambda_c=\frac{2\pi}{k_c}=\infty$,代入式(7.71)、

式(7.74)可得相速、波导波长为

$$v_p=\frac{\omega}{\beta}=\frac{1}{\sqrt{\mu\varepsilon}}=\frac{c}{\sqrt{\varepsilon_r}} \tag{7.103}$$

$$\lambda_g=\frac{2\pi}{\beta}=\frac{v_p}{f}=\frac{\lambda}{\sqrt{\varepsilon_r}} \tag{7.104}$$

2）特性阻抗

同轴线内、外导体之间的电位差为

$$U_{ab}=U_a-U_b=\int_a^b E_r(r,z)\mathrm{d}r=U_0\mathrm{e}^{-\mathrm{j}\beta z}$$

内导体上的总电流为

$$I_a=\int_0^{2\pi}H_\varphi(a,z)a\mathrm{d}\varphi=\frac{2\pi U_0}{\eta\ln(b/a)}\mathrm{e}^{-\mathrm{j}\beta z}$$

特性阻抗则为(设 $\mu=\mu_0$)

$$Z_0=\frac{U_{ab}}{I_a}=\frac{\eta\ln(b/a)}{2\pi}=\frac{60}{\sqrt{\varepsilon_r}}\ln\frac{b}{a} \tag{7.105}$$

3）同轴线的损耗

同轴线单位长度的电阻为

$$R=\frac{1}{2\pi\sigma\delta}\left(\frac{1}{a}+\frac{1}{b}\right) \tag{7.106}$$

其中，σ 是同轴线导体的电导率；δ 是趋肤深度。同轴线单位长度损耗的功率为

$$P=\frac{1}{2}I_0^2R=\frac{I_0^2}{4\pi a}\sqrt{\frac{\omega\mu}{2\sigma}}\left(1+\frac{a}{b}\right) \tag{7.107}$$

频率越高，同轴线的损耗越大。

3. 同轴线中的高次模

在实际应用中，同轴线是以 TEM 模(主模)方式工作的。但是，当工作频率过高时，还可能出现高次模：TE 模和 TM 模。最低次 TM_{01} 模的截止波长近似为

$$\lambda_{cTM_{01}}\approx 2(b-a) \tag{7.108}$$

最低次 TE_{11} 模的截止波长近似为

$$\lambda_{cTE_{11}}\approx \pi(b+a) \tag{7.109}$$

4. 同轴线尺寸选择

选择同轴线的尺寸，首要条件是保证同轴线只传输 TEM 模。由上述分析可知，同轴线中的最低次高次模是 TE_{11} 模，其截止波长最大，如式(7.109)所示，为此应满足 $\lambda_{min}>\pi(b+a)$，式中 λ_{min} 是最小工作波长；通常取 $b/a=2.303$，此尺寸相应的空气同轴线的特性阻抗为 50Ω。

7.2.4 光波导简介

光波导简称光纤，是一种工作在光频段($\lambda_0=0.75\sim1.55\mu m$)的介质波导。光纤具有频带宽、质量轻、直径细、传输容量大、保密性能好、不受电磁干扰等许多优点，适用于大容量信息传输。

1. 光纤的结构

单根光纤的结构如图 7.19 所示，它由纤芯、包层和保护层构成。纤芯材料的折射率 n_1 比包层的折射率 n_2 略高(n_1 的典型值为 1.48，$n_2=n_1(1-\Delta)$，Δ 的标称值为0.01)。光纤的种类按用途可分为照明用光纤、图像传输用光纤和通信光纤三类；按组成成分和材料可分为石英光纤、多组分光纤、液芯光纤和塑料光纤；按横截面上折射率分布情况可分为突变折射率光纤(简称阶跃光纤)、渐变折射率光纤和 W 型光纤；按光纤传输的模式可分为单模光纤和多模光纤。现有光纤大多满足 $\Delta\ll1$，满足此条件的光纤称为弱导光纤。由于 n_1 略大于 n_2，所以光频能量可在纤芯-包层界面上通过内全反射而沿光纤轴线传播。

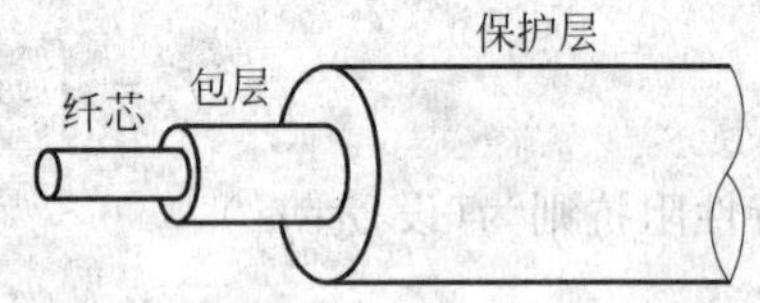

图 7.19 光纤的结构

2. 光纤的参数

光纤的传输特性由其结构参数决定，结构参数主要有折射率和数值孔径。

1) 折射率分布

光纤的折射率沿横截面上的分布 $n(r)$ 可用幂函数表示为

$$n(r)=\begin{cases}n_1\left[1-2\Delta\left(\dfrac{r}{a}\right)^{\alpha}\right], & r\leqslant a\\ n_2, & r>a\end{cases}\tag{7.110}$$

式中，a 为纤芯的半径；Δ 表示纤芯-包层折射率之差，即

$$\Delta=\frac{n_1^2-n_2^2}{2n_1^2}\approx\frac{n_1-n_2}{n_1}\tag{7.111}$$

α 决定纤芯折射率分布的形态：若 $\alpha=\infty$，则为常用的阶跃光纤(均匀光纤)；若 $\alpha=2$，则为常用的抛物线渐变折射率光纤。渐变光纤可减少信号失真，提供比阶跃光纤更宽的带宽。本节只分析阶跃光纤的特性。

2) 数值孔径 NA

数值孔径 NA 与光纤可能接受外来入射光的最大入射角的正弦成正比，表征光纤的光聚集本领。使光从光纤的一端传至另一端的最大入射角称为孔径角。它与纤芯和包层的折射率有关，也与投射于光纤端面的光的位置有关。以子午光线(与光纤的中心轴线相交)为例，如图 7.20 所示，为使光线在纤芯-包层界面上发生内全反射，则光的入射

角 θ_0 须满足如下不等式(详见例 6.11)

$$\sin\theta_0 < \frac{n_1}{n_0}\left[1-\left(\frac{n_2}{n_1}\right)^2\right]^{1/2} \tag{7.112}$$

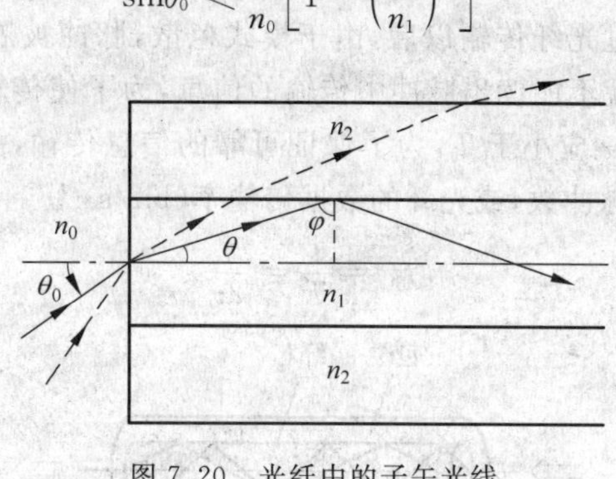

图 7.20　光纤中的子午光线

因此数值孔径 NA 为

$$\mathrm{NA} = \sin\theta_{0,\max} = \frac{1}{n_0}(n_1^2 - n_2^2)^{1/2} \tag{7.113}$$

NA 是个小于 1 的无量纲量,通常值范围为 0.14~0.50。如果光的入射角大于 $\theta_{0,\max}$,光信号将从光纤的包层泄漏出去,如图 7.20 中虚线所示。

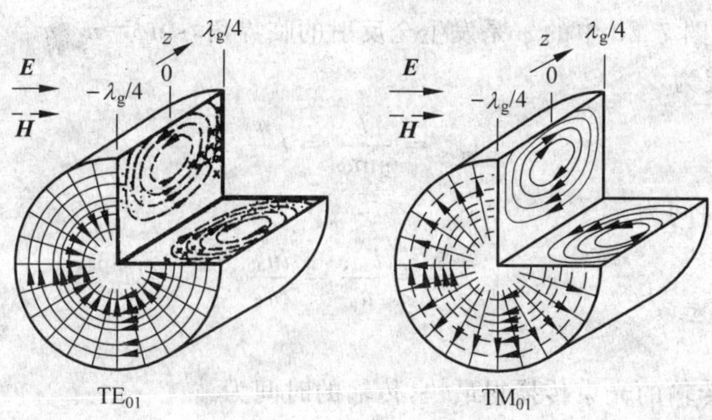

图 7.21　光纤中 TE_{01} 波和 TM_{01} 波场的分布

光纤中导波的分析方法有两种:一种是几何光学法,认为光线是沿直线传播的,在光纤纤芯与包层的边界上发生全反射,从而在光纤中曲折前进,这是一种近似的分析方法,很直观。另一种是模式分析方法,用麦克斯韦方程和亥姆霍兹方程计算、分析,光纤中的导波模式比金属波导中的导波模式更复杂,本节不作详细的讨论,光纤中 TE_{01} 波和 TM_{01} 波场的分布如图 7.21 所示。

3. 子午光线的色散和光纤的传输速率

图 7.20 中,入射角小于 $\theta_{0,\max}$ 的光线都能在光纤中传输,θ_0 不同称为不同的传输模式。入射角越大,在光纤中传输的光程越远,所以频率相同、入射角不同的光在同一光纤中传输的时间不同,称为模式色散,模式色散会造成传输信息的失真。例如,一矩形光脉

冲入射在光纤的输入端,在光纤中会产生许多模式,由于不同模式的光到达光纤终端的时间不同,脉冲的形状和长度都会发生变化。在图 7.22 中,一个很窄的矩形脉冲,周期为 T,脉冲宽度为 τ_i,通过光纤传输以后,由于模式色散,脉冲被展宽为 τ,波形也发生很大的变化。如果 $\tau>T$,就不能读出脉冲中传输的信息,为了使传输的脉冲在光纤的输出端保留可以识别的信息,τ 应小于 T,为了保证可靠的信息传输,一般要求 $T\geqslant 2\tau$。由此可得光纤每秒钟传输的脉冲数,或光纤的数据传输率(bit/s)为

$$f_p=\frac{1}{T}=\frac{1}{2\tau} \tag{7.114}$$

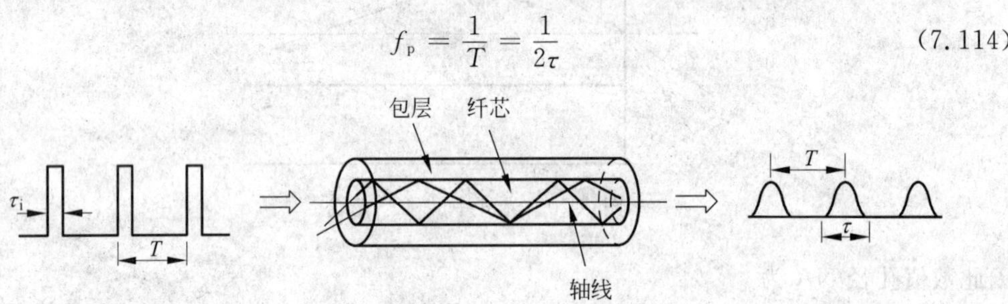

图 7.22　由于模式色散矩形脉冲通过光纤产生失真

脉冲被展开的宽度 τ 等于子午光线的最大时延差 Δt,即光纤的子午面内传输最慢的光线和传输最快的光线的时延差。传输最慢的光线在光纤中的光程最大,即入射角为 $\theta_{0,\max}$ 的光线,此时图 7.20 中的 φ 是发生全反射的临界角,$\sin\varphi=n_2/n_1$。设光纤的长度为 l,这束光线的光程为

$$l_{\max}=\frac{l}{\sin\varphi}=l\frac{n_1}{n_2}$$

在光纤中传输的时间为

$$t_{\max}=\frac{l_{\max}}{u_p}=\frac{ln_1^2}{cn_2} \tag{7.115}$$

其中 $u_p=c/n_1$。

沿光纤轴线传输的光束传播得最快,传输的时间为

$$t_{\min}=\frac{l}{u_p}=\frac{ln_1}{c} \tag{7.116}$$

所以最大时延差

$$\tau=\Delta t=t_{\max}-t_{\min}=\frac{ln_1}{c}\left(\frac{n_1}{n_2}-1\right) \tag{7.117}$$

把式(7.117)代入式(7.114)可得光纤的数据传输率为

$$f_p=\frac{1}{2\tau}=\frac{cn_2}{2ln_1(n_1-n_2)}\quad(\text{bit/s}) \tag{7.118}$$

一个典型的光纤系统如图 7.23 所示。

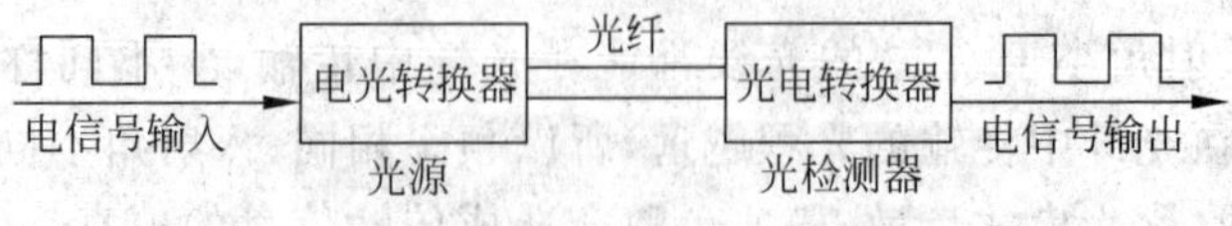

图 7.23　一个典型的光纤系统

例 7.4 空气中 1000m 长的光纤,纤芯的折射率为 1.52,包层的折射率为 1.49,求最大入射角 $\theta_{0,\max}$ 和光纤的最大数据传输率。

解 由式(7.113),

$$\sin\theta_{0,\max}=\frac{1}{n_0}(n_1^2-n_2^2)^{1/2}=[(1.52)^2-(1.49)^2]^{1/2}=0.3$$

所以 $\theta_{0,\max}=17.5°$。

由式(7.118),光纤的最大数据传输率为

$$f_p=\frac{1}{2\tau}=\frac{cn_2}{2ln_1(n_1-n_2)}=\frac{3\times10^8\times1.49}{2\times10^3\times1.52\times(1.52-1.49)}=4.9(\text{Mbit/s})$$

7.3 谐振腔

谐振腔是微波段的谐振元件,它是一个由任意形状的导电壁(或导磁壁)所包围的、能在其中形成电磁振荡的器件。它具有储藏电磁能量和选择一定频率信号的特性,相当于低频时的 LC 谐振回路。

在低频电路中是采用集中参数的 LC 谐振回路来产生电磁振荡、储能和选频的。随着频率的升高,辐射损耗、导体损耗及介质损耗都会急剧增加,使谐振回路的品质因数大大降低,选频特性变差;随着频率的升高,电感量 L 和电容量 C 将越来越小,体积也越来越小,致使电感器和电容器的制作困难、易击穿,并使振荡功率变小。因此集中参数的 LC 谐振回路不能用在微波波段作储能和选频元件。为了克服上述缺点,必须采用封闭型的微波谐振器(又称谐振腔)来作储能和选频元件。这种谐振器可以定性看成是由集中参数 LC 谐振回路演变而来的。在谐振腔中,振荡是由电磁波在腔壁上来回反射形成稳定驻波而形成的。根据驻波的特点,电场与磁场在时间上和空间上都有 $\pi/2$ 的相位差,即在电场为最大时,磁场为零,而在电场为零时,磁场为最大;而且在电场为最大处,磁场为零,反之亦然。因此,谐振腔中的振荡过程与在 LC 谐振回路中一样,也是电磁场能量以电能和磁能两种形式相互转换的过程。谐振腔与 LC 回路的主要区别是,它是分布参数电路,而后者则是集中参数电路,谐振腔具有多谐特性,即相应于腔中不同的驻波场分布,可以存在有许多个不同的谐振频率,而后者只能有单个谐振频率;此外,谐振腔的 Q 值要比 LC 回路高得多。

常见的微波谐振腔如图 7.24 所示,本节主要介绍矩形谐振腔。

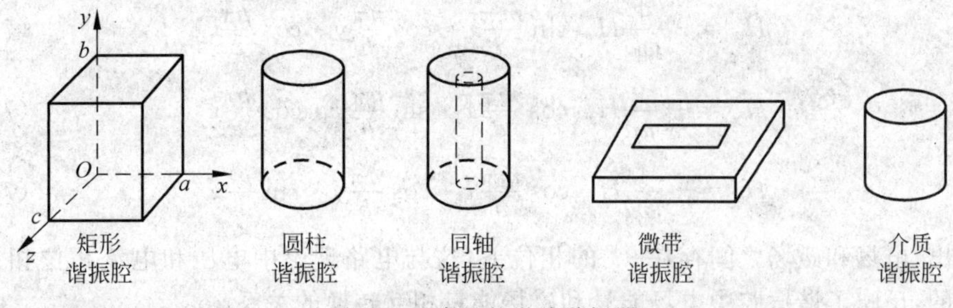

图 7.24 常见的微波谐振器

1. 矩形谐振腔内场的分布

设谐振腔中填充线性、均匀、各向同性的无损耗介质,介电常数和磁导率分别为 ε 和 μ。腔中场的每一个分量满足波动方程,例如,E_x 分量满足的波动方程为

$$\nabla^2 E_x - \frac{1}{v^2}\frac{\partial^2 E_x}{\partial t^2} = 0 \tag{7.119}$$

在时谐情况下,式(7.119)可以写为

$$\nabla^2 E_x + k^2 E_x = 0 \tag{7.120}$$

边界条件为

$$y=0,\quad y=b,\quad z=0,\quad z=c\text{ 时},\quad E_x=0 \tag{7.121}$$

沿 z 方向不再是行波,利用分离变量法可以解出

$$E_x = (A_1\sin k_x x + B_1\cos k_x x)\sin k_y y\sin k_z z \tag{7.122}$$

其中 $k_y=\frac{n\pi}{b}$,$k_z=\frac{p\pi}{c}$。利用相同的方法可以解出

$$E_y = (A_2\sin k_y y + B_2\cos k_y y)\sin k_x x\sin k_z z \tag{7.123}$$

$$E_z = (A_3\sin k_z z + B_3\cos k_z z)\sin k_x x\sin k_y y \tag{7.124}$$

其中 $k_x=\frac{m\pi}{a}$,m、n、$p=0,1,2,\cdots$,分别代表沿矩形三边半波长的数目。$k_x^2+k_y^2+k_z^2=k^2$。

在谐振腔内利用$\nabla\cdot\boldsymbol{E}=0$,可得

$$A_1 = A_2 = A_3 = 0 \tag{7.125}$$

把式(7.125)代入式(7.122)~式(7.124)可得

$$E_x = E_{m1}\cos\frac{m\pi}{a}x\cdot\sin\frac{n\pi}{b}y\cdot\sin\frac{p\pi}{c}z \tag{7.126}$$

$$E_y = E_{m2}\sin\frac{m\pi}{a}x\cdot\cos\frac{n\pi}{b}y\cdot\sin\frac{p\pi}{c}z \tag{7.127}$$

$$E_z = E_{m3}\sin\frac{m\pi}{a}x\cdot\sin\frac{n\pi}{b}y\cdot\cos\frac{p\pi}{c}z \tag{7.128}$$

其中 E_{m1}、E_{m2}、E_{m3} 分别是电场各分量驻波的最大值。

由电磁感应定律 $\boldsymbol{H}=-\frac{1}{\mathrm{j}\omega\mu}\nabla\times\boldsymbol{E}$ 可以求出磁场的各分量

$$H_x = -\frac{1}{\mathrm{j}\omega\mu}H_{m1}\sin\frac{m\pi}{a}x\cdot\cos\frac{n\pi}{b}y\cdot\cos\frac{p\pi}{c}z \tag{7.129}$$

$$H_y = -\frac{1}{\mathrm{j}\omega\mu}H_{m2}\cos\frac{m\pi}{a}x\cdot\sin\frac{n\pi}{b}y\cdot\cos\frac{p\pi}{c}z \tag{7.130}$$

$$H_z = -\frac{1}{\mathrm{j}\omega\mu}H_{m3}\cos\frac{m\pi}{a}x\cdot\cos\frac{n\pi}{b}y\cdot\sin\frac{p\pi}{c}z \tag{7.131}$$

可以看出,电场和磁场之间存在 90°的相位差,这与电路理论中电压和电流相位相差 90°是对应的,反映了谐振腔中电场能量和磁场能量相互转换的关系。

2. 矩形谐振腔的基本参量

1）谐振频率 f_0

由 $k^2=\omega^2\mu\varepsilon=k_x^2+k_y^2+k_z^2=\left(\frac{m\pi}{a}\right)^2+\left(\frac{n\pi}{b}\right)^2+\left(\frac{p\pi}{c}\right)^2$ 可得可能产生的谐振频率为

$$f_{mnp}=\frac{\omega}{2\pi}=\frac{1}{2\sqrt{\mu\varepsilon}}\sqrt{\left(\frac{m}{a}\right)^2+\left(\frac{n}{b}\right)^2+\left(\frac{p}{c}\right)^2} \tag{7.132}$$

一组 m、n、p 表示谐振腔中的一种振荡模式，m、n、p 只能有一个为零。若 a、$b>c$，则最低谐振频率及对应的波长分别为

$$f_{110}=\frac{1}{2\sqrt{\mu\varepsilon}}\sqrt{\frac{1}{a^2}+\frac{1}{b^2}},\quad \lambda_{110}=\frac{2}{\sqrt{\frac{1}{a^2}+\frac{1}{b^2}}} \tag{7.133}$$

谐振频率最低的模式称为谐振腔的主模。

2）品质因数 Q_0

品质因数 Q_0 是表征谐振器能量损耗和频率选择性的重要参量，无载品质因数（固有品质因数）的定义为

$$Q_0=2\pi\frac{W}{W_T}=\omega\frac{W}{P_L} \tag{7.134}$$

其中，W 为谐振器中的储能；W_T 为一个周期内谐振器损耗的能量；P_L 为谐振器的平均损耗功率。$W_T=P_L\cdot T=P_L\cdot\frac{2\pi}{\omega}$。谐振器的损耗包括导体损耗、介质损耗和辐射损耗，对于封闭型的谐振器，辐射损耗为零。如果假定谐振器内介质是无耗的，则谐振器的损耗只有壁电流的热损耗。

7.4 应用案例

7.4.1 短路、开路技术的应用

1. 校准网络分析仪

以反射参数测量为例说明校准网络分析仪的方法。

1）反射参数测量中的系统误差

（1）网络分析仪在扫频状态下工作，与频率变化相关的测试误差称为频率响应误差 T_R，也称为跟踪误差。

（2）由于定向耦合器的方向性或连接部件的失配造成的误差称为方向性误差 D。

（3）反射参数测量过程中，仪表端口阻抗与传输线间失配造成的误差称为源失配误差 M_S。

2）校准反射参数测量中系统误差的原理和方法

校准时，利用已知特性的3个校准件：开路件，反射系数是1；短路件，反射系数是−1；

匹配负载,反射系数是0。通过测量这3个校准件,也就得到包含3个误差的线性方程,网络分析仪通过求解这个方程组就能得到3个误差项。在后续的测量中,在直接获得的测试结果中,通过数学运算,消除3个误差项带来的影响,显示给用户的就是校准后被测设备DUT的特性。

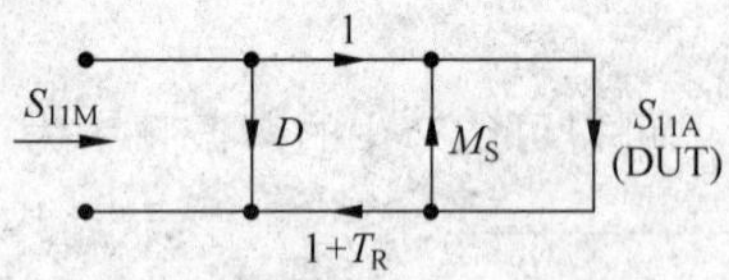

图7.25 反射参数测量的误差模型

反射参数测量时的误差模型如图7.25所示,S_{11A}是DUT的实际反射系数,是待测量,D、T_R和M_S是系统误差,S_{11M}是测量值。

由Mason法则,可以写为

$$S_{11M}=D+\frac{S_{11A}(1+T_R)}{1-M_S S_{11A}} \tag{7.135}$$

可见,只要设法求出上式中的D、T_R和M_S,就可以根据测量值S_{11M}求出真值S_{11A}。

(1) 接上匹配负载,测量值为M_1,匹配负载的反射系数为0,所以

$$M_1=D+\frac{0(1+T_R)}{1-M_S}=D \tag{7.136}$$

(2) 接上短路器,测量值为M_2,短路器的反射系数为-1,所以

$$M_2=D+\frac{-1(1+T_R)}{1-M_S(-1)}=D-\frac{1+T_R}{1+M_S} \tag{7.137}$$

(3) 接上开路器,测量值为M_3,短路器的反射系数为1,所以

$$M_3=D+\frac{+1(1+T_R)}{1-M_S(+1)}=D+\frac{1+T_R}{1-M_S} \tag{7.138}$$

联立求解上述3个方程,得到3个系统误差分别为

$$D=M_1 \tag{7.139}$$

$$T_R=\frac{2(M_1-M_2)(M_3-M_1)}{(M_3-M_2)}-1 \tag{7.140}$$

$$M_S=\frac{M_3+M_2-2M_1}{M_3-M_2} \tag{7.141}$$

这样,用3个校准件,测量3次,就把3项系统误差求出来了,这个过程称为系统校准。这时再接上DUT,设测量值是M,由式(7.135)可以导出

$$S_{11A}=\frac{M-D}{(1+T_R)+(M-D)M_S}$$

这就消除了系统误差的影响,使测量值更接近实际反射系数的真值。

2. 利用网络分析仪测量特性阻抗Z_0和相移常数β

终端短路时无耗传输线的输入阻抗式(7.40)

$$Z_{in}^{sc}(d)=jZ_0\tan\beta d \tag{7.142}$$

其中d是传输线的长度。利用相同的方法可以导出终端开路时无耗传输线的输入阻抗

$$Z_{in}^{oc}=-jZ_0\cot\beta d \tag{7.143}$$

由式(7.142)和式(7.143)相乘得到

$$Z_0=\sqrt{Z_{in}^{sc}\cdot Z_{in}^{oc}} \tag{7.144}$$

式(7.142)和式(7.143)相除得到

$$\tan\beta d = \sqrt{-\frac{Z_{in}^{sc}}{Z_{in}^{oc}}} \tag{7.145}$$

例 7.5 一长度为57cm的无耗传输线,测得终端短路时输入阻抗 $Z_{in}^{sc}=j40.42\Omega$,终端开路时输入阻抗 $Z_{in}^{oc}=-j121.24\Omega$,计算 Z_0 和 β。传输线长度在 $3\lambda\sim3.25\lambda$ 之间。

解:由式(7.144)和式(7.145)可得

$$Z_0 = \sqrt{Z_{in}^{sc}\cdot Z_{in}^{oc}} = \sqrt{(j40.42)(-j121.24)} \approx 70\Omega$$

$$\tan\beta d = \sqrt{-\frac{Z_{in}^{sc}}{Z_{in}^{oc}}} \approx \sqrt{\frac{1}{3}}$$

因为 d 在 $3\lambda\sim3.25\lambda$ 之间,$\beta d=2\pi d/\lambda$ 在 $6\pi\sim6.5\pi$ 之间。把 βd 放在第一象限($0\sim\pi/2$),因此,对于 $\tan\beta d=\sqrt{1/3}$ 唯一可以接受的解是 $\beta d=\pi/6$。考虑到 βd 在 $6\pi\sim6.5\pi$ 之间,所以 $\beta l=6\pi+\pi/6\approx19.4(\text{rad})$,而

$$\beta = \frac{19.4}{0.57} \approx 34(\text{rad/m})$$

7.4.2 s参数

1. s参数的定义

s参数(散射参数)用于评估微波电路中被测设备(DUT)反射信号和传输信号的性能。考虑一个二端口网络,如图7.26所示。

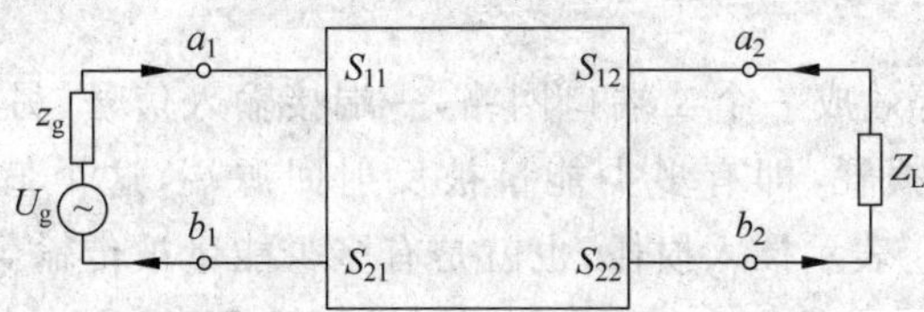

图7.26 二端口网络

二端口网络有4个 s 参数,s_{ij} 表示从 j 口注入,在 i 口测得的参量。可以写为

$$\begin{cases} b_1 = s_{11}a_1 + s_{12}a_2 \\ b_2 = s_{21}a_1 + s_{22}a_2 \end{cases} \tag{7.146}$$

其中 a_1 和 a_2 分别表示端口1和2的入射波,b_1 和 b_2 分别表示端口1和2的反射波。用矩阵形式可以写为

$$\begin{bmatrix} b_1 \\ b_2 \end{bmatrix} = \begin{bmatrix} s_{11} & s_{12} \\ s_{21} & s_{22} \end{bmatrix} \begin{bmatrix} a_1 \\ a_2 \end{bmatrix} \tag{7.147}$$

s_{11} 是端口2匹配时,端口1的反射系数

$$s_{11} = \left.\frac{b_1}{a_1}\right|_{a_2=0} \tag{7.148}$$

s_{21}是端口2匹配时,端口1到端口2的正向传输系数

$$s_{21}=\left.\frac{b_2}{a_1}\right|_{a_2=0} \tag{7.149}$$

s_{22}是端口1匹配时,端口2的反射系数

$$s_{22}=\left.\frac{b_2}{a_2}\right|_{a_1=0} \tag{7.150}$$

s_{12}是端口1匹配时,端口2到端口1的反向传输系数

$$s_{12}=\left.\frac{b_1}{a_2}\right|_{a_1=0} \tag{7.151}$$

如果网络是对称的,那么

$$s_{11}=s_{22}$$

如果两端口匹配,反射系数为零,即

$$s_{11}=s_{22}=0$$

输入反射系数可以用s参数和负载阻抗Z_L来表示

$$\Gamma_i=\frac{b_1}{a_1}=s_{11}+\frac{s_{12}s_{21}\Gamma_L}{1-s_{22}\Gamma_L} \tag{7.152}$$

其中$\Gamma_L=\frac{Z_L-Z_0}{Z_L+Z_0}$是终端反射系数。类似地,输出反射系数($V_g=0$)可以用$s$参数和信号源阻抗$Z_g$表示

$$\Gamma_o=\left.\frac{b_2}{a_2}\right|_{V_g=0}=s_{22}+\frac{s_{12}s_{21}\Gamma_g}{1-s_{11}\Gamma_g} \tag{7.153}$$

其中$\Gamma_g=\frac{Z_g-Z_0}{Z_g+Z_0}$。

单根传输线可以等效成一个二端口网络,一端接输入信号,另一端接输出信号。那么s_{11}表示的就是回波损耗,即有多少能量被反射回源端,这个值越小越好,一般建议$s_{11}<0.1$,即-20dB。s_{21}表示插入损耗,也就是有多少能量被传输到目的端了,理想值是1,即0dB,s_{21}越接近1效率越高,一般建议$s_{21}>0.7$,即-3dB。

2. *s* 参数应用举例

下面以测量定向耦合器的性能参数为例,说明s参数的应用。定向耦合器是一个四端口器件,如图7.27所示,是由两根平行的耦合传输线(波导、同轴线、微带线)组成,其中1是输入端,2是直通端,3是耦合端,4是隔离端。当信号从1端输入时,大部分能量从2端输出,还有一部分能量耦合到导体3-4中,从3端输出。

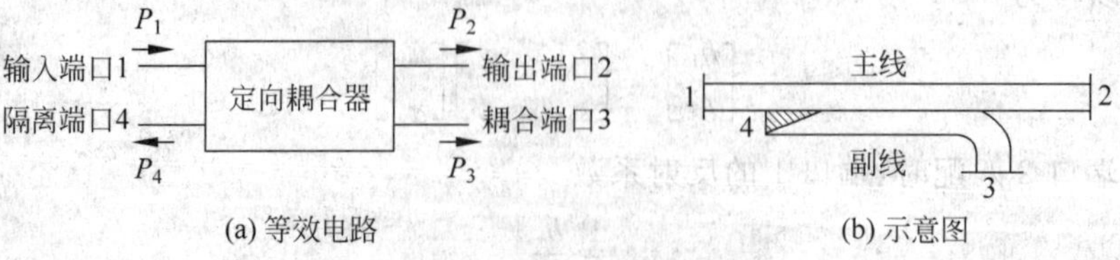

图7.27 定向耦合器

端口 3 的输出功率(副线中正方向的传输功率)与端口 1 的输入功率之比称为定向耦合器的耦合度 C,一般用分贝表示

$$C = 10\lg \frac{P_3}{P_1} \text{dB} \tag{7.154}$$

端口 3 的输出功率(副线中正方向的传输功率)与端口 4 的输出功率(副线中反方向的传输功率)之比称为方向性 D,表示定向耦合器定向传输的性能

$$D = 10\lg \frac{P_3}{P_4} \text{dB} \tag{7.155}$$

端口 1 的输入功率与端口 4 的输出功率(副线中反方向的传输功率)之比称为隔离度 I

$$I = 10\lg \frac{P_1}{P_4} \text{dB} \tag{7.156}$$

端口 2 的输出功率与端口 1 的输入功率之比称为定向耦合器的插入损耗 T

$$T = 10\lg \frac{P_2}{P_1} \text{dB} \tag{7.157}$$

测量定向耦合器参数的实验装置如图 7.28 所示,如图 7.28(a)连接定向耦合器,采用对数幅度模式,观察 s_{21} 的轨迹,找出其在设置的频率范围内的最大值,即为定向耦合器的耦合度 C,此时的频率值就是耦合器的中心频率。采用 SWR 模式分别测量 s_{11} 和 s_{12},测量值分别就是相应端口的反射系数。

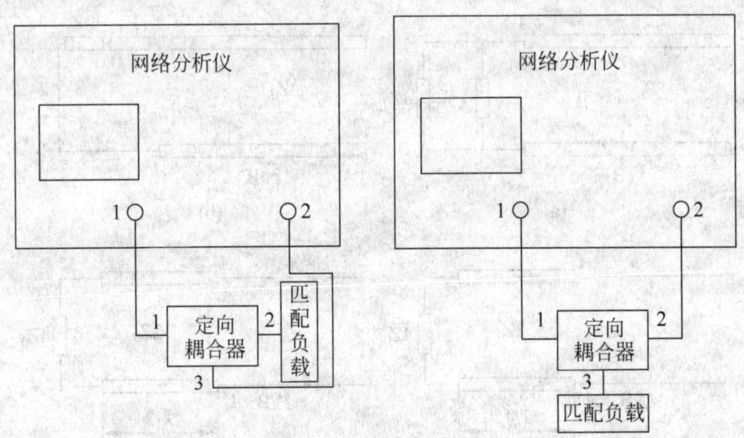

图 7.28 测量定向耦合器的参数

如图 7.28(b)连接定向耦合器,采用对数幅度模式,观察 s_{21} 的轨迹,读出其在中心频率处的数据,就是定向耦合器的插入损耗 I。

第 7 章 习题

7-1 求内、外导体直径分别为 0.25cm 和 0.75cm 空气同轴线的特性阻抗;在此同轴线内、外导体之间填充聚四氟乙烯($\varepsilon_r = 2.1$),求其特性阻抗与 300MHz 时的波长。

7-2 在设计均匀传输线时,用聚乙烯($\varepsilon_r = 2.25$)作电介质,忽略损耗。

(1) 对于 300Ω 的双线传输线,若导线的半径为 0.6mm,线间距应选取为多少?

(2) 对于 75Ω 的同轴线,若内导体的半径为 0.6mm,外导体的内半径应选取为多少?

7-3 设无耗线的特性阻抗为 100Ω,负载阻抗为 50－j50Ω,试求 Γ_L、VSWR 及距负载0.15λ 处的输入阻抗。

7-4 一特性阻抗为 50Ω、长 2m 的无耗线工作于频率 200MHz,终端阻抗为 40＋j30Ω,求其输入阻抗。

7-5 在特性阻抗为 200Ω 的无耗双导线上,测得负载处为电压驻波最小点,$|U|_{\min} = 8\text{V}$,距负载 λ/4 处为电压驻波最大点,$|U|_{\max} = 10\text{V}$,试求负载阻抗及负载吸收的功率。

7-6 长度为 3λ/4,特性阻抗为 600Ω 的双导线,端接负载阻抗 300Ω;其输入端电压为 600V。试画出沿线电压、电流和阻抗的振幅分布图,并求其最大值和最小值。

7-7 无耗双导线的特性阻抗为 500Ω,端接一未知负载 Z_L,当负载端短路时在线上测得一短路参考点位置 d_0,当端接 Z_L 时测得 VSWR＝2.4,电压驻波最小点位于 d_0 电源端 0.208λ 处,试求该未知负载阻抗 Z_L。

7-8 无耗线的特性阻抗为 125Ω,第一个电流驻波最大点距负载 15cm,VSWR＝5,工作波长为 80cm,求负载阻抗。

7-9 求图题 7-9 中各电路 A-A'处的输入阻抗、反射系数模及线 B 的电压驻波比。

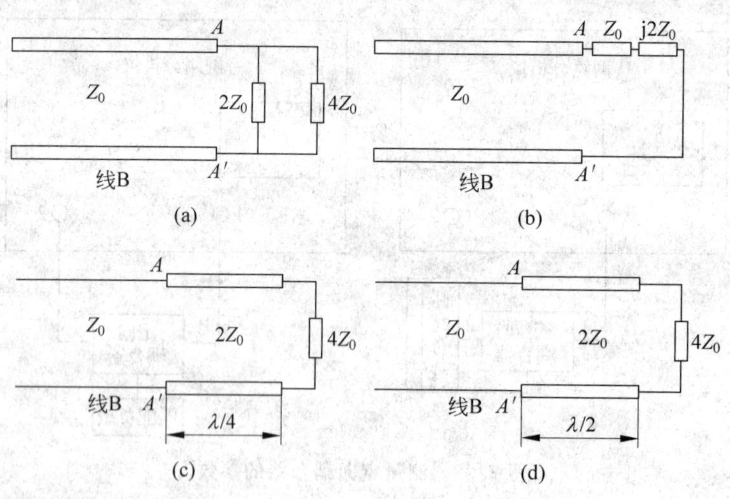

图题 7-9

7-10 考虑一根无损耗线:

(1) 当负载阻抗 $Z_L = (40-\text{j}30)\Omega$,欲使线上驻波比最小,则线的特性阻抗应为多少?

(2) 求出该最小的驻波比及相应的电压反射系数;

(3) 确定距负载最近的电压最小点位置。

7-11 有一个无耗传输线特性阻抗 $Z_0 = 75\Omega$,终端接负载阻抗 $Z_L = (100-\text{j}50)\Omega$,求:

(1) 传输线上的反射系数 $\Gamma(z)$；

(2) 传输线上的电压、电流表示式；

(3) 距负载第一个电压波节和电压波腹的距离 $l_{\min}$ 和 $l_{\max}$。

7-12 已知特性阻抗为 300Ω 的无损耗传输线上驻波比等于 2.0，距负载最近的电压最小点离终端为 0.3λ，试求：

(1) 负载端的电压反射系数 Γ_2；

(2) 未知的负载阻抗 Z_L。

7-13 一个 200MHz 的源通过一根 300Ω 的双线传输线对输入阻抗为 73Ω 的偶极子天线馈电。设计一根 λ/4 波长的双线传输线(线周围为空气，间距为 2cm)，以使天线与 300Ω 的传输线匹配。

7-14 完成下列圆图基本练习：

(1) 已知 Z_L 为 $(0.2-j0.31)Z_0\,\Omega$，要求 y_{in} 为 $1-jb_{in}$，求 l/λ；

(2) 一开路支节，要求 y_{in} 为 $-j1.5$，求 l/λ；

(3) 一短路支节，已知 l/λ 为 0.11，求 y_{in}；若为开路支节，求 y_{in}；

(4) 已知 $z_L=0.4+j0.8$，求 $d_{\min1}$、$d_{\max1}$、VSWR、K；

(5) 已知 $l/\lambda=6.35$，VSWR=1.5，$d_{\min1}=0.082\lambda$，$Z_0=75\Omega$，求 Z_L、Z_m、Y_L 和 Y_{in}；

(6) 已知 $l/\lambda=1.82$，$|U|_{\max}=50\text{V}$，$|U|_{\min}=13\text{V}$，$d_{\max1}=0.032\lambda$，$Z_0=50\Omega$，求 Z_L、Z_{in}。

7-15 一个(30+j10)Ω 的负载阻抗与一根长度为 0.101λ，特性阻抗为 50Ω 的无损耗传输线相接。利用史密斯圆图求出：

(1) 驻波比；

(2) 电压反射系数；

(3) 输入阻抗；

(4) 输入导纳；

(5) 线上电压最小点的位置。

7-16 何谓导行波？其类型和特点如何？

7-17 何谓工作波长、截止波长和波导波长？它们有何区别和联系？

7-18 一矩形波导内充空气，横截面尺寸为：$a\times b=2.3\times1.0\text{cm}^2$，试问：当工作波长各为 6cm、4cm、1.8cm 时，波导内可能传输哪些模式？

7-19 用 BJ-100(22.86mm×10.6mm)矩形波导以主模传输 10GHz 的微波信号，试求：

(1) 波导的截止波长 λ_c，波导波长 λ_g，相移常数 β 和波阻抗。

(2) 如果宽边尺寸增加一倍，上述参量如何变化？

(3) 如果窄边尺寸增加一倍，上述参量如何变化？

(4) 波导尺寸固定不变，频率变为 15GHz，上述各参量如何变化？

7-20 假设矩形波导管的截面尺寸为 $a\times b=31.75\times15.875\text{mm}^2$，内部填充 $\varepsilon_r=4$ 的电介质，问什么频率下波导管只能通过 TE_{10} 波形而其他波形不能通过？

7-21 已知横截面为 $a\times b$ 的矩形波导内的纵向场分量为

$$E_z=0,\quad H_z=H_0\cos\left(\frac{\pi}{a}x\right)\cos\left(\frac{\pi}{b}y\right)\mathrm{e}^{-\mathrm{j}\beta z}$$

式中，H_0 为常量，$\beta=\sqrt{k^2-k_c^2}$，$k=\omega\sqrt{\mu_0\varepsilon_0}$，$k_c=\sqrt{\left(\frac{\pi}{a}\right)^2+\left(\frac{\pi}{b}\right)^2}$。

(1) 试求波导内场的其他分量及传输模式；

(2) 试说明为什么波导内部不可能存在 TEM 波。

7-22 填充空气介质的矩形波导传输 TE_{10} 波，试求管壁表面的传导电流和管内位移电流。

7-23 在一空气填充的矩形波导中传输 TE_{10} 波，已知 $a\times b=6\times 4(\mathrm{cm}^2)$，若沿纵向测得波导中电场强度最大值与最小值之间的距离是 4.47cm，求信号源的频率。

7-24 今用 BJ-32 矩形波导($a\times b=72.14\times 34.04(\mathrm{mm}^2)$)做馈线，设波导中传输 TE_{10} 模。

(1) 测得相邻两波节之间的距离为 10.9cm，求 λ_g 和 λ_c；

(2) 设工作波长为 $\lambda_0=10\mathrm{cm}$，求 v_p、λ_c 和 λ_g。

7-25 试绘图说明当矩形波导中传输 TE_{10} 模时，在哪些地方开槽才不会影响电磁波的传输。

7-26 设计一特性阻抗为 75Ω 的同轴线，要求它的最高工作频率为 4.2GHz，求当分别以空气和 $\varepsilon_r=2.25$ 的介质填充时同轴线的尺寸。

7-27 空气同轴线尺寸 $a=10\mathrm{mm}$，$b=40\mathrm{mm}$：

(1) 计算 TE_{11}、TM_{01} 和 TE_{01} 这 3 种高次模的截止波长；

(2) 若工作波长为 10cm，求 TEM 和 TE_{11} 模的相速度。

7-28 计算 $n_1=1.48$ 和 $n_2=1.46$ 阶跃光纤的数值孔径与此光纤的最大投射角 $\theta_{0,\max}$。设外面的媒质为空气，$n_0=1$。

7-29 设空气填充矩形腔 $a=2.5\mathrm{cm}$，$b=2\mathrm{cm}$，$l=5\mathrm{cm}$，试求腔的 5 个最低次谐振频率。

7-30 用 BJ-100 波导做成的 TE_{102} 模式矩形腔，今在 $z=l$ 端面用理想导体短路活塞调谐，其频率调谐范围为 9.3～10.2GHz，求活塞移动范围。

马可尼

(Guglielmo Marchese Marconi,
1874—1937,意大利)

波波夫

(Александр Степанович Попов,
1859—1906,俄国)

1896年,马可尼和波波夫各自独立地实现了电磁波通信试验,开创了无线电技术的新纪元。

第8章 电磁波辐射

8.1 滞后位

在第5章中介绍了时变电磁场的矢量位、标量位和达朗贝尔方程，本章将利用这些理论来分析电磁波的辐射问题。矢量位和标量位满足的微分方程(达朗贝尔方程)为

$$\nabla^2 \boldsymbol{A} - \mu\varepsilon \frac{\partial^2 \boldsymbol{A}}{\partial t^2} = -\mu \boldsymbol{J} \tag{8.1}$$

$$\nabla^2 \Phi - \mu\varepsilon \frac{\partial \Phi}{\partial t} = -\frac{\rho}{\varepsilon} \tag{8.2}$$

复数形式为

$$\nabla^2 \dot{\boldsymbol{A}} + k^2 \dot{\boldsymbol{A}} = -\mu \dot{\boldsymbol{J}} \tag{8.3}$$

$$\nabla^2 \dot{\Phi} + k^2 \dot{\Phi} = -\frac{\dot{\rho}}{\varepsilon} \tag{8.4}$$

其中 $k^2 = \frac{\omega^2}{v^2} = \omega^2 \mu\varepsilon$。

用严格的方法求解式(8.3)和式(8.4)十分繁杂。这里利用推理的方法来解，既能得到正确的结论，又能加深理解其中的物理意义。式(8.3)和式(8.4)形式上相同，首先求解标量方程式(8.4)，先考虑两种特例：

(1) 在恒定电场中，标量电位满足泊松方程

$$\nabla^2 \Phi = -\frac{\rho}{\varepsilon} \tag{8.5}$$

泊松方程的解为

$$\Phi = \frac{1}{4\pi\varepsilon}\int_{\tau'} \frac{\rho \mathrm{d}\tau'}{r} \tag{8.6}$$

(2) 在时变场的无源区，标量位满足齐次方程

$$\nabla^2 \dot{\Phi} + k^2 \dot{\Phi} = 0 \tag{8.7}$$

讨论沿 r 方向传播的均匀球面波，在球坐标系中，$\dot{\Phi} = \dot{\Phi}(r,t)$，代入式(8.7)可得

$$\frac{1}{r^2}\frac{\partial}{\partial r}\left(r^2 \frac{\partial \dot{\Phi}}{\partial r}\right) + k^2 \dot{\Phi} = 0$$

令 $\dot{u} = r\dot{\Phi}$，上式可以改写为

$$\frac{\partial^2 \dot{u}}{\partial r^2} - (\mathrm{j}k)^2 \dot{u} = 0 \tag{8.8}$$

式(8.8)是一个二阶齐次常微分方程，解可以写为

$$\dot{u} = \dot{u}_m^+ \mathrm{e}^{-\mathrm{j}kr} + \dot{u}_m^- \mathrm{e}^{\mathrm{j}kr}$$

其中第一项表示沿 r 轴正方向传播的入射波，第二项表示沿 r 轴负方向传播的反射波。讨论电磁波的辐射，不考虑反射波，所以

$$\dot{\Phi} = \dot{u}_m^+ \frac{\mathrm{e}^{-\mathrm{j}kr}}{r} \propto \frac{\mathrm{e}^{-\mathrm{j}kr}}{r} \tag{8.9}$$

考虑以上两种特例,式(8.4)的解应与式(8.6)形式上相似,因为都是由电荷 ρ 激发的;讨论沿 r 方向传播的时变场,式(8.4)的解中应含有相位因子 $\mathrm{e}^{-\mathrm{j}kr}$。所以式(8.4)的解可以写为

$$\dot{\Phi}=\frac{1}{4\pi\varepsilon}\int_{V'}\frac{\dot{\rho}\mathrm{e}^{-\mathrm{j}kr}}{r}\mathrm{d}V' \tag{8.10}$$

加上时间项 $\mathrm{e}^{\mathrm{j}\omega t}$,式(8.10)可以写为

$$\dot{\Phi}=\frac{1}{4\pi\varepsilon}\int_{V'}\frac{\dot{\rho}\mathrm{e}^{\mathrm{j}(\omega t-kr)}}{r}\mathrm{d}V'=\frac{1}{4\pi\varepsilon}\int_{V'}\frac{\dot{\rho}\mathrm{e}^{\mathrm{j}\omega\left(t-\frac{r}{v}\right)}}{r}\mathrm{d}V' \tag{8.11}$$

其中 $k=\frac{\omega}{v}$。式(8.3)和式(8.4)形式上相同,由式(8.11)可以写出式(8.3)的解

$$\dot{\boldsymbol{A}}=\frac{\mu}{4\pi}\int_{V'}\frac{\dot{\boldsymbol{J}}\mathrm{e}^{\mathrm{j}\omega\left(t-\frac{r}{v}\right)}}{r}\mathrm{d}V' \tag{8.12}$$

对于线电流

$$\dot{\boldsymbol{A}}=\frac{\mu}{4\pi}\int_{l'}\frac{\dot{I}\mathrm{e}^{\mathrm{j}\omega\left(t-\frac{r}{v}\right)}}{r}\mathrm{d}\boldsymbol{l}' \tag{8.13}$$

达朗贝尔方程的解式(8.11)~式(8.13)表示以速度 $\boldsymbol{v}$ 沿 r 方向传播的波;可以看出,空间某一点 t 时刻的 Φ、$\boldsymbol{A}$ 是由 $t-r/v$ 时刻 ρ、$\boldsymbol{J}$ 的分布决定的,即场源 ρ、$\boldsymbol{J}$ 的作用要经过 $\Delta t=r/v$ 后才能传到该点,或者说该点 Φ、$\boldsymbol{A}$ 的变化滞后于 ρ、$\boldsymbol{J}$ 的变化,称为滞后位(或推迟位)。滞后的时间 Δt 就是电磁波从源点传到该点需要的时间。

8.2 电偶极子天线辐射

1. 电偶极子天线(元天线)

电偶极子天线就是一段长为 Δl 的载流导线,中心馈电,如图 8.1 所示。电偶极子天线本质上是一个 LC 振荡电路,振荡频率为

$$f=\frac{1}{2\pi\sqrt{LC}} \tag{8.14}$$

为了有效地向外辐射电磁能量,要提高振荡频率,根据式(8.14),就要减小 L、C,即减少线圈的匝数,减小电容器极板的面积,增大板间距离,这样闭合的 LC 振荡电路就演变为开放的电路,进而演变为振荡偶极子,如图 8.2 所示。

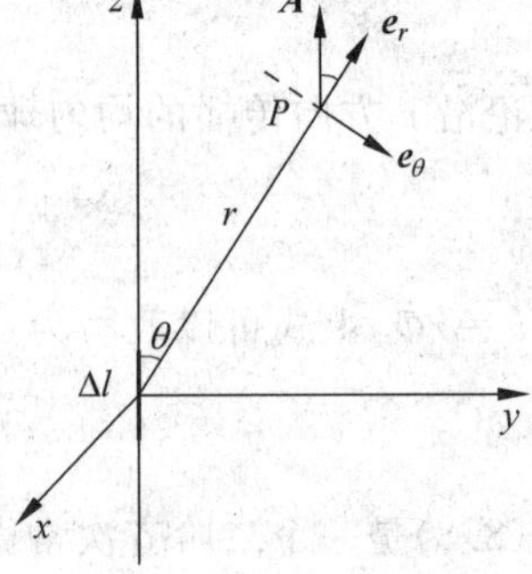

图 8.1 偶极子天线

电偶极子天线的电特性:①偶极子天线的长度 Δl 远远小于工作波长 λ,所以 Δl 上各点的电流 $\dot{I}$ (包括相位)可以看作是相等的;②Δl 也远远小于场点 P 到偶极子天线中心的距离 r,所以 Δl 上各点到 P 点的距离,可以看作是相等的。实际的线状天线可看成是许多电偶极子天线的串联组合。

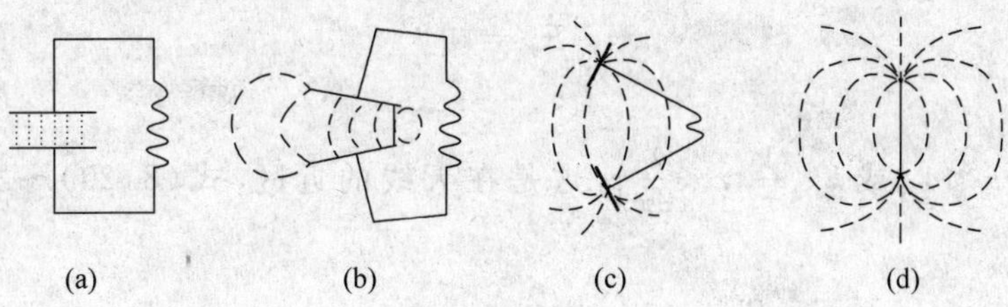

图 8.2 闭合的 LC 振荡电路演变为振荡偶极子

2. 电偶极子天线辐射

1）辐射场表达式

(1) 设偶极子天线上的电流为$\dot{I}$，在空间产生的矢量位(达朗贝尔方程的解)

$$\dot{\boldsymbol{A}}=\frac{\mu}{4\pi}\int_l\frac{\dot{I}\mathrm{e}^{-\mathrm{j}kr}}{r}\mathrm{d}\boldsymbol{l} \tag{8.15}$$

由偶极子天线的电特性①、②，式(8.15)可以写为

$$\dot{\boldsymbol{A}}=\boldsymbol{e}_z\frac{\mu}{4\pi}\cdot\frac{\dot{I}\mathrm{e}^{-\mathrm{j}kr}}{r}\Delta l$$

所以

$$\dot{A}=\dot{A}_z=\frac{\mu}{4\pi r}\dot{I}\Delta l\mathrm{e}^{-\mathrm{j}kr},\quad \dot{A}_x=\dot{A}_y=0 \tag{8.16}$$

在球坐标系中，如图 8.1 所示，矢量位的三个分量为

$$\dot{A}_r=\dot{A}_z\cos\theta=\frac{\mu}{4\pi r}\dot{I}\Delta l\mathrm{e}^{-\mathrm{j}kr}\cos\theta \tag{8.17}$$

$$\dot{A}_\theta=-\dot{A}_z\sin\theta=-\frac{\mu}{4\pi r}\dot{I}\Delta l\mathrm{e}^{-\mathrm{j}kr}\sin\theta \tag{8.18}$$

$$\dot{A}_\varphi=0 \tag{8.19}$$

(2) 由 $\dot{\boldsymbol{B}}=\mu\dot{\boldsymbol{H}}=\nabla\times\dot{\boldsymbol{A}}$，所以$\dot{\boldsymbol{H}}=\frac{1}{\mu}\nabla\times\dot{\boldsymbol{A}}$，把式(8.17)～式(8.19)代入可得

$$\begin{cases}\dot{H}_r=0,\dot{H}_\theta=0\\ \dot{H}_\varphi=\dfrac{1}{\mu r}\left[\dfrac{\partial}{\partial r}(r\dot{A}_\theta)-\dfrac{\partial\dot{A}_r}{\partial\theta}\right]=\dfrac{\dot{I}\Delta l\sin\theta}{4\pi r}\left(\mathrm{j}k+\dfrac{1}{r}\right)\mathrm{e}^{-\mathrm{j}kr}\end{cases} \tag{8.20}$$

(3) 由$\nabla\times\dot{\boldsymbol{H}}=\mathrm{j}\omega\dot{\boldsymbol{D}}=\mathrm{j}\omega\varepsilon\dot{\boldsymbol{E}}$，则$\dot{\boldsymbol{E}}=\frac{1}{\mathrm{j}\omega\varepsilon}\nabla\times\dot{\boldsymbol{H}}$，把式(8.20)代入可得

$$\dot{E}_r=\frac{1}{\mathrm{j}\omega\varepsilon}\cdot\frac{1}{r\sin\theta}\frac{\partial}{\partial\theta}(\sin\theta\dot{H}_\varphi)=-\mathrm{j}\frac{\dot{I}\Delta l\cos\theta}{2\pi\omega\varepsilon r^2}\left(\mathrm{j}k+\frac{1}{r}\right)\mathrm{e}^{-\mathrm{j}kr} \tag{8.21}$$

$$\dot{E}_\theta=-\frac{1}{\mathrm{j}\omega\varepsilon}\cdot\frac{1}{r}\frac{\partial}{\partial r}(r\dot{H}_\varphi)=-\mathrm{j}\frac{\dot{I}\Delta l\sin\theta}{4\pi\omega\varepsilon r}\left(-k^2+\mathrm{j}\frac{k}{r}+\frac{1}{r^2}\right)\mathrm{e}^{-\mathrm{j}kr} \tag{8.22}$$

$$\dot{E}_\varphi = 0 \tag{8.23}$$

2) 讨论

(1) 若 $kr \ll 1\left(或\ k \ll \dfrac{1}{r}, r \ll \dfrac{\lambda}{2\pi}\right)$，这是在天线的近区，式(8.20)～式(8.22)中 $e^{-jkr} \approx 1$，所以

$$\dot{H}_\varphi = \frac{\dot{I}\Delta l}{4\pi r^2}\sin\theta \tag{8.24}$$

$$\dot{E}_r = -j\frac{\dot{I}\Delta l\cos\theta}{2\pi\omega\varepsilon r^3} = \frac{\dot{q}\Delta l\cos\theta}{2\pi\varepsilon r^3} = \frac{\dot{p}\cos\theta}{2\pi\varepsilon r^3} \tag{8.25}$$

其中$\dot{I} = \dfrac{\partial \dot{q}}{\partial t} = j\omega\dot{q}$

$$\dot{E}_\theta = -j\frac{\dot{I}\Delta l\sin\theta}{4\pi\omega\varepsilon r^3} = \frac{\dot{q}\Delta l\sin\theta}{4\pi\varepsilon r^3} = \frac{\dot{p}\sin\theta}{4\pi\varepsilon r^3} \tag{8.26}$$

可以看出式(8.25)、式(8.26)与静电场中电偶极子产生的电场的表达式(2.38)相同，式(8.24)与恒定磁场中电流元产生的磁场的表达式相同(毕奥-萨伐尔定律)。所以近区的电场是偶极子上的瞬时偶极子产生的，与静电场分布相似；近区的磁场是偶极子上的瞬时电流元产生的，与恒定磁场分布相似；因此天线近区是感应场。由式(8.24)～式(8.26)可以看出近区电场 E 与磁场 H 相位相差 $\pi/2$，近区中的平均能流密度矢量

$$\boldsymbol{S}_{av} = \mathrm{Re}\left(\frac{1}{2}\dot{\boldsymbol{E}}\times\dot{\boldsymbol{H}}^*\right) = \mathrm{Re}\left[\frac{1}{2}(\dot{\boldsymbol{E}}_r + \dot{\boldsymbol{E}}_\theta)\times\dot{\boldsymbol{H}}_\varphi^*\right] = 0$$

上式表明偶极子天线的近区没有能量的传输，显然是不合理的。原因是在由式(8.20)～式(8.22)推导式(8.24)～式(8.26)的过程中，略去了一些小项，实际上在天线的近区是能量交换(电场～磁场)远远大于传输的能量。

(2) 若 $kr \gg 1\left(或\ k \gg \dfrac{1}{r}, r \gg \dfrac{\lambda}{2\pi}\right)$，这是在天线的远区，由式(8.20)～式(8.22)可得场强的表达式

$$\dot{H}_\varphi = jk\frac{\dot{I}\Delta l\sin\theta}{4\pi r}e^{-jkr} = j\frac{\dot{I}\Delta l}{2\lambda r}\sin\theta e^{-jkr} \tag{8.27}$$

$$\dot{E}_\theta = jk^2\frac{\dot{I}\Delta l\sin\theta}{4\pi\omega\varepsilon r}e^{-jkr} = j\frac{\dot{I}\Delta l}{2\lambda r}\cdot\frac{k}{\omega\varepsilon}\sin\theta e^{-jkr} \tag{8.28}$$

$$\dot{E}_r = k\frac{\dot{I}\Delta l\cos\theta}{2\pi\omega\varepsilon r^2}e^{-jkr} \approx 0 \tag{8.29}$$

由于$\dot{E}_\theta \propto \dfrac{1}{r}$，而$\dot{E}_r \propto \dfrac{1}{r^2}$，在天线的远区，$r$ 很大，所以$\dot{E}_r \approx 0$。

可以看出，在电偶极子天线的远区，电磁场只有$\dot{E}_\theta$、$\dot{H}_\varphi$ 两个分量，是横电磁波(TEM 波)；$\dot{E}_\theta$ 和$\dot{H}_\varphi$ 同频率、同相位；空间 r 相等的各点相位相等，是球面波。电偶极子天线远区的场称为辐射场。

电偶极子天线的远区的波阻抗为

$$\eta=\frac{\dot{E}_{\theta}}{\dot{H}_{\varphi}}=\frac{k}{\omega\varepsilon}=\sqrt{\frac{\mu}{\varepsilon}} \tag{8.30}$$

就是空间媒质的波阻抗，对于自由空间，$\eta_0=120\pi\approx377(\Omega)$。

天线远区的平均能流密度矢量

$$\boldsymbol{S}_{\mathrm{av}}=\mathrm{Re}\left(\frac{1}{2}\dot{\boldsymbol{E}}_{\theta}\times\dot{\boldsymbol{H}}_{\varphi}^{*}\right)$$

把式(8.27)、式(8.28)代入可得

$$\boldsymbol{S}_{\mathrm{av}}=\boldsymbol{e}_r\,\frac{1}{2}\eta\left(\frac{I_{\mathrm{m}}\Delta l}{2\lambda r}\right)^2\sin^2\theta=\boldsymbol{e}_r\eta\left(\frac{I\Delta l}{2\lambda r}\right)^2\sin^2\theta \tag{8.31}$$

其中$\dot{I}=I_{\mathrm{m}}\mathrm{e}^{\mathrm{j}\psi}$，$I$是$I_{\mathrm{m}}$的有效值。

3）辐射功率和辐射电阻

自由空间无损耗，以偶极子天线为中心作一球面，天线辐射出去的功率P等于平均能流密度S_{av}沿球面的积分

$$P=\oint\!\!\!\oint_S S_{\mathrm{av}}\mathrm{d}S=\int_0^{\pi}\int_0^{2\pi}\eta\left(\frac{I\Delta l}{2\lambda r}\right)^2\sin^2\theta\cdot r^2\sin\theta\mathrm{d}\theta\mathrm{d}\varphi$$

$$=\frac{2\pi\eta}{3}\left(\frac{I\Delta l}{\lambda}\right)^2=80\pi^2\left(\frac{\Delta l}{\lambda}\right)^2I^2(\mathrm{W}) \tag{8.32}$$

天线辐射的功率可看作被一个等效电阻“吸收”，称为辐射电阻，定义式为

$$R_{\mathrm{r}}=\frac{P}{I^2} \tag{8.33}$$

把式(8.32)代入式(8.33)可得偶极子天线的辐射电阻为

$$R_{\mathrm{r}}=80\pi^2\left(\frac{\Delta l}{\lambda}\right)^2(\Omega) \tag{8.34}$$

例 8.1 某发射电台辐射功率10kW，用偶极子天线发射，求在天线的垂直平分面上距离天线1km处的S_{av}和E；在与天线的垂直平分面成何角度时，S_{av}减小一半？

解 由

$$S_{\mathrm{av}}=\eta\left(\frac{I\Delta l}{2\lambda r}\right)^2\sin^2\theta \tag{1}$$

$$P=80\pi^2\left(\frac{\Delta l}{\lambda}\right)^2I^2 \tag{2}$$

其中$\eta=120\pi$，$\theta=\pi/2$，由以上两式消去$\left(\frac{I\Delta l}{\lambda}\right)^2$可得

$$S_{\mathrm{av}}=\frac{3P}{8\pi r^2}=0.1194\times10^{-2}\,\mathrm{W/m^2}$$

由$\boldsymbol{S}_{\mathrm{av}}=\mathrm{Re}\left(\frac{1}{2}\dot{\boldsymbol{E}}\times\dot{\boldsymbol{H}}^{*}\right)$，$\boldsymbol{E}$、$\boldsymbol{H}$同频率、同相位，所以

$$S_{av} = \frac{1}{2}E_m \cdot H_m = E \cdot H = \frac{E^2}{\eta}$$

$$E = \sqrt{S_{av} \cdot \eta} = 0.67(\text{V/m})$$

由式(1)，$\sin^2\theta = \frac{1}{2}$，所以 $\sin\theta = \frac{1}{\sqrt{2}}$，$\theta = 45°$。

8.3 磁偶极子天线辐射

8.3.1 电与磁的对偶性

按照现有的电磁理论，电场是由电荷产生的，电荷定向运动形成电流，电流是产生磁场的源。与此对应还有一种磁荷理论，认为磁场是由磁荷产生的，磁荷定向运动形成磁流，而磁流是产生电场的源。虽然迄今为止在自然界中还没有发现真实的磁荷、磁流，但是引入磁荷和磁流，有时可以大大简化问题的分析和计算。

引入磁荷和磁流，麦克斯韦方程组就变成完全对称的形式

$$\nabla \times \boldsymbol{H} = \varepsilon \frac{\partial \boldsymbol{E}}{\partial t} + \boldsymbol{J}_e \tag{8.35}$$

$$\nabla \times \boldsymbol{E} = -\mu \frac{\partial \boldsymbol{H}}{\partial t} - \boldsymbol{J}_m \tag{8.36}$$

$$\nabla \cdot \boldsymbol{H} = \frac{\rho_m}{\mu} \tag{8.37}$$

$$\nabla \cdot \boldsymbol{E} = \frac{\rho_e}{\varepsilon} \tag{8.38}$$

其中下标 e 表示“电量”，下标 m 表示磁量。ρ_m 是磁荷密度，单位是 Wb/m^3（韦伯/米^3）；$\boldsymbol{J}_m$ 是磁流密度，单位是 V/m^2。式(8.35)右边是正号，表示电流与磁场之间满足右手关系；式(8.36)右边是负号，表示磁流与电场之间满足左手关系。

空间的电场 $\boldsymbol{E}$（或磁场 $\boldsymbol{H}$）就可以看成是由 ρ_e、$\boldsymbol{J}_e$ 产生的电场 $\boldsymbol{E}_e$（或磁场 $\boldsymbol{H}_e$）与由 ρ_m、$\boldsymbol{J}_m$ 产生的电场 $\boldsymbol{E}_m$（或磁场 $\boldsymbol{H}_m$）的叠加

$$\boldsymbol{E} = \boldsymbol{E}_e + \boldsymbol{E}_m, \boldsymbol{H} = \boldsymbol{H}_e + \boldsymbol{H}_m \tag{8.39}$$

把式(8.39)代入式(8.35)～式(8.38)，就可以得到两组方程，一组是只有电荷、电流存在时，由它们产生的 $\boldsymbol{E}_e$、$\boldsymbol{H}_e$ 满足的方程

$$\begin{aligned} &\nabla \times \boldsymbol{H}_e = \varepsilon \frac{\partial \boldsymbol{E}_e}{\partial t} + \boldsymbol{J}_e, \quad \nabla \times \boldsymbol{E}_e = -\mu \frac{\partial \boldsymbol{H}_e}{\partial t} \\ &\nabla \cdot \boldsymbol{H}_e = 0, \quad \nabla \cdot \boldsymbol{E}_e = \frac{\rho_e}{\varepsilon} \end{aligned} \tag{8.40}$$

另一组是只有磁荷、磁流存在时，由它们产生的 $\boldsymbol{E}_m$、$\boldsymbol{H}_m$ 满足的方程

$$\nabla\times\boldsymbol{H}_{\mathrm{m}}=\varepsilon\frac{\partial\boldsymbol{E}_{\mathrm{m}}}{\partial t},\quad\nabla\times\boldsymbol{E}_{\mathrm{m}}=-\mu\frac{\partial\boldsymbol{H}_{\mathrm{m}}}{\partial t}-\boldsymbol{J}_{\mathrm{m}}$$

$$\nabla\cdot\boldsymbol{H}_{\mathrm{m}}=\frac{\rho_{\mathrm{m}}}{\mu},\quad\nabla\cdot\boldsymbol{E}_{\mathrm{m}}=0 \tag{8.41}$$

由式(8.40)和式(8.41)可以看出电与磁具有对偶性,只要作如下的代换

$$\boldsymbol{E}_{\mathrm{e}}\leftrightarrow\boldsymbol{H}_{\mathrm{m}},\quad\boldsymbol{H}_{\mathrm{e}}\leftrightarrow-\boldsymbol{E}_{\mathrm{m}},\quad\boldsymbol{J}_{\mathrm{e}}\leftrightarrow\boldsymbol{J}_{\mathrm{m}},\quad\rho_{\mathrm{e}}\leftrightarrow\rho_{\mathrm{m}},\quad\varepsilon\leftrightarrow\mu,\quad\mu\leftrightarrow\varepsilon \tag{8.42}$$

方程组(8.40)就变换为方程组(8.41);反之亦然。当然,方程组(8.40)和方程组(8.41)的解也具有对偶性。

8.3.2 磁偶极子天线的辐射

磁偶极子天线的实际模型是一个小电流环,如图8.3所示,它的周长远远小于波长,所以环上的各点的电流$\dot{I}$(包括相位)可以看作是相等的,它的半径远远小于场点P到磁偶极子天线中心的距离。小电流环的磁矩为

$$\boldsymbol{p}_{\mathrm{m}}=\mu I\boldsymbol{S} \tag{8.43}$$

其中,$\boldsymbol{S}$为环面积矢量,方向与环电流I成右手关系。

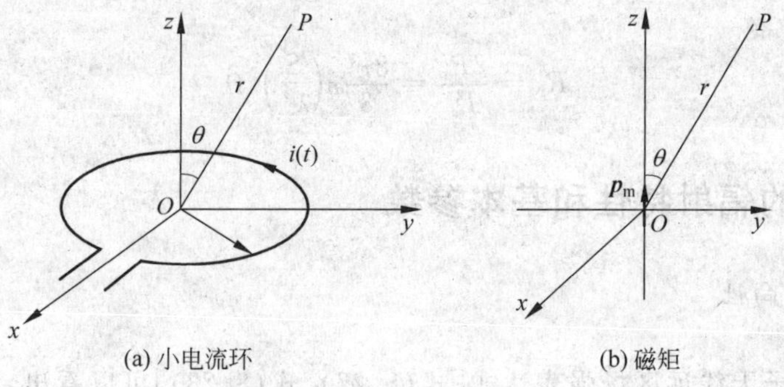

图8.3 磁偶极子天线

若求小电流环远区的辐射场,可以把小电流环看成是一个时变的磁偶极子,由一对磁荷$\pm q_{\mathrm{m}}$组成,它们之间的距离是l,磁荷之间有假想的磁流I_{m},以满足磁流的连续性,则磁矩可表示为

$$\boldsymbol{p}_{\mathrm{m}}=q_{\mathrm{m}}\boldsymbol{l}=\boldsymbol{e}_z q_{\mathrm{m}}l \tag{8.44}$$

比较式(8.43)和式(8.44)可得$q_{\mathrm{m}}=\mu IS/l$,则等效磁流为

$$I_{\mathrm{m}}=\frac{\mathrm{d}q_{\mathrm{m}}}{\mathrm{d}t}=\frac{\mu S}{l}\frac{\mathrm{d}I}{\mathrm{d}t} \tag{8.45}$$

用复数可以写为

$$I_{\mathrm{m}}=\mathrm{j}\frac{\omega\mu S}{l}I \tag{8.46}$$

在8.2节中介绍了电偶极子天线的辐射场

$$\dot{E}_\theta = \mathrm{j}\,\frac{\dot{I}\Delta l\sin\theta}{2\lambda r}\sqrt{\frac{\mu}{\varepsilon}}\,\mathrm{e}^{-\mathrm{j}kr},\quad \dot{H}_\varphi = \mathrm{j}\,\frac{\dot{I}\Delta l\sin\theta}{2\lambda r}\mathrm{e}^{-\mathrm{j}kr}$$

利用电与磁的对偶关系,可得磁偶极子天线的远区场

$$-\dot{E}_\varphi = \mathrm{j}\,\frac{\dot{I}_\mathrm{m}\Delta l\sin\theta}{2\lambda r}\mathrm{e}^{-\mathrm{j}kr},\quad \dot{H}_\theta = \mathrm{j}\,\frac{\dot{I}_\mathrm{m}\Delta l\sin\theta}{2\lambda r}\sqrt{\frac{\varepsilon}{\mu}}\,\mathrm{e}^{-\mathrm{j}kr}$$

把式(8.46)代入以上两式可得

$$\dot{E}_\varphi = \frac{\omega\mu S\,\dot{I}}{2\lambda r}\sin\theta\mathrm{e}^{-\mathrm{j}kr} \tag{8.47}$$

$$\dot{H}_\theta = -\frac{\omega\mu S\,\dot{I}}{2\lambda r}\sqrt{\frac{\varepsilon}{\mu}}\sin\theta\mathrm{e}^{-\mathrm{j}kr} \tag{8.48}$$

平均能流密度矢量为

$$\boldsymbol{S}_\mathrm{av} = \frac{1}{2}\mathrm{Re}[\boldsymbol{E}\times\boldsymbol{H}^*] = \boldsymbol{e}_r\,\frac{1}{2}\eta\left(\frac{\pi I_\mathrm{m}S}{\lambda^2 r}\right)^2\sin^2\theta \tag{8.49}$$

辐射功率是

$$P_\mathrm{r} = \oint\!\!\!\oint_S \boldsymbol{S}_\mathrm{av}\cdot\mathrm{d}\boldsymbol{S} = \frac{4\pi}{3}\eta\left(\frac{\pi I_\mathrm{m}S}{\lambda^2}\right)^2\mathrm{W} \tag{8.50}$$

辐射电阻是

$$R_\mathrm{r} = \frac{2P_\mathrm{r}}{I_\mathrm{m}^2} = \frac{8\pi^3}{3}\eta\left(\frac{S}{\lambda^2}\right)^2\Omega \tag{8.51}$$

8.4 天线的辐射特性和基本参数

1. 辐射方向性

由电偶极子天线远区场强表达式[式(8.27)、式(8.28)]可以看出,$\dot{E}_\theta$、$\dot{H}_\varphi$ 正比于 $\sin\theta$,与 φ 无关,表明辐射具有一定的方向性:在天线所在的平面内,辐射场强正比于 $\sin\theta$,$\theta=0$ 时,场强为0;$\theta=\pi/2$ 时,场强最大;在垂直于天线的平面内无方向性。

天线的辐射方向性可以用方向图函数定量地描述,方向图函数定义为

$$f(\theta,\varphi) = \frac{|E(\theta,\varphi)|}{|E_\mathrm{max}|} \tag{8.52}$$

其中,$E(\theta,\varphi)$ 是任意方向的辐射场强;E_max 是相同距离处最大辐射方向的场强。由式(8.28)可以导出电偶极子天线的方向图函数

$$f(\theta) = \sin\theta \tag{8.53}$$

按方向图函数 $f(\theta,\varphi)$ 绘制出的图形称为方向图。由式(8.53)绘制出的电偶极子天线的方向图如图8.4所示。

方向图直观地表示出天线在**不同方向上,相同距离处**辐射场强的相对大小。例如,

图 8.4(a)中 P_1、P_2 两点表示天线在不同方向上,相同距离处辐射场强的相对大小。P_1 点在最大辐射方向上,设 $E_{max}=1$; P_2 点在任意角度 θ 方向上,可以看出 $E=\sin\theta$。

为了描述天线辐射功率的空间分布状况,可以用功率方向图函数 $F_P(\theta,\varphi)$,与场强方向图函数 $f(\theta,\varphi)$的关系为

$$F_P(\theta,\varphi) = f^2(\theta,\varphi) \tag{8.54}$$

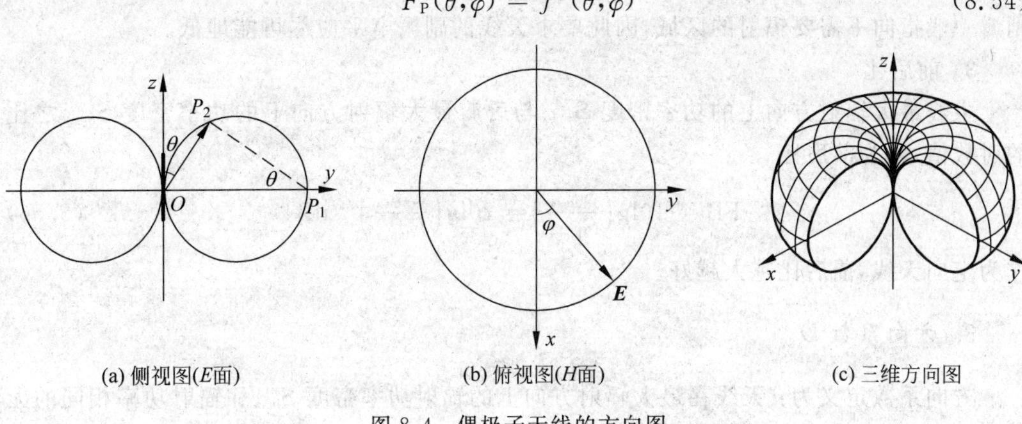

图 8.4 偶极子天线的方向图

2. 方向图参数

实际天线的方向图通常有多个波瓣,分别称为主瓣、副瓣和后瓣,如图 8.5 所示。主瓣是指包含最大辐射方向的波瓣,除主瓣外的其余波瓣统称为副瓣,把位于主瓣正后方的波瓣称为后瓣。用来描述方向图特性的参数通常有主瓣宽度、副瓣电平、前后比等。

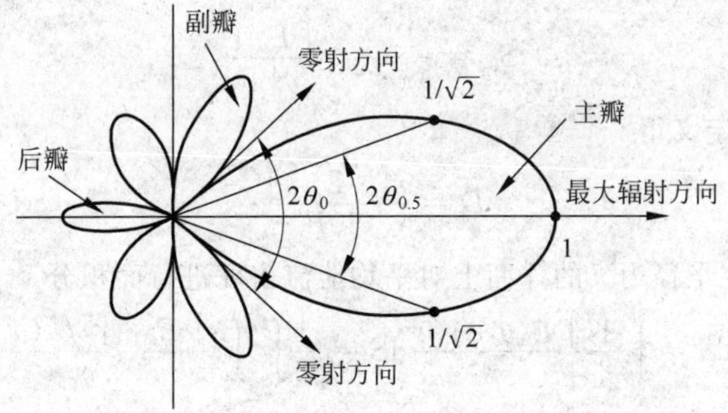

图 8.5 方向图参数

1) 主瓣宽度

主瓣宽度可用零功率点波瓣宽度和半功率点波瓣宽度描述。零功率点波瓣宽度 $2\theta_{0E}$、$2\theta_{0H}$(下标 E、H 分别表示 E、H 面)是指主瓣最大值两边两个零辐射方向之间的夹角。半功率点波瓣宽度 $2\theta_{0.5E}$、$2\theta_{0.5H}$是指主瓣最大值两边功率密度下降到最大功率密度的一半(或场强下降到最大值的$1/\sqrt{2}$倍)的两辐射方向之间的夹角,也称 3dB 波瓣宽度。主瓣宽度越小,说明天线辐射的电磁能量越集中,方向性越强。

2) 副瓣电平

副瓣最大辐射方向上的功率密度 S_{1max}(或场强最大值 E_{1max} 的平方)与主瓣最大辐射方向上的功率密度 S_{0max}(或 E_{0max} 的平方)之比的对数值,称为副瓣电平

$$\mathrm{SLL} = 10\lg\left(\frac{S_{1max}}{S_{0max}}\right) = 20\lg\left(\frac{E_{1max}}{E_{0max}}\right) \quad \mathrm{dB} \tag{8.55}$$

副瓣一般指向不需要辐射的区域,因此要求天线的副瓣电平应尽可能地低。

3) 前后比

主瓣最大辐射方向上的功率密度 S_{0max} 与后瓣最大辐射方向上的功率密度 S_{bmax} 之比的对数值,称为前后比

$$\mathrm{FB} = 10\lg\left(\frac{S_{0max}}{S_{bmax}}\right) = 20\lg\left(\frac{E_{0max}}{E_{bmax}}\right) \quad \mathrm{dB} \tag{8.56}$$

作为定向天线,前后比越大越好。

3. 方向系数 D

方向系数定义为:天线在最大辐射方向上的辐射功率密度 S_{max} 和辐射功率相同的无方向性天线(如理想点源天线,方向图是一球面)在相同距离处的辐射功率密度 S_0 之比,即

$$D = \frac{S_{max}}{S_0}\bigg|_{P_R = P_{R_0}} = \frac{|E_{max}|^2}{|E_0|^2}\bigg|_{P_R = P_{R_0}} \tag{8.57}$$

方向系数描述了天线辐射能量集中的程度,由 $S_{max} = DS_0$ 可以看出天线在最大辐射方向上的辐射功率密度是辐射功率相同的无方向性天线在相同距离处辐射功率密度的 D 倍。

无方向性天线在 r 处产生的能流密度为

$$S_0 = \frac{P_r}{4\pi r^2} = \frac{|E_0|^2}{240\pi} \tag{8.58}$$

所以由方向系数的定义得

$$D = \frac{r^2 |E_{max}|^2}{60 P_r} \tag{8.59}$$

辐射功率 P_r 等于在半径为 r 的球面上对平均能流密度进行面积分

$$\begin{aligned} P_r &= \oint \boldsymbol{S}_{平均} \cdot \mathrm{d}\boldsymbol{S} = \oint \frac{1}{2}\frac{|\boldsymbol{E}(\theta,\varphi)|^2}{\eta_0}\mathrm{d}S = \frac{1}{2}\int_0^{2\pi}\int_0^{\pi}\frac{|E_{max}|^2 f^2(\theta,\varphi)}{\eta_0} r^2 \sin\theta \mathrm{d}\theta \mathrm{d}\varphi \\ &= \frac{r^2 |E_{max}|^2}{240\pi}\int_0^{2\pi}\int_0^{\pi} f^2(\theta,\varphi)\sin\theta \mathrm{d}\theta \mathrm{d}\varphi \end{aligned} \tag{8.60}$$

将式(8.60)代入式(8.59)可得

$$D = \frac{4\pi}{\displaystyle\int_0^{2\pi}\int_0^{\pi} f^2(\theta,\varphi)\sin\theta \mathrm{d}\theta \mathrm{d}\varphi} \tag{8.61}$$

把电偶极子天线的 $f(\theta) = \sin\theta$ 代入式(8.61)可以算出,电偶极子天线的方向系数 $D=1.5$。即辐射功率 P 一定,电偶极子天线最大辐射方向上辐射强度是无方向性天线的 1.5 倍。方向系数也可用 dB 表示 $D(\mathrm{dB}) = 10\lg D$。例如,电偶极子天线的 $D=1.76\mathrm{dB}$。

4. 天线的增益

天线的效率定义为

$$\eta = \frac{P_r}{P_{in}} \tag{8.62}$$

其中,P_r 是辐射功率; P_{in}是输入功率,等于辐射功率与损耗功率之和。天线的增益定义为

$$G = \eta D \tag{8.63}$$

也可用 dB 表示

$$G(\mathrm{dB}) = 10\lg G \tag{8.64}$$

所以增益 G 不仅表示了天线辐射能量集中的程度,也包含了天线的损耗。

5. 输入阻抗

天线通过传输线与发射机(或接收机)相连,与传输线之间存在阻抗匹配问题。天线与传输线的连接处称为天线的输入端,天线的输入阻抗 Z_{in}定义为天线输入端的电压与电流之比

$$Z_{in} = \frac{U_{in}}{I_{in}} = R_{in} + \mathrm{j}X_{in} \tag{8.65}$$

其中 R_{in}、X_{in}分别为输入电阻和输入电抗。

天线的输入阻抗决定于天线的结构、工作频率及周围环境的影响。输入阻抗的计算是比较困难的,大多数天线的输入阻抗在工程中采用近似计算或实验方法测定。

6. 有效长度 l_e

对于偶极子天线,$\Delta l \ll \lambda$,沿天线电流的分布是均匀的。用作发射天线时,辐射场强$E_\theta \propto \Delta l$,$H_\varphi \propto \Delta l$[式(8.27)、式(8.28)];用作接收天线时,在天线上产生的感应电动势$e \propto \Delta l$[式(8.66)]。

一般线天线不满足 $l \ll \lambda$,沿天线电流的分布不均匀,辐射场强(或接收的感应电动势e)不按比例随天线长度变化。为了直观地描述天线的辐射能力(或接收能力),引入"有效长度"。一个实际的线天线,可用一个沿天线电流均匀分布,其电流等于输入点的电流I_A(或波腹点的电流 I_m)的假想天线来等效,如果两天线在最大辐射方向上的辐射场强相同,则假想天线的长度就称为实际天线的有效长度。计算公式为

$$l_e = \frac{1}{I_m}\int_0^l I(z)\mathrm{d}z$$

其中,l 是天线的真实长度。地面上的直立天线,有效长度也称为有效高度 h_e。

例如,短天线($l < \lambda/4$),电流的分布可看成是线性的 $i(z) = \frac{I_{max}}{l}z$,有效长度为

$$l_e = \frac{1}{I_{max}}\int_0^l \frac{I_{max}}{l}z\,\mathrm{d}z = \frac{l}{2}$$

7. 天线的带宽

天线所有的电参数都与工作频率有关,当工作频率偏离设计的中心频率时,将会引

起电参数的变化,如方向图畸变、增益降低、输入阻抗改变等。天线的带宽是一个频率范围,在这一范围内频率变化时,天线的各种参数不超出允许的变化范围。

8.5 接收天线

1. 电磁波的接收

天线用作接收,作用与发射相反,是把空间电磁波的能量转换为天线上振荡电流的能量,通过馈线传输到接收机。把一单元接收天线(电偶极子天线)放在辐射场中,电场可以分解为两个分量

$$\boldsymbol{E}=\boldsymbol{E}_\theta+\boldsymbol{E}_\varphi$$

$\boldsymbol{E}_\theta$ 平行于入射面,$\boldsymbol{E}_\varphi$ 垂直于入射面,如图 8.6 所示。天线上产生的感应电动势

$$\begin{aligned} e &= \int \boldsymbol{E}\cdot \mathrm{d}\boldsymbol{l}=\int(\boldsymbol{E}_\theta+\boldsymbol{E}_\varphi)\cdot \mathrm{d}\boldsymbol{l} \\ &= \int E_\theta \cdot \mathrm{d}l\cos\left(\frac{\pi}{2}-\theta\right) \\ &= E_\theta\sin\theta\cdot\Delta l=E_\theta\Delta l\cdot f(\theta) \end{aligned} \tag{8.66}$$

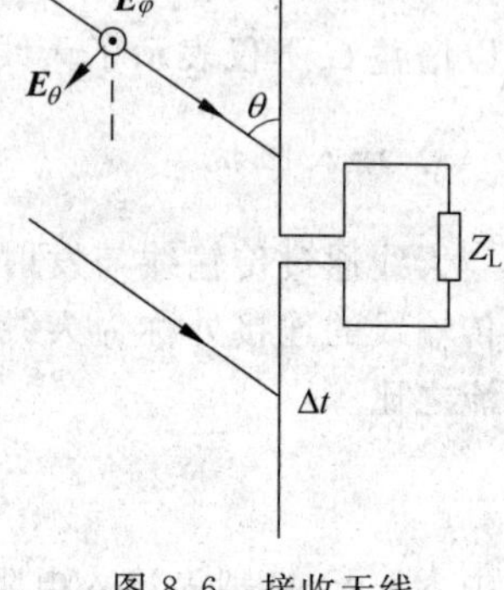

图 8.6 接收天线

一般线天线上的感应电动势可以写为

$$e=E_\theta l_e f(\theta,\varphi) \tag{8.67}$$

其中 l_e 是天线的有效长度。e 通过负载 Z_L 产生感应电流,把信号传送给接收机。

2. 接收天线的电参数

同一副天线,用作发射天线或接收天线时,电参数是相同的,只是含义不同。例如同一天线用作发射、接收天线时,$f(\theta、\varphi)$ 和方向图都相同。对于发射天线,$f(\theta、\varphi)$ 和方向图表示天线在不同方向上,相同距离处辐射场的相对大小;对于接收天线,$f(\theta、\varphi)$ 和方向图表示天线对来自不同方向、场强相同的电磁波接收能力的相对大小,电偶极子天线 $f(\theta、\varphi)=\sin\theta$,$\theta=\pi/2$ 时接收的信号最强,$\theta=0$ 时,接收的信号为 0。

有效接收面积是描述天线接收电磁波能力的重要参数。定义为:设天线的最大接收方向对准来波方向,天线与负载匹配且无损耗,天线的接收功率为 P_r,设想此功率等于穿过与来波方向垂直的面积 A_e 的辐射功率($P_r=S_{av}\cdot A_e$),则 A_e 称为天线的有效接收面积,可以用式(8.68)计算,即

$$A_e=\frac{\lambda^2}{4\pi}D \tag{8.68}$$

3. 弗利斯(Friis)传输公式

设 P_T、P_{rad} 分别是发射天线的输入功率和发射功率,由式(8.57),在最大辐射方向上的能流密度

$$S_{max}=S_0 D=\frac{P_{rad}D}{4\pi r^2}=\frac{P_T G_T}{4\pi r^2} \tag{8.69}$$

其中，G_T是发射天线的增益，$P_{rad}=P_T\eta,\eta D=G_T$。接收天线接收的功率为

$$P_r = S_{max}\cdot A_e \tag{8.70}$$

由式(8.69)和式(8.70)可以导出

$$P_r = P_T G_T G_r\left(\frac{\lambda}{4\pi r}\right)^2 \tag{8.71}$$

其中，G_r 是接收天线的增益，这里设接收天线的效率为 1。式(8.71)称为弗利斯传输公式，描述了接收天线的接收功率与发射天线的输入功率之间的关系。

8.6 常用的线天线

1. 环形天线

环形天线有圆形的，也有方形的。设环形天线的面积是 S，匝数是 N，环形天线中的感应电动势

$$\dot{e} = \frac{\mathrm{d}\dot{\Psi}}{\mathrm{d}t} = \mathrm{j}\omega NBS = \mathrm{j}\omega N\mu_0 HS$$

$$e = 2\pi f N\mu_0 HS = \frac{2\pi NSE}{\lambda} = E\cdot l_e$$

计算中 $H=\dfrac{E}{120\pi},\mu_0=4\pi\times10^{-7},f=\dfrac{c}{\lambda}=\dfrac{3\times10^8}{\lambda}$，所以环形天线的有效长度为

$$l_e = \frac{2\pi NS}{\lambda} \tag{8.72}$$

环形天线的方向图函数为

$$f(\theta) = \sin\theta \tag{8.73}$$

其中 θ 是与天线中心处法线的夹角。方向图如图 8.7 所示。

2. 对称振子天线

对称振子天线的结构如图 8.8 所示，归一化场强的方向图函数为

$$f(\theta) = \frac{\cos(\beta l\cos\theta) - \cos\beta l}{f_{max}\cdot\sin\theta} \tag{8.74}$$

图 8.7 环形天线的方向图

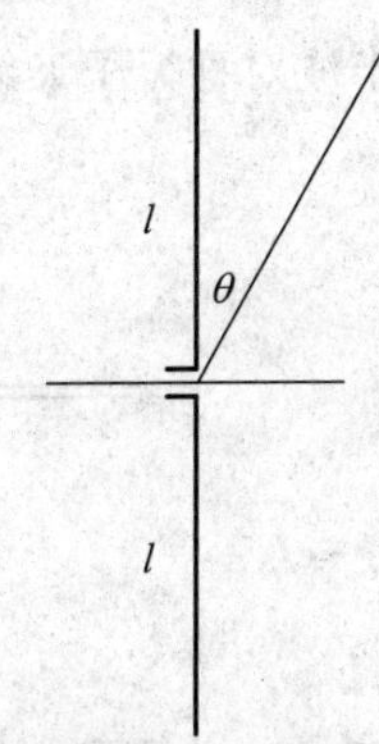

图 8.8 对称振子天线

其中 $f_{\max}$ 是 $\dfrac{\cos(\beta l\cos\theta)-\cos\beta l}{\sin\theta}$ 的最大值。对称振子天线的方向图如图 8.9 所示。对于半波对称天线 $2l=0.5\lambda$，

$$f(\theta)=\frac{\cos\left(\dfrac{\pi}{2}\cos\theta\right)}{\sin\theta} \tag{8.75}$$

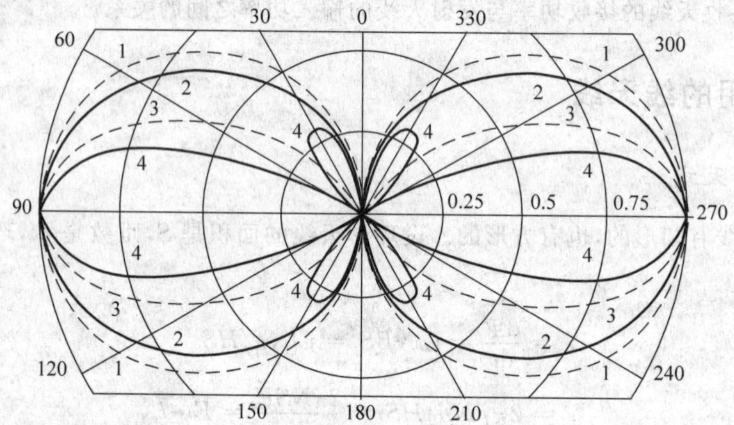

1 $l/\lambda\approx0$(电偶极子天线)，2 $l/\lambda=0.25$(半波对称振子天线)，3 $l/\lambda=0.5$，4 $l/\lambda=0.625$

图 8.9　对称振子天线的方向图

半波对称振子上电流的分布 $i(z)=I_{\mathrm{m}}\sin\left(2\pi\dfrac{z}{\lambda}\right)$，有效长度为

$$l_{\mathrm{e}}=\frac{1}{I_{\mathrm{m}}}\int_0^l I_{\mathrm{m}}\sin\left(2\pi\frac{z}{\lambda}\right)\mathrm{d}z=\frac{\lambda}{\pi}\bigg|_{l=\frac{\lambda}{2}}=0.64l \tag{8.76}$$

3. 单极天线

竖直安装在接地的金属板上，长度为四分之一波长的天线称为单极天线，单极天线是从下端使用同轴电缆馈电。

导电平面上方的四分之一波长单极天线与其在导电平面下方的镜像等效于一个自由空间中的半波对称振子天线，如图 8.10 所示。

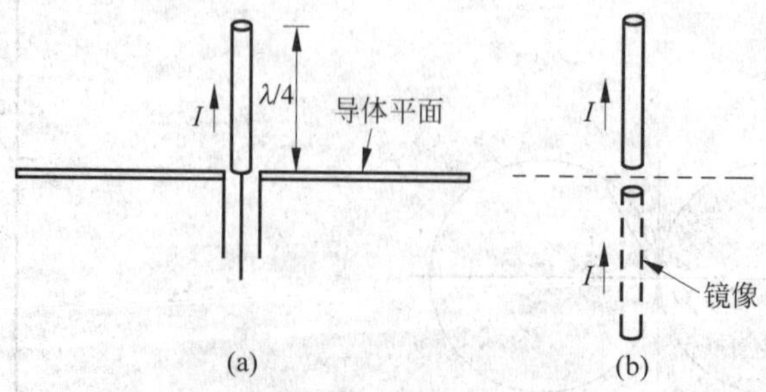

图 8.10　单极天线与其在导电平面下方的镜像等效于一个半波对称振子天线

单极天线的方向图函数与对称振子天线相同(式(8.74)),在水平面上单极天线的辐射是全向的。由于单极天线只在上半空间产生辐射场,不难理解单极天线的方向系数是相应的对称振子天线的2倍,用dB表示大3dB。

单极天线底部的输入阻抗是对称振子天线的一半,辐射电阻、辐射功率也是相应的对称振子天线的一半。

单极天线的辐射电阻、辐射功率比较低,可以通过给天线"加顶"增加单极天线的辐射电阻和辐射功率,从而构成倒L形天线、T形天线、伞形天线等,如图8.11所示。

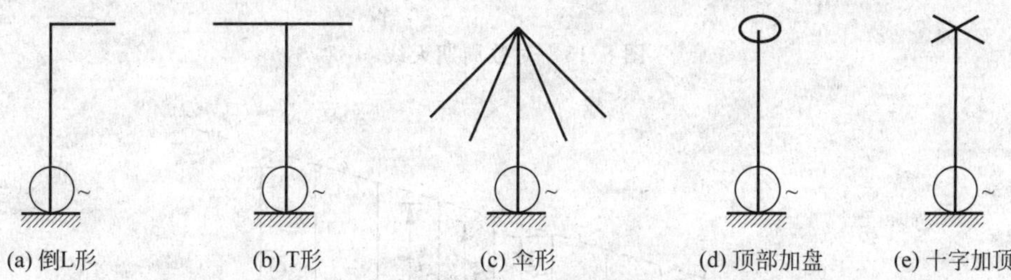

图8.11 "加顶"的单极天线

在某些移动和便携设备上,四分之一的波长还是太大了,在这种情况下可以通过增加天线的电感来增加单极天线的电气长度。单极天线在测量中常用作宽带天线,依靠天线校准系数校正测量结果。

4. 双锥天线

双锥天线是一种宽频带天线,是由对称振子天线演变而来的,如图8.12所示。双锥天线工作的频率范围一般是30~300MHz。

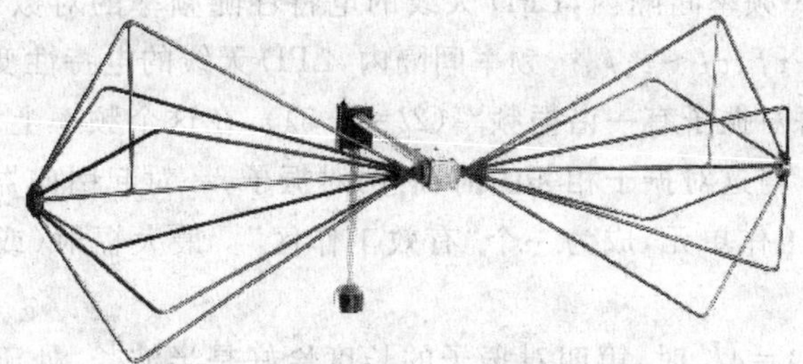

图8.12 双锥天线

5. 对数周期天线(LPD天线)

对数周期天线是一种工作频率更高的宽频带天线(如200MHz~1GHz或更高),由一组对称振子组成,如图8.13所示。天线的内部接线及馈电方式如图8.14所示,图中O点称为顶点,2α为各振子相对于顶点的张角,l_n是第n个振子的臂长,R_n是第n个振子到顶点的距离,d_n是第n个振子和第$n+1$个振子的间距。对数周期天线的结构满足下列关系式:

$$\tau=\frac{l_n}{l_{n-1}}=\frac{R_n}{R_{n-1}}=\frac{d_n}{d_{n-1}}<1$$

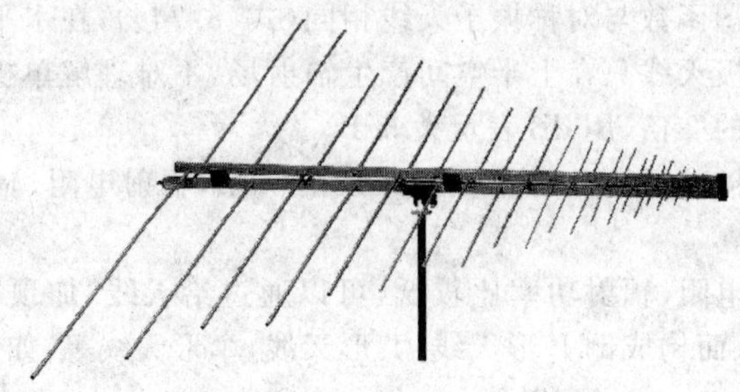

图 8.13　对数周期天线

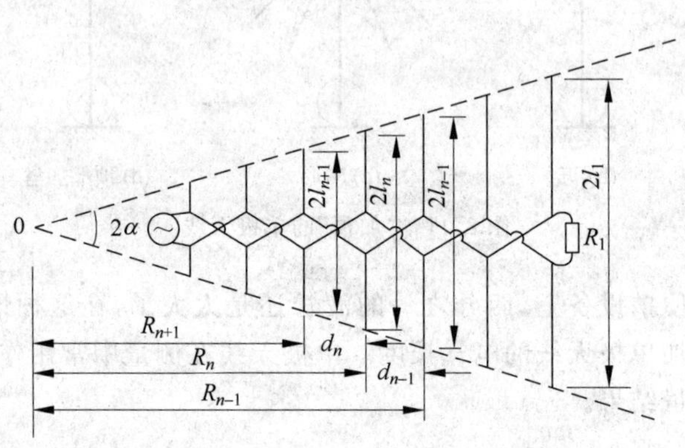

图 8.14　LPD 天线的内部接线及馈电方式

理论分析表明,当工作频率从 f 变到 τf、$\tau^2 f$、$\tau^3 f$、…时,LPD 天线的电特性完全相同,而在 $f\sim\tau f$、$\tau f\sim\tau^2 f$、…频率间隔内,LPD 天线的电特性随频率的对数作周期性变化。如果 τ 接近于 1,在 $f\sim\tau f$、$\tau f\sim\tau^2 f$、…频率间隔内,LPD 天线的电特性变化也不大,因此具有超宽频带特性。每对振子有一谐振频率($2l=0.5\lambda$),在这个频率上该振子的辐射能力(或接受能力)最强。与这对振子相邻的前、后两对振子,一对起引向器作用,另一对起反射器作用,构成一个工作单元,成为一个“有效工作区”。最大辐射(或接收)方向指向短振子方向。

例如,工作波长 $\lambda=4l_4$ 时,第四对振子的长度恰好是半波长,处于谐振状态,第五对振子是引向器,第三对振子是反射器,构成一个有效工作区。频率升高时,有效工作区向短振子方向移动;频率降低时,有效工作区向长振子方向移动。无论有效工作区怎样移动,所形成的每一组引向天线的电尺寸不变,因此 LPD 天线的电特性与频率无关。LPD 天线的工作频率范围由最长的和最短的振子的臂长决定。

$$l_1=\frac{\lambda_L}{4}\quad l_N=\frac{\lambda_H}{4}\tag{8.77}$$

λ_L、λ_H 分别是最低和最高工作频率对应的波长。

对数周期天线的方向性比较强(是一个有引向器和反射器的天线阵),方向图随工作频率有所变化,如图 8.15 所示。

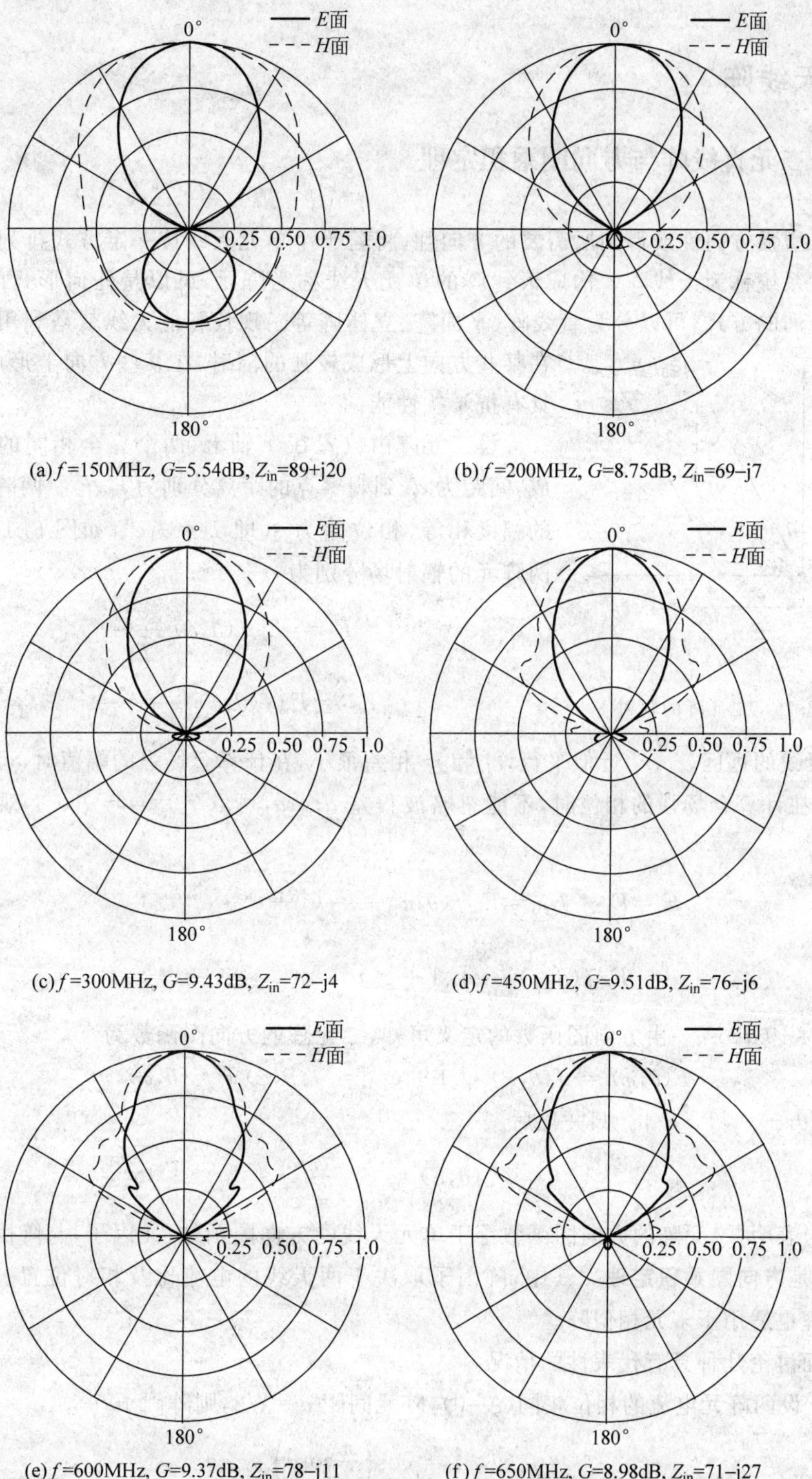

(a) f=150MHz, G=5.54dB, Z_{in}=89+j20
(b) f=200MHz, G=8.75dB, Z_{in}=69−j7
(c) f=300MHz, G=9.43dB, Z_{in}=72−j4
(d) f=450MHz, G=9.51dB, Z_{in}=76−j6
(e) f=600MHz, G=9.37dB, Z_{in}=78−j11
(f) f=650MHz, G=8.98dB, Z_{in}=71−j27

图 8.15 对数周期天线的方向图

8.7 天线阵**

8.7.1 二元直线阵与方向图乘积定理

为了增强方向性或得到所需要的方向性，将若干个单元天线按一定方式排列起来构成的辐射系统称为天线阵。构成天线阵的单元天线称为阵元，可以是任何形式的天线。按阵元排列的方式，可以分为直线阵、平面阵、立体阵等。现代智能天线就是利用天线阵在某些方向上形成较强的辐射，在某些方向上形成零陷，具有抗干扰性能。

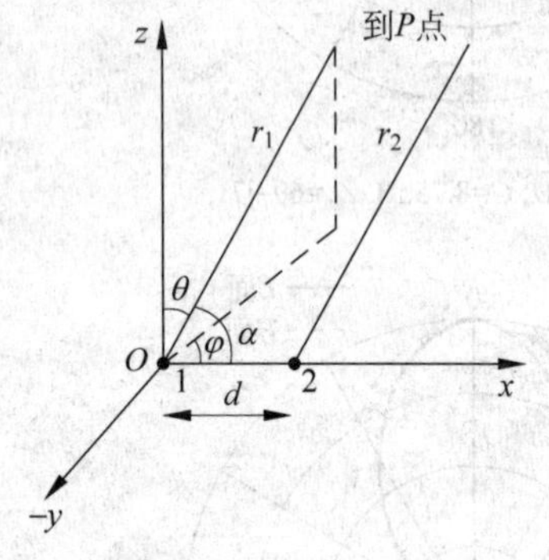

图 8.16 二元阵的辐射

设二元阵由放置在 x 轴上、两个完全相同的阵元组成，间距为 d，到观察点的距离分别为 r_1、r_2。两阵元电流的幅度相等，相位差为 ξ，即 $I_2 = I_1 e^{j\xi}$，如图 8.16 所示。两阵元的辐射场分别为

$$E_1 = E_m f(\theta,\varphi) \frac{e^{-jkr_1}}{r_1} \tag{8.78}$$

$$E_2 = E_m f(\theta,\varphi) \frac{e^{-jkr_2} \cdot e^{j\xi}}{r_2} \tag{8.79}$$

在天线的远区，r_1、r_2 近似平行，r_1 和 r_2 相差很小，在计算合场强的幅值时，可取 $r_2 = r_1$；但是在计算合场强的相位时，不能忽略波程差 $d\cos\alpha$，可取 $r_2 = r_1 - d\cos\alpha$，观察点的合场强为

$$\begin{aligned} E &= E_1 + E_2 = E_m f(\theta,\varphi) \frac{e^{-jkr_1}}{r_1}(1 + e^{j\xi} \cdot e^{jkd\cos\alpha}) \\ &= E_m f(\theta,\varphi) \frac{e^{-jkr_1}}{r_1}(1 + e^{j\psi}) \end{aligned} \tag{8.80}$$

其中 $\psi = \xi + kd\cos\alpha$。由方向图函数的定义可知，二元阵的方向图函数为

$$F(\theta,\varphi) = f(\theta,\varphi) \cdot |1 + e^{j\psi}| = f(\theta,\varphi) \cdot f_n(\theta,\varphi) \tag{8.81}$$

其中 $f_n(\theta,\varphi) = |1 + e^{j\psi}|$。归一化后

$$f_n(\theta,\varphi) = \cos\frac{\psi}{2} \tag{8.82}$$

式(8.81)表明，二元阵的方向图函数等于单元天线的方向图函数(元因子)与阵因子的乘积，这就是**方向图乘积定理**。其中，阵因子取决于两天线的电流比及相对位置。方向图乘积定理也适用于多元相似阵。

下面讨论几种具有代表性的情况。

(1) 设两阵元电流的相位相同($\xi = 0$)，阵元间距 $d = \lambda/2$，则阵因子

$$f_n(\theta,\varphi) = \cos\left(\frac{\pi}{2}\cos\alpha\right) \tag{8.83}$$

由式(8.83)绘出的阵因子方向图如图 8.17 所示。可以看出，当两阵元的电流等幅同相，

间距为 $d=\lambda/2$ 时，阵因子方向图是"8"字形，沿天线阵的轴线方向上没有辐射，在垂直于轴线的方向上辐射最强，这种天线阵称为边射式天线阵。

例如，对于如图8.18所示的二元阵，$\alpha=\theta$，若阵元采用电偶极子天线，

$$F(\theta,\varphi)=f(\theta,\varphi)\cdot f_n(\theta,\varphi)=\sin\theta\cdot\cos\left(\frac{\pi}{2}\cos\theta\right)$$

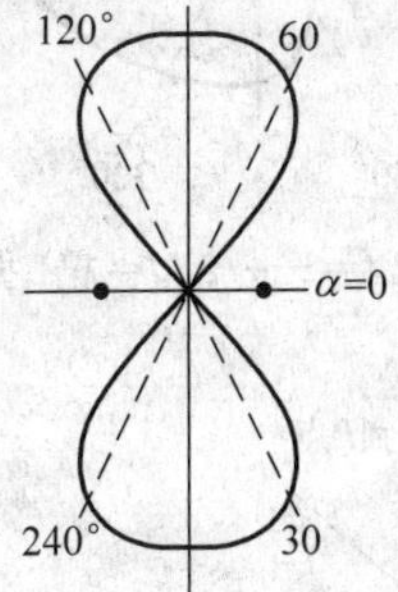

图8.17 $\xi=0$，$d=\lambda/2$ 振因子方向图

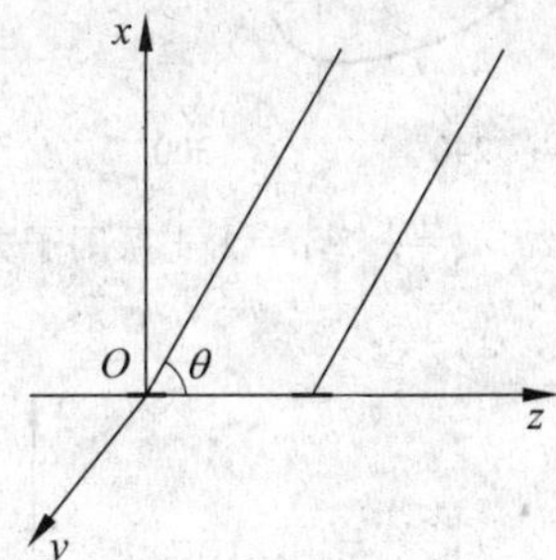

图8.18 二元阵

阵因子与元因子合成以后的 E 面方向图如图8.19所示。

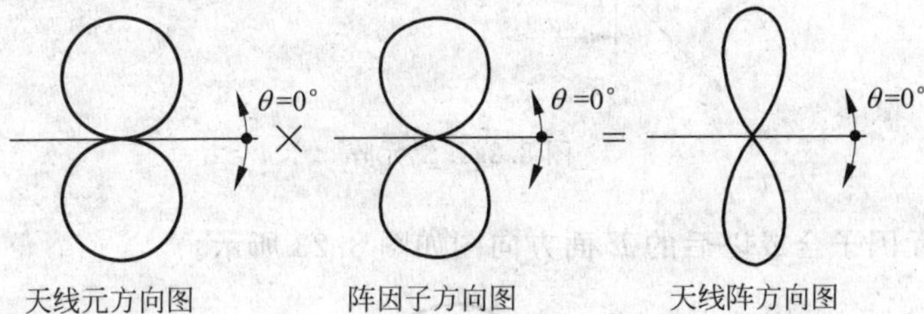

图8.19 边射式天线阵合成方向图

(2) 设两阵元电流的相位差 $\xi=\pi/2$，阵元间距 $d=\lambda/4$，则阵因子

$$f_a(\theta,\varphi)=\cos\left(\frac{\pi}{4}\cos\alpha+\frac{\pi}{4}\right) \tag{8.84}$$

由式(8.84)绘出的阵因子方向图如图8.20所示。

(3) 设两阵元电流的相位差 $\xi=-\pi/2$，阵元间距 $d=\lambda/4$，则阵因子

$$f_n(\theta,\varphi)=\cos\left(\frac{\pi}{4}\cos\alpha-\frac{\pi}{4}\right) \tag{8.85}$$

由式(8.85)绘出的阵因子方向图如图8.21所示。由图8.20、图8.21可以看出，当两阵元的电流等幅，相位相差 $\pm\pi/2$，阵元间距为 $d=\lambda/4$ 时，阵因子方向图是心脏形，最大辐射方向都指向相位超前的阵元方向。这种最大辐射方向沿天线阵轴线方向的天线阵称为端射式天线阵。

例如，对于如图8.22所示的二元阵，$\alpha=\theta$，若阵元采用电偶极子天线，

$$F(\theta,\varphi)=f(\theta,\varphi)\cdot f_n(\theta,\varphi)=\sin\theta\cdot\cos\left(\frac{\pi}{4}\cos\theta-\frac{\pi}{4}\right)$$

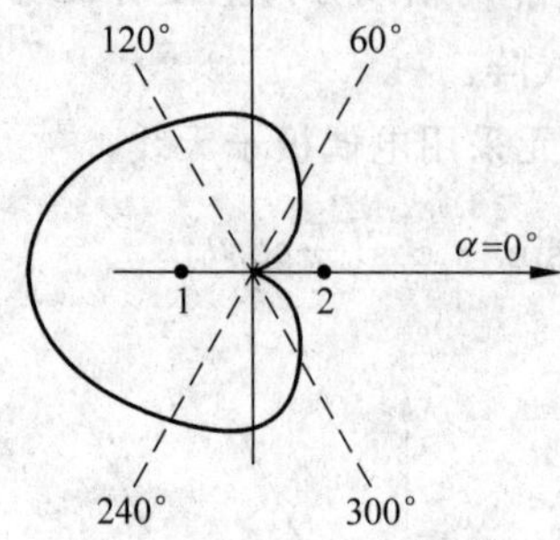

图 8.20　$\xi=\pi/2, d=\lambda/4$ 振因子方向图

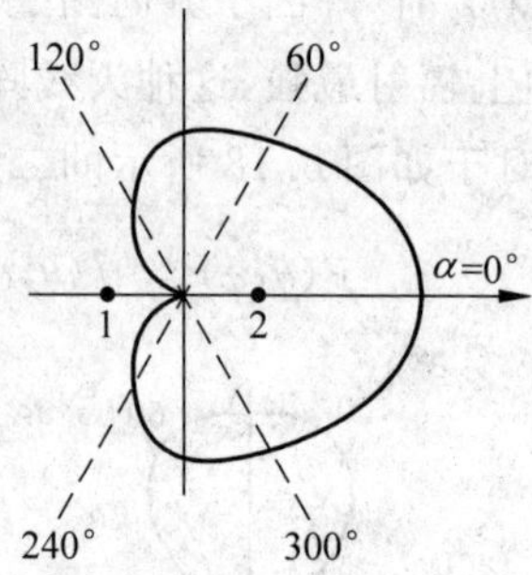

图 8.21　$\xi=-\pi/2, d=\lambda/4$ 振因子方向图

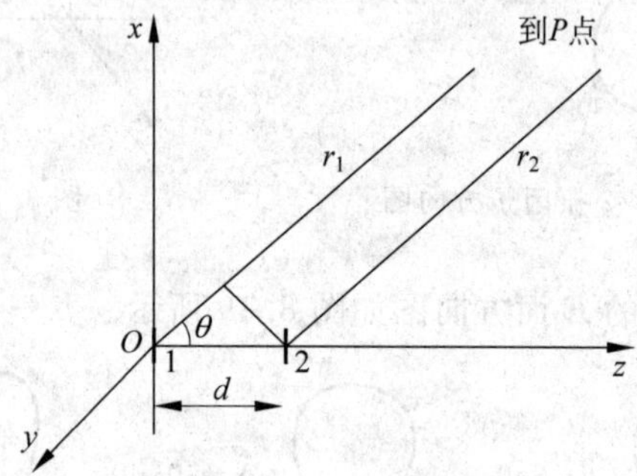

图 8.22　二元阵

阵因子与元因子合成以后的 E 面方向图如图 8.23 所示。

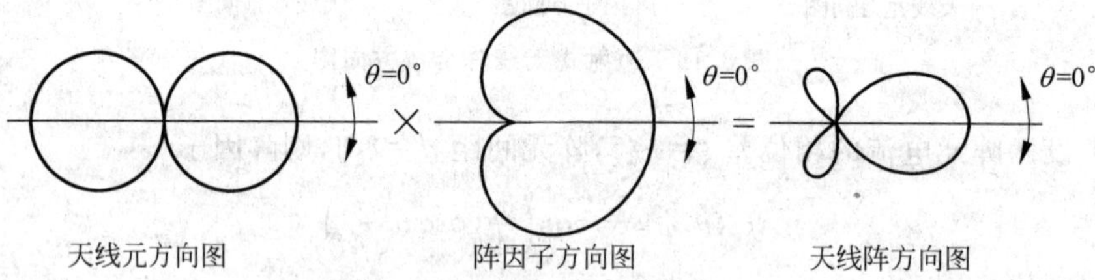

图 8.23　端射式天线阵合成方向图

8.7.2　均匀直线阵

由 N 个相同的阵元天线取向相同、间距相同地排列在一条直线上组成直线阵。均匀直线阵是指各阵元天线上激励电流幅值相等、相位沿直线均匀递增或递减,如图 8.24 所示。

设第 1 个阵元天线的电流是 $I\mathrm{e}^{\mathrm{j}0}$,递增的相位差为 ξ,则第 n 个振元天线的电流为

$$I_n = I\mathrm{e}^{\mathrm{j}(n-1)\xi}, \quad n=1,2,3,\cdots,N \tag{8.86}$$

观察点的合场强等于 N 个阵元辐射场的叠加,与讨论二元阵的方法类似,在天线的远区,$r_1,r_2,\cdots,r_N$ 近似平行,相差很小,在计算合场强的幅值时,可取 $r_2=r_3=\cdots=r_N=r_1$;

在计算合场强的相位时，相邻两阵元辐射场的相位差为

$$\psi = \xi + kd\cos\alpha = \xi + kd\sin\theta\cos\varphi \tag{8.87}$$

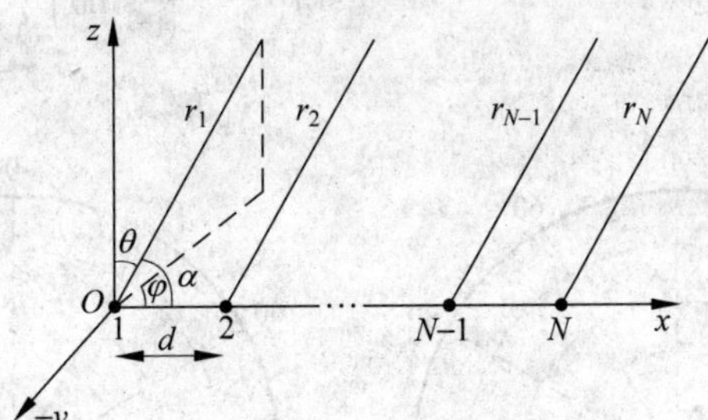

图 8.24　均匀直线阵

观察点的合场强为

$$\begin{aligned} E &= E_1 + E_2 + \cdots + E_N \\ &= E_m \frac{e^{-jkr_1}}{r_1} f(\theta,\varphi)\left[1 + e^{j\psi} + e^{j2\psi} + \cdots + e^{j(N-1)\psi}\right] \end{aligned} \tag{8.88}$$

利用等比级数求和公式可得

$$E = E_m \frac{e^{-jkr_1}}{r_1} f(\theta,\varphi)\left(\frac{1 - e^{jN\psi}}{1 - e^{j\psi}}\right) \tag{8.89}$$

可以求出均匀直线阵的阵因子 $\left|\dfrac{1-e^{jN\psi}}{1-e^{j\psi}}\right| = \dfrac{\sin\dfrac{N\psi}{2}}{\sin\dfrac{\psi}{2}}$，由于 $f_{N\max}(\psi) = \lim\limits_{\psi\to 0}\dfrac{\sin\dfrac{N\psi}{2}}{\sin\dfrac{\psi}{2}} = N$，所以归一化振因子为

$$f_N(\psi) = \frac{1}{N}\frac{\sin\dfrac{N\psi}{2}}{\sin\dfrac{\psi}{2}} \tag{8.90}$$

例 8.2　10 个电偶极子天线构成一均匀直线阵，如图 8.24 所示。各阵元的馈电电流大小相等，相位递增值为 $\pi/2$，阵元间距为 $\lambda/4$。绘制出在 H 平面和 E 平面上的方向图。

解　已知 $N=10, \xi=\pi/2, d=\lambda/4$，直线阵的综合方向图函数为

$$F(\theta,\varphi) = f(\theta,\varphi) f_N(\psi) = \sin\theta\left|\frac{1}{10}\frac{\sin 5\psi}{\sin\dfrac{\psi}{2}}\right|$$

其中 $\psi = \dfrac{\pi}{2} + \dfrac{\pi}{2}\sin\theta\cos\varphi$。在 H 平面内，$\theta = \dfrac{\pi}{2}$，$F\left(\dfrac{\pi}{2},\varphi\right) = \left|\dfrac{1}{10}\dfrac{\sin\left(\dfrac{5\pi}{2} + \dfrac{5\pi}{2}\cos\varphi\right)}{\sin\left(\dfrac{\pi}{4} + \dfrac{\pi}{4}\cos\varphi\right)}\right|$，在 H 平面内的方向图如图 8.25(a)所示。

在 E 平面内，$\varphi=\pi$，$F(\theta,\pi)=\left|\sin\theta\cdot\frac{1}{10}\frac{\sin\left(\frac{5\pi}{2}-\frac{5\pi}{2}\sin\theta\right)}{\sin\left(\frac{\pi}{4}-\frac{\pi}{4}\sin\theta\right)}\right|$，在 E 平面内的方向图如图 8.25(b)所示。

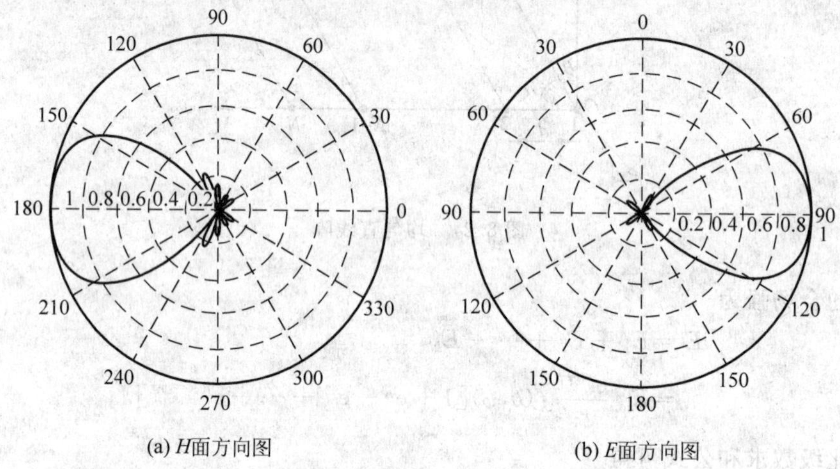

图 8.25 10 元直线阵方向图($\xi=\pi/2,d=\lambda/4$)

8.8 面天线基础**

面天线是由尺寸远大于工作波长的金属面 S_2 和馈源构成，如图 8.26 所示，它用在无线电频谱的高频端，特别是微波波段，主要特点是方向性强。

作一个包围面天线的封闭面 S_1，该封闭面由金属导体外表面 S_2 和金属面的口径面 S 组成。封闭面 S_1 将整个空间分成内部空间 V_1 和外部空间 V_2，激励源在 V_1 内，要求解外部空间 V_2 内任意点处的辐射场。由唯一性定理可知，若某封闭面上的场是已知的(边界条件已知)，则其外部空间内任一点处的场将由封闭面上的场唯一地确定。由于 S_2 上的场为零，所以面天线的辐射场就由口径面 S 的场确定。

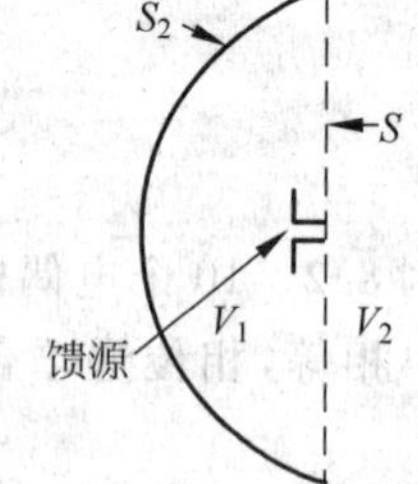

图 8.26 面天线的原理结构

8.8.1 惠更斯元的辐射

惠更斯原理：波在传播的过程中，任意等相位面上的各点都可以视为新的次级波源。在任意时刻，这些次级波源的子波包络就是新的波阵面。根据惠更斯原理，可以不知道场源的分布，只要知道某一等相位面上场的分布，就可以求出空间任一点的场分布。

惠更斯元是分析面天线辐射问题的基本辐射元。根据惠更斯原理，将口径面 S 分割成许多面元，这些面元就是惠更斯元，如图 8.27 所示。设平面口径面(xy 面)上的一个惠更斯元 $d\boldsymbol{S}=\boldsymbol{e}_z dxdy$，其上分布着均匀的切向电场 E_y 和切向磁场 H_x，此面元上磁场 H_x 可以等效为一个电流元 $\boldsymbol{J}_S$

$$\boldsymbol{J}_S = \boldsymbol{e}_z \times \boldsymbol{e}_x H_x = \boldsymbol{e}_y H_x \tag{8.91}$$

相应的等效电偶极子的电流为

$$I = J_S dx = H_x dx \tag{8.92}$$

其方向沿 y 轴方向，长度为 dy。

面元上的电场 E_y 可以等效为一个磁流源 $\boldsymbol{J}_{mS}$

$$\boldsymbol{J}_{mS} = -\boldsymbol{e}_z \times \boldsymbol{e}_y E_y = \boldsymbol{e}_x E_y \tag{8.93}$$

相应的等效磁偶极子的磁流为

$$I_m = J_{mS} dy = E_y dy \tag{8.94}$$

其方向沿 x 轴方向，长度为 dx。因此，惠更斯元的辐射即为此相互正交的等效电偶极子和等效磁偶极子的辐射场之和，利用 8.2 节和 8.3 节介绍的方法就可以计算等效电偶极子和等效磁偶极子在远区产生的辐射场。

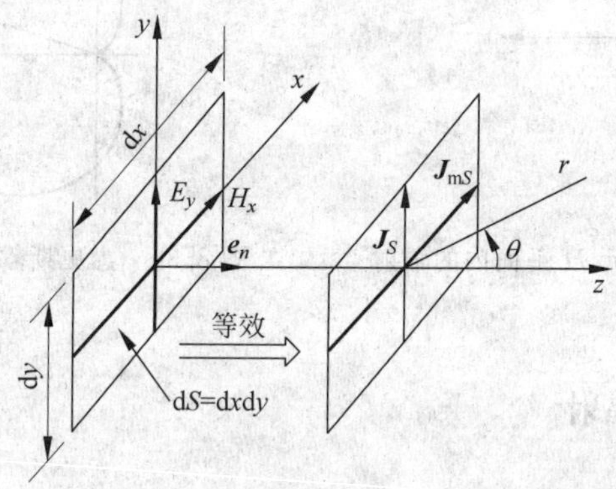

图 8.27 惠更斯辐射元等效为电流源和磁流源

例如，在 E 平面(yz 平面)内，如图 8.28 所示，由式(8.28)，等效电偶极子产生的辐射场为

$$d\boldsymbol{E}^e = \boldsymbol{e}_\alpha j \frac{\dot{I}\Delta l \eta}{2\lambda r} \sin\alpha e^{-jkr} = -\boldsymbol{e}_\theta j \frac{\eta (H_x dx) dy}{2\lambda r} \sin\alpha e^{-jkr}$$

$$= \boldsymbol{e}_\theta j \frac{E_y}{2\lambda r} \cos\theta e^{-jkr} dxdy \tag{8.95}$$

由式(8.47)、式(8.46)，等效磁偶极子产生的辐射场为($d\boldsymbol{E}^m$ 在 yz 平面内，$\sin\theta=1$)

$$d\boldsymbol{E}^m = \boldsymbol{e}_\alpha \frac{\omega \mu_0 SI}{2\lambda r} e^{-jkr} = -\boldsymbol{e}_\alpha j \frac{(E_y dy) dx}{2\lambda r} e^{-jkr}$$

$$= \boldsymbol{e}_\theta j \frac{E_y}{2\lambda r} e^{-jkr} dxdy \tag{8.96}$$

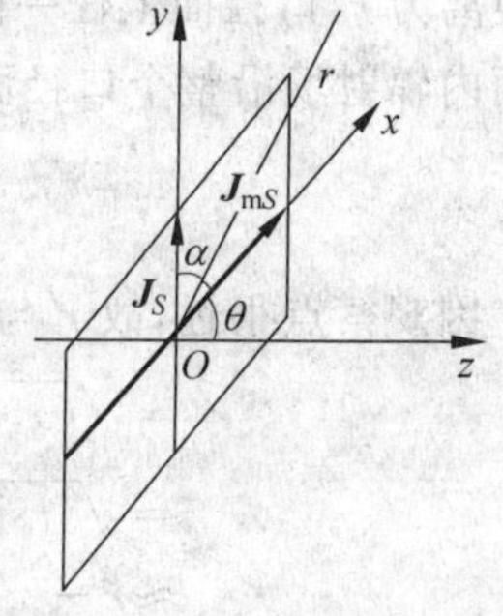

图 8.28 惠更斯辐射元 E 平面内的辐射

所以惠更斯元在 E 平面内的辐射场为

$$d\boldsymbol{E}_E = \boldsymbol{e}_\theta \mathrm{j}\,\frac{E_y \mathrm{d}S}{2\lambda r}(1+\cos\theta)\mathrm{e}^{-\mathrm{j}kr} \tag{8.97}$$

在 H 平面(xz 平面)内，如图 8.29 所示，用与上面相同的方法，分别计算电偶极子产生的辐射场和磁偶极子产生的辐射场，可以得到惠更斯元在 H 平面上的辐射场为

$$d\boldsymbol{E}_H = \boldsymbol{e}_\varphi \mathrm{j}\,\frac{E_y \mathrm{d}S}{2\lambda r}(1+\cos\theta)\mathrm{e}^{-\mathrm{j}kr} \tag{8.98}$$

其中 $\boldsymbol{e}_\varphi$ 与 $\boldsymbol{e}_x$ 成右手关系。

由式(8.97)和式(8.98)可以看出，两主平面的归一化方向函数均为

$$F_E(\theta) = F_H(\theta) = \frac{1}{2}\,|\,(1+\cos\theta)\,| \tag{8.99}$$

归一化方向图如图 8.30 所示。可以看出，惠更斯元的最大辐射方向与其本身垂直。

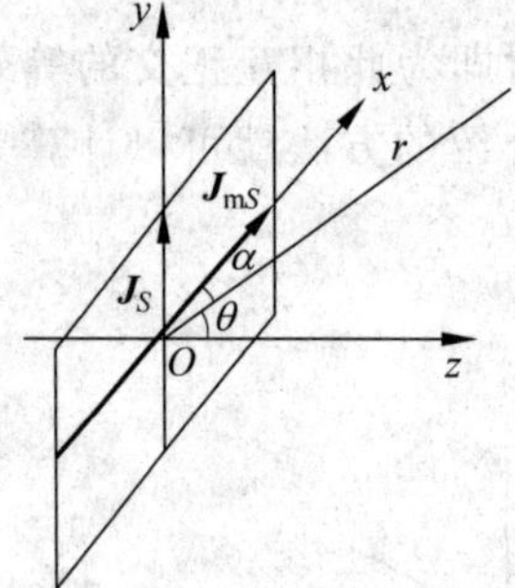

图 8.29　惠更斯辐射元 H 平面内的辐射

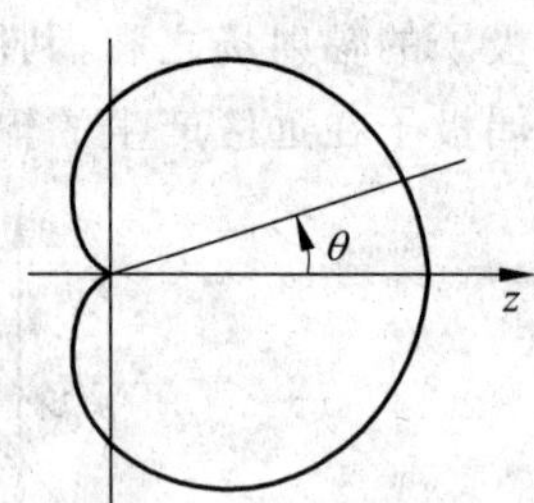

图 8.30　惠更斯辐射元的归一化方向图

8.8.2　平面口径的辐射

实际应用的面天线，辐射口径一般都是平面，如喇叭天线、抛物面天线等。下面以矩形口径面为例介绍平面口径的辐射。

一矩形口径面的尺寸为 $a\times b$，如图 8.31 所示，坐标原点 O 至远区观察点 $P(r,\theta,\varphi)$ 的距离为 r，口径面上任一面元 $\mathrm{d}S$ 到观察点的距离为 r'，由叠加原理可知，将惠更斯元主平面内辐射场沿整个口径面积分，即可得平面口径远区的辐射场，即

$$E_P = \mathrm{j}\,\frac{1}{2\lambda}(1+\cos\theta)\iint_S E_y\,\frac{\mathrm{e}^{-\mathrm{j}kr'}}{r'}\mathrm{d}S \tag{8.100}$$

因观察点很远，故 r' 与 r 近似平行，式(8.100)振幅中的 $r'\approx r$；相位中 r' 可表示为

$$\begin{aligned} r' &= \sqrt{(x-x')^2+(y-y')^2+z^2} \\ &= \sqrt{(r\sin\theta\cos\varphi-x')^2+(r\sin\theta\sin\varphi-y')^2+(r\cos\theta)^2} \\ &\approx r - x'\sin\theta\cos\varphi - y'\sin\theta\sin\varphi \end{aligned} \tag{8.101}$$

式(8.101)中略去了 x'^2、y'^2，并略去了泰勒级数展开式中的高次项。把式(8.101)代入式(8.100)可得

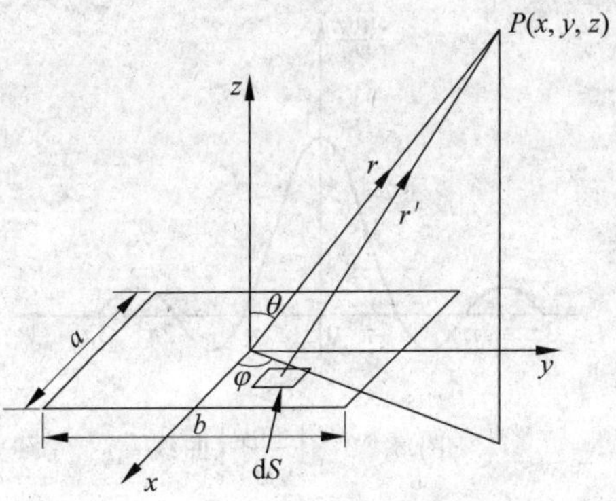

图 8.31 矩形口径面

$$E_P = \mathrm{j}\,\frac{1}{2\lambda r}(1+\cos\theta)\mathrm{e}^{-\mathrm{j}kr}\iint_S E_y \mathrm{e}^{\mathrm{j}k(x'\sin\theta\cos\varphi + y'\sin\theta\sin\varphi)}\mathrm{d}x'\mathrm{d}y' \tag{8.102}$$

对于 E 平面(yz 平面)$\varphi=\frac{\pi}{2}$,$r'=r-y'\sin\theta$,辐射场为

$$E_E = E_\theta = \mathrm{j}\,\frac{1}{2\lambda r}(1+\cos\theta)\mathrm{e}^{-\mathrm{j}kr}\iint_S E_y \mathrm{e}^{\mathrm{j}ky'\sin\theta}\mathrm{d}x'\mathrm{d}y' \tag{8.103}$$

对于 H 平面(xz 平面),$\varphi=0$,$r'=r-x'\sin\theta$,辐射场为

$$E_H = E_\varphi = \mathrm{j}\,\frac{1}{2\lambda r}(1+\cos\theta)\mathrm{e}^{-\mathrm{j}kr}\iint_S E_y \mathrm{e}^{\mathrm{j}kx'\sin\theta}\mathrm{d}x'\mathrm{d}y' \tag{8.104}$$

式(8.103)、式(8.104)是计算平面口径辐射场的一般公式。只要给定口径面的形状和口径面上的场分布,就可以求得两个主平面的辐射场,分析其方向性变化的规律。

对于矩形平面口径,设口径面上的电场沿 y 轴方向均匀分布(等幅同相 $E_y(x',y')=E_0$),E 平面的辐射场强为

$$E_E = E_\theta = \mathrm{j}\,\frac{E_0}{2\lambda r}(1+\cos\theta)\mathrm{e}^{-\mathrm{j}kr}\int_{-a/2}^{a/2}\mathrm{d}x'\int_{-b/2}^{b/2}\mathrm{e}^{\mathrm{j}ky'\sin\theta}\mathrm{d}y' \tag{8.105}$$

H 平面的辐射场强为

$$E_H = E_\varphi = \mathrm{j}\,\frac{E_0}{2\lambda r}(1+\cos\theta)\mathrm{e}^{-\mathrm{j}kr}\int_{-b/2}^{b/2}\mathrm{d}y'\int_{-a/2}^{a/2}\mathrm{e}^{\mathrm{j}kx'\sin\theta}\mathrm{d}x' \tag{8.106}$$

通过积分可得两主平面的方向图函数分别为

$$F_E(\theta) = \left|\frac{(1+\cos\theta)}{2}\cdot\frac{\sin\psi_1}{\psi_1}\right| \approx \left|\frac{\sin\psi_1}{\psi_1}\right| \tag{8.107}$$

$$F_H(\theta) = \left|\frac{(1+\cos\theta)}{2}\cdot\frac{\sin\psi_2}{\psi_2}\right| \approx \left|\frac{\sin\psi_2}{\psi_2}\right| \tag{8.108}$$

其中,$\psi_1=\frac{1}{2}kb\sin\theta$,$\psi_2=\frac{1}{2}ka\sin\theta$。可以证明,当 a/λ 和 b/λ 都比较大时,均匀矩形口径面辐射场的能量集中在 θ 角较小的区域内,所以式(8.107)、式(8.108)中取了近似值。图 8.32 是 $\left|\frac{\sin\psi}{\psi}\right|$ 随 ψ 变化的曲线,最大辐射方向在 $\psi=0$ 处(即 $\theta=0$ 处)。

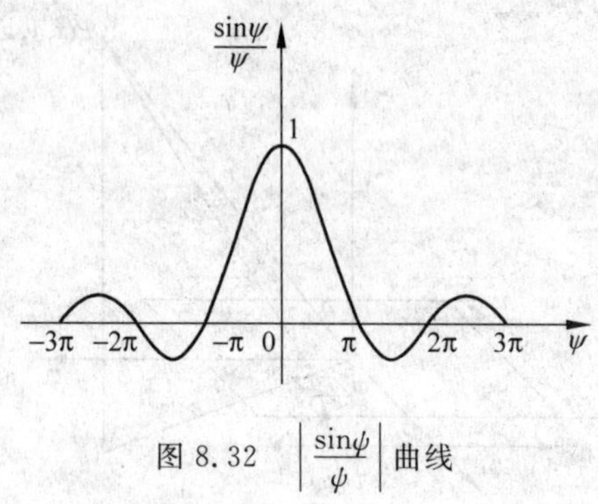

图 8.32 $\left|\frac{\sin\psi}{\psi}\right|$曲线

8.8.3 常用的面天线

1. 喇叭天线

波导开口面上能辐射电磁波(平面口径的辐射),为了使波导与自由空间的特性阻抗匹配及获得有效的辐射,将波导尺寸逐渐均匀扩展,就形成喇叭天线。喇叭天线根据口径的形状可分为矩形喇叭天线和圆形喇叭天线等,如图 8.33 所示。图 8.33(a)是由矩形波导的宽边逐渐张开构成,与磁场所在的平面平行,称为 H 面扇形喇叭天线;图 8.33(b)是由矩形波导的窄边逐渐张开构成,与电场所在的平面平行,称为 E 面扇形喇叭天线;图 8.33(c)是由矩形波导的宽边和窄边同时张开而得到的,称为角锥喇叭天线;图 8.33(d)为圆波导逐渐张开形成的圆锥喇叭天线。

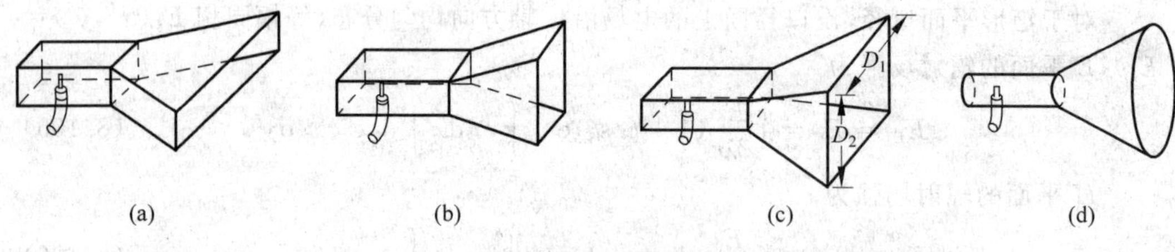

图 8.33 各种喇叭天线

喇叭天线是广泛使用的微波天线。喇叭天线除了单独使用以外,还可以用作反射面天线的馈源,也可以作相控阵天线的单元天线。

角锥喇叭天线是微波段的标准增益天线,角锥喇叭天线的方向性很强,方向图如图 8.34 所示。按最优尺寸设计,增益为

$$G \approx D = 0.51\frac{4\pi}{\lambda^2}D_1D_2$$

增益在 10～25dB 之间。有效接收面积为

$$A_e = 0.51D_1D_2$$

口面利用系数为 0.51。

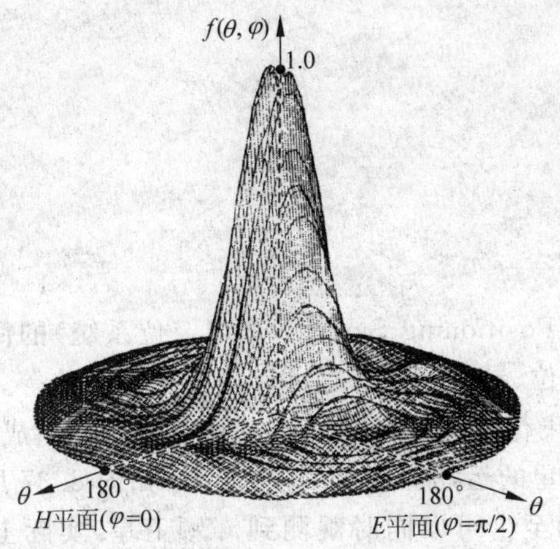

图 8.34 角锥喇叭天线的方向性图

2. 双脊喇叭天线

双脊喇叭天线是微波段的宽频带天线，如图 8.35 所示。为了扩展频带，在一般的角锥喇叭天线的辐射器中增加了一对指数双脊结构，并在脊上附加一定的线性锥度。双脊喇叭天线的频率范围可达 1～12.4GHz。G 和 A_e 的表达式与角锥喇叭天线相同，增益在 8～12dB 之间。

3. 旋转抛物面天线

旋转抛物面天线由馈源和反射面组成，如图 8.36 所示。天线的反射面由形状为旋转抛物面的导体表面或导线栅格网构成，其作用是反射初级照射器辐射的电磁波以形成方向性较强波束；馈源是放置在抛物面焦点上的具有弱方向性的初级照射器，其作用是向反射面上辐射电磁波。馈源可以是单个振子或振子阵、单喇叭天线或多喇叭天线、开槽天线等。

图 8.35 双脊喇叭天线

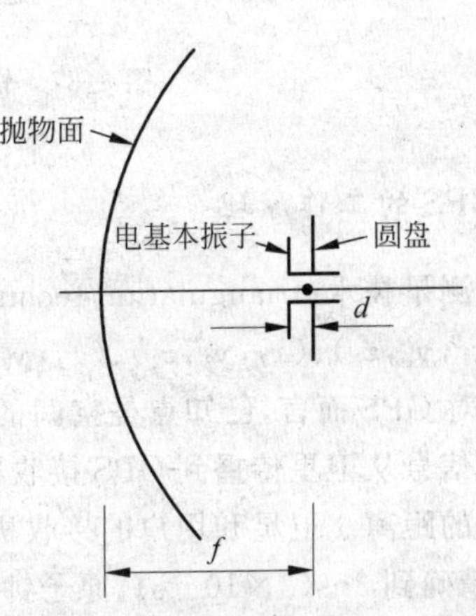

图 8.36 旋转抛物面天线

8.9 应用案例

8.9.1 GPS定位

1. GPS简介

GPS是英文Global Positioning System(全球定位系统)的简称,可以用于汽车、轮船、飞机等交通工具的定位、导航、跟踪,也可以用于地形测绘等。GPS系统由三部分组成:①空间部分由24颗飞行在约20183km高空的GPS卫星组成,分布在6个倾角为55°的轨道上绕地球运动,卫星的运动周期约为12小时,如图8.37所示。可以保证在地球上的任何地点、任何时刻至少可以同时观测到4颗卫星,实际上最多可以同时观测到11颗卫星。每颗GPS卫星发射两种频率的载波信号,频率分别为1.57542GHz和1.22760GHz。②地面控制系统,包括主控站、注入站(将主控站发来的导航电文注入到相应卫星的存储器)和监测站。③GPS接收机,通过接收和处理多个卫星的信号确定自己的位置。利用差分GPS(differential GPS),定位的精度可以在1m以内。

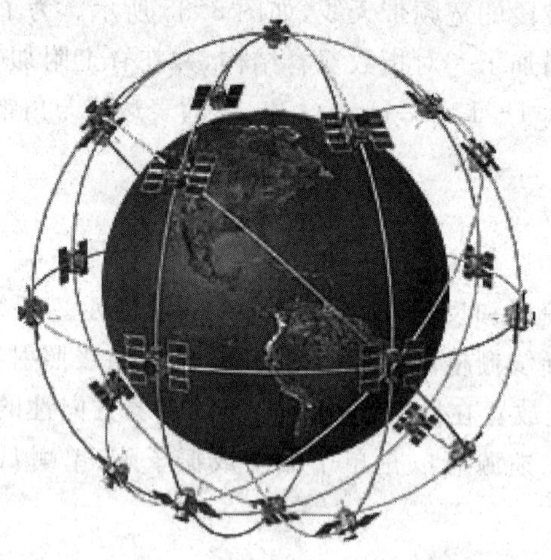

图8.37 轨道上的24颗GPS卫星

2. GPS的工作原理

三角测量技术(triangulation technique)使我们可以利用已知的目标和其他三个不相关的点(x_1,y_1,z_1)、(x_2,y_2,z_2)、(x_3,y_3,z_3)之间的距离确定三维空间中目标的位置(x_0,y_0,z_0)。对GPS而言,已知点是空间的卫星,未知点是地面某一移动目标。卫星到目标的距离由信号从卫星传播到GPS接收器的时间来测定,将传播时间乘上光速就可求出卫星到目标的距离。卫星和用户的接收机时间必须同步,卫星上采用的是非常精确的原子钟,可以精确到3ns(3×10^{-9}s),原子钟非常昂贵,大约需100万美元;为了降低成本,用户接收机都用普通的石英钟；因此，接收机的时钟相对于卫星的时钟有一个未知的误差。为了校正接收机的时钟误差，需要来自 4 颗卫星的信号。一个汽车上的 GPS 接收机与 4 颗卫星的距离分别是 $d_1 \sim d_4$，每颗卫星的轨道坐标是(x_i, y_i, z_i)，如图 8.38 所示。每一个卫星发送一个信号和一组二进制码，GPS 接收机产生一组相同的二进制码，比较这两组二进制码，就可以确定相应于距离 d_i 的传播时间 t_i。可以写出 4 个方程：

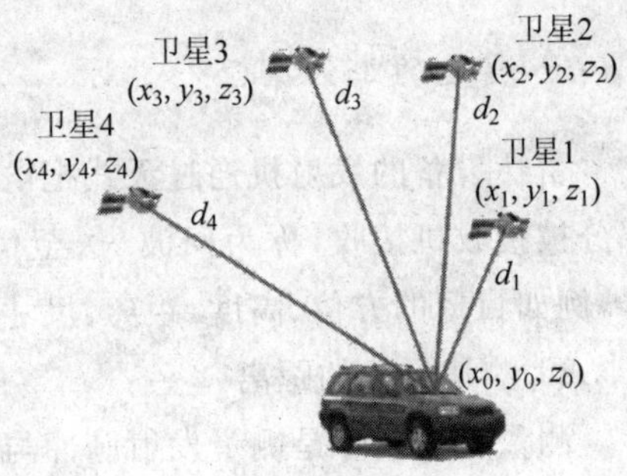

图 8.38　利用 4 颗卫星给目标定位

$$\begin{cases} d_1^2 = (x_1 - x_0)^2 + (y_1 - y_0)^2 + (z_1 - z_0)^2 = [c(t_0 + t_1)]^2 \\ d_2^2 = (x_2 - x_0)^2 + (y_2 - y_0)^2 + (z_2 - z_0)^2 = [c(t_0 + t_2)]^2 \\ d_3^2 = (x_3 - x_0)^2 + (y_3 - y_0)^2 + (z_3 - z_0)^2 = [c(t_0 + t_3)]^2 \\ d_4^2 = (x_4 - x_0)^2 + (y_4 - y_0)^2 + (z_4 - z_0)^2 = [c(t_0 + t_4)]^2 \end{cases} \tag{8.109}$$

4 颗卫星把它们的坐标(x_i, y_i, z_i)传给 GPS 接收机，接收机测量出每颗卫星发送的信号传播到接收机所用的时间 t_i，式(8.109)中未知的就是 GPS 接收机的坐标(x_0, y_0, z_0)以及接收机和卫星的时钟偏差 t_0。求解方程组式(8.109)，就可以得到需要的 GPS 接收机的坐标信息。

8.9.2　雷达

1. 简介

雷达是英文 Radar 的音译，源于 radio detection and ranging 的缩写，原意为“无线电探测和测距”。

各种雷达的结构不尽相同，但基本形式是一样的，包括发射机、发射天线、接收机、接收天线，信号处理部分以及显示器，另外还有电源设备、天线的伺服系统等辅助设备(发射和接收可以用同一天线)，如图 8.39 所示。

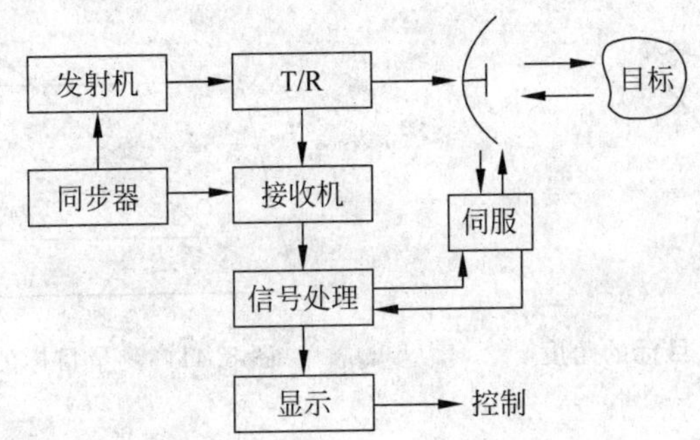

图 8.39　雷达的基本结构

2. 雷达的工作原理

雷达设备的发射机通过天线把电磁波射向空间的目标,目标散射的电磁波能量有一部分被接收机接收,称为回波,送至信号处理设备进行处理,提取有关该目标的某些信息,例如目标的方位、高度、距离、尺寸和形状、运动的速度等。

1) 测量目标的距离

测量距离实际是测量发射脉冲与回波脉冲之间的时间差。因电磁波是以光速传播,回波到达接收机的时间为

$$t_r = \frac{2R}{c} \tag{8.110}$$

其中 R 是单程距离,c 是光速 $3\times10^8\text{m/s}$。所以目标的距离为

$$R = \frac{ct_r}{2} \tag{8.111}$$

根据雷达发射信号种类的不同,测量时间 t_r 可以采用脉冲法、频率法或相位法。

2) 测量目标方位

测量目标方位角和仰角有相位法和振幅法,振幅法又包括最大信号法和等信号法,下面以最大信号法为例介绍目标方位角和仰角的测量方法。

最大信号法是利用雷达天线的方向性测量角度的。雷达天线的方向性很强,波束很窄。当天线的波束在空中扫描捕捉到目标时回波最强,如图 8.40 所示,伺服系统可以提供此时天线波束的方位角。实际操作时,在显示器上看到回波的最大值时,就可以读出目标的方位角。波束的半功率波瓣宽度越小,波束越窄,测量的精确度越高。

利用最大信号法测量方位角和仰角的优点,一是简单,二是利用天线方向图的最大值方向测量回波最强,信噪比最大,对于发现目标是有利的。

利用仰角和距离就能计算出目标高度,如图 8.41 所示。

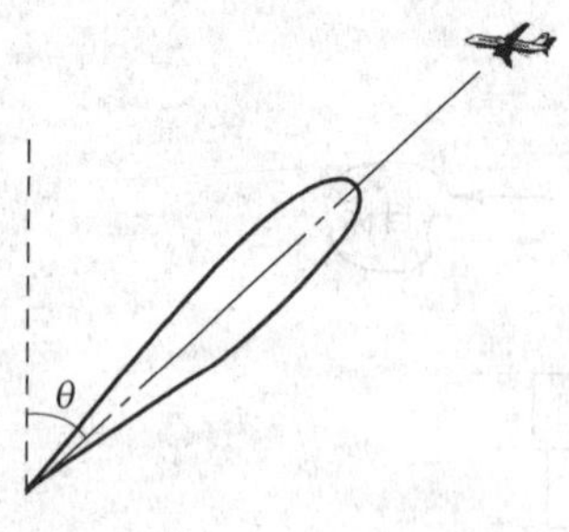

图 8.40 测量目标的角度

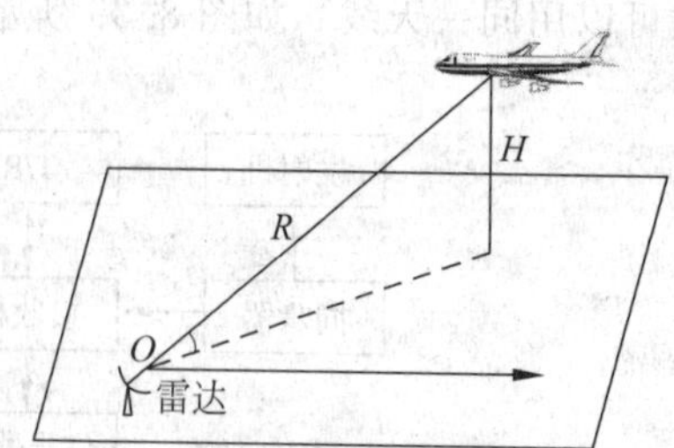

图 8.41 测量目标的距离和高度

3) 测量目标的速度

测量速度是利用雷达和目标之间有相对运动时产生多普勒效应的原理进行测量的。奥地利物理学家及数学家克里斯琴·约翰·多普勒(Christian Johann Doppler)发

现：波源辐射的频率因为波源和观测者的相对运动而发生变化，如果二者相互接近，观察者接收到的频率增大；如果二者远离，观察者接收到的频率减小，这种现象称为多普勒效应。

雷达测量一个运动目标的速度时，接收到的回波频率与雷达发射频率不同，两者的差值称为多普勒频移 f_d。当目标向着观察者运动时 $f_d>0$，当目标远离观察者运动时 $f_d<0$。当目标与观察者成一角度 θ 运动时，如图 8.42 所示，多普勒频移可以写为

$$f_d=\frac{2v_r\cos\theta}{\lambda} \tag{8.112}$$

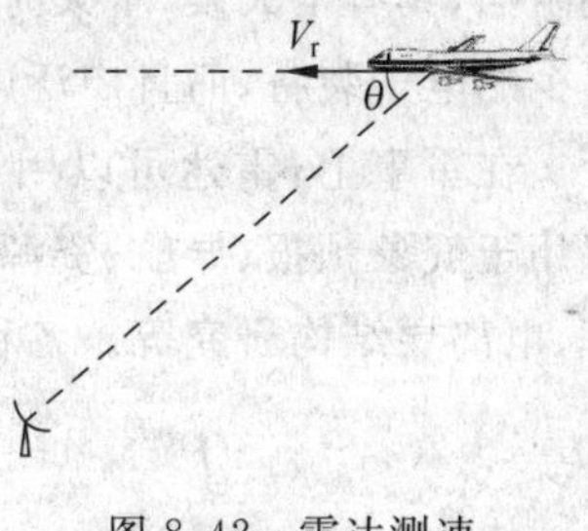

图 8.42　雷达测速

其中 v_r 是目标运动的速度，λ 是雷达发射信号的波长。测定 θ 和 f_d，就可以算出目标运动的速度。

4) 测量目标的形状和尺寸

目标识别技术，即利用回波信号的幅值、相位、频率和极化等信息，进行计算机处理，与已知目标的特性进行比较，从而达到识别目标的目的。目标识别技术的研究已有数十年的历史，积累了很多有意义的理论与技术成果。

早期雷达目标特征信号的研究主要是研究雷达目标的有效散射截面。比较成熟的雷达目标识别技术包括：

(1) 利用目标回波的起伏特性识别空中目标。目标回波的幅度和相位随目标对雷达的相对姿态的不同而变化，可以根据目标回波的幅度与相位的变化，判断其形状和尺寸。主要用于低分辨雷达的目标识别。

(2) 利用目标极点识别目标。目标的自然谐振频率又称为目标极点，目标极点分布只取决于目标形状和固有特性，与雷达的观测方向(目标姿态)及雷达的极化方式无关。使用提取出的目标极点作为目标特征，通过将提取到的目标极点与目标库的目标极点进行匹配完成目标识别过程。

(3) 基于高分辨力雷达成像的目标识别。基于二维雷达图像的目标识别，可利用图像识别技术来进行，这是目标识别领域中最为直观的识别方法。

(4) 基于极化特征的目标识别。极化特征与目标形状有密切的联系，任何目标对照射的电磁波都有特定的极化变换作用，其变换关系由目标的形状、尺寸、结构和取向所决定。测量出不同目标对各种极化波的变极化响应，能够形成一个特征空间，就可对目标进行识别。有许多种利用极化信息进行雷达目标识别的方法，主要分为：①根据极化散射矩阵识别目标；②利用目标形状的极化重构识别目标；③利用瞬态极化响应识别目标；④与成像技术相结合的目标识别，可以将极化信息与图像识别技术相结合，对每一像素进行更有效的识别。

3. 雷达的应用

雷达的优点是白天黑夜均能对远距离的目标进行探测、定位、跟踪，不受雾、云和雨的阻挡，具有全天候、全天时的特点，并有一定的穿透能力。因此，不仅成为军事上必不可少的电子装备，而且广泛应用于社会经济发展和科学研究中。

在军事上，雷达可以用于预警、搜索、瞄准、制导、战场监视等。在民用方面，雷达可以用于气象预报、导航、资源探测、遥感、遥测、环境监测等，也可以用于天体研究、大气物理、电离层结构研究等。各种雷达如图 8.43～图 8.47 所示。

图 8.43　雷达

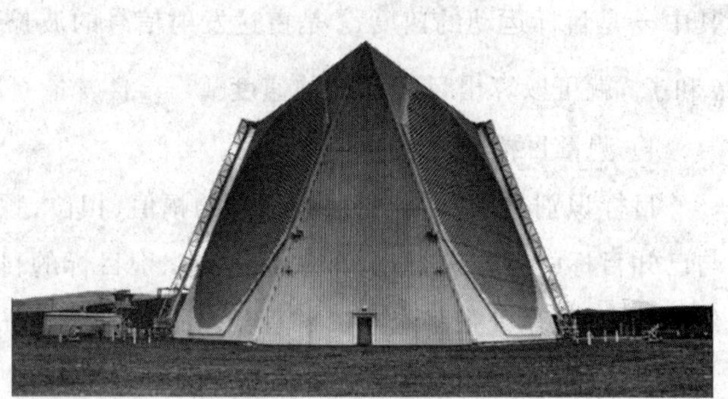

图 8.44　战略预警雷达

图 8.45　机载雷达

图 8.46 火控雷达

图 8.47 气象雷达(加了天线罩)

实际应用中,常把某种雷达称为某一波段的雷达,常用的波段代号如表 8.1 所示。

表 8.1 常用的波段代号

波段代号	标称波长/cm	波长范围/cm	频率范围/GHz
L	22	30～15	1～2
S	10	15～7.5	2～4
C	5	7.5～3.75	4～8
X	3	3.75～2.5	8～12
Ku	2	2.5～1.67	12～18
K	1.25	1.67～1.11	18～27

续表

波段代号	标称波长/cm	波长范围/cm	频率范围/GHz
Ka	0.8	1.11～0.75	27～40
U	0.6	0.75～0.5	40～60
V	0.4	0.5～0.375	60～80
W	0.3	0.375～0.3	80～100

8.9.3 电磁兼容技术简介

1. 电磁干扰

1）电磁骚扰和电磁干扰

在国家标准 GB/T4365-1995 中，电磁骚扰的定义为：任何可能引起装置、设备或系统性能降低或者对有生命或无生命物质产生损害作用的电磁现象。电磁干扰的定义为：电磁骚扰引起的设备、传输通道或系统性能的下降。

2）产生电磁干扰的三个要素

产生电磁干扰的三个要素为：电磁骚扰源、骚扰信号耦合的通道和对此类骚扰敏感的仪器设备。

(1) 电磁骚扰源是指产生电磁骚扰的元器件、设备、系统或自然现象。骚扰信号，是个广泛的概念，一般来说，任何有用的信号和无用的信号都可能成为骚扰信号。无用的信号，例如设备的电磁泄漏就可能对其他设备造成干扰。对一个设备有用的信号（例如广播、电视信号）进入到其他设备中也可能成为骚扰信号。各种电气设备都可能出现电磁泄漏，出现接触不良或火花放电，所以任何一个电气设备都可能成为一个骚扰源。

(2) 骚扰信号耦合的通道是指骚扰信号传播的途径，包括传导耦合和辐射耦合。

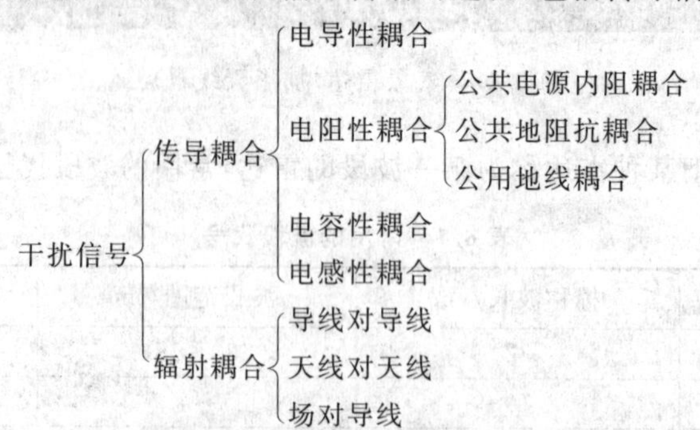

(3) 对此类骚扰敏感的仪器设备，即被干扰体，指对此类骚扰发生响应的设备。

研究抗干扰技术就是要从这三个要素出发，研究拟制和防范各种干扰的措施和技术。

2. 电磁兼容

1) 电磁兼容的定义

采用一定的技术手段，使同一电磁环境中的各种电子、电气设备都能正常工作，并且不干扰其他设备的正常工作，这就是电磁兼容(Electromagnetic Compatibility，EMC)。

2) 电磁兼容研究的内容

电磁兼容性学科研究的内容不仅限于各种电子、电气设备中的电磁干扰和抗干扰技术，而且包括各种电磁环境(自然电磁骚扰、核电磁脉冲、静电放电、人为电磁辐射等)对人体的生态效应，信息处理设备因电磁泄漏造成的泄密等。

(1) 电磁兼容测量

电磁兼容测量内容包括：

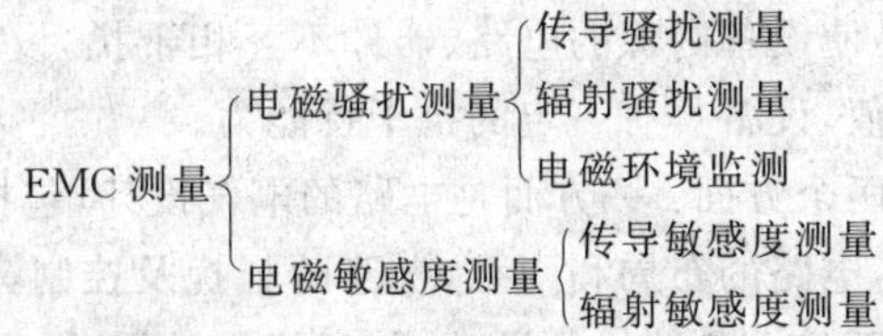

电磁骚扰测量是测量骚扰信号的一些特性，例如骚扰信号的频率(频谱)、带宽、波形、幅度、极化等。电磁敏感度测量是测量设备的抗干扰能力。

(2) 抗干扰技术

① 屏蔽技术。屏蔽是防止空间辐射骚扰的主要手段，所谓屏蔽就是采用一定的技术手段，把电磁场限制在一定的空间范围之内，可以分为主动屏蔽和被动屏蔽。按场的类型，又可以分为静电屏蔽、磁场屏蔽和电磁屏蔽。

② 滤波技术。滤波是消除电路中传导骚扰的主要方法之一。可以利用传统的反射式滤波器(由电感器和电容器组成，包括低通滤波器、高通滤波器、带通滤波器和带阻滤波器)，利用反射或旁路，滤除骚扰信号，也可以利用由铁氧体组成的损耗滤波器滤除高频信号。还有运用算法来改变信号的频谱成分的数字滤波器。

③ 接地技术。正确接地是消除电磁骚扰的主要方法之一，也是屏蔽技术、滤波技术能够发挥效能的技术保障。接地技术的作用和分类包括：

- 安全接地
  - 安全用电
  - 防止雷击
- 防止 EMI 接地(信号接地)
  - 电路接地
  - 电源接地
  - 屏蔽接地
  - 静电接地

常用的接地方法包括：浮点接地、单点接地、多点接地和混合接地。

这些抗干扰技术可以应用于元器件、单元电路、印制电路板，也可以用于整机或系统。

(3) 频谱管理

无线电频谱是一种有限的自然资源,随着社会的发展和科学技术的进步,各种射频设备大量增加,每一种设备都要占用一个频率或频段,对频谱的需求越来越多,使用的频率越来越拥挤。因此如何合理、有效地利用频谱资源已经成为一个重要的研究课题。目前可利用的频谱大约在 3Hz(极低频)～3000GHz(至高频),但最拥挤的是以下几个频段: 中频,300～3000KHz; 高频,3～30MHz; 甚高频,30～300MHz; 特高频: 300～3000MHz。如果不对频谱进行合理的分配与管理,就会出现电磁骚扰、电磁污染问题。

频率的管理是给每一种产生电磁辐射的业务划定一个或一组使用的频率范围。频谱管理机构,国际上是国际电信联盟(ITU),国内是国家无线电管理委员会、各省市的无线电管理委员会以及中国人民解放军的无线电管理委员会。

(4) 电磁兼容设计

EMC 设计的目的是使设备内部的电路、器件不互相干扰,设备产生的电磁骚扰强度低于相关标准规定的限值,设备具有一定的抗干扰能力。

电磁兼容设计包括两个方面: 一方面是电路的电气设计,包括元器件的选择,一些元器件产生的骚扰及控制,电路的布局和配线,电路的骚扰及控制,屏蔽、滤波、接地和搭接技术的应用等。另一方面是设备结构的设计,包括机箱的屏蔽,通风口、缝隙、表头、显示器、指示灯等处的处理等。

(5) 电磁辐射对人体健康的影响

更专业一些,电磁兼容研究的内容还包括通信系统的电磁兼容、计算机系统的电磁兼容和信息安全,雷电及防雷技术等。

3) 电磁兼容技术的应用

(1) 电磁兼容性标准和规范

我国的电磁兼容标准分为 4 大类: 基础标准、通用标准、产品类标准和系统间电磁兼容标准。我国的电磁兼容标准绝大多数引自国际标准,其来源包括: 国际无线电干扰特别委员会(CISPR)的出版物,国际电工委员会(IEC)的标准,美国军用标准,国际电信联盟(ITU)的有关建议等,因此可以与国际标准接轨。除了国家电磁兼容标准以外,我国还制定了许多行业电磁兼容标准。

影响比较大的国外电磁兼容标准有国际电工委员会的 IEC 61000 系列标准,国际无线电干扰特别委员会(CISPR)的标准和规范,欧洲 EMC 标准,美国的 MIL-STD-460 军用电磁兼容系列标准等。

(2) 电磁兼容认证

在我国,EMC 认证已纳入 3C 认证范围(中国强制认证,China Compulsory Certification, CCC,或 3C),国家对有强制性电磁兼容国家标准或强制性电磁兼容行业标准以及标准中有电磁兼容强制条款的产品实行安全认证制度,对这些实施电磁兼容安全认证的产品在进入流通领域实施强制性监督管理(没有进行电磁兼容安全认证就不能进入流通领域)。对有推荐性电磁兼容国家标准或推荐性电磁兼容行业标准的产品实行合格认证制度,企业可以根据自愿的原则向认证机构申请认证。

产品的 EMC 认证是依据产品的电磁兼容标准和相应的技术要求，经过认证机构测试确认，并通过颁发认证证书和认证标志来证明某一产品符合相应标准和相应技术的要求。

我国的 3C 认证标志如图 8.48 所示，欧盟的 CE 认证标志如图 8.49 所示。其中 S&E 表示安全与电磁兼容认证，EMC 表示单纯的电磁兼容认证。

图 8.48　我国的 3C 认证标志

图 8.49　欧盟的 CE 认证标志

我国的 EMC 认证机构是中国电磁兼容认证委员会(CEMC)。认证测试必须在国家技术监督局认可的 EMC 测试机构进行。

第 8 章　习题

8-1　设元天线的轴线沿东西方向放置，在远方有一移动接收台停在正南方而收到最大电场强度。当电台沿以元天线为中心的圆周在地面上移动时，电场强度渐渐减小。问当电场强度减小到最大值的 $1/\sqrt{2}$ 时，电台的位置偏离正南方多少角度？

8-2　上题如果接收台不动，将元天线在水平面内绕中心旋转，结果如何？如果接收台天线也是元天线，讨论收、发两天线的相对方位对测量结果的影响。

8-3　一个电基本振子的辐射功率 $P_r=100\text{W}$，试求 $r=10\text{km}$ 处，$\theta=0°$、$45°$ 和 $90°$ 方向的场强，θ 为射线与振子轴之间的夹角。

8-4　如图题 8-4 所示，一个半波天线，其上电流分布为 $I=I_m\cos kz(-l/2<z<l/2)$

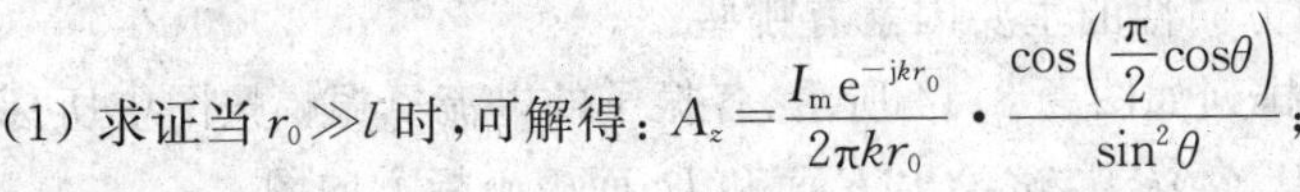

(1) 求证当 $r_0\gg l$ 时，可解得：$A_z=\dfrac{I_m e^{-jkr_0}}{2\pi kr_0}\cdot\dfrac{\cos\left(\dfrac{\pi}{2}\cos\theta\right)}{\sin^2\theta}$；

(2) 求远区的磁场和电场；

(3) 用极坐标画出方向图；

(4) 求坡印廷矢量；

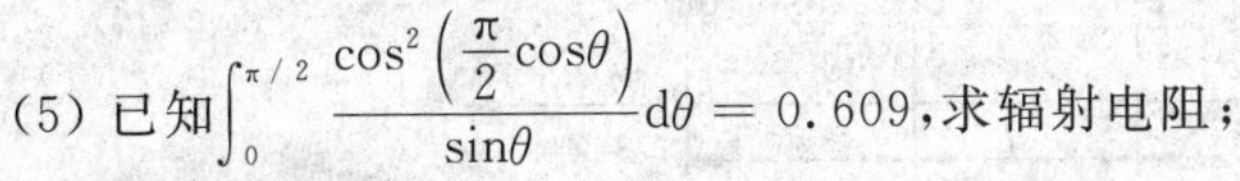

(5) 已知 $\int_0^{\pi/2}\dfrac{\cos^2\left(\dfrac{\pi}{2}\cos\theta\right)}{\sin\theta}d\theta=0.609$，求辐射电阻；

(6) 求方向系数。

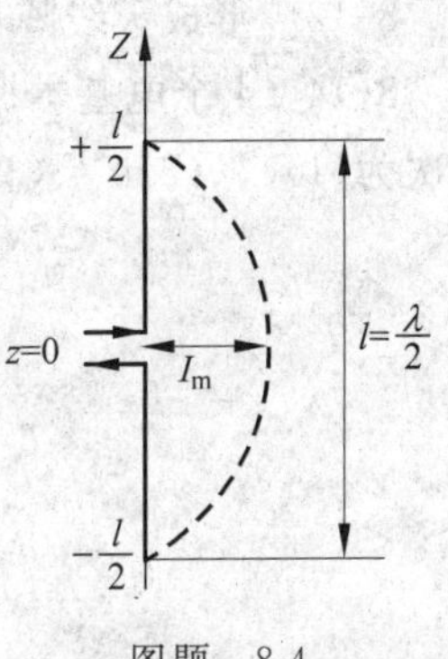

图题　8-4

8-5　已知某天线归一化方向函数为 $F(\theta,\varphi)=\cos\left(\frac{\pi}{4}\cos\theta-\frac{\pi}{4}\right)$，绘出 E 面方向图，并计算其半功率波瓣宽度。

8-6　天线的归一化方向函数为

$$f(\theta,\varphi)=\begin{cases}\cos^2\theta, & |\theta|\leqslant\frac{\pi}{2}\\ 0, & |\theta|>\frac{\pi}{2}\end{cases}$$

试求其方向性系数 D。

8-7　若长度为 $2l$ 的短对称天线的电流分布可以近似地表示为 $I(z)=I_0\left(1-\frac{|z|}{l}\right)$，$l\leqslant\lambda$，试求远区场强、辐射电阻及方向性系数。

8-8　假设一电偶极子在垂直于它的方向上距离 100km 处所产生的电磁强度的振幅等于 100μV/m，试求电偶极子所辐射的功率。

8-9　求半波振子的方向系数。

8-10　已知某天线的辐射功率为 100W，方向系数 $D=3$，求：

(1) $r=10$km 处，最大辐射方向上的电场强度振幅；

(2) 若保持辐射功率不变，要使 $r=20$km 处的场强等于原来 $r=10$km 处的场强，应选取方向性系数 D 等于多少的天线？

8-11　由于某种应用上的要求，在自由空间中离天线 1km 的点处需保持 1V/m 的电场强度，若天线是：

(1) 无方向性天线；

(2) 短偶极子天线；

(3) 对称半波天线。

则必须馈给天线的功率是多少？

8-12　简述对数周期天线宽频带工作原理。

8-13　形成天线阵不同方向性的主要因素有哪些？

8-14　4 个电基本振子排列如图题 8-14 所示，各振子的电流复振幅按图中所标序号依次为(1)e^{j0}、(2)e^{j90}、(3)e^{j180}、(4)e^{j270}，试绘出 E 面和 H 面极坐标方向图。

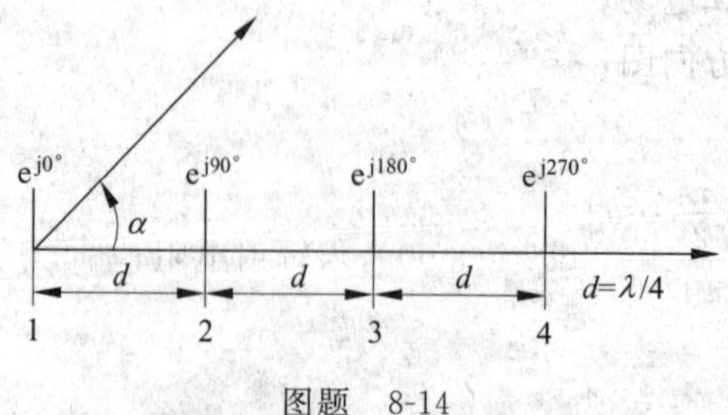

图题　8-14

8-15　两个半波天线平行放置，相距$\frac{\lambda}{2}$，若要求它的最大辐射方向在偏离天线阵轴线$\pm 60^\circ$的方向上，问两半波天线馈电电流相位差应为多少？

8-16　试证二元天线阵的阵因子方向性函数为

$$F_{12}(\theta,\varphi)=\sqrt{1+m^2+2m\cos(\alpha+kd\sin\theta\cos\varphi)}$$

式中，m为I_1与I_2的振幅比；α为I_1与I_2的相位差，即$I_2=mI_1\mathrm{e}^{\mathrm{j}\alpha}$；$d$为两天线的间距。

8-17　两半波天线平行放置，相距$\frac{\lambda}{2}$，它们的电流振幅相等，同相激励。试用方向图乘法绘出3个主平面上的方向图。

8-18　何谓惠更斯辐射元？它的辐射场及辐射特性如何？

8-19　计算矩形均匀同相口径天线的方向性系数及增益。

8-20　已知位于坐标原点$z=0$平面内的矩形口径尺寸为$a\times b$，口径场为同相场，极化方向为e_y方向。若口径场的振幅分布函数为

$$f(x)=\cos\left(\frac{\pi x}{a}\right),\quad -\frac{a}{2}\leqslant x\leqslant\frac{a}{2}$$

试求$y=0$平面内的方向性因子，主瓣半功率角、主瓣零功率角及第一副瓣相对于主瓣的电平。

附录1　习题参考答案

第1章　答案

1-3　$|\boldsymbol{r}_1-\boldsymbol{r}_2|=\sqrt{(x_2-x_1)^2+(y_2-y_1)^2+(z_2-z_1)^2}$

$|\boldsymbol{r}_1-\boldsymbol{r}_2|=\sqrt{r_2^2+r_1^2-2r_2r_1\cos(\varphi_2-\varphi_1)+(z_2-z_1)^2}$

$|\boldsymbol{r}_1-\boldsymbol{r}_2|=\sqrt{r_2^2+r_1^2-2r_2r_1[\sin\theta_2\sin\theta_1\cos(\varphi_2-\varphi_1)+\cos\theta_2\cos\theta_1]}$

1-4　(1)$(-2,2\sqrt{3},3)$；(2) $(5,53.1°,120°)$

1-5　$\boldsymbol{e}_r/2$

1-6　$\boldsymbol{A}=\boldsymbol{e}_r\sqrt{a^2+b^2}+\boldsymbol{e}_z c$，$\boldsymbol{A}=\boldsymbol{e}_r\sqrt{a^2+b^2+c^2}$

1-7　1200π

1-8　$4\pi a^3$

1-9　8

1-10　$\pi a^4/4$

1-11　14，是保守场

1-12　$x+2y+z^2=11$

1-13　$112/\sqrt{50}$

1-14　$\left(\boldsymbol{e}_x\dfrac{x}{a^2}+\boldsymbol{e}_y\dfrac{y}{b^2}+\boldsymbol{e}_z\dfrac{z}{c^2}\right)\Bigg/\sqrt{\dfrac{x^2}{a^4}+\dfrac{y^2}{b^4}+\dfrac{z^2}{c^4}}$

1-15　(1) $\boldsymbol{A}$、$\boldsymbol{B}$ 可以由一个标量函数的梯度表示；$\boldsymbol{A}$、$\boldsymbol{C}$ 可以由一个矢量的旋度表示

(2) $\nabla\cdot\boldsymbol{A}=0,\nabla\times\boldsymbol{A}=0$；$\nabla\cdot\boldsymbol{B}=2r\sin\varphi,\nabla\times\boldsymbol{B}=0$；$\nabla\cdot\boldsymbol{C}=0,\nabla\times\boldsymbol{C}=\boldsymbol{e}_z(2x-6y)$

第2章　答案

2-1　$\boldsymbol{E}_1=-\boldsymbol{e}_r A\theta-\boldsymbol{e}_\theta A$，$\boldsymbol{D}_1=-\varepsilon_1 A(\boldsymbol{e}_r\theta+\boldsymbol{e}_\theta)$，$\rho_1=-\dfrac{\varepsilon_1 A}{r}(2\theta+\cot\theta)$，$r<a$

$\boldsymbol{E}_2=\dfrac{Aa^2}{r^2}(\boldsymbol{e}_r\theta-\boldsymbol{e}_\theta)$，$\boldsymbol{D}_2=\dfrac{\varepsilon_2 Aa^2}{r^2}(\boldsymbol{e}_r\theta-\boldsymbol{e}_\theta)$，$\rho_2=-\dfrac{\varepsilon_2 Aa^3}{r^2}\cot\theta$，$r>a$

$\rho_S=A(\varepsilon_2+\varepsilon_1)\theta$，$r=a$

2-2　$\dfrac{\rho_l(\boldsymbol{e}_z\pi-\boldsymbol{e}_x 2)}{8\sqrt{2}\pi\varepsilon_0 a}$

2-3　(1) $\Phi=\dfrac{\rho_l}{2\pi\varepsilon_0}\ln\dfrac{\dfrac{L}{2}+\sqrt{r^2+L^2/4}}{r}$

(2) $\boldsymbol{E}=\boldsymbol{e}_r\dfrac{\rho_l}{4\pi\varepsilon_0 r}\cdot\dfrac{L}{\sqrt{r^2+\dfrac{L^2}{4}}}$

2-4 $\boldsymbol{E}=\frac{\rho}{2\varepsilon_0}\left[\frac{b^2}{r^2}\boldsymbol{r}-\frac{a^2}{r'^2}\boldsymbol{r}'\right], r>b, \boldsymbol{E}=\frac{\rho}{2\varepsilon_0}\left[\boldsymbol{r}-\frac{a^2}{r'^2}\boldsymbol{r}'\right], r<b, \boldsymbol{E}=\frac{\rho}{2\varepsilon_0}\boldsymbol{c}$，空腔内

其中 $\boldsymbol{r}$ 为大圆柱轴线到场点的距离，$\boldsymbol{r}'$ 为小圆柱轴线到场点的距离。

2-5 $\boldsymbol{E}_{内}=\boldsymbol{e}_r\frac{\rho_0}{\varepsilon_0}\left(\frac{r}{3}-\frac{r^3}{5a^3}\right), \varphi_1=\frac{\rho_0}{\varepsilon_0}\left(\frac{a^2}{4}-\frac{r^2}{6}+\frac{r^4}{20a^2}\right), r<a$

$\boldsymbol{E}_{外}=\boldsymbol{e}_r\frac{2\rho_0 a^3}{15\varepsilon_0 r^2}, \varphi_2=\frac{2\rho_0 a^3}{15\varepsilon_0 r}, r>a$

2-6 (1) $\rho=\frac{6\varepsilon_0 r^3}{a^4}$；(2) $2\varepsilon_0$

2-7 (1) $\rho_P=-\nabla\cdot\boldsymbol{P}=-3P_0$

$x=-L/2$ 处，$\rho_{SP}=P_0L/2$，$x=L/2$ 处，$\rho_{SP}=P_0L/2$

$y=-L/2$ 处，$\rho_{SP}=P_0L/2$，$y=L/2$ 处，$\rho_{SP}=P_0L/2$

2-8 (1) $\rho_P=-\frac{K}{r^2}$；$\rho_{SP}=\frac{K}{R}$

(2) $\rho=\frac{\varepsilon_r}{\varepsilon_r-1}\cdot\frac{K}{r^2}$

(3) $r\leqslant R, \Phi_1=\frac{K}{\varepsilon_0(\varepsilon_r-1)}\ln\frac{R}{r}+\frac{\varepsilon_r K}{\varepsilon_0(\varepsilon_r-1)}$；$r\geqslant R, \Phi_2=\frac{\varepsilon_r KR}{\varepsilon_0(\varepsilon_r-1)r}$

2-9 (1) $\boldsymbol{E}=\boldsymbol{e}_r\frac{abU_0}{(b-a)r^2}, \boldsymbol{D}=\boldsymbol{e}_r\frac{\varepsilon_0 bU_0}{(b-a)r}$

(2) $\rho_P=-\frac{\varepsilon_0 abU_0}{(b-a)r^3}$，$r=a$ 处 $\rho_{SP}=0$，$r=b$ 处 $\rho_{SP}=\frac{\varepsilon_0 U_0}{b}$

(3) $C=\frac{2\pi\varepsilon_0 b}{b-a}$

2-10 零电位面方程为 $(x+5a/3)^2+y^2+z^2=(4a/3)^2$，球心坐标为 $(-5a/3,0,0)$，半径为 $4a/3$。

2-11 (1) $(x+y)^2-z=0$；(2) $z=c_1x, x^2-y^2=c_2$。

2-12 可以得到 $z=0$ 平面附近的 $\boldsymbol{E}_2$ 和 $\boldsymbol{D}_2$，

$$\boldsymbol{E}_2=\boldsymbol{e}_x 2y-\boldsymbol{e}_y 2x+\boldsymbol{e}_z(10/3),\quad \boldsymbol{D}_2=\varepsilon_0(\boldsymbol{e}_x 6y-\boldsymbol{e}_y 6x+\boldsymbol{e}_z 10)$$

2-13 $\frac{3\varepsilon_0(\varepsilon-\varepsilon_0)}{\varepsilon+2\varepsilon_0}E_0\cos\theta$

2-14 (1) $\boldsymbol{E}_0=\boldsymbol{E}, \boldsymbol{D}_0=\varepsilon_0\boldsymbol{E}$，(2) $\boldsymbol{E}_0=\varepsilon\boldsymbol{E}/\varepsilon_0, \boldsymbol{D}_0=\boldsymbol{D}$

2-15 (1) 下极板 $\rho_S=-\frac{2\varepsilon_0\varepsilon U_0}{(\varepsilon+\varepsilon_0)d}$，上极板 $\rho_S=\frac{2\varepsilon_0\varepsilon U_0}{(\varepsilon+\varepsilon_0)d}$；下极板 $\rho_{PS}=\frac{2\varepsilon_0(\varepsilon-\varepsilon_0)U_0}{(\varepsilon+\varepsilon_0)d}$，上极板 $\rho_{PS}=-\frac{2\varepsilon_0(\varepsilon-\varepsilon_0)U_0}{(\varepsilon+\varepsilon_0)d}$；(2) $U=\frac{(\varepsilon+\varepsilon_0)dQ}{2\varepsilon_0\varepsilon ab}$；下极板 $\rho_{PS}=\frac{(\varepsilon-\varepsilon_0)Q}{\varepsilon ab}$，上极板 $\rho_{PS}=-\frac{(\varepsilon-\varepsilon_0)Q}{\varepsilon ab}$；(3) $C=\frac{2\varepsilon_0\varepsilon ab}{(\varepsilon+\varepsilon_0)d}$

2-16 $\Phi_1=-\frac{b^2r^2}{6\varepsilon_0}+\frac{r^4}{20\varepsilon_0}+\frac{b^4}{4\varepsilon_0}, \boldsymbol{E}_1=\boldsymbol{e}_r\frac{1}{\varepsilon_0}\left(\frac{1}{3}b^2r-\frac{r^3}{5}\right), r<b$

$\Phi_2=\dfrac{2b^5}{15\varepsilon_0 r}, \boldsymbol{E}_2=\boldsymbol{e}_r\dfrac{1}{\varepsilon_0}\dfrac{2b^5}{15r^2}, r>b$

2-17 $\Phi=\dfrac{U_0}{\alpha}\varphi, \boldsymbol{E}=-\boldsymbol{e}_\varphi\dfrac{U_0}{r\alpha}$

2-18 $\Phi_1(x)=\dfrac{\rho_s(a-b)}{\varepsilon_0 a}x, \Phi_2(x)=\dfrac{\rho_s b}{\varepsilon_0 a}(a-x)$

$\boldsymbol{E}_1(x)=-\boldsymbol{e}_x\dfrac{\rho_s(a-b)}{\varepsilon_0 a}, \boldsymbol{E}_2(x)=\boldsymbol{e}_x\dfrac{\rho_s b}{\varepsilon_0 a}$

2-19 (2) 是

2-20 $C=\dfrac{S(\varepsilon_2-\varepsilon_1)}{d\ln\left(\dfrac{\varepsilon_2}{\varepsilon_1}\right)}$

2-21 (1) $\boldsymbol{E}=\boldsymbol{e}_r\dfrac{Uab}{r^2(b-a)}, \Phi_r=\dfrac{aU(b-r)}{r(b-a)}$

(2) 在 $r=a$ 球面上，$\sigma_{1a}=\dfrac{Ub\varepsilon_1}{a(b-a)}, \sigma_{2a}=-\dfrac{Ub\varepsilon_2}{a(b-a)}$

在 $r=b$ 球面上，$\sigma_{1b}=-\dfrac{Ua\varepsilon_1}{b(b-a)}, \sigma_{2b}=-\dfrac{Ua\varepsilon_2}{b(b-a)}$

介质分界面上的电荷分布 $\sigma=0$

(3) $C=\dfrac{2\pi ab(\varepsilon_1+\varepsilon_2)}{b-a}$

2-23 (1) $q_1=\dfrac{a_1r-a_1a_2}{(a_1+a_2)r-2a_1a_2}q$

(2) $\Phi_1=\Phi_2=\dfrac{q}{4\pi\varepsilon_0 r}\left[\dfrac{r^2-a_1a_2}{(a_1+a_2)r-2a_1a_2}\right]$

2-24 -28×10^{-6}J

2-25 $W_e=\dfrac{3q^2}{20\pi\varepsilon_0 a}$

2-26 (1) $2\pi a(\varepsilon_1+\varepsilon_2)$；(2) $q^2/[4\pi a(\varepsilon_1+\varepsilon_2)]$

2-27 $f=\dfrac{1}{2}(\varepsilon-\varepsilon_0)\left(\dfrac{U}{d}\right)^2 ld$

2-28 $\boldsymbol{e}_z q^2/[32\pi\varepsilon_0 a^2]$

2-30 82.8×10^{-7}N·m

2-31 0.318A/m^2；10^{-6}A

2-32 $\boldsymbol{e}_\varphi\dfrac{3Q\omega r\sin\theta}{4\pi a^3}$

2-33 $\boldsymbol{e}_\varphi\dfrac{Q\omega\sin\theta}{4\pi a}$

2-34 (1) $E_1=\dfrac{\sigma_2U_0}{\sigma_2d_1+\sigma_1d_2}, E_2=\dfrac{\sigma_1U_0}{\sigma_2d_1+\sigma_1d_2}, J_1=\dfrac{\sigma_1\sigma_2U_0}{\sigma_2d_1+\sigma_1d_2}, J_2=\dfrac{\sigma_1\sigma_2U_0}{\sigma_2d_1+\sigma_1d_2}$

(2) $U_1=\dfrac{d_1\sigma_2 U_0}{\sigma_2 d_1+\sigma_1 d_2}, U_2=\dfrac{d_2\sigma_1 U_0}{\sigma_2 d_1+\sigma_1 d_2}$

(3) 上极板 $\sigma_1=\dfrac{\varepsilon_1\sigma_2 U_0}{\sigma_2 d_1+\sigma_1 d_2}$,下极板 $\sigma_2=-\dfrac{\varepsilon_2\sigma_1 U_0}{\sigma_2 d_1+\sigma_1 d_2}$

分界面上 $\sigma=\dfrac{\varepsilon_2\sigma_1 U_0-\varepsilon_1\sigma_2 U_0}{\sigma_2 d_1+\sigma_1 d_2}$

2-35 有,$\rho_P=-\boldsymbol{J}\cdot\nabla[(\varepsilon-\varepsilon_0)/\sigma]$

2-36 $R=\dfrac{1}{G}=\dfrac{1}{4\pi\sigma}\left(\dfrac{1}{R_1}+\dfrac{1}{R_2}-\dfrac{1}{d-R_1}-\dfrac{1}{d-R_2}\right)$

2-37 (1) $\dfrac{2d}{\alpha\sigma(r_2^2-r_1^2)}$;(2) $\dfrac{1}{\alpha\sigma d}\ln\left(\dfrac{r_2}{r_1}\right)$;(3) $\dfrac{\alpha}{\sigma d\ln\left(\dfrac{r_2}{r_1}\right)}$

2-38 $G=\dfrac{2\pi\sigma}{\ln\dfrac{a}{b}}\text{S/m}$

2-39 (1) $E_r=\dfrac{abU_0}{(b-a)r^2}$

(2) $J_1=\dfrac{\sigma_1 abU_0}{(b-a)r^2}, J_2=\dfrac{\sigma_2 abU_0}{(b-a)r^2}$

(3) $R=\dfrac{b-a}{2\pi(\sigma_1+\sigma_2)ab}$

2-40 $R=\dfrac{1}{4\pi\sigma a}$

2-41 $I/(2\pi r^2), I/(2\pi r^2\sigma), \dfrac{I}{2\pi\sigma}\left(\dfrac{1}{a}-\dfrac{1}{b}\right)$

2-42 $R=\dfrac{1}{2\pi\sigma_1}\left(\dfrac{1}{a}-\dfrac{1}{b}\right)+\dfrac{1}{2\pi\sigma}\dfrac{1}{b}$

2-43 $0.5\times10^{-4}\pi\text{F/rad}$

第3章 答案

3-1 $\boldsymbol{e}_z\mu_0\omega Q/(6\pi a)$

3-2 (1) $\boldsymbol{e}_x\mu_0 NIb^2/(b^2+d^2/4)^{-3/2}$;(2) $d=b$

3-3 $\boldsymbol{B}=\boldsymbol{e}_\varphi\mu_0\left(\dfrac{1}{4}r^3+\dfrac{4}{3}r^2\right), r\leqslant a$;$\boldsymbol{B}=\boldsymbol{e}_\varphi\dfrac{\mu_0}{r}\left(\dfrac{1}{4}a^4+\dfrac{4}{3}a^3\right), r\geqslant a$

3-4 (2)(3)(4)是,源分别为 $\boldsymbol{e}_z 2a, 0, \boldsymbol{e}_r a\cos\theta-\boldsymbol{e}_\theta 2a$

3-5 $\boldsymbol{J}_m=0$;$\boldsymbol{J}_{mS}=\boldsymbol{e}_z(Aa^2\cos^2\theta+B)\sin\theta$

3-6 (1) $\Phi=4.05\times10^{-3}(\text{Wb})$

(2) $\boldsymbol{M}=\boldsymbol{e}_\varphi\dfrac{7953.8}{r}(\text{A/m})$

(3) $\boldsymbol{J}_m=0$

圆筒内表面 $\boldsymbol{J}_{Sm}=\boldsymbol{e}_z 3.98\times10^5(\text{A/m})$,外表面 $\boldsymbol{J}_{Sm}=-\boldsymbol{e}_z 2.65\times10^5(\text{A/m})$

3-7 (1) 2.346H;(2) 0.944H;(3) 1.487

3-9 $\boldsymbol{B}_1=\dfrac{\boldsymbol{e}_\varphi\mu_0 I}{2\pi r}$；$\boldsymbol{B}_2=\dfrac{\boldsymbol{e}_\varphi\mu I}{2\pi r}$

3-10 圆铁杆：$\boldsymbol{H}=\boldsymbol{B}_0/\mu_0,\boldsymbol{B}=\mu\boldsymbol{B}_0/\mu_0,\boldsymbol{M}=4999/\mu_0$；圆铁盘：$\boldsymbol{H}=\boldsymbol{B}_0/\mu,\boldsymbol{B}=\boldsymbol{B}_0,\boldsymbol{M}=4999/(5000\mu_0)$

3-11 (1) $\boldsymbol{B}=\boldsymbol{e}_x2500-\boldsymbol{e}_y10\quad \text{mT}$

(2) $\boldsymbol{B}_0=\boldsymbol{e}_x0.002+\boldsymbol{e}_y0.5\quad \text{mT}$

3-14 $r<a$：$A_{1z}=-\dfrac{\mu_1 I}{4\pi}\left(\dfrac{r}{a}\right)^2+N,\boldsymbol{B}_1=-\dfrac{\mu_1}{4\pi}\dfrac{2I}{a^2}\boldsymbol{e}_z\times\boldsymbol{r}$

$r>a$：$A_{2z}=-\dfrac{I}{4\pi}\left(2\mu_2\ln\dfrac{r}{a}+\mu_1\right)+N,\boldsymbol{B}_2=-\dfrac{\mu_2}{4\pi}\dfrac{2I}{r^2}\boldsymbol{e}_z\times\boldsymbol{r}$

式中 N 为任意常数。

3-15 $\boldsymbol{A}=\boldsymbol{e}_z\dfrac{\mu_0 I}{2\pi}\ln\dfrac{(x+a)^2+y^2}{(x-a)^2+y^2}$,

$$\boldsymbol{B}=\boldsymbol{e}_x\frac{\mu_0 I}{2\pi}\left[\frac{y}{(x+a)^2+y^2}-\frac{y}{(x-a)^2+y^2}\right]-\boldsymbol{e}_y\frac{\mu_0 I}{2\pi}\left[\frac{x+a}{(x+a)^2+y^2}-\frac{x-a}{(x-a)^2+y^2}\right]$$

3-16 $\boldsymbol{P}_{\mathrm{m}}=\dfrac{qa^2}{5}\omega$

3-18 $\boldsymbol{e}_{12}\mu_0 I_1 I_2/(2\pi d)$

3-20 $(\mu-\mu_0)n^2 I^2 S$

3-22 $NI=543$ 安匝

第4章 答案

4-1 $\Phi=\dfrac{U_0}{\mathrm{sh}\left(\dfrac{n\pi}{a}b\right)}\sin\left(\dfrac{n\pi}{a}x\right)\mathrm{sh}\left(\dfrac{n\pi}{a}y\right)$

4-2 $\Phi=U_0\dfrac{y}{b}+\sum\limits_{n=1}^{\infty}\dfrac{2U_0}{(n\pi)^2}\cdot\dfrac{b}{d}\sin\left(\dfrac{n\pi}{b}d\right)\cdot\sin\left(\dfrac{n\pi}{b}y\right)\mathrm{e}^{-\frac{n\pi}{b}z}$

4-3 $\Phi=\sum\limits_{n=1}^{\infty}\dfrac{4U}{(2n-1)\pi}\sin\left[\dfrac{(2n-1)\pi}{a}x\right]\mathrm{e}^{-\frac{(2n-1)\pi}{a}y}$

4-4 $\Phi=\left(-E_0 r+\dfrac{E_0 a^2}{r}\right)\cos\varphi,\rho_S=2\varepsilon_0 E_0\cos\varphi$

4-5 $\Phi_1=\left(-E_0 r-\dfrac{\varepsilon-\varepsilon_0}{\varepsilon+\varepsilon_0}a^2\dfrac{E_0}{r}\right)\cos\varphi,r\geqslant a$；$\Phi_2=-\dfrac{2\varepsilon}{\varepsilon+\varepsilon_0}E_0 r\cos\varphi,r\leqslant a$

4-6 $\boldsymbol{B}_1=-\boldsymbol{e}_y\dfrac{1}{2}\mu_0 J_{S0},r<R$

4-7 $\Phi=\sum\limits_{n=1,3,5,\cdots}^{\infty}\dfrac{2U_0}{n\pi}\left(\dfrac{r}{b}\right)^n\sin n\varphi+\sum\limits_{n=1,3,5,\cdots}^{\infty}(-1)^{\frac{n+3}{2}}\dfrac{2U_0}{n\pi}\left(\dfrac{r}{b}\right)^n\cos n\varphi$

4-8 $\Phi(r,z)=\sum\limits_{i}\dfrac{2U}{\alpha_{0i}J_1(\alpha_{0i})}J_0\left(\dfrac{\alpha_{0i}}{a}r\right)\mathrm{e}^{-\frac{\alpha_{0i}}{a}z}$

4-9 $\boldsymbol{E}=\boldsymbol{e}_z\dfrac{3\varepsilon}{\varepsilon_0+2\varepsilon}E_0,\rho_{PS}=-\dfrac{3\varepsilon_0(\varepsilon_r-1)}{1+2\varepsilon_r}E_0\cos\theta$

4-10 $A_{1\varphi}=\dfrac{3\mu}{2(\mu+2\mu_0)}B_0 r\sin\theta, A_{2\varphi}=\dfrac{1}{2}B_0 r\sin\theta+\dfrac{\mu_0 P_{\mathrm{m}}\sin\theta}{4\pi r^2}$

$$\boldsymbol{B}_1=\frac{3\mu\boldsymbol{B}_0}{\mu+2\mu_0}, \boldsymbol{B}_2=\boldsymbol{B}_0+\frac{B_0(\mu-\mu_0)}{\mu+\mu_0}\left(\frac{a}{r}\right)^3(\boldsymbol{e}_r 2\cos\theta+\boldsymbol{e}_\theta\sin\theta)$$

4-11 (1) $\Phi=(-E_0 r+E_0 a^3/r^2)\cos\theta+U_0 a/r-U_0$

(2) $\Phi=(-E_0 r+E_0 a^3/r^2)\cos\theta+\dfrac{Q}{4\pi\varepsilon_0}\left(\dfrac{1}{r}-\dfrac{1}{a}\right)$

4-12 每米的匝数正比于 $\sin\theta$

4-13 $\rho_l'=\rho_l, z=-h, \Phi=\dfrac{\rho_l}{2\pi\varepsilon}\ln\dfrac{\sqrt{x^2+(z+h)^2}}{\sqrt{x^2+(z-h)^2}}$

4-14 $A=\dfrac{q^2}{4\pi\varepsilon_0(2d)}$

4-15 $2.88\times10^9 q\mathrm{V}$

4-16 $5.9\times10^{-8}\mathrm{C}$

4-17 $q_i=-\dfrac{(\varepsilon-\varepsilon_0)}{(\varepsilon+\varepsilon_0)}q=q'$

4-19 (2) $\Phi=\left(-r+\dfrac{a^3}{r^2}\right)E_0\cos\theta$，其中 $E_0=\dfrac{Q}{2\pi\varepsilon_0 D^2}$

4-20 (1) $\theta=0$(距 q 最近)处，$E_{\max}(a)=2.4\times10^6\mathrm{V/m}$

(2) $\theta=0$ 处，$E_{\max}(a)=3.6\times10^6\mathrm{V/m}$

第5章 答案

5-1 $I_d=I=\dfrac{\varepsilon_0\omega SU_0}{d}\cos\omega t$

5-2 $i_d=C\omega U_0\cos(\omega t)$

5-3 (1) $\dfrac{J_d}{J_{dm}}=0.64\times10^{16}$，(2) $\dfrac{J_d}{J_{dm}}=0.28\times10^3$，(3) $\dfrac{J_d}{J_{dm}}=0.45\times10^{-8}$

5-8 满足边界条件，$x=0$，$\boldsymbol{J}_S=-\boldsymbol{e}_y H_0\cos(kz-\omega t)$

$x=a, \boldsymbol{J}_S=-\boldsymbol{e}_x\times\boldsymbol{e}_z H_z|_{x=a}=-\boldsymbol{e}_y H_0\cos(kz-\omega t)$

5-9 (1) 80V/m

(2) $\boldsymbol{H}_1=\boldsymbol{e}_y[0.1592\cos(15\times10^8 t-5z)-0.0531\cos(15\times10^8 t+5z)]\mathrm{A/m}$

$\boldsymbol{H}_2=\boldsymbol{e}_y[0.1061\cos(15\times10^8 t-50z)]\mathrm{A/m}$

5-11 $\boldsymbol{E}=\boldsymbol{e}_z 120\pi\cos20x\mathrm{e}^{-\mathrm{j}k_y y}$，$\omega_{\mathrm{av}}=4\pi\times10^{-7}\cos^2 20x$，$\boldsymbol{S}_{\mathrm{av}}=\boldsymbol{e}_y 60\pi\cos^2 20x$

5-12 $z=0, \boldsymbol{S}=0$；$z=\lambda/8, \boldsymbol{S}=-\boldsymbol{e}_z\dfrac{1}{4}\sqrt{\dfrac{\varepsilon_0}{\mu_0}}E_0^2\sin2\omega t$；$z=\lambda/4, \boldsymbol{S}=0$；$\boldsymbol{S}_{\mathrm{av}}=0$

5-13 $\boldsymbol{H}=-\boldsymbol{e}_y E_0\sqrt{\dfrac{\varepsilon_0}{\mu_0}}\cos(\omega\sqrt{\mu_0\varepsilon_0}z-\omega t)$，$\boldsymbol{S}=\boldsymbol{e}_z E_0^2\sqrt{\dfrac{\varepsilon_0}{\mu_0}}\cos^2(\omega\sqrt{\mu_0\varepsilon_0}z-\omega t)$，

$\boldsymbol{S}_{\mathrm{av}}=\boldsymbol{e}_z\dfrac{1}{2}\sqrt{\dfrac{\varepsilon_0}{\mu_0}}E_0^2$

5-14 $\boldsymbol{E}=-\boldsymbol{e}_x\omega A_{\mathrm{m}}\cos(\omega t-kz)$，$\boldsymbol{H}=-\boldsymbol{e}_y\dfrac{k}{\mu}A_{\mathrm{m}}\cos(\omega t-kz)$，$\boldsymbol{S}=\boldsymbol{e}_z\dfrac{\omega k}{\mu}A_{\mathrm{m}}^2\cos^2(\omega t-kz)$

第6章 答案

6-1 $\boldsymbol{E}=\boldsymbol{e}_x[0.03\mathrm{e}^{-\mathrm{j}\frac{\pi}{2}}+0.04\mathrm{e}^{-\mathrm{j}\frac{\pi}{3}}]\mathrm{e}^{-\mathrm{j}kz}\ \mathrm{V/m}$

$\boldsymbol{H}=\boldsymbol{e}_y k[7.6\times10^{-5}\mathrm{e}^{-\mathrm{j}\frac{\pi}{2}}+1.01\times10^{-4}\mathrm{e}^{-\mathrm{j}\frac{\pi}{3}}]\mathrm{e}^{-\mathrm{j}kz}\ \mathrm{A/m}$

$$\boldsymbol{H}(z,t)=\boldsymbol{e}_y k\left[7.6\times10^{-5}\sin(10^8\pi t-kz)+1.01\times10^{-4}\cos\left(10^8\pi t-kz-\frac{\pi}{3}\right)\right]$$

6-3 $\boldsymbol{S}=\boldsymbol{e}_x\dfrac{a}{4\pi}\omega\mu H_0^2\sin^2\dfrac{\pi x}{a}\sin(2\omega t-\beta z)+\boldsymbol{e}_z\omega\mu\beta\left(\dfrac{a}{\pi}\right)^2H_0^2\sin^2\dfrac{\pi x}{a}\sin^2(\omega t-\beta z)$

$\boldsymbol{S}_{\mathrm{av}}=\boldsymbol{e}_z\dfrac{1}{2}\omega\mu\beta\left(\dfrac{a}{\pi}\right)^2H_0^2\sin^2\dfrac{\pi x}{a}$

6-4 $P=\dfrac{E_0^2}{90}$

6-5 $\boldsymbol{H}=\boldsymbol{e}_\varphi\sqrt{\dfrac{\varepsilon_0}{\mu_0}}\left(\dfrac{E_0}{r}\right)\sin\theta\cos(\omega t-kr)$，$k=\omega\sqrt{\mu_0\varepsilon_0}$

6-6 $\boldsymbol{E}=-\mathrm{j}\boldsymbol{e}_x 496\cos(15\pi x)\mathrm{e}^{-\mathrm{j}41.6z}+\boldsymbol{e}_z 565\sin(15\pi x)\mathrm{e}^{-\mathrm{j}41.6z}$，$\beta=41.6(\mathrm{rad/m})$

6-7 $\lambda=\dfrac{\pi}{15}=0.21\mathrm{m}$，$f=14.32\times10^8\ \mathrm{Hz}$，$\boldsymbol{H}=-\boldsymbol{e}_y\dfrac{1}{3\pi}\cos(9\times10^9t+30z)\ \mathrm{A/m}$

$\boldsymbol{E}=\boldsymbol{e}_x 40\cos(9\times10^9+30z)\ \mathrm{V/m}$

6-8 $\lambda=1\mathrm{m}$，$f=3\times10^8\ \mathrm{Hz}$，$v=3\times10^8\ \mathrm{m/s}$，$\eta_0=120\pi\Omega$

$\boldsymbol{H}=\boldsymbol{e}_y 0.265\cos(\omega t-2\pi z)\ \mathrm{A/m}$，$\boldsymbol{S}_{\mathrm{av}}=\boldsymbol{e}_z 13.26\mathrm{W/m^2}$

6-9 $P_{\mathrm{av}}=55.5\mathrm{W}$

6-11 (1) 沿 $-\boldsymbol{e}_z$ 方向传播的线极化波；

(2) 沿 $\boldsymbol{e}_z$ 方向传播的左旋圆极化波；

(3) 沿 $\boldsymbol{e}_z$ 方向传播的右旋圆极化波；

(4) 沿 $\boldsymbol{e}_z$ 方向传播的线极化波；

(5) 沿 $\boldsymbol{e}_z$ 方向传播的左旋椭圆极化波；

(6) 沿 $\boldsymbol{e}_z$ 方向传播的左旋椭圆极化波。

6-13 (1) $f=3\times10^9\ \mathrm{Hz}$

(2) $\boldsymbol{H}(z,t)=\mathrm{Re}[\boldsymbol{H}(z)\cdot\mathrm{e}^{\mathrm{j}\omega t}]=\dfrac{10^{-4}}{\eta_0}[\boldsymbol{e}_y\cos(\omega t-kz)+\boldsymbol{e}_x\sin(\omega t-kz)]$

(3) $\boldsymbol{S}(z,t)=\boldsymbol{E}(z,t)\times\boldsymbol{H}(z,t)=\dfrac{10^{-8}}{\eta_0}[\boldsymbol{e}_z\cos^2(\omega t-kz)-\boldsymbol{e}_z\sin^2(\omega t-kz)]$

$\boldsymbol{S}_{\mathrm{av}}=\mathrm{Re}\left[\dfrac{1}{2}\boldsymbol{E}(z)\times\boldsymbol{H}^*(z)\right]=\boldsymbol{e}_z\dfrac{10^{-8}}{\eta_0}$

(4) 右旋圆极化波

6-14 $\boldsymbol{E}=(\boldsymbol{e}_x-\mathrm{j}\boldsymbol{e}_y)E_0\mathrm{e}^{\mathrm{j}(\omega t-kz)}$，$\boldsymbol{H}=(\boldsymbol{e}_y+\mathrm{j}\boldsymbol{e}_x)\sqrt{\dfrac{\varepsilon}{\mu}}E_0\mathrm{e}^{\mathrm{j}(\omega t-kz)}$

6-15 $f=10\mathrm{kHz}$，$\lambda=15.8\mathrm{m}$，$\alpha=0.126\pi\mathrm{Np/m}$，$\eta_c=0.0316\pi(1+\mathrm{j})\Omega$

$f=1\text{MHz},\lambda=1.58\text{m},\alpha=1.26\pi\text{Np/m},\eta_c=0.316\pi(1+\text{j})\Omega$

$f=100\text{MHz},\lambda=0.149\text{m},\alpha=11.97\pi\text{Np/m},\eta_c=\dfrac{41.89}{\sqrt{1-\text{j}8.9}}\Omega$

$f=1\text{GHz},\lambda=0.03\text{m},\alpha=24.69\pi\text{Np/m},\eta_c=\dfrac{41.89}{\sqrt{1-\text{j}0.89}}\Omega$

6-17 $E_2=2.65\times10^{-3}\text{V/m},E_3=8.88\times10^{-4}\text{V/m},E_4=1.78\times10^{-3}\text{V/m}$

6-18 $S_{2\text{av}}\approx72.77\text{W/m}^2$

6-19 (1) $\boldsymbol{E}_\text{i}=\boldsymbol{e}_x6\text{e}^{-\text{j}\frac{2\pi}{3}z}\text{V/m},\boldsymbol{E}_\text{i}(z,t)=\boldsymbol{e}_x6\cos\left(2\pi\times10^8t-\dfrac{2\pi}{3}z\right)\text{V/m}$

$\boldsymbol{H}_\text{i}=\boldsymbol{e}_y\dfrac{6\text{e}^{-\text{j}\frac{2\pi}{3}z}}{120\pi}\text{A/m},\boldsymbol{H}_\text{i}(z,t)=\boldsymbol{e}_y\dfrac{6}{120\pi}\cos\left(2\pi\times10^8t-\dfrac{2\pi}{3}z\right)\text{A/m}$

(2) $\boldsymbol{E}_\text{r}=-\boldsymbol{e}_x6\text{e}^{\text{j}\frac{2\pi}{3}z}\text{V/m},\boldsymbol{E}_\text{r}(z,t)=\boldsymbol{e}_x6\cos\left(2\pi\times10^8t+\dfrac{2\pi}{3}z+\pi\right)\text{V/m}$

$\boldsymbol{H}_\text{r}=\boldsymbol{e}_y\dfrac{6\text{e}^{\text{j}\frac{2\pi}{3}z}}{120\pi}\text{A/m},\boldsymbol{H}(z,t)=\boldsymbol{e}_y\dfrac{6}{120\pi}\cos\left(2\pi\times10^8t+\dfrac{2\pi}{3}z\right)\text{A/m}$

(3) $\boldsymbol{E}=-\boldsymbol{e}_x\text{j}2\times6\sin(2\pi\times10^8t)\text{V/m}$

$\boldsymbol{E}(z,t)=\boldsymbol{e}_x2\times6\sin\left(\dfrac{2\pi}{3}z\right)\sin(2\pi\times10^8t)\text{V/m}$

$\boldsymbol{H}=\boldsymbol{e}_y\dfrac{2\times6}{120\pi}\cos\left(\dfrac{2\pi}{3}z\right)\text{A/m},\boldsymbol{H}(z,t)=\boldsymbol{e}_y\dfrac{2\times6}{120\pi}\cos\left(\dfrac{2\pi}{3}z\right)\cos(2\pi\times10^8t)\text{A/m}$

(4) $z=-3/2\text{m}$

6-20 (1) $\rho=-1,\boldsymbol{E}_\text{r}=E_0(\boldsymbol{e}_x+\text{j}\boldsymbol{e}_y)\text{e}^{\text{j}\beta z}$，左旋圆极化波

(2) $\boldsymbol{J}_S=\dfrac{2E_0}{\eta_0}(\boldsymbol{e}_x-\text{j}\boldsymbol{e}_y)$

(3) $\boldsymbol{E}(z,t)=2E_0\sin(\beta z)(\boldsymbol{e}_x\sin\omega t-\boldsymbol{e}_y\cos\omega t)$

6-21 $|E_{\text{m}1}^-|=33.3\text{V/m},|E_{\text{m}2}^+|=66.7\text{V/m}$

6-23 (1) $-1/3,2/3,2$

(2) $\boldsymbol{E}_\text{i}=\boldsymbol{e}_x2\text{e}^{-\text{j}2\pi z},\boldsymbol{H}_\text{i}=\boldsymbol{e}_y\dfrac{1}{60\pi}\text{e}^{-\text{j}2\pi z}$

$\boldsymbol{E}_\text{r}=-\boldsymbol{e}_x\dfrac{2}{3}\text{e}^{\text{j}2\pi z},\boldsymbol{H}_\text{r}=\boldsymbol{e}_y\dfrac{1}{180\pi}\text{e}^{\text{j}2\pi z}$

$\boldsymbol{E}_\text{t}=\boldsymbol{e}_x\dfrac{4}{3}\text{e}^{-\text{j}4\pi z},\boldsymbol{H}_\text{t}=\boldsymbol{e}_y\dfrac{1}{45\pi}\text{e}^{-\text{j}4\pi z}$

(3) $\boldsymbol{S}_{\text{av,i}}=\boldsymbol{e}_z\dfrac{1}{60\pi}\text{W/m}^2,\boldsymbol{S}_{\text{av,r}}=-\boldsymbol{e}_z\dfrac{1}{540\pi}\text{W/m}^2,\boldsymbol{S}_{\text{av,t}}=\boldsymbol{e}_z\dfrac{2}{135\pi}\text{W/m}^2$

6-24 $\boldsymbol{E}^-=E_\text{m}\dfrac{\eta_2-\eta_1}{\eta_2+\eta_1}(\boldsymbol{e}_x+\text{j}\boldsymbol{e}_y)\text{e}^{\text{j}\beta z}$，右旋；$\boldsymbol{E}_2^+=E_\text{m}\dfrac{2\eta_2}{\eta_2+\eta_1}(\boldsymbol{e}_x+\text{j}\boldsymbol{e}_y)\text{e}^{-\text{j}\beta_2z}$，左旋

6-26 (1) $\varepsilon_{\text{r}1}=2,d=0.133\mu\text{m}$；(2) 10%

6-27 0.03m，5.8%

6-28 (1) $\lambda=0.628,f=4.78\times10^8\text{Hz}$

(2) $\boldsymbol{E}_i(x,z,t)=\boldsymbol{e}_y 10\cos(3\times10^9 t-6x-8z)\text{V/m}$

$\boldsymbol{H}_i(x,z,t)=\dfrac{1}{120\pi}(-\boldsymbol{e}_x 8+\boldsymbol{e}_z 6)\cos(3\times10^9 t-6x-8z)\text{A/m}$

(3) $\theta_i=36.9°$

(4) $\boldsymbol{E}_r(x,z)=-\boldsymbol{e}_y 10\mathrm{e}^{-\mathrm{j}(6x-8z)}\text{V/m}$, $\boldsymbol{H}_r(x,z)=\dfrac{1}{120\pi}(-\boldsymbol{e}_x 8-\boldsymbol{e}_y 6)10\mathrm{e}^{-\mathrm{j}(6x-8z)}\text{A/m}$

(5) $\boldsymbol{E}(x,z)=-\boldsymbol{e}_y \mathrm{j}20\sin(8z)\mathrm{e}^{-\mathrm{j}6x}\text{V/m}$

$\boldsymbol{H}(x,z)=\dfrac{1}{120\pi}[-\boldsymbol{e}_x 16\cos(8z)-\boldsymbol{e}_z \mathrm{j}12\sin(8z)]\mathrm{e}^{-\mathrm{j}6x}\text{A/m}$

6-29 (1) $\theta_1=\theta_B=63.4°$; (2) 18%

6-30 (1) 6.38°; (2) $\mathrm{e}^{\mathrm{j}38.04°}$; (3) $1.89\mathrm{e}^{\mathrm{j}19.02°}$

6-31 1

第7章 答案

7-1 空气 $Z_0=65.917\Omega$,聚四氟乙烯 $Z_0=45.487\Omega$,$\lambda=0.69\text{m}$

7-2 (1) $D=25.5\text{mm}$; (2) $b=3.91\text{mm}$

7-3 $\Gamma_l=-\dfrac{1+2\mathrm{j}}{5}$,$\rho=2.618$,$Z_{in}(d)=\dfrac{50+\mathrm{j}87.6382}{1.68819+\mathrm{j}0.68819}$

7-4 $Z_{in}=26.32-\mathrm{j}9.87\Omega$

7-5 $Z_{min}=160\Omega$,$P=0.2\text{W}$

7-6 $|U(d)|=450\left(\dfrac{10}{9}10/9-\dfrac{2}{3}\cos\left(\dfrac{2\pi d}{\lambda}\right)\right)^{1/2}$,$|I(d)|=450\left(\dfrac{10}{9}10/9+\dfrac{2}{3}\cos\left(\dfrac{2\pi d}{\lambda}\right)\right)^{1/2}$

$Z_{in}(d)=\left|\dfrac{U(d)}{I(d)}\right|$,$|U(d)|_{max}=600\text{V}$,$|U(d)|_{min}=300\text{V}$,$|I(d)|_{max}=1\text{A}$,

$|I(d)|_{min}=0.5\text{A}$,$|Z_{in}(d)|_{max}=1200$,$|Z_{in}(d)|_{min}=300$

7-7 $Z_{in}(d)=906.4-642.9\mathrm{j}\Omega$

7-8 $Z_L=\dfrac{625-\mathrm{j}301.777}{1-\mathrm{j}12.071}\Omega$

7-9 (a) $Z_{AA'}=\dfrac{4Z_0}{3}$,$\Gamma_{AA'}=\dfrac{1}{5}$,$S=\dfrac{3}{2}$,(b) $Z_{AA'}=Z_0+2\mathrm{j}Z_0$,$\Gamma_{AA'}=\dfrac{1+\mathrm{j}}{2}$,$S=5$

(c) $Z_{AA'}=Z_0$,$\Gamma_{AA'}=-\dfrac{1}{3}$,$S=2$,(d) $Z_{AA'}=4Z_0$,$\Gamma_{AA'}=\dfrac{1}{3}$,$S=2$

7-10 (1) $Z_0=50\Omega$; (2) $S_{min}=2$,$|\Gamma|_{min}=\dfrac{1}{3}$; (3) $z_1=0.176\lambda$

7-11 (1) $\Gamma(z)=0.31\mathrm{e}^{-\mathrm{j}(47.5°+2\beta z)}$

(2) $U(z)=A\mathrm{e}^{\mathrm{j}\beta z}[1+|\Gamma_2|\mathrm{e}^{-\mathrm{j}(2\beta z+47.5°)}]$,$I(z)=\dfrac{A}{Z_0}\mathrm{e}^{\mathrm{j}\beta z}[1-|\Gamma_2|\mathrm{e}^{-\mathrm{j}(2\beta z+47.5°)}]$

(3) $A=\dfrac{U_2+I_2Z_0}{2}$,$z_{min}=0.184\lambda$,$z_{max}=0.434\lambda$

7-12 (1) $\Gamma_2=\dfrac{1}{3}\mathrm{e}^{\mathrm{j}36°}$; (2) $Z_L=465+\mathrm{j}203\Omega$

7-13 线径 $d=1.165\text{cm}$，长度 $l=0.375\text{m}$

7-14 (1) 0.113；(2) 0.344；(3) $-\text{j}1.21$，$\text{j}0.85$；(4) 0.385，0.135，4.5，0.22；
(5) $57.57-\text{j}21$，$112.5-\text{j}11.25$，$0.0156+\text{j}0.0057$，$0.0089+\text{j}\,0.000\,93$；
(6) $119.5-\text{j}\,100$，$17.5+\text{j}\,34.5$

7-15 (1) $S=1.767$；(2) $\Gamma=0.28\text{e}^{\text{j}146^\circ}$；(3) $Z_{in}=50+\text{j}29\Omega$；(4) $Y_{in}=0.015-\text{j}0.009S$；
(5) 不出现电压最小点

7-18 当 $\lambda=6\text{cm}$ 时，波导中不能传输任何模式；当 $\lambda=4\text{cm}$ 时，能传输 TE_{10} 模；当 $\lambda=1.85\text{cm}$ 时，能传输 TE_{10}、TE_{20}、TE_{01} 模。

7-19 (1) $\lambda_c=4.572\text{cm}$，$\lambda_g=3.976\text{cm}$，$\beta=1.58\times10^{-2}\text{rad/m}$，$Z_{TE_{10}}=500\Omega$
(2) $\lambda_c(TE_{10})=9.144\text{cm}$，$\lambda_c(TE_{20})=4.572\text{cm}$，对 TE_{10} 波：$\lambda_g=3.176\text{cm}$
$\beta=1.979\times10^{-2}\text{rad/m}$，$Z_{TE_{10}}=399\Omega$；对 TE_{20} 波，所求各量同(1)。
(3) $\lambda_c(TE_{10})=4.572\text{cm}$，$\lambda_c(TE_{01})=4.064\text{cm}$，对 TE_{10} 波，所求各量同(1)；
对 TE_{01} 波：$\lambda_g=4.45\text{cm}$，$\beta=1.413\times10^{-2}\text{rad/m}$，$Z_{TE_{01}}=559\Omega$
(4) $\lambda_c(TE_{10})=4.572\text{cm}$，$\lambda_c(TE_{20})=2.286\text{cm}$，$\lambda_c(TE_{01})=2.032\text{cm}$，
对 TE_{10} 波：$\lambda_g=2.224\text{cm}$，$\beta=2.825\text{rad/m}$，$Z_{TE_{10}}=419\Omega$；
对 TE_{20} 波：$\lambda_g=4.13\text{cm}$，$\beta=1.522\times10^{-2}\text{rad/m}$，$Z_{TE_{20}}=778\Omega$；
对 TE_{01} 波：$\lambda_g=11.31\text{cm}$，$\beta=0.555\times10^{-2}\text{rad/m}$，$Z_{TE_{01}}=2133\Omega$

7-20 $2.36\text{GHz}<f<4.72\text{GHz}$

7-21 (1) TE_{11} 模

7-22 从顶壁流入两侧壁的电流：$I_y|_{x=0}=-\dfrac{2\pi}{a}\dfrac{E_0}{\omega\mu\beta}$，$I_y|_{x=a}=-\dfrac{2\pi}{a}\dfrac{E_0}{\omega\mu\beta}$

顶壁上流出 $z=0$ 与 $z=\dfrac{\lambda_g}{2}$ 截面的电流：$I_z|_{z=0}=-\dfrac{2a}{\pi}\dfrac{\beta E_0}{\omega\mu}$，$I_z|_{z=\frac{\lambda_g}{2}}=\dfrac{2a}{\pi}\dfrac{\beta E_0}{\omega\mu}$

从顶壁($\lambda_g/2$ 长)流出的总传导电流 $I_c=\dfrac{4a}{\pi}\dfrac{\omega\varepsilon_0}{\beta}E_0$

流入上导体板 $a\times\dfrac{\lambda_g}{2}$ 表面的总位移电流 $I_d=\dfrac{4a}{\pi}\dfrac{\omega\varepsilon_0}{\beta}E_0$

7-23 $3\times10^9\text{Hz}$

7-24 (1) $\lambda_g=21.8\text{cm}$，$(\lambda_c)_{TE_{10}}=14.428\text{cm}$
(2) $v_p=4.16\times10^8\text{m/s}$，$\lambda_g=13.87\text{cm}$，$\lambda_c$ 的结果与(1)相同

7-26 空气填充：$a=5.064\text{mm}$，$b=17.67\text{mm}$
介质填充：$a=2.017\text{mm}$，$b=12.604\text{mm}$

7-27 (1) $\lambda_{cTM_{01}}\approx60\text{mm}$，$\lambda_{cTE_{11}}\approx100\text{mm}$
(2) $v_{pTEM}=3\times10^8\text{m/s}$，不能传输 TE_{11} 模

7-28 $NA=0.0588$，$\theta_{0,\max}=\arcsin0.0588$

7-29 $f_{101}=6.7\text{GHz}$，$f_{011}=8.0777\text{GHz}$，$f_{102}=8.485\text{GHz}$

7-30 $3.84\text{cm}\leqslant l\leqslant4.55\text{cm}$

第8章 答案

8-1 $\pm 45^\circ$

8-3 $\theta=0^\circ, |E_\theta|=0$；$\theta=45^\circ, |E_\theta|=6.7\times10^{-3}\,\text{V/m}$；$\theta=90^\circ, |E_\theta|=9.49\times10^{-3}\,\text{V/m}$

8-4 (2) $H_\phi=\mathrm{j}\dfrac{I_\mathrm{m}\mathrm{e}^{-\mathrm{j}kr_0}}{2\pi r_0}\dfrac{\cos\left(\dfrac{\pi}{2}\cos\theta\right)}{\sin\theta}, E_\theta=\mathrm{j}\dfrac{I_\mathrm{m}k\mathrm{e}^{-\mathrm{j}kr_0}}{2\pi\omega\varepsilon r_0}\dfrac{\cos\left(\dfrac{\pi}{2}\cos\theta\right)}{\sin\theta}$；

(4) $\boldsymbol{S}_{\text{av}}=\boldsymbol{e}_r\dfrac{\eta I^2}{4\pi^2 r_0^2}\dfrac{\cos^2\left(\dfrac{\pi}{2}\cos\theta\right)}{\sin^2\theta}$；(5) $R_\mathrm{r}=73.1\Omega$；(6) $D\approx1.64$

8-5 $2\theta_{3\text{dB}}=\pi$

8-6 $D=10$

8-7 $E_\theta=\mathrm{j}\dfrac{60\pi I_0 l\sin\theta}{\lambda r}\mathrm{e}^{-\mathrm{j}kr}, H_\varphi=\dfrac{E_\theta}{Z_0}=\mathrm{j}\dfrac{I_0 l\sin\theta}{2\lambda r}\mathrm{e}^{-\mathrm{j}kr}, R_\mathrm{r}=\dfrac{80\pi^2 l^2}{\lambda^2}, D=1.5$

8-8 $P_\mathrm{r}=1.1\text{W}$

8-9 $D=1.64$, 2.15dB

8-10 (1) $E_{\max}=13.42\times10^{-3}\,\text{V/m}$；(2) $D'=12$

8-11 设 $\eta=1$ (1) $P_{\text{in}}=3.33\times10^4\,\text{W}$；(2) $P_{\text{in}}=2.22\times10^4\,\text{W}$；(3) $P_{\text{in}}=2.03\times10^4\,\text{W}$

8-14 E 面：$F_E(\alpha)=|\cos\alpha|\left|\dfrac{\sin\left[\dfrac{\pi\cos\alpha}{2}\right]}{2}\right|$，$H$ 面：$F_H(\alpha)=\left|\dfrac{\sin\left[\dfrac{\pi\cos\alpha}{2}\right]}{2}\right|$

8-15 $\xi=-\dfrac{\pi}{2}$

8-17 xy 平面$\left(\theta=\dfrac{\pi}{2}\right)$：$F_2=\cos\left(\dfrac{\pi}{2}\cos\varphi\right)$；$xz$ 平面$(\varphi=0)$：$F_2=\cos\left(\dfrac{\pi}{2}\sin\theta\right)$；$yz$ 平面$\left(\varphi=\dfrac{\pi}{2}\right)$：$F_2=2$

8-19 $D=\dfrac{4\pi}{\lambda^2}\cdot S, G=\eta D$

8-20 $f(\theta,0)=(1-\cos\theta)\dfrac{\cos\left(\dfrac{1}{2}kb\sin\theta\right)}{\pi^2-a^2k^2\sin^2\theta}, 2\theta_{0.5}\approx1.2\dfrac{\lambda}{a}, 2\theta_0\approx3\dfrac{\lambda}{a}$, -24.6dB

附录 2　符号表

符号	含义
$\boldsymbol{A}$	矢量磁位
A_{e}	有效接收面积
$\boldsymbol{B}$	磁感应强度
C	电容
c	真空中的电磁波速度
$\boldsymbol{D}$	电位移矢量
D	方向系数
$\boldsymbol{E}$	电场强度
e	电子电量，电动势
e_m	磁动势
f	频率
f_{c}	截止频率
G	电导，增益
$\boldsymbol{H}$	磁场强度
I	电流
I_{c}	传导电流
I_{d}	位移电流
$\boldsymbol{J}_{\mathrm{c}}$	传导电流密度
$\boldsymbol{J}_{\mathrm{d}}$	位移电流密度
$\boldsymbol{J}_{\mathrm{m}}$	体磁化电流密度
$\boldsymbol{J}_{\mathrm{mS}}$	面磁化电流密度
$\boldsymbol{J}_{S}$	面电流密度
K	行波系数
k	波数
L	自感
l_{e}	有效长度
$\boldsymbol{M}$	磁化强度
M	互感
m	质量
N	电子浓度
$\boldsymbol{P}$	极化强度
P	功率
$\boldsymbol{p}$	电偶极矩
$\boldsymbol{p}_{\mathrm{m}}$	磁矩
Q	电荷，品质因数
q	电荷
R	电阻
R_m	磁阻
R_S	表面电阻
R_{r}	辐射电阻
$\boldsymbol{S}$	坡印廷矢量（能流密度矢量）
$\boldsymbol{S}_{\mathrm{av}}$	平均坡印廷矢量
S	驻波比
T	周期
$\boldsymbol{T}$	力矩
TEM	横电磁波
TE	横电波
TM	横磁波
U	电压、电位差
$\boldsymbol{v}$	速度矢量
v_{g}	群速
v_{p}	相速
W	能量，功
w	能量密度
X_S	表面电抗
Y	导纳
Z	阻抗
α	衰减常数
β	相位常数
Γ	反射系数
γ	传播常数
δ	透入深度（趋肤深度）
δ_{c}	损耗角
ε	介电常数

ε_0 真空介电常数
ε_r 相对介电常数
ε_c 复介电常数
η 波阻抗,效率
η_c 复波阻抗
θ_c 临界角
θ_B 布儒斯特角
λ 波长
λ_c 截止波长
λ_g 波导波长
μ 磁导率
μ_0 真空磁导率
μ_r 相对磁导率
ρ 体电荷密度
ρ_S 面电荷密度
ρ_l 线电荷密度
ρ_P 体极化电荷密度
ρ_{PS} 面极化电荷密度
σ 电导率
τ 透射系数
Φ 电位,磁通量
Φ_m 标量磁位
φ 坐标
χ_e 极化率
χ_m 磁化率
Ψ 磁链
ψ 相位
ω 角频率

附录3　常用的数学公式

一、矢量恒等式

$$\boldsymbol{A}\times\boldsymbol{B}=-\boldsymbol{B}\times\boldsymbol{A} \tag{A3-1}$$

$$\boldsymbol{A}\cdot(\boldsymbol{B}\times\boldsymbol{C})=\boldsymbol{B}\cdot(\boldsymbol{C}\times\boldsymbol{A})=\boldsymbol{C}\cdot(\boldsymbol{A}\times\boldsymbol{B}) \tag{A3-2}$$

$$\boldsymbol{A}\times(\boldsymbol{B}\times\boldsymbol{C})=(\boldsymbol{A}\cdot\boldsymbol{C})\boldsymbol{B}-(\boldsymbol{A}\cdot\boldsymbol{B})\boldsymbol{C} \tag{A3-3}$$

$$\nabla(\phi\psi)=\phi\nabla\psi+\psi\nabla\phi \tag{A3-4}$$

$$\nabla\cdot(\psi\boldsymbol{A})=\boldsymbol{A}\cdot\nabla\psi+\psi\nabla\cdot\boldsymbol{A} \tag{A3-5}$$

$$\nabla\times(\psi\boldsymbol{A})=\nabla\psi\times\boldsymbol{A}+\psi\nabla\times\boldsymbol{A} \tag{A3-6}$$

$$\nabla(\boldsymbol{A}\cdot\boldsymbol{B})=(\boldsymbol{A}\cdot\nabla)\boldsymbol{B}+(\boldsymbol{B}\cdot\nabla)\boldsymbol{A}+\boldsymbol{A}\times(\nabla\times\boldsymbol{B})+\boldsymbol{B}\times(\nabla\times\boldsymbol{A}) \tag{A3-7}$$

$$\nabla\cdot(\boldsymbol{A}\times\boldsymbol{B})=\boldsymbol{B}\cdot\nabla\times\boldsymbol{A}-\boldsymbol{A}\cdot\nabla\times\boldsymbol{B} \tag{A3-8}$$

$$\nabla\times(\boldsymbol{A}\times\boldsymbol{B})=\boldsymbol{A}\nabla\cdot\boldsymbol{B}-\boldsymbol{B}\nabla\cdot\boldsymbol{A}+(\boldsymbol{B}\cdot\nabla)\boldsymbol{A}-(\boldsymbol{A}\cdot\nabla)\boldsymbol{B} \tag{A3-9}$$

$$\nabla\cdot\nabla\psi=\nabla^2\psi \tag{A3-10}$$

$$\nabla\times\nabla\psi=0 \tag{A3-11}$$

$$\nabla\cdot\nabla\times\boldsymbol{A}=0 \tag{A3-12}$$

$$\nabla\times\nabla\times\boldsymbol{A}=\nabla(\nabla\cdot\boldsymbol{A})-\nabla^2\boldsymbol{A} \tag{A3-13}$$

$$\nabla R=-\nabla' R=\frac{\boldsymbol{R}}{R}=\boldsymbol{e}_R \tag{A3-14}$$

$$\nabla\frac{1}{R}=-\nabla'\frac{1}{R}=-\frac{\boldsymbol{R}}{R^3}=-\frac{\boldsymbol{e}_R}{R^2} \tag{A3-15}$$

$$\iiint_V\nabla\cdot\boldsymbol{A}\mathrm{d}V=\oiint_S\boldsymbol{A}\cdot\mathrm{d}\boldsymbol{S} \tag{A3-16}$$

$$\iint_S\nabla\times\boldsymbol{A}\cdot\mathrm{d}\boldsymbol{S}=\oint_c\boldsymbol{A}\cdot\mathrm{d}\boldsymbol{l} \tag{A3-17}$$

$$\iiint_V\nabla\times\boldsymbol{A}\mathrm{d}V=\oiint_S(\boldsymbol{e}_n\times\boldsymbol{A})\mathrm{d}S \tag{A3-18}$$

$$\iiint_V\nabla\psi\mathrm{d}V=\oiint_S\psi\mathrm{d}S \tag{A3-19}$$

$$\iint_S\boldsymbol{e}_n\times\nabla\psi\mathrm{d}S=\int_c\psi\mathrm{d}l \tag{A3-20}$$

二、三种坐标系中的梯度、散度、旋度和拉普拉斯运算

1. 直角坐标系

$$\nabla\psi=\boldsymbol{e}_x\frac{\partial\psi}{\partial x}+\boldsymbol{e}_y\frac{\partial\psi}{\partial y}+\boldsymbol{e}_z\frac{\partial\psi}{\partial z} \tag{A3-21}$$

$$\nabla\cdot\boldsymbol{A}=\frac{\partial A_x}{\partial x}+\frac{\partial A_y}{\partial y}+\frac{\partial A_z}{\partial z} \tag{A3-22}$$

$$\nabla\times\boldsymbol{A}=\begin{vmatrix}\boldsymbol{e}_x & \boldsymbol{e}_y & \boldsymbol{e}_z\\ \dfrac{\partial}{\partial x} & \dfrac{\partial}{\partial y} & \dfrac{\partial}{\partial z}\\ A_x & A_y & A_z\end{vmatrix} \tag{A3-23}$$

$$\nabla^2\psi=\frac{\partial^2\psi}{\partial x^2}+\frac{\partial^2\psi}{\partial y^2}+\frac{\partial^2\psi}{\partial z^2} \tag{A3-24}$$

$$\nabla^2\boldsymbol{A}=\boldsymbol{e}_x\,\nabla^2 A_x+\boldsymbol{e}_y\,\nabla^2 A_y+\boldsymbol{e}_z\,\nabla^2 A_z$$

2. 圆柱坐标系

$$\nabla\psi=\boldsymbol{e}_r\frac{\partial\psi}{\partial r}+\frac{\boldsymbol{e}_\varphi}{r}\frac{\partial\psi}{\partial\varphi}+\boldsymbol{e}_z\frac{\partial\psi}{\partial z} \tag{A3-25}$$

$$\nabla\cdot\boldsymbol{A}=\frac{1}{r}\frac{\partial}{\partial r}(rA_r)+\frac{1}{r}\left(\frac{\partial A_\varphi}{\partial\varphi}\right)+\frac{\partial A_z}{\partial z} \tag{A3-26}$$

$$\nabla\times\boldsymbol{A}=\begin{vmatrix}\dfrac{\boldsymbol{e}_r}{r} & \boldsymbol{e}_\varphi & \dfrac{\boldsymbol{e}_z}{r}\\ \dfrac{\partial}{\partial r} & \dfrac{\partial}{\partial\varphi} & \dfrac{\partial}{\partial z}\\ A_r & rA_\varphi & A_z\end{vmatrix} \tag{A3-27}$$

$$\nabla^2\psi=\frac{1}{r}\frac{\partial}{\partial r}\left(r\frac{\partial\psi}{\partial r}\right)+\frac{1}{r^2}\left(\frac{\partial^2\psi}{\partial\varphi^2}\right)+\frac{\partial^2\psi}{\partial z^2} \tag{A3-28}$$

$$\nabla^2\boldsymbol{A}=\boldsymbol{e}_r\left(\nabla^2 A_r-\frac{2}{r^2}\frac{\partial A_\varphi}{\partial\varphi}-\frac{A_r}{r^2}\right)+\boldsymbol{e}_\varphi\left(\nabla^2 A_\varphi+\frac{2}{r^2}\frac{\partial A_r}{\partial\varphi}-\frac{A_\varphi}{r^2}\right)+\boldsymbol{e}_z\,\nabla^2 A_z$$

3. 球坐标系

$$\nabla\psi=\boldsymbol{e}_r\frac{\partial\psi}{\partial r}+\frac{\boldsymbol{e}_\theta}{r}\left(\frac{\partial\psi}{\partial\theta}\right)+\frac{\boldsymbol{e}_\varphi}{r\sin\theta}\left(\frac{\partial\psi}{\partial\varphi}\right) \tag{A3-29}$$

$$\nabla\cdot\boldsymbol{A}=\frac{1}{r^2}\frac{\partial}{\partial r}(r^2A_r)+\frac{1}{r\sin\theta}\frac{\partial}{\partial\theta}(\sin\theta A_\theta)+\frac{1}{r\sin\theta}\left(\frac{\partial A_\varphi}{\partial\varphi}\right) \tag{A3-30}$$

$$\nabla\times\boldsymbol{A}=\begin{vmatrix}\dfrac{\boldsymbol{e}_r}{r^2\sin\theta} & \dfrac{\boldsymbol{e}_\theta}{r\sin\theta} & \dfrac{\boldsymbol{e}_\varphi}{r}\\ \dfrac{\partial}{\partial r} & \dfrac{\partial}{\partial\theta} & \dfrac{\partial}{\partial\varphi}\\ A_r & rA_\theta & r\sin\theta A_\varphi\end{vmatrix} \tag{A3-31}$$

$$\nabla^2\psi=\frac{1}{r^2}\frac{\partial}{\partial r}\left(r^2\frac{\partial\psi}{\partial r}\right)+\frac{1}{r^2\sin\theta}\frac{\partial}{\partial\theta}\left(\sin\theta\frac{\partial\psi}{\partial\theta^2}\right)+\frac{1}{r^2\sin^2\theta}\left(\frac{\partial^2\psi}{\partial\varphi^2}\right) \tag{A3-32}$$

$$\begin{aligned}\nabla^2\boldsymbol{A}=&\,\boldsymbol{e}_r\left[\nabla^2 A_r-\frac{2}{r^2}\left(A_r+\cot\theta A_\theta+\operatorname{cosec}\theta\frac{\partial A_\varphi}{\partial\varphi}+\frac{\partial A_\theta}{\partial\theta}\right)\right]\\ &+\boldsymbol{e}_\theta\left[\nabla^2 A_\theta-\frac{1}{r^2}\left(\operatorname{cosec}^2\theta A_\theta-2\frac{\partial A_r}{\partial\theta}+2\cot\theta\operatorname{cosec}\theta\frac{\partial A_\varphi}{\partial\varphi}\right)\right]\\ &+\boldsymbol{e}_\varphi\left[\nabla^2 A_\varphi-\frac{1}{r^2}\left(\operatorname{cosec}^2\theta A_\varphi-2\operatorname{cosec}\theta\frac{\partial A_r}{\partial\varphi}-2\cot\theta\operatorname{cosec}\theta\frac{\partial A_\theta}{\partial\varphi}\right)\right]\end{aligned}$$

三、常用的幂级数

$$e^x = 1 + x + \frac{x^2}{2!} + \frac{x^3}{3!} + \cdots + \frac{x^n}{n!} + \cdots \quad (-\infty < x < +\infty) \tag{A3-33}$$

$$\ln(1+x) = x - \frac{x^2}{2} + \frac{x^3}{3} - \frac{x^4}{4} + \cdots + (-1)^{n-1}\frac{x^n}{n} + \cdots \quad (-1 < x \leqslant 1) \tag{A3-34}$$

$$\ln\left(\frac{1+x}{1-x}\right) = 2\left(x + \frac{x^3}{3} + \frac{x^5}{5} + \frac{x^7}{7} + \cdots + \frac{x^{2n-1}}{2n-1} + \cdots\right) \quad (|x| < 1) \tag{A3-35}$$

$$\sqrt{1+x} = 1 + \frac{1}{2}x - \frac{1}{2\times 4}x^2 + \frac{1\times 3}{2\times 4\times 6}x^3 - \frac{1\times 3\times 5}{2\times 4\times 6\times 8}x^4 + \cdots \quad (|x| \leqslant 1) \tag{A3-36}$$

$$\frac{1}{\sqrt{1+x}} = 1 - \frac{1}{2}x + \frac{1\times 3}{2\times 4}x^2 - \frac{1\times 3\times 5}{2\times 4\times 6}x^3 + \frac{1\times 3\times 5\times 7}{2\times 4\times 6\times 8}x^4 - \cdots \quad (-1 < x \leqslant 1) \tag{A3-37}$$

$$\sinh x = \frac{e^x - e^{-x}}{2} = x + \frac{x^3}{3!} + \frac{x^5}{5!} + \frac{x^7}{7!} + \cdots \quad (-\infty < x < +\infty) \tag{A3-38}$$

$$\cosh x = \frac{e^x + e^{-x}}{2} = 1 + \frac{x^2}{2!} + \frac{x^4}{4!} + \frac{x^6}{6!} + \cdots \quad (-\infty < x < +\infty) \tag{A3-39}$$

四、其他数学公式

欧拉公式

$$e^{jz} = \cos z + j\sin z \tag{A3-40}$$

$$\sin z = \frac{1}{2j}(e^{jz} - e^{-jz}) \tag{A3-41}$$

$$\cos z = \frac{1}{2}(e^{jz} + e^{-jz}) \tag{A3-42}$$

三角函数的正交性：任意区间上

$$\int_0^l \sin\frac{n\pi}{l}x \cdot \sin\frac{m\pi}{l}x\,dx = \begin{cases} l/2, & m = n \\ 0, & m \neq n \end{cases} \tag{A3-43}$$

$$\int_0^l \cos\frac{n\pi}{l}x \cdot \cos\frac{m\pi}{l}x\,dx = \begin{cases} l/2, & m = n \\ 0, & m \neq n \end{cases} \tag{A3-44}$$

$$\int_0^l \sin\frac{n\pi}{l}x \cdot \cos\frac{m\pi}{l}x\,dx = 0 \tag{A3-45}$$

五、微分方程的解

1. 二阶齐次常微分方程 $y''+py'+qy=0$，其中 p、q 是常数。特征方程为 $r^2+pr+q=0$。

(1) 如果特征方程有两个不相等的实根 $r_1 \neq r_2$，通解为

$$y = C_1 e^{r_1 x} + C_2 e^{r_2 x} \tag{A3-46}$$

(2) 如果特征方程有一对共轭复根 $r_1=\alpha+j\beta$，$r_2=\alpha-j\beta$，通解为

$$y = e^{\alpha x}(C_1\cos\beta x + C_2\sin\beta x) \tag{A3-47}$$

2. 欧拉型方程 $x^n y^{(n)} + p_1 x^{n-1} y^{(n-1)} + p_2 x^{n-2} y^{(n-2)} + \cdots + p_{n-1} x y' + p_n y = f(x)$，其中 p_1、p_2、…、p_n 都是常数。解法：作变换 $x=e^t$，化为 t 的常系数线性微分方程，然后求解。

附录 4　电磁单位制

电磁单位制采用国际单位制(SI)。

一、基本单位

物理量的名称	单位名称	单位符号
长度	米	m
质量	千克(公斤)	kg
时间	秒	s
电流	安培	A

二、导出单位

物理量的名称	符号	单位名称	单位符号	用基本单位表示
力	$\boldsymbol{F}$	牛[顿](Newton)	N	$1N=1kg\cdot m/s^2$
力矩	$\boldsymbol{T}$	牛[顿]米(Newton metre)	N·m	
功,能量	W	焦[耳](Joule)	J	$1J=1N\cdot m=1W\cdot s$
能量密度	w	焦[耳]每立方米(Joule per cubic metre)	J/m^3	
功率	P	瓦[特](Watt)	W	$1W=1J/s$
电动势	e	伏[特](Volt)	V	$1V=1W/A$
电压	U	伏[特](Volt)	V	
电位	Φ	伏[特](Volt)	V	
电场强度	$\boldsymbol{E}$	伏[特]每米(Volt per metre)	V/m	
电荷	Q,q	库[仑](Coulomb)	C	$1C=1A\cdot s$
线电荷密度	ρ_l	库[仑]每米(Coulomb per metre)	C/m	
面电荷密度	ρ_S	库[仑]每平方米(Coulomb per square metre)	C/m^2	
[体]电荷密度	ρ_V	库[仑]每立方米(Coulomb per cubic metre)	C/m^3	
电位移矢量(电通量密度)	$\boldsymbol{D}$	库[仑]每平方米(Coulomb per square metre)	C/m^2	
极化强度	$\boldsymbol{P}$	库[仑]每平方米(Coulomb per square metre)	C/m^2	
电偶极矩	$\boldsymbol{p}$	库[仑]米(Coulomb metre)	C·m	
磁通量	Φ	韦[伯](Weber)	Wb	$1Wb=1V\cdot s$
自感	L	亨[利](Henry)	H	$1H=1Wb/A$
互感	M	亨[利](Henry)	H	

续表

物理量的名称	符号	单位名称	单位符号	用基本单位表示
电导	G	西[门子](Siemens)	S	1S=1A/V
电导率	σ	西[门子]每米 (Siemens per metre)	S/m	
导纳	Y	西[门子](Siemens)	S	
电阻	R	欧[姆](Ohm)	Ω	1Ω=V / A
阻抗	Z，η	欧[姆](Ohm)	Ω	
电抗	X	欧[姆](Ohm)	Ω	
电容	C	法[拉](Farad)	F	1F=1C/V
介电常数 (电容率)	$\varepsilon,\varepsilon_0$	法[拉]每米 (Farad per metre)	F/m	
相对介电常数 (相对电容率)	$\varepsilon_r,\varepsilon_0$	无量纲	—	
极化率	χ_e	无量纲	—	
面电流密度	$\boldsymbol{J}_S$	安[培]每米 (Ampere per metre)	A/m	
[体]电流密度	$\boldsymbol{J}$	安[培]每平方米 (Ampere per square metre)	A/m^2	
磁导率	μ,μ_0	亨[利]每米 (Henry per metre)	H/m	
相对磁导率	μ_r	无量纲	—	
标量磁位	Φ_m	安[培](Ampere)	A	
矢量磁位	$\boldsymbol{A}$	韦[伯]每米 (Weber per metre)	Wb/m	1Wb=1V・s
磁化率	χ_m	无量纲	—	
磁化强度	$\boldsymbol{M}$	安[培]每米 (Ampere per metre)	A/m	
磁阻	R_m	每亨[利] (Reciprocal henry)	/H	
磁动势	e_m	安[培](Ampere)	A	
磁场强度	$\boldsymbol{H}$	安[培]每米 (Ampere per metre)	A/m	
磁感应强度 (磁通密度)	$\boldsymbol{B}$	特[斯拉](Tesla)	T	$1T=Wb/m^2$
磁偶极矩	$\boldsymbol{p}_m$	安[培]二次方米 (Ampere metre squared)	$A \cdot m^2$	
频率	f	赫[兹](Hertz)	Hz	$1Hz=s^{-1}$
周期	T	秒	s	
角频率	ω	弧度每秒 (Radian per metre)	rad/s	

续表

物理量的名称	符号	单位名称	单位符号	用基本单位表示
波长	λ	米(metre)	m	
坡印廷矢量	$\boldsymbol{S}$	瓦[特]每平方米 (Watt per square metre)	W/m^2	1W=1J/s
传播常数	γ	每米(per metre)	m^{-1}	
相位	ψ	弧度(Radian)	rad	
相位常数	β	弧度每米 (Radian per metre)	rad/m	
衰减常数	α	奈培每米(Neper per metre)	Np/m	m^{-1}
波数	k	弧度每米 (Radian per metre)	rad/m	

附录5 常用的物理常数

物 理 量	数 值
电子的电荷 e	$1.602\,10\times10^{-19}$ C
电子质量 m_e	9.1091×10^{-31} kg
真空介电常数 ε_0	$\frac{1}{36\pi}\times10^{-9}\approx8.854\times10^{-12}$ F/m
真空磁导率 μ_0	$4\pi\times10^{-7}$ H/m
真空中的光速 c	3×10^{8} m/s

附录6 常用材料的参数

材料名称	电导率 σ/(S/m)	相对介电常数 ε_r	相对磁导率 μ_r
银	6.17×10^7		
铜	5.80×10^7		
金	4.10×10^7		
铝	3.54×10^7		
钨	1.82×10^7		
黄铜	1.57×10^7		
铁	10^7		4000～6000
钴			250
镍	1.45×10^7		600
铁镍合金			10^5
铁氧体	100		1000
锗	2.2	16	
硅	10^{-3}	12	
空气		1	
海水	4	81	
蒸馏水	2×10^{-4}	81	
湿土壤	10^{-3}	10	
干土壤	10^{-5}	3～5	
变压器油	10^{-11}	2.2	
玻璃	10^{-12}	3～9	
陶瓷	10^{-13}	3～10	
橡胶	10^{-15}	2.3～4	
云母		6.0	
胶木		5.0	
尼龙		3.5	
有机玻璃		3.4	
聚乙烯		2.3	
聚苯乙烯		2.6	
聚四氟乙烯		2.1	
木材		1.5～4	

附录 7 史密斯圆图

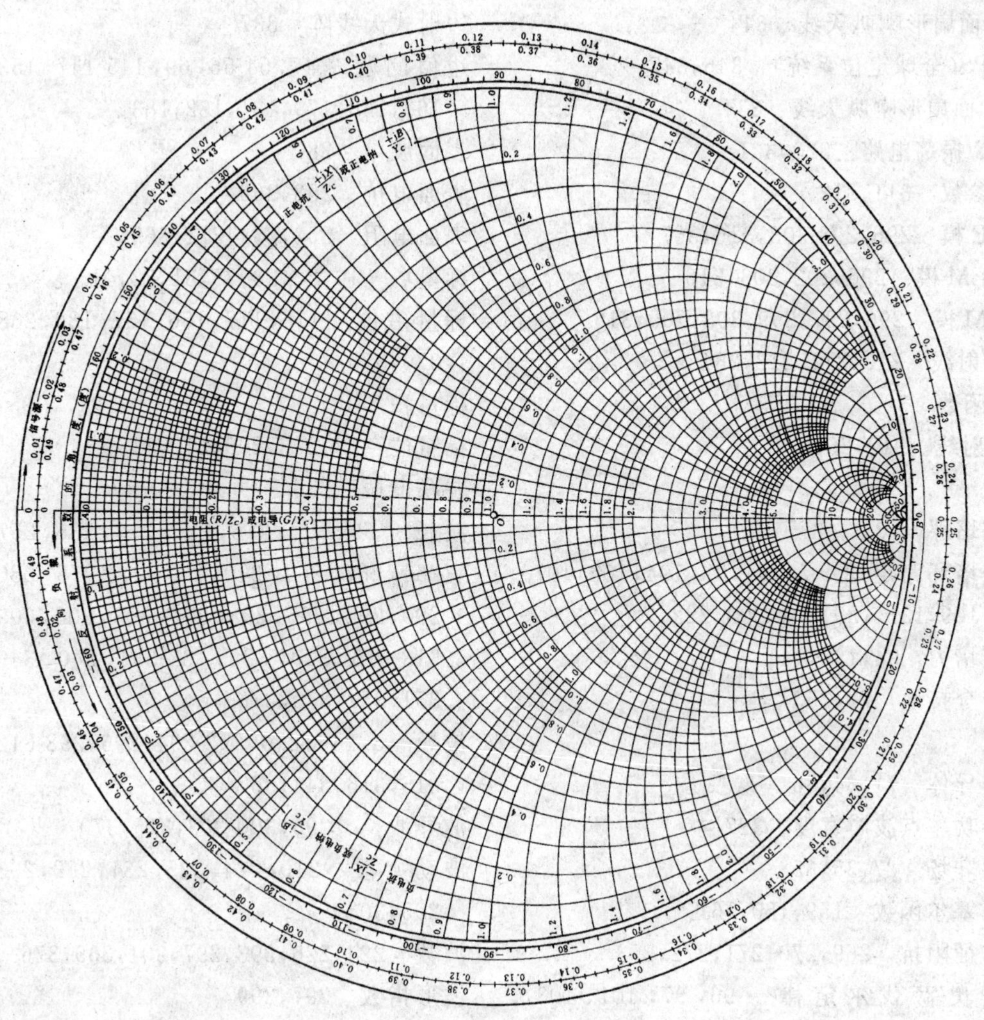

索　引

参考文献

[1] 谢处方，饶克谨编著，赵家升，袁敬闳修订. 电磁场与电磁波[M]. 3版. 北京：高等教育出版社，1999

[2] 谢处方，饶克谨编著，杨显清，王圆，赵家升修订. 电磁场与电磁波[M]. 4版. 北京：高等教育出版社，2006

[3] 王蔷，李定国，龚克. 电磁场理论基础[M]. 北京：清华大学出版社，2002

[4] 王增和，王培章，卢春兰. 电磁场与电磁波[M]. 北京：电子工业出版社，2001

[5] Bhag Singh Gru，Hüseyin R Hiziroğlu 编著. 电磁场与电磁波[M]. 周克定，张肃文，董天临，辜承林译. 北京：机械工业出版社，2000

[6] (美)P Lorrain，D R Corson 编著. 电磁场与电磁波[M]. 陈成钧译. 北京：人民教育出版社，1980

[7] 丁君. 工程电磁场与电磁波[M]. 北京：高等教育出版社，2005

[8] 倪光正. 工程电磁场原理[M]. 北京：高等教育出版社，2002

[9] Kenneth R Demarest. Engineering Electromagnetics. 影印本[M]. 北京：科学出版社，2003

[10] Fawwz T Ulaby. Fnudamentals of Applied Electromagnetics. 影印本[M]. 北京：科学出版社，2002

[11] John D Kraus，Daniel A Fleisch. Electromagnetics with Applications. Fifth Edition. 影印本[M]. 北京：清华大学出版社，2001